Turbomaschinen

Gerd Thieleke · Robert Feyrer

Turbomaschinen

Thermische und Hydraulische Strömungsmaschinen

Gerd Thieleke
Fakultät Maschinenbau
Hochschule Ravensburg – Weingarten RWU
Weingarten, Deutschland

Robert Feyrer
Heiligenberg, Deutschland

ISBN 978-3-658-48697-6   ISBN 978-3-658-48698-3   (eBook)
https://doi.org/10.1007/978-3-658-48698-3

Die Deutsche Nationalbibliothek verzeichnet diese Publikation in der Deutschen Nationalbibliografie; detaillierte bibliografische Daten sind im Internet über https://portal.dnb.de abrufbar.

Planung/Lektorat: Eric Blaschke
Springer Vieweg ist ein Imprint der eingetragenen Gesellschaft Springer Fachmedien Wiesbaden GmbH und ist ein Teil von Springer Nature.
Die Anschrift der Gesellschaft ist: Abraham-Lincoln-Str. 46, 65189 Wiesbaden, Germany

Wenn Sie dieses Produkt entsorgen, geben Sie das Papier bitte zum Recycling.

Vorwort

Dieses Fachbuch über Turbomaschinen basiert auf dem Buch über Strömungsmaschinen von Prof. Klaus Menny, der an der Fachhochschule Hannover lehrte und die 5. Auflage 2006 veröffentlichte. Mit den Autoren Prof. Dr.-Ing. Gerd Thieleke und Dr.-Ing. Robert Feyrer entstand eine Neuauflage mit zusätzlichen Inhalten mit dem Buchtitel Turbomaschinen.

Das Fachbuch Turbomaschinen soll eine Fortführung des bewährten Grundkonzeptes der 5. Auflage von Prof. Menny von 2006 sein und soll sich vor allem an Studierende des Maschinenbaus und der energetischen Verfahrenstechnik wenden. Nach einem Überblickkapitel über die Vielfalt der Turbomaschinen mit flüssigen oder gasförmigen Arbeitsmitteln werden die wichtigsten Grundlagen aus der Strömungslehre und Thermodynamik ausführlich hergeleitet, das die Strömungsmaschinen in ihrer Gesamtheit behandelt. Die weiteren Kapitel behandeln die einzelnen Maschinenarten wie Dampfturbinen, Gasturbinen, Turboverdichter und Windturbinen als Vertreter der thermischen Strömungsmaschinen, sowie Wasserturbinen, Turbopumpen und hydrodynamische Kupplungen aus der Reihe der hydraulischen Strömungsmaschinen. Das neue Kapitel Systemdienstleistungen und Netzstabilität beschreibt den Einsatz der Turbomaschinen in der elektrischen Energieversorgung mit den Aufgaben der Netzfrequenzregelung und den dabei notwendigen Regelungsverfahren zur Gewährleistung der Netzstabilität.

Der Aufbau, die Wirkungsweise, die Berechnungsmethoden und das Betriebsverhalten der verschiedenen Turbomaschinen werden beschrieben und durch Abbildungen und Kennlinien verdeutlicht. Es war dabei das Bestreben der Autoren, dem Verständnis der Lesenden dadurch entgegenzukommen, dass die Ergebnisse, wo immer das möglich war, aus den Grundgleichungen der einleitenden Kapitel hergeleitet werden. Denn die Beschäftigung mit den Strömungsmaschinen ist in der Ingenieurausbildung nicht nur um ihrer selbst willen wertvoll, sondern auch dadurch, dass hier Anwendungen des Grundlagenwissens deutlich werden. Durch die gemeinsame Behandlung aller Strömungsmaschinen soll den Lesenden verständlich werden, dass sie alle trotz ihrer äußeren Unterschiede nur verschiedene Anwendungen und Ausführungsformen eines gemeinsamen Grundprinzips sind. Die einzelnen Kapitel sind aber so abgefasst, dass sie je für sich lesbar sind. Wer meint, mit den Grundlagen vertraut zu sein, und sich sogleich einem der spezielleren Themen zuwendet, wird vielleicht doch gelegentlich im einleitenden Kapitel nachschlagen wollen. Eine Fülle von Querverweisen und ein umfangreiches Sachwortverzeichnis kommen einer solchen Arbeitsweise entgegen. Gleichwohl ist es nicht verkehrt, das Buch von vorn an systematisch durchzuarbeiten.

Der Zielsetzung des Buches als Lehr- und Übungsbuch konnte es nicht entsprechen, die modernsten Berechnungsverfahren zu vermitteln, wie sie heute in der Forschung und der Industrie mit Hilfe leistungsfähiger Computer angewendet werden, um die zum Teil sehr komplexen Strömungsverhältnisse zu erfassen. Stattdessen werden den Lesenden konventionelle Rechenverfahren und solche Konstruktionsunterlagen an die Hand gegeben, die es ihnen erlauben, Entwurfs- und Berechnungsaufgaben im Rahmen des Studiums und auch in der Praxis zu bewältigen. Dieses Fachbuch soll neben den Grundlagen von Turbomaschinen auch die Basis für weitergehende, detailliertere Berechnungen wie z. B. zur Festigkeit von Bauteilen, zur Berechnung von Schwingungen der Beschaufelung und der Rotordynamik in Turbomaschinen vermitteln.

Prof. Dr.-Ing. Gerd Thieleke arbeitete nach seinem Maschinenbaustudium an der Universität Stuttgart als wissenschaftlicher Mitarbeiter am dortigen Institut für Thermische Strömungsmaschinen und Maschinenlaboratorium ITSM und promovierte über die Strömungskräfte in Dichtlabyrinthen von Turbomaschinen. Danach war Gerd Thieleke 10 Jahre lang beim regionalen Energieversorger Neckarwerke Esslingen und Neckarwerke Stuttgart tätig und konnte dort viele Bereiche der Kraftwerkstechnik im Betrieb, in der Planung und in der elektrischen Energieversorgung kennenlernen. Zuletzt lehrte Prof. Thieleke 23 Jahre an der Hochschule für angewandte Wissenschaften Ravensburg-Weingarten RWU mit den Vorlesungsschwerpunkten thermische Strömungsmaschinen, energietechnische Anlagen mit Turboverdichtern, Energie- und Prozesstechnik sowie Energie und Netze. Bei einigen Vorlesungen konnte dankenswerter Weise auf damals bestehende Vorlesungen des ITSM der Universität Stuttgart teilweise zurückgegriffen werden. Gemeinsam mit Dr.-Ing. Ulrich Tomschi von Siemens AG konnte das Thema Systemdienstleistungen von Turbomaschinen im Bereich der Netzstabilität in elektrischen Versorgungsnetzen erarbeitet werden, was in Bezug auf die anstehende Energiewende in Deutschland und in Europa ein wichtiges Thema sein wird. Leider verstarb Dr. Tomschi 2022 unerwartet. In den entsprechenden Kapiteln des Fachbuches finden sich die relevanten Vorlesungsinhalte wieder. Prof. Thieleke ist auch Mitautor des Fachbuches Thermodynamik für Ingenieure.

Dr.-Ing. Robert Feyrer arbeitete nach seinem Maschinenbaustudium an der Universität Stuttgart als wissenschaftlicher Mitarbeiter am dortigen Institut für Hydraulische Strömungsmaschinen IHS und promovierte über die Berechnung zulässiger Leistungsänderungen in einem Pumpspeicherwerk. Danach war Dr. Feyrer bei der Fa. Andritz Hydro in Ravensburg beschäftigt und war bis zu seinem Ruhestand als Leiter der hydraulischen Berechnung und als Produkttechnologiemanager für die Francis- und Pumpturbinen tätig. Als Experte im Bereich Wasserkraft war er 36 Jahre lang mit der Planung und dem Bau von weltweiten Wasserkraftwerken beschäftigt und konnte sein Wissen als Lehrbeauftragter an der Hochschule Ulm und an der Hochschule RWU weitergeben.

Bei der Bearbeitung des Skriptes und vieler Abbildungen möchten wir uns bei M. Eng. Lars Franke bedanken, der als wissenschaftlicher Mitarbeiter im Energietechniklabor der RWU den Energietechnikbereich bei Forschungsarbeiten und bei Arbeiten an den Versuchsständen des Energietechniklabors hervorragend unterstützte. Insbesondere konnten Versuche zum Lastabwurf auf Eigenbedarf mittels einer Peltonturbine und Synchrongenerator mit moderner Prozessleittechnik praxisnah umgesetzt werden.

Unser Dank gilt auch den an entsprechenden Stellen genannten Herstellerfirmen für das zur Verfügung gestellte Bildmaterial.

Im Mai 2025

Gerd Thieleke
Robert Feyrer

Interessenkonflikt Die Autor*innen haben keine für den Inhalt dieses Manuskripts relevanten Interessenkonflikte.

Inhaltsverzeichnis

Turbomaschinen im Überblick

1

Turbomaschinen sind Strömungsmaschinen, die in der Technik vielfältig eingesetzt werden, um einerseits eine Arbeitsleistung für Antriebe bereitzustellen, oder andererseits eine Arbeitsleistung aufzunehmen und diese einem Arbeitsmedium zu übertragen. Turbomaschinen werden von einem Fluid bzw. Arbeitsmedium durchströmt, und es erfolgt eine kontinuierliche Energieübertragung. Dabei decken die Arbeitsleistungen einen weiten Bereich von mW (Milli-Watt) bis GW (Giga-Watt) ab. Die Turbomaschinen werden in allen Bereichen der Technik wie in der Energietechnik, der Verahrenstechnik, der Gebäudetechnik, der Umwelttechnik etc. eingesetzt.

1.1 Allgemeines

Unter der Sammelbezeichnung Turbomaschinen oder auch Strömungsmaschinen werden Wasserturbinen, Dampf- und Gasturbinen, Windräder, Turbopumpen und Turboverdichter sowie Propeller zusammengefasst. Allen diesen Maschinen ist gemeinsam, dass sie dem Zweck dienen, einem Fluid Energie als technische Arbeit an der rotierenden Welle zu entziehen, um damit als Kraftmaschine eine andere Maschine anzutreiben oder umgekehrt einem Fluid Energie als technische Arbeit an der Welle zuzuführen, um damit als Arbeitsmaschine dessen Druck bzw. Enthalpie zu erhöhen. Die Energieübertragung erfolgt dabei kontinuierlich in *offenen* Maschinen. Die hydrodynamischen Kupplungen und Drehmomentwandler, die gleichfalls zur Gruppe der Strömungsmaschinen gehören, sind Kombinationen von Turbopumpen und Flüssigkeitsturbinen, siehe [15, 31].

Kolbenmaschinen unterscheiden sich durch die Art der Energieumsetzung von den Strömungsmaschinen. Die Wirkungsweise einer Kolbenmaschine ist durch eine auf einen Kolben wirkende Kraft ($d\vec{F} = pd\vec{A}$) gegeben. Die bei einer Kolbenbewegung $d\vec{s}$ geleistete Arbeit

G. Thieleke und R. Feyrer, *Turbomaschinen*, https://doi.org/10.1007/978-3-658-48698-3_1

1

$(dW = \vec{F}d\vec{s} = pd\vec{A}d\vec{s} = pdV)$ ist ursächlich mit einer Volumenänderung dV verbunden. Dieses Merkmal trifft gleichfalls für Flügelzellen- und ähnliche Apparate mit rotierenden Bauteilen zu, die man deshalb mit den Kolbenmaschinen zur Gruppe der Verdrängungsmaschinen zusammenfasst. Die Energieübertragung erfolgt dabei pulsierend in *geschlossenen* Maschinen.

In der Strömungsmaschine mit rotierenden Bauteilen wird die Energieübertragung auf das Fluid durch die aerodynamische Wechselwirkung von Laufrad und Schaufelprofil bestimmt und nimmt stets den Weg über die kinetische Energie des Fluids. Wie in Abb. 1.1a am Beispiel einer Turbine *(Strömungskraftmaschine)* dargestellt, strömt das Fluid am Druckstutzen in die Maschine ein und durchströmt zunächst einen Kranz feststehender Leitschaufeln. Dabei erhöht sich die Geschwindigkeit und damit die kinetische Energie des Fluids auf Kosten seines Druckes oder exakter seines Gefälles. Zugleich entsteht durch die Form der Leitschaufeln eine Geschwindigkeitskomponente in Umfangsrichtung des Laufrades. Im Laufrad gibt das Fluid seine kinetische Energie an den Läufer ab, indem die Richtung und oft auch der Betrag der Geschwindigkeit beim Durchströmen der von den Laufschaufeln gebildeten Kanäle verändert wird (Geschwindigkeitsänderung). Die dabei entstehenden Kräfte treiben das Laufrad an und bewirken das Drehmoment bzw. die technische Arbeit an der rotierenden Welle. Mit vermindertem Energiegehalt tritt das Fluid aus dem Saugstutzen der Maschine aus.

In einer *Strömungsarbeitsmaschine* (siehe Abb. 1.1c) sind die Vorgänge umgekehrt. Hier wird dem Fluid im Laufrad Energie in Form von technischer Arbeit an der Welle zugeführt. Die Leitschaufeln sind hinter dem Laufrad angeordnet und haben den Zweck, einen Teil der kinetischen Energie durch Verzögerung der Strömung in eine Druckerhöhung umzusetzen. Der gleichen Aufgabe dient hier auch das Gehäuse, dessen Querschnitte deshalb in der Strömungsrichtung zunehmen. Die beschriebene Art der Energieumsetzung ist für alle Strömungsmaschinen typisch, sie arbeiten nach dem Prinzip der *Geschwindigkeitsänderung*.

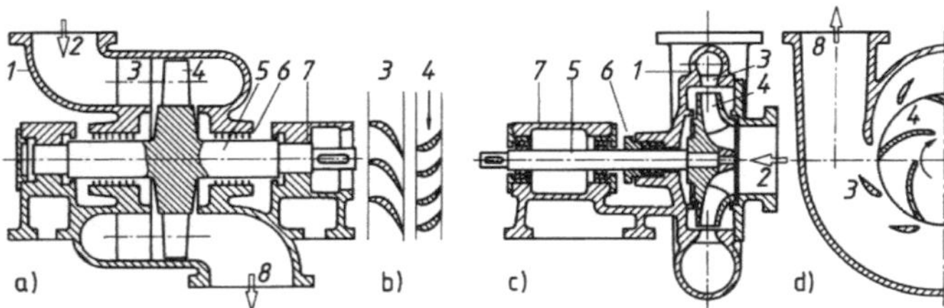

axiale Turbine

a) Längsschnitt

b) zylindrischer Schnitt duch die Beschaufelung

radiale Pumpe

c) Längsschnitt

d) Querschnitt

Abb. 1.1 Prinzipbilder von Strömungsmaschinen

Der *konstruktive Aufbau* aller Strömungsmaschinen entspricht dem in Abb. 1.1. Je nach Verwendungszweck sind aber zahlreiche Varianten möglich. Insbesondere ist oft die Hintereinanderanordnung von einem Leitrad und einem Laufrad, die als eine Stufe bezeichnet wird, mehrfach vorhanden. In anderen Fällen, etwa bei Propellern und einem Windrad, kann auf ein Leitrad auch verzichtet werden, aber stets ist das mit Schaufeln besetzte Laufrad das wesentliche Bauelement aller Strömungsmaschinen. In Abb. 1.1 stellt die Pos. 3 das Leitrad *Le* und die Pos. 4 das Laufrad *La* dar. Dazu kommen in den meisten Fällen ein Gehäuse (1) mit den Ein- und Austrittsstutzen (2 und 8), in das die Leitschaufeln eingesetzt sind. An den Stellen, wo die Welle (5) durch das Gehäuse durchgeführt wird, liegen Dichtungen (6). Die Lagerung (7) liegt meistens außerhalb des vom Arbeitsfluid erfüllten Raumes.

1.2   Prinzipielle Einteilung von Strömungsmaschinen

Strömungsmaschinen können nach unterschiedlichen Gesichtspunkten eingeteilt werden, siehe Abb. 1.2.

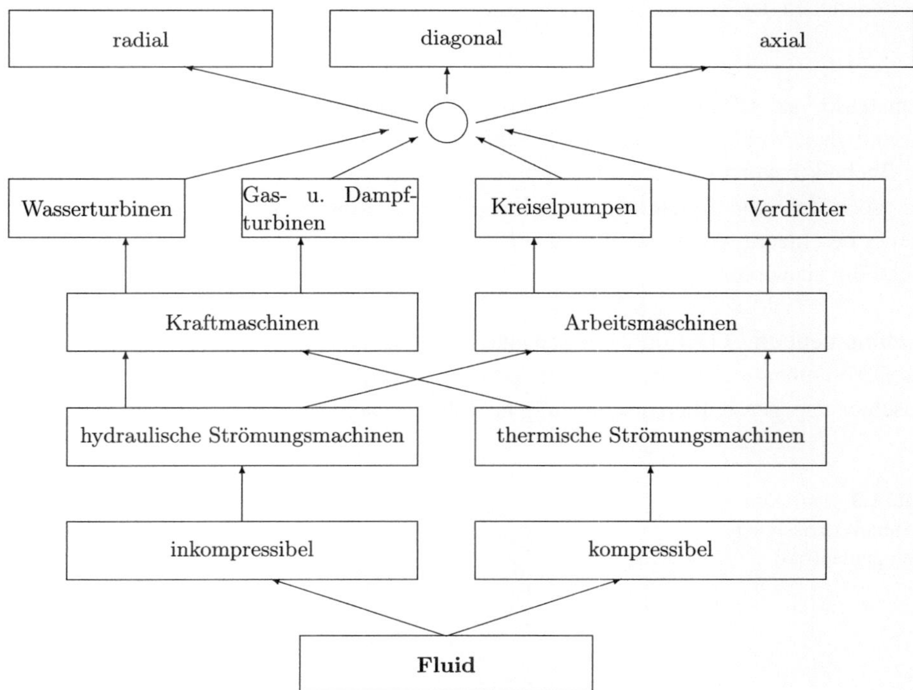

Abb. 1.2 Einteilung der Strömungsmaschinen

Hydraulische und thermische Maschinen Ein mögliches Unterscheidungskriterium ist die Kompressibilität des Fluids. Die hydraulischen Maschinen wie Wasserturbinen und Kreiselpumpen (Turbopumpen) arbeiten mit inkompressiblen Flüssigkeiten. Dampfturbinen, Gasturbinen und Verdichter sind Beispiele thermischer Strömungsmaschinen, deren Arbeitsfluide kompressibel sind.

Kraft- und Arbeitsmaschinen Strömungskraftmaschinen oder Turbinen entziehen, wie bereits im vorigen Abschnitt angesprochen, einem Fluid Energie und geben sie an eine andere Maschine z. B. einen Generator ab. Die Arbeitsmaschinen wie Pumpen und Verdichter erhöhen die Fluidenergie.

Hauptströmungsrichtung Die Hauptströmungsrichtung im Laufrad La bildet ein weiteres Unterscheidungsmerkmal. Neben radialen und axialen gibt es als Zwischenform halbaxiale oder diagonale Maschinen, siehe Abb. 1.3.

Eine weitere Unterscheidung ist die Art der Energieumsetzung. Man unterscheidet nach dem Gleichdruck- oder Aktionsprinzip, bei dem sich die Geschwindigkeit im Laufrad nur der Richtung nach ändert (Gleichdruckprinzip), sowie das Überdruck- oder Reaktionsprinzip, bei dem neben der Richtung auch der Betrag der Geschwindigkeit verändert wird.

Konstruktiver Aufbau Die konstruktive Einfachheit einer Strömungsmaschine ist ein wesentlicher Vorteil. Als einziges Bauteil bewegt sich der Läufer in der einfachen, in der Technik bevorzugten Rotation, während eine Kolbenmaschine eine mehr oder weniger große Zahl von Teilen hat, die in komplizierter Weise hin- und herlaufen und immer wieder beschleunigt und verzögert werden, was sich auf die Laufruhe und den Verschleiß nachteilig auswirken kann.

Drehmoment und Leistung Aus den unterschiedlichen Arbeitsprinzipien ergibt sich, dass das Drehmoment der Kolbenmaschine periodisch veränderlich, dasjenige der Strömungsmaschine dagegen zeitlich gleichförmig ist. Bei manchen Anwendungen bedeutet das einen

Abb. 1.3 Laufradformen von Strömungsmaschinen (Pumpenlaufrad)

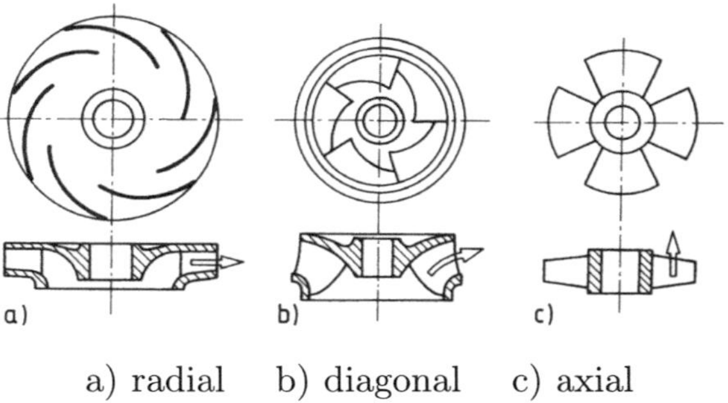

a) radial   b) diagonal   c) axial

zusätzlichen Vorteil. Ein weiteres Unterscheidungsmerkmal ist die höhere Drehzahl der Strömungsmaschine. Dadurch kommt die Strömungsmaschine bei gleicher Leistung mit geringeren Abmessungen und kleinerem Gewicht aus.

Verluste Wegen der stets notwendigen Umsetzung von Druckenergie in kinetische Energie und umgekehrt treten in der Strömungsmaschine zusätzliche Verluste auf, so dass die inneren Wirkungsgrade bei kleinen Leistungsgrößen meist kleiner sind als bei der Kolbenmaschine. Mindestens zum Teil wird dieser Nachteil durch die wegen des einfachen Aufbaus besseren mechanischen Wirkungsgrade ausgeglichen.

Anwendungsgebiete Mitunter stehen Kolben- und Strömungsmaschinen einander gleichwertig gegenüber. Im Allgemeinen sind jedoch die Strömungsmaschinen dann überlegen, wenn es um die Verarbeitung großer Volumenströme und großer Leistungen geht. Das liegt daran, dass durch die Querschnitte der Strömungsmaschine das Fluid durch keine Ein- und Auslassventile behindert mit verhältnismäßig großer Geschwindigkeit strömen kann. Die Kolbenmaschinen dagegen haben ihr Anwendungsgebiet dort, wo große Druckunterschiede und kleine Leistungen zu überwinden sind. So stehen Kolben- und Strömungsmaschinen gewöhnlich nicht in Konkurrenz zu einander, sondern beide haben ihre bevorzugten Anwendungsfelder.

1.3 Thermische Strömungsmaschinen

1.3.1 Bedeutung der thermischen Strömungsmaschinen und ihre geschichtliche Entwicklung

Erste Ideen von thermischen Kraftanlagen sind vom Altertum vor ca. 2000 Jahren durch den *Heronsball von Alexandria* und durch die Pulvermühle 1629 von *Giovanni Branca* her bekannt. Dennoch sind die ersten brauchbaren Dampfturbinen erst am Ende des 19. Jahrhunderts gebaut worden, also viel später als die an sich komplizierteren Kolbendampfmaschinen. Die Ursache liegt in den hohen Anforderungen an Werkstofffestigkeit und Fertigungsgenauigkeit, die erst befriedigt werden konnten, als eine ausgebildete industrielle Technik zur Verfügung stand.

1883 gelang *de Laval* die erste betriebsfähige Ausführung einer einstufigen Gleichdruckturbine mit 370 kW, 1884 baute *Parsons* eine 15-stufige, zweiflutige Turbine, bei der die potenzielle Energie bzw. das Gefälle auf Leit- und Laufräder verteilt war. Diese Turbine hatte jedoch im Verhältnis zu der von de Laval gebauten einen relativ hohen Dampfverbrauch, siehe Abb. 1.4.

Durch die Erfindung des Transformators 1885 in Frankreich war eine Fernübertragung des elektrischen Stromes möglich. Bei dem in den Jahren 1880 bis 1893 in Amerika herrschenden Stromkrieg bezüglich der Stromübertragung zwischen Westinghouse (AC) und Edison (DC) konnte sich wegen der verlustärmeren Übertragung mit Wechselstrom AC

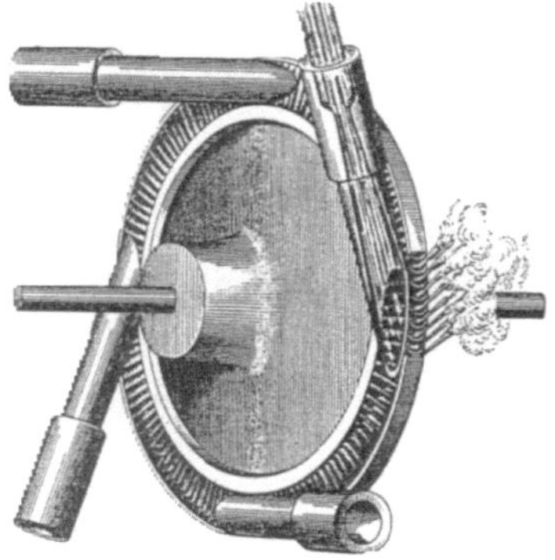

Gleichdruckturbine von *de Laval* (1883)
einstufig, teilbeaufschlagt, einflutig
$n = 2600\frac{1}{min}$, $P = 370$ kW

Überdruckturbine von *Parsons* (1884)
2x15 Stufen, vollbeaufschlagt, doppelflutig
$n = 17000\frac{1}{min}$, $P = 7,5$ kW

Abb. 1.4 Erste betriebsfähige Dampfturbinen von *de Laval* und von *Parsons*

diese Art der elektrischen Energieübertragung durchsetzen. So fand 1891 in Deutschland
D die erste Fernübertragung von Hochspannungswechselstrom von Lauffen a. Neckar nach
Frankfurt statt. Der Antrieb der ersten Generatoren erfolgte in D durch Wasserturbinen oder
Dampfmaschinen, aber durch die starke Zunahme des Strombedarfs wurde die Dampfturbi-
nenentwicklung vorangetrieben. Zur gleichen Zeit begannen die Firmen BBC und Escher-
Wyss mit dem Bau und der Weiterentwicklung von Dampfturbinen. Basierend auf dem
Know-how mit Wasserturbinen wurde das gesamte Gefälle im Leitrad in Geschwindigkeit
umgesetzt und in den Laufschaufeln die Strömung nur umgelenkt (Gleichdruckturbinen).
Damit waren die beiden auch heute noch gebräuchlichen Maschinentypen – Gleichdruck-
und Überdruckturbine – erstmals konzipiert.

Die fortschreitende Industrialisierung und Mechanisierung bedingte in den letzten Jahrzehnten einen enormen Zuwachs des Energiebedarfs. Der heutige technische Stand der
Industrie ist nur möglich durch die ortsunabhängigen elektrischen Energieanschlüsse, die
z. B. den elektromotorischen Antrieb an jeder beliebigen Stelle gestatten. Die Aufspaltung
des Gesamtprozesses zur Erzeugung mechanischer Energie (Leistung an der Motorwelle) in
zwei Teilprozesse – Energieerzeugung im Kraftwerk und Energieumwandlung (E-Motor)
beim Verbraucher – führt einerseits durch die zentralisierte Erzeugung zu besseren Wirkungsgraden, andererseits beim Verbraucher zu kompakteren, leichteren Motoreneinheiten,
da hier der Energieerzeugungsteil entfällt. Beides zusammen führt zu wesentlich geringeren
volkswirtschaftlichen Gesamtkosten, siehe Abb. 1.5. Als Primärenergieträger sind vor allem
fossile Brennstoffe wie Kohle, Erdöl, Erdgas und Kernenergie (Kernbrennstoffe) zu nennen.
Das Problem dieser Art der Energieerzeugung besteht nun darin, die in diesen Brennstoffen

<table>
<tr><td colspan="2">Gesamtprozess der öffentlichen Energieversorgung</td></tr>
</table>

Vorgelagerte Prozessketten
Gewinnung von Primärenergieträgern
-   Erdgas (Erdöl)
-   Braunkohle (Tagebau)
-   Steinkohle (Bergbau)
-   Kernbrennstoffe
Transport der Primärenergieträger
-   Pipeline, Tankschiffe
-   Schiffs-/Bahntransport
Energieumwandlung
Zentrale Energieerzeugung im Kraftwerk
-   hoher Wirkungsgrad
-   ressourcenschonend
-   Degression der spezifischen Anlagenkosten
-   effektive Entsorgung
-   effektive Maßnahmen zur Reinhaltung der Luft
Individuelle Energieumwandlung beim Verbraucher
-   reduzierter Aufwand für Investitionen und Betriebsführung
-   aufgabenspezifisch optimierte und gesteuerte Antriebe
-   kein Entsorgungsproblem

Abb. 1.5 Prozess der Energieversorgung und -erzeugung

gespeicherte Energie mit möglichst geringen Verlusten, unter größter Betriebssicherheit und geringster Umweltauswirkung in elektrische Energie umzuwandeln und den Verbrauchern zur Verfügung zu stellen.

Aufgrund des Klimawandels erfordert die Bereitstellung von elektrischer Energie nun verstärkt eine klimaschonende bzw. klimaneutrale Umwandlung der in den Brennstoffen gespeicherten Energie. Mit dem Anwachsen des Energiebedarfs wurde auch die Entwicklung der thermischen Strömungsmaschinen wie der Dampfturbine DT und der Gasturbine GT sowohl im Bereich der öffentlichen als auch der industriellen Energieversorgung vorangetrieben, siehe Abb. 1.6. In Deutschland lag der Anteil der thermischen Strömungsmaschinen in DT- und in GT- Kraftwerken im Jahr 2000 bei ca. 95 %, und durch den Zubau von Photovoltaik PV und Windenergie (eine Windturbine ist auch eine Turbomaschine) liegt der DT- u. GT-Anteil in 2023 bei ca. 50 %.

1.3.2 Wirkungsweise und Bauarten thermischer Strömungsmaschinen

Wie in Abschn. 1.3.1 erläutert, wurden die thermischen Strömungsmaschinen für die Energieerzeugung kontinuierlich weiterentwickelt und auf größere Leistungen bei immer höhe-

Anwendung der thermischen Strömungsmaschinen in der Energieversorgung
Öffentliche Energieversorgung:
- Stromversorgung: private Haushalte, Industrie, schienengebundener Verkehr öffentliche Einrichtungen
- Fernwärmeversorgung: private Haushalte, Industrie, öffentliche Einrichtungen
Industrielle Energieversorgung:
- Stromversorgung: elektrische Energie für Beleuchtung, Antriebe, Steuerungen Heizwärme (Induktionsofen) etc.
- Wärmeversorgung: Heizwärme, Prozesswärme
Kenngrößen
- 95 % des Strombedarfs wurden in Deutschland bis zum Jahr 2000 in Dampf- und Gasturbinenkraftwerken DT u. GT bereitgestellt Durch Zubau von Photovoltaik PV und Windenergie (Windturbine ist auch Turbomaschine) liegt der DT- u. GT- Anteil in 2023 bei ca. 50 %
- sichere, wirtschaftliche Versorgung durch hohe Verfügbarkeit u. hohen Wirkungsgrad
- Versorgung durch zentrale Anlagen in einem flächendeckenden Versorgungsnetz
- Zusammenhang von Lebensstandard ⟺ Energiebedarf

Abb. 1.6 Anwendung der thermischen Strömungsmaschinen in der Energieversorgung bis ca. 2023

ren Wirkungsgraden gebracht. Auf Grund der verbesserten Werkstoffe wurden immer höhere Dampfzustände mit höheren Drücken und Temperaturen möglich. Tab. 1.1 zeigt die Entwicklungsdaten der Dampfturbine. Abb. 1.7 zeigt Bilder einer Kondensationsturbine. Abschn. 3.1 beschreibt die Theorie der Dampfturbine.

Das Arbeitsprinzip von Thermischen Strömungsmaschinen beruht auf dem Impulsaustausch zwischen dem kontinuierlich strömenden Fluid und einer kontinuierlich rotierenden Welle. Das Fluid erfährt dabei eine merkliche Druck- und Temperaturänderung und somit eine Enthalpieänderung. Man bezeichnet die Enthalpieänderung auch als Enthalpiegefälle. Entsprechend der Umwandlungskette der Energiearten unterscheidet man zwischen *Kraft- und Arbeitsmaschinen,* siehe Abb. 1.8 und 1.9.

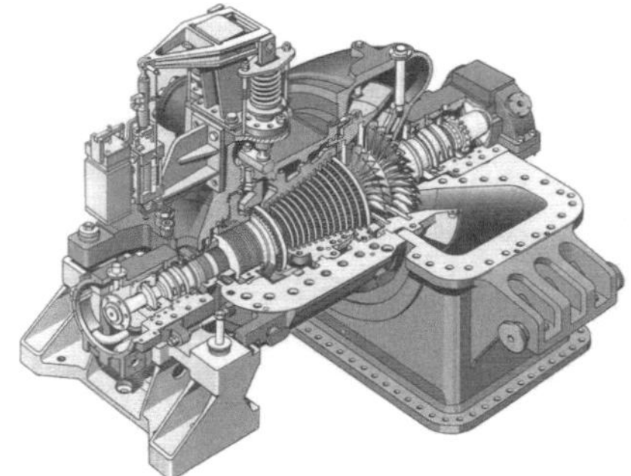

Abb. 1.7 Kondensationsturbine mit Leitschaufelträger, [10]

Tab. 1.1 Entwicklungsdaten der Dampfturbine

Entwicklungsdaten der Dampfturbine DT
Prototypen
1883   Gleichdruckturbine von *de Laval*
1884   Überdruckturbine von *Parsons*
Kommerzielle Maschinen und ihre Entwicklung
1898   Erste zweigehäusige, teilbeaufschlagte Gleichdruckturbine von *Curtis*

1903   Erste mehrstufige, vollbeaufschlagte Gleichdruckturbine von *Zoelly*
       $P = 370\,kW$, $n = 3000\,\frac{U}{min}$, 10 Stufen, 2 Gehäuse,
       Dampfdaten: Eintritt 10 bar/250 °C, Austritt: 0,06 bar

1907   Erste Turbine mit Anzapfung zur Speisewasservorwärmung
1920   20 MW mit 1000 $\frac{U}{min}$ (damals größte DT der Welt)
1924   Erstmals Dampfdaten: Eintritt 100 bar/400 °C
1928   45 MW mit Zwischenüberhitzung

ab 1950 Für konventionelle Kraftwerke:
       Leistung: einwellig 100–900 MW;   zweiwellig 1300 MW
       Dampfdaten: 180–250 bar/535–565 °C
    Für Kernkraftwerke mit Leichtwasserreaktoren:
       Leistung: 600–1500 MW
       Dampfdaten: um 70 bar/275 °C

ab 1993 Für konventionelle Kraftwerke:
    • Anlagen mit doppelter Zwischenüberhitzung
       Dampfdaten: 300/80/30 bar, 580/600/600 °C
    • Dampfturbine für GuD- Kraftwerke

Turbinen wie Dampf- und Gasturbinen sind somit Kraftmaschinen, bewirken eine Druck- und Temperaturabsenkung und somit eine Enthalpieabsenkung in Strömungsrichtung und die Strömung wird im Leitrad der Stufe dabei beschleunigt. Verdichter, Kompressoren, Gebläse und Ventilatoren gehören zur Gruppe der Arbeitsmaschinen, bewirken einen Druck- und Temperaturanstieg und somit eine Enthalpieerhöhung in Strömungsrichtung und die Strömung wird im Leitrad der Stufe dabei verzögert. Turbolader gehören sowohl zur Gruppe der Kraftmaschinen als auch zur Gruppe der Arbeitsmaschinen. Abb. 1.9 zeigt die Aufteilung thermischer Strömungsmaschinen und deren Anwendungsgebiete.

Neben der Dampfturbine wurde in den letzten Jahrzehnten auch die Gasturbine sehr intensiv entwickelt. Neue Werkstoffe erlaubten es, die Turbineneintrittstemperatur immer weiter zu erhöhen und zu immer wirtschaftlicheren Maschinen zu gelangen. Der Hauptanwendungsbereich der Gasturbine ist der Einsatz als Antrieb in der Luftfahrttechnik. Durch immer weiter verbesserte Konstruktionen, durch bessere und leichtere Werkstoffe, durch

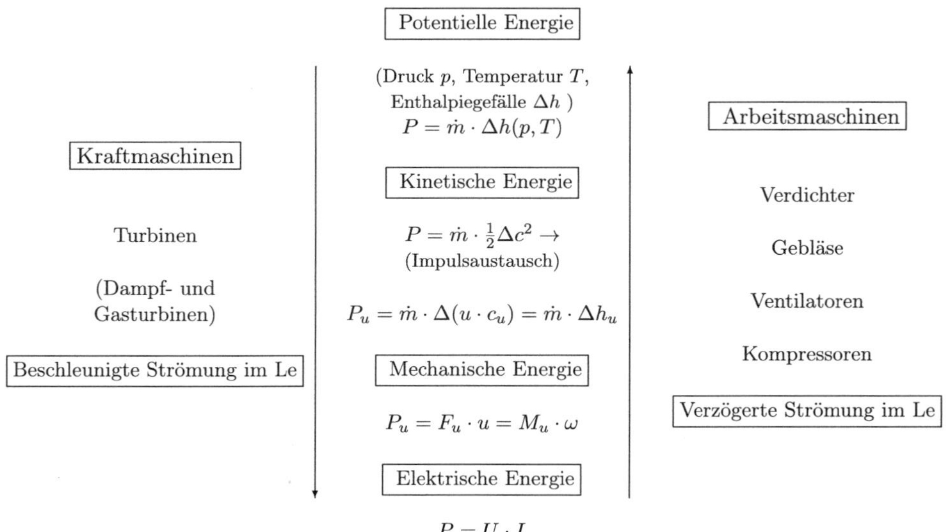

Abb. 1.8 Einteilung der thermischen Strömungsmaschinen nach der Umwandlungskette

modernere Fertigungsmethoden und durch verbesserte Arbeitsprozesse gelang es, das Verhältnis von Leistung zu Gewicht immer weiter zu vergrößern und dabei den spezifischen Brennstoffverbrauch abzusenken. Daneben gibt es aber weitere und wichtige Anwendungsbereiche, in denen sich die Gasturbine erst in jüngster Zeit durchgesetzt hat. Als wichtigste Bereiche sind hier zu nennen Gasturbinen als Antriebsmaschinen von Generatoren bis ca. 400 MW sowie im Verbundprozess mit Dampfturbinen (GuD-Anlagen) zur Erzeugung von elektrischer Energie. Auch als Antrieb von schienen- und straßengebundenen Fahrzeugen sind Gasturbinen noch anzutreffen. Ganz allgemein kann man sagen, dass Gasturbinen auf Grund ihrer Schnellstartfähigkeit überall dort eingesetzt werden können, wo es darum geht, plötzlich auftretende Lastspitzen abzudecken (z. B. in Spitzenlastkraftwerken). Tab. 1.2 zeigt die Anwendungsgebiete und Entwicklungsdaten der Gasturbine. Abb. 1.10 zeigt Prinzipdarstellung der Gasturbine. Kap. 5 beschreibt die Theorie der Gasturbine.

Thermische Strömungsmaschinen sind auch in der Verfahrenstechnik, in der chemischen Industrie und bei der Kunststofferzeugung zum Verdichten großer Stoffmengen im Einsatz. Hier kommen häufig Turboverdichter – Axial- und Radialverdichter – zur Anwendung, die das Arbeitsmittel auf die hohen Drücke verdichten, bei denen erst die gewünschten Reaktionen ablaufen können. In der Kältetechnik sind es Verdichter und Turbinen, mit deren Hilfe die großen Kälteleistungen erzeugt werden, ohne die z. B. eine moderne Vorratshaltung mit Kühlkettensystem für die Lebensmittelindustrie nicht möglich wäre. Abb. 1.11 zeigt Beispiele von Verdichterkonstruktionen eines 13- stufigen Axialverdichters AV (Bild a) und eines 3-stufigen Radialverdichters RV (Bild b). Kap. 6 beschreibt die Theorie der Turboverdichter.

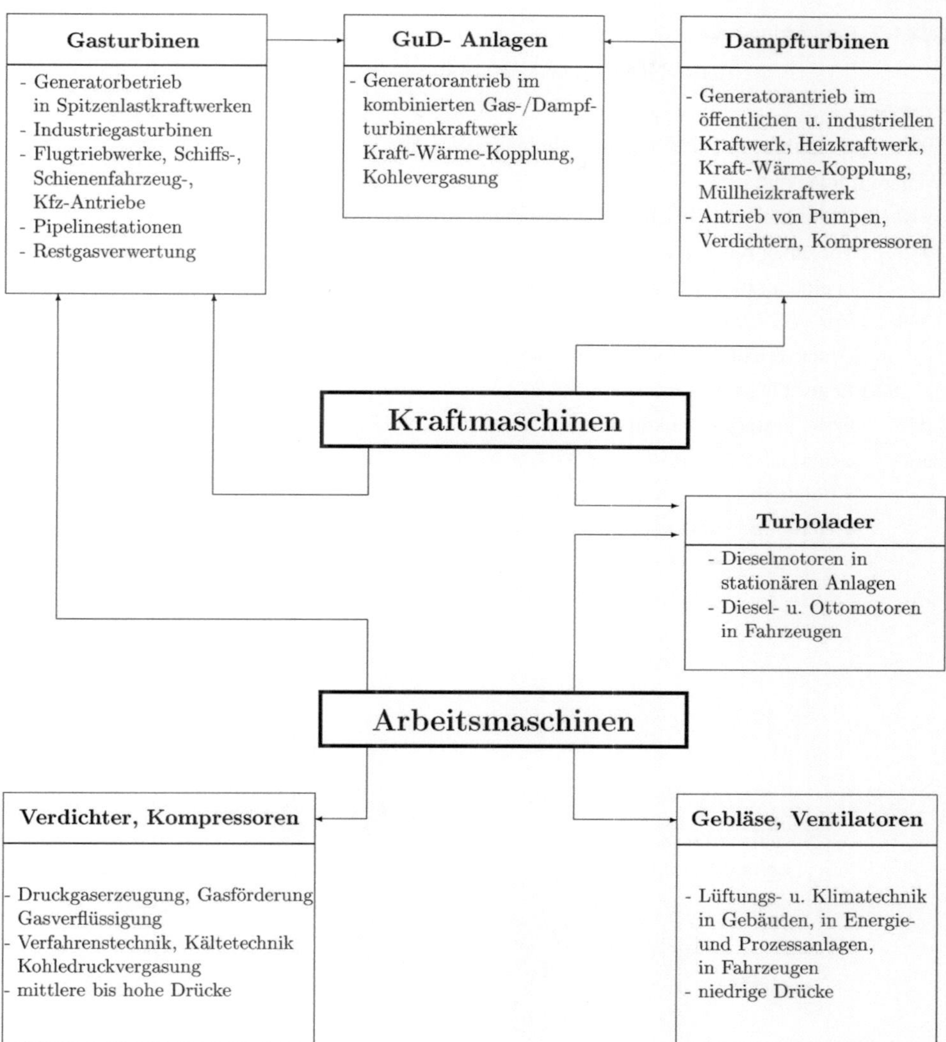

Abb. 1.9 Einteilung und Anwendungsgebiete der thermischen Strömungsmaschinen

Zusammenfassend zeigen die Tab. 1.3, 1.4 und 1.5 die Einsatzgebiete und die Eigenschaften thermischer Strömungsmaschinen von Turbinen (DT u. GT) und Turboverdichtern (AV u. RV).

Tab. 1.5 zeigt zusammenfassend die Bedeutung thermischer Strömungsmaschinen in der Technik insbesondere im Hinblick auf deren Anwendungen und konstruktive Gestaltung.

Tab. 1.2 Entwicklungsdaten der Gasturbine

Entwicklungsdaten der Gasturbine GT	
Prototyp	
1904	Gasturbine mit Gleichdruckverbrennung von *Stolze*
Weitere Entwicklungen	
1910	Gasturbine mit Gleichdruckverbrennung von *Holzwarth*
1935	Vorschlag für eine geschlossene GT mit äußerer Verbrennung von Kohle in einem Lufterhitzer nach *Ackeret-Keller-Prozess*
1939	Erste GT für ein Spitzenlastkraftwerk, Leistung $P_{el} = 4$ MW Druckverhältnis $\pi = 4$, Turbineneintrittstemperatur $T_{Ein} = 550\,°C$
ca. 1940	Erstes Flugtriebwerk
1941	Erste Gasturbinenlokomotive
heute	• Stationäre GT: P_{el} bis 400 MW, π bis 20, $T_{Ein} = 1150\,°C$ bis 1400 °C • Flugtriebwerke (zivil): Schub bis 290 kN, π bis 24, T_{Ein} bis 1250 °C • vielfältige Industriegasturbinen • GT für GuD-Kraftwerke

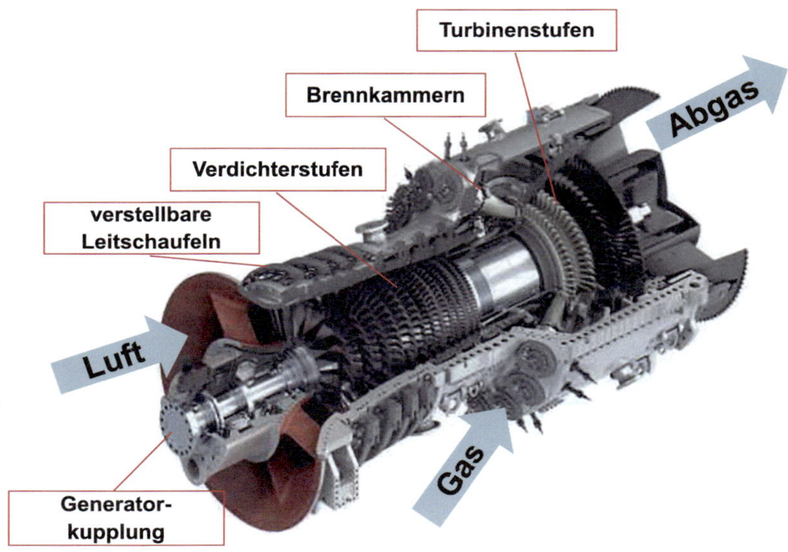

Abb. 1.10 Prinzipdarstellung der Gasturbine, [34]

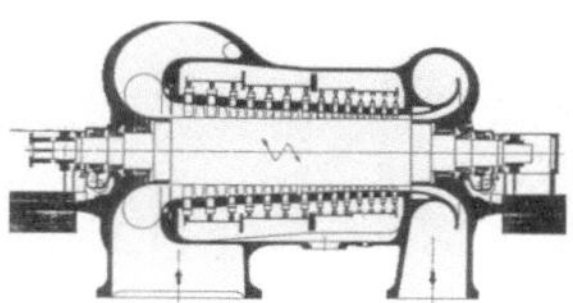 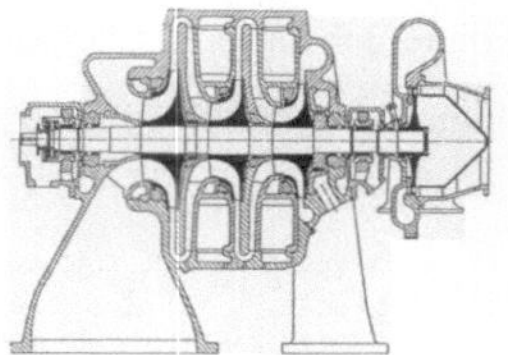

a) Axialverdichter AV (Sulzer)
13-stufig
Druck nach Verdichter: $p = 6$ bar

b) Radialverdichter RV (Demag)
3-stufig mit einstufiger Antriebs-Dampfturbine
$p = 15$ bar

Abb. 1.11 Turboverdichter – Axial- und Radialverdichter

Tab. 1.3 Einsatzgebiete von Turbinen – DT u. GT

Einsatzgebiete von Turbinen
Dampfturbinen DT
→ Generatorantrieb mit konstanter Drehzahl
• Generatorantrieb in öffentlichen und industriellen Kraftwerken zur Stromerzeugung
• Möglichkeiten der Kraft-Wärme-Kopplung zur gemeinsamen, energetisch hoch effizienten Strom- und Wärmeerzeugung für industrielle Heizprozesse und zur Fernwärmeerzeugung
• Möglichkeiten des gemeinsamen Einsatzes mit Gasturbinen im kombinierten GuD-Kraftwerk zur Wirkungsgradverbesserung
• Nach Zuschalten des Generators an das elektrische Netz: konstante Drehzahl der DT
→ Verdichter- u. Pumpenantrieb (Antriebseinheit) mit variabler Drehzahl
• Antriebseinheit in Kohlezechen, Stahlwerken, chemischer Industrie, Brauereien, Molkereien, Kraftwerken, Kälteanlagen
• Antriebseinheit mit variabler Drehzahl entsprechend dem Kennfeld der angetriebenen Maschine (Verdichter, Pumpe)
Gasturbinen GT
→ Generatorantrieb mit konstanter Drehzahl (siehe DT)
→ Flugtriebwerke im Luftverkehr
→ Schiffsantriebe
→ Fahrzeuggasturbine (Konkurrenz zu Dieselmotor)
→ Industrielle Antriebe
• Notstromaggregate, Verdichter- und Pumpenantrieb, Restgasnutzung in Raffinerien, Pipelineverdichterantrieb
→ Abgasturbolader

Tab. 1.4 Einsatzgebiete von Turboverdichtern – AV u. RV

Einsatzgebiete von Turboverdichtern – Axial-/Radialverdichter

Fördermedium

- Luft
- Gasgemische
- Kältemittel
- Erdgas, Wasserstoff

Anwendungsgebiete

- Hüttenwesen: Grubenbewetterung, Hochofengebläse
- Chemische Industrie, Verfahrenstechnik
- Kraftwerke: Luftversorgung, Rauchgas- und Abgasförderung
- Klima- und Kältetechnik
- Erdgastransport in Pipelines

Charakteristische Einsatzbereiche

- Axialverdichter

    große Volumenströme von 3 bis 300 $\frac{m^3}{s}$; Druckverhältnis π mäßig (bis 6)
- Radialverdichter

    mäßige Volumenströme von 0,2 bis 80 $\frac{m^3}{s}$; Druckverhältnis π groß (bis 30)

    Volumenströme von 0,2 bis 300 $\frac{m^3}{s}$; π groß (mehrgehäusig bis 800)
- Abgasturbolader

    in Kfz-Motoren (Radialturbine u. Radialverdichter)

    in Schiffsdieselmotoren (Axialturbine u. Radialverdichter)

    in stationäre Dieselmotoren (Axialturbine u. Radialverdichter)

Tab. 1.5 Bedeutung thermischer Strömungsmaschinen in der Technik

Bedeutung thermischer Strömungsmaschinen

Grundlage

→ Anpassungsfähige Konstruktionen für unterschiedlichste Aufgaben

- Bauarten: radial, axial, diagonal, Variation von Stufen, Fluten und Gehäusen
- Drehzahl: 20 $\frac{U}{min}$ (Windturbine) bis 100.000 $\frac{U}{min}$ (Kleinstantrieb)
- Leistung: im W-Bereich (Lüfter) bis GW-Bereich (Dampfturbine im Kernkraftwerk)
- Konstruktion: Leichtbau im Verkehrsbereich bis schwere Maschinen bei der

Energieumwandlung im Kraftwerk

→ Hohe Zuverlässigkeit, Verfügbarkeit und Lebensdauer

→ Wartungs- und Revisionsfreundlichkeit

→ Hohe Wirkungsgrade der Energieumwandlung

→ Systematische konstruktive und rechnerische Bearbeitung der

einzelnen Bauelemente und modulares Maschinenkonzept

1.4 Hydraulische Strömungsmaschinen

Im Gegensatz zu Thermischen Strömungsmaschinen bewirken Hydraulische Strömungsmaschinen aufgrund des inkompressiblen Strömungsmediums in Strömungsrichtung eine Druckabsenkung bei Turbinen oder eine Druckerhöhung bei Pumpen. Einsatzgebiete von Wasserturbinen sind in der Energieversorgung bei der regenerativen Stromerzeugung durch Wasserkaft, in der Wasserversorgung als sogenannte Entspannungsturbinen und in der chemischen Industrie. Kreiselpumpen (Turbopumpen) dienen zur Überwindung der Strömungswiderstände in Förderleitungen, zur Überwindung von Druck- und/oder Höhenunterschieden und kommen daher in vielen technischen Anwendungen vor, wie z. B. auch in thermischen Anlagen als Speisepumpe, Umwälzpumpe oder Kondensatpumpe, siehe Abschn. 2.3.

1.4.1 Bedeutung der hydraulischen Strömungsmaschinen in der Wasserkraft und ihre geschichtliche Entwicklung

Die Geschichte der Wasserkraft reicht weit in die Vergangenheit zurück und spielt auch heute noch eine zentrale Rolle in der Energieversorgung. Wurden damals Arbeitsmaschinen über ein langsamlaufendes Wasserrad angetrieben, kommen heutzutage moderne schnelllaufende Wasserturbinen in Verbindung mit Generatoren zum Einsatz, um elektrischen Strom zu erzeugen. Durch den Klimawandel ist die Welt gezwungen, den CO_2-Ausstoß, der vor allem durch fossile Energiequellen verursacht wird, zu reduzieren. Daher gewinnt die regenerative Stromerzeugung immer mehr an Bedeutung, insbesondere auch durch Nutzung der Wasserkraft mit modernen Wasserturbinen bzw. Hydraulischen Strömungsmaschinen.

Der grundsätzliche Aufbau eines Wasserkraftwerkes und seiner relevanten Komponenten zeigt Abb. 1.12.

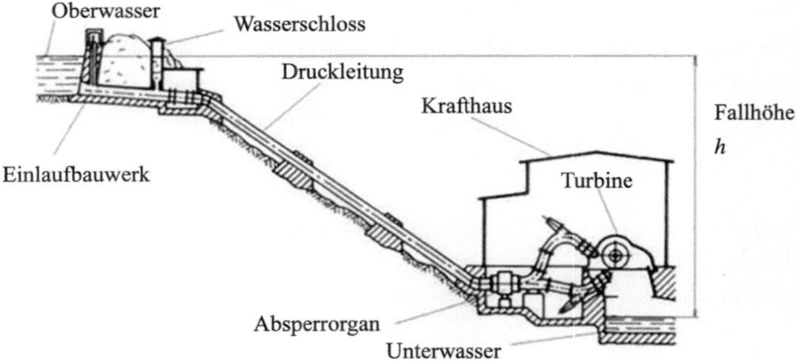

Abb. 1.12 Aufbau eines Wasserkraftwerkes [17]

Abb. 1.13 Schematische
Darstellung eines
Laufwasserkraftwerks [20]

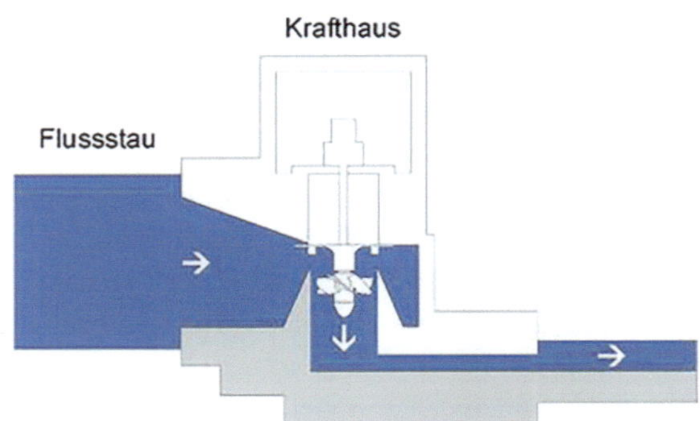

Grundsätzlich kann man Wasserkraftwerke in drei Bauarten unterteilen:

- **Laufwasserkraftwerk**
  Dieser Kraftwerkstyp ist meistens an Flüssen vorzufinden. Ohne nennenswerte Speicher-
  möglichkeiten nutzen Laufwasserkraftwerke das natürliche Wasserangebot des Flusses
  und stellen ganzjährig Strom für die Grundlastversorgung bereit (Abb. 1.13).
- **Speicherkraftwerk**
  In einem Speicherkraftwerk wird Wasser von einem natürlichen Zulauf in einem Stausee
  gesammelt und je nach Bedarf über Turbinen abgelassen. Somit können Speicherkraftwerke genutzt werden, um Lastspitzen im Netz auszugleichen und das elektrische Netz
  zu stabilisieren (Abb. 1.14).
- **Pumpspeicherkraftwerk**
  Pumpspeicherkraftwerke bieten die Möglichkeit, Energie effektiv zu speichern. Über
  Pumpen kann bei einem Überangebot im Stromnetz, Wasser aus einem tiefer gelegenen See in einen höher gelegenen gepumpt werden. Treten im Netz Lastspitzen auf, so
  kann innerhalb kürzester Zeit Wasser aus dem Oberwasser über Turbinen in das Unterwasser abfließen und stellt somit Primärregelleistung bereit. Pumpspeicherkraftwerke
  stellen somit wichtige Regeleigenschaften für das elektrische Netz zur Verfügung und
  ermöglichen erst die effektive Nutzung anderer regenerativer Energiequellen, wie die
  Wind- und Sonnenenergie. In Pumpspeicherkraftwerken sind hydraulische Strömungs-

Abb. 1.14 Schematische
Darstellung eines
Speicherkraftwerks [20]

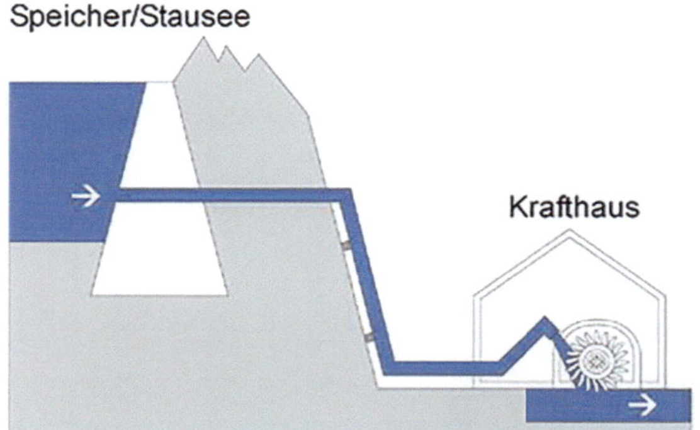

maschinen sowohl als Kraftmaschine zur Energiegewinnung (Wasserturbine) als auch als Arbeitsmaschinen zum Fluidtransport (Turbopumpe) eingesetzt.

Neben der Einteilung nach der Bauart der Wasserkraftwerke ist die Einteilung nach der Nutzfallhöhe H möglich. Unterschieden wird dabei zwischen Niederdruck-, Mitteldruck- und Hochdruckkraftwerk.

- **Niederdruckkraftwerk** mit einer Fallhöhe bis ca. $H = 15$ m. Meist ist diese Fallhöhe bei Laufwasserkraftwerken anzutreffen. Ein Beispiel für ein Niederdruckkraftwerk ist das Laufwasserkraftwerk in Iffezheim am Oberrhein. Mit einer mittleren Nutzfallhöhe von $H = 11$ m und einem Gesamtdurchfluss von $Q = 1500 \, m^3/s$ erzeugen 5 Rohrturbinen eine Leistung von maximal $P = 148 \, MW$ [2].
- **Mitteldruckkraftwerk** mit einer Fallhöhe von $H = 15...50$ m. Die Bauweise dieser Kraftwerke sind meistens Speicherkraftwerke mit niedrigen Talsperren oder Laufwasserkraftwerke mit hohen Wehranlagen. Das Pumpspeicherkraftwerk Bleiloch mit einer Fallhöhe von $H = 49$ m und einer installierten Leistung von $P = 80$ MW ist ein typisches Beispiel für ein Mitteldruckkraftwerk [3].
- **Hochdruckkraftwerk** ab einer Fallhöhe von $H = 50$ m. Dieser Kraftwerkstyp ist aufgrund der Höhendifferenz zwischen Oberwasser OW und Unterwasser UW meistens in Gebirgen anzutreffen. Aufgrund der hohen Fallhöhen wird ein Wasserschloss benötigt, welches Druckstöße in der Rohrleitung beim Schließen der Armaturen verhindern soll. Ein Beispiel für ein Hochdruckkraftwerk ist das Kopswerk II im Montafon mit einer Nutzfallhöhe von $H = 818$ m und drei Turbinensätzen, siehe Abb. 1.15 [4].

Bei der Planung und Auslegung eines Wasserkraftwerkes und deren Turbinentypen ist die Kenntnis des naturgegebenen, örtlichen Wasserdargebots mit Fallhöhe H und Abflussmenge Q wichtig. Messungen der Ganglinie über einen Zeitraum von einem Jahr ergeben dann die Abflussdauerlinie bzw. Jahresdauerlinie, siehe Abb. 1.16. Basierend auf der Jahresdauerlinie wird ein Ausbauzustand mit Ausbauzeit, Ausbaufallhöhe, Ausbaudurchfluss, Ausbauleistung in einem Leistungsplan festgelegt, siehe Abb. 1.17. Dabei ist der Ausbaudurchfluss Q_a in Abb. 1.17 der Auslegungsdurchfluss für die Nennleistung des Wasserkraftwerkes. Oft

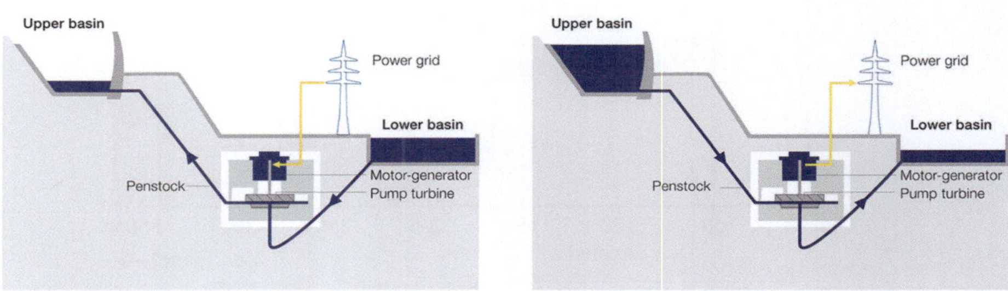

Abb. 1.15 Schematische Darstellung eines Pumpspeicherkraftwerks [1]

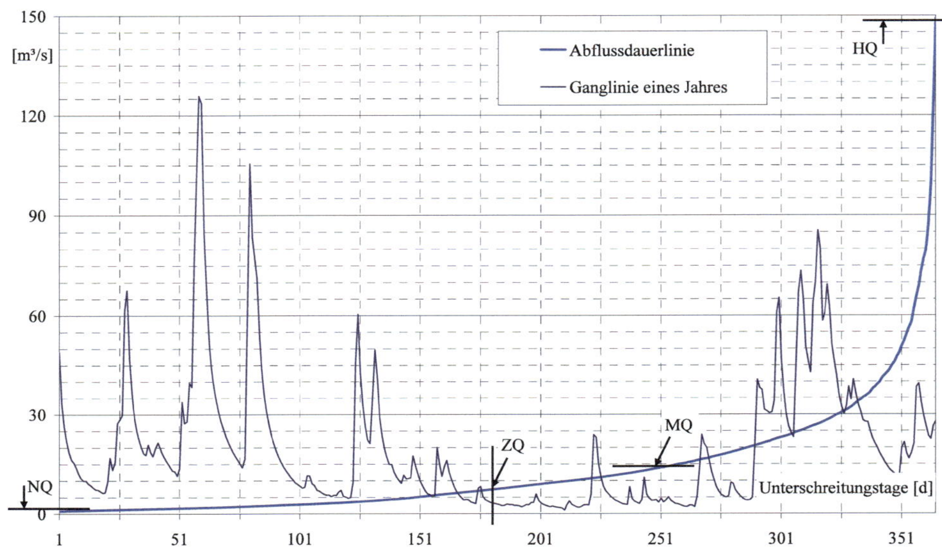

Abb. 1.16 Exemplarische Abfluss- bzw. Jahresdauerlinie und Ganglinie eines Jahres [17]

wird $Q_a = Q_{100}$ gewählt, was einem Abfluss entspricht, der an mindestens 100 Tagen überschritten wird [17].

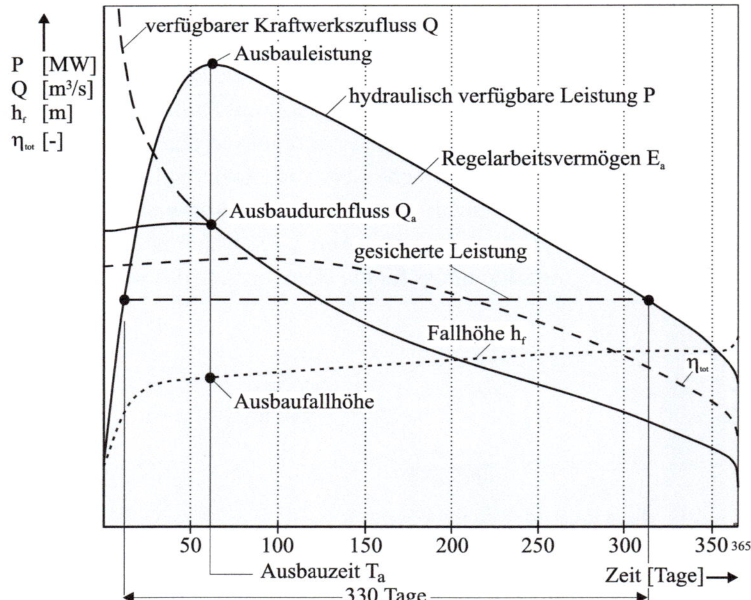

Abb. 1.17 Schematisierter Leistungsplan und Ausbauzustand [17]

Hydraulische Strömungsmaschinen werden als Pumpen bzw. Kreiselpumpen oder Turbopumpen in Pumpspeicherkraftwerken als auch in der Wasserversorgung und in vielen technischen Anwendungen eingesetzt. Je nach Anwendungsfall kommen häufig Kreiselpumpen als Axial-, Diagonal- und Radialpumpen zur Anwendung, die das Arbeitsmittel auf die hohen Drücke verdichten.

1.4.2 Wirkungsweise und Bauarten hydraulischer Strömungsmaschinen

Der wichtigste Bestandteil eines Wasserkraftwerks ist die hydraulische Strömungsmaschine. Ihre Aufgabe ist es, dem Fluidstrom Wasser Energie in Form von Druckenergie und kinetischer Energie zu entziehen und diese als technische Arbeit über die rotierende Welle direkt an eine Arbeitsmaschine bzw. an einen Generator zu übertragen. Wasserturbinen lassen sich nach dem Funktionsprinzip in zwei grundlegende Gruppen unterteilen. Je nach anliegendem Druckgefälle am Laufrad der Turbinenstufe (Reaktionsgrad r der Stufe) unterscheidet man zwischen Aktions- und Reaktionsturbine, siehe Abschn. 4.1.

- **Aktionsturbine $r = 0$**
  Diese Turbinen werden auch Gleichdruckturbinen genannt. Die Umströmung des Laufrads erfolgt hier druckfrei (in der Regel bei Umgebungsdruck). Somit ist das Druckgefälle Δp_{La} am Laufrad, sowie der Reaktionsgrad $r = 0$. Im Leitrad wird der aufgrund der Fallhöhe herrschende Druck in Geschwindigkeitsenergie umgewandelt. Allein die Umlenkung der Strömung im Laufrad sorgt für ein Drehmoment an der Turbinenwelle. Die Umströmung des Laufrads erfolgt bei Aktionsturbinen nur an Teilen des Laufrads (Teilbeaufschlagung). Es ist darauf zu achten, dass das Laufrad nicht in das Unterwasser eintaucht, sondern einen Überhang zum Unterwasser aufweist. Die Gefahr der Kavitation besteht bei diesen Turbinen nicht. Beispiele für diese Funktionsweise sind die Pelton- und die Durchströmturbine.
- **Reaktionsturbine $r > 0$**
  Auch als Überdruckturbinen bezeichnet, weisen Reaktionsturbinen ein Druckgefälle Δp_{La} am Laufrad auf. Durch das vollständige Eintauchen der Turbine in das Fluid (Vollbeaufschlagung), baut sich bei der Durchströmung ein Gegendruck auf. Am Laufradeintritt wird nur ein Teil der Druckenergie in Geschwindigkeitsenergie umgewandelt. Der Druckabfall im Laufrad kann mithilfe eines Saugrohres zu großen Teilen zurückgewonnen werden. Dadurch erhöht sich der Wirkungsgrad der Anlage, allerdings steigt auch die Kavitationsgefahr. Die gängigsten Bauformen für Reaktionsturbinen sind die Francis-Turbine und die Kaplan-Turbine.

Eine weitere Einteilung der Wasserturbinen ist anhand des Einsatzbereiches möglich. Abhängig von der zur Verfügung stehenden Fallhöhe H (in Abb. 1.18 und 1.19 als $H = h_f$ bezeichnet) und dem Durchfluss Q, werden bestimmte Turbinenbauarten in Betracht gezo-

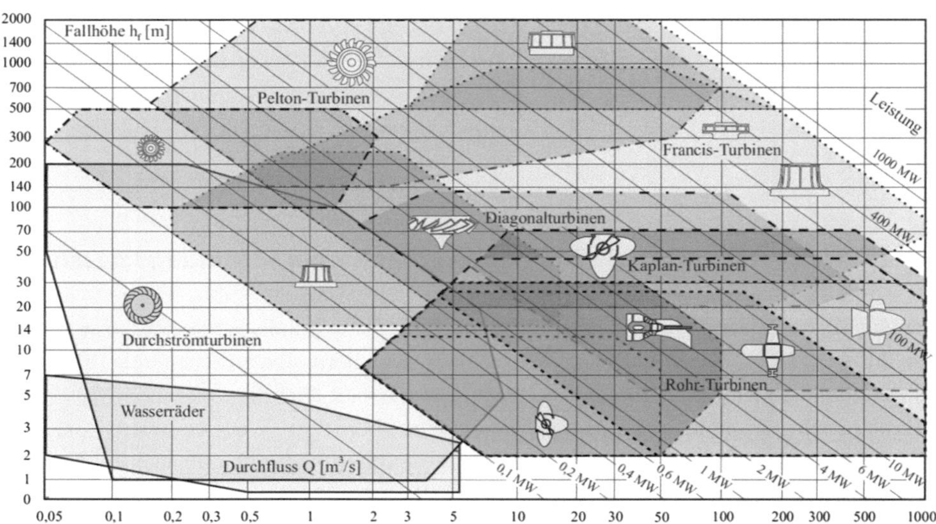

Abb. 1.18 Einsatzbereiche von Wasserturbinen: Fallhöhe in Abhängigkeit vom Durchfluss [17]

gen. In Abb. 1.18 sind verschiedene Turbinenausführungen in Abhängigkeit von Fallhöhe und Durchfluss aufgetragen. Grundsätzlich gibt es keine klaren Grenzen, wann welcher Turbinentyp zum Einsatz kommt, allerdings kann eine solche Einteilung als grobe Richtlinie verwendet werden. So ist bei einer großen vorhandenen Fallhöhe von mehreren hundert Metern und zugleich geringem Durchsatz, der Einbau einer Pelton-Turbine sinnvoll. Anders ist es bei geringen Fallhöhen von wenigen zehn Metern und einem Durchsatz bis zu mehre-

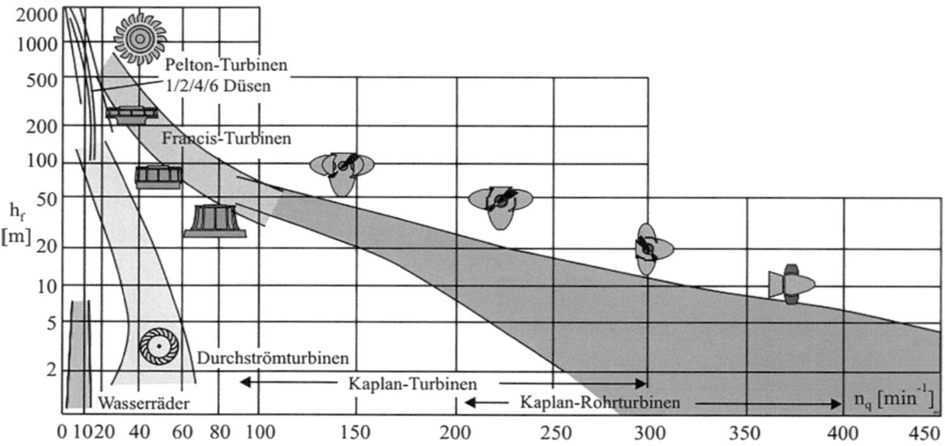

Abb. 1.19 Einsatzbereiche von Wasserturbinen: Fallhöhe $H(h_f)$ in Abhängigkeit von der spezifischen Drehzahl n_q [17]

ren hundert Kubikmetern in der Sekunde der Fall. Hier würde man sehr wahrscheinlich auf eine Bauform der Kaplan-Turbine zurückgreifen.

Eine ähnliche Einteilung kann getroffen werden, indem man die Turbinenbauarten in Abhängigkeit von Fallhöhe H und spezifischer Drehzahl n_q darstellt, siehe Abb. 1.19. In diesem Diagramm sind die Einsatzbereiche verschiedener Bauarten, sowie deren Laufradausführungen in Abhängigkeit von $H = h_f$ und n_q dargestellt. Die spezifische Drehzahl n_q wird für die Kennzeichnung ähnlicher Laufradformen verwendet, siehe Abschn. 4.3.

Physikalische Grundlagen

2

Die Beschreibung der physikalischen Vorgänge innerhalb der Strömungsmaschine erfolgt durch strömungsmechanische und thermodynamische Grundgesetze, welche sind:

- *Erhaltungssatz der Masse:* Die Masse eines Körpers ist unveränderlich.
- *Erhaltungssatz der Energie:* Die Gesamtenergie eines abgeschlossenen Systems ändert sich nicht, aber Änderungen der Energieform sind möglich. Dies gilt für offene und geschlossene Systeme.
- *Erhaltungssatz des Impulses:* Ohne die Wirkung von äußeren Kräften auf einen Körper bleibt der Impuls konstant.

Solange die Strömungsgeschwindigkeit c bei strömenden Gasen und Dämpfen klein gegenüber der Schallgeschwindigkeit a ist, kann die Kompressibilität und ihr Einfluss auf den thermodynamischen Zustand des bewegten Mediums vernachlässigt werden. Die Dichte ρ kann als konstant bzw. das Medium als inkompressibel betrachtet werden ($c \ll a \rightarrow \rho = const$). Wenn aber die mit der Bewegung einhergehenden Druckänderungen merklich sind, ändern sich auch die Zustandsgrößen T und ρ in nicht mehr vernachlässigbarer Weise. Die Dichte ρ ist nicht mehr konstant, und das Medium ist als kompressibel zu betrachten. Die Strömung kompressibler Medien ist daher in vielen Fällen eng mit der Thermodynamik verknüpft.

2.1 Grundlagen der Thermodynamik

Zur Beschreibung der globalen Vorgänge in Turbomaschinen dient die Thermodynamik, die sich u. a. mit den Zuständen und den Zustandsänderungen thermodynamischer Systeme unter dem Einfluss von Wärme und Arbeit befasst [32]. Bei Turbomaschinen wird der 1. Hauptsatz

© Der/die Autor(en), exklusiv lizenziert an Springer Fachmedien Wiesbaden GmbH, ein Teil von Springer Nature 2026
G. Thieleke und R. Feyrer, *Turbomaschinen*,
https://doi.org/10.1007/978-3-658-48698-3_2

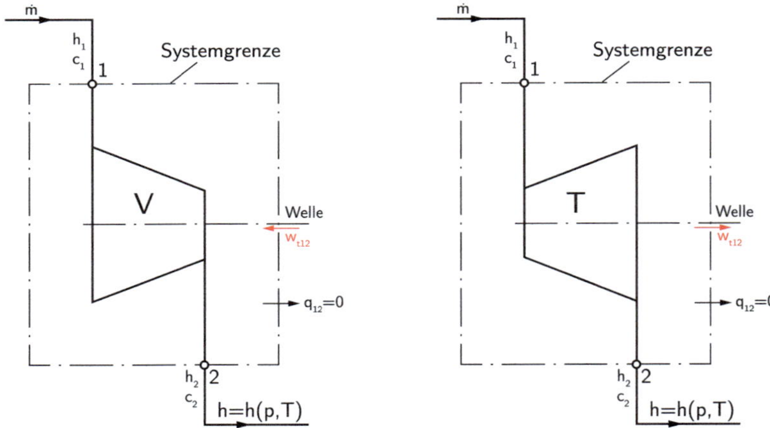

Abb. 2.1 Energiebilanz für Turbomaschinen bei einem stationären Fließprozess (Anlagenschema).
V: Verdichter links, T: Turbine rechts

(1. HS) der Thermodynamik für offene Systeme als Energieerhaltungssatz angewendet, da es sich um Fließprozesse handelt. Der 1. HS für offene Systeme verknüpft bei Turbomaschinen die über die Systemgrenzen übertragenen Prozessgrößen mit den Zustandsgrößen und ergibt sich für den stationären Fließprozess bzw. die stationäre Strömung, siehe Abb. 2.1:

$$\underbrace{\underbrace{u_1}_{innere\ Energie} + \underbrace{p_1 \cdot v_1}_{Druckenergie}}_{Enthalpie} + \underbrace{\frac{c_1^2}{2}}_{kinetische\ Energie} + \underbrace{g \cdot z_1}_{potentielle\ Energie} + \underbrace{\frac{P}{\dot{m}}}_{zugeführte\ spez.\ Arbeit}$$

$$= h_2 + \frac{c_2^2}{2} + g \cdot z_2 + \underbrace{\frac{\dot{Q}_{ab}}{\dot{m}}}_{abgeführte\ spez.\ Wärme} \tag{2.1}$$

Dabei ist u die spezifische innere Energie und h die spezifische Enthalpie mit

$$h = u + p \cdot v \tag{2.2}$$

oder in differentieller Form

$$dh = du + p \cdot dv + v \cdot dp \tag{2.3}$$

Durch Einsetzen von Gl. (2.2) in (2.1) und mit der zugeführten spez. technischen Arbeit

$$w_{t12} = \frac{P}{\dot{m}}$$

und mit der abgeführten spez. Wärme

$$q_{12} = q_{ab} = \frac{\dot{Q}_{ab}}{\dot{m}}$$

ergibt sich dann für den Verdichter (offenes System):

$$w_{t12} + q_{12} = (h_2 - h_1) + \frac{1}{2} \cdot (c_2^2 - c_1^2) + g \cdot (z_2 - z_1) = h_{t2} - h_{t1} \qquad (2.4)$$

h_t wird als Totalenthalpie bezeichnet und setzt sich aus der Summe der statischen Enthalpie (innere Zustandsgröße), der kinetischen und der potentiellen Energie als äußere Zustandsgrößen zusammen. Im thermischen Turbomaschinenbau ist allerdings die Differenz der potenziellen Energie $g \cdot (z_2 - z_1)$ gegenüber der kinetischen Energie und der statischen Enthalpie meistens vernachlässigbar, so dass im Weiteren gilt:

$$h_t = h + \frac{1}{2} \cdot c^2 \qquad (2.5)$$

Da bei ungekühlten Verdichtern die durch das Gehäuse abgegebene Wärmemenge q_{12} ebenfalls oft vernachlässigt werden kann, wird aus Gl. (2.4)

$$w_{t12} = h_{t2} - h_{t1} \approx h_2 - h_1 \; , \qquad (2.6)$$

das heißt, bei einem adiabaten Verdichtungsvorgang ist die aufzubringenden technische Arbeit gleich der Änderung der Totalenthalpie h_t oder statischen Enthalpie h für $c_1 \approx c_2$ von Zustand 1 zu Zustand 2. In Tab. 2.1 sind die wichtigen Sonderfälle für w_{t12} und q_{12} zusammengefasst.

Der zweite Hauptsatz formuliert die Umkehrbarkeit von thermodynamischen Prozessen. Zur quantitativen Beschreibung wird die Zustandsgröße Entropie S bzw. spezifische Entropie s mit folgenden Eigenschaften eingeführt (in differenzieller Form):

$$ds = \frac{du + p \cdot dv}{T} = \frac{dh - v \cdot dp}{T} \; , \qquad (2.7)$$

und mit der Volumenänderungsarbeit w_v (geschlossenes System) und der Druckarbeit w_p (offenes System)

Tab. 2.1 Spezialfälle des 1. Hauptsatzes für offene Systeme

w_{t12}	q_{12}	Fall
0	0	Adiabater Strömungsvorgang
<0	0	Adiabate Expansion
> 0	0	Adiabate Verdichtung
>0	< 0	Gekühlte Verdichtung

$$w_v = -\int p\,dv \;,\; w_p = \int v\,dp$$

ergibt sich für ein offenes System bei Berücksichtigung einer Reibarbeit w_R (Dissipations-arbeit oder -energie) die technische Arbeit w_t zu:

$$\underbrace{w_t}_{technische\,Arbeit} = \underbrace{w_p}_{Druckarbeit} + \underbrace{w_R}_{Dissipationsarbeit} \tag{2.8}$$

und es gilt somit in differenzieller Form:

$$ds = \frac{dh - v \cdot dp}{T} = \frac{dq}{T} + \frac{dw_R}{T} \;, \tag{2.9}$$

$$ds = (du + pdv)/(T) = dq/(T) + dw_R/(T) \tag{2.10}$$

Eigenschaften der Entropie:

- Sie soll bei irreversiblen, also nicht umkehrbaren Prozessen von adiabaten (wärmedichten) Systemen stets zunehmen ($dq = 0 \to ds > 0$)
- Sie soll bei reversiblen Prozessen adiabter Systeme konstant bleiben ($dq = 0 \to ds = 0$)
- Bei nicht wärmedichten Systemen kann die Entropie auch abnehmen ($dq < 0 \to ds < 0$)

Der dritte Hauptsatz der Thermodynamik sagt schließlich aus, dass die Entropie eines reinen Stoffes im absoluten Nullpunkt verschwindet.

2.1.1 Zustandsgleichung und kalorische Zustandsgrößen

Mit den Zustandsgrößen Druck p, Temperatur T als absolute Temperatur und dem spezifischen Volumen v läßt sich der Zustand eines einfachen thermodynamischen Systems, das sich im Gleichgewicht bzw. im Beharrungszustand befindet, eindeutig beschreiben. Die Zustandsgleichung für ein reales Gas lautet

$$p \cdot v = z \cdot R \cdot T \tag{2.11}$$

R ist die Gaskonstante, z der sogenannte Realgasfaktor, der die Abweichung des Realgasverhaltens zum Verhalten des idealen Gases beschreibt. Er ist im allgemeinen eine komplizierte Zustandsfunktion und für unterschiedliche Gase verschieden. Für die (meisten) technisch verwendeten Gase ist er experimentell ermittelt und in Tabellen oder Diagrammen festgehalten. Für das Ideale Gas ist $z = 1$, so dass aus Gl. (2.11) folgt

$$p \cdot v = R \cdot T, \quad \frac{p}{\rho} = R \cdot T \tag{2.12}$$

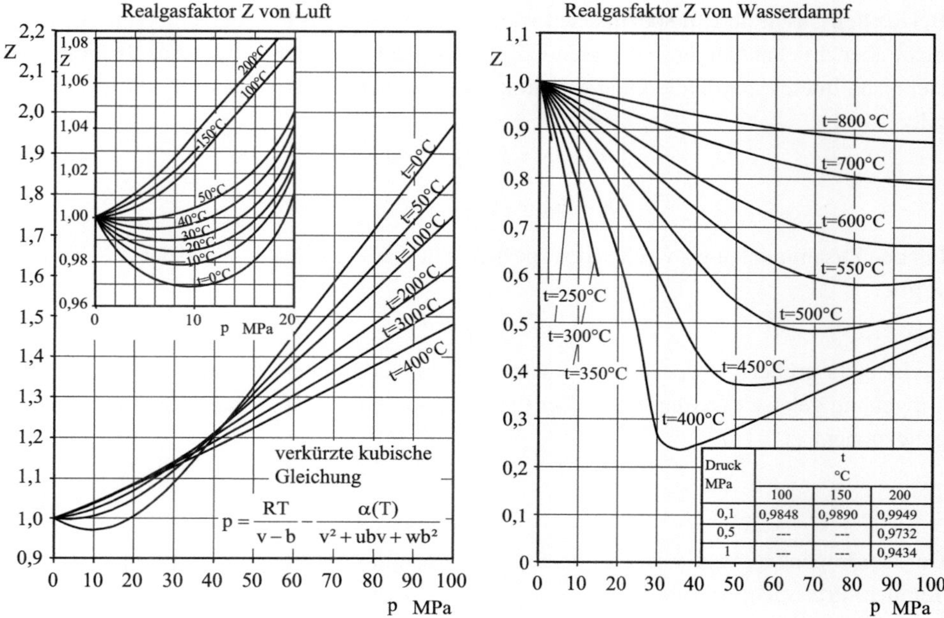

$$p = \frac{RT}{v-b} - \frac{\alpha(T)}{v^2 + ubv + wb^2}$$

Druck MPa	t °C		
	100	150	200
0,1	0,9848	0,9890	0,9949
0,5	---	---	0,9732
1	---	---	0,9434

Abb. 2.2 Realgasfaktor z für Luft und überhitzten Wasserdampf [37]

Abb. 2.2 zeigt den Realgasfaktor $z = z(p, T)$ für trockene Luft und überhitzten Wasserdampf als Funktion von p, T. Man erkennt deutlich, dass für mäßige Drücke oder bei höheren Temperaturen die ideale Gasgleichung mit ausreichender Genauigkeit verwendet werden kann.

Mit Hilfe der kalorischen Zustandsgleichungen lassen sich die innere Energie und die Enthalpie eines Gases bei einer bestimmten Temperatur bestimmen:

$$du = c_v dT \tag{2.13}$$

$$dh = du + d(pv) = du + d(RT) = (c_v + R)dT = c_p dT \ ,$$

$$h_2 - h_1 = \int dh = \int c_p dT \tag{2.14}$$

mit

$c_v = [\frac{\partial u}{\partial T}]_v$ spezifische Wärmekapazität bei konstantem Volumen

$c_p = [\frac{\partial h}{\partial T}]_p$ spezifische Wärmekapazität bei konstantem Druck

Bei idealen Gasen sind die spezifischen Wärmen entweder konstant oder temperaturabhängig nicht aber druckabhängig, bei realen Gasen sind sie temperatur- und druckabhängig. Für technisch interessante Fälle kann oft ein konstanter Mittelwert eingesetzt werden, so dass gilt:

$$u - u_0 = [c_v]_{T_0}^{T} \cdot (T - T_0) \tag{2.15}$$

$$h - h_0 = [c_p]_{T_0}^{T} \cdot (T - T_0) \tag{2.16}$$

Für den Zusammenhang zwischen den spezifischen Wärmekapazitäten und der Gaskonstante R gilt

$$R = c_p - c_v \tag{2.17}$$

c_p ist stets größer als c_v, da bei konstantem Druck Volumenänderungsarbeit gegen die Umgebung geleistet werden muss. Der Quotient der Wärmekapazitäten ergibt den Isentropenexponent κ:

$$\kappa = \frac{c_p}{c_v} \tag{2.18}$$

Der Isentropenexponent κ ist für Ideale Gase temperaturabhängig und nur innerhalb eines Temperaturbereichs konstant.

Die Enthalpie eines Stoffes nach Gl. (2.16) ist nur von der Temperatur T abhängig, also

$$h = \int_{T_0}^{T} c_p(T) dT.$$

Dabei ist T_0 die Temperatur, für die die Enthalpie willkürlich gleich null gesetzt wird, und $c_p(T)$ die wahre spezifische Wärmekapazität bei konstantem Druck, die auch bei idealen Gasen von der Temperatur abhängt, bei anderen Stoffen außerdem auch vom Druck. Da in Gl. (2.16) Temperaturdifferenzen relevant sind, können auch die empirischen Temperaturen t in °C verwendet werden, da $dT = dt$ ist.

In Anwendung des Mittelwertsatzes der Integralrechnung wird auch

$$h = \int_{T_0}^{T} c_p(t) dt = [c_p]_{t_0}^{t} (T - T_0) \tag{2.19}$$

gesetzt, was praktisch bedeutet, dass im Temperaturbereich T_0 bis T die in Wirklichkeit variable spezifische Wärmekapazität durch einen konstanten Wert, die mittlere spezifische Wärmekapazität $[c_p]_{t_0}^{t}$ ersetzt wird. In Tab. A.1 im Anhang sind Zahlenwerte von $[c_p]_{t_0}^{t}$ angegeben, dort ist wie üblich die untere Temperatur $t_0 = 0$ °C, $T_0 = 273{,}15$ K gewählt worden.

Für irgend einen Temperaturbereich t_1 bis t_2 errechnet sich die Enthalpiedifferenz und die mittlere spezifische Wärmekapazität zu

$$h_2 - h_1 = [c_p]_{t_0}^{t_2} t_2 - [c_p]_{t_0}^{t_1} t_1$$

und

$$[c_p]_{t_1}^{t_2} = \frac{[c_p]_{t_0}^{t_2} t_2 - [c_p]_{t_0}^{t_1} t_1}{t_2 - t1} \tag{2.20}$$

Mit den beiden Zahlenwerten von R und $[c_p]_{t_1}^{t_2}$ ist das Verhalten eines idealen Gases vollständig beschrieben. Als dritte, aber nicht mehr unabhängige Größe wird durch

$$\frac{\kappa - 1}{\kappa} = \frac{R}{[c_p]_{t_1}^{t_2}} \tag{2.21}$$

der Isentropenexponent κ definiert, der ebenso wie die mittlere spezifische Wärmekapazität eine temperaturabhängige Größe ist, die nur innerhalb eines bestimmten Temperaturbereiches als konstant angesehen werden darf.

2.1.2 Zustandsänderungen Idealer Gase

Bringt man ein Gas von einem Zustand 1 auf einen Zustand 2, so erfährt es eine Zustandsänderung. In Tab. 2.2 sind einige idealisierte Prozesse, die eine solche Zustandsänderung bewirken, zusammengefasst, siehe auch Abb. 2.5. Die Abb. 2.3 bis 2.4 zeigen die wichtigsten Zustandsänderungen im p-v- und T-s- Diagramm. Die Isobare kommt bei Wärmeübetragungsprozessen, die Isentrope bei Arbeitsprozessen vor.

Der Verlauf der Zustandsänderungen in einem Zustandsdiagramm kann je nach Zustandsdiagramm unterschiedlich gedeutet werden.

Im p-v- Diagramm stellt die Fläche unter dem Zustandsverlauf die umgesetzte Arbeit einschließlich Reibarbeit ($w_{v12} = -\int\limits_1^2 p dv + |w_R|$ oder $w_{t12} = \int\limits_1^2 v dp + |w_R|$) dar. Liegt

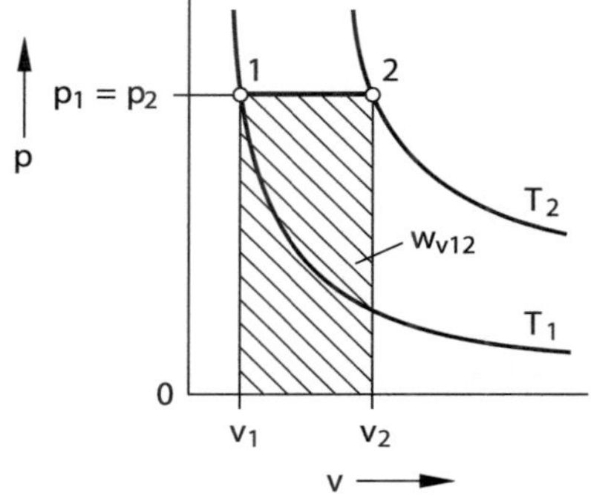

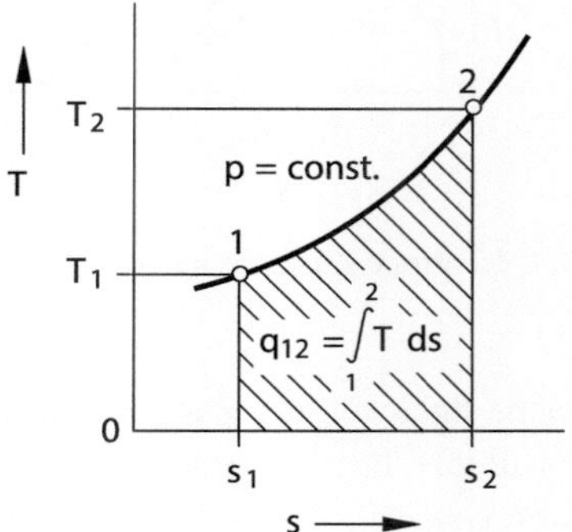

Abb. 2.3 Isobare Zustandsänderung

Tab. 2.2 Zustandsänderungen Idealer Gas

	p, v, T	n	q_{12}	$w_{v12} = -\int\limits_1^2 p\,dv$	$w_{p12} = \int\limits_1^2 v\,dp$
Isobar	$p = const$ $\dfrac{T_2}{T_1} = \dfrac{v_2}{v_1}$	0	$c_p(T_2 - T_1)$	$-p(v_2 - v_1)$	0
Isochor	$v = const$ $\dfrac{T_2}{T_1} = \dfrac{p_2}{p_1}$	∞	$c_v(T_2 - T_1)$	0	$-v(p_2 - p_1)$
Isotherm	$T = const$ $\dfrac{p_2}{p_1} = \dfrac{v_1}{v_2}$	1	$-RT \ln \dfrac{p_2}{p_1}$	$-q_{12}$	$-q_{12}$
Isentrop	$s = const$ $\dfrac{T_2}{T_1} =$ $\left(\dfrac{p_2}{p_1}\right)^{\frac{\kappa-1}{\kappa}} =$ $\left(\dfrac{v_1}{v_2}\right)^{\kappa-1}$	κ	0	$c_v(T_2 - T_1)$	$c_p(T_2 - T_1)$
Polytrop	$pv = RT$ (allgemein) $\dfrac{T_2}{T_1} =$ $\left(\dfrac{p_2}{p_1}\right)^{\frac{n-1}{n}} =$ $\left(\dfrac{v_1}{v_2}\right)^{n-1}$	n	$c_v\dfrac{n-\kappa}{n-1}(T_2 - T_1)$	$R\dfrac{1}{n-1}(T_2 - T_1)$	$n\,w_{v12}$

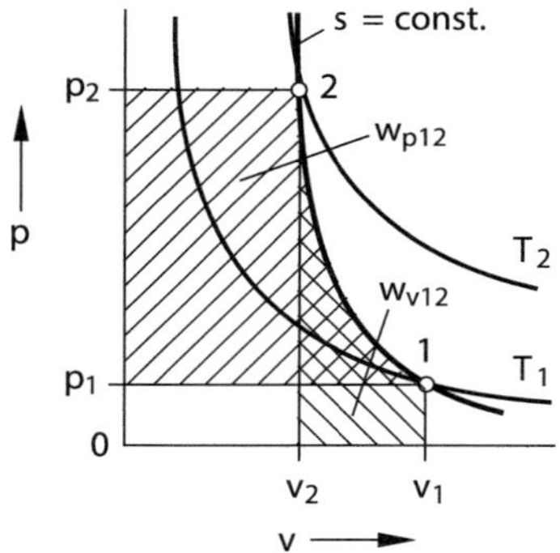

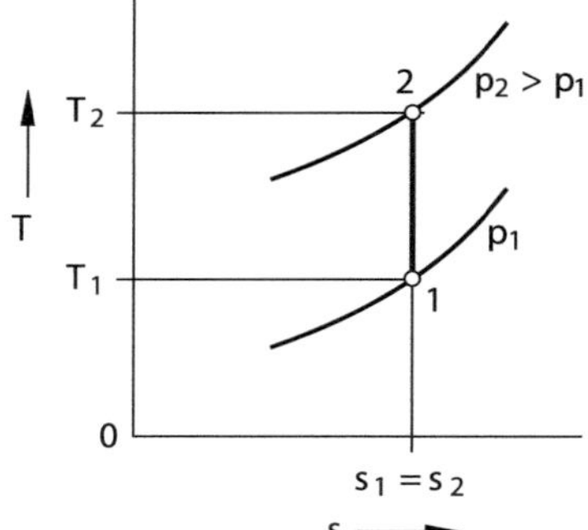

Abb. 2.4 Isentrope Zustandsänderung

die Fläche links von der Zustandsänderung von 1 nach 2, wird Arbeit zugeführt ($w_t > 0$, Arbeitszufuhr), liegt sie rechts von der Zustandsänderung (hier von 2 nach 1), wird Arbeit abgeführt ($w_t < 0$, Arbeitsgewinn), siehe Abb. 2.4.

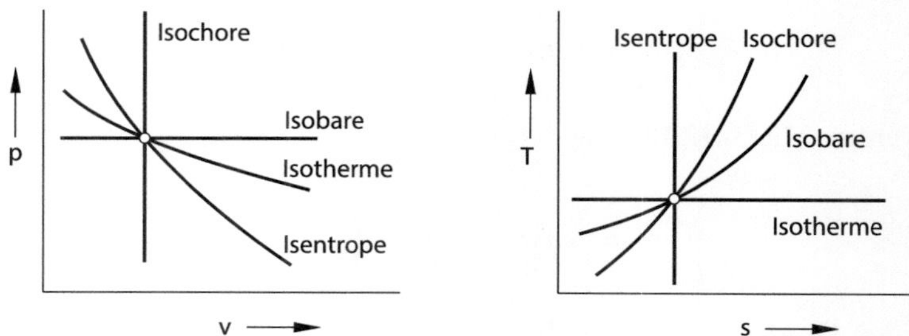

Abb. 2.5 Spezielle Zustandsänderungen

Im T-s- Diagramm stellt die Fläche unter dem Zustandsverlauf die umgesetzte Wärme einschließlich Dissipationsenergie (Reibarbeit) $(dq = T\,ds + dw_R$ oder $q = \int\limits_{1}^{2} T\,ds + w_{R12})$ dar. Liegt die Fläche links von der Zustandsänderung (hier von 2 nach 1), wird Wärme abgeführt ($dq < 0$, Wärmeabfuhr), liegt sie rechts von der Zustandsänderung von 1 nach 2, wird Wärme zugeführt ($dq > 0$, Wärmezufuhr) siehe Abb. 2.3. Im T-s- Diagramm lassen sich auch die Differenzen der inneren Energie Δu und der Enthalpie Δh als Flächen darstellen. Die Differenz der inneren Energie Δu zweier Zustände $u_2 - u_1$ mit gleichem Volumen wird als Fläche unter der gemeinsamen Isochoren dargestellt. Die Enthalpiedifferenz Δh zweier Zustände $h_2 - h_1$ mit gleichem Druck wird als Fläche im T-s- Diagramm unter der gemeinsamen Isobaren dargestellt, siehe Abb. 2.6.

Isentrope Zustandsänderung. Für eine Zustandsänderung, bei der die Entropie weder durch Wärmezufuhr von außen noch durch innere Reibung verändert wird (adiabat und reversibel), gilt die Differentialgleichung

$$\frac{dp}{p} = -\kappa \frac{dv}{v} \ .$$

Wenn man κ als konstant annimmt, kann sie zu

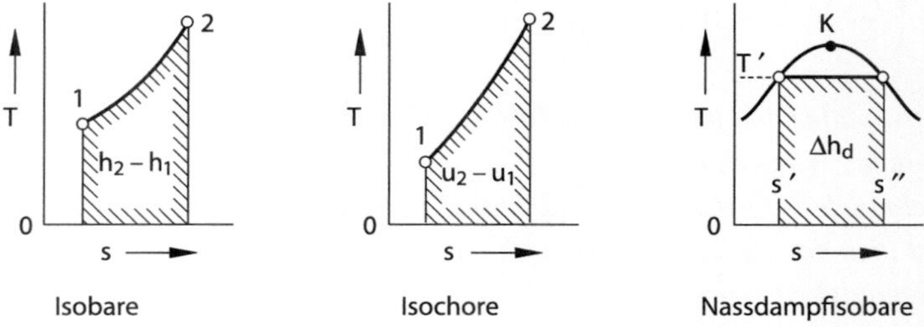

Abb. 2.6 Darstellung der Differenzen $u_2 - u_1$ und $h_2 - h_1$ im T-s- Diagramm

$$pv^{\kappa} = const; \qquad \frac{p_1}{p_2} = \left(\frac{v_2}{v_1}\right)^{\kappa} . \tag{2.22}$$

integriert werden. Mit Gl. (2.12) folgt weiter

$$\frac{T}{p^{\frac{\kappa-1}{\kappa}}} = const; \qquad \frac{T_1}{T_2} = \left(\frac{p_1}{p_2}\right)^{\frac{\kappa-1}{\kappa}} . \tag{2.23}$$

Zusammen mit Gl. (2.21) ergeben sich damit für die isentrope Enthalpiedifferenz die oft gebrauchten Beziehungen

$$\Delta h_s = h_2 - h_1 = \frac{\kappa}{\kappa-1} p_1 v_1 \left[\left(\frac{p_2}{p_1}\right)^{\frac{\kappa-1}{\kappa}} - 1\right] = \frac{\kappa}{\kappa-1} R T_1 \left[\left(\frac{p_2}{p_1}\right)^{\frac{\kappa-1}{\kappa}} - 1\right] \tag{2.24}$$

$$\Delta h_s = h_2 - h_1 = \frac{\kappa}{\kappa-1} p_1 v_1 \left[1 - \left(\frac{p_2}{p_1}\right)^{\frac{\kappa-1}{\kappa}}\right] = \frac{\kappa}{\kappa-1} R T_1 \left[1 - \left(\frac{p_2}{p_1}\right)^{\frac{\kappa-1}{\kappa}}\right] \tag{2.25}$$

Von diesen liefert die erste ein positives Ergebnis für die Kompression als isentrope Verdichtungsarbeit, die zweite für die Expansion als isentrope Expansionsarbeit.

Beispiel 2.1 *Ausgehend vom Zustand $p_1 = 0,4\,MPa$, $t_1 = 800\,°C$ expandiert Luft isentrop auf einen Gegendruck von $p_2 = 0,1\,MPa$. Man berechne die Temperatur t_2 und die Enthalpiedifferenz.*

Lösung 2.1 *Da die Temperatur t_2 nicht bekannt ist, kann auch die mittlere spezifische Wärmekapazität noch nicht nach Gl. (2.20) berechnet werden. Deshalb wird zunächst näherungsweise mit dem für $t_1 = 800\,°C$ gültigen Wert gearbeitet und das Resultat schrittweise verbessert, indem der Tab. 2.3 eine weitere Spalte zugefügt wird.*

Für die vierte Spalte folgt aus den Gl. (2.21) und (2.23) mit $R = 0,287\,\frac{kJ}{kgK}$

$$\frac{\kappa-1}{\kappa} = \frac{R}{[c_p]_{t_1}^{t_2}} = \frac{0,287\,kJ/(kgK)}{1,072\,kJ/(kgK)} = 0,2677; \qquad \kappa = 1,366$$

$$T_2 = T_1 \left(\frac{p_2}{p_1}\right)^{\frac{\kappa-1}{\kappa}} = 1073\,K \left(\frac{0,1\,MPa}{0,4\,MPa}\right)^{0,2677} = 740\,K \qquad bzw. \quad t_2 = 467\,°C.$$

Für die fünfte Spalte kann jetzt aus der Tab. A.1 ein verbesserter Wert von $[c_p]_{t_0}^{t_2}$ entnommen und die Rechnung wiederholt werden.

Das Ergebnis der vierten Spalte weicht noch erheblich vom richtigen Resultat ab, eine Korrektur ist also notwendig. Bereits nach einmaliger Verbesserung wird jedoch eine hinreichende Genauigkeit erreicht.

Damit lässt sich die Enthalpiedifferenz Δh berechnen. Mit $p_1 v_1 = R T_1$ folgt aus Gl. (2.25)

Tab. 2.3 Berechnung der Expansionsendtemperatur (Beispiel 2.1)

$[c_p]_{t_0}^{t_1}$	$\frac{kJ}{kgK}$	Tab. A.1	1,072	1,072	1,072
$[c_p]_{t_0}^{t_2}$	$\frac{kJ}{kgK}$	Tab. A.1	1,072	1,036	1,037
$[c_p]_{t_1}^{t_2}$	$\frac{kJ}{kgK}$	Gl. (2.20)	1,072	1,123	1,125
$\frac{\kappa-1}{\kappa}$	1	Gl. (2.21)	0,2677	0,2556	0,2552
T_2	K	Gl. (2.23)	740	753	753
t_2	$^\circ C$		467	480	480

$$\Delta h = \frac{RT_1}{\frac{\kappa-1}{\kappa}}\left[1-\left(\frac{p_2}{p_1}\right)^{\frac{\kappa-1}{\kappa}}\right] = \frac{0,287\,kJ/(kgK)\cdot 1073\,K}{0,2552}\left[1-\left(\frac{0,1\,MPa}{0,4\,MPa}\right)^{0,2552}\right]$$

$$= 359,6\,\frac{kJ}{kg}.$$

Polytrope Zustandsänderung Für eine allgemeine Zustandsänderung, wie sie bei der Expansion in einer realen Turbine oder bei der Kompression in einem realen Verdichter vorkommt, gilt die Polytropengleichung

$$pv^n = \text{const}; \qquad \frac{p_1}{p_2} = \left(\frac{v_2}{v_1}\right)^n \tag{2.26}$$

Eine polytrope Zustandsänderung ist verglichen mit der isentropen Zustandsänderung immer mit einer Entropieänderung $ds > 0$ verbunden. Analog zu den Isentropengleichungen mit κ als Isentropenexponent werden Polytropengleichungen mit n als Polytropenexponent verwendet. Nach Gl. (2.21) ist κ nur eine Funktion des Arbeitsmediums; im Polytropenexponent n ist zusätzlich noch die Qualität oder Güte der Expansion bzw. Kompression enthalten. Analog zu Gl. (2.23) ergibt sich

$$\frac{T}{p^{\frac{n-1}{n}}} = \text{const}$$

folgt durch Logarithmieren und Differenzieren

$$\frac{dT}{T} = \frac{n-1}{n}\frac{dp}{p}.$$

Damit errechnet sich das polytrope Enthalpiegefälle dh

$$dh = c_p dT = c_p \frac{T}{p}\frac{n-1}{n}dp$$

Damit ergeben sich analog zu den isentropen Enthalpiedifferenzen die oft gebrauchten Beziehungen für die polytropen Enthalpiedifferenzen:

$$\Delta h_{pol} = h_2 - h_1 = \frac{n}{n-1} p_1 v_1 \left[\left(\frac{p_2}{p_1} \right)^{\frac{n-1}{n}} - 1 \right] = \frac{n}{n-1} R T_1 \left[\left(\frac{p_2}{p_1} \right)^{\frac{n-1}{n}} - 1 \right] \quad (2.27)$$

$$\Delta h_{pol} = h_2 - h_1 = \frac{n}{n-1} p_1 v_1 \left[1 - \left(\frac{p_2}{p_1} \right)^{\frac{n-1}{n}} \right] = \frac{n}{n-1} R T_1 \left[1 - \left(\frac{p_2}{p_1} \right)^{\frac{n-1}{n}} \right] \quad (2.28)$$

Von diesen liefert die erste ein positives Ergebnis für die Kompression als polytrope Verdichtungsarbeit, die zweite für die Expansion als polytrope Expansionsarbeit. Die polytrope Arbeit gibt die reale Gasarbeit wieder und wird bei der Berechnung mehrstufiger Turbinen oder Verdichter verwendet. Zusätzlich wird in Abschn. 3.3.2 der polytrope Wirkungsgrad und in Abschn. 3.4.1 der polytrope Wärmerückgewinn definiert.

Idealer Dampf. Auch für Idealen Dampf kann die thermische Zustandsgl. (2.11)

$$pv = zRT \ ,$$

verwendet werden, wobei der Realgasfaktor z im Sonderfall des idealen Gases gleich eins, im Allgemeinen aber eine Zustandsgröße, also eine Funktion zweier anderer, etwa von Temperatur und Druck oder auch von Entropie und Druck ist, siehe Abb. 2.2.

Stoffe, für die z allein von der Entropie abhängig ist, stellen einen besonders einfachen Sonderfall dar. Sie haben zwar einen allgemeineren Charakter als die idealen Gase, bedeuten aber immer noch eine Idealisierung und werden als ideale Dämpfe bezeichnet, insbesondere für überhitzten Wasserdampf. Das bedeutet, dass dieser Stoff als überhitzter Dampf für die Anwendung in Strömungsmaschinen zu den wichtigsten gehört und nach den Gesetzen des idealen Dampfes behandelt werden kann.

Enthalpie Nach [35] folgt aus den Hauptsätzen der Thermodynamik und der obigen Definition des idealen Dampfes

$$h = \frac{\kappa}{\kappa - 1} pv + h^* \ , \quad (2.29)$$

wobei h^* eine Integrationskonstante ist, mit der der Nullpunkt der Enthalpieskala festgelegt wird. Besonders einfache Verhältnisse ergeben sich, wenn man diesen Nullpunkt so wählt, dass $h^* = 0$ wird. Für die so definierte Enthalpie

$$\bar{h} = \frac{\kappa}{\kappa - 1} pv \quad (2.30)$$

hat Traupel in [35] die Bezeichnung Normalenthalpie eingeführt. Anders als beim idealen Gas existiert für idealen Dampf kein einfacher Zusammenhang zwischen Temperatur und Enthalpie. Ist dort das Produkt pv der absoluten Temperatur proportional, so ist es beim idealen Dampf der Normalenthalpie proportional, sodass ähnlich einfache Zusammenhänge entstehen wie bei idealem Gas, wenn statt der Temperatur mit der Enthalpie gerechnet wird, die ohnehin für thermodynamische Berechnungen fast immer benötigt wird.

Isentrope Die Beziehung $pv^\kappa = const$, die weder die Temperatur noch die Enthalpie enthält, bleibt gültig. Zusammen mit Gl. (2.30) folgt daraus

$$\frac{\bar{h}}{p^{\frac{\kappa-1}{\kappa}}} = const; \qquad \frac{\bar{h}_1}{\bar{h}_2} = \left(\frac{p_1}{p_2}\right)^{\frac{\kappa-1}{\kappa}} . \tag{2.31}$$

Ein Vergleich mit Gl. (2.23) zeigt, dass auch hier die absolute Temperatur durch die Normalenthalpie ersetzt ist.

Gebrauchsformeln für überhitzten Wasserdampf Für Berechnungen mit nicht allzu großem Genauigkeitsanspruch kann man h^* in Gl. (2.29) gleich 1997 kJ/kg setzen. Für die Faktoren z und $\frac{\kappa}{\kappa-1}$ lassen sich die folgenden empirischen Gleichungen benutzen:

$$z = 1 - e^{\left(9{,}463 - \frac{s}{0{,}545\,kJ/(kgK)}\right)}$$

$$\frac{\kappa}{\kappa-1} = 3{,}987 + 0{,}1836\left(\frac{t}{1000\,°C}\right) + 0{,}3915\left(\frac{t}{1000\,°C}\right)^2 + 0{,}555\left(\frac{p}{100\,MPa}\right) . \tag{2.32}$$

Die Entropie ergibt sich aus

$$s = 6{,}936\,\frac{kJ}{kgK} + R\left[\frac{\kappa}{\kappa-1}\ln\left(\frac{T}{723\,K}\right) - z\ln\left(\frac{p}{4\,MPa}\right)\right] \tag{2.33}$$

mit der stoffspezifischen Gaskonstanten R, der molaren Gaskonstanten R_m und der molaren Masse M:

$$R = \frac{R_m}{M} = \frac{8{,}314\,kJ/(kmol\,K)}{18\,kg/kmol} = 0{,}4618\,\frac{kJ}{kgK} \tag{2.34}$$

Beispiel 2.2 *Für fünf ausgewählte Zustände überhitzten Wasserdampfes berechne man die Zustandsgrößen mit den angegebenen Gleichungen und prüfe die Genauigkeit anhand der Dampftafel im Anhang (Tab. A.3).*

Lösung 2.2

Die letzten drei Zeilen geben in Prozent die relativen Fehler der berechneten Zustandsgrößen gegenüber den als richtig angenommenen Werten aus der Dampftafel (Tab. A.3) an. Für grobe Überschlagsrechnungen sind die Formeln zu gebrauchen, aber für praxisgerechte Übungsaufgaben arbeitet man besser mit dem h,s-Diagramm nach R. Mollier (1863–1935), aus dem sich die benötigten Zustandsgrößen leicht ablesen lassen. Noch leichter hat man es mit einem EDV-Programm, z. B. mit dem „Mollier- Programm".

p	MPa	gegeben	2,5	1,5	0,5	0,075	15
t	$°C$	gegeben	400	350	200	400	650
$\dfrac{\kappa}{\kappa-1}$	1	Gl. (2.32)	4,137	4,106	4,042	4,123	4,355
s	$\dfrac{kJ}{kgK}$	Gl. (2.33) mit $z=1$	7,018	7,109	7,106	8,639	6,817
z	1	Gl. (2.32)	0,967	0,972	0,972	0,998	0,952
s	$\dfrac{kJ}{kgK}$	Gl. (2.33)	7,011	7,096	7,079	8,635	6,846
v	$\dfrac{m^3}{kg}$	$v=\dfrac{zRT}{p}$	0,1202	0,1865	0,4248	4,1387	0,027
h	$\dfrac{kJ}{kg}$	Gl. (2.30)	3240	3146	2855	3276	3765
s_T	$\dfrac{kJ}{kgK}$	Tab. A.3	7,017	7,104	7,061	8,678	6,824
v_T	$\dfrac{m^3}{kg}$	Tab. A.3	0,1201	0,1866	0,425	4,1383	0,027
h_T	$\dfrac{kJ}{kg}$	Tab. A.3	3240	3148	2856	3279	3712
Entropie-Fehler	%	$\dfrac{s-s_T}{s_T}100$	−0,09	−0,11	0,25	−0,5	0,33
Volumenfehler	%	$\dfrac{v-v_T}{v_T}100$	0,08	−0,05	−0,05	0,01	1,12
Enthalpiefehler	%	$\dfrac{h-h_T}{h_T}100$	0	−0,06	−0,03	−0,06	1,43

Beispiel 2.3 *Wasserdampf expandiert isentrop vom Ausgangszustand $p_1 = 1{,}5\,MPa$, $t_1 = 350\,°C$ auf den Gegendruck $p_2 = 0{,}6\,MPa$. Man berechne die Enthalpiedifferenz und das spezifische Volumen v_2.*

Lösung 2.3 *Wie im vorherigen Beispiel 2.2 errechnet, ist*

$$\frac{\kappa}{\kappa-1} = 4{,}106; \qquad h_1 = 3146\,kJ/kg.$$

Damit wird $\bar{h}_1 = h_1 - 1997\,\frac{kJ}{kg} = 1149\,\frac{kJ}{kg}$ und mit den Gl. (2.25) und (2.30)

$$\Delta h_s = \bar{h}_1 - \bar{h}_2 = \bar{h}_1\left[1 - \left(\frac{p_2}{p_1}\right)^{\frac{\kappa-1}{\kappa}}\right] = 1149\,\frac{kJ}{kg}\left[1 - \left(\frac{0{,}6\,MPa}{1{,}5\,MPa}\right)^{\frac{1}{4{,}106}}\right] = 230\,\frac{kJ}{kg}$$

weiter folgt $(1\,kJ = 10^3\,Nm)$

$$v_2 = \frac{\bar{h}_2}{\frac{\kappa}{\kappa-1}\,p_2} = \frac{919\cdot 10^3\,Nm/kg}{4{,}106\cdot 6\cdot 10^5\,N/m^2} = 0{,}373\,\frac{m^3}{kg}.$$

Mit dem Mollier-Programm erhält man schneller und vor allem genauer:

$$\Delta h_s = 231{,}39\,\frac{kJ}{kg}; \qquad v_2 = 0{,}3779\,\frac{m^3}{kg}.$$

2.1.3 Zustandsänderungen von Dampf – Einphasen- und Zweiphasengebiete

Das thermische Verhalten eines Stoffes im Einphasen- und Zweiphasengebit kann vollständig als Zustandsfläche im p, v, T- Diagramm dargestellt werden, siehe Abb. 2.7. Bei Dampfkraftprozessen durchläuft das Medium Wasser die Gebiete Flüssigkeit, Nassdampf und Dampf, weshalb bei der Auslegung von Dampfturbinen die relevanten Stoffeigenschaften des Dampfes und Nassdampfes betrachtet werden müssen. Zur Beschreibung des Dampfzustandes im Nassdampfgebiet wird der Dampfgehalt x_d verwendet

$$x_d = \frac{m''}{m' + m''} = \frac{m''}{m_d} \tag{2.35}$$

mit m' dem Anteil der Masse der flüssigen Phase, m'' dem Anteil der Masse der dampfförmigen Phase und m_d der Masse des Nassdampfes. Der Dampfgehalt des Nassdampfes liegt zwischen $x_d = 0$ für die gesättigte Flüssigkeit (Siedelinie) und $x_d = 1$ für den gesättigten Dampf als Sattdampf (Taulinie). Befindet sich der Dampf weitab der Taulinie kann dieser auch als Ideales Gas betrachtet werden.

Da bei der Auslegung von Turbomaschinen die Enthalpieänderungen nach Gl. (2.6) relevant sind, können die Enthalpieänderungen Δh im h-s-Diagramm direkt als Strecken $h_2 - h_1$ abgelesen werden und somit die technische Arbeit $w_{t12} = h_2 - h_1$ direkt ermittelt werden. Das h-s-Diagramm – insbesondere das *MOLLIER*- h-s-Diagramm – hat daher im Turbomaschinenbau eine wichtige Bedeutung. Abb. 2.9 zeigt das T-s-Diagramm für Wasser (Zweiphasengebiet), und Abb. 2.10 zeigt das h-s- Diagramm für ein reales Gas (Zweiphasengebiet).

2.2 Carnotscher Kreisprozess

Um einem Fluid nicht nur einmalig sondern stetig Energie zu entziehen, lässt man es eine derartige Folge von Zustandsänderungen durchlaufen, dass am Ende wieder der Ausgangszustand erreicht ist.

Zur Beurteilung der Güte der Energieumsetzung in einem Kreisprozess wird der thermische oder thermodynamische Wirkungsgrad η_{th} definiert:

$$\eta_{th} = \frac{w_{tnutz}}{q_{zu}} = \frac{q_{zu} - |q_{ab}|}{q_{zu}} = 1 - \frac{|q_{ab}|}{q_{zu}} \tag{2.36}$$

Dabei sind q_{zu} und q_{ab} die spezifischen zu- bzw. abgeführten Wärmen und w_{tnutz} die spezifische technische Nutzarbeit des Prozesses als Differenz von q_{zu} und q_{ab}. Der thermische Wirkungsgrad gibt an, wie groß dies Nutzarbeit im Verhältnis zur zugeführten Wärme ist.

Besondere Bedeutung für die Thermodynamik hat der von dem französischem Physiker Sadi Carnot (1796–1832) eingeführte Kreisprozess, der aus zwei Isothermen und zwei Isen-

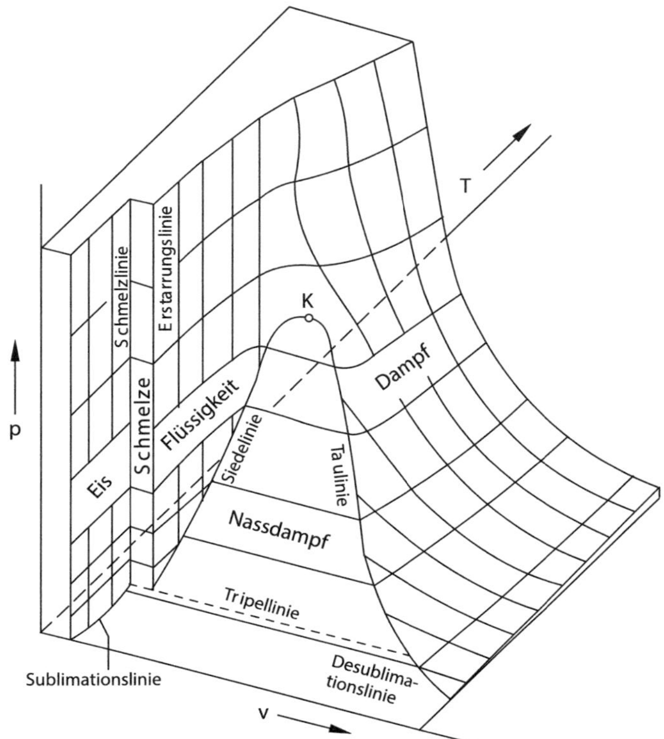

Abb. 2.7 Ein- und Zweiphasengebiet als Zustandsfläche eines Stoffes [32]

tropen besteht. Aus dem T-s-Diagramm (siehe Abb. 2.8) wird entnommen $q_{zu} = T_3(s_1 - s_3)$; $|q_{ab}| = T_1(s_1 - s_3)$, so dass sich der thermische Wirkungsgrad zu

$$\eta_{th} = \eta_C = 1 - \frac{T_1}{T_3} \tag{2.37}$$

ergibt mit η_C als Carnot-Wirkungsgrad. Damit er hohe Werte annimmt, muss die obere Prozesstemperatur T_3 möglichst groß, die untere Prozesstemperatur T_1 möglichst klein sein. In der Praxis ist die obere Temperatur durch die Werkstofffestigkeit begrenzt, die untere aber durch die Umgebung bzw. die Umgebungstemperatur T_u festgelegt. Die bei T_u abgeführte Wärme q_{ab} besteht dann ausschließlich als Anergie und enthält somit keine in Arbeit umgewandelbare Exergie.

Aus Abb. 2.8 ist ersichtlich, dass bei gegebener oberer und unterer Prozesstemperatur die zugeführte Wärme nicht größer und die abgeführte nicht kleiner werden kann als gerade bei der isothermen Wärmezu- und -abfuhr des Carnot-Prozesses. Damit bildet der Carnotsche Wirkungsgrad die obere Grenze der thermischen Wirkungsgrade, die überhaupt in einem Kreisprozess erreichbar sind.

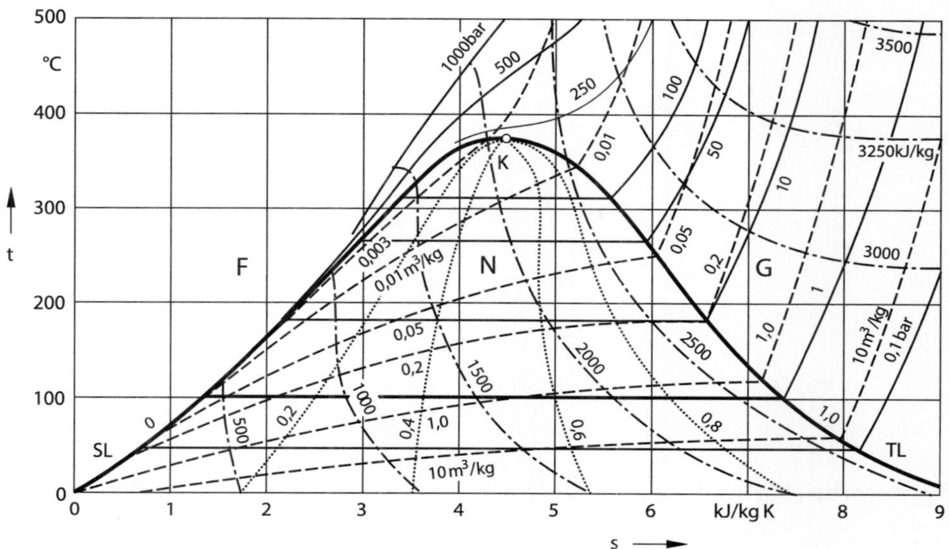

Verwendung des T-s-Diagramms:
- Kreisprozessdarstellung
- Darstellung zugeführter, abgeführte Wärmemengen und die umgesetzte technische Arbeit
- Ermittlung thermischer Wirkungsgrade

Abb. 2.8 Carnot-Prozess

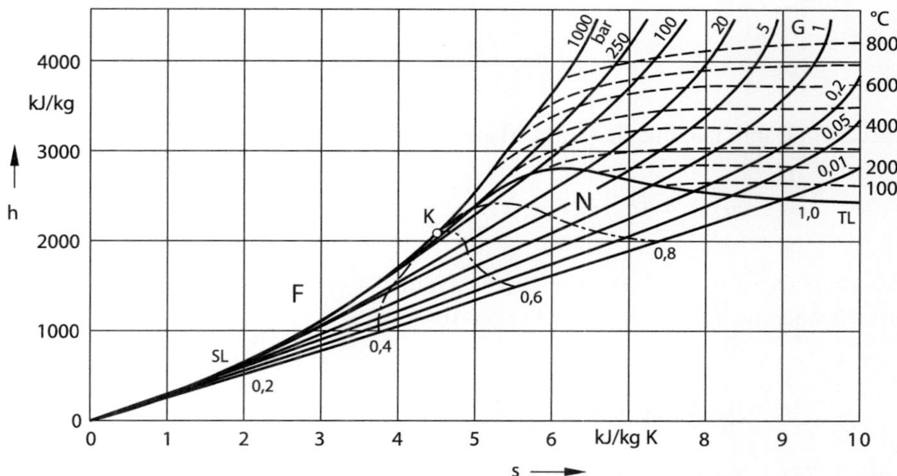

Verwendung des h-s-Diagramms:
- Kreisprozessdarstellung
- Ermittlung von Größen zur Auslegung von Maschinen
- Ermittlung thermodynamischer Wirkungsgrade

Abb. 2.9 T-s-Diagramm für Wasser (Zweiphasengebiet) [32]

Abb. 2.10 Carnot-Prozess

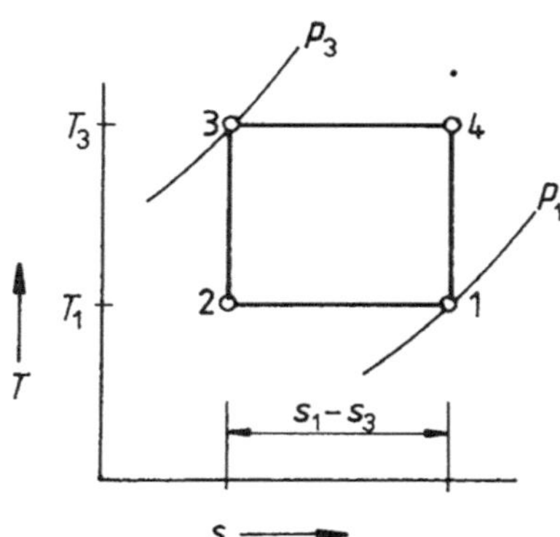

Prozessarbeit Für die Brauchbarkeit eines Kreisprozesses ist nicht allein die Höhe des thermischen Wirkungsgrades maßgebend. Auch die im Prozess umgesetzte spezifische Arbeit w_{tnutz} muss möglichst hoch sein, damit mit einer Maschine, die nach diesem Kreisprozess arbeitet, bei gegebenen Abmessungen eine möglichst große Leistung erreicht wird, oder damit umgekehrt für eine gegebene Leistung die Maschinenabmessungen klein werden. In

$$w_{tnutz} = q_{zu} - |q_{ab}| = (T_3 - T_1)(s_1 - s_3)$$

lässt sich die Entropiedifferenz $(s_1 - s_3)$ für ein ideales Gas durch

$$s_1 - s_3 = R \ln \left(\frac{p_3}{p_1} \right) - [c_p]_{t_1}^{t_3} \ln \left(\frac{T_3}{T_1} \right)$$

ausdrücken. Damit und mit Gl. (2.21) erhält man die spezifische Nutzarbeit

$$w_{tnutz} = [c_p]_{t_1}^{t_3} (T_3 - T_1) \left[\frac{\kappa - 1}{\kappa} \ln \left(\frac{p_3}{p_1} \right) - \ln \left(\frac{T_3}{T_1} \right) \right]$$

bzw. durch Division durch die spezifische Wärmekapazität $[c_p]_{t_1}^{t_3}$ und durch die untere Prozesstemperatur T_1 den dimensionslosen Ausdruck

$$\frac{w_{tnutz}}{[c_p]_{t_1}^{t_3} T_1} = \left(\frac{T_3}{T_1} - 1 \right) \left[\frac{\kappa - 1}{\kappa} \ln \left(\frac{p_3}{p_1} \right) - \ln \left(\frac{T_3}{T_1} \right) \right]$$

der zusammen mit dem thermischen Wirkungsgrad η_{th} für ein ideales Gas mit $\kappa = 1,4$ und für $T_1 = 288 \, K$ in Abb. 2.11 dargestellt ist.

Es wird deutlich, dass der Carnot-Prozess nicht praktisch verwendbar ist, denn bei den kleineren, leicht realisierbaren Druckverhältnissen ist die spezifische Arbeit klein, und der Prozess kann nur mit niedrigen Temperaturen betrieben werden, sodass auch die thermischen Wirkungsgrade unbefriedigend sind. Bei Temperaturen, die mit heutigen Werkstoffen ohne weiteres zulässig sind, müßte andererseits das Druckverhältnis unrealistisch hohe Werte

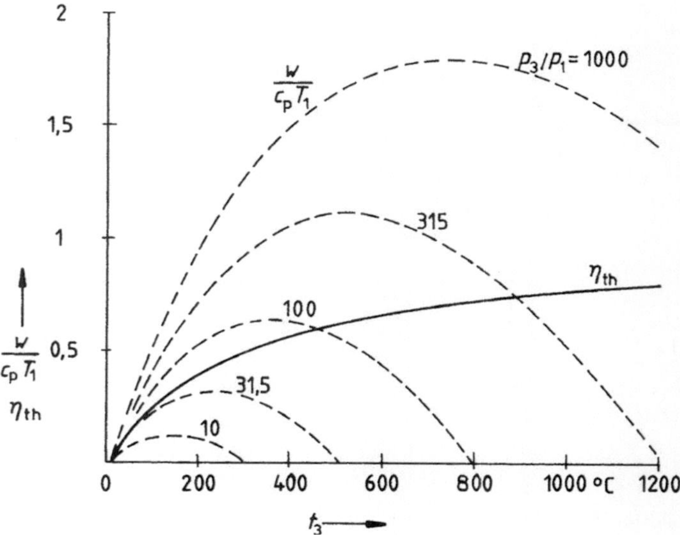

Abb. 2.11 Thermischer Wirkungsgrad und spezifische Nutzarbeit des Carnot Prozesses in Abhängigkeit von der Temperatur T_3 und vom Druckverhältnis p_3/p_1

annehmen. Selbst wenn diese Schwierigkeit beherrscht werden könnte, so bleibt doch zu bedenken, dass die isotherme Verdichtung und Expansion nur näherungsweise und nur mit schlechtem Wirkungsgrad verwirklicht werden können.

Das Interesse, das dem Carnotschen Kreisprozess entgegengebracht wird, liegt deshalb nicht darin begründet, dass man ihn in einer Maschine verwirklichen will. Derartige Versuche sind längst aufgegeben. Vielmehr dient der Carnotsche Wirkungsgrad nach Gl. (2.37) als eine optimale Vergleichszahl für die thermischen Wirkungsgrade anderer Kreisprozesse. Schließlich gehört es zu den wichtigsten Erkenntnissen der Thermodynamik, dass eine Wärme niemals vollständig, sondern im günstigsten Fall zu dem Bruchteil, den der Carnot-Wirkungsgrad angibt, in Arbeit umgewandelt werden kann.

2.3 Dampfkraftprozess und Wärmekraftanlagen

2.3.1 Der einfache Clausius-Rankine-Prozess

Eine Dampfturbine ist immer nur ein Teil einer umfangreichen Anlage, durch deren Teile das Arbeitsfluid in einem geschlossenen Kreislauf strömt und dabei eine in sich geschlossene Folge von Zustandsänderungen, einen Kreisprozess ausführt.

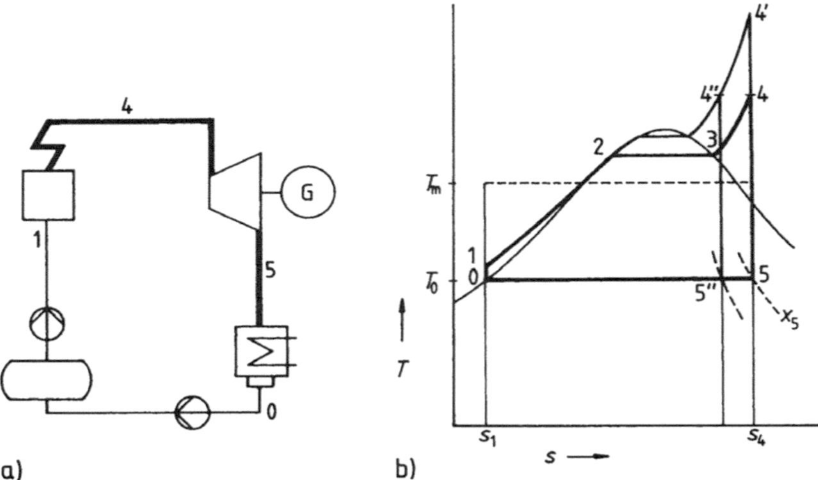

a) Schaltbild mit Schalt-Symbolen nach DIN 2481 – Wasser-Dampf-Kreislauf (Tab. A.7)
b) Zustandsverlauf im T-s-Diagramm

Abb. 2.12 Clausius-Rankine-Prozess

Prozessverlauf In Abb. 2.12 ist die einfachste Schaltung einer Dampfkraftanlage mit den
entsprechenden Zustandsänderungen im T-s-Diagramm dargestellt. Wasser vom Zustand 0
wird mittels der Kondensatpumpe in den Speisewasserbehälter und durch die Speisepumpe
in den Dampferzeuger gefördert (Zustandsänderung ZÄ 01). Unter Wärmezufuhr wird dort
das Wasser bei konstantem Druck erwärmt, verdampft und der Dampf überhitzt (ZÄ 1234).
Der Dampf wird der Turbine zugeführt, wo er im idealisierten Fall bei konstanter, tatsächlich
aber bei zunehmender Entropie expandiert und Arbeit leistet (ZÄ 45). Anschließend wird
der Dampf bei konstantem Druck kondensiert (ZÄ 50) und mittels der Kondensatpumpe in
den Speisewasserbehälter zurückgepumpt.

Sind die Zustandsänderungen im Kessel und im Kondensator Isobaren, in der Turbine
und in den Pumpen Isentropen, so liegt ein idealisierter Kreisprozess vor, der nach Rudolf
Clausius (1822–1888) und William J. Rankine (1820–1872) benannt wird.

Der thermische Wirkungsgrad des Clausius-Rankine-Prozesses ist

$$\eta_{th} = \frac{w_{tnutz}}{q_{zu}} = \frac{q_{zu} - |q_{ab}|}{q_{zu}} = 1 - \frac{|q_{ab}|}{q_{zu}} = 1 - \frac{h_5 - h_0}{h_4 - h_1}. \tag{2.38}$$

Vergleich mit dem Carnot-Prozess Wie beim Carnot-Prozess (Abschn. 2.2), dem Ideal
der Energieumwandlung, wird die Wärme bei konstanter Temperatur abgeführt, falls der
Diagrammpunkt 5 im Nassdampfgebiet liegt, was gewöhnlich der Fall ist. Die Temperatur
der Wärmeabfuhr liegt um einige Grade über derjenigen der Umgebung, die durch das

Kühlmittel gegeben ist. Da diese Temperaturspanne unvermeidlich ist, kommt der Prozess auf der Wärmeabfuhrseite dem Ideal bereits so nahe wie möglich.

Bei der Wärmezufuhr unterscheidet sich der Prozess dagegen erheblich vom Carnot-Prozess, da nur die Verdampfungswärme q_{23} bei konstanter Temperatur zugeführt werden kann, aber nicht die Flüssigkeits- und die Überhitzungswärme q_{12} und q_{34}. Zum besseren Vergleich wird deshalb die mittlere Temperatur der Wärmezufuhr T_m so definiert, dass die zugeführte Wärme $q_{zu} = h_4 - h_1$ im T, s-Diagramm durch ein flächengleiches Rechteck beschrieben wird

$$h_4 - h_1 = T_m(s_4 - s_1); \quad T_m = \frac{h_4 - h_1}{s_4 - s_1} \tag{2.39}$$

Damit folgt aus Gl. (2.38) mit Abb. 2.12

$$\eta_{th} = 1 - \frac{T_0(s_5 - s_0)}{T_m(s_4 - s_1)} = 1 - \frac{T_0}{T_m}.$$

Prozessoptimierung Für einen guten Wirkungsgrad muss T_m so hoch wie möglich sein. Da der Punkt 1 nahezu auf der Grenzkurve liegt – der Abstand der Punkte 01 ist in Abb. 2.12 übertrieben – und also nicht zu beeinflussen ist, lässt sich T_m nur dadurch erhöhen, dass h_4 vergrößert (Punkt $4'$) oder s_4 verkleinert wird (Punkt $4''$). Das bedeutet in jedem Fall eine Druckerhöhung gegebenenfalls bei gleichzeitiger Temperatursteigerung. Die Druckerhöhung führt zu einer größeren Dampfnässe x_d im Punkt $5''$ am Turbinenaustritt. Wegen der stark erosiven Wirkung des Wassers auf die Turbinenbeschaufelung darf die Dampfnässe nicht größer sein als etwa 15 %, bezogen auf den wirklichen Zustand am Turbinenaustritt, nicht auf den nur gedachten am Ende der isentropen Expansion. Aus dieser Forderung lässt sich der höchstzulässige Frischdampfdruck ermitteln. Die maximal mögliche Frischdampftemperatur ist durch die Warmfestigkeit der verfügbaren Werkstoffe begrenzt. Mit Rücksicht auf den hohen Preis austenitischer Stähle, die bei hohen Temperaturen eingesetzt werden müssen, hat man sich lange Zeit auf etwa $540\,^\circ C$ beschränkt, weil dann ferritische Werkstoffe ausreichen. Bei neueren Kohlekraftwerken geht man jedoch wieder zu überkritischen Drücken und Temperaturen von $600\,^\circ C$ und darüber bei gleichzeitigem Einsatz von hochfesten, austenitischen Werkstoffen im Überhitzerteil des Dampferzeugers und Turbineneintritt.

Wie nach diesen Gesichtspunkten der Frischdampfzustand zu wählen ist, soll das folgende Beispiel zeigen.

Beispiel 2.4 *Für einen Clausius-Rankine-Prozess (Abb. 2.12) aber unter Berücksichtigung der wirklichen polytropen Expansion ist der Frischdampfzustand optimal zu wählen. Dabei sind folgende Bedingungen einzuhalten:*

Temperatur maximal $540\,^\circ C$, Endnässe des Dampfes nach der Expansion maximal 15 %, Kondensationsdruck $p_5 = 0{,}005\,MPa$ entsprechend einer Wärmeabfuhr bei $32,88\,^\circ C$, innerer Wirkungsgrad der Turbine $\eta_i = 0{,}85$.

Abb. 2.13 h-s-Diagramm zu
Beispiel 2.4

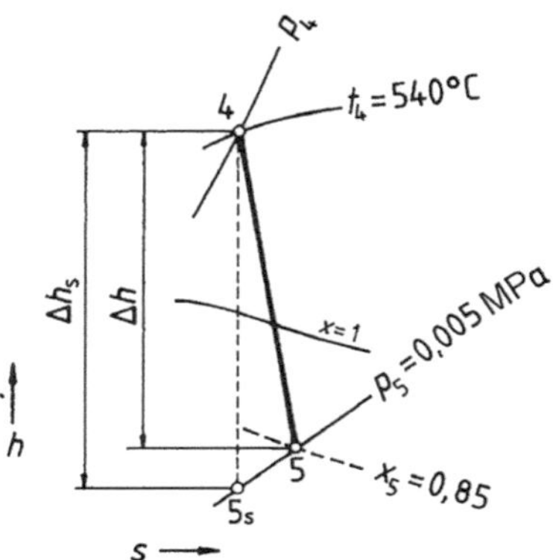

Lösung 2.4 *Die Zustandsgrößen von Wasser und Wasserdampf für die Beispiele in diesem Kapitel sind mit dem Programm „Mollier" ermittelt worden. Mit dem beigefügten h-s-Mollier-Diagramm und den Tafeln im Anhang (A) (Tab. A.2 und A.3) können die relevanten Werte auch ermittelt werden.*

Die Frischdampftemperatur wird bei Einsatz von ferritischen Werkstoffen so hoch wie möglich gewählt, also $t_4 = 540\,°C$. Um den Druck festzulegen, wird mit verschiedenen Werten von p_4 gerechnet und die Auswirkung auf den Dampfgehalt x_{d5} beobachtet (Abb. 2.13, Tab. 2.4).

Der für die Drücke $p_4 = 13\,MPa$ und $16\,MPa$ berechnete Dampfgehalt x_5 am Expansionsende zeigt, dass der gesuchte Druck zwischen diesen beiden Werten liegen muss und

Tab. 2.4 Berechnung des Dampfgehalts x_5 am Expansionsendpunkt (Beispiel 2.4)

p_4	MPa	10	13	16	15	14,8	
h_4	kJ/kg	3476,87	3445,05	3412,12	3423,22	3425,43	Mollier-Progr.
h_{5s}	kJ/kg	2050,86	2004,59	1965,70	1978,03	1980,57	Mollier-Progr.
Δh_s	kJ/kg	1426,01	1440,46	1446,42	1445,19	1444,86	$\Delta h_s = h_4 - h_{5s}$
Δh	kJ/kg	1212,11	1224,39	1229,46	1228,41	1228,13	$\Delta h = \eta_i\,\Delta h_s$
h_5	kJ/kg	2264,76	2220,66	2182,66	2194,81	2197,23	$h_5 = h_4 - \Delta h$
x_5	1	0,8778	0,8596	0,8440	0,8490	**0,8500**	Mollier-Progr.

zwar näher bei der oberen Grenze. Die letzte Spalte der Tabelle zeigt dann, dass der höchstzulässige Druck mit $p = 14,8\ MPa$ *genügend genau gefunden ist.*

Mit den nunmehr feststehenden Prozessdaten wird schließlich noch

$$h_0 = 137{,}77\ kJ/kg$$

$$h_1 = 152{,}61\ kJ/kg\,(\text{Mollier} - \text{Programmoder}\, h_1 = h_0 + v_0(p_1 - p_0))$$

$$\eta_{th} = 1 - \frac{h_{5s} - h_0}{h_4 - h_1} = -\frac{(1980{,}57 - 137{,}77)\ kJ/kg}{(3425{,}43 - 152{,}61)\ kJ/kg} = 0{,}437\,(\text{Gl. 2.38})$$

$$s_4 = 6{,}4980\ kJ/kg\ K$$

$$s_1 = 0{,}4763\ kJ/kg\ K$$

$$T_m = \frac{h_4 - h_1}{s_4 - s_1} = \frac{(3425{,}43 - 152{,}61)\ kJ\ kg}{(6{,}4980 - 0{,}4763)\ kJ/(kg\ K)} = 543{,}43\ K = 270{,}28\,^\circ C.$$

2.3.2   Speisewasservorwärmung

Unter den gestellten Bedingungen ist mit der Lösung des obigen Beispiels das Optimum des einfachen Prozesses gefunden. Jede Veränderung würde entweder gegen die Bedingungen der Aufgabenstellung verstoßen, oder sie würde den Wirkungsgrad verschlechtern. Eine Möglichkeit zur Anhebung der mittleren Temperatur der Wärmezufuhr und damit zur Verbesserung des thermischen Wirkungsgrades besteht unter Verzicht auf die Einfachheit in der regenerativen Speisewasservorwärmung.

Arbeitsweise Die Turbine (Abb. 2.14a) wird an geeigneten Stellen angezapft und mit dem Anzapfdampf wird das Speisewasser vorgewärmt. Dadurch wird die im Dampferzeuger bei niederer Temperatur zuzuführende Wärme verringert und das Temperaturniveau der Wärmezufuhr insgesamt angehoben und der Wirkungsgrad verbessert.

Berechnung Wenn die Speisepumpenarbeit zur Vereinfachung unberücksichtigt bleibt, ist die zur Vorwärmung benötigte Wärme offenbar durch die Diagrammfläche 0 1 b a gegeben (Abb. 2.14b). Sie wird auf der anderen Seite des Prozesses durch die gleich große Fläche c d e f aufgebracht. Die Temperatur bei e f muss größer, im Idealfall aber gleich groß sein wie die Vorwärmendtemperatur T_1.

Der Dampf wird nicht etwa einer Zustandsänderung e f unterzogen. Vielmehr wird ein Teil, die Anzapfmenge vom Zustand e ausgehend ganz, also bis zum Zustand 1 kondensiert, während der restliche Dampf in der Turbine bleibt und bis zum Zustand 5 expandiert.

Wird für den Anzapfstrom $\dot{m}_A = \mu\dot{m}$ gesetzt, worin $\dot{m}$ der Massenstrom am Turbineneintritt ist, so bleibt für den Durchsatz des Kondensators übrig $\dot{m}_K = (1 - \mu)\dot{m}$.

Damit und mit der spezifischen Wärmekapazität des Wassers c_{pw} gilt für den Vorwärmer (Abb. 2.14a) die Wärmebilanz

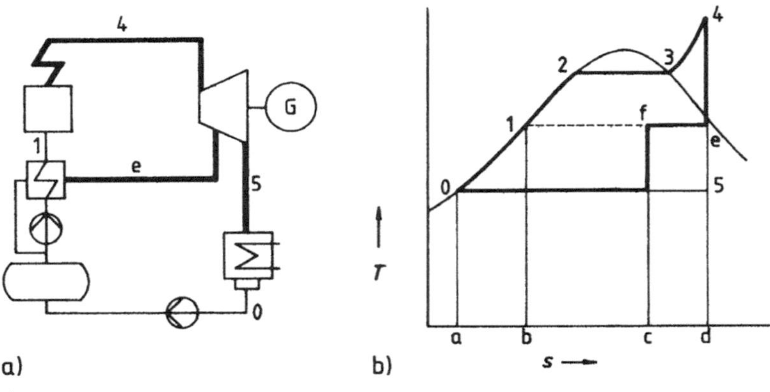

a) Schaltbild
b) T-s-Diagramm

Abb. 2.14 Prozess mit einfacher Speisewasservorwärmung

$$(1 - \mu)\dot{m}c_{pw}(T_1 - T_0) = \mu\dot{m}(h_e - h_1),$$

woraus der Anzapfmassenstrom berechnet wird

$$\frac{1}{\mu} = 1 + \frac{h_e - h_1}{c_{pw}(T_1 - T_0)}.$$

Mehrstufige Vorwärmung Die Anzapfung zur Speisewasservorwärmung kann auch mehrfach angewendet werden (Abb. 2.15a und b). Ein thermodynamisches Ideal ist erreicht, wenn mit unendlich vielen Vorwärmstufen eine kontinuierliche Vorwärmung vorgesehen wird (Abb. 2.15c).

Denkt man sich in Abb. 2.15c das Flächenstück 0 1 b a links abgeschnitten und rechts wieder angefügt, so entsteht der stark ausgezogene Kreisprozess, der die Annäherung an den Carnot-Prozess deutlich macht. Der thermische Wirkungsgrad ist

$$\eta_{th} = 1 - \frac{T_0(s_4 - s_1)}{h_4 - h_1} \tag{2.40}$$

und die mittlere Temperatur der Wärmezufuhr

$$T_m = \frac{h_4 - h_1}{s_4 - s_1}. \tag{2.41}$$

Optimierung Die Frage, wie viele Vorwärmstufen vorzusehen sind, kann nicht allein nach thermodynamischen, sondern muss nach wirtschaftlichen Gesichtspunkten entschieden werden. Während der Aufwand angenähert linear mit der Zahl der Vorwärmer anwächst, wird die mit jeder weiteren Stufe erreichte Vergrößerung des Nutzens immer geringer. Als Anhalt kann etwa mit sechs bis zehn Vorwärmstufen gerechnet werden.

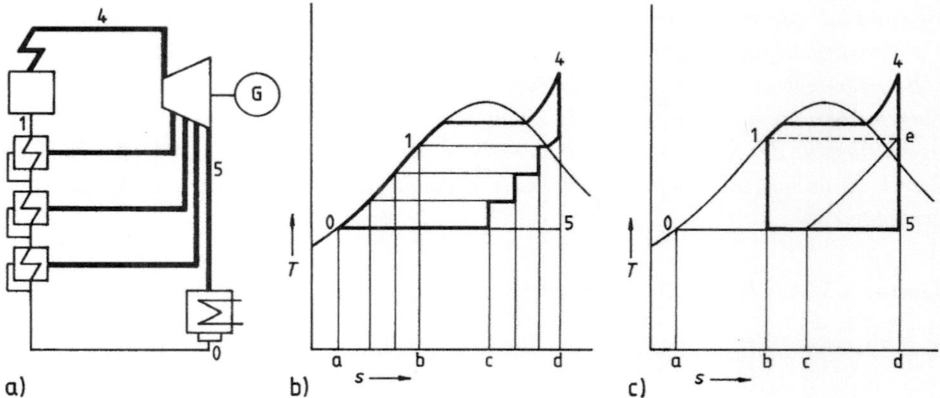

a) Schaltbild   b)T-s-Diagramm bei 3 Vorwärmstufen
c) T-s-Diagramm bei kontinuierlicher Vorwärmung

Abb. 2.15 Prozess mit mehrfacher Speisewasservorwärmung

Die Festlegung der günstigsten Vorwärmendtemperatur erfordert an sich eine aufwändige Optimierungsrechnung mit den übrigen Daten des Kreisprozesses. Bei einer zu weitgehenden Anzapfvorwärmung kann das Rauchgas am Dampferzeugeraustritt trotz Luftvorwärmung nicht mehr hinreichend abgekühlt werden, so dass die Rauchgasverluste ansteigen und den Gewinn des thermischen Wirkungsgrades wieder aufheben. Für Überschlagsrechnungen gilt mit dem Faktor f nach Abb. 2.16

$$t_1 = t_0 + f(t_2 - t_0). \qquad (2.42)$$

Abb. 2.16 Faktor f zur Bestimmung der Vorwärmendtemperatur

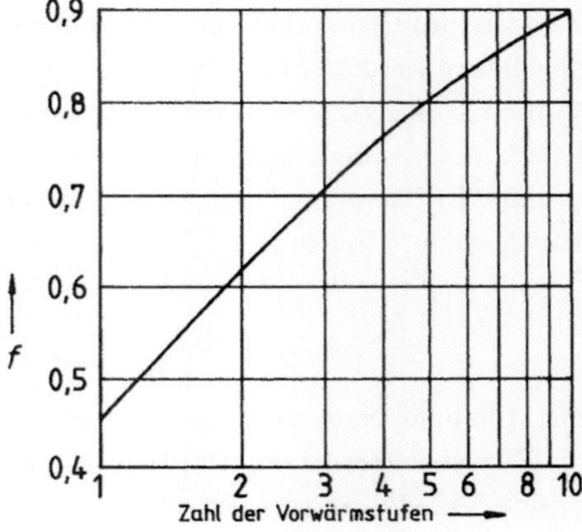

Beispiel 2.5 *Mit den in Beispiel 2.4 berechneten Prozessdaten soll die durch kontinuierliche Vorwärmung maximal erreichbare Wirkungsgradverbesserung ermittelt werden. Dazu soll angenommen werden, dass das Speisewasser bis auf die zum Kesseldruck gehörige Siedetemperatur vorgewärmt wird. Es bedarf wohl kaum einer Erwähnung, dass eine derartige Auslegung des Kreisprozesses nicht realisierbar ist. Das Beispiel verfolgt lediglich den Zweck abzuschätzen, welche Verbesserung maximal durch die regenerative Vorwärmung erreichbar ist.*

Lösung 2.5 *Aus Beispiel 2.4 wird übernommen:*

$$t_0 = 32{,}88\,°C; \quad T_0 = 306{,}03\,K; \quad h_4 = 3425{,}43\,kJ/kg; \quad s_4 = s_5 = 6{,}4980\,kJ/(kgK).$$

Mit dem Mollier-Programm wird $p_4 = 14{,}8\,MPa$ berechnet oder aus der Sattdampftafel interpoliert:

$$h_1 = h_2 = 1602{,}29\,kJ/kg; \quad s_1 = s_2 = 3{,}6722\,kJ/(kgK).$$

Damit wird

$$\eta_{th} = 1 - \frac{306{,}03\,K\,(6{,}4980 - 3{,}6722)kJ/(kgK)}{(3425{,}43 - 1602{,}29)kJ/kg} = 0{,}526\,.$$

Also gegenüber dem vorigen Beispiel eine Verbesserung um $\Delta\eta_{th} = 0{,}526 - 0{,}437 = 0{,}089 = 8{,}9\,\%$.

2.3.3 Zwischenüberhitzung

Eine weitere Verbesserungsmöglichkeit besteht darin, die Expansion zu unterbrechen und den teilweise entspannten Dampf durch erneute isobare Wärmezufuhr wieder auf die Temperatur des Frischdampfes zu überhitzen. Dadurch wird Wärme auf einem relativ hohen Temperaturniveau zugeführt, und somit kann die mittlere Temperatur der Wärmezufuhr angehoben werden. Überdies wird ein höherer Kesseldruck möglich, ohne dass am Expansionsende eine zu hohe Dampfnässe entsteht. Nach Abschn. 2.3 sorgt aber auch ein hoher Druck im Dampferzeuger für eine hohe mittlere Temperatur der Wärmezufuhr.

Abb. 2.17 zeigt eine Anlage mit Zwischenüberhitzung und sechsstufiger Speisewasservorwärmung. Mit den Bezeichnungen dieser Abbildung sind

$$T_{m1,4} = \frac{h_4 - h_1}{s_4 - s_1}; \quad T_{m5,6} = \frac{h_6 - h_5}{s_6 - s_5} \tag{2.43}$$

die Mitteltemperaturen der ersten und der zweiten Wärmezufuhr. Eine Verbesserung durch die Zwischenüberhitzung ist offenbar nur dann möglich, wenn $T_{m5,6} > T_{m1,4}$. Die günstigsten Verhältnisse sind erreicht, wenn

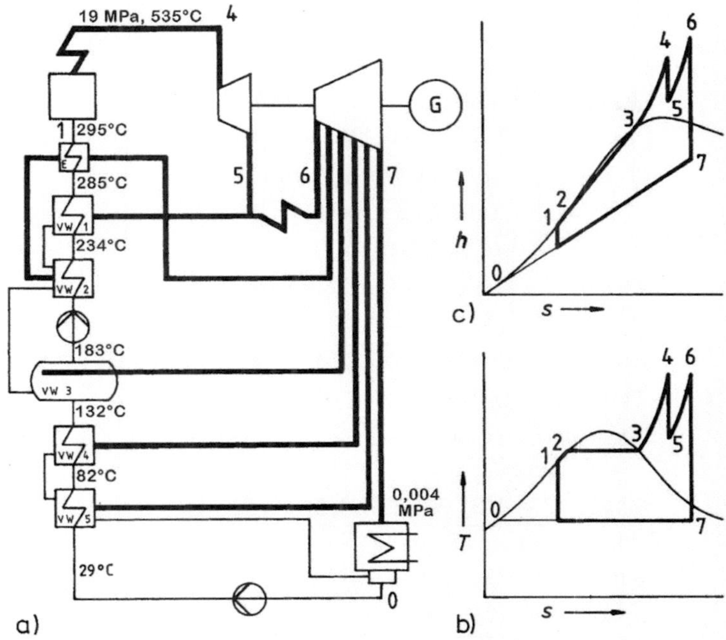

a) Schaltbild mit Zustandsgrößen zu Beispiel 2.7 E Enthitzer, VW 1 bis 4 Vorwärmer
b) T-s-Diagramm
c) h-s-Diagramm

Abb. 2.17   Anlage mit Zwischenüberhitzung

$$T_5 = T_m = \frac{(h_6 - h_5) + (h_4 - h_1)}{(s_6 - s_5) + (s_4 - s_1)}. \tag{2.44}$$

Die Zwischenüberhitzung kann auch mehrfach angewendet werden. Da aber die Kosten für eine Zwischenüberhitzerstufe beträchtlich sind, ist höchstens eine zweifache Zwischenüberhitzung üblich.

Beispiel 2.6 *Für eine Anlage mit einfacher Zwischenüberhitzung sollen die Mitteltemperaturen und der thermische Wirkungsgrad berechnet werden und zwar ohne und mit kontinuierlicher Speisewasservorwärmung. Im Interesse guter Vergleichbarkeit mit den beiden vorigen Beispielen werden folgende Auslegungsdaten gewählt.*

Frischdampfzustand	*26 MPa, 540 °C*
Zwischenüberhitzungsdruck	*14,8 MPa, ZÜ-Temperatur 540 °C*
Kondensationsdruck	*0,005 MPa*
Vorwärmendtemperatur	*32,88 °C (keine Vorwärmung)*
bzw.	*341,08 °C (Sättigungstemperatur bei 14,8 MPa).*

Lösung 2.6

$$Gl.\,(2.43): \quad T_{m1,4} = \frac{h_4 - h_1}{s_4 - s_1} = \frac{(3294{,}21 - 152{,}61)kJ/kg}{(6{,}1115 - 0{,}4763)kJ/(kgK)}$$

$$= 557{,}50\,K \qquad (ohne\ Vorwärmung)$$

$$bzw.\quad T_{m1,4} = \frac{(3294{,}21 - 1602{,}29)kJ/kg}{(6{,}1115 - 3{,}6722)kJ/(kgK)}$$

$$= 693{,}61\,K \qquad (mit\ Vorwärmung)$$

$$Gl.\,(2.43): \quad T_{m5,6} = \frac{h_6 - h_5}{s_6 - s_5} = \frac{(3425{,}43 - 3131{,}33)kJ/kg}{(6{,}4980 - 6{,}1115)kJ/(kgK)}$$

$$= 760{,}93\,K \qquad (in\ beiden\ Fällen)$$

$$Gl.\,(2.44): \quad T_m = \frac{(h_6 - h_5) + (h_4 - h_1)}{(s_6 - s_5) + (s_4 - s_1)}$$

$$= \frac{(3425{,}43 - 3131{,}33 + 3294{,}21 - 152{,}61)kJ/kg}{(6{,}4980 - 6{,}1115 + 6{,}1115 - 0{,}4763)kJ/(kgK)}$$

$$= 570{,}55\,K \qquad (ohne\ Vorwärmung)$$

$$bzw.\quad T_m = \frac{(3425{,}43 - 3131{,}33 + 3294{,}21 - 1602{,}29)kJ/kg}{(6{,}4980 - 6{,}1115 + 6{,}1115 - 3{,}6722)kJ/(kgK)}$$

$$= 702{,}82\,K \qquad (mit\ Vorw.)$$

$$\eta_{th} = 1 - \frac{T_0}{T_m} = 1 - \frac{306{,}03\,K}{570{,}55\,K} = 0{,}464 \qquad (ohne\ Vorwärmung)$$

$$bzw.\quad \eta_{th} = 1 - \frac{306{,}03\,K}{702{,}82\,K} = 0{,}565 \qquad (mit\ Vorwärmung)$$

Zum besseren Vergleich sind die Ergebnisse der drei Idealprozesse der Beispiele 2.4 bis 2.6 in Tab. 2.5 zusammengestellt. Zur Beurteilung dieser Ergebnisse wird der Carnot-Wirkungsgrad $\eta_C = 1 - \frac{T_0}{T_4} = 1 - \frac{306{,}03\,K}{813{,}15\,K} = 0{,}624$ *herangezogen, der bekanntlich die obere Grenze für den Wirkungsgrad der Energieumwandlung darstellt. Es wird deutlich, dass der günstigste Wert des Beispiels 2.6 dieser physikalisch gegebenen Grenze bereits sehr nahe kommt. Die im Dampfkraftprozess liegenden Möglichkeiten sind demnach weitgehend ausgeschöpft. Eine Wirkungsgradsteigerung ist demnach, wie erwähnt, nur durch die Wahl einer höheren Überhitzungstemperatur erreichbar. Die erreichbaren Grenztemperaturen liegen bei etwa 600 oder 700 °C wofür hochlegierte Stähle bzw Nickelbasislegierungen eingesetzt werden müssen. Eine Alternative dazu bietet die Kombination mit einem Gasturbinenprozess (Kap. 5).*

Tab. 2.5 Vergleich der Idealprozesse (Beispiel 2.4 bis 2.6)

	T_m	η_{th}	η_{th}/η_C
Einfacher Prozess	543,43 K	0,437	0,700
Prozess mit Speisewasservorwärmung	645,18 K	0,526	0,843
Prozess mit Zwischenüberhitzung	570,55 K	0,464	0,744
Prozess m. Vorw. u. Zwischenüberhitzung	702,82 K	0,565	0,905

Tab. 2.6 Berechnung der Temperatur vor der Zwischenüberhitzung

p_5	MPa	6	7	8	7,5	Annahme
h_{5s}	kJ/kg	3033,62	3073,00	3108,22	3091,07	Programm
Δh_s	kJ/kg	329,63	290,25	255,03	272,18	$h_4' - h_{5s}$
Δh	kJ/kg	280,19	246,71	216,78	231,35	$\eta_i \Delta h_s$
h_5	kJ/kg	3083,06	3116,54	3146,47	3131,90	$h_4' - \Delta h$
t_5	°C	364,0	384,4	402,7	**393,7**	Programm

2.3.4   Der reale Dampfkraftprozess

Ergänzend zu den bisher behandelten Idealprozessen soll jetzt noch ein Kreisprozess unter Berücksichtigung der verschiedenen Verluste durchgerechnet werden. Die Ergebnisse einer solchen Untersuchung stellen die Grundlage für die Turbinenauslegung dar. Insbesondere ist die Berechnung der Massenströme wichtig, die in den verschiedenen Teilen der Turbine wegen der Anzapfungen unterschiedlich sind.

Beispiel 2.7 *Als Grundlage für die Berechnung dient der Schaltbildentwurf Abb. 2.17. Von vornherein sind gegeben:*

Frischdampfzustand	*19 MPa, 535 °C*
Kondensationsdruck	*0,004 MPa*
Leistung an den Generatorklemmen	*100 MW.*

Lösung 2.7 *Zwischenüberhitzungsdruck. Mit dem Mollier-Programm bzw. der Sattdampftafel (Tab. A.2) wird zu 19 MPa eine Sättigungstemperatur $t_2 = 361,5\,°C$ und zu 0,004 MPa $t_0 = 29,0\,°C$ ermittelt. Mit $f = 0,8$ bei 5 Vorwärmstufen wird damit nach Gl. (2.42):*

$$t_1 = t_0 + f(t_2 - t_0) = 29{,}0\,^\circ C + 0{,}8 \cdot (361{,}5 - 29{,}0)\,^\circ C = 295{,}0\,^\circ C.$$

Damit ist:

$h_1 = 1317{,}03\,kJ/kg; \quad s_1 = 3{,}2076\,kJ/(kgK)$
$h_4 = 3363{,}25\,kJ/kg; \quad s_4 = 6{,}3191\,kJ/(kgK).$
Mit Gl. (2.43) wird

$$T_{m1,4} = \frac{h_4 - h_1}{s_4 - s_1} = \frac{(3363{,}25 - 1317{,}03)kJ/kg}{(6{,}3191 - 3{,}2076)kJ/(kgK)} = 657{,}6K = 384{,}5\,^\circ C.$$

Der Zwischenüberhitzungsdruck soll nun nach Gl. (2.44) so gewählt werden, dass $T_5 \approx T_m$ ist. Durch die Zwischenüberhitzung wird T_m etwas größer werden als $T_{m1,4}$, geschätzt wird $T_m = 667K$ entsprechend 394 °C.

Der Druckverlust zwischen dem Dampferzeuger und der Turbine wird auf 10 % des Frischdampfdruckes geschätzt, so dass $p'_4 = 17\,MPa$ ist. Ferner wird ein innerer Wirkungsgrad für den Hochdruckteil der Turbine $\eta_i = 0{,}85$ angenommen. Für den noch unbekannten Druck p_5 werden nun verschiedene Werte angenommen und die jeweilige Temperatur t_5 berechnet und mit dem angenommenem Wert von 394 °C verglichen (Tab. 2.6).

Offenbar ist der Zwischenüberhitzungsdruck mit $p_5 = 7{,}5\,MPa$ richtig gewählt. Zur Kontrolle wird noch T_m nach Gl. (2.44) nachgerechnet

$$t_m = \frac{(h_6 - h_5) + (h_4 - h_1)}{(s_6 - s_5) + (s_4 - s_1)} = \frac{(3490{,}48 - 3131{,}90 + 3363{,}25 - 1317{,}03)\,kJ/kg}{(6{,}8698 - 6{,}3810 + 6{,}3191 - 3{,}2076)\,kJ/(kgK)}$$
$$= 667{,}9K = 394{,}8\,^\circ C$$

also nur unwesentlich anders als angenommen.

Vorwärmung Die erste Anzapfung liegt am Austritt der Hochdruck-Teilturbine. Zum dort vorhandenen Druck von 7,5 MPa gehört die Sättigungstemperatur 290,5 °C. Bei einer Temperaturspanne von 5 K für die Wärmeübertragung kann das Speisewasser auf 285, 5 °C vorgewärmt werden. Die übrigen Anzapfstellen werden so gelegt, dass die Temperaturdifferenz von 29,0 auf 285, 5 °C auf fünf etwa gleiche Teile aufgeteilt wird. Damit liegen die Spei-

Tab. 2.7 Zustandsgrößen an den Anzapfstellen (Beispiel 2.7)

Nr		5	a	b	c	d	Bemerkungen
t	°C	291	239	188	137	86	
p	Mpa	7,5	3,3	1,2	0,33	0,06	
h	kJ/kg	3157	3332	3111	2873	2616	Anzapfzustand
h'	kJ/kg	1293	1034	799	576	360	Kondensat

sewassertemperaturen zwischen den Vorwärmern fest. Die Anzapfdrücke werden nun so gewählt, dass die zugehörigen Kondensationstemperaturen immer um ca. 5 K höher liegen (Tab. 2.7).

Die Enthalpien des Anzapfdampfes wurden nach Annahme einer vorläufigen Expansionskurve berechnet. Zwischen dem Hochdruck und dem Niederdruckteil der Turbine wurde ein Druckverlust von 10 % angenommen und der innere Wirkungsgrad des Niederdruckteils auf 85 % geschätzt.

Für die einzelnen Vorwärmer lassen sich nun die Wärmebilanzen aufstellen und daraus die Mengenströme berechnen (Abb. 2.18b).

$$VW\,1:\quad (1257 - 1012)\,kJ/kg = \mu_1(3157 - 1293)\,kJ/kg;\quad \mu_1 = 0{,}131$$

$$VW\,2:\quad (1012 - 786)\,kJ/kg = \mu_2(2803 - 1034)\,kJ/kg + \mu_1(1293 - 1034)\,kJ/kg;$$
$$\mu_2 = 0{,}109$$

$$VW\,3:\quad 786\,kJ/kg = (1 - \mu_1 - \mu_2 - \mu_3)555\,kJ/kg + (\mu_1 + \mu_2)1034\,kJ/kg$$
$$+ \mu_3 3111\,kJ/kg;\ \mu_3 = 0{,}045$$

$$VW\,4:\quad (1 - \mu_1 - \mu_2 - \mu_3)(556 - 343)\,kJ/kg = \mu_4(2873 - 576)\,kJ/kg;$$
$$\mu_4 = 0{,}069$$

$$VW\,5:\quad (1 - \mu_1 - \mu_2 - \mu_3)(343 - 122)\,kJ/kg = \mu_5(2612 - 360)\,kJ/kg$$
$$+ \mu_4(576 - 360)\,kJ/kg;\ \mu_5 = 0{,}064$$

$$Enthitzer:\ h_1 - 1257\,kJ/kg = \mu_2(3332 - 2803)\,kJ/kg;\ h_1 = 1315\,kJ/kg;$$
$$t_1 = 296\,°C.$$

Leistung, Massenstrom und Wirkungsgrad Durch die Anzapfungen wird die Turbine in sechs Teile unterteilt, durch die unterschiedliche Massenströme fließen. In Tab. 2.8 sind diese Teilturbinen mit ihren jeweiligen inneren Enthalpiegefällen, Massenströmen und Teilleistungen aufgelistet. Die zuzuführende Wärme ist gleich

Tab. 2.8 Innere Enthalpiegefälle, Massenströme und Leistungen der Teilturbinen (Beispiel 2.7)

j	Abschnitt	Δh_{ij} [kJ/kg]	$\dot m_j/\dot m$ [-]	$P_{ij}/\dot m$ [kWs/kg]
0	4 bis 5	206	1,000	206,0
1	6 bis a	158	0,869	137,3
2	a bis b	221	0,760	168,0
3	b bis c	239	0,715	170,9
4	c bis d	257	0,646	166,0
5	d bis 7	322	0,582	187,4
Σ		1403		$P_i/\dot m = 1035{,}6$

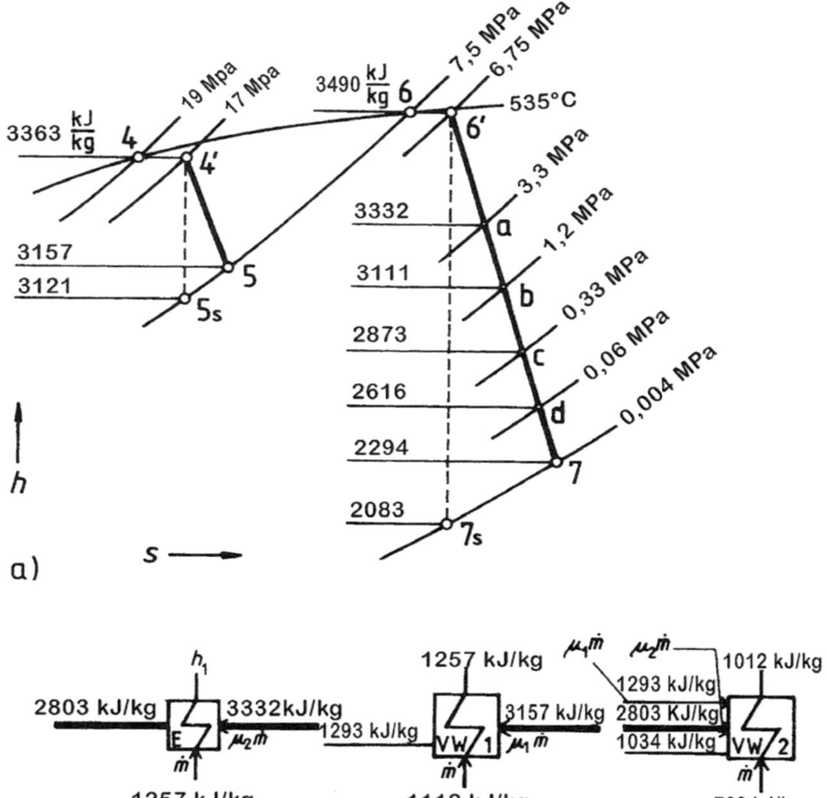

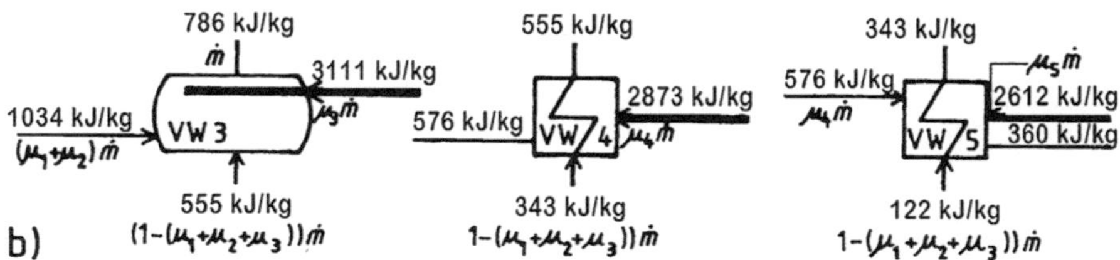

a) h-s-Diagramm
b) Vorwärmer mit Stoffströmen und Enthalpien

Abb. 2.18 Daten zu Beispiel 2.7

$$q_{zu} = (h_4 - h_1) + (1 - \mu_1)(h_6 - h_5) = (3363 - 1315)\,kJ/kg$$
$$+ 0{,}869(3490 - 3157)\,kJ/kg = 2337\,kJ/kg.$$

Damit wird der innere thermische Wirkungsgrad des Kreisprozesses

$$\eta_{th\,i} = \frac{\Sigma(P_{ij}/\dot{m})}{q_{zu}} = \frac{1036\,kJ/kg}{2337\,kJ/kg} = 0{,}443\,.$$

Damit ist der Kreisprozess vollständig berechnet. Die Ergebnisse können allerdings nur als vorläufig gültig betrachtet werden. Zahlreiche Daten konnten nur geschätzt werden. Da z. B. die Stufeneinteilung der Turbine noch nicht vorliegt und deren innerer Wirkungsgrad nur ganz pauschal angenommen wurde, bedarf es noch einer Korrektur, sobald diese Daten endgültig vorliegen. Ein anderes Beispiel sind die angenommenen Temperaturspannen für die Wärmeübergänge in den Vorwärmern. Erst wenn die erforderlichen Heizflächen berechnet sind, kann man sicher sein, ob sie überhaupt einzuhalten sind.

2.3.5 Sattdampfprozess

Der bisher beschriebene Kreisprozess, bei dem die Expansion in der Turbine im Überhitzungsgebiet liegt und nur geringfügig in das Nassdampfgebiet eindringt, findet Anwendung bei Anlagen mit fossil gefeuerten Dampferzeugern, also z. B. mit Kohle, Öl oder Erdgasfeuerung. Er wäre auch in Kernkraftwerken mit gasgekühlten Hochtemperaturreaktoren oder mit Natrium gekühlten schnellen Brutreaktoren denkbar. Bei den in Deutschland vorhandenen Kernkraftwerken des Druck- und Siedewassertyps, bei denen der Reaktor mit Wasser moderiert und gekühlt wird, ist die Erzeugung überhitzten Dampfes nicht möglich, sodass mit Sattdampf gearbeitet werden muss.

Der vereinfachte Schaltplan eines Druckwasser-Reaktor-Kraftwerks (Abb. 2.19) zeigt folgende Unterschiede zur konventionellen Anlage (Abb. 2.17): Im Dampferzeuger wird Sattdampf, bzw. Nassdampf mit der geringen Feuchtigkeit von etwa 0,05 % erzeugt. Um ein unzulässiges Anwachsen der Feuchtigkeit bei der Expansion zu vermeiden, wird zwischen den beiden Teilturbinen ein Wasserabscheider vorgesehen, der die Flüssigkeit vom Dampf abtrennt. Der getrocknete Dampf behält eine Restfeuchte von wiederum etwa 0,05 %. In diesem Beispiel wird der getrocknete Dampf zusätzlich zwischenüberhitzt, wobei die erforderliche Wärme einer zu diesem Zweck abgezweigten Teilmenge des Frischdampfes entzogen wird.

Im Gegensatz zur rauchgasbeheizten Zwischenüberhitzung (Abschn. 2.3.3) verbessert diese Maßnahme den thermischen Wirkungsgrad der Anlage nicht, vermindert ihn sogar. Die folgende Überlegung macht das deutlich. Die Wärme des zur Zwischenüberhitzung benutzten Frischdampfes wird ursprünglich bei der Temperatur T_2 im Dampferzeuger zugeführt. Im Zwischenüberhitzer wird sie jedoch bei der geringeren mittleren Temperatur

Abb. 2.19 Schaltbild eines
Kraftwerks mit
Druckwasserreaktor

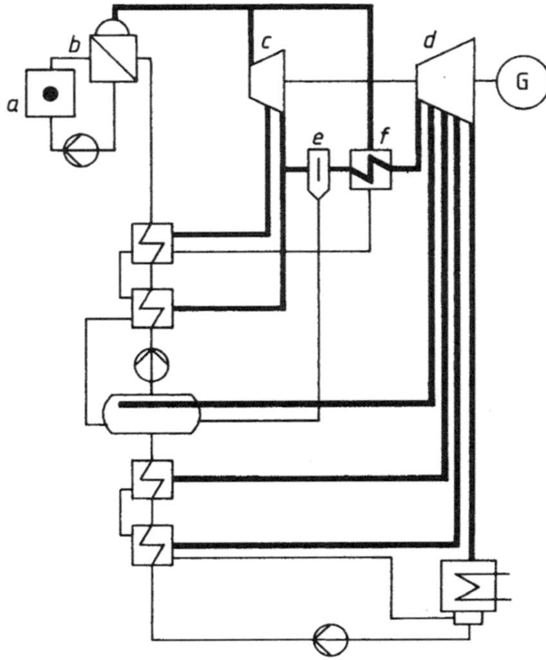

a) Reaktor
b) Dampferzeuger
c) Sattdampfturbine
d) Niederdruckturbine
e) Wasserabscheider
f) Zwischenüberhitzer

$T_{m5,6} = (h_6 - h_5)/(s_6 - s_5)$ auf den zwischenüberhitzten Dampf übertragen und so teilweise entwertet. Der Verlust ist aber gering und wird dadurch wieder ausgeglichen, oft sogar überkompensiert, dass der Wirkungsgrad der Niederdruckturbine durch die geringere Dampffeuchtigkeit verbessert wird.

Mit vergleichbaren Annahmen zum Beispiel 2.7 wurde die Anlage (Abb. 2.19) durchgerechnet. Es ergibt sich ein thermischer Wirkungsgrad $\eta_{th,i} = 0{,}349$. Wegen des geringeren Temperaturniveaus ist der Wirkungsgrad niederer als bei der Heißdampfanlage. Zum weiteren Vergleich der beiden Beispiele sind in Abb. 2.20 die Expansionslinien einander gegenübergestellt. Da bei der Sattdampfanlage das Enthalpiegefälle kleiner ist, erfordert die gleiche Leistung einen größeren Massenstrom. Erst recht erhöht sich der Volumenstrom, da wegen der geringeren Drücke die spezifischen Volumina größer sind.

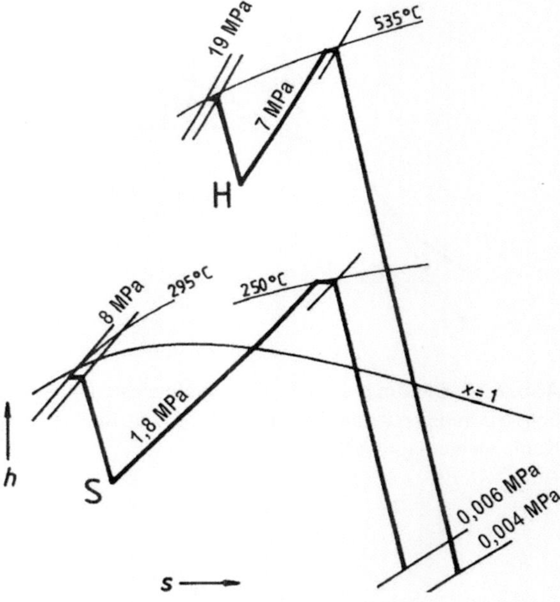

Abb. 2.20 Vergleich der Expansionslinien einer Heißdampf-Turbine (H) und einer Sattdampfturbine (S)

2.4 Grundlagen der Strömungslehre

2.4.1 Koordinatensysteme

Zur Beschreibung von Strömungsvorgängen verwendet man üblicherweise entweder ein kartesisches oder ein Zylinderkoordinatensystem. Im allgemeinen ist die Strömung dreidimensional bzw. räumlich und die Strömungsgeschwindigkeit $\vec{c}$ besitzt in x-Richtung die Geschwindigkeitskomponente $c_x = u$, in y-Richtung $c_y = v$ und in z-Richtung $c_z = w$. Bei einer zweidimensionalen bzw. ebenen Strömung besitzt $\vec{c}$ die Geschwindigkeitskomponenten u und v, und $\vec{c}$ ist über der z-Richtung konstant, siehe Abb. 2.21.

Strömungsvorgänge, die in ruhenden Maschinenteilen ablaufen (z. B. Leiteinrichtungen), werden im ruhenden Koordinatensystem oder Absolutsystem K dargestellt. Strömungsvorgänge in rotierenden Bauteilen sind im allgemeinen bezüglich des Absolutsystems instationär und somit vereinfachten Betrachtungen oft schwer zugänglich. Die Strömung im rotierenden Laufradkanal ist dagegen einfacher in einem mitrotierenden Relativsystem K' zu beschreiben, wodurch die Strömung in K' stationär wird. Damit ist es möglich, den Impulsmomentensatz in der Form für im Mittel stationäre Strömungen auch für einen rotierenden Laufradkanal anzuwenden, siehe Abschn. 2.4.4. Üblicherweise liegen in Turbomaschinen die Koordinatenursprünge von K und K' in der Drehachse des Rotors, siehe Abb. 2.22.

Abb. 2.22-links zeigt den Rotor einer axial durchströmten Gasturbine GT mit Laufradbeschaufelung und Abb. 2.22-rechts den Grundriss eines radialen Pumpenlaufrades. Dargestellt

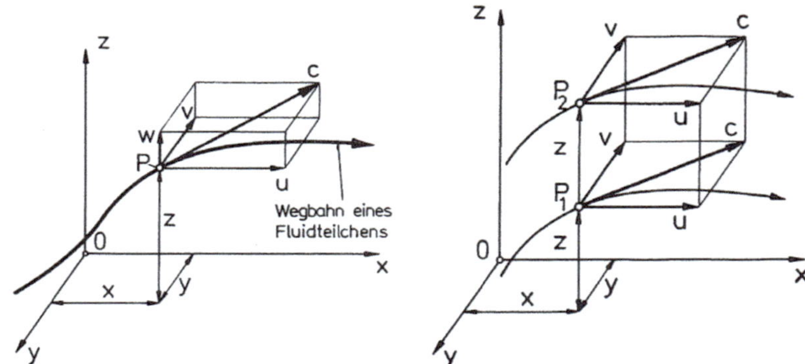

Abb. 2.21 Dreidimensionale und zweidimensionale Strömung $\vec{c}$. Links: 3-dimensionale bzw. räumliche Strömung mit den Komponenten u, v, w. Rechts: 2-dimensionale bzw. ebene Strömung mit den Komponenten u, v [13]

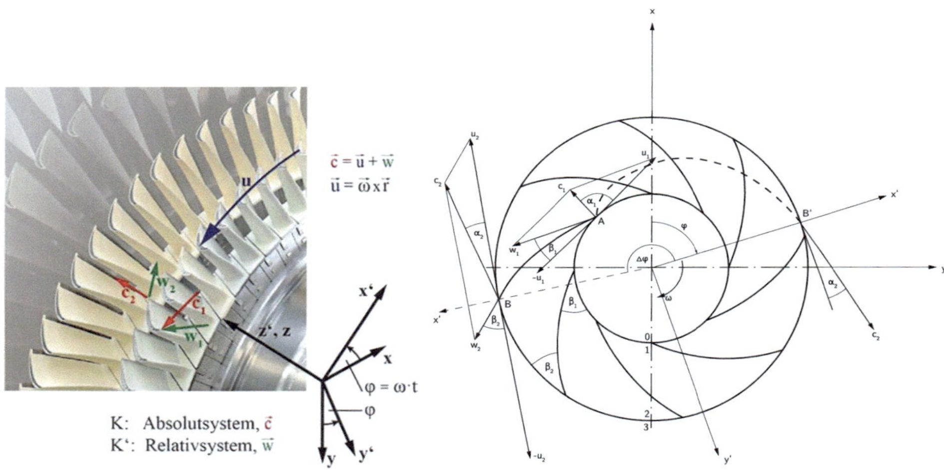

Abb. 2.22 Absolutsystem K mit x, y, z und Relativsystem K' mit x', y', z' für GT-Rotor mit Laufradbeschaufelung (links) und radiales Pumpenlaufrad (rechts) [12]

sind zusätzlich die Geschwindigkeitspläne in den Ebenen 1 vor Laufrad und Ebene 2 nach Laufrad. Nimmt man schaufelkongruente Strömung an, dann entspricht dem Verlauf der Laufradbeschaufelung $A - B$ dem Weg eines Flüssigkeitsteilchens im Laufradkanal (Relativströmung), und der absolute Weg des Flüssigkeitsteilchens entspricht dem Weg $A - B'$, da sich das Laufrad in dieser Zeit von B nach B' um $\Delta\varphi$ gedreht hat.

Für zeitliche Änderungen $\frac{d\vec{r}}{dt}$ eines Ortsvektors $\vec{r}$ relativ zum Absolutsystem und der vom Relativsystem aus beobachteten Änderung $\frac{d\vec{r}'}{dt}$ gilt:

$$\underbrace{\frac{d\vec{r}}{dt}}_{\vec{c}} = \underbrace{\vec{\omega} \times \vec{r'}}_{\vec{u}} + \underbrace{\frac{d\vec{r'}}{dt}}_{\vec{w}} \qquad (2.45)$$

Die Ein- und Austrittsströmung des rotierenden Laufrades (Relativsystem) stehen somit im Zusammenhang mit der Strömung im ruhenden Gehäuse bzw. Leiteinrichtungen (Absolutsystem). Die Strömung im Absolutsystem K wird mit der Absolutgeschwindigkeit $\vec{c}$, die ein feststehender Beobachter wahrnimmt, und die Strömung im Relativsystem K' mit der Relativgeschwindigkeit $\vec{w}$, die ein mit dem Laufrad mitbewegter Beobachter wahrnimmt, bezeichnet. Der Zusammenhang zwischen der Absolutgeschwindigkeit $\vec{c}$, der Relativgeschwindigkeit $\vec{w}$ und der Umfangsgeschwindigkeit $\vec{u}$ ist somit:

$$\underbrace{\vec{c}}_{Absolutgeschwindigkeit} = \underbrace{\vec{u}}_{Umfangsgeschwindigkeit} + \underbrace{\vec{w}}_{Relativgeschwindigkeit} \qquad (2.46)$$

2.4.2 Kontinuitätsgleichung

Die Kontinuitätsgleichung bringt den Massenerhalt eines strömenden Mediums zum Ausdruck. Sie ist die Bilanzgleichung der ein- und ausströmenden Massenströme an einem infinitesimalen Volumenelement. Für die Massenbilanz an einem Volumenelement (siehe Abb. 2.23) erhält man mit der Bedingung:

Eintretender Massenstrom durch dA – austretender Massenstrom durch dA = zeitliche Änderung der im Innern von dV gespeicherten Masse

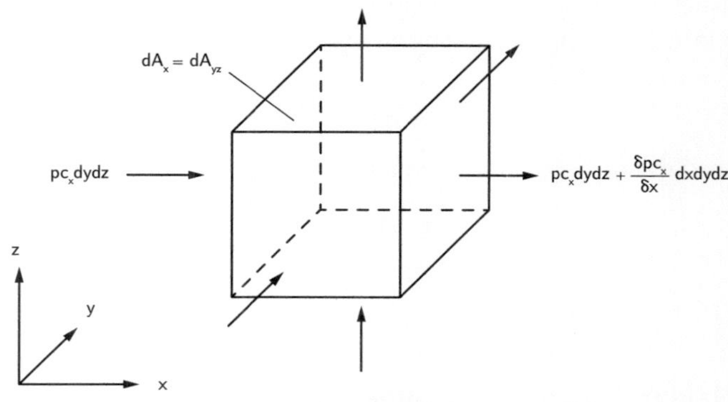

Volumenänderung: $\frac{\partial \rho}{\partial t}dxdydz = \frac{\partial \rho}{\partial t}dV$

Bilanz in x-Richtung: $\frac{\partial \rho c_x}{\partial x}dxdydz$

Abb. 2.23 Massenbilanz an einem Volumenelement

Tab. 2.9 Fälle der Kontinuitätsgleichung

Fall	Beschreibung	Konti-Gl.
1	3-dimensional, instationär, kompressibel (allgemeiner Fall)	$\frac{\partial \rho}{\partial t} + div(\rho \vec{c}) = 0$
2	3-dimensional, stationär, kompressibel	$div(\rho \vec{c}) = 0$
3	3-dimensional, stationär, inkompressibel	$\rho \cdot div\ \vec{c} = 0$
4	2-dimensional, stationär, inkompressibel	$\frac{\partial c_x}{\partial x} + \frac{\partial c_y}{\partial y} = 0$
5	1-dimensional, stationär, kompressibel	$\rho \cdot c \cdot A = const$
6	1-dimensional, stationär, inkompressibel	$c \cdot A = const$
7	1-dimensional, instationär, inkompressibel	$c_1(t) \cdot A_1 = c_2(t) \cdot A_2$

$$\frac{\partial \rho}{\partial t} + \frac{\partial \rho c_x}{\partial x} + \frac{\partial \rho c_y}{\partial y} + \frac{\partial \rho c_z}{\partial z} = 0 \ , \tag{2.47}$$

oder in vektorieller Form:

$$\frac{\partial \rho}{\partial t} + div(\rho \vec{c}) = 0 \tag{2.48}$$

In Tab. 2.9 sind verschiedene Vereinfachungen der Kontinuitätsgleichung zusammengefasst.

Bei der elementaren Stufentheorie in einer Turbomaschine geht man von einer eindimensionalen Strömung aus, womit die Kontinuitätsgleichung sich entsprechend Fall 5 oder 6 ergibt. Für thermische Strömungsmaschinen ergibt sich nach Fall 5 mit dem Massentrom $\dot{m}$:

$$\dot{m} = \rho A c = const \tag{2.49}$$

Für hydraulische Strömungsmaschinen ergibt sich nach Fall 6 mit dem Durchsatz Q:

$$Q = \frac{\dot{m}}{\rho} = Ac = const \tag{2.50}$$

2.4.3 Die Navier-Stokes-Gleichungen

Die Navier-Stokes-Gleichungen sind die Bewegungsgleichungen eines allgemeinen, instationären, reibungsbehafteten und kompressiblen Fluids. Sie lassen sich aus dem Kräfte- und Momentengleichgewicht an einem Volumenelement ableiten, und stellen die derzeit genaueste mathematische Beschreibung eines Strömungsvorganges dar. Der dabei auftretende Differenzialquotient $\frac{D}{Dt}$ wird als substanzielle Ableitung oder als materielle Ableitung bezeichnet und entspricht der Beschleunigung, die ein mitbewegter Beobachter, dargestellt in räumlichen, ortsfesten Koordinaten (Eulerkoordinaten), registriert. Sie beschreibt somit die Änderung einer Größe mit der Zeit sowie die Änderung dieser Größe mit dem Ort. Für die substanzielle Beschleunigung eines Flüssigkeitsteilchens ergibt sich für die x-Koordinate:

$$\underbrace{\frac{Dc_x}{Dt}}_{Substanzielle\ Beschleunigung} = \underbrace{\frac{\partial c_x}{\partial t}}_{lokale\ Beschl.\ am\ festen\ Ort\ x,y,z} \underbrace{+ c_x\frac{\partial c_x}{\partial x} + c_y\frac{\partial c_x}{\partial y} + c_z\frac{\partial c_x}{\partial z}}_{konvektive\ Beschleunigung}$$

$$(2.51)$$

In vektorieller Form ergibt sich für die substanzielle Beschleunigung (x-, y-, z-Komponente):

$$\frac{D\vec{c}}{Dt} = \frac{\partial \vec{c}}{\partial t} + c_x\frac{\partial \vec{c}}{\partial x} + c_y\frac{\partial \vec{c}}{\partial y} + c_z\frac{\partial \vec{c}}{\partial z}\ , \tag{2.52}$$

Die Navier-Stokes-Gleichung für die x-Komponente lautet dann:

$$\rho\frac{Dc_x}{Dt} = f_x - \frac{\partial p}{\partial x} + \frac{\partial}{\partial x}\left[2\mu\left(\frac{\partial c_x}{\partial x} - \frac{1}{3}div\,\vec{c}\right)\right] + \frac{\partial}{\partial y}\left[\mu\left(\frac{\partial c_x}{\partial y} + \frac{\partial c_y}{\partial x}\right)\right]$$
$$+ \frac{\partial}{\partial z}\left[\mu\left(\frac{\partial c_x}{\partial z} + \frac{\partial c_z}{\partial x}\right)\right] \tag{2.53}$$

Auf ein Volumenelement bezogen erhält man in vektorieller Form:

$$\underbrace{\rho\frac{D\vec{c}}{Dt}}_{Trägheitskraft} = \underbrace{\vec{f_V}}_{Feldkräfte} - \underbrace{grad\ p}_{Druckgradient} + \underbrace{\vec{f_R}}_{Reibungskräfte} \tag{2.54}$$
$$\underbrace{\phantom{- grad\ p + \vec{f_R}}}_{Oberflächenkräfte}$$

Die Druckkräfte resultieren aus dem molekularen Impulsaustausch in normaler Richtung zur Oberfläche, und die Reibungskräfte (auch Viskositätskräfte genannt) resultieren aus dem molekularen Impulsaustausch in tangentialer Richtung.

Die Navier-Stokes-Gleichungen werden zur Berechnung komplizierter Strömungsvorgänge unter Berücksichtigung lokaler Effekte verwendet. Die Lösung der Navier-Stokes-Gleichungen erfolgt dabei mit numerischen Methoden. Innerhalb der Strömungsmechanik hat sich ein eigenständiges Fachgebiet *numerische Strömungsmechanik* mittels CFD (Computational Fluid Dynamics) entwickelt. Die Berechnung einer Strömung mittels CFD durch ein Schaufelgitter einer Niederdruckturbine (Endstufe) zeigt beispielhaft Abb. 2.24.

Bei einer inkompressiblen Strömung mit konstanter Zähigkeit μ vereinfacht sich die Gl. (2.53) zu:

$$\rho\frac{D\vec{c}}{Dt} = \vec{f} - grad\ p + \mu\Delta\vec{c} \tag{2.55}$$

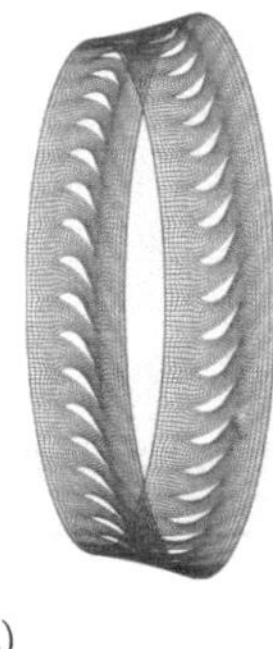

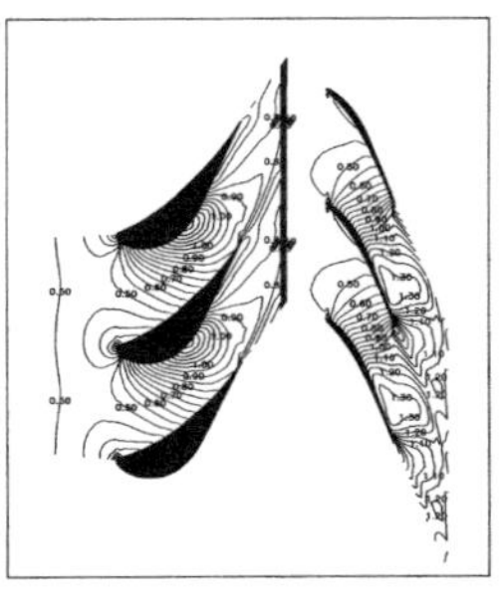

a) b)

a) Gitternetze für die Turbinenstufenberechnung, ganzer Umfang gezeichnet
b) Berechnete Linien gleicher Mach-Zahlen für Endstufendurchströmung in ca. 70 % Schaufelhöhe

Abb. 2.24 Ergebnisse der numerischen Strömungsberechnung, [31]

Δ ist dabei der Laplace-Operator mit:

$$\Delta \vec{c} = \frac{\partial c_x^2}{\partial t^2} + \frac{\partial c_y^2}{\partial t^2} + \frac{\partial c_z^2}{\partial t^2}$$

Der reibungsfreie Fall der Gl. (2.54) ist die Euler-Gleichung:

$$\rho \frac{D\vec{c}}{Dt} = \vec{f} - grad\ p \tag{2.56}$$

Gl. (2.56) gilt auch für die reibungsfreie kompressible Strömung.

Bei einer stationären Strömung fallen die Zeitableitungen weg. Setzt man ferner noch eine inkompressible Strömung voraus, so erhält man durch Umformen und Integration die *Bernoulli-Gleichung* für eine drei- bzw. eindimensionale, stationäre und inkompressible Strömung:

$$\frac{1}{2}[c_x^2 + c_y^2 + c_z^2] + \frac{p}{\rho} + gz = const \tag{2.57}$$

$$\frac{1}{2}c^2 + \frac{p}{\rho} + gz = const \tag{2.58}$$

Gl. (2.58) sagt aus, dass entlang eines Stromfadens (eindimensionale Strömung) die Summe aus kinetischer Energie ($\frac{1}{2}c^2$) und Druckenergie ($\frac{p}{\rho}$) und potenzieller Energie (gz) bei einer reibungsfreien Strömung konstant bleibt.

Befindet sich zwischen zwei Punkten 1 und 2 einer inkompressiblen, reibungsfreien Strömung eine hydraulische Strömungsmaschine, so kann Gl. (2.58) erweitert werden zu:

$$\frac{p_1}{\rho} + \frac{c_1^2}{2} + gz_1 = \frac{p_2}{\rho} + \frac{c_2^2}{2} + gz_2 \pm y^* \tag{2.59}$$

$+y^*$: spezifische Fallenergie gilt für eine Turbine, $-y^*$: spezifische Förderenergie gilt für eine Pumpe

Gl. (2.59) entspricht dem 1. HS für ein adiabates, offenes System mit $w_{t12} = y^*, q_{12} = 0$, siehe Abschn. 2.1. Bei einer verlustbehafteten inkompressiblen Strömung ist Gl. (2.59) um die Verluste zwischen den Punkten 1 und 2 zu erweitern zu:

$$\frac{p_1}{\rho} + \frac{c_1^2}{2} + gz_1 = \frac{p_2}{\rho} + \frac{c_2^2}{2} + gz_2 \pm y^* + \sum_i \left(\zeta_i \frac{c_i^2}{2} \right) \tag{2.60}$$

mit ζ_i als Verlustbeiwerte der jeweiligen Bauteile im Rohrsystem. Dazu gehören bei hydraulischen Strömungsmaschinen die Einlauf-, Auslauf- und Rohrleitungsverluste, siehe auch Gl. (4.5).

2.4.4 Der Impuls- und Impulsmomentensatz

Im Unterschied zu den differenziellen Betrachtungen an einem Volumenelement bzw. Fluidelement entsprechend der Bewegungsgleichungen in Abschn. 2.4.3, kann an einem endlichen Fluidvolumen das Kräftegleichgewicht aufgestellt werden. Dabei legt man um eine endliche Anzahl von Stromlinien einer Strömung das sogenannte Kontrollvolumen. Damit können die Kräfte auf dieses Kontrollvolumen bzw. die Kräfte, die von diesem Kontrollvolumen auf die Strömung ausgeübt werden, mit Hilfe des Impulssatzes bestimmt werden. Die zeitliche Änderung des Impulses entspricht dem Impulsstrom und ist dann gleich der Resultierenden der äußeren Kräfte $\vec{F}_A$. Es lässt sich zeigen, dass der Impulsstrom über der Oberfläche des Kontrollvolumens für eine im Mittel stationäre Strömung gleich dem Impulsfluss $\vec{I}$ über die Ein- und Austrittsfläche ist, und es gilt dann:

$$\frac{d\vec{I}}{dt} = \underbrace{\int_{A(t)} \rho \cdot \vec{c} \cdot (\vec{c} \cdot d\vec{A})}_{Impulsfluss\ über\ Oberfläche} = \underbrace{\sum \vec{F}_A}_{Summe\ der\ äußeren\ Kräfte} \tag{2.61}$$

Der Impulssatz nach Gl. (2.61) stellt eine Kräftebilanz dar und gilt nur für stationäre oder im Mittel stationäre Strömungen. Mit den Bezeichnungen in Abb. 2.25 gilt auch:

$$\vec{I}_2 - \vec{I}_1 = \dot{m}(\vec{c}_2 - \vec{c}_1) = \vec{F}_{p1} + \vec{F}_{p2} + \vec{F}_S + \vec{F}_V \tag{2.62}$$

Der Impulsfluss am Ein- und Austritt $\vec{I}_{1,2}$ über dem freien Teil der Kontrollfläche entspricht der Trägheitskraft. Die äußeren Kräfte am Kontrollvolumen setzen sich aus den Druckkräften $\vec{F}_{p1,2}$ am freien Teil der Kontrollfläche, der Stützkraft $\vec{F}_S$ am körpergebundenen Teil der Kontrollfläche und der Volumenkraft $\vec{F}_V$ des eingeschlossenen Fluids zusammen. Die Stützkraft $\vec{F}_S$ wirkt über die Kontrollfäche hindurch von außen auf das Fluid, und die Reaktionskraft $\vec{F}_R$ zur Stützkraft $\vec{F}_S$ mit $\vec{F}_R = -\vec{F}_S$ wirkt von der Strömung über die

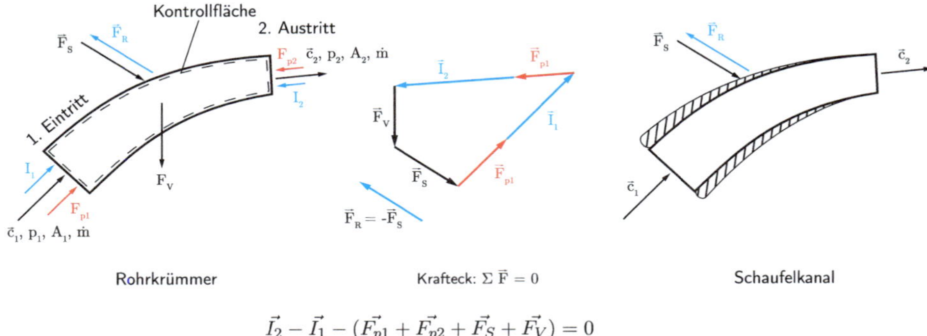

$$\vec{I}_2 - \vec{I}_1 - (\vec{F}_{p1} + \vec{F}_{p2} + \vec{F}_S + \vec{F}_V) = 0$$

$\vec{I} = -\int \rho\vec{c}(\vec{c}d\vec{A})$	:	Impulsfluss durch Ein- und Austrittsfläche (freier Teil der Kontrollfläche KF)
$\vec{F}_p = -\int pd\vec{A}$	:	Druckkraft am freien Teil der KF
$\vec{F}_V = \rho\vec{g}dV$	:	Volumenkraft
$\vec{F}_S$	:	Stützkraft am körpergebundenen Teil der KF (wirkt von außen auf die Strömung)
$\vec{F}_R = -\vec{F}_S$	:	Reaktionskraft zur Stützkraft (wirkt von der Strömung nach außen, Schaufelkraft)

Abb. 2.25 Impulssatz für eine im Mittel stationäre Strömung – Strömung durch einen Rohrkrümmer bzw. Schaufelkanal [30]

Kontrollfläche hindurch nach außen. $\vec{F}_R$ entspricht bei Turbomaschinen somit der Kraft auf die Beschaufelung bzw. der Schaufelkraft, siehe Abschn. 2.6.1.

Der Impulsmomentensatz (Drallsatz) beschreibt den Zusammenhang zwischen dem Drall und den angreifenden äußeren Momenten. Der Impulsmomentensatz lautet:

$$\sum \vec{M}_A - \int_A \rho \cdot (\vec{r} \times \vec{c}) \cdot (\vec{c}d\vec{A}) = 0 \tag{2.63}$$

Die Summe der äußeren Momemte $\sum \vec{M}_A$ setzt sich aus den Einzelmomenten $\vec{M}_p$, $\vec{M}_V$ und $\vec{M}_S$ zusammen. Bei der praktischen Behandlung des Impulsmomentensatzes gilt dasselbe wie für den Impulssatz. Das Reaktionsmoment zu $\vec{M}_S$, welches vom Fluid auf die Wandung ausgeübt wird, ist $\vec{M}_R = -\vec{M}_S$. $\vec{M}_R$ wirkt an der Welle und entspricht somit dem Drehmoment an der Welle. Der Impulsmomentensatz spielt bei der Berechnung von Turbomaschinen eine wichtige Rolle, da durch die Drallbilanz am Ein- und Austritt eines Laufradkanals das Moment auf die Welle und zusammen mit der Drehzahl die Leistung P ($P = M \cdot \omega$) bestimmt werden kann, siehe Abschn. 2.6.1.

2.4.5 Potenzialströmung, Zirkulation und Potenzialwirbel

Für viele Betrachtungen sind vereinfachte Strömungsmodelle von Bedeutung, da sie eine relativ einfache und oft auch ausreichend genaue Beschreibung der Strömung erlauben. Ein

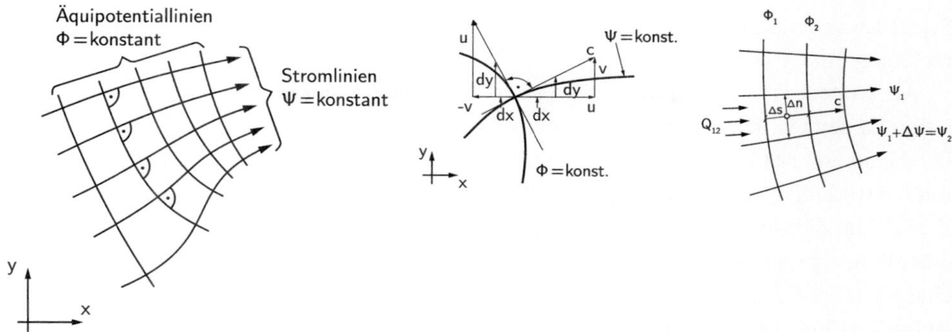

Abb. 2.26 Potenziallinien: Geschwindigkeitspotenzial Φ und Stromfunktion Ψ [13]

wichtiges Modell stellt die Potenzialströmung dar. Sie ist eine stationäre, reibungsfreie und somit eine idealisierte, geschichtete Strömung, die aus einem einheitlichen Ruhezustand kommt. Es gibt keine Grenzschicht und damit keine Ablösung. Sie ist quellenfrei, wirbelfrei und isentrop. Die Bewegungsgleichung einer Potenzialströmung lässt sich aus den Navier-Stokes-Gleichungen Gl. (2.53) ableiten. Dem Geschwindigkeitsfeld der reibungsfreien Potenzialströmung lässt sich ein skalares Geschwindigkeitspotenzial Φ zuordnen. Die Linien $\Phi =$ const sind Äquipotenziallinien, die senkrecht auf den Stromlinien mit $\Psi =$ const stehen. Ψ wird als Strom- bzw. Potenzialfunktion bezeichnet, siehe Abb. 2.26-links. Mit $c\,\Delta n = \Delta\Psi$ ergibt sich der Durchsatz zwischen den Stromlinien $\Psi_{1,2}$ zu $Q_{12} = \Delta\Psi$, siehe Abb. 2.26-rechts.

Mit den Potenzialen Φ und Ψ lassen sich mit Hilfe der Funktionentheorie Überlagerungen von Strömungen berechnen. Das bedeutet, dass der Geschwindigkeitsvektor und die Massenerhaltung über lineare Gleichungen und nicht aus den nichtlinearen Grundgleichungen ermittelt werden müssen. Als Ergebnis der Funktionentheorie mit überlagerten Strömungen dient die Umströmung eines Tragflügels aus einer Parallelströmung plus Quellen- und

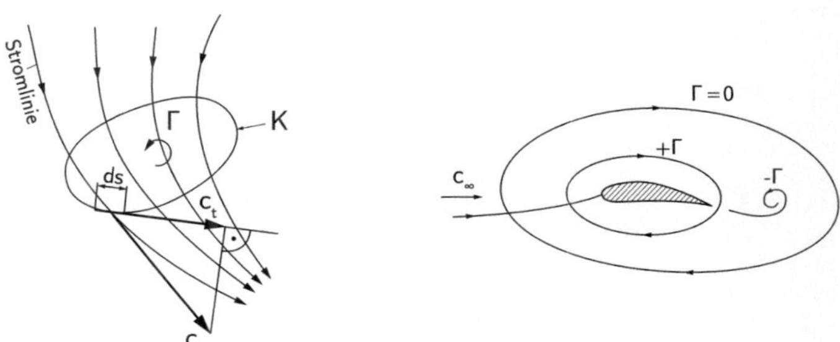

Abb. 2.27 Definition der Zirkulation Γ und Γ bei Tragflügelumströmung. Links: Γ als Linienintegral einer geschlossenen Kurve $K: \Gamma = \oint_K \vec{c}_t\,d\vec{s}$. Rechts: $\Gamma \neq 0$ für die um den Tragflügel umschließende Kurve (mit Wirbelstärke) [13]

Senkenströmung. Diese Ergebnisse dienen als Vergleich zur numerischen Strömungsbe-rechnung mit CFD-Programmen.

Als weitere wichtige Strömungsgröße ist bei Umströmungen von Bauteilen die Zirkulation zu nennen. Die Zirkulation Γ gibt die Intensität der Drehung einer Strömung in der Fläche an und ist ein Maß für die Wirbelstärke. Das Auftreten von Zirkulation ist also stets mit der Bildung von Wirbeln verbunden. Bei der Potenzialströmung ist somit die Zirkulation $\Gamma = 0$. Die Zirkulation ist definiert als das Linienintegral der Tangentialkomponente c_t längs einer beliebig geschlossenen Kurve K. Die Zirkulation Γ ist bei der Tragflügelumströmung eine wichtige Größe, da bei jedem den Tragflügel nicht umfliessenden Kurvenzug $\Gamma = 0$ ist (zirkulationsfrei) und für den um den Tragflügel vollständig umschließenden Kurvenzug $\Gamma \neq 0$ ist (vorhandene Wirbelkerne), siehe Abb. 2.27.

Abb. 2.28 zeigt die Umströmung eines Tragflügels, die sich aus einer Potenzialströmung mit $\Gamma = 0$ und Wirbelkernen zusammensetzt, siehe auch Abschn. 9.2.1.

Potenzialwirbel Für die Strömung eines Fluids, auf das kein Moment übertragen wird, insbesondere auch kein Reibungsmoment M_R wie z. B. im Leitrad einer Strömungsmaschine, folgt aus Gl. (2.84) für $M_R = 0$:

$$rc_u = const \tag{2.64}$$

In einer solchen Wirbelströmung nimmt also die Umfangskomponente der Geschwindigkeit c_u umgekehrt proportional mit dem Radius ab, siehe Abschn. 3.3.5.

2.4.6 Kennzahlen der Strömungslehre

Zwei Strömungen werden als ähnlich betrachtet, wenn die geometrischen und charakteristischen physikalischen Größen der beiden Strömungsfelder jeweils ein festes Verhältnis miteinander bilden. Dabei bedient man sich dimensionsloser Kennzahlen wie z. B. die Reynoldszahl Re, die Machzahl Ma, die Froude-Zahl Fr und die Strouhal-Zahl Sr.

Zur Beschreibung des Reibungseinflusses wird die Reynoldszahl Re verwendet als das Verhältnis von Trägheits- und Zähigkeitskräften. Sollen zwei Strömungen hinsichtlich des

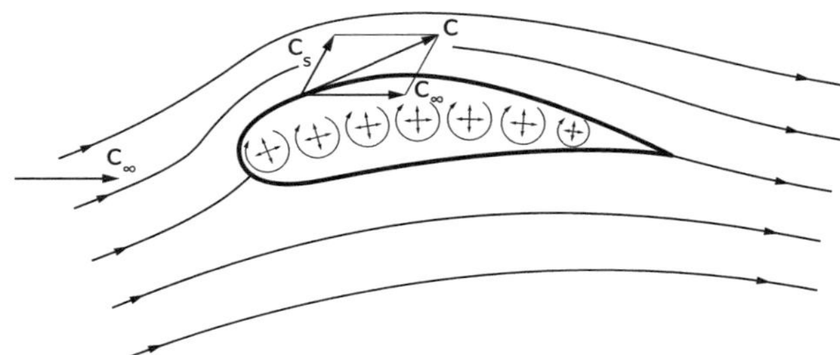

Abb. 2.28 Umströmung eines Tragflügels [13]

Reibungseinflusses ähnlich verlaufen, so muss die Reynoldszahl für beide Vorgänge den gleichen Zahlenwert Re haben, was bei Versuchen mit Modellgrößen und der Großausführung angewandt wird. Es gilt mit c als Strömungsgeschwindigkeit, D als charakteristische Größe, v als kinematische Zähigkeit bzw. Viskosität und μ als dynamische Zähigkeit bzw. Viskosität:

$$Re = \frac{cD}{v} \tag{2.65}$$

$$v = \frac{\mu}{\rho} \tag{2.66}$$

Rohrströmungen mit $Re < 2300$ werden als laminare oder geschichtete Strömungen ohne Querbwegung bzw. ohne gegenseitige Vermischung bezeichnet. Rohrströmungen mit $Re > 50.000$ werden als turbulente Strömungen mit Querbwegung bezeichnet. Bei $2300 < Re < 50.000$ spricht man von einer transitionalen Strömung.

Die Machzahl Ma stellt das Verhältnis der Strömungsgeschwindigkeit c zur Schallgeschwindigkeit a dar und kennzeichnet Gasströmungen mit Dichteänderungen des strömenden Fluids. Es gilt:

$$Ma = \frac{c}{a} \tag{2.67}$$

Strömungen mit $Ma > 1$ werden als Überschallströmungen, $Ma \approx 1$ als schallnahe Strömungen und $Ma < 1$ als Unterschallströmungen bezeichnet. Für Strömungen mit $Ma < 0{,}3$ kann man das Gas als dichtebeständig bzw. inkompressibel ansehen.

Die Froude-Zahl Fr beschreibt das Verhältnis von kinetischer und potenzieller Energie und spielt bei Flüssigkeitsströmungen mit freier Oberfläche eine Rolle. Es gilt:

$$Fr = \frac{c}{\sqrt{gh}} \tag{2.68}$$

Die Strouhal-Zahl Sr wird bei instationären Strömungsvorgängen verwendet. Mit der Strouhal-Zahl wird die Frequenz f der Wirbelablösung bei instationärer Strömung bestimmt. Es gilt für den Fall der Zylinderumströmung mit dem Druchmesser D als charakteristische Länge:

$$Sr = f\frac{D}{c} \tag{2.69}$$

2.5   Theorie der Düsenströmung

Voraussetzungen Die Fluidbewegung wird eindimensional beschrieben. Das bedeutet, dass die Geschwindigkeitskomponenten senkrecht zur Hauptströmungsrichtung vernachlässigt werden, und dass die über einen Kanalquerschnitt hin veränderliche Geschwindigkeit durch den Mittelwert der Geschwindigkeit in diesem Querschnitt ersetzt wird.

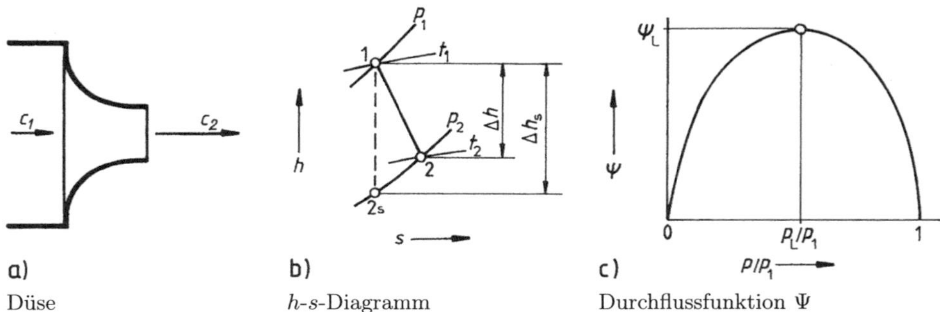

Abb. 2.29 Düsenströmung

Das Fluid sei ein idealer Dampf, was nach Abschn. 2.1 auch den Fall des idealen Gases mit einschließt. Ferner sei die Strömung stationär und der Strömungsraum adiabat, das heißt wärmedicht, abgeschlossen. Es ist dann $q_{12} = 0$ und, da keine Leistung bzw. technische Arbeit zugeführt wird, auch $w_{t12} = 0$. Die Kanalquerschnitte sollen sich auf gleicher oder angenähert gleicher Ortshöhe befinden, so dass die Höhenänderung $dz = 0$ ist. Aus Gl. (2.4) folgt:

$$h_2 + \frac{c_2^2}{2} = h_1 + \frac{c_1^2}{2} \tag{2.70}$$

Ausströmgeschwindigkeit Gl. (2.70) kann nach c_2 aufgelöst werden, wenn die Zuströmgeschwindigkeit c_1 und die Enthalpiedifferenz $\Delta h = h_1 - h_2$ der Expansion, die der Beschleunigung des Fluids entspricht, bekannt sind.

Diese Enthalpiedifferenz ist besonders einfach für die nur in Gedanken mögliche, reibungsfreie Strömung zu bestimmen. Dann ist die Strömung isentrop, so dass Gl. (2.25) anwendbar wird. Mit den Bezeichnungen von Abb. 2.29-b wird

$$c_{2s} = \sqrt{2\Delta h_s + c_1^2}.$$

Beim wirklichen, nicht reibungsfreien Fall wird noch ein Düsenwirkungsgrad η eingeführt

$$c_2 = \sqrt{\eta(2\Delta h_s + c_1^2)}. \tag{2.71}$$

Durchflussfunktion Die folgende Untersuchung soll auf die reibungsfreie Strömung beschränkt sein. Außerdem soll zur weiteren Vereinfachung die Zuströmgeschwindigkeit c_1 vernachlässigt werden. Größen ohne Index beziehen sich auf einen beliebigen Querschnitt im Inneren einer Düse, dies entspricht der *Expansion aus dem Kesselzustand*. Wird für die isentrope Enthalpiedifferenz Gl. (2.25) eingesetzt, so wird zunächst

$$c = \sqrt{\frac{2\kappa}{\kappa - 1} p_1 v_1 \left[1 - \left(\frac{p}{p_1} \right)^{\frac{\kappa-1}{\kappa}} \right]}. \tag{2.72}$$

Mit dem Massenstrom nach Gl. (2.49) ergibt sich damit die Stromdichte $\frac{\dot{m}}{A}$:

$$\frac{\dot{m}}{A} = \rho c = \frac{c}{v} = \sqrt{\frac{2\kappa}{\kappa - 1} \frac{p_1 v_1^2}{v_1 v^2} \left[1 - \left(\frac{p}{p_1} \right)^{\frac{\kappa - 1}{\kappa}} \right]} \, ,$$

worin $\left(\frac{v_1}{v} \right)^2$ wegen $pv^\kappa = \text{const}$ durch $\left(\frac{p}{p_1} \right)^{\frac{2}{\kappa}}$ ersetzt werden kann

$$\frac{\dot{m}}{A} = \sqrt{\frac{p_1}{v_1}} \cdot \underbrace{\sqrt{\frac{2\kappa}{\kappa - 1} \left[\left(\frac{p}{p_1} \right)^{\frac{2}{\kappa}} - \left(\frac{p}{p_1} \right)^{\frac{\kappa + 1}{\kappa}} \right]}}_{\Psi} = \sqrt{\frac{p_1}{v_1}} \cdot \Psi \tag{2.73}$$

Bei gegebenem Zustand 1 hängt der Massenstrom nur vom Querschnitt und von der durch Gl. (2.73) definierten Durchflussfunktion Ψ ab. Diese wiederum ist über κ von der Art des Fluids und sonst nur vom Druckverhältnis abhängig.

Die für den Vorgang charakteristische Funktion Ψ hat Nullstellen bei $\frac{p}{p_1} = 0$ und bei $\frac{p}{p_1} = 1$ (siehe Abb. 2.29-c). Um das dazwischen liegende Maximum zu finden, wird die eckige Klammer in Gl. (2.73) differenziert und die Ableitung gleich null gesetzt. Man findet

$$\frac{p_L}{p} = \left(\frac{2}{\kappa + 1} \right)^{\frac{\kappa}{\kappa - 1}} . \tag{2.74}$$

Dieses besondere Druckverhältnis wird nach de Laval (1845–1913) als Lavaldruckverhältnis benannt und mit dem Index L bezeichnet. Der entsprechende, maximale Wert der Durchflussfunktion Ψ_L – auch Stromdichtefaktor genannt – ist

$$\Psi_L = \sqrt{\kappa \left(\frac{2}{\kappa + 1} \right)^{\frac{\kappa + 1}{\kappa - 1}}} = \left(\frac{2}{\kappa + 1} \right)^{\frac{1}{\kappa - 1}} \cdot \sqrt{\frac{2\kappa}{\kappa + 1}} \tag{2.75}$$

Im Querschnitt, in dem das Laval-Druckverhältnis erreicht wird, ist die Fluidgeschwindigkeit gleich der Schallgeschwindigkeit, und ergibt sich mit Gl. (2.74) und (2.72) zu

$$c_L = \sqrt{\frac{2\kappa}{\kappa + 1} p_1 v_1} \, . \tag{2.76}$$

Mit den Isentropengleichungen $p \cdot v^\kappa = const$ kann man die Größen p_1 und v_1 durch p_L und v_L, also durch Druck und spezifisches Volumen im Laval-Querschnitt ersetzen, und man erhält für die Schallgeschwindigkeit im Laval-Querschnitt

$$c_L = \sqrt{\kappa p_L v_L} \, . \tag{2.77}$$

Maximaler Durchfluss Variiert man bei einer Düse nach Abb. 2.30a, deren engster Querschnitt zugleich der Austrittsquerschnitt ist, den Gegendruck, indem man zunächst $p_2 = p_1$

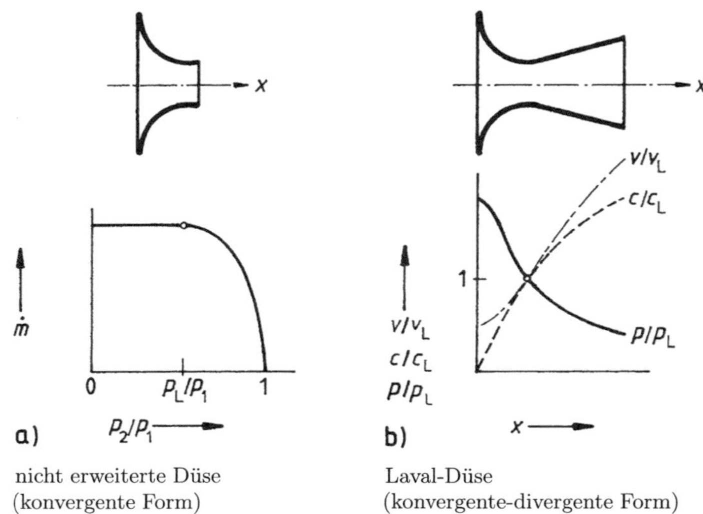

nicht erweiterte Düse
(konvergente Form)

Laval-Düse
(konvergente-divergente Form)

Abb. 2.30 Düsenformen

setzt und dann p_2 laufend verkleinert, so wird der Massenstrom zunächst anwachsen. Er erreicht aber nach Gl. (2.73) einen maximalen Wert bei $p_2 = p_L$. Es wird dann

$$\dot{m}_{max} = A_2\sqrt{\frac{p_1}{v_1}} \cdot \Psi_L = A_2\sqrt{\frac{p_1}{v_1}} \cdot \sqrt{\kappa\left(\frac{2}{\kappa+1}\right)^{\frac{\kappa+1}{\kappa-1}}} \tag{2.78}$$

oder

$$\left(\frac{\dot{m}}{A_2}\right)_{max} = \sqrt{\frac{p_1}{v_1}} \cdot \Psi_L = \sqrt{\frac{p_1}{v_1}} \cdot \Psi_{max} \tag{2.79}$$

Zugleich wird im Austrittsquerschnitt die Schallgeschwindigkeit erreicht. Bei weiterer Druckabsenkung hinter der Düse kann weder der Massenstrom noch die Geschwindigkeit größer werden, auch kann der Druck im Austrittsquerschnitt nicht kleiner werden als der Laval-Druck. Diese theoretischen Folgerungen sind auch anschaulich zu verstehen. Eine Druckänderung breitet sich bekanntlich mit der Schallgeschwindigkeit aus, sie kann sich deshalb unmöglich in das seinerseits mit Schallgeschwindigkeit ausströmende Fluid in das Innere der Düse hinein auswirken.

Laval-Düsen Sollen in einer Düse Überschallgeschwindigkeiten erreicht werden, so muss das Fluid die Möglichkeit zu weiterer Expansion über das Maximum von Abb. 2.29c hinaus haben. Da der Massenstrom natürlich für die ganze Düse konstant bleibt, kann die Stromdichte Ψ nach Abb. 2.29c nur dadurch wieder abnehmen, dass der Querschnitt nach seinem kleinsten Wert wieder anwächst, siehe Abb. 2.30b. Durch eine Erweiterung hinter dem engsten Querschnitt entsteht somit Überschallgeschwindigkeit mit einer Mach-Zahl Ma größer als $Ma = 1$.

Düsen dieser Form wurden erstmals im Jahr 1878 von dem deutschen Ingenieur Ernst Körting angewendet. Man nennt sie aber nach ihrem erwähnten zweiten Erfinder Laval-Düsen. Die notwendige Querschnittserweiterung wird mittels der Kontinuitätsgleichung berechnet, die mit Gl. (2.73) die folgende Form annimmt:

$$\dot{m}_{max} = A_{min}\sqrt{\frac{p_1}{v_1}} \cdot \Psi_L = A_2\sqrt{\frac{p_1}{v_1}} \cdot \Psi_2, \quad oder$$

$$\frac{A_2}{A_{min}} = \frac{\Psi_L}{\Psi_2} = \frac{\sqrt{\kappa \cdot \left(\frac{2}{\kappa+1}\right)^{\frac{\kappa+1}{\kappa-1}}}}{\sqrt{\frac{2\kappa}{\kappa-1} \cdot \left[\left(\frac{p_2}{p_1}\right)^{\frac{2}{\kappa}} - \left(\frac{p_2}{p_1}\right)^{\frac{\kappa+1}{\kappa}}\right]}} \tag{2.80}$$

Beispiel 2.8 *In einer Düse expandiert Wasserdampf isentrop, also reibungsfrei von $p_1 = 1,5\,MPa;\ t_1 = 350\,°C$ auf den Gegendruck $p_2 = 0,6\,MPa$. Der Massenstrom beträgt $\dot{m} = 1\,kg/s$. Man berechne den engsten Düsenquerschnitt und den Austrittsquerschnitt.*

Lösung 2.8 *Nach dem früheren Beispiel 2.3 ist*

$$\Delta h_s = 230\,\frac{kJ}{kg}; \quad \kappa = 1,309; \quad v_1 = 0,1865\,\frac{m^3}{kg}.$$

Da das Druckverhältnis π an der Düse $\pi = \frac{p_2}{p_1} = \frac{0,6\,MPa}{1,5\,MPa} = 0,4$ kleiner als das Laval-druckverhältnis $\pi_L = \frac{p_L}{p_1} = \left(\frac{2}{2,309}\right)^{4,235} = 0,544$ (Gl. (2.74)) ist, muss die Düse als Laval-Düse ausgeführt werden.

Die Durchflussfunktion Ψ beträgt für den engsten Querschnitt (Index $_L$) nach Gl. (2.75) und den Austrittsquerschnitt (Index $_2$) nach Gl. (2.73)

$$\Psi_L = \sqrt{1,309\left(\frac{2}{1,309+1}\right)^{\frac{1,309+1}{1,309-1}}} = 0,669$$

$$\Psi_2 = \sqrt{\frac{2 \cdot 1,309}{1,309-1}\left[(0,4)^{\frac{2}{1,309}} - (0,4)^{\frac{1,309+1}{1,309}}\right]} = 0,6375.$$

Für die Querschnitte folgt nach Gl. (2.80) ($1\,MPa = 10^6\,\frac{kg}{ms^2}$):

$$\frac{\dot{m}}{\sqrt{\frac{p_1}{v_1}}} = \frac{1\,\frac{kg}{s}}{\sqrt{\frac{1{,}5\cdot10^6\,\frac{kg}{ms^2}}{0{,}1866\,\frac{m^3}{kg}}}} = 0{,}3526\cdot10^{-3}\,m^2$$

$$A_{min} = \frac{0{,}3526\cdot10^{-3}\,m^2}{0{,}669} = 0{,}527\cdot10^{-3}\,m^2$$

$$A_2 = \frac{0{,}3526\cdot10^{-3}\,m^2}{0{,}637} = 0{,}553\cdot10^{-3}\,m^2.$$

Im Austrittsquerschnitt ist die Geschwindigkeit c_2 nach Gl. (2.71) mit $c_1 = 0$, $\eta = 1$

$$c_2 = \sqrt{2\cdot230\,\frac{kJ}{kg}} = 678\,\frac{m}{s}.$$

Im engsten Querschnitt herrscht die Laval- oder Schallgeschwindigkeit (Gl. (2.76))

$$c_L = a = \sqrt{\frac{2\cdot1{,}309}{1{,}309+1}\cdot15\cdot10^5\,\frac{kg}{ms^2}\cdot0{,}1865\,\frac{m^3}{kg}} = 563\,\frac{m}{s}.$$

2.6 Energieumwandlung in einer Stufe

In Strömungsmaschinen erfolgt die Energieumwandlung zwischen einem strömenden Fluid und einem sich drehenden Laufrad. Zentrale Bauteile sind die feststehenden Leiträder mit der Leitradbeschaufelung und die Laufräder mit Rotor und der Laufradbeschaufelung. Leit- und Laufräder können ein- oder mehrstufig aufgebaut sein. Dabei lenken die zwischen den Laufrädern angeordneten Leiträder die Strömung so um, dass sich in der nachfolgenden Stufe die Strömungsvorgänge mit der vorgesehenen Umlenkung für die Krafterzeugung wiederholen. Leit- und Laufräder werden als Schaufelgitter konstruiert, die man sich als Schaufelprofile gleichmäßig über dem Umfang verteilt vorstellen kann, siehe Abb. 2.31.

Zur Beschreibung der Strömung durch eine Stufe werden Ebenen definiert. Bei einer Turbinenstufe erfolgt die Indizierung der Ebenen von $0 - 1 - 2$ und bei einer Pumpe bzw. Verdichter von $1 - 2 - 3$, wobei 1 stets der Eintritt, 2 der Austritt aus dem Laufrad bedeutet, siehe Abb. 2.32.

Geschwindigkeitsdreiecke Wie in Kap. 2.4.1 erläutert, ist bei der Fluidbewegung im Laufrad zwischen der absoluten und der relativen Strömung zu unterschieden. Relativ zum rotierenden Laufrad bewegen sich die Fluidteilchen auf Bahnkurven, die im Wesentlichen durch die Form der Schaufeln vorgegeben sind und als schaufelkongruente Strömung bezeichnet wird. Die Absolutbewegung kommt durch die Überlagerung dieser Relativströmung mit der Laufraddrehung zustande (Abb. 2.33). Mit der Absolutgeschwindigkeit c, der Relativgeschwindigkeit w und der Umfangsgeschwindigkeit u lassen sich Geschwindigkeitsdreiecke

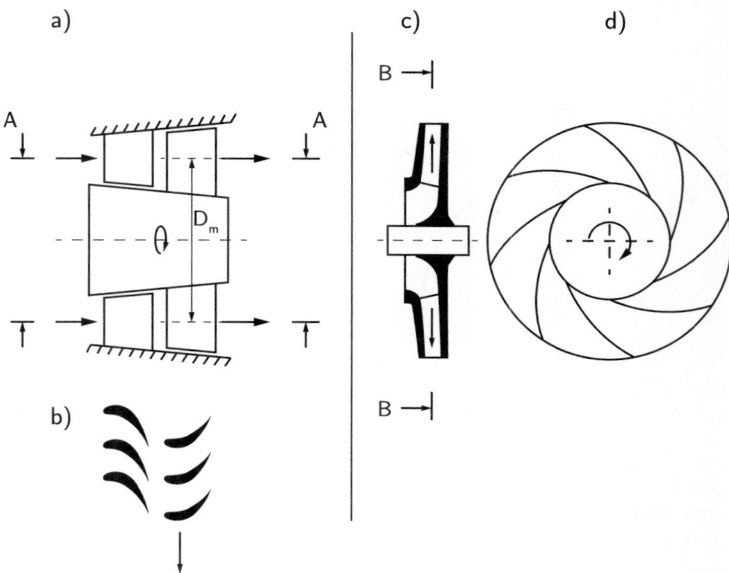

a) Längsschnitt Axialturbine   c) Längsschnitt Radialverdichter
b) Schaufelplan der Axialstufe   d) Schaufelstern der Radialstufe

Abb. 2.31 Axiales und radiales Schaufelgitter [13]

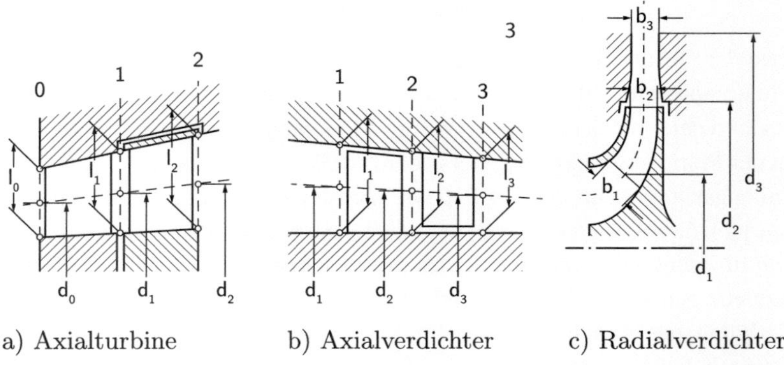

a) Axialturbine   b) Axialverdichter   c) Radialverdichter

Abb. 2.32 Turbinen- und Verdichterstufe [31]

bzw. Geschwindigkeitspläne an einer Stufe darstellen. Die Geschwindigkeitsdreiecke für den Laufradeintritt mit dem Index 1 und für den Laufradaustritt mit dem Index 2 stellen ein wichtiges Hilfsmittel für die Schaufelkonstruktion dar.

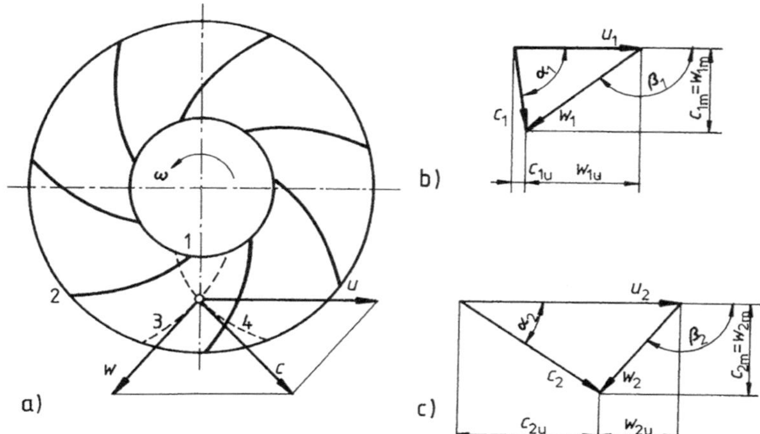

a) im Laufrad; 1 Eintritt, 2 Austritt; 3 relative und 4 absolute Strombahn
b) am Eintritt 1
c) am Austritt 2

Abb. 2.33 Geschwindigkeitspläne bzw. -dreiecke

Berechnung Die Umfangsgeschwindigkeit u folgt aus der Drehzahl n und dem Laufraddurchmesser D

$$u_1 = \pi n D_1; \qquad u_2 = \pi n D_2 \qquad\qquad (2.81)$$

c und w werden für die Berechnung in Komponenten parallel und senkrecht zu u zerlegt. Die Parallelkomponente wird mit dem Index $_u$ bezeichnet und heißt Umfangskomponente, die dazu senkrechte mit dem Index $_m$ ist die Meridiankomponente. Bei Axialmaschinen entspricht der Meridiangeschwindigkeit $_m$ der Axialkomponente $_{ax}$.

Die Umfangskomponente der Absolut- wie auch der Relativgeschwindigkeit kann mit der Umfangsgeschwindigkeit gleichsinnig oder entgegengesetzt zu ihr gerichtet sein. In diesem Buch wird im Interesse einer einheitlichen analytischen Darstellung die Umfangskomponente im zuletzt genannten Fall als negativ definiert.

Die Richtung der Absolutgeschwindigkeit wird durch den Winkel α, diejenige der Relativgeschwindigkeit durch den Winkel β beschrieben, wobei beide Winkel grundsätzlich gegenüber der positiven Umfangsgeschwindigkeit zu messen sind. Im Fall positiver Umfangskomponenten ergeben sich somit spitze, bei negativen Umfangskomponenten stumpfe Winkel. Diese Definition wird allerdings in der Fachliteratur nicht einheitlich gebraucht. Vielfach wird der relative Strömungswinkel β gegen die negative Umfangsrichtung gemessen. In diesem Fall werden die Winkel in den meisten Fällen spitz.

Mit den hier benutzten Definitionen gilt jeweils für den Laufradeintritt (Index 1) und den Austritt (Index 2):

$$c_u = c \cos \alpha$$

$$w_u = w \cos \beta = c_u - u$$

$$c_m = c \sin \alpha = w_m = w \sin \beta \qquad (2.82)$$

$$c_m = c_{ax} \qquad \text{bei Axialmaschinen}$$

Aus den Geschwindigkeitsdreiecken (siehe Abb. 2.33b und c) und aus Gl. (2.82) folgt, dass die Meridiankomponenten von Relativ- und Absolutgeschwindigkeit gleich sind. Sie können aus dem Volumenstrom $\dot{V}$ mittels des Kontinuitätssatzes berechnet werden:

$$c_{1m} = w_{1m} = \frac{\dot{V}_1}{A_1 \tau_1}; \qquad c_{2m} = w_{2m} = \frac{\dot{V}_2}{A_2 \tau_2} \qquad (2.83)$$

Durch die Verengungs- bzw. Versperrungsfaktoren τ_1 und τ_2 werden die Querschnittsverengung durch die Dicke der Schaufeln und der Grenzschichteinfluss berücksichtigt.

Beispiel 2.9 *Für ein Pumpenlaufrad berechne man die Geschwindigkeitsdreiecke für den Ein- und Austritt. Gegeben sind: der Volumenstrom $\dot{V} = 0{,}025 \, \frac{m^3}{s}$, die Drehzahl $n = 24{,}4 \, \frac{1}{s}$ und die Hauptabmessungen $D_1 = 100 \, mm$; $b_1 = 28 \, mm$; $D_2 = 230 \, mm$; $b_2 = 14 \, mm$, sowie die Winkel $\alpha_1 = 90°$ (drallfreie Zuströmung) und $\beta_2 = 146°$. Die Verengungsfaktoren werden mit $\tau_1 = 1$ und $\tau_2 = 0{,}98$ angenommen.*

Lösung 2.9 *Geschwindigkeiten bzw. -dreieck am Eintritt*

$$Gl. \, (2.81) \quad u_1 = \pi n D_1 = \pi \cdot 24{,}4 \, \frac{1}{s} \cdot 0{,}1 \, m = 7{,}665 \, \frac{m}{s}$$

$$Gl. \, (2.83) \quad c_{1m} = w_{1m} = \frac{\dot{V}}{\pi D_1 b_1 \tau_1} = \frac{0{,}025 \, \frac{m^3}{s}}{\pi \cdot 0{,}1 \, m \cdot 0{,}028 \, m \cdot 1} = 2{,}842 \, \frac{m}{s}$$

$$Gl. \, (2.82) \quad c_1 = \frac{c_{1m}}{\sin \alpha_1} = \frac{2{,}842 \, \frac{m}{s}}{\sin 90°} = 2{,}842 \, \frac{m}{s}$$

$$c_{1u} = c_1 \cos \alpha_1 = 2{,}842 \, \frac{m}{s} \cdot \cos 90° = 0 \, \frac{m}{s}$$

$$w_{1u} = c_{1u} - u_1 = (0 - 7{,}665) \, \frac{m}{s} = -7{,}665 \, \frac{m}{s}$$

$$w_1 = \sqrt{w_{1u}^2 + w_{1m}^2} = \sqrt{(7{,}665^2 + 2{,}842^2) \frac{m^2}{s^2}} = 8{,}175 \, \frac{m}{s}$$

$$\beta_1 = \arccos \frac{w_{1u}}{w_1} = \arccos \frac{-7{,}665 \, \frac{m}{s}}{8{,}175 \, \frac{m}{s}} = 159{,}7° \, .$$

Geschwindigkeiten bzw. -dreieck am Austritt

$$Gl.\,(2.81) \quad u_2 = \pi n D_2 = \pi \cdot 24{,}4\,\frac{1}{s} \cdot 0{,}23\,m = 17{,}631\,\frac{m}{s}$$

$$Gl.\,(2.83) \quad c_{2m} = w_{2m} = \frac{\dot{V}}{\pi D_2 b_2 \tau_2} = \frac{0{,}025\,\frac{m^3}{s}}{\pi \cdot 0{,}23\,m \cdot 0{,}014\,m \cdot 0{,}98} = 2{,}522\,\frac{m}{s}$$

$$Gl.\,(2.82) \quad w_2 = \frac{w_{2m}}{\sin \beta_2} = \frac{2{,}522\,\frac{m}{s}}{\sin 146°} = 4{,}510\,\frac{m}{s}$$

$$w_{2u} = w_2 \cos \beta_2 = 4{,}510\,\frac{m}{s} \cdot \cos 146° = -3{,}739\,\frac{m}{s}$$

$$c_{2u} = w_{2u} + u_2 = (-3{,}739 + 17{,}631)\,\frac{m}{s} = 13{,}892\,\frac{m}{s}$$

$$c_2 = \sqrt{c_{2u}^2 + c_{2m}^2} = \sqrt{(13{,}892^2 + 2{,}522^2)\frac{m^2}{s^2}} = 14{,}119\,\frac{m}{s}$$

$$\alpha_2 = \arcsin \frac{c_{2m}}{c_2} = \arcsin \frac{2{,}522\,\frac{m}{s}}{14{,}119\,\frac{m}{s}} = 10{,}3°\,.$$

2.6.1 Energieübertragung im Laufrad – Eulersche Hauptgleichung

Wie in Abschn. 2.4.4 hergeleitet, ergibt sich das Reaktionsmoment $\vec{M}_R$ an der Welle, das vom Fluid auf die Wandung ausgeübt wird und in Drehrichtung $\vec{\omega}$ bzw. $\vec{u}$ des Laufrades wirkt, nach den Gl. (2.63), (2.45) in skalarer Schreibweise mit $\vec{u}$ senkrecht zu $\vec{\omega}$ und $\vec{r}$ zu (siehe Abb. 2.33):

$$M_R = M = \dot{m}(r_2 c_{u2} - r_1 c_{u1}) \tag{2.84}$$

Für Turbinen ergibt sich ein negatives Vorzeichen und für Pumpen ein positives Vorzeichen entsprechend der Vorzeichenregelung für die Arbeitsabfuhr mit $w_{t12} < 0$ und Arbeitszufuhr mit $w_{t12} > 0$. Die von der Beschaufelung der Turbine (Kraftmaschine) abgegebene bzw. von der Pumpe (Arbeitsmaschine) aufgenommene Leistung P ergibt sich mit der Winkelgeschwindigkeit ω zur Umfangsleistung P_u oder zur Leistung der Beschaufelung P_{sch}

$$P = P_u = P_{sch} = M\omega = \dot{m}(r_2 c_{u2} - r_1 c_{u1})\omega = \dot{m}(u_2 c_{u2} - u_1 c_{u1}) \tag{2.85}$$

Durch Division der Leistung P_u durch $\dot{m}$ lässt sich die Umfangsarbeit Δh_u oder die spezifische Schaufelarbeit Y_{sch} als positive Größe definieren zu

$$\Delta h_u = Y_{sch} = \pm(u_1 c_{u1} - u_2 c_{u2}) \tag{2.86}$$

$$\Delta h_u = Y_{sch} = (u_1 c_{u1} - u_2 c_{u2}) \qquad : \text{Turbinen} \tag{2.87}$$

$$\Delta h_u = Y_{sch} = (u_2 c_{u2} - u_1 c_{u1}) \qquad : \text{Verdichter und Pumpen} \tag{2.88}$$

Die Gl. (2.86) wird nach Leonard Euler (1707–1783) als Eulersche Momentengleichung oder Hauptgleichung der Strömungsmaschinen bezeichnet (das + Vorzeichen gilt für Turbinen und $-$ für Pumpen und Verdichter). In den Gl. (2.87) und (2.88) ist das unterschiedliche Vorzeichen von Δh_u bzw. Y_{sch} berücksichtigt, so dass die Umfangsarbeit Δh_u bzw. die spezifische Schaufelarbeit Y_{sch} sowohl für Turbinen und Verdichter positive Größen sind. Man erkennt, dass die gesamte Energieübertragung von der Strömung auf die Welle oder umgekehrt im rotierenden Laufrad erfolgt. In den Leiteinrichtungen kann wegen $u = 0$ keine Energieübertragung stattfinden, jedoch kann bei Turbinen eine Enthalpieänderung in Geschwindigkeitsenergie umgesetzt werden (bei Pumpen umgekehrt). In den Leiteinrichtungen erfolgt also nur eine Energieumwandlung bei gleichbleibender Gesamtenthalpie.

Durchflussgleichung Mittels des Cosinussatzes der Trigonometrie kann die Hauptgleichung noch in eine etwas andere Form gebracht werden. Aus dem Eintrittsdreieck (Abb. 2.33) liest man ab:

$$w_1^2 = u_1^2 + c_1^2 - 2u_1 c_1 \cos \alpha_1 = u_1^2 + c_1^2 - 2u_1 c_{u1}, \text{ also } u_1 c_{u1} = \frac{1}{2}(c_1^2 - w_1^2 + u_1^2)$$

Indem man dies und die entsprechende Gleichung für das Austrittsdreieck in Gl. (2.86) einsetzt, bekommt man die Hauptgleichung in der als Durchflussgleichung bezeichneten Form

$$\Delta h_u = Y_{sch} = \pm \left(\frac{c_1^2 - c_2^2}{2} + \frac{u_1^2 - u_2^2}{2} + \frac{w_2^2 - w_1^2}{2} \right) \tag{2.89}$$

Die beiden gleichwertigen Gl. (2.86) und (2.89) gelten ohne Ausnahme für alle Strömungsmaschinen. In ihnen sind die Verluste der Maschine berücksichtigt, aber natürlich nur, soweit sie in der Beschaufelung entstehen. Hieran soll der Index $_{sch}$ erinnern. Nicht zu den Beschaufelungsverlusten gehören die äußeren Verluste, aber auch ein Teil der inneren. Man erkennt in Gl. (2.89), dass der erste Term die Änderung der Geschwindigkeitsenergie der Absolutströmung, der zweite Term die Energieänderung der Strömung durch das Zentrifugalfeld im Laufrad und der dritte Term die Änderung der Geschwindigkeitsenergie der Relativströmung darstellen.

Energiegleichung der Strömung im rotierenden Laufrad

 Bei der Betrachtung des Laufrades geht der Beobachter auf das mit der Winkelgeschwindigkeit ω rotierende Relativsystem K' über (siehe Abb. 2.22). An einer Stelle 1 findet man als gegebene Größen h_1, w_1 und $u_1 = \omega \cdot r_1$ vor. Die Relativgeschwindigkeit w_1 ergibt sich mit der Absolutgeschwindigkeit c_1 und mit der Umfangsgeschwindigkeit u_1 aus der vektoriellen Addition $\vec{c}_1 = \vec{u}_1 + \vec{w}_1$. Im Relativsystem gilt auch die Konstanz der relativen Totalenthalpie

$$h_2 + \frac{1}{2}w_2^2 = h_1 + \frac{1}{2}w_1^2 + W_f, \tag{2.90}$$

wobei W_f den Arbeitsbeitrag der Feldkräfte – Arbeit der äußeren Momente – darstellt. Die Feldkräfte sind die Fliehkraft und die Corioliskraft, die einen Arbeitsbeitrag leisten, wenn das betrachtete Massenteilchen in Richtung dieser Kräfte bewegt wird. Da die Corioliskraft stets senkrecht auf der Relativgeschwindigkeit w steht, bringt sie keinen Arbeitsbeitrag. Wird das Massenteilchen aber durch eine Änderung des Radius der Stromlinie im Fliehkraftfeld bewegt, so wird Arbeit erbracht. Die Zentripetalbeschleunigung a_p ist $a_p = r \cdot \omega^2$. Ein Übergang von r_1 auf r_2 verläuft mit der Geschwindigkeit der Radialkomponente w_r von $\vec{w}$, und die spezifische Arbeit, die im Zeitraum der Durchströmung in Radialrichtung erbracht wird, ist

$$W_f = \int_{t_1}^{t_2} r\omega^2 w_r dt \ . \tag{2.91}$$

Nun ist $w_r dt = dr$, und es wird:

$$W_f = \omega^2 \int_{r_1}^{r_2} r\, dr = \omega^2 \frac{r_2^2 - r_1^2}{2} = \frac{u_2^2 - u_1^2}{2} \ . \tag{2.92}$$

Für axial durchströmte Turbinen ist $u = u_1 = u_2$ und somit $W_f = 0$. Bei radial durchströmten Turbinen liefern die Feldkräfte einen Arbeitsbeitrag W_f aufgrund der Änderung von r bzw. der Fliehkraftwirkung. Die Energiegleichung der Relativströmung im Laufrad ergibt sich dann zu:

$$h_2 + \frac{1}{2}w_2^2 = h_1 + \frac{1}{2}w_1^2 + \frac{u_2^2 - u_1^2}{2} \ , \tag{2.93}$$

Für den Sonderfall der reibungsfreien Strömung eines inkompressiblen Fluids (hydraulische Strömungsmaschinen) ergibt sich die Energiegleichung bei Berücksichtigung der potenziellen Energie zu:

$$\frac{p_2 - p_1}{\rho} + \frac{w_2^2 - w_1^2}{2} - \frac{u_2^2 - u_1^2}{2} + g(z_2 - z_1) = 0 \tag{2.94}$$

2.6.2 Energieumwandlung im Leitrad

Die im Gehäuse feststehenden Leiteinrichtungen führen bei einer Turbine die Strömung dem Laufrad zu und bewirken somit als Düse eine Beschleunigung bei gleichzeitiger Umlenkung der Strömung. Bei einem Verdichter oder Pumpe führen die Leiteinrichtungen die Strömung vom Laufrad ab und bewirken als Diffusor eine Verzögerung verbunden mit einem Druckaufbau bei gleichzeitiger Umlenkung der Strömung. Durch die Umlenkung der Strömung entsteht nach Gl. (2.84) ebenfalls ein Moment, das dem Moment des Laufrades entspricht und über das Gehäuse dem Fundament übertragen wird.

Die Energiegleichung der Absolutströmung im Leitrad von 0 nach 1 ergibt sich für eine adiabate Strömung zu:

$$h_1 + \frac{1}{2}c_1^2 = h_0 + \frac{1}{2}c_0^2 \ , \tag{2.95}$$

Für den Sonderfall der reibungsfreien Strömung eines inkompressiblen Fluids (hydraulische Strömungsmaschinen) ergibt sich die Energiegleichung bei Berücksichtigung der potenziellen Energie zu:

$$\frac{p_1 - p_0}{\rho} + \frac{c_1^2 - c_0^2}{2} + g(z_1 - z_0) = 0 \tag{2.96}$$

2.6.3 Spezifische Stutzenarbeit und Wirkungsgrade

Als spezifische Stutzenarbeit Y einer Strömungsmaschine bezeichnet man das spezifische Energiegefälle zwischen den Stutzen, d. h. bei den Kraftmaschinen zwischen Eintritts- und Austrittsstutzen und bei den Arbeitsmaschinen in entgegengesetzter Richtung.

Hydraulische Strömungsmaschinen Die Indizes E und A (Abb. 2.34) kennzeichnen die Ein- und Austrittsstutzen. Bei einer Wasserturbine wird das Saugrohr stets zur Maschine gerechnet. Ihr saugseitiges Ende stellt also der Unterwasserspiegel dar, weil das Saugrohr ein für die Energieumsetzung in der Maschine wesentliches Bauteil ist.

Spezifische Stutzenarbeit Y. Für die Querschnitte E und A ergibt sich für die ideelle spezifische Stutzenarbeit Y_{id} bei reibungsfreier Strömung mit Strömungsmaschinen nach Gl. (2.59) und Abb. 2.34:

$$Y_{id} = \pm \left(g(z_E - z_A) + \frac{c_E^2 - c_A^2}{2} + \frac{p_E - p_A}{\rho} \right), \tag{2.97}$$

wobei das +Zeichen für die Kraftmaschine und das −Zeichen für die Arbeitsmaschine gilt. Die ideelle spezifische Stutzenarbeit Y_{id} entspricht der spezifischen Fall- oder Förderenergie y^* nach Gl. (2.59), wobei bei Kraftmaschinen das Saugrohr als Turbinenbestandteil in der Energiebilanz enthalten ist. Zur Berücksichtigung der inneren Verluste ist für die Kraftma-

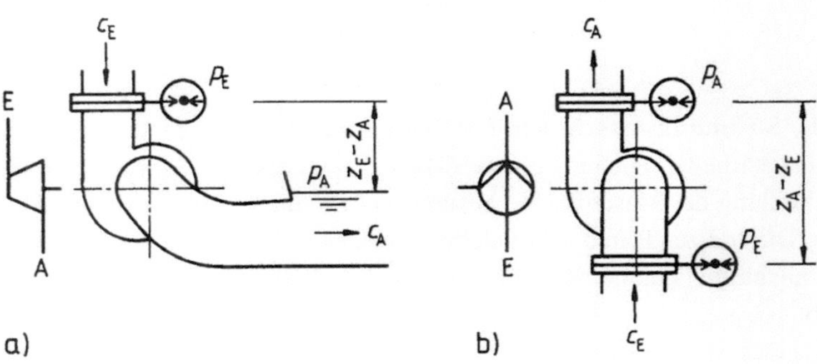

a) Wasserturbine
b) Kreiselpumpe

Abb. 2.34 Hydraulische Strömungsmaschinen mit Symbolen nach DIN 2481

schine die spezifische Verlustarbeit $\Delta w_{verl,i}$ zu subtrahieren und für die Arbeitsmaschine zu addieren. Damit wird die spezifische Stutzenarbeit Y:

$$Y = Y_{id} \mp \Delta w_{verl,i} \tag{2.98}$$

Fall-Förderhöhe H. Neben der ideellen spezifischen Stutzenarbeit Y_{id} ist auch der Begriff der Fallhöhe für die Kraftmaschine und der Förderhöhe für die Arbeitsmaschine entsprechend der spezifischen Fall- und Förderenergie y^* in Gebrauch. Gerade für die hydraulischen Strömungsmaschinen ist die Darstellung des Energiegefälles durch die Höhe H einer Flüssigkeitssäule naheliegend und überaus anschaulich. Es gilt der einfache Zusammenhang

$$Y_{id} = gH \tag{2.99}$$

Wirkungsgrade. Durch Vergleich der spezifischen Stutzenarbeit Y mit der ideellen spezifischen Stutzenarbeit Y_{id} wird ein innerer Wirkungsgrad der hydraulischen Strömungsmaschine als Verhältnis von realer zu idealer Maschine definiert:

$$\eta_i = \frac{Y}{Y_{id}}, \quad Turbine \tag{2.100}$$

$$\eta_i = \frac{Y_{id}}{Y}, \quad Pumpe \tag{2.101}$$

Die in η_i berücksichtigten inneren Verluste zeichnen sich dadurch aus, dass sie die Temperatur, genauer die innere Energie, des Arbeitsfluids erhöhen. Außer ihnen gibt es äußere Verluste, wie z. B. die Lagerreibung, die durch den mechanischen Wirkungsgrad η_m erfasst werden. Als Gesamtwirkungsgrad bzw. Kupplungswirkungsgrad ergibt sich dann:

$$\eta = \eta_i \eta_m \tag{2.102}$$

Bei Wasserturbinen wird auch das Verhältnis von Turbinenleistung P_T zur hydraulischen Leistung der Strömung P_H als Turbinenwirkungsgrad η_T definiert zu:

$$\eta_T = \frac{P_T}{P_H} = \frac{P_T}{\rho g Q H} \tag{2.103}$$

Thermische Strömungsmaschinen. Bei thermischen Strömungsmaschinen wird die spezifische Stutzenarbeit Y auch als innere Arbeit Δh_i bezeichnet. Abb. 2.35 zeigt neben der Symboldarstellung der Maschine die Expansion bzw. die Kompression des Fluids im h,s-Diagramm. Die Indizes E und A bezeichnen wieder den Ein- und Austritt. Mit As ist der Zustand benannt, der sich bei isentroper Zustandsänderung vom Eintritt auf den Austrittsdruck ergibt.

Spezifische Stutzenarbeit Y. Vernachlässigt man das bei gasförmigen Fluiden unbedeutende Glied $g(z_E - z_A)$, so folgt aus Gl. (2.4):

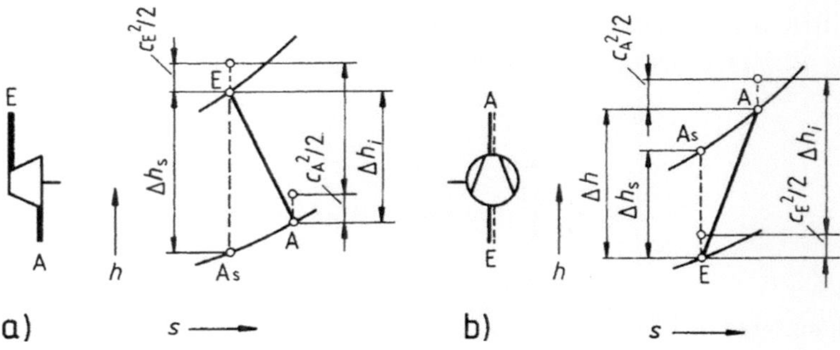

a) Dampfturbine
b) Luftverdichter

Abb. 2.35 Thermische Strömungsmaschinen mit Symbolenn nach DIN 2481

$$Y_{id} = \pm \left(h_E - h_{As} + \frac{c_E^2 - c_A^2}{2} \right) = \pm \left(\Delta h_s + \frac{c_E^2 - c_A^2}{2} \right) \tag{2.104}$$

wobei wieder das positive Vorzeichen für die Kraftmaschine und das negative für die Arbeitsmaschine gilt. Y_{id} entspricht der technischen Arbeit w_{t12s} bei einer isentropen Zustandsänderung nach Gl. (2.4), und Δh_s ist die spezifische isentrope Expansions- bzw. Verdichtungsarbeit.

Da die inneren Verluste unmittelbar die Enthalpie des Fluids beeinflussen, erübrigt sich hier ein besonderes Korrekturglied für die Verlustarbeit. Zur Berechnung der inneren spezifischen Stutzenarbeit Y bzw. der inneren Arbeit Δh_i ist lediglich der Punkt As durch den tatsächlichen Austrittszustand A zu ersetzen:

$$\Delta h_i = Y = \pm \left(h_E - h_A + \frac{c_E^2 - c_A^2}{2} \right) = \pm \left(\Delta h_i + \frac{c_E^2 - c_A^2}{2} \right) = \pm (h_{t1} - h_{t2}) \tag{2.105}$$

Die Summe aus der Enthalpie h und der kinetischen Energie $\frac{c^2}{2}$ wird als Totalenthalpie h_t bezeichnet, siehe Gl. (2.5).

Wirkungsgrade Der innere Wirkungsgrad η_i ist:

$$\eta_i = \frac{Y}{Y_{id}} = \frac{\Delta h_i + \frac{c_E^2 - c_A^2}{2}}{\Delta h_s + \frac{c_E^2 - c_A^2}{2}}, \quad Turbine \tag{2.106}$$

$$\eta_i = \frac{Y_{id}}{Y} = \frac{\Delta h_s + \frac{c_E^2 - c_A^2}{2}}{\Delta h_i + \frac{c_E^2 - c_A^2}{2}}, \quad Verdichter \tag{2.107}$$

Die Differenz der kinetischen Energien ist stets viel kleiner als die Enthalpiedifferenz, so dass sie oft vernachlässigt wird. Dann ist

$$\eta_i = \frac{\Delta h_i}{\Delta h_s} = \frac{w_{t12}}{w_{t12s}}, \quad Turbine \tag{2.108}$$

$$\eta_i = \frac{\Delta h_s}{\Delta h_i} = \frac{w_{t12s}}{w_{t12}}, \quad Verdichter \tag{2.109}$$

In gleicher Weise wie bei den hydraulischen Strömungsmaschinen werden der mechanische Wirkungsgrad und der Kupplungswirkungsgrad definiert.

Beispiel 2.10 *Für eine Gasturbine ist gegeben:* $\dot{m} = 1{,}276\,\frac{kJ}{kg}$, $P_K = 500\,kW$. *Der Gaszustand am Turbineneintritt ist* $p_E = 0{,}85\,MPa$, $t_E = 900\,°C$ *und am Austritt* $p_A = 0{,}12\,MPa$, $t_A = 540\,°C$. *Das Verbrennungsgas kann als ideales Gas mit* $R = 0{,}287\,\frac{kJ}{kg\,K}$ *und* $\kappa = 1{,}32$ *angenommen werden.*

Man berechne die isentrope Enthalpiedifferenz Δh_s, *die innere Arbeit* Δh_i *bzw. die spezifische Stutzenarbeit Y und den inneren Wirkungsgrad* η_i *und den Kupplungswirkungsgrad* η_K.

Lösung 2.10 *Mit* $p_E v_E = R T_E$, *Gl.* (2.12) *und* (2.25) *folgt:*

$$\Delta h_s = \frac{\kappa}{\kappa - 1} R T_E \left[1 - \left(\frac{p_A}{p_E} \right)^{\frac{\kappa-1}{\kappa}} \right] = \frac{1{,}32}{0{,}32} 0{,}287\,\frac{kJ}{kg\,K}$$

$$\cdot 1173\,K \left[1 - \left(\frac{0{,}12\,MPa}{0{,}85\,MPa} \right)^{\frac{0{,}32}{1{,}32}} \right] = 525\,\frac{kJ}{kg}$$

$$[c_p]_{t_A}^{t_E} = \frac{\kappa}{\kappa - 1} R = \frac{1{,}32}{0{,}32} 0{,}287\,\frac{kJ}{kg\,K} = 1{,}184\,\frac{kJ}{/kg\,K}$$

$$\Delta h_i = h_E - h_A = [c_p]_{t_E}^{t_A} (t_E - t_A) = 1{,}184\,\frac{kJ}{kg\,K}(900 - 540)\,K = 426\,\frac{kJ}{kg}.$$

Angaben über die Gasgeschwindigkeiten fehlen in der Aufgabenstellung. Deshalb müssen die kinetischen Energien unberücksichtigt bleiben. D.h., es wird angenommen, dass die kinetischen Energien am Eintritt und am Austritt gleich groß sind und sich aufheben.

$$Gl.\,(2.106): \quad \eta_i = \frac{\Delta h_i}{\Delta h_s} = \frac{426\,\frac{kJ}{kg}}{525\,\frac{kJ}{kg}} = 0{,}811$$

$$Gl.\,(2.108): \quad \eta_K = \frac{P_K}{\dot{m}\,\Delta h_s} = \frac{500\,kW}{1{,}276\,\frac{kg}{s} \cdot 525\,\frac{kJ}{kg}} = 0{,}746.$$

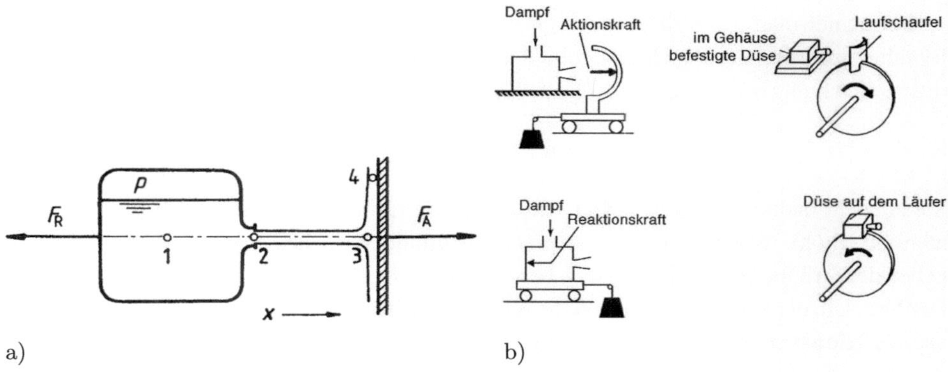

a) Aktionskraft F_A auf die Platte, Reaktionskraft F_R auf den Behälter
b) Aktions- und Reaktionskraft an der Laufradbeschaufelung [10]

Abb. 2.36 Aktions- und Reaktionskraft

2.6.4   Gleichdruck- und Überdruckprinzip

Im Zusammenhang mit der Einteilung der Strömungsmaschinen in Abschn. 1.3 war zwischen Gleichdruck- oder Aktionsmaschinen und Überdruck- oder Reaktionsmaschinen unterschieden worden.

Gedankenexperiment Aus einem unter Überdruck stehenden Behälter fließt Wasser aus einer seitlichen Öffnung, siehe Abb. 2.36-a. Der Wasserstrahl trifft auf eine vertikale ebene Platte, an der die Flüssigkeit um 90° umgelenkt wird. Der Schwerkrafteinfluss bleibe ebenso wie die Reibung unberücksichtigt. Sowohl auf den Behälter als auch auf die Platte wirken Kräfte, die nach dem Impulssatz Gl. (2.61) berechnet werden. Abb. 2.36-b zeigt exemplarisch das Prinzip des Gleichdruck- und Überdruckverfahrens, [10].

Bei 1 ist die Geschwindigkeit, wie an jeder anderen Stelle im Inneren des Behälters vernachlässigbar klein. Bei 2 wird die Ausflussgeschwindigkeit $c_2 = \sqrt{2\,\Delta p/\rho}$ erreicht, die sich von 2 über 3 nach 4 dem Betrage nach nicht ändert. An der Platte bleiben demnach Druck und Geschwindigkeitsbetrag unverändert. Die Geschwindigkeit ändert sich aber der Richtung nach von 3 nach 4. Ihre Horizontalkomponente bei 3 und 4 ist $c_{3x} = c_2$ bzw. $c_{4x} = 0$ und damit wird die Kraft F_A als Aktionskraft auf die Platte

$$F_A = \dot{m}\,(c_{3x} - c_{4x}) = \dot{m}\,c_2 .$$

Eine solche, nur aus der Richtungsänderung einer Strömung entstehende Kraft wird im vorliegenden Zusammenhang als **Aktionskraft** bezeichnet. Der Druck in der Strömung von 3 nach 4 bleibt dabei konstant. Wird im Laufrad einer Strömungsmaschine nur die Aktionskraft ausgenutzt, erfolgt die Energieumsetzung in einer sogenannten **Gleichdruckturbine** oder **Aktionsturbine.**

Betrachtet man die Strömungsvorgänge im Inneren des Behälters, so entsteht auf den Behälter aufgrund der Beschleunigung der Strömung von 1 nach 2 eine entgegen der positiven x-Richtung wirkende Kraft F_R als Reaktionskraft

$$F_R = \dot{m}(c_1 - c_2) = -\dot{m}\, c_2 \,.$$

Sie entsteht dadurch, dass sich von 1 bis 2 die Geschwindigkeit dem Betrag nach ändert, nämlich erhöht, wobei der Druck entsprechend abfällt. Wird die Strömung im Laufradkanal neben der Strömungsumlenkung auch beschleunigt, entstehen sogenannte **Reaktionskräfte.** Der Druck in der Strömung ändert sich und nimmt dabei ab. Die entsprechende Turbine wird als **Reaktionsturbine** oder **Überdruckturbine** bezeichnet.

Aktions- oder Gleichdruckturbine In den von den Leitschaufeln gebildeten verengten Kanälen (siehe Abb. 2.37-a) wird in einer Gleichdruckstufe das gesamte Energiegefälle in kinetische Strömungsenergie umgewandelt. Dabei steigt die Geschwindigkeit, und der Druck fällt ab. In den Laufschaufeln bleiben Druck und Relativgeschwindigkeit konstant, was durch Kanäle mit gleichbleibender Lichtweite bzw. gleichbleibender durchströmter Querschnittsfläche erreicht wird. Da sich die Richtung der Relativgeschwindigkeit aber ändert, entstehen Aktionskräfte, die das Laufrad antreiben. Wie der Geschwindigkeitsplan (siehe Abb. 2.37-β) zeigt, verringert sich der Betrag der Absolutgeschwindigkeit erheblich, ein Zeichen dafür, dass die Strömung im Laufrad einen großen Teil ihrer kinetischen Energie an den Läufer abgibt.

Reaktion- oder Überdruckturbine In den Leitkanälen siehe Abb. 2.37-b wird in einer Überdruckstufe nur ein Teil des Energiegefälles in kinetische Energie umgesetzt, mit dem Rest wird die Relativgeschwindigkeit innerhalb der Laufschaufelkanäle erhöht. Während in der Gleichdruckturbine die Schaufelkräfte ausschließlich Aktionskräfte sind, kommt hier ein mehr oder weniger großer Anteil aus der Änderung des Geschwindigkeitsbetrages hinzu. Wegen des Druckunterschiedes auf beiden Seiten des Laufrades spricht man auch von einer Überdruckturbine.

Entsprechend der Energieumsetzung im feststehenden Leitrad bezogen auf die gesamte Stufe von Leit- und Laufrad wird der Reaktionsgrad **r** als Kennzahl definiert, siehe Abschn. 3.3.2.

Teilbeaufschlagung Eine Besonderheit der Gleichdruckturbine ist die Möglichkeit, die Laufräder nur auf einem Teil ihres Umfangs arbeiten zu lassen. Dabei liegen die Leitschaufelkanäle nur auf dem Teil, der mit dem Arbeitsfluid beaufschlagt wird, wie dies z. B. bei einer Regelstufe der Fall ist (siehe Abb. 2.38).

Ist b die beaufschlagte Bogenlänge der Leitradbeschaufelung Le und D der Bezugsdurchmesser, auf dem b gemessen ist, so wird als Beaufschlagungsgrad ε definiert

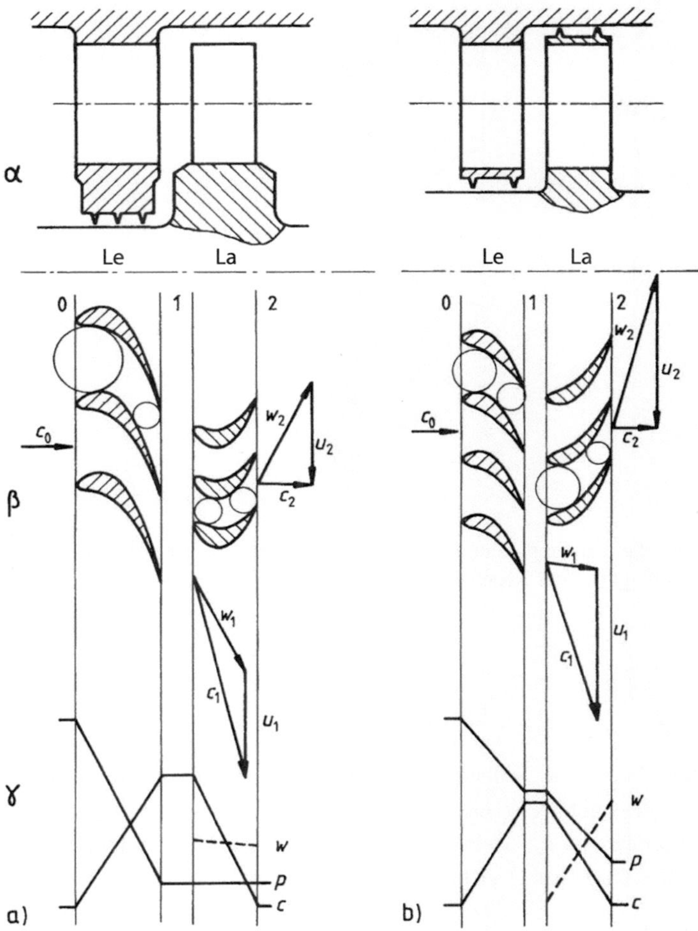

a) Gleichdruckstufe
b) Überdruckstufe
α) Längsschnitt
β) abgewickelter Zylinderschnitt durch die Schaufelgitter mit Geschwindigkeitsdreiecken
γ) Druck- und Geschwindigkeitsverlauf
Ebene 0 Leitradeintritt bzw. Leitgittereintritt
Ebene 1 Leitradaustritt bzw. Laufradeintritt
Ebene 2 Laufradaustritt bzw. Laufgitteraustritt

Abb. 2.37 Prinzipbilder axialer Turbinenstufen

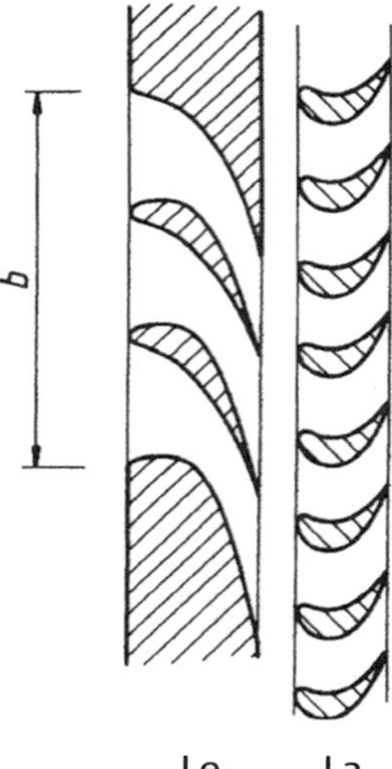

Abb. 2.38 Abgewickelter Schaufelungsschnitt einer teilbeaufschlagten Axalturbine Leitradbeschaufelung Le teilbeaufschlagt (Le der Regelstufe) mit Laufradbeschaufelung La

$$\varepsilon = \frac{b}{\pi D} \tag{2.110}$$

Bei Überdruckturbinen ist keine Teilbeaufschlagung möglich, also stets $\varepsilon = 1$, da die Laufradströmung in unzulässiger Weise gestört würde, es am Laufradeintritt zu einer Ausgleichsströmung in Umfangsrichtung kommen würde und der Druckunterschied auf beiden Seiten des Laufrades gar nicht aufrecht zu halten wäre.

Beispiel 2.11 *Man berechne die spezifische Schaufelarbeit und den kinematischen Reaktionsgrad* $\mathbf{r_k}$ *der Kreiselpumpe mit den Daten nach Beispiel 2.9.*

$$u_2 = 17{,}631\,\tfrac{m}{s}; \quad c_2 = 14{,}119\,\tfrac{m}{s}; \quad w_2 = 4{,}510\,\tfrac{m}{s}$$
$$u_1 = \;\,7{,}665\,\tfrac{m}{s}; \quad c_1 = \;\,2{,}842\,\tfrac{m}{s}; \quad w_1 = 8{,}175\,\tfrac{m}{s}$$

Lösung 2.11 *Nach Gl. (2.89) ist*

$$Y_{sch} = -\frac{c_1^2 - c_2^2 - w_1^2 - w_2^2 + u_1^2 - u_2^2}{2}$$
$$= -\frac{(2{,}842^2 - 14{,}119^2 - 8{,}175^2 + 4{,}510^2 + 7{,}665^2 - 17{,}631^2)\tfrac{m^2}{s^2}}{2}$$
$$= 245\,\frac{m^2}{s^2} = 245\,\frac{J}{kg}$$

Analog zu Gl. (4.15) wird für Pumpen der kinematische Reaktionsgrad $\mathbf{r_k}$ *geführt:*

$$\mathbf{r_k} = -\frac{u_1^2 - u_2^2 - w_1^2 + w_2^2}{2Y_{Sch}} \tag{2.111}$$

Damit ergibt sich:

$$\mathbf{r_k} = -\frac{u_1^2 - u_2^2 - w_1^2 + w_2^2}{2Y_{Sch}} = \frac{2Y_{Sch} + (c_1^2 - c_2^2)}{2Y_{Sch}} = \frac{(2 \cdot 245 + 2{,}842^2 - 14{,}119^2)\,\frac{m^2}{s^2}}{2 \cdot 245\,\frac{m^2}{s^2}}$$

$$= 0{,}610$$

2.6.5   Ähnlichkeitsbeziehungen und Kennzahlen

Ähnlichkeitsbeziehungen

Für die Beurteilung des Betriebsverhaltens einer Strömungsmaschine ist es von Interesse, wie sich die Maschine bei veränderter Drehzahl, und wie sich ein Modell mit anderen Abmessungen verhält. Es sind also die Einflüsse von Drehzahl und Maschinengröße, letztere vertreten durch den Laufraddurchmesser, auf die Betriebsgrößen Volumenstrom, spezifische Stutzenarbeit, Drehmoment und Leistung zu untersuchen.

Die Ergebnisse sind unter anderem deshalb wichtig, weil experimentelle Untersuchungen an Strömungsmaschinen häufig nur mit verkleinerten Modellen ausgeführt werden können. Um aus solchen Versuchen die richtigen Rückschlüsse auf die Großausführung ziehen zu können, müssen die Modellgesetze bekannt sein.

Geometrische Ähnlichkeit Für die Modellähnlichkeit zweier Maschinen ist es eine notwendige Voraussetzung, dass für die Abmessungen aller strömungstechnisch wichtigen Teile ein einheitlicher Längenmaßstab existiert, der das Verhältnis einer Länge der Ausführung (ohne Index) zu der ihr zugeordneten am Modell (Index M) angibt. Der Längenmaßstab ist gleich $\frac{D}{D_M}$ und gilt auch für irgendein anderes Paar zugeordneter Abmessungen.

Kinematische Ähnlichkeit Eine weitere Voraussetzung besteht darin, dass einander entsprechende Geschwindigkeiten von Ausführung und Modell zueinander in einem festen Verhältnis stehen, bzw. dass die Geschwindigkeitsdreiecke ähnlich sind.

$$\frac{c_2}{c_{2M}} = \frac{w_2}{w_{2M}} = \frac{u_2}{u_{2M}}\ usw.$$

Mit der Umfangsgeschwindigkeit $u = \pi\,n\,D$ wird der Geschwindigkeitsmaßstab

$$\frac{u_2}{u_{2M}} = \frac{n\,D}{n_M\,D_M} \tag{2.112}$$

Spezifische Stutzenarbeit Nach der Turbinenhauptgleichung Gl. (2.86) ist $Y_{sch} = \Delta hu = u_1 c_{u1} - u_2 c_{u2} = \Delta(uc_u)$. Die spezifische Stutzenarbeit ist also dem Produkt zweier Geschwindigkeiten proportional und, da für alle Geschwindigkeiten der gleiche Maßstab gilt, ist das Verhältnis der spezifischen Stutzenarbeiten von Ausführung und Modell gleich dem Quadrat des Geschwindigkeitsmaßstabes

$$\frac{Y}{Y_M} = \frac{n^2 D^2}{n_M^2 D_M^2} \quad oder \quad Y \sim n^2 D^2 . \tag{2.113}$$

Mit $Y_{sch} \approx Y$ bedeutet, dass der Einfluss der inneren Verluste, soweit sie nicht Beschaufelungsverluste sind, für Modell und Ausführung übereinstimmt.

Volumenstrom Der Kontinuitätsgl. (2.49) entsprechend ist das Verhältnis der Volumenströme von Ausführung und Modell gleich dem Produkt aus dem Geschwindigkeitsmaßstab und dem Flächenmaßstab. Beachtet man, dass dieser das Quadrat des Längenmaßstabes ist, so bekommt man mit Gl. (2.112)

$$\frac{\dot{V}}{\dot{V}_M} = \frac{nD^3}{n_M D_M^3} \quad oder \quad \dot{V} \sim nD^3 . \tag{2.114}$$

Leistung Für die Kraftmaschine gilt $P = \rho \dot{V} Y \eta$ und für die Arbeitsmaschine $P = \rho \dot{V} Y / \eta$. Damit wird unter Vernachlässigung etwaiger Wirkungsgradunterschiede zwischen Ausführung und Modell mit den Gl. (2.113) und (2.114)

$$\frac{P}{P_M} = \frac{\rho n^3 D^5}{\rho_M n_M^3 D_M^5} \quad oder \quad P \sim \rho n^3 D^5 . \tag{2.115}$$

Drehmoment Da $M = P/\omega = P/(2\pi n)$, ergibt sich das Ähnlichkeitsgesetz

$$\frac{M}{M_M} = \frac{\rho n^2 D^5}{\rho_M n_M^2 D_M^5} \quad oder \quad M \sim \rho n^2 D^5 . \tag{2.116}$$

Beispiel 2.12 *Für ein Pumpspeicherkraftwerk ist eine Pumpturbine mit folgenden Daten vorgesehen:*

		Pumpbetrieb	Turbinenbetrieb
$\dot{V}$	$\frac{m^3}{s}$	25,7	28,0
H	m	289,5	305,5
P	MW	78,9	78,0
n	$\frac{1}{s}$	8,33	8,33

Der Laufraddurchmesser ist $D = 3010\,mm$. Für die Modellversuche mit $D_M = 490\,mm$ steht eine Antriebsleistung von $P_M = 1{,}5\,MW$ für den Pumpenbetrieb und eine Modellfallhöhe von $H_M = 80\,m$ für den Turbinenbetrieb zur Verfügung.

a) *Wie groß ist die maximal mögliche Modelldrehzahl n_M im Pumpenbetrieb?*

b) *Die Modellversuche werden mit einer Pumpendrehzahl von $n_M = 31{,}67\,\frac{1}{s}$ ausgeführt. Wie groß werden $\dot{V}_M$, H_M und P_M?*

c) *Welche Modelldrehzahl n_M ergibt sich für den Turbinenbetrieb?*

Lösung 2.12

$$
a)\quad Gl.\,(2.115)\quad n_{M\,max} = n\sqrt[3]{\frac{P_M\,D^5}{P\,D_M^5}} = 8{,}33\,\frac{1}{s}\sqrt[3]{\frac{1{,}5\,MW\cdot(3{,}01\,m)^5}{78{,}9\,MW\cdot(0{,}49\,m)}})^5
$$

$$
= 45{,}8\,\frac{1}{s}
$$

$$
b)\quad Gl.\,(2.114)\quad \dot{V}_M = \dot{V}\cdot\frac{n_M\,D_M^3}{n\,D^3} = 25{,}7\,\frac{m^3}{s}\,\frac{31{,}67\,\frac{1}{s}\cdot(0{,}49\,m)^3}{8{,}33\,\frac{1}{s}\cdot(3{,}01\,m)^3} = 0{,}421\,\frac{m^3}{s}
$$

$$
Gl.\,(2.113)\quad H_M = H\cdot\frac{n_M^2\,D_M^2}{n^2\,D^2} = 289{,}5\,m\left(\frac{31{,}67\,\frac{1}{s}\cdot 0{,}49\,m}{8{,}33\,\frac{1}{s}\cdot 3{,}01\,m}\right)^2 = 110{,}8\,m
$$

$$
(\rho_M = \rho)\quad Gl.\,(2.115)\quad P_M = P\cdot\frac{n_M^3\,D_M^5}{n^3\,D^5} = 78{,}9\,MW\left(\frac{31{,}67\,\frac{1}{s}}{8{,}33\,\frac{1}{s}}\right)^3\left(\frac{0{,}49\,m}{3{,}01\,m}\right)^5
$$

$$
= 0{,}495\,MW
$$

$$
c)\quad Gl.\,(2.113)\quad n_M = n\cdot\frac{D}{D_M}\sqrt{\frac{H_M}{H}} = 8{,}33\,\frac{1}{s}\cdot\frac{3{,}01\,m}{0{,}49\,m}\sqrt{\frac{80m}{303{,}5\,m}} = 26{,}2\,\frac{1}{s}
$$

Kennzahlen

Zur Beurteilung von Versuchsergebnissen und zur Auslegung von Strömungsmaschinen sind dimensionslose Kennzahlen zweckmäßig. Wie in Abschn. 3.3.2 erläutert, stellt der Reaktionsgrad **r** einer Stufe eine wichtige Kennzahl dar. Die Kennzahlen geben unabhängig von der Drehzahl und von der Maschinengröße, repräsentiert durch den Laufraddurchmesser, das für die jeweilige Maschine Typische wieder.

Die Definitionsgleichungen der Kennzahlen sind für hydraulische und thermische Strömungsmaschinen unterschiedlich, insbesondere für die Bezugsgrößen Stutzenarbeit, Enthalpiegefälle oder Bezugsdurchmesser der Stufe bzw. Durchmesser der Laufradbeschaufelung. Prinzipiell werden folgende Kennzahlen verwendet:

Reaktionsgrad r Der Reaktionsgrad **r** beschreibt bei thermischen Maschinen die Aufteilung des Enthalpiegefälles des Laufrades bezogen auf das Enthalpiegefälle der Stufe bestehend aus Leit- und Laufrad (Gl. (3.1)). Bei hydraulischen Maschinen beschreibt **r** die Aufteilung des Druckgefälles von Laufrad zur Stufe (Gl. (4.14)).

Druckzahl ψ Die Druckzahl ψ beschreibt das Verhältnis der spezifischen Stutzenarbeit Y bezogen auf die kinetische Energie der Umfangsgeschwindigkeit u mit $u = \pi n D$. Als spezifische Stutzenarbeit Y ist dabei je nach Betrachtung die innere Arbeit Δh_i oder die Umfangsarbeit Δh_u anzusetzen.

$$\psi = \frac{Y}{u^2/2} = \frac{2Y}{\pi^2 n^2 D^2} \tag{2.117}$$

Laufzahl ν Die Laufzahl ν setzt die Umfangsgeschwindigkeit ins Verhältnis zu der Geschwindigkeit c_Δ, die entstünde, wenn die spezifische Stutzenarbeit Y verlustfrei in kinetische Energie $\frac{c_\Delta^2}{2}$ umgesetzt würde. Dabei ist es unwesentlich, ob eine solche Geschwindigkeit wirklich in der Maschine auftritt. ν ist die Wurzel aus dem Kehrwert der Druckzahl ψ.

$$\nu = \frac{1}{\sqrt{\psi}} = \frac{\pi n D}{\sqrt{2Y}} = \frac{u}{c_\Delta} \tag{2.118}$$

Bei thermischen Strömungsmaschinen wird das Verhältnis aus $\frac{u}{c_1}$ auch als Schnelllaufzahl bezeichnet.

Durchflusszahl φ Die Durchflusszahl φ beschreibt das Verhältnis von Volumenstrom und dem Produkt aus der Umfangsgeschwindigkeit und der Kreisfläche mit dem Nenndurchmesser D. φ beschreibt auch das Verhältnis von Meridian- zu Umfangsgeschwindigkeit.

$$\varphi = \frac{4\dot{V}}{\pi u D^2} = \frac{4\dot{V}}{\pi^2 n D^3} \tag{2.119}$$

$$\varphi = \frac{c_m}{u} \tag{2.120}$$

Die Meridiangeschwindigkeit c_m ermittelt sich als fiktive Strömungsgeschwindigkeit mit dem Volumenstrom $\dot{V}$ und der durchströmten Fläche $A = \pi D^2/4$ zu $c_m = \dot{V}/A$.

Schluckzahl μ Der Volumenstrom kann auch unabhängig von der Drehzahl oder der Umfangsgeschwindigkeit ausgedrückt werden. Dazu wird definiert

$$\mu = \nu\varphi = \frac{\varphi}{\sqrt{\psi}} = \frac{4\dot{V}}{\pi D^2 \sqrt{2Y}} \tag{2.121}$$

Leistungszahl λ Analog zur Leistung werden gebildet

$$\lambda = \varphi \psi \eta \qquad : Kraftmaschine \tag{2.122}$$

$$\lambda = \frac{\varphi \psi}{\eta} \qquad : Arbeitsmaschine. \tag{2.123}$$

Durch Einsetzen der Durchflusszahl φ und der Druckzahl ψ mit den Gl. (2.117) und (2.119) sowie der Leistung $P = \rho \dot{V} Y \eta$ bzw. $P = \rho \dot{V} Y / \eta$ bekommt man eine für beide Maschinenarten einheitliche Leistungszahl

$$\lambda = \frac{8P}{\pi \rho u^3 D^2} = \frac{8P}{\pi^4 \rho n^3 D^5} \tag{2.124}$$

Schnellläufigkeit σ Zur dimensionslosen Kennzeichnung der Drehzahl n wird aus den Gl. (2.117) und (2.119) der Durchmesser D eliminiert, indem beide nach D aufgelöst und dann gleichgesetzt werden. Man bekommt zunächst

$$\frac{(4\dot{V})^{1/3}}{\pi^{2/3} n^{1/3} \varphi^{1/3}} = \frac{(2Y)^{1/2}}{\pi n \psi^{1/2}}.$$

Diese Beziehung wird nach $\frac{\varphi^{1/3}}{\psi^{1/2}}$ aufgelöst und noch mit $\frac{3}{2}$ potenziert, damit auf der rechten Seite die Drehzahl ohne einen Exponenten erscheint. Damit wird die Schnellläufigkeit σ

$$\sigma = \frac{\varphi^{1/2}}{\psi^{3/4}} = \frac{2n\sqrt{\pi \dot{V}}}{(2Y)^{3/4}}. \tag{2.125}$$

Durchmesserzahl δ So, wie die Schnellläufigkeit σ durch Elimination des Durchmessers aus den Gl. (2.117) und (2.119) entstanden ist, kann auch umgekehrt die Drehzahl eliminiert werden. Man bekommt zunächst

$$\frac{4\dot{V}}{\pi^2 D^3 \varphi} = \frac{(2Y)^{1/2}}{\pi D \psi^{1/2}}$$

und hieraus durch Auflösen nach $\frac{\psi^{1/2}}{\varphi}$ und Potenzieren mit $\frac{1}{2}$ die Durchmesserzahl δ

$$\delta = \frac{\psi^{1/4}}{\varphi^{1/2}} = D \frac{\sqrt{\pi}}{2} \left(\frac{2Y}{\dot{V}^2} \right)^{1/4}. \tag{2.126}$$

Vergleich der Kennzahlen Wie die Gleichungen dieses Abschnittes erkennen lassen, würden zwei Kennzahlen z. B. φ und ψ zur Beschreibung von Strömungsmaschinen an sich ausreichen, da sich die übrigen durch diese ausdrücken lassen. Doch ist es für manche Zwecke günstig, die übrigen Kennzahlen, oder doch einige von ihnen zur Verfügung zu haben. Man kann die Kennzahlen in solche einteilen, die das Betriebsverhalten kennzeichnen, wie φ und ψ und solche, die für die Bauart einer Maschine typisch sind, wie σ und δ. Es zeigt sich nämlich, dass z. B. zwei Kreiselpumpen gleicher Schnellläufigkeit σ einander sehr ähnlich sind, auch wenn sie von verschiedenen Herstellern stammen.

Cordier-Diagramm Trägt man die Durchmesserzahl δ über der Schnellläufigkeit σ auf, so ergibt sich für die Kraft- und Arbeitsmaschinen je eine Kurve mit nur geringer Streuung, jedenfalls dann, wenn nur solche Maschinen berücksichtigt werden, die unter den jeweiligen Bedingungen die besten Wirkungsgrade haben. Dass zwei unterschiedliche Linienzüge entstehen, hat seine Ursache darin, dass die verzögerte Strömung der Arbeitsmaschine lange, mäßig erweiterte Schaufelkanäle und damit größere Abmessungen erfordert als die beschleunigte Strömung der Kraftmaschine (siehe Kap. 7 und Abb. 7.5). Daher ergeben sich bei gleicher Schnellläufigkeit σ größere Durchmesserzahlen δ. Das nach seinem Erfinder benannte Diagramm kann für die Auslegung von Strömungsmaschinen benutzt werden. Sind z. B. für eine Pumpe der Volumenstrom und die Förderhöhe gegeben, so kann man nach Wahl einer geeigneten Drehzahl die Schnellläufigkeit berechnen. Man entnimmt dann dem Cordier-Diagramm nach Abb. 2.39 die zugehörige Durchmesserzahl δ, die einen guten Wirkungsgrad erwarten lässt, und kann mit Gl. (2.126) den Laufraddurchmesser festlegen.

Beispiel 2.13 *Für eine Pumpe ist gegeben:* $\dot{V} = 10\,\frac{m^3}{s}$, $H = 146\,m$, $n = 7,142\,\frac{1}{s}$. *Welcher Laufraddurchmesser D ist zu wählen?*

Lösung 2.13 *Mit* $Y = gH$ *ist nach Gl. (2.125)*

$$\sigma = \frac{2n\sqrt{\pi \dot{V}}}{(2gH)^{3/4}} = \frac{2 \cdot 7,142\,\frac{1}{s}\sqrt{\pi \cdot 10\,\frac{m^3}{s}}}{\left(2 \cdot 9,81\,\frac{m}{s^2} \cdot 146\,m\right)^{0,75}} = 0,2045 \quad .$$

Hierzu wird aus dem oberen Kurvenzug von Abb. 2.39 $\delta = 4,5$ *abgelesen. Aus Gl. (2.126) ergibt sich*

$$D = \frac{2\delta\sqrt{\dot{V}}}{\sqrt{\pi}(2Y)^{1/4}} = \frac{2\delta\sqrt{\dot{V}}}{\sqrt{\pi}(2gH)^{1/4}} = \frac{2 \cdot 4,5 \cdot \sqrt{10\,\frac{m^3}{s}}}{\sqrt{\pi} \cdot \left(2 \cdot 9,81\,\frac{m}{s^2} \cdot 146\,m\right)^{1/4}} = 2,195\,m \quad .$$

2.6.6 Mehrstufigkeit und Mehrflutigkeit

Löst man die Druckzahl ψ nach Gl. (2.117) mit $\psi = \frac{Y}{u^2/2}$ nach der spezifischen Stutzenarbeit Y auf

$$Y = \psi\frac{u^2}{2}$$

so werden zwei Möglichkeiten deutlich, große spezifische Stutzenarbeiten zu erreichen. Entweder muss eine große Druckzahl oder, weil sie quadratisch eingeht, besonders wirkungsvoll, eine hohe Umfangsgeschwindigkeit gewählt werden. Auf beiden Wegen stößt man jedoch an Grenzen. Die mit einem Laufrad erreichbare Druckzahl ψ ist aus strömungstechnischen Gründen begrenzt, während die Umfangsgeschwindigkeit u ihre Grenze in der Laufradfestigkeit findet.

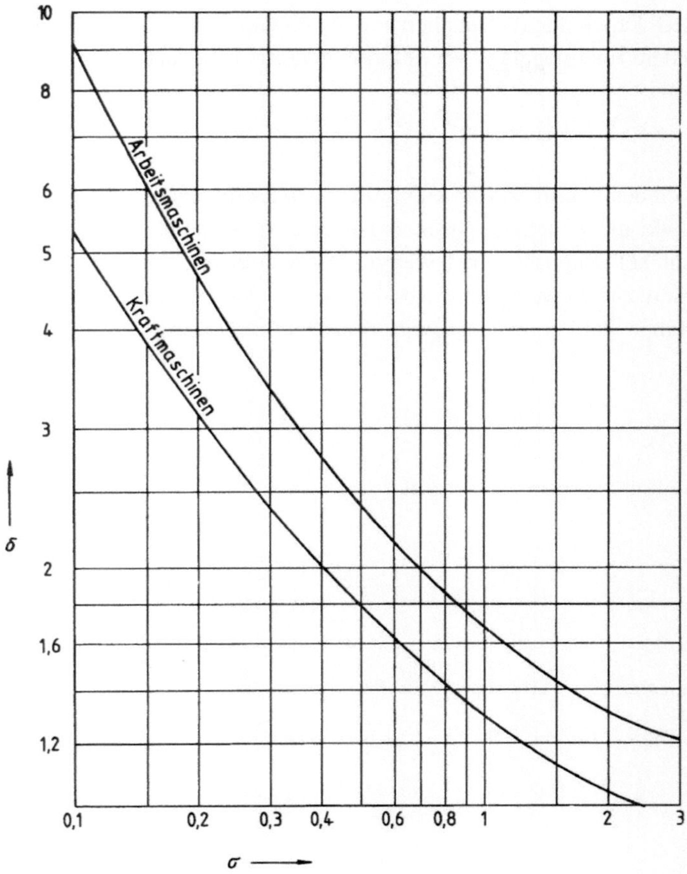

δ: Durchmesserzahl
σ: Schnellläufigkeit

Abb. 2.39 Cordier-Diagramm

Mehrstufigkeit Um dennoch große Energiegefälle in einer Strömungsmaschine zu verarbeiten, werden mehrere Laufräder hintereinander angeordnet. Abb. 7.5 zeigt als Beispiel eine vierstufige Kreiselpumpe und Abb. 3.9 eine sechsstufige Dampfturbine.

Durch die Mehrstufigkeit ändert sich bei sonst gleichbleibenden Abmessungen und gleicher Drehzahl der Volumenstrom nicht, während die spezifische Stutzenarbeit und die Leistung proportional mit der Stufenzahl anwachsen.

Mehrflutigkeit Durch Parallelschalten von Laufrädern läßt sich der Volumenstrom bei gleichbleibendem Energiegefälle vervielfältigen (Abb. 7.8). Aus

$$\dot{V} = \frac{\pi u D^2}{4} \varphi$$

folgt, dass auch der Volumenstrom eines einzelnen Laufrades eine Grenze hat. Die Durchflusszahl ist wie die Druckzahl strömungstechnisch begrenzt, und auch der Durchmesser kann nicht beliebig vergrößert werden. Mehrstufigkeit und Mehrflutigkeit kommen auch kombiniert zur Anwendung. Insbesondere die Niederdruckteile großer Kondensationsdampfturbinen werden in dieser Bauform ausgeführt (Abb. 3.22).

3.1 Wirkungsweise und Bauformen von Dampfturbinen

Wie in Abschn. 1.3 schon angesprochen, beruht die Wirkungsweise thermischer Strömungsmaschinen auf dem Impulsaustausch zwischen dem kontinuierlich strömenden Fluid und einer kontinuierlich rotierenden Welle bzw. Rotors. Am Rotor sind ein oder mehrere Laufräder integriert oder montiert, auf denen in Umfangsrichtung gleichmäßig verteilt mehrere Schaufeln befestigt sind. Die Beschaufelung eines Laufrades wird als Laufradbeschaufelung oder allgemein auch als Schaufelgitter bezeichnet. Beim Durchströmen des Laufrades bzw. der Laufradbeschaufelung entstehen nun als Folge der Strömungsumlenkung (Impulsstromänderung bzw. Impulsaustausch) Kräfte auf das Schaufelprofil, die in Umfangsrichtung eine Umfangskraft bewirken. Die Umfangskraft der Beschaufelung F_u und die Umfangsgeschwindigkeit u des Rotors bewirken das Drehmoment M_u bzw. die Umfangsleistung P_u des Rotors. Die zwischen den einzelnen Laufrädern angeordneten Leiträder besitzen ebenfalls eine Beschaufelung und lenken die Strömung derart um, dass sich im nachfolgenden Laufrad die vorgesehene Strömungsumlenkung wiederholen kann. Das Strömungsmedium wird dabei je nach Art der Strömungsmaschine beschleunigt oder verzögert und erfährt bei der Durchströmung eine merkliche Druck- und Temperaturänderung und somit eine Enthalpieänderung.

Abb. 3.1 zeigt Prinzipbilder axialer Dampfturbinen und die zentralen Bauelemente einer Strömungsmaschine bestehend aus einer Stufe mit einem beschaufelten Rotor (Laufrad) und einem feststehenden beschaufelten Stator (Leitrad).

Bei der **Laval-Turbine** von dem Schweden Gustav de Laval (1883) (Abb. 3.1a) wird der Dampf durch einzelne Laval-Düsen dem Laufrad mit Überschallgeschwindigkeit zugeführt und gibt seine kinetische Energie an dieses ab. Wegen der hohen Drehzahl ist ein Untersetzungsgetriebe notwendig. Die Leistungen sind auf etwa 300 kW beschränkt. Die **Curtis-Turbine** von dem Amerikaner Charles G. Curtis (1860–1953) stellt eine Weiterentwicklung der Laval-Turbine dar (Abb. 3.1b), mit der weit höhere Enthalpiegefälle ausgenutzt

© Der/die Autor(en), exklusiv lizenziert an Springer Fachmedien Wiesbaden GmbH, ein Teil von Springer Nature 2026
G. Thieleke und R. Feyrer, *Turbomaschinen*,
https://doi.org/10.1007/978-3-658-48698-3_3

95

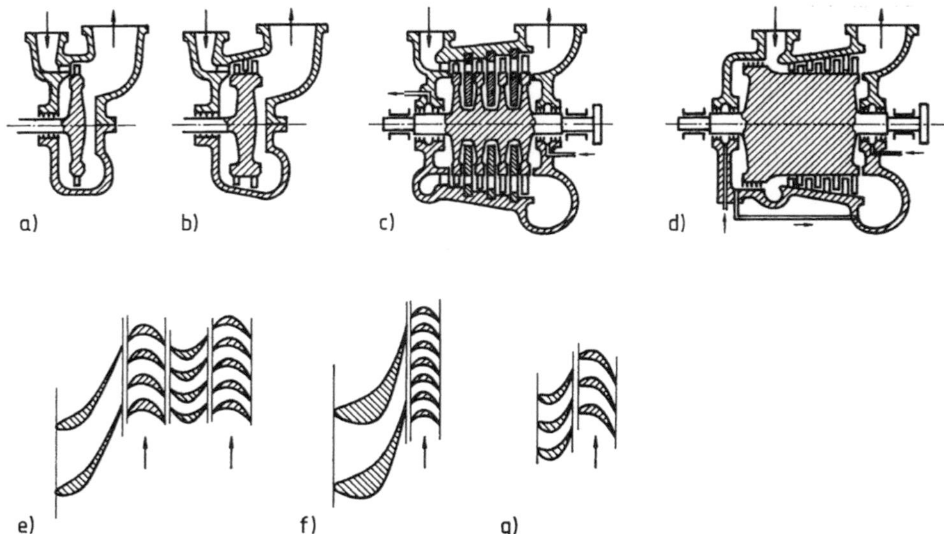

a) Laval-Turbine
b) Curtis-Turbine
c) Zoelly-Turbine (mehrstufige Gleichdruckturbine)
d) Parsons-Turbine (mehrstufige Reaktionsturbine)
e) Schaufelplan einer Curtis-Stufe
f) Schaufelplan einer Gleichdruckstufe
g) Schaufelplan einer Reaktionsstufe

Abb. 3.1 Prinzipbilder und zentrale Bauelemente axialer Dampfturbinen, [15]

werden können. Da der Dampf nach dem Verlassen eines Gitters von Laufschaufeln noch eine hohe kinetische Energie enthält, wird er zu deren Ausnutzung einem zweiten Schaufelkranz zugeführt, der auf dem gleichen Laufrad angebracht ist. Zwischen beiden Schaufelreihen liegt ein feststehendes Umlenkgitter, das ohne Druckabsenkung den Dampf in eine geeignete Richtung bringt. Curtis-Turbinen werden bei kleinen Leistungen eingesetzt, wenn das Enthalpiegefälle für die Laval-Bauart zu groß ist. Sie haben meist zwei, seltener auch drei Laufkränze.

Bei der **Zoelly-Turbine** von dem Schweizer H. Zoelly (1862–1937) (Abb. 3.1c) wird das Enthalpiegefälle einer Turbine auf mehrere Stufen verteilt, so werden die Geschwindigkeiten in den Schaufelgittern viel geringer als bei der Laval- oder Curtis-Bauart, so dass die Strömungsverluste abnehmen. Mit der kleineren Umfangsgeschwindigkeit verringert sich auch die Drehzahl und macht das Untersetzungsgetriebe entbehrlich. Schließlich können auch größte Leistungen bei beliebig großem Gefälle verwirklicht werden.

Bei der **Parsons-Turbine** von dem Engländer C. A. Parsons (1854–1931) (Abb. 3.1d) handelt es sich um eine Überdruckturbine bzw. Reaktionsturbine mit dem Reaktionsgrad $r = 0{,}5$.

Parsons- und Zoelly-Turbinen werden oft mit einer teilbeaufschlagten ersten Stufe des Laval- oder Curtis-Prinzips kombiniert.

Radialturbinen Während die meisten Dampfturbinen Axialmaschinen sind, ist die radiale Bauform ebenfalls möglich. Einstufige radiale Kleinturbinen werden wie Francis-Turbinen von außen nach innen durchströmt (ähnlich Abb. 4.3). Bei mehrstufigen großen Maschinen ist es dagegen vorteilhaft, wenn die Strömung von innen nach außen gerichtet ist, weil durch die Zunahme des Durchmessers auf natürliche Weise die größeren Strömungsquerschnitte erreicht werden, die das Anwachsen des Volumens bei der Dampfexpansion erfordert. Eine interessante Konstruktion dieser Art stammt von dem schwedischen Ingenieur Birger Ljungström (1872–1948), eine radiale Gegenlaufturbine (siehe Abb. 3.2). Sie besteht aus zwei entgegengesetzt zueinander rotierenden Scheiben, auf denen konzentrische Schaufelkränze so angebracht sind, dass die Schaufeln der einen Scheibe in die Zwischenräume der anderen passen. Die Scheiben geben an je einen Generator die halbe Leistung ab. Der Vorteil liegt darin, dass die Relativgeschwindigkeit der beiden Schaufelgitter zueinander doppelt so hoch ist wie die Umfangsgeschwindigkeit jedes einzelnen. Ohne unzulässig hohe Fliehkraftbeanspruchung wird so die Stufenzahl drastisch reduziert. Zusammenfassend zeigen die Tab. 3.1 und 3.2 die Wirkungsweise, die wichtigsten Umwandlungsschritte, die Bauformen und deren Merkmale thermischer Strömungsmaschinen.

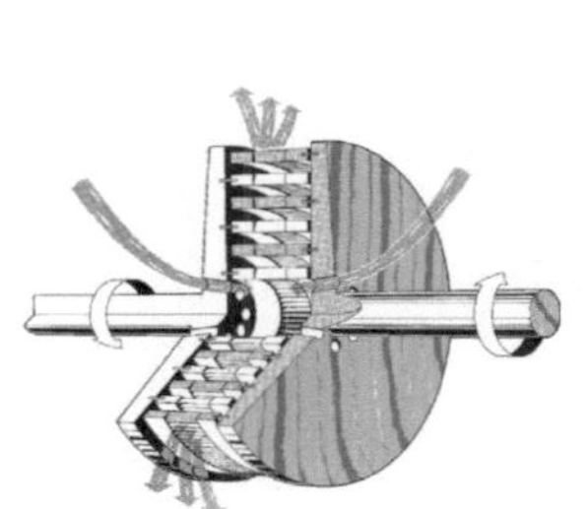

Prinzipdarstellung Gegenlaufturbine

1 Eintrittsstutzen
2 Laufradscheibe mit Schaufeln
3 Abströmgehäuse
4 Anzapfstutzen

5 Wellen
6 Wellendichtungen
7 Laufscheibendichtungen

Abb. 3.2 Prinzipbilder radiale Gegenlaufturbine und STAL-Laval-Turbine

Tab. 3.1 Wirkungsweise und Umwandlungsschritte thermischer Strömungsmaschinen

	Bauformen und Merkmale thermischer Strömungsmaschinen
Merkmal: Strömungsrichtung	
- axial	Turbinen und Verdichter
- diagonal	Verdichter
- radial	Turbinen und Verdichter
- tangential	Verdichter
Merkmal: Stufenaufbau	
- einstufig	bei entsprechend kleinem Druckverhältnis (Gesamtenthalpiegefälle)
- mehrstufig	bei großem Druckverhältnis (Gesamtenthalpiegefälle)
- einflutig	bei entsprechend kleinem Volumenstrom
- mehrflutig	bei großem Volumenstrom und zum internen Ausgleich des Axialschubs
Merkmal: Gehäuseaufbau	
	Kriterien zu ein-/mehrgehäusig sind:
- eingehäusig	- Stufenzahl (Wirkungsgrad)
- mehrgehäusig	- Rotorsteifigkeit (stabile Laufruhe)
	- Relativdehnung (Spaltverluste)
	- Werkstoffeinsatz (warmfest – zäh)
- einschalig	bei mäßigem Niveau von Druck und Temperatur
- mehrschalig	bei hohen Drücken und Temperaturen zum gestuften Abfangen der Druck- und Temperaturdifferenzen zwischen Strömungsmedium und Umgebung (HD-Turbine)
- einwellig	einfachster Fall
- mehrwellig	zur Optimierung des Wirkungsgrades durch unterschiedliche Drehzahlen (zur Leistungssteigerung bei begrenzter Generatorleistung)

Tab. 3.2 Bauformen und Merkmale thermischer Strömungsmaschinen

Bauformen und Merkmale thermischer Strömungsmaschinen	
Merkmal: Strömungsrichtung	
– axial	Turbinen und Verdichter
– diagonal	Verdichter
– radial	Turbinen und Verdichter
– tangential	Verdichter
Merkmal: Stufenaufbau	
– einstufig	bei entsprechend kleinem Druckverhältnis (Gesamtenthalpiegefälle)
– mehrstufig	bei großem Druckverhältnis (Gesamtenthalpiegefälle)
– einflutig	bei entsprechend kleinem Volumenstrom
– mehrflutig	bei großem Volumenstrom und zum internen Ausgleich des Axialschubs

(Fortsetzung)

Tab. 3.2 (Fortsetzung)

Bauformen und Merkmale thermischer Strömungsmaschinen	
Merkmal: Gehäuseaufbau	
	Kriterien zu ein-/mehrgehäusig sind:
– eingehäusig	- Stufenzahl (Wirkungsgrad)
– mehrgehäusig	- Rotorsteifigkeit (stabile Laufruhe)
	– Relativdehnung (Spaltverluste)
	– Werkstoffeinsatz (warmfest – zäh)
- einschalig	bei mäßigem Niveau von Druck und Temperatur
- mehrschalig	bei hohen Drücken und Temperaturen zum gestuften
	Abfangen der Druck- und Temperaturdifferenzen zwischen
	Strömungsmedium und Umgebung (HD-Turbine)
– einwellig	einfachster Fall
– mehrwellig	zur Optimierung des Wirkungsgrades durch unterschiedliche
	Drehzahlen (zur Leistungssteigerung bei begrenzter Generatorleistung)

3.2   Übersicht über Turbinenbauarten

3.2.1   Kammerturbinen und Trommelturbinen

Moderne Dampfturbinen sind von ganz kleinen einstufigen Maschinen abgesehen mehrstufige, meist axiale Turbinen. Dabei sind zwei Grundtypen zu unterscheiden, die gewöhnlich als Gleichdruck- und Überdruckturbinen bezeichnet werden. Da aber Gleichdruckturbinen im eigentlichen Wortsinn, nämlich solche mit dem Reaktionsgrad Null, im Dampfturbinenbau fast gar nicht vorkommen, sind die Bezeichnungen Kammerturbine und Trommelturbine treffender.

Kammerturbinen Das Gehäuse (Position 1 in Abb. 3.3a) wird durch Zwischenböden (2), die aus Montagegründen in der Horizontalebene teilbar sind, in mehrere Kammern eingeteilt. In jeder von ihnen läuft ein scheibenförmiges Laufrad (4), an dessen Umfang die Laufschaufeln (5) angebracht sind, während die Leitschaufeln (6) in die Zwischenböden eingesetzt sind. Ein Vorteil der Kammerbauart liegt darin, dass die Zwischenböden an ihrem Innenrand recht wirkungsvoll mittels Labyrinthen (7) gegen die Welle abgedichtet werden können (Abschn. 3.4.4). Da der Dichtungsdurchmesser klein ist, werden auch die Spaltquerschnitte und damit die Spaltverlustströme klein. Dichtungen der gleichen Art werden auch als äußere

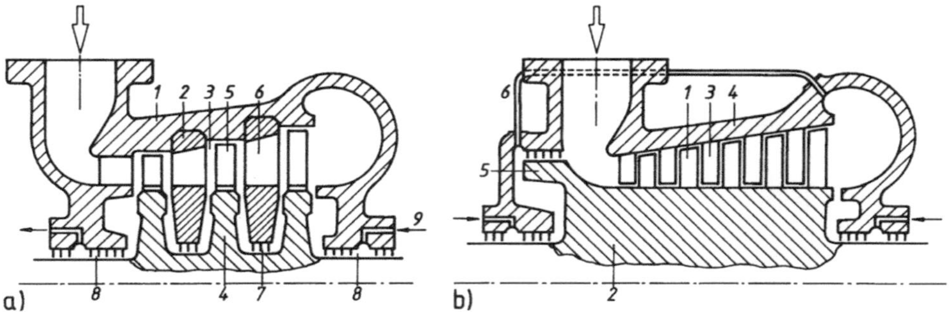

a) Kammerturbine
b) Trommelturbine

Abb. 3.3 Bauformen von Dampfturbinen (Erläuterungen im Text)

Wellendichtungen (8) eingesetzt. Zwar ergeben sie keinen wirklich dichten Abschluss, aber bei den hohen Umfangsgeschwindigkeiten und Temperaturen thermischer Strömungsmaschinen kommen nur solche berührungsfreien Dichtungen in Frage. In die abdampfseitige Dichtung wird gegebenenfalls Sperrdampf (9) eingeführt, um das Eindringen von Luft zu verhindern.

Der Aufwand für eine Kammerstufe und die axiale Baulänge sind groß. So wird diese Bauart nur bei geringen Reaktionsgraden, also großem Stufengefälle und damit geringer Stufenzahl verwendet. Der Druckunterschied zwischen beiden Seiten einer Laufradscheibe ist bei kleinem Reaktionsgrad gering oder im Grenzfall gleich Null. Der auf den Läufer ausgeübte Axialschub bleibt somit klein und kann von einem Axiallager aufgenommen werden.

Trommelturbinen Die Laufschaufeln (Position 1 in Abb. 3.3b) sind am Umfang eines trommelförmigen Läufers (2) angeordnet. Die Leitschaufeln (3) sind entweder direkt in das Gehäuse (4) oder in einen besonderen Leitschaufelträger eingesetzt. Wenn die Schaufeln frei enden, muss zwischen den Blattspitzen und dem Läufer bzw. dem Gehäuse ein enger Spalt eingehalten werden. Die Schaufeln können aber auch mit Deckbändern versehen werden, an denen Labyrinthdichtungen untergebracht werden (Abb. 3.4b). Da die Dichtspalte aber auf großen Radien sitzen, sind die Spaltverlustströme in jedem Fall erheblich größer als bei Kammerturbinen. Wegen des höheren Reaktionsgrades, etwa $r = 0{,}5$ ergeben sich aber günstigere Strömungswege in den Schaufelkanälen und damit bessere Wirkungsgrade. Die axiale Baulänge und der Bauaufwand für eine einzelne Stufe sind geringer, die Stufenzahl muss allerdings größer sein, weil Reaktionsstufen ein kleines Gefälle verarbeiten.

Der in der Beschaufelung auftretende Axialschub ist beträchtlich. Um ihm entgegenzuwirken, wird ein Ausgleichkolben (5) vorgesehen und auf seine Vorderseite über eine Verbindungsleitung (6) der Druck des Austrittsstutzens gegeben. Bei richtiger Dimensionierung wird der auf den Ausgleichkolben wirkende Achsschub gerade den entgegengesetzten Schub der Läufertrommel aufheben. An seinem Umfang muss der Kolben durch Labyrinthe

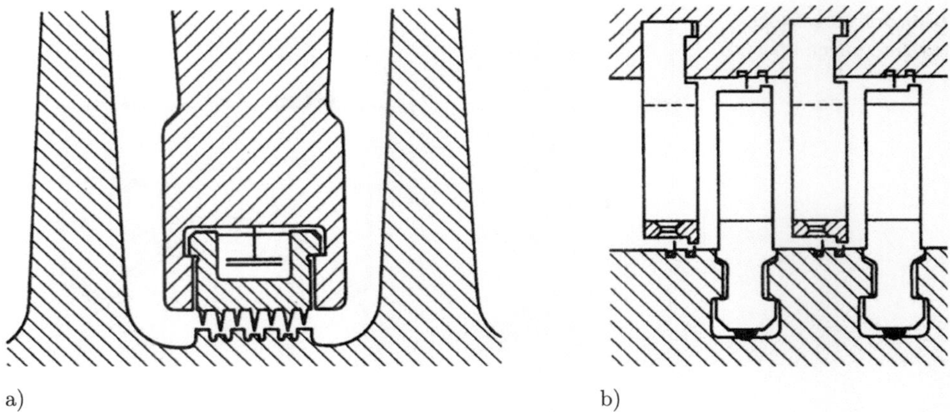

a)   b)
a) am Zwischenboden einer Kammerturbine (Escher-Wyss)
b) an den Deckbändern einer Trommelturbine (Siemens)

Abb. 3.4 Innendichtungen

abgedichtet werden, wobei ein weiterer Spaltverlust entsteht. Bei symmetrischer Anordnung einer zweiflutigen Maschine kann auf den Ausgleichkolben verzichtet werden, oder wenn mehrere Teilturbinenläufer so gegeneinander geschaltet werden, dass ihre Achsschübe einander aufheben.

Regelstufen Als Stellglied für die Regelung (Abschn. 3.4.6) wird den Trommel- und den Kammerturbinen oft eine teilbeaufschlagte Gleichdruckstufe in einfacher oder in Curtis-Bauart vorgeschaltet, bei der der Beaufschlagungsgrad durch das Zu- und Abschalten von Düsengruppen veränderbar ist (Abb. 3.5). Der Dampf gelangt dabei vom Einströmkasten (1) über die Ventile (2) in die Kammern (3) durch die Düsensegmente (4) zum Laufrad (5).

3.2.2 Kraftwerksturbinen

Dampfturbinen werden bis zu den größten Leistungen gebaut, die von keiner anderen Kraftmaschine auch nur annähernd erreicht werden. Zur Zeit liegt die Leistungsgrenze bei 1300 MW. Der Übergang zu noch größeren Leistungen ist bei Einsatz hochfester Werkstoffe möglich. Aktuell erreichen Sattdampfturbinen Leistungen 1800 MW.

Aufbau Derart große Maschinen gibt es nur in den Kraftwerken der öffentlichen Energieversorgung. Im Interesse guter Wirkungsgrade sind die Turbinen nach Abschn. 2.3 für hohe Eintrittsdrücke und -temperaturen und niedere Kondensationsdrücke ausgelegt. Daraus ergeben sich sehr große spezifische Enthalpiegefälle, so z. B. mit den Daten des Beispiels 2.7 $\Delta h_s = 1693\ \frac{kJ}{kg}$. Das ist etwa das hundertfache des Gefälles der langsamläufigsten Wasser-

Abb. 3.5 Regelstufe
(Erläuterungen im Text)

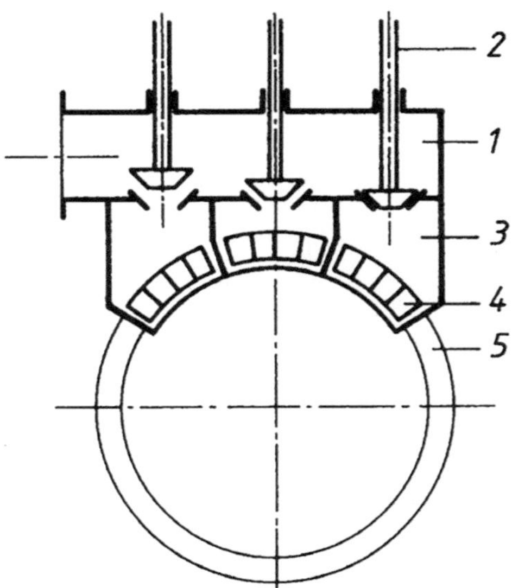

turbinen des Pelton-Typs. Trotz der Schwächen eines solchen Vergleichs wird dadurch doch deutlich, dass Dampfturbinen großer Leistung viele Stufen haben müssen. Bei modernen Großturbinen ist die Zahl der Stufen so groß, dass sie nicht mehr in einem Gehäuse untergebracht werden kann. Vielmehr werden die Maschinen aus mehreren Teilturbinen aufgebaut. Wegen des starken Anwachsens der Volumen bei der Expansion müssen die Strömungsquerschnitte entsprechend zunehmen. Damit nicht unzulässig lange Schaufeln entstehen, werden die Niederdruckteilturbinen mehrflutig mit zwei bis sechs Fluten ausgeführt. Noch mehr als sechs Endstufen parallel zu schalten, erweist sich als nicht wirtschaftlich. Ist der Volumenstrom so groß, dass er auch bei sechsflutiger Ausführung und mit den größten ausführbaren Schaufellängen von etwa 1200 mm nicht mehr durchgesetzt werden kann, so muss von der sonst üblichen Drehzahl von $n = 50$ bzw. 60 1/s auf die nächste Synchrondrehzahl, also je nach der Netzfrequenz auf 25 bzw. 30 1/s heruntergegangen werden. Bei gleicher Fliehkraftbeanspruchung, also gleicher Umfangsgeschwindigkeit kann der Durchmesser doppelt und der Durchflussquerschnitt viermal so groß ausgeführt werden.

Viergehäusige Kraftwerksturbine Die Turbine (Abb. 3.6) ist für die Leistungsklasse von 600 bis 800 MW charakteristisch.

Gesamtanordnung Die Maschine ist viergehäusig und besteht aus einem einflutigen Hochdruckteil, einem zweiflutigen Mitteldruckteil und einem vierflutigen Niederdruckteil. Die Zwischenüberhitzung liegt zwischen dem Hochdruck- und dem Mitteldruckteil. Die Beschaufelung ist nach dem Überdruckprinzip gestaltet und dementsprechend ist die Maschine eine Trommelturbine.

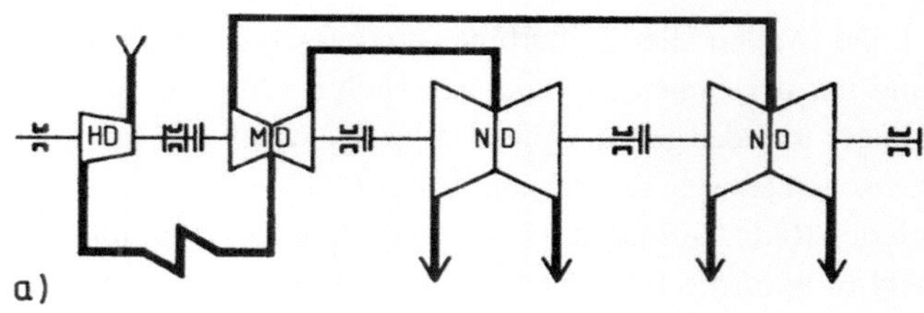

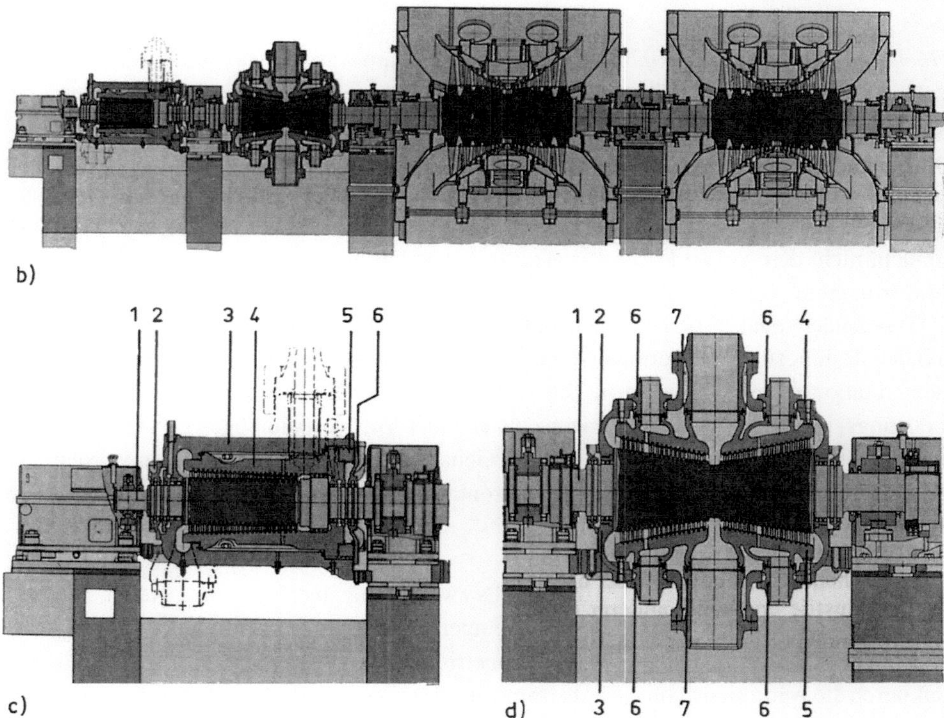

a) Prinzipdarstellung HD, MD, ND Hochdruck-, b) Gesamtanordnung
    Mitteldruck-, Niederdruck-Teilturbine

c) Hochdruckturbine

    1 Läufer
    2 Wellendichtungsdeckel
    3 Außengehäuse in Topfbauweise
    4 Innengehäuse
    5 Gewindering
    6 Gehäusedeckel

d) Mitteldruckturbine

    1 Läufer
    2 Außengehäuse Oberteil
    3 Außengehäuse Unterteil
    4 Innengehäuse Oberteil
    5 Innengehäuse Unterteil
    6 Anzapfeinsatz
    7 Einströmeinsatz

Abb. 3.6 Viergehäusige Kraftwerksturbine (KWU)

Die Wellen aller Teilturbinen sind geschmiedete Einstückwellen, die starr miteinander und mit der Generatorwelle gekuppelt sind. Während häufig jede Teilturbine zwei Radiallager und der ganze Wellenstrang ein Axiallager hat, ist bei der abgebildeten Maschine zwischen je zwei Teilturbinen nur ein Radiallager vorgesehen, von denen eines ein kombiniertes Radial-Axiallager ist. Durch diese Konstruktion wird an axialer Baulänge gespart, und es wird die Beeinflussung des statisch unbestimmt gelagerten Wellenstranges durch etwaige Verformungen des Fundamentes verringert.

Das Axiallager liegt zwischen dem Hochdruck- und dem Mitteldruckteil. Dadurch bleiben die Relativdehnungen zwischen Läufer und Gehäuse dort klein, und die Axialspiele können bei den kürzesten Schaufellängen am kleinsten gehalten werden.

Hochdruckturbine Das zweischalige Gehäuse besteht aus warmfestem Stahlguss. Das Innengehäuse ist wärmebeweglich in das Außengehäuse eingehängt. Bei Temperaturänderungen kann sich das Innengehäuse ähnlich wie der Läufer frei dehnen, und so bleiben die Relativbewegungen zwischen beiden klein. Der Dampfzustand zwischen beiden Gehäuseschalen gleicht dem hinter den ersten Turbinenstufen, da dort Druckausgleichbohrungen im Innengehäuse vorhanden sind. Dadurch wird das Innengehäuse entlastet, und das Außengehäuse braucht nicht dem vollen Frischdampfzustand, sondern nur einem um etwa 4 MPa und 20 K verringertem Zustand standzuhalten.

Das Außengehäuse ist ein sogenanntes Topfgehäuse, bei dem die sonst erforderlichen axialen Teilungsflansche vermieden werden. So entsteht eine besonders kompakte weitgehend rotationssymmetrische Form. Der Vorteil besteht vor allem darin, dass die bei schnellen Leistungs- und Temperaturänderungen entstehenden Wärmespannungen gering bleiben und Ausrichtänderungen durch asymmetrische Gehäuseverformungen vermieden werden. Das Innengehäuse muss selbstverständlich horizontal teilbar sein, da man sonst den Läufer nicht einlegen könnte.

Mitteldruckturbine Das Gehäuse ist ebenfalls zweischalig, aber horizontal geteilt. Um auch hier ein günstiges Dehnungsverhalten bei Temperaturänderungen zu erreichen, wurde großer Wert auf eine kompakte und möglichst symmetrische Gestaltung gelegt. Unter anderem wird das durch die Anordnung von vier Abströmstutzen auf jeder Seite des zweiflutigen Gehäuses, insgesamt also acht, erreicht. Es kann so auf große Gehäusequerschnitte verzichtet werden, und es werden Materialanhäufungen vor allem im kritischen Bereich der Teilfugenflansche vermieden. Die Ringräume und die Gehäusestutzen für den Anzapfdampf sind in der Abbildung zu erkennen.

Niederdruckturbine Die beiden aus Stahlblech geschweißten Gehäuse sind im Wesentlichen durch den Außendruck belastet. Sie werden durch Ringkastenträger in den Stirnwänden und durch innere Einbauten versteift. Die Überströmleitungen, die den Dampf von der Mitteldruckturbine aus zuführen, liegen hier seitlich neben den Gehäusen.

3.2.3 Industrieturbinen

Als Industrieturbinen werden Maschinen kleiner bis mittlerer Leistung etwa bis zu 60 MW bezeichnet. Sie dienen in kommunalen Kraftwerken oder in den Kraftstationen der Industriebetriebe zum Antrieb von Generatoren aber auch von Pumpen, Verdichtern und dergleichen.

Dampfkraftanlagen sind immer dann besonders wirtschaftlich, wenn die Erzeugung mechanischer Leistung mit der Bereitstellung von Wärme kombiniert wird. Gerade bei kleineren Leistungen ist eine solche Kraft-Wärme-Kopplung oft durchführbar. Außer dem Wärmebedarf für die Gebäudeheizung ist hier an die Wärme zu denken, die viele Betriebe der chemischen Industrie, der holzverarbeitenden und der Papierindustrie, der Lebensmittelindustrie und vieler anderer Industriezweige für ihre Produktion benötigen.

Die folgenden Grundtypen von Turbinenschaltungen lassen sich unterscheiden (Abb. 3.7):

Kondensationsturbine Die Schaltung (Abb. 3.7a) ist die gleiche wie für die Kraftwerksturbinen großer Leistung, doch wird auf die Zwischenüberhitzung gewöhnlich verzichtet. Es wird nur mechanische Leistung erzeugt, gegebenenfalls unter Ausnutzung der Abwärme eines anderen Prozesses, falls diese bei hinreichend hoher Temperatur verfügbar ist. Die Abwärme des Turbinenprozesses wird bei möglichst niederer Temperatur an das Kondensatorkühlwasser abgegeben. Bei gegebenem Frischdampfzustand werden mit einer Kondensationsturbinenanlage die größtmöglichen Enthalpiegefälle erreicht.

Gegendruckturbine Am Turbinenaustritt (Abb. 3.7b) steht der Dampf unter einem Druck, der höher ist als der Atmosphärendruck. Die Dampftemperatur ist entsprechend hoch. Das Enthalpiegefälle wird dadurch zwar kleiner als bei der Kondensationsturbine, die Abwärme wird aber einem Wärmeverbraucher zugeführt. Auf diese Weise wird die gesamte im Frischdampf enthaltene Energie mit hohem Wirkungsgrad ausgenutzt. Der Dampfmassenstrom muss sich nach dem Bedarf des Wärmeverbrauchers richten, die erzeugte Leistung kann demnach nicht beeinflusst werden.

Entnahmekondensationsturbine Als Kombination (Abb. 3.7c) der beiden zuvor beschriebenen Typen wird einer Gegendruckturbine eine Kondensationsturbine geringerer Schluckfähigkeit nachgeschaltet. Die beiden Teilturbinen können auch in einem gemeinsamen Gehäuse untergebracht sein. Sie sind dann durch eine Trennwand im Gehäuseinneren gegen einander abgegrenzt. Mit einer Entnahmeturbine lässt sich sowohl der Dampfmengenstrom für den Wärmeverbraucher als auch die erzeugte Leistung an den jeweiligen Bedarf anpassen.

Von einer Anzapfung (Abschn. 2.3.2) unterscheidet sich die Entnahme dadurch, dass der Dampfdruck an der Entnahmestelle durch Regelventile konstant gehalten wird. An einer Anzapfstelle gibt es keine solchen Ventile, und der Druck ändert sich mit der Belastung der Turbine.

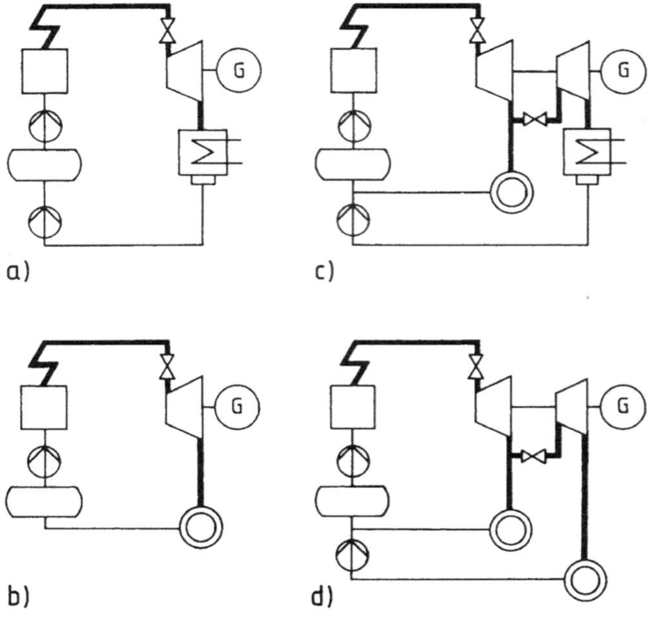

a) Kondensationsturbine

b) Gegendruckturbine

c) Entnahmekondensationsturbine

d) Entnahmegegendruckturbine

Abb. 3.7 Schaltungen von Industrieturbinen

Die Betriebsgrenzen einer Entnahmeturbine sind der reine Kondensationsbetrieb, bei
dem die Entnahmeleitung geschlossen ist, und der Gegendruckbetrieb, bei dem außer einer
minimalen Kühldampfmenge für den Kondensationsteil fast der gesamte Massenstrom entnommen wird. Die erwähnte Mindestmenge ist nötig, weil die unvermeidlichen Verluste
den im Gehäuse stagnierenden Dampf sonst in unzulässiger Weise aufheizen würden. Die
zwischen diesen Grenzen möglichen Betriebsverhältnisse werden in einem Entnahmediagramm (Abb. 3.8) dargestellt. Kurve a bedeutet den reinen Gegendruckbetrieb, sie stellt also
den Leistungsanteil der Hochdruckteilturbine dar. Kurve b gibt die Summenleistung beider
Teilturbinen im reinen Kondensationsbetrieb wieder. In diesem Beispiel wird im Gegendruckbetrieb eine Leistung von 75 % der Volllast und im Kondensationsbetrieb von 85
% erreicht. Der Niederdruckteil kann nur 60 % der maximalen Frischdampfmenge aufnehmen. Die volle Nennleistung der Maschine kann in diesem Beispiel nur im Entnahmebetrieb
erreicht werden, da erst dann die größere Schluckfähigkeit der Hochdruckteilturbine ausgenutzt wird.

Abb. 3.8 Entnahmediagramm

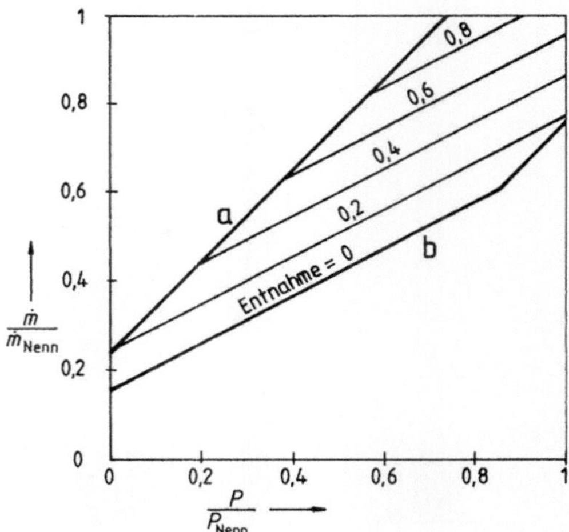

a) Gegendruckbetrieb

b) Kondensationsbetrieb

Entnahmegegendruckturbine Dieser Turbinentyp entspricht der Entnahmekondensationsturbine, hat aber am Austritt keinen Kondensator sondern einen weiteren Wärmeverbraucher.
Es können somit zwei Heizdampfnetze unterschiedlichen Druck- und Temperaturniveaus
mit Dampf versorgt werden.

Baukastensysteme Die vielfältigen Aufgaben erfordern eine große Zahl unterschiedlicher
Konstruktionen. Um mit einer begrenzten Zahl von Standardtypen möglichst viele auftretende Bedarfsfälle abdecken zu können, haben die Turbinenfabriken Baureihen entwickelt,
die sich bei weitgehender Standardisierung doch den individuellen Wünschen der Kunden
anpassen lassen. Zu diesem Zweck werden die Maschinen, soweit das möglich ist, aus
genormten Einzelteilen und Baugruppen aufgebaut.

Die Maschinen werden für Drehzahlen von 50 bis 400 1/s ausgelegt, wobei die höheren Drehzahlen den kleineren Leistungen entsprechen. Die Turbinen können zum direkten
Antrieb schnelllaufender Arbeitsmaschinen eingesetzt werden, oder die Drehzahlen müssen mittels Zahnradgetrieben untersetzt werden. Fast immer sind die Turbinen einflutig und
auch eingehäusig ausgeführt, doch kommen bei größeren Leistungen auch zweigehäusige
Konstruktionen vor. Auf Anzapfungen zur Speisewasservorwärmung wird oft verzichtet,
vornehmlich bei kleineren Leistungen, sie sind aber grundsätzlich ebenso möglich wie bei
Großturbinen.

Ausführungsbeispiele

Kleine Kondensationsturbine Die Maschine in Kammerbauart (Abb. 3.9) ist für einen Frischdampfzustand von 4 MPa, 450 °C und einen Kondensationsdruck von 0,008 MPa ausgelegt.

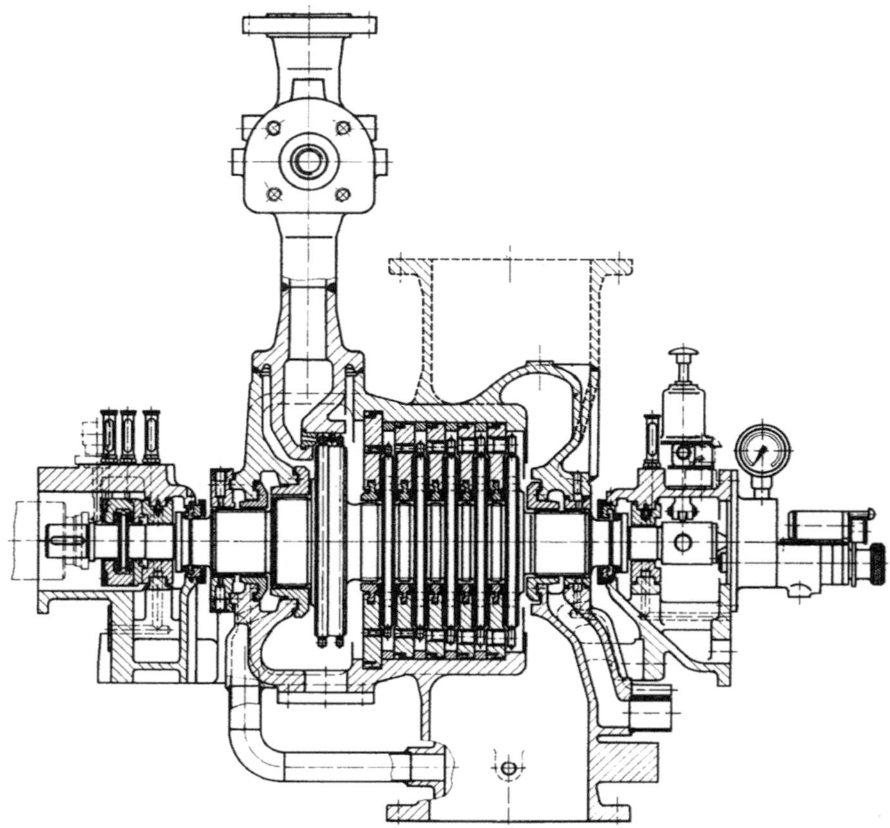

Daten der Turbine: Frischdampfzustand 4 MPa, 450 °C, $P = 2\,MW$, $n = 167\,\frac{1}{s}$, Kondensations-druck 0,008 MPa

Abb. 3.9 Kleine Kondensationsturbine (AEG-Kanis)

Bei einer Drehzahl von 167 1/s leistet sie 2000 kW. Die erste Stufe, die sogenannte Regel-stufe (Abschn. 3.2.1) ist eine zweikränzige Curtis-Stufe. Die Düsen dieser Regelstufe sind in einem Düsenkasten angeordnet, der von oben her in das Gehäuse eingeschweißt ist. Die übrigen Stufen sind vollbeaufschlagte Gleichdruckstufen. Die Leitradböden sind zentrisch, aber wärmebeweglich in das horizontal geteilte Gehäuse eingesetzt.

Röder-Turbine. Die Gegendruckturbine (Abb. 3.10) entwickelt hohe Wirkungsgrade bei großer Betriebssicherheit und Unempfindlichkeit. Sie ist besonders für hohe Drücke und Temperaturen geeignet. Ihre günstigen Eigenschaften werden durch das horizontal unge-teilte Topfgehäuse und den wärmeelastisch eingehängten Leitschaufelträger erreicht. Durch diese beiden Konstruktionsmerkmale werden enge Spalte und damit eine hohe innere

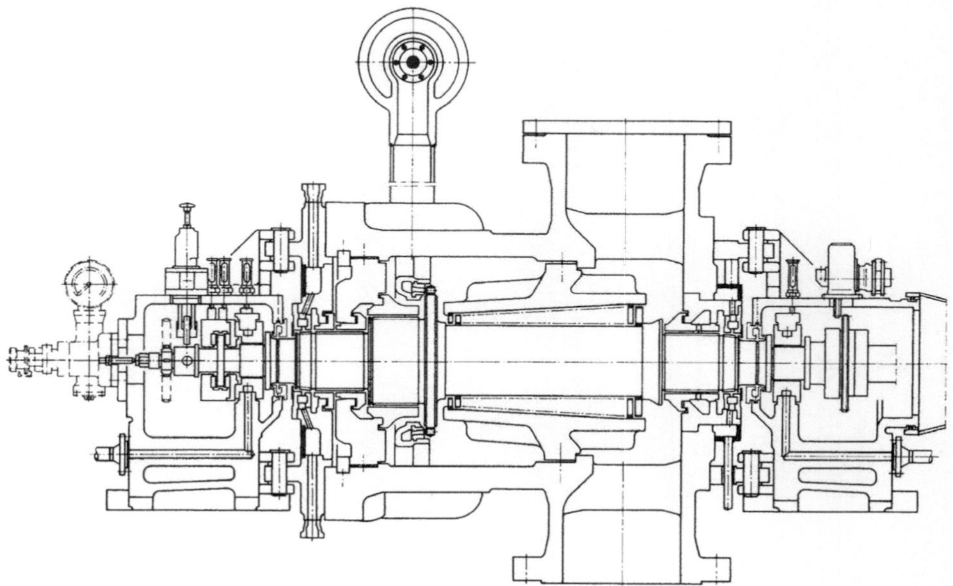

Daten der Turbine: Frischdampfzustand bis zu 15 MPa, 550 °C

Abb. 3.10 Gegendruckturbine Bauart Röder (AEG-Kanis)

Dichtigkeit möglich. Die Regelstufe ist eine einkränzige Gleichdruckstufe, die übrigen Stufen haben Überdruckbeschaufelungen.

Entnahmekondensationsturbine Die Baureihe, aus der die Maschine (Abb. 3.11) stammt, wird für Frischdampfzustände bis zu 14 MPa, 540 ° C gebaut. Die Drehzahlen variieren je nach der Leistung zwischen 50 und 233 1/s. Die Maschine hat eine Beschaufelung nach dem Reaktionsprinzip. Die jeweils erste Stufe des Hochdruck- und des Niederdruckteils sind bei den Entnahmeturbinen Gleichdruckregelstufen. Der Turbinenregler muss die doppelte Aufgabe erfüllen, die Turbinendrehzahl und den Druck an der Entnahmestelle konstant zu halten. Bei einer Änderung der Leistungsanforderung öffnen oder schließen die Frischdampf- und die Überströmventile gleichsinnig, bei einer Änderung der Entnahmemenge dagegen arbeiten beide Ventilgruppen gegensinnig, um den Entnahmedruck konstant zu halten.

3.2.4 Schiffsturbinen

Für den Antrieb kleiner bis mittlerer Schiffe ist die Dieselmaschine deutlich überlegen. Nur bei sehr großen Schiffen kann die Turbine erfolgreich konkurrieren. Die Leistungsgrenze liegt in der Handelsschifffahrt bei etwa 50 MW.

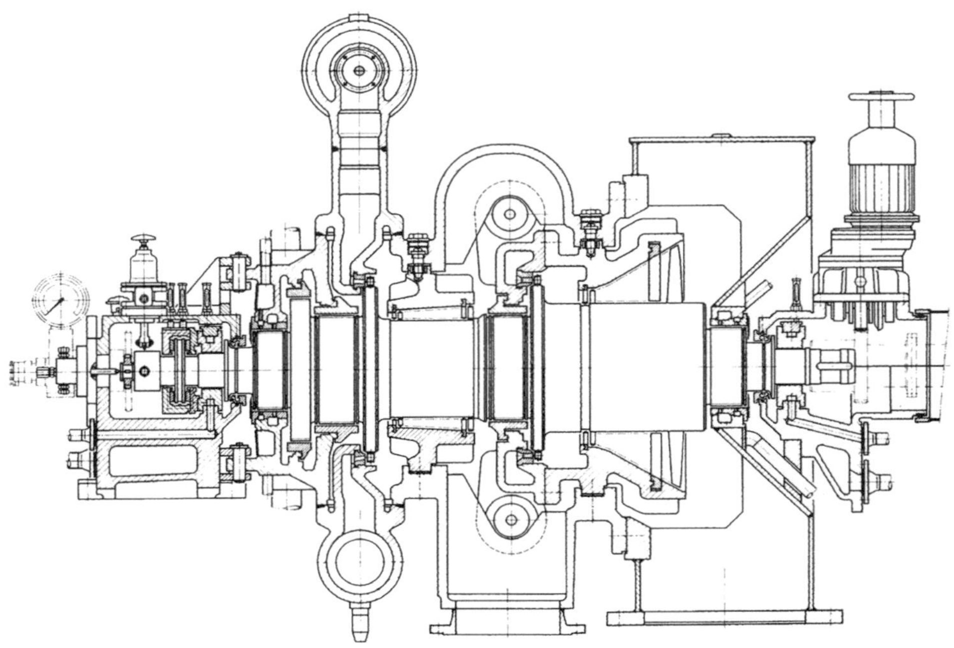

Daten der Turbine: Frischdampfzustand bis zu 14 MPa, 540 °C

Abb. 3.11 Entnahmekondensationsturbine (AEG-Kanis)

Übliche Frischdampfzustände liegen bei 6,4 MPa, 510 °C, die aber auch schon überschritten worden sind. Wie bei Landanlagen macht man von der Speisewasservorwärmung durch Anzapfdampf Gebrauch. Auch die Zwischenüberhitzung zur Steigerung des Wirkungsgrades ist bei Schiffsantriebsturbinen schon eingesetzt worden.

Aufbau Die Turbinen werden durchweg zweigehäusig in Zweiwellenbauart angeordnet. Dabei sind die Hochdruck- und die Niederdruckturbine parallel zueinander in der Längsrichtung des Schiffes aufgestellt. Sie laufen gewöhnlich mit unterschiedlichen Drehzahlen und vereinigen ihre Leistungen in einem Zahnradgetriebe. Da die Drehzahlen der Propeller mit etwa 1,3 bis 2 1/s ganz erheblich niedriger sind als die der Turbinen, bildet ein Untersetzungsgetriebe immer einen Hauptbestandteil einer Schiffsturbinenanlage. Für die Rückwärtsfahrt gibt es eine eigene Rückwärtsturbine im Gehäuse der Niederdruckturbine.

Beispiel Die Hochdruckturbine einer Anlage mit 24 MW (Abb. 3.12) ist in der Trommelbauweise mit Überdruckbeschaufelung, die Niederdruckturbine in Kammerbauform mit niedrigem Reaktionsgrad ausgeführt. Um günstige thermische Eigenschaften der Gehäuse

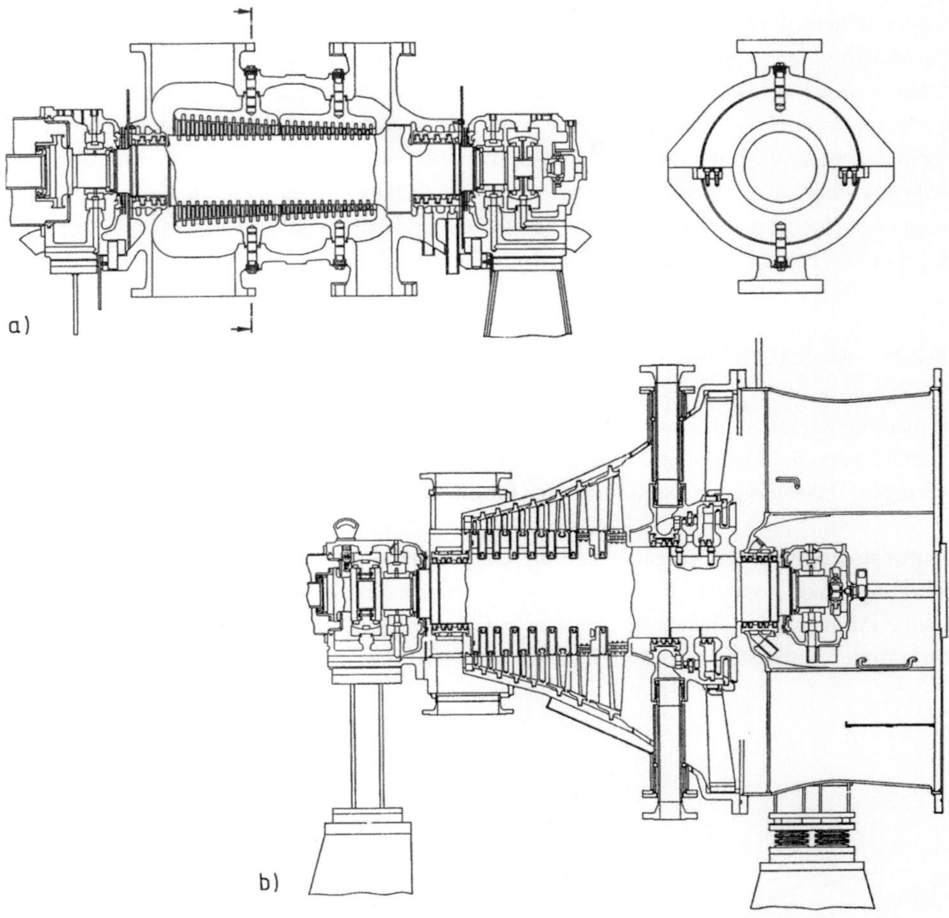

a) Hochdruckturbine

b) Niederdruck- und Rückwärtsturbine

Abb. 3.12 Zweigehäusige Schiffsturbine (Blohm + Voss)

zu erreichen, sind sie teilfugensymmetrisch ausgebildet. Durch die Anordnung des querliegenden Kondensators werden außer der Symmetrie günstige Strömungswege erreicht.

Regelung. Die Maschine hat keine Regelstufe, sondern alle Stufen sind vollbeaufschlagt, auch die erste. Zur Regelung wird der Frischdampf mittels eines einzigen Ventils gedrosselt, wodurch das Enthalpiegefälle und der Massenstrom verringert werden. Diese Art der Regelung ist besonders einfach. Im unteren Lastbereich bis zu etwa 60 bis 70 % der Nennleistung ist sie der Düsengruppenregelung unterlegen, im oberen Lastbereich erreicht sie jedoch höhere Wirkungsgrade. Für Großtanker und Containerschiffe, für die diese Baureihe entwickelt wurde, erweist sich das als vorteilhaft, denn die Antriebsanlagen dieser Schiffe werden während etwa 95 % ihrer Betriebszeit im oberen Lastbereich gefahren.

Rückwärtsturbine. Hier spielt der Wirkungsgrad naturgemäß eine untergeordnete Rolle, vielmehr muss der Bauaufwand klein gehalten werden. Die Rückwärtsturbine besteht deshalb aus zwei zweikränzigen Curtis-Rädern. Das Gehäuse ist ähnlich wie die Leitschaufelträger des Hochdruckteils wärmeelastisch in das Niederdruckgehäuse eingehängt. Abb. 3.13 zeigt die Gesamtanordnung einer Schiffsanlage.

3.2.5 Kleinturbinen

Einstufige Kleindampfturbinen bis zu etwa 1000 kW Leistung finden in der Industrie vielfach Anwendung. Insbesondere als Hilfsantriebe in Betrieben, die ohnehin über Dampfnetze verfügen, da sich eigene Dampferzeuger für die kleinen Leistungen kaum lohnen.

Anforderungen Ihrer Aufgabenstellung entsprechend stehen bei Kleinturbinen nicht die Wirkungsgrade sondern die Herstellungskosten im Vordergrund. Die Maschinen sollen kleine Abmessungen haben, sie müssen mit ihrem Getriebe als kompakte Einheiten fertig montiert aufgestellt werden. Wie bei größeren Maschinen gilt hier verstärkt, dass die

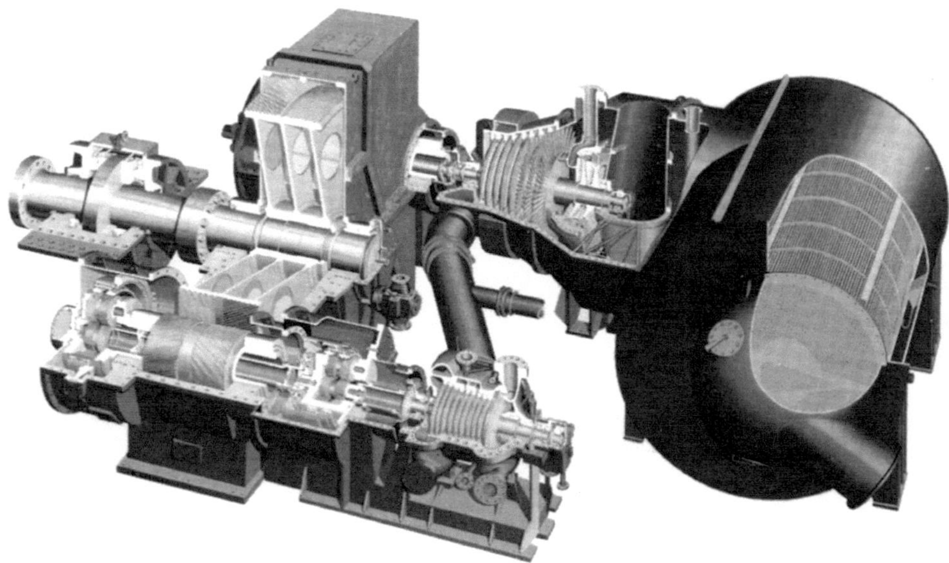

Abb. 3.13 Gesamtanordnung einer Schiffsanlage ähnlich Abb. 3.12 (STAL-Laval-Turbine)

Turbinen, um preiswert zu sein, aus genormten Teilen und Baugruppen zusammengestellt werden, die sich rationell fertigen lassen.

Bauformen Kleindampfturbinen können im Gegendruck- oder im Kondensationsbetrieb arbeiten. Sie werden als einstufige, teilbeaufschlagte Gleichdruckturbinen in der Laval- oder Curtis-Bauart ausgeführt. Eine weitere der Curtis-Turbine verwandte Bauform ist die Leitkammerturbine (Abb. 3.14). Während die kinetische Energie des Dampfes bei der Curtis-Turbine in zwei Laufschaufelkränzen ausgenutzt wird, durchströmt der Dampf hier den

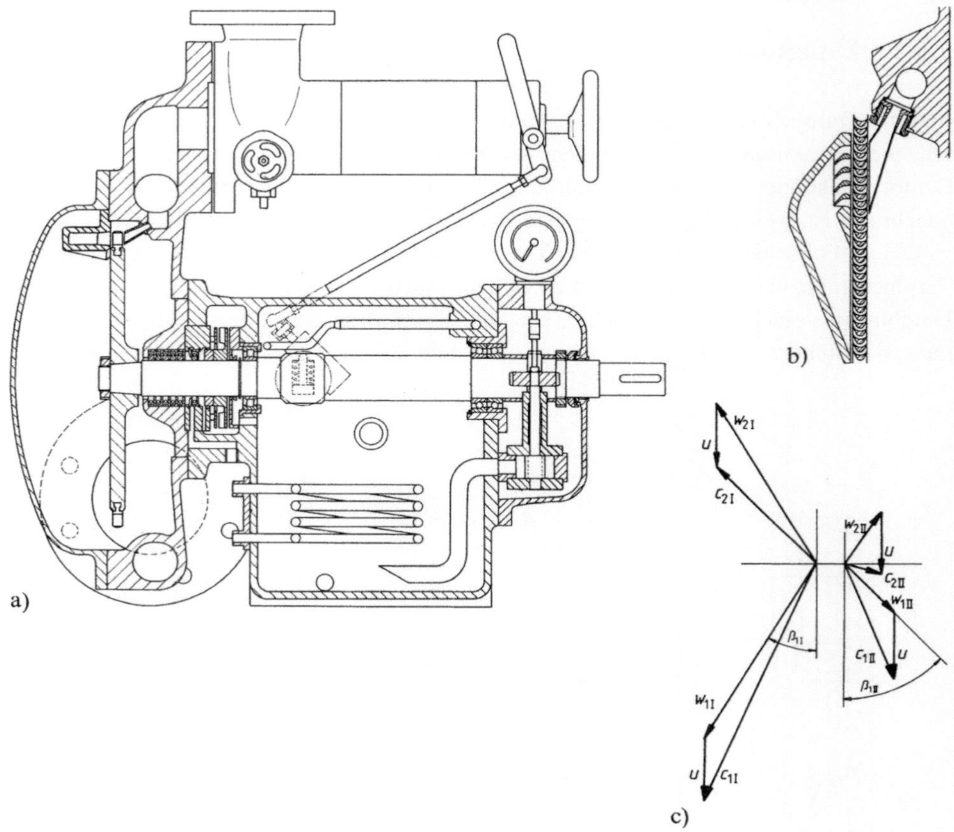

a) Längsschnitt

b) Schaufelungsschnitt mit Düse, Laufschaufeln und Leitkammer

c) Geschwindigkeitsplan

Abb. 3.14 Leitkammerturbine (Kühnle, Kopp & Kausch)

gleichen Laufradkranz zweimal (Abb. 3.14b). Die Maschine kann mit der Durchströmwasserturbine (siehe Abb. 4.2) verglichen werden.

Die Geschwindigkeitsdreiecke (Abb. 3.14c) zeigen, dass die Eintrittswinkel $\beta_{1\,I}$ und $\beta_{1\,II}$ für die erste und zweite Beaufschlagung verschieden sind. Die Winkel in den Laufschaufeln sind eine Kompromisslösung, Stoßverluste sind unvermeidlich. Der sehr geringe Bauaufwand wird also mit einem niedrigen Wirkungsgrad erkauft.

3.3   Theorie der Einzelstufe

3.3.1   Einleitung

Im Dampfturbinenbau werden vor allem zwei Haupttypen angewendet, die Kammerturbine mit einem Reaktionsgrad $\mathbf{r} \approx 0$ und die Trommelturbine mit $\mathbf{r} = 0{,}5$ (Abschn. 3.2.1). Beide Bauformen können nach einer einheitlichen Theorie behandelt werden, was schon deshalb angebracht ist, weil es auch Übergangsformen zwischen beiden Grundtypen gibt.

Die im Folgenden zu behandelnde Theorie gilt in gleicher Weise für axiale wie radiale Turbinenstufen und insbesondere für Zwischenformen, wie sie entstehen, wenn der mittlere Durchmesser einer im Wesentlichen axialen Turbine (axialer Mittelschnitt) in der Strömungsrichtung anwächst, um der Volumenzunahme bei der Expansion Rechnung zu tragen

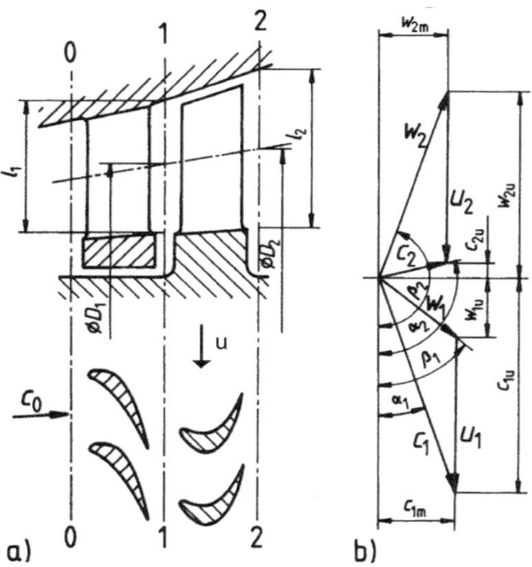
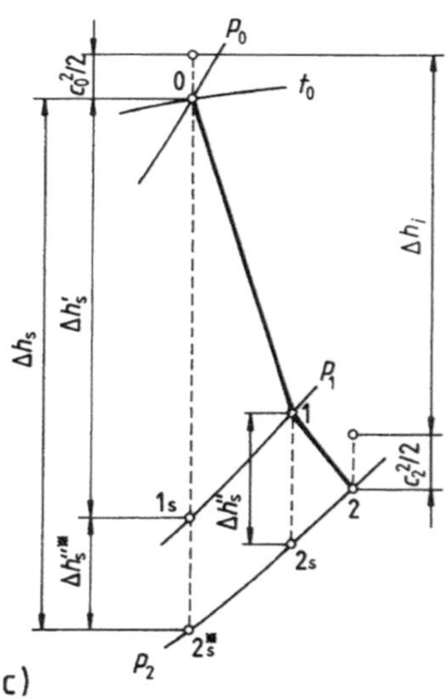

a) Längsschnitt/Schaufelschnitt
b) Geschwindigkeitsplan
c) Zustandsverlauf im h-s-Diagramm

Abb. 3.15 Axiale Turbinenstufe

(Abb. 3.15). Denkt man sich eine kegelförmige Stromfläche auf einen mittleren Zylinder projiziert und diesen in die Ebene abgewickelt, so entstehen zwei gerade Schaufelgitter, und die Strömung wird zu einer zweidimensionalen Gitterströmung. Man sollte aber nicht vergessen, dass die Verhältnisse in Wahrheit weit verwickelter sind, insbesondere bei großen Schaufellängen. Die Stromflächen sind keine Kegel, sie sind nicht einmal rotationssymmetrisch, vielmehr sind es Flächen, die überall dort, wo die Schaufeln sitzen, „Dellen" aufweisen. Die Strömung ist somit ein komplizierter dreidimensionaler Vorgang, dessen wirklichkeitsnahe Berechnung und Optimierung nur mit sehr aufwändigen Rechenprogrammen gelingt.

Eine weitere Vereinfachung und damit eine noch weitergehende Abweichung von der Realität entsteht, wenn die beschriebene Gitterströmung durch eine rotationssymmetrische Strömung ersetzt wird. Der Einfluss der endlichen Schaufelzahl wird somit vernachlässigt was bedeutet, dass unendlich viele Schaufeln über dem Umfang verteilt sind und die Strömung exakt der Kanalkontur folgt. Die somit schaufelkongruente Strömung ist die Grundlage der Stromfadentheorie, und es entsteht so die eindimensionale Stufentheorie für eine unendliche große Schaufelanzahl $z \to \infty$.

Ist die Schaufellänge im Verhältnis zum mittleren Durchmesser klein (kleines Schaufellängenverhältnis λ, siehe Gl. (3.95)), so genügt es, die Berechnung für einen mittleren Durchmesser durchzuführen und den Schaufeln über die ganze Länge die gleichen Profile zu geben. Bei längeren Schaufeln ist es dagegen notwendig, die Berechnung für mehrere Schnitte durchzuführen. Die Schaufeln sind dann in sich verwunden (Abschn. 3.3.5, großes Schaufellängenverhältnis λ).

3.3.2 Eindimensionale Stufentheorie

In einem mittleren Schnitt durch eine Turbinenstufe sollen die Zustände in den Ebenen 1 und 2 (vor und nach dem Laufrad, Abb. 3.15) berechnet werden. Gegeben sei der Zustand des Fluids bei 0 (vor dem Leitrad), also die thermodynamischen Zustandsgrößen p_0 und t_0, sowie die Zuströmgeschwindigkeit ins Leitrad c_0, außerdem das isentrope Enthalpiegefälle Δh_s der Stufe und der Reaktionsgrad **r**.

Reaktionsgrad Der Reaktionsgrad **r** gibt bei thermischen Maschinen die Aufteilung des isentropen Enthalpiegefälles des Laufrades $\Delta h_{s,La}$ bezogen auf das isentrope Enthalpiegefälle der Stufe $\Delta h_{s,St}$ bestehend aus Leit- und Laufrad an:

$$\mathbf{r} = \frac{\Delta h_{s,La}}{\Delta h_{s,St}} = \frac{\Delta h_{s,La}}{\Delta h_{s,La} + \Delta h_{s,Le}} \tag{3.1}$$

$$\Delta h_{s,St} = \Delta h_{s,Le} + \Delta h_{s,La} \tag{3.2}$$

Das Enthalpiegefälle Δh kann auch als H geschrieben werden, und es gilt:

$$\Delta h_{s,Le} = H_{s,Le} \qquad : \text{isentropes Leitradgefälle}$$
$$\Delta h_{s,La} = H_{s,La} \qquad : \text{isentropes Laufradgefälle}$$
$$\Delta h_{s,St} = H_{s,St} \qquad : \text{isentropes Stufengefälle}$$

Die Grenzen des Reaktionsgrades **r** für Turbinen sind:

1. Das gesamte zur Verfügung stehende Wärmegefälle $H_{s,St}$ wird in den Leitschaufeln in kinetische Energie umgesetzt. Im Laufschaufelkanal wird die Kraft auf die Laufschaufel nur durch die Umlenkung des Strömungsmediums erzeugt (Aktionsturbine). Es gilt:

$$\mathbf{r} = 0 \;, \;\; \text{mit} \tag{3.3}$$
$$H_{s,St} = H_{s,Le} \;, \;\; \text{da } H_{s,La} = 0 \tag{3.4}$$

2. Das gesamte zur Verfügung stehende Gefälle $H_{s,St}$ wird in den Laufschaufeln in kinetische Energie umgesetzt. Es gilt:

$$\mathbf{r} = 1 \;, \;\; \text{mit} \tag{3.5}$$
$$H_{s,St} = H_{s,La} \;, \;\; \text{da } H_{s,Le} = 0 \tag{3.6}$$

Obwohl bei Turbinen der Reaktionsgrad **r** alle Werte zwischen den Grenzen $\mathbf{r} = 0$ und $\mathbf{r} = 1$ annehmen kann, sind praktisch nur zwei Fälle üblich:

- $\mathbf{r} = 0$ Gleichdruck- oder Aktionsturbine
- $\mathbf{r} = 0{,}5$ Überdruck- oder Reaktionsturbine

Bei $\mathbf{r} = 0{,}5$ wird das Gefälle je zur Hälfte in den Leitschaufeln und Laufschaufeln in kinetische Energie umgesetzt. Hier wird die Kraft auf die Laufschaufeln nicht nur durch die Strahlumlenkung (der Umlenkwinkel ist erheblich kleiner als bei der Aktionsturbine), sondern ebenso durch Rückstoß des mit hoher Geschwindigkeit aus den Laufschaufeln austretenden Strahles erzeugt (*Reaktionsturbine*). Die Bezeichnung *Überdruck* deutet an, dass auf der Zuströmseite der Laufschaufel ein höherer Druck als auf der Abströmseite herrscht.

Enthalpiegefälle Mit dem Reaktionsgrad (Gl. (3.1)) ergeben sich die isentropen Enthalpiegefälle für das Leit- und das Laufrad

$$H_{s,Le} = (1 - \mathbf{r})H_{s,St} \quad \text{und} \quad H_{s,La} = \mathbf{r}H_{s,St} \tag{3.7}$$

Da die die Isobaren im h-s-Diagramm mit steigender Temperatur divergieren, ist $H_{s,La}$ ein wenig größer als $H_{s,La}''$ (Abb. 3.15c), also $H_{s,St} < H_{s,Le} + H_{s,La}$. Die Näherung der Gl. (3.7) ist aber wegen der Geringfügigkeit des Effektes stets zulässig. Mit $H_{s,Le}$ und $H_{s,La}''$ lassen sich die Punkte $1s$ und $2s^*$ in das h-s-Diagramm eintragen und damit die Drücke p_1 und p_2 auf zeichnerischem Weg finden. Für idealen Dampf (Heißdampf) ergeben sie sich auch rechnerisch mit Gl. (2.31).

Leitrad Da im Leitrad (Leitgitter, Index Le) weder Arbeit noch Wärme (entspricht gut in der Realität) nach außen abgegeben wird, ergibt sich die Energiegleichung zwischen den Punkten 0 und 1 nach Gl. (2.95) zu:

$$h_1 + \frac{1}{2}c_1^2 = h_0 + \frac{1}{2}c_0^2 \ , \quad \text{oder} \tag{3.8}$$

$$h_{t,1} = h_{t,0} \tag{3.9}$$

mit der Totalenthalpie h_t nach Gl. (2.5). Das Leitradgefälle H_{Le} ist

$$H_{Le} = \Delta h_{Le} = h_1 - h_0 \ , \tag{3.10}$$

und die Austrittsgeschwindigkeit c_1 aus dem Leitrad ergibt sich zu:

$$\frac{1}{2}c_1^2 = H_{Le} + \frac{1}{2}c_0^2 \tag{3.11}$$

Gl. (3.11) gilt für die wirkliche Entspannung mit Reibung. Für den reibungsfreien Fall gilt:

$$\frac{1}{2}c_{1s}^2 = H_{s,Le} + \frac{1}{2}c_0^2 \tag{3.12}$$

mit dem isentropen Leitradgefälle:

$$H_{s,Le} = H_{s,St}(1 - \mathbf{r}) \tag{3.13}$$

Mit den Gl. (3.11) und (3.12) läßt sich der Leitradwirkungsgrad η_{Le} berechnen zu:

$$\eta_{Le} = \frac{\frac{1}{2}c_1^2}{\frac{1}{2}c_{1s}^2} \tag{3.14}$$

Daraus ergibt sich für die Geschwindigkeit am Leitradaustritt c_1:

$$\frac{1}{2}c_1^2 = \eta_{Le}\left(H_{s,Le} + \frac{1}{2}c_0^2\right) \tag{3.15}$$

$$\frac{1}{2}c_1^2 = \eta_{Le}\left[H_{s,St}(1 - \mathbf{r}) + \frac{1}{2}c_0^2\right] \tag{3.16}$$

In der Literatur wird auch der Verlustfaktor φ_{Le} verwendet mit:

$$\varphi_{Le} = \sqrt{\eta_{Le}} \tag{3.17}$$

Die Verlustfaktoren sind zweckmäßig zur Beschreibung der verlustbehafteten Vorgänge in der Strömung. Sie werden durch Gittermessungen am ruhenden Gitter bestimmt und sind zum Teil durch Messungen am rotierenden Gitter bestätigt. Sie beschreiben die Strömungsverluste in der Strömung ohne Kanaleinflüsse (theoretisch unendliche lange Schaufel). Die Verlustbeiwerte lassen sich darstellen als Funktion des Umlenkwinkels und des im Gitter umgesetzten Anteils des Stufengefälles. Für Überschlagsrechnungen kann nach [23] für $\varphi_{Le} = 0{,}96...0{,}97 \approx \varphi_{La}$ gesetzt werden.

Nach Kenntnis von c_1 lässt sich der wirkliche Expansionsendpunkt der Leitradströmung berechnen nach Gl. (3.9)

$$h_1 = h_{t,0} - \frac{c_1^2}{2} . \tag{3.18}$$

Damit ergibt sich der Punkt 1 im h-s-Diagramm (Abb. 3.15c), also auch die Temperatur t_1 und das spezifische Volumen v_1, das auch rechnerisch mit Gl. (2.29) für idealen Dampf gefunden werden kann. Die noch fehlenden Größen des Eintrittsdreiecks (Abb. 3.15b) lassen sich berechnen, indem geeignete Werte für α_1 und u_1 eingesetzt werden.

$$c_{1m} = c_{1ax} = c_1 \sin\alpha_1; \qquad\qquad c_{1u} = c_1 \cos\alpha_1$$

$$w_{1m} = w_{1ax} = c_{1m}; \qquad\qquad w_{1u} = c_{1u} - u_1$$

$$w_1 = \sqrt{w_{1m}^2 + w_{1u}^2}$$

$$\beta_1 = \arctan \frac{w_{1m}}{w_{1u}} \qquad\qquad \text{falls} \quad w_{1u} > 0$$

$$\beta_1 = 180° + \arctan \frac{w_{1m}}{w_{1u}} \qquad\qquad \text{falls} \quad w_{1u} < 0 \tag{3.19}$$

Laufrad Bei der weiteren Expansion des idealen Dampfes im Laufrad (Laufgitter, Index La) gilt für die Relativströmung ausgehend nach Gl. (2.93)

$$h_2 + \frac{1}{2}w_2^2 = h_1 + \frac{1}{2}w_1^2 + \frac{u_2^2 - u_1^2}{2} \qquad \text{bzw.}$$

$$\frac{1}{2}w_2^2 = h_1 - h_2 + \frac{1}{2}w_1^2 + \frac{u_2^2 - u_1^2}{2}$$

$$\frac{1}{2}w_2^2 = H_{La} + \frac{1}{2}w_1^2 + \frac{u_2^2 - u_1^2}{2} \tag{3.20}$$

mit dem Laufradgefälle $H_{La} = h_1 - h_2$. Bei Reibungsfreiheit bzw. isentroper Strömung (mit $s = const$) gilt:

$$\frac{1}{2}w_{2s}^2 = H_{s,La} + \frac{1}{2}w_1^2 + \frac{u_2^2 - u_1^2}{2} . \tag{3.21}$$

Mit den Gl. (3.20) und (3.21) läßt sich der Laufradwirkungsgrad η_{La} analog zu Gl. (3.14) berechnen zu:

$$\eta_{La} = \frac{\frac{1}{2}w_2^2}{\frac{1}{2}w_{2s}^2} \tag{3.22}$$

Daraus ergibt sich für die Geschwindigkeit am Laufradaustritt w_2:

$$\frac{1}{2}w_2^2 = \eta_{La}\left(H_{s,La} + \frac{1}{2}w_1^2 + \frac{u_2^2 - u_1^2}{2}\right) = \eta_{La}\left(\mathbf{r}H_{s,St} + \frac{w_1^2 - u_1^2 + u_2^2}{2}\right) \tag{3.23}$$

In der Literatur wird analog zu φ_{Le} auch der Verlustfaktor φ_{La} verwendet. Die Enthalpie am Expansionsendpunkt 2 ist

$$h_2 = h_1 - \frac{w_2^2 - w_1^2 - u_2^2 + u_1^2}{2} \tag{3.24}$$

Für das Austrittsdreieck folgt wieder unmittelbar aus Abb. 3.15b, wobei das negative Vorzeichen von w_{2u} und gegebenenfalls auch von c_{2u} zu beachten ist,

$$
\begin{aligned}
&w_{2m} = w_{2ax} = w_2 \sin\beta_2; && w_{2u} = w_2 \cos\beta_2 \\
&c_{2m} = c_{2ax} = w_{2m}; && c_{2u} = w_{2u} + u_2 \\
&c_2 = \sqrt{c_{2m}^2 + c_{2u}^2} \\
&\alpha_2 = \arctan\frac{c_{2m}}{c_{2u}} && \text{falls} \quad c_{2u} > 0 \\
&\alpha_2 = 180° + \arctan\frac{c_{2m}}{c_{2u}} && \text{falls} \quad c_{2u} < 0
\end{aligned}
\tag{3.25}
$$

Stufe und Stufenarbeit Die Energiegleichung für die Stufe bestehend aus Leit- und Laufrad ergibt sich als umgesetzte Arbeit am Umfang Δh_u der Stufe oder als Umfangsarbeit oder Stufenarbeit:

$$\Delta h_u = h_{t,0} - h_{t,2} = h_0 + \frac{1}{2}c_0^2 - h_2 - \frac{1}{2}c_2^2 \; , \; bzw. \tag{3.26}$$

mit

$$h_0 - h_2 = H_{Le} + H_{La} \; . \tag{3.27}$$

ergibt sich:

$$\Delta h_u = H_u = H_{Le} + H_{La} + \frac{1}{2}c_0^2 - \frac{1}{2}c_2^2 \; , \tag{3.28}$$

Daraus erhält man für die umgesetzte Arbeit am Umfang der Stufe $\Delta h_u = H_u$:

$$\Delta h_u = \frac{1}{2}c_1^2 - \frac{1}{2}c_0^2 + \frac{1}{2}w_2^2 - \frac{1}{2}w_1^2 - \frac{u_2^2 - u_1^2}{2} + \frac{1}{2}c_0^2 - \frac{1}{2}c_2^2$$

$$\Delta h_u = \frac{1}{2}\left(c_1^2 - c_2^2 + w_2^2 - w_1^2 - u_2^2 + u_1^2\right) \; . \tag{3.29}$$

Dies ist die Turbinenhauptgleichung und ist identisch der Eulerschen Momentengleichung Gl. (2.86) und Durchflussgleichung Gl. (2.89) Sie gilt generell für axiale, konische und radiale Maschinen.

Aus Gl. (2.86) und ist erkennbar, dass die Umfangsarbeit Δh_u von der Differenz $(u_1 c_{u1} - u_2 c_{u2})$ abhängig ist. Für Axialturbinen ist $u_1 = u_2 = u$ und die Umfangsarbeit der Stufe ergibt sich zu:

$$\Delta h_u = u(c_{u1} - c_{u2}) = u\,\Delta c_u = u\,\Delta w_u \qquad \text{mit} \qquad (3.30)$$

$$\Delta w_u = w_{u1} - w_{u2} = \Delta c_u = c_{u1} - c_{u2} \qquad (3.31)$$

Die Differenz der Relativgeschwindigkeit w in Umfangsrichtung u vom Eintritt 1 (w_{u1}) zum Austritt 2 (w_{u2}) wird als Umlenkung der Strömung im Laufrad bezeichnet und wird durch die Konstruktion der Laufradbeschaufelung festgelegt. Für eine Stufe ist der Betrag der Umlenkung im Laufrad Δw_u identisch dem Betrag der Umlenkung im Leitrad Δc_u. Die Umlenkung der Laufradströmung Δw_u ist im Impuls- bzw. Geschwindigkeitsdreieck als Strecke darstellbar. Die Umlenkung der Relativströmung im Laufrad vom Eintritt 1 zum Austritt 2 erfolgt in Turbinenstufen immer entgegen der Umfangsrichtung u, und es entsteht dabei eine Umfangskraft F_u an der Laufradbeschaufelung, die in Umfangsrichtung u gerichtet ist und somit das Drehmoment $M_u = M$ an der Welle erzeugt. Abb. 3.16 zeigt für eine Turbinenstufe den Schaufelplan und das Impulsdreieck.

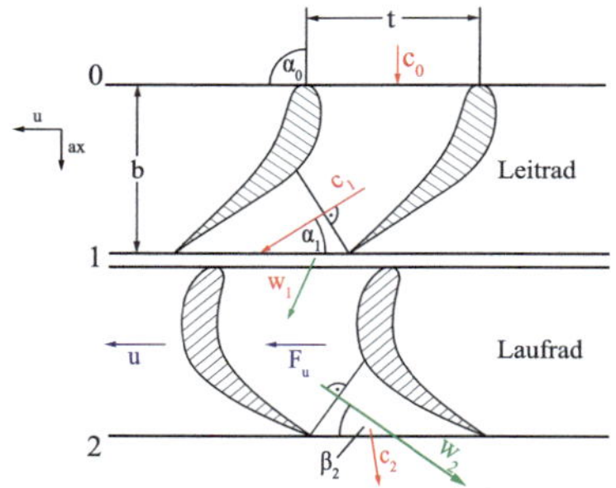 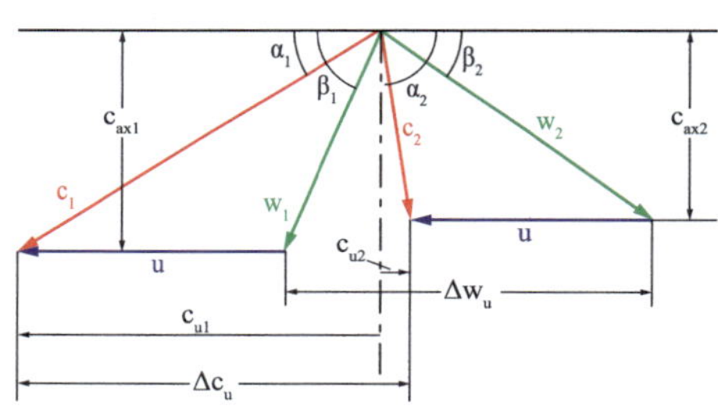

a) Schaufelplan

b) Geschwindigkeits - bzw. Impulsdreieck

Ebene 0	Eintritt Leitrad		$\vec{c} = \vec{u} + \vec{w}$
Ebene 1	Eintritt Laufrad	$\vec{c}$	Absolutgeschwindigkeit
Ebene 2	Austritt Laufrad	$\vec{u}$	Umfangsgeschwindigkeit
ax	Axialrichtung	$\vec{w}$	Relativgeschwindigkeit
u	Umfangsrrichtung	Δw_u	Umlenkung im Laufrad
$\vec{F}_u$	Umfangskraft	Δc_u	Umlenkung im Leitrad

Abb. 3.16 Schaufelplan und Impulsdreieck einer Turbinenstufe

Hauptabmessungen der Stufe Für die mittleren Durchmesser $D_{1,2}$ gilt mit den Umfangsgeschwindigkeiten $u_{1,2}$ und der Drehzahl n

$$D_1 = \frac{u_1}{\pi n} \quad \text{und} \quad D_2 = \frac{u_2}{\pi n} \, . \tag{3.32}$$

Die Schaufellängen $l_{1,2}$ (siehe Abb. 3.15a) ergeben sich aus der Kontinuitätsgleichung bzw. der daraus abgeleiteten Gl. (2.83) mit dem Massenstrom $\dot{m}$

$$l_1 = \frac{\dot{m} v_1}{\pi D_1 c_{1m} \tau_1 \varepsilon} \quad \text{und} \quad l_2 = \frac{\dot{m} v_2}{\pi D_2 c_{1m} \tau_2 \varepsilon} \tag{3.33}$$

Die spezifischen Volumen $v_{1,2}$ werden aus dem h-s-Diagramm abgelesen oder nach der Gleichung des idealen Dampfes (2.29) berechnet. Der Beaufschlagungsgrad ε (Gl. (2.110)) ist gewöhnlich gleich 1 (Vollbeaufschlagung) zu setzen, bei Kleinturbinen und in den Regelstufen größerer Turbinen kann ε jedoch Werte unter 1 annehmen. Die Verengungsfaktoren $\tau_{1,2}$ berücksichtigen Minderungen der ringförmigen Querschnitte durch Versperrungen bzw. Grenzschichten der Schaufelprofile und Totwasserzonen, sie können etwa zu $\tau_1 = \tau_2 = 0{,}85 \div 0{,}95$ geschätzt werden.

Wirkungsgrade Die Umfangsarbeit Δh_u enthält nur die in den Gitterwirkungsgraden η_{Le} und η_{La} berücksichtigten Verluste (siehe auch Abschn. 3.3.8). Δh_u wird deshalb allein von der aerodynamischen Qualität der Schaufelung beeinflusst. Zur Beurteilung der aerodynamischen Güte einer Turbinenstufe werden folgende Wirkungsgrade gebildet:

$$\eta_{u,s} = \frac{\Delta h_u}{\Delta h_s} \qquad \text{Umfangswirkungsgrad} \tag{3.34}$$

$$\eta_{i,s} = \frac{\Delta h_i}{\Delta h_s} \qquad \text{innere Wirkungsgrad} \tag{3.35}$$

$$\eta_{i,pol} = \frac{\Delta h_i}{\Delta h_{pol}} \qquad \text{polytrope Wirkungsgrad} \tag{3.36}$$

Die Abb. 3.17 zeigt den Entspannungsvorgang im h, s- und T, s- Diagramm und die damit berechenbaren Wirkungsgrade $\eta_{i,s}$ und $\eta_{i,pol}$.

Mit Gl. (2.25) gilt für den polytropen Wirkungsgrad $\eta_{i,pol}$:

$$\eta_{i,pol} = \frac{\kappa}{\kappa - 1} \cdot \frac{n - 1}{n} \, , \tag{3.37}$$

und für den Polytropenexponent n ergibt sich damit:

$$n = \frac{\kappa}{\kappa - \eta_{i,pol}(\kappa - 1)} \tag{3.38}$$

Für eine polytrope Zustandsänderung lässt sich der Polytropenexponent n mit Gl. (2.28) auch ermitteln zu:

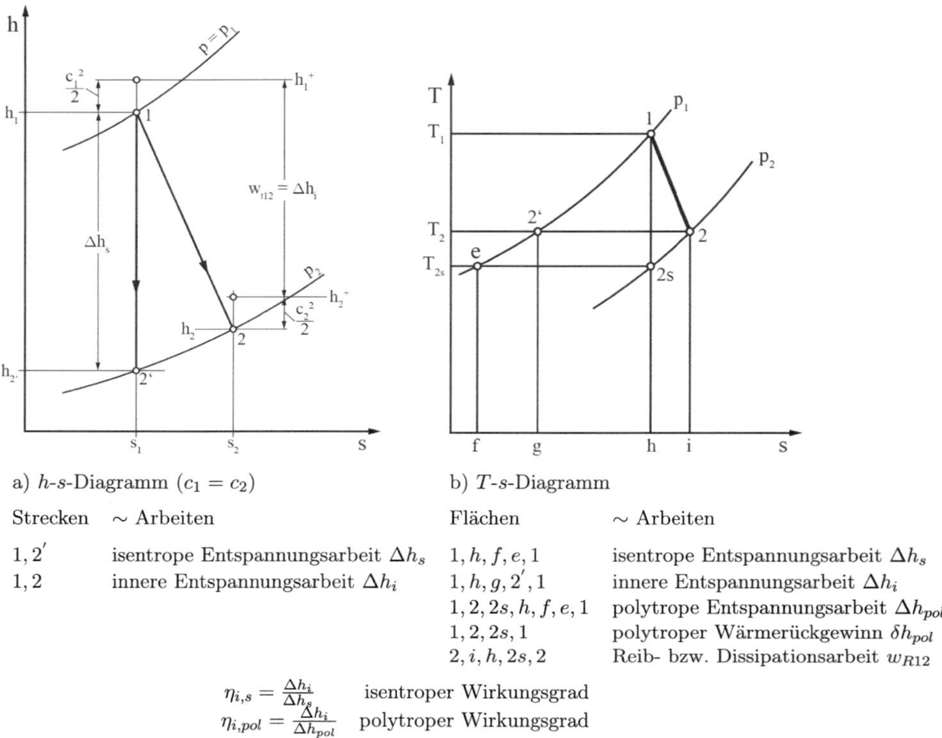

a) h-s-Diagramm ($c_1 = c_2$)　　　　　　　　b) T-s-Diagramm

Strecken　～ Arbeiten　　　　　　　　　　Flächen　　　　　～ Arbeiten

$1, 2'$	isentrope Entspannungsarbeit Δh_s	$1, h, f, e, 1$	isentrope Entspannungsarbeit Δh_s
$1, 2$	innere Entspannungsarbeit Δh_i	$1, h, g, 2', 1$	innere Entspannungsarbeit Δh_i
		$1, 2, 2s, h, f, e, 1$	polytrope Entspannungsarbeit Δh_{pol}
		$1, 2, 2s, 1$	polytroper Wärmerückgewinn δh_{pol}
		$2, i, h, 2s, 2$	Reib- bzw. Dissipationsarbeit w_{R12}

$$\eta_{i,s} = \frac{\Delta h_i}{\Delta h_s} \qquad \text{isentroper Wirkungsgrad}$$

$$\eta_{i,pol} = \frac{\Delta h_i}{\Delta h_{pol}} \qquad \text{polytroper Wirkungsgrad}$$

Abb. 3.17 Entspannungsvorgang im h-s- und T-s-Diagramm

$$\frac{n-1}{n} = \frac{\ln \frac{T_2}{T_1}}{\ln \frac{p_2}{p_1}} \tag{3.39}$$

und somit für $\eta_{i,pol}$:

$$\eta_{i,pol} = \frac{\kappa}{\kappa - 1} \cdot \frac{\ln \frac{T_2}{T_1}}{\ln \frac{p_2}{p_1}} \tag{3.40}$$

Aus Abb. 3.17 ist erkennbar, dass sich für den polytropen Wärmerückgewinn δh_{pol} ergibt:

$$\Delta h_{pol} = \Delta h_s + \underbrace{\delta h_{pol}}_{polytrope\,Wärmerückgewinn} \quad , \text{oder} \tag{3.41}$$

$$\delta h_{pol} = \Delta h_{pol} - \Delta h_s \tag{3.42}$$

Außerdem ist erkennbar, dass mit der Reibarbeit w_{R12} (polytrope Zustandsänderung von 1 nach 2) gilt:

$$\Delta h_{pol} - w_{R12} = \Delta h_i + \delta h_{pol} \quad , \text{oder}$$

$$\Delta h_s = \Delta h_i + w_{R12} \tag{3.43}$$

Der Umfangswirkungsgrad charakterisiert den Ort der Energieumsetzung im Mittelschnitt einer Stufe bezogen auf das isentrope Stufengefälle. Im Gegensatz zum inneren Wirkungsgrad $\eta_{i,s}$, der die thermodynamische Zustandsänderung innerhalb der Stufe charakterisiert, sind die zusätzlichen Verluste $h_{v,zusatz}$ wie Spaltverluste, Radreibungs- und Ventilationsverluste nicht enthalten. Es gilt für gleiche Zu- und Abströmgeschwindigkeiten der Stufe ($c_0 \approx c_2$):

$$\Delta h_u = \Delta h_i + h_{v,zusatz} \qquad : \text{Turbinen} \tag{3.44}$$

$$\Delta h_u = \Delta h_i - h_{v,zusatz} \qquad : \text{Verdichter} \tag{3.45}$$

Der polytrope Wirkungsgrad $\eta_{i,pol}$ wird für die Auslegung von mehrstufigen Turbinen verwendet und bezieht die innere Arbeit Δh_i auf die polytrope Expansionsarbeit Δh_{pol} anstatt auf die isentrope Expansionsarbeit Δh_s (siehe Abschn. 3.4.1).

3.3.3 Kenngrößen von Turbinenstufen

Zur Bildung der Kennzahlen werden die innerhalb der Stufe veränderlichen Größen auf den Laufradaustritt bezogen. In die Definitionsgleichungen (Abschn. 2.6.5) werden also das spezifische Volumen v_2, der mittlere Durchmesser D_2 und die Umfangsgeschwindigkeit u_2 eingesetzt.

Kennzahlen Die Durchflusszahl φ beträgt nach Gl. (2.119)

$$\varphi_{ax} \quad = \frac{4\dot{m}v_2}{\pi u_2 D_2^2} = \frac{4\dot{m}v_2}{\pi^2 n D_2^3} \tag{3.46}$$

$$\varphi_{ax} = \frac{c_{ax}}{u} = \frac{\dot{V}}{A_{ax} \cdot u} = \frac{\dot{m}}{\rho_m \pi D_m l \tau \cdot u} \tag{3.47}$$

Im Dampfturbinenbereich wird φ nach Gl. (3.47) auch als Volumenstromkennzahl bezeichnet und stellt ein Maß für das Schluckvolumen der Turbinenstufe dar. Im Verdichterbereich wird φ_{ax} als Lieferzahl bezeichnet, siehe Gl. (6.28). φ_{ax} wird in den Kontrollebenen 1 und 2 berechnet. Typische Werte von φ_{ax} sind (für gleiche Leitradabströmungswinkel α_1):

$$\mathbf{r} = 0 : \quad 0{,}6 < \varphi_{ax,2} < 0{,}8 \tag{3.48}$$

$$\mathbf{r} = 0{,}5 : \quad 0{,}35 < \varphi_{ax,2} < 0{,}55 \tag{3.49}$$

Für die Druckzahl ψ gilt mit dem isentropen Enthalpiegefälle Δh_s nach Gl. (2.117)

$$\psi = \frac{2\Delta h_s}{u_2^2} = \frac{2\Delta h_s}{\pi^2 n^2 D_2^2} . \tag{3.50}$$

Bei Turbinen wird auch anstatt der Druckzahl ψ die Gefällekennzahl μ_p als Maß für die umgesetzte Energie mit dem Stufengefälle Δh_{pol} verwendet:

$$\mu_p = \frac{\Delta h_{pol,St}}{u^2} \tag{3.51}$$

$$\mathbf{r} = 0 : \quad \mu_{p\,opt} \approx 2{,}0 \tag{3.52}$$

$$\mathbf{r} = 0{,}5 : \quad \mu_{p\,opt} \approx 1{,}08 \tag{3.53}$$

$$\mathbf{r} = 0 : \quad \mu_{p\,Regelstufe} : 2{,}3...2{,}4 \tag{3.54}$$

$$\mathbf{r} = 0{,}5 : \quad \mu_{p\,wirtschaftl.} : 1{,}3...1{,}4 \tag{3.55}$$

Die übrigen Kennzahlen, insbesondere die Laufzahl bzw. Schnelllaufzahl ν, die Schluckzahl μ und die Leistungszahl λ_u lassen sich nach Abschn. 2.6.5 hieraus ableiten

$$\nu = \frac{u_2}{c_\Delta} = \frac{u_2}{c_1} = \frac{u_2}{\sqrt{2\Delta h_s}} = \frac{1}{\sqrt{\psi}} ; \quad \mu = \nu\varphi ; \quad \lambda_u = \varphi\psi\eta_{u,s} . \tag{3.56}$$

Weitere Kenngrößen sind das Schaufellängenverhälnis λ als das Verhältnis der Schaufellänge l zum mittleren Durchmesser D ($\lambda = \frac{l}{D}$), die Abströmwinkel aus dem Leitrad α_1 und Laufrad β_2 und nicht zuletzt der Reaktionsgrad $\mathbf{r}$.

Die Kennzahlen ermöglichen eine Verhältnisdarstellung zur Beschreibung von geometrisch gleichen Stufen. Solange keine großen Änderungen in der Re-Zahl und Ma-Zahl auftreten, haben geometrisch gleiche Stufen gleiche Kennzahlen und es gilt:

$$\varphi_{ax} = \frac{c_{ax,Auslegung}}{u_{Auslegung}} = \frac{c_{ax}}{u} \tag{3.57}$$

Reaktionsgrad Um den Einfluss $\mathbf{r}$ zu untersuchen, zeigt Abb. 3.18 vier axiale Turbinenstufen unterschiedlichen Reaktionsgrades mit Geschwindigkeitsplänen, Schaufelungsschnitten und Entspannungskurven im h-s-Diagramm. In allen Fällen wurde der gleiche Volumenstrom und die gleiche Umfangsgeschwindigkeit angenommen und senkrechte Abströmung der Absolutgeschwindigkeit c_2 aus dem Laufrad vorausgesetzt. Unter diesen Bedingungen ergibt sich immer das gleiche Austrittsdreieck, während die Eintrittsdreiecke sehr unterschiedlich ausfallen.

Reine Gleichdruckstufe. Mit dem Reaktionsgrad $\mathbf{r} = 0$ hat das isentrope Stufengefälle Δh_s den größten Wert. Da es allein in den Leitschaufeln verarbeitet wird ($\Delta h_s = \Delta h_{s,Le}$), entsteht eine hohe Austrittsgeschwindigkeit c_1 aus dem Leitrad. Die Leitschaufeln bilden Kanäle mit starker Querschnittsabnahme. Die Umlenkungswirkung der Leit- und der Laufschaufeln ist groß, die Strömungsverluste sind entsprechend hoch. Die Austrittsgeschwindigkeit aus dem Leitrad entspricht der Absolutströmung der Eintrittsgeschwindigkeit ins Laufrad. Das isentrope Stufengefälle Δh_s einer Gleichdruckstufe ist ca. doppelt so groß wie das einer Überdruckstufe mit $\mathbf{r} = 0{,}5$. Dadurch ist die Stufenanzahl für eine Turbine mit $\mathbf{r} = 0$ halb so groß wie die einer Überdruckturbine mit $\mathbf{r} = 0{,}5$. Aufgrund der starken

Belastung der Leitgitter bzw. der Zwischenböden ist die axiale Stufenbreite und somit die Baulänge der Gleichdruckstufe ca. doppelt so groß wie bei der Überdruckstufe.

Klassische Überdruckstufe. Mit $\mathbf{r} = 0{,}5$ hat die Austrittsgeschwindigkeit c_1 nur noch den halben Wert wie bei der Gleichdruckstufe. Die Geschwindigkeitsdreiecke und ebenso die Profile der Leit- und Laufschaufeln werden spiegelbildlich gleich. Das isentrope Stufengefälle Δh_s ist halb so groß wie das einer Gleichdruckstufe, was für eine Überdruckturbine eine doppelte Stufenanzahl zur Folge hat. Die größere Stufenanzahl der Überdruckturbine führt jedoch praktisch nicht zu einer größeren Baulänge als bei einer Gleichdruckturbine.

Starke Reaktion Mit $\mathbf{r} = 0{,}75$ ergeben sich schlanke nur schwach gekrümmte Laufschaufeln mit verhältnismäßig großer Teilung. Obgleich Schaufeln dieser Form strömungsgünstig sind, wird der Wirkungsgrad der Stufe $\eta_{u,s}$ (Gl. (3.34)) nicht größer als bei $\mathbf{r} = 0{,}5$.

Anwendung Im Dampfturbinenbau werden fast ausschließlich Überdruckstufen mit $\mathbf{r} = 0{,}5$ und die Gleichdruckstufen mit $\mathbf{r} \approx 0$ angewendet. Letztere aber nicht mit dem Reaktionsgrad null. Der Reaktionsgrad einer Stufe ist nämlich über die radiale Erstreckung der Schaufeln hin veränderlich (Abschn. 3.3.5), und beim Reaktionsgrad null im Mittelschnitt entsteht am Schaufelfuß eine negative Reaktion $\mathbf{r} < 0$ verbunden mit einem ungünstigen Druckanstieg in den Laufschaufeln. Deshalb werden auch in den Gleichdruckstufen der Kammerturbinen im Mittelschnitt Reaktionsgrade von $\mathbf{r} = 0{,}05 \div 0{,}25$ je nach der Schaufellänge vorgesehen.

Wirkungsgrade In Abb. 3.18b sind die Wirkungsgrade $\eta_{u,s}$ der vier Stufen über der Laufzahl ν aufgetragen. Tendenziell zeigen die Kurven, dass bei drallfreier und somit axialer Abströmung (markierte Punkte durch $\circ$) beim maximalen Wirkungsgrad liegt. Die Laufzahl ν sollte daher nahe bei diesem günstigsten Wert liegen, und daraus ergeben sich die Lauf- und Druckzahlbereiche in Abb. 3.18c.

Abschätzung der Durchflusszahl φ Aus Gl. (3.46)

$$\varphi = \frac{4\dot{m}v_2}{\pi u_2 D_2^2} \qquad \text{folgt mit} \qquad \dot{m}v_2 = \pi D_2 l_2 c_{2m} \tau_2 \varepsilon$$

$$\varphi = 4\frac{l_2}{D_2}\frac{c_{2m}}{u_2}\tau_2\varepsilon.$$

Da die Volumenströme in Dampfturbinenstufen sehr unterschiedlich sein können, sollten die Durchflusszahlen einen großen Bereich überdecken. Bei der Schaufellänge sind die Grenzen durch das Schaufellängenverhältnis $\lambda = \frac{l_2}{D_2} = 0{,}02 \div 0{,}4$ gegeben. Unter der Voraussetzung axialer Abströmung ist $\frac{c_{2m}}{u_2} = \tan(180° - \beta_2)$, und für β_2 kann der Bereich $\beta_2 = 165° \div 135°$ angenommen werden. Damit und mit $\tau = 0{,}9 \div 0{,}95$, $\varepsilon = 1$ ergibt sich für vollbeaufschlagte Stufen

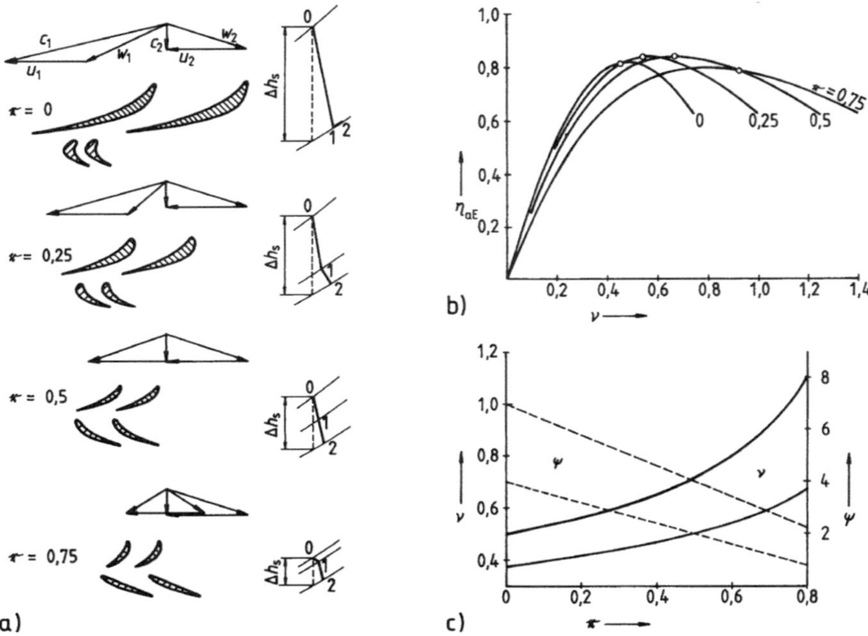

a) Schaufelschnitte, Geschwindigkeitspläne bei senkrechtem Austritt und Expansionslinien im h-s-Diagramm

b) Wirkungsgrade η_u in Abhängigkeit von der Schnelllaufzahl ν

c) Schnelllaufzahl ν und Druckzahl ψ in Abhängigkeit vom Reaktionsgrad r

Abb. 3.18 Turbinenstufen mit unterschiedlichem Reaktionsgrad r

$$\varphi = 4(0{,}02 \div 0{,}4)(\tan 15° - \tan 45°)(0{,}9 \div 0{,}95)$$
$$\varphi = 0{,}02 \div 1{,}52\,.$$

Dieser Bereich kann bei kleiner Reaktion noch nach unten durch Teilbeaufschlagung $\varepsilon < 1$ erweitert werden. Sind die Volumenströme so groß, dass sie auch mit den höchsten Durchflusszahlen nicht durchgesetzt werden können, so müssen Stufen in mehrflutiger Anordnung parallel geschaltet werden (siehe Abschn. 2.6.6).

Zur besseren Übersicht sind die Kennzahlen für Kammer- und Trommelstufen in Tab. 3.3 zusammengefasst.

Tab. 3.3 Kenngrößen axialer Dampfturbinenstufen

	r	ν	ψ	φ	$\lambda = \dfrac{l_2}{D_2}$	α_1	β_2
Kammerstufen	0,05	0,38	7	0	0,02	12°	165°
	0,2	0,5	4	1,52	0,4	30°	135°
Trommelstufen	0,5	0,5	4	0,02	0,02	15°	165°
		0,71	2	1,52	0,4	45°	135°

Beispiel 3.1 *Es soll je eine Kammer- und eine Trommelstufe ausgelegt werden. Für beide Fälle ist gegeben:*

$$p_0 = 2{,}5\,MPa;\ t_0 = 400\,°C;\quad c_0 = 100\,\frac{m}{s};\quad u_1 = u_2 = 300\,\frac{m}{s};\quad n = 50\,\frac{1}{s};\quad \dot{m} = 120\,\frac{kg}{s}.$$

Diese Daten sind aus der Auslegung der Turbine als Ganzes bzw. der Berechnung der vorangehenden Stufe bekannt. Gesucht sind die Zustände am Stufenende, die Geschwindigkeitspläne, die Leistung und der Wirkungsgrad sowie die Hauptabmessungen der Stufen.

Lösung 3.1 *Mit dem Mollier-h-s-Programm (Abschn. 2.1.3), hilfsweise mit den Gleichungen des idealen Dampfes (Gl. 2.25 bis 2.33) findet man:*

$$v_0 = 0{,}1201\,\frac{m^3}{kg};\quad h_0 = 3239{,}96\,\frac{kJ}{kg};\quad s_0 = 7{,}0168\,\frac{kJ}{kg\,K};\quad \kappa = 1{,}2866.$$

Damit ergibt sich die Berechnung der beiden Turbinenstufen, siehe Tab. 3.4 und Abb. 3.19.

3.3.4 Curtis-Stufen

Eine Stufe nach dem Curtis-Prinzip (Abschn. 3.1) ist eine fast immer teilbeaufschlagte Gleichdruckstufe, die zur Verarbeitung großer Enthalpiegefälle bei sparsamem Bauaufwand geeignet ist, aber einen kleinen Wirkungsgrad hat.

Arbeitsprinzip Aus dem Druckverlauf (Abb. 3.20) ist zu entnehmen, dass das gesamte Enthalpiegefälle in der Leitschaufelung in Geschwindigkeitsenergie umgesetzt wird. Da die Curtis-Stufe große Enthalpiegefälle verarbeitet, wird die Schallgeschwindigkeit in der Regel überschritten, und die Leitschaufelkanäle sind erweiterte Laval-Düsen.

Tab. 3.4 Zu Beispiel 3.1

		Kammerstufe	Trommelstufe			
r	1	0,1	0,5	gewählt nach Tab. 3.3		
ψ	1	6	3,6	"		
α_1	°	15	20	"		
β_2	°	160	160	"		
Δh_s	kJ/kg	270	162	$\Delta h_s = \psi \frac{u_2^2}{2}$		(3.50)
$\Delta h_{s,Le}$	kJ/kg	243	81	$\Delta h_{s,Le} = (1-\mathbf{r})\Delta h_s$		(3.7)
$\Delta h_{s,La}$	kJ/kg	27	81	$\Delta h_{s,La} = \mathbf{r}\Delta h_s$		(3.7)
h_1	kJ/kg	2969,96	3158,96	Mollier-Programm	oder	(3.18)
p_1	MPa	1,02305	1,89266	Mollier-Programm	oder	(2.25)
v_1	$\frac{m^3}{kg}$	0,2397	0,1499	Mollier-Programm	oder	(2.29)
h_2	kJ/kg	$\approx$2969,96	3077,96	Mollier-Programm	oder	(3.24)
p_2	MPa	0,9151	1,4066	Mollier-Programm	oder	(2.25)
v_2	$\frac{m^3}{kg}$	0,2612	0,1875	Mollier-Programm	oder	(2.29)
η_{Le}	1	0,9	0,9	geschätzt		
c_1	$\frac{m}{s}$	668,13	393,45	$c_1 = \sqrt{\eta_{Le}(2\Delta h_{s,Le} + c_0^2)}$		(3.15)
c_{1m}	$\frac{m}{s}$	172,93	134,57	$c_{1m} = c_1 \sin\alpha_1$		(3.19)
c_{1u}	$\frac{m}{s}$	645,37	369,72	$c_{1u} = c_1 \cos\alpha_1$		(3.19)
w_{1u}	$\frac{m}{s}$	345,37	69,72	$w_{1u} = c_{1u} - u$		(3.19)
w_1	$\frac{m}{s}$	386,24	151,56	$w_1 = \sqrt{c_{1m}^2 + w_{1u}^2}$		(3.19)
β_1	°	26,6	62,6	$\beta_1 = \arctan\frac{c_{1m}}{w_{1u}}$		(3.19)
η_{La}	1	0,8	0,9	geschätzt		
w_2	$\frac{m}{s}$	403,17	408,01	$w_2 = \sqrt{\eta_{La}(2\Delta h_{s,La} + w_1^2)}$		(3.23)
w_{2m}	$\frac{m}{s}$	137,89	139,55	$w_{2m} = w_2 \sin\beta_2$		(3.25)
w_{2u}	$\frac{m}{s}$	-378,86	-383,40	$w_{2u} = w_2 \cos\beta_2$		(3.25)
c_{2u}	$\frac{m}{s}$	-78,86	-83,40	$c_{2u} = w_{2u} + u$		(3.25)
c_2	$\frac{m}{s}$	158,85	162,57	$c_2 = \sqrt{w_{2m}^2 + c_{2u}^2}$		(3.25)
α_2	°	119,8	120,9	$\alpha_2 = 180° + \arctan\frac{w_{2m}}{c_{2u}}$		
D	m	1,91	1,91	$D = D_1 = D_2 = \frac{u}{\pi n}$		(3.32)
τ_1	1	0,9	0,92	geschätzt		
l_1	m	0,0308	0,0242	$l_1 = \frac{\dot{m}v_1}{\pi D c_{1m}\tau_1}$		(3.33)
τ_2	1	0,92	0,92	geschätzt		
l_2	m	0,0412	0,029	$l_2 = \frac{\dot{m}v_2}{\pi D w_{2m}\tau_2}$		(3.33)
Δh_u	kJ/kg	217,27	135,94	$\Delta h_u = u(c_{1u}-c_{2u}) = u(w_{1u}-w_{2u})$		(2.87)
P	kW	26064	16312	$P = P_u = \dot{m}\Delta h_u$		(2.85)
η_u	1	0,828	0,884	$\eta_u = \frac{\Delta h_u}{\Delta h_s + \frac{1}{2}(c_0^2 - c_2^2)}$		(3.34)

Abb. 3.19 Geschwindigkeitspläne und Expansionslinien zu Beispiel 3.1

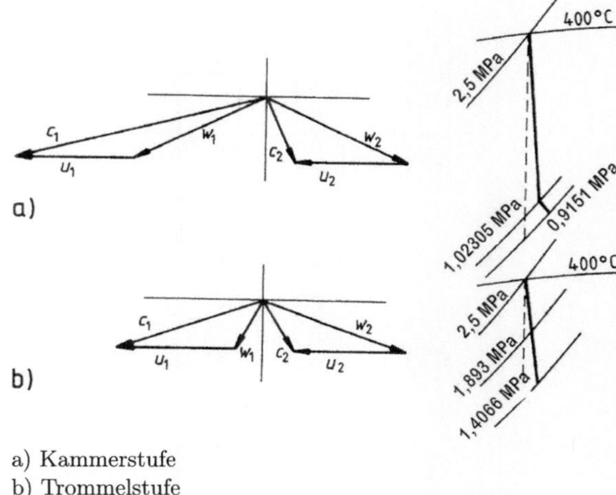

a) Kammerstufe
b) Trommelstufe

Würde die hohe Geschwindigkeitsenergie des Dampfes in einer gewöhnlichen Gleichdruckstufe ausgenutzt, so ergäbe sich bei einer günstigen Laufzahl eine hohe, aus Festigkeitsgründen nicht ausführbare Umfangsgeschwindigkeit. Daher wird eine kleinere Laufzahl gewählt, was eine große Geschwindigkeit c_{21} zur Folge hat. Der Dampf verlässt also den ersten Laufschaufelkranz mit hoher kinetischer Energie. Zu deren Ausnutzung ist der zweite Laufschaufelkranz vorgesehen. Bevor der Dampf in ihn eintritt, wird er aber im Umlenkgitter in eine geeignete Richtung gebracht, seine Geschwindigkeit erhält also eine positive Umfangskomponente. Beide Laufgitter und auch das Umlenkgitter sind Gleichdruckgitter.

Das beschriebene Verfahren der Energieumsetzung nennt man auch Geschwindigkeitsstufung. Das darf aber nicht zu einer Verwechslung mit der Druckstufung einer mehrstufigen Maschine führen. Im Sinne der Druckstufung ist die gesamte Curtis-Anordnung eine einzige Stufe.

Berechnung Im Gegensatz zur Prinzipskizze (Abb. 3.20a) erhalten praktisch ausgeführte Curtis-Stufen ebenso wie normale Gleichdruckstufen eine schwache Reaktion (Abb. 3.20c). Das gesamte Enthalpiegefälle der Curtisstufe mit $\Delta h_{s,St} = H_{s,St}$ verteilt sich dann auf die vier Schaufelgitter folgendermaßen:

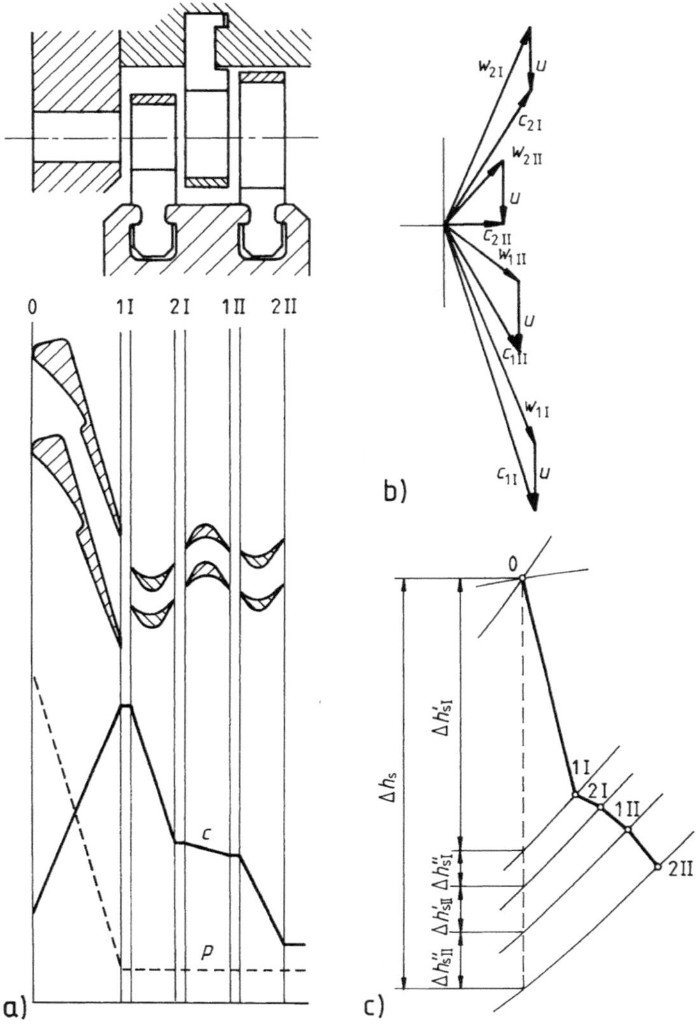

a) Schaufeln mit Druck- und Geschwindigkeitsverlauf

b) Geschwindigkeitsplan

c) h-s-Diagramm bei Reaktion

Abb. 3.20 Zweikränzige Curtis-Stufe

Leitgitter: $\quad \Delta h_{s,LeI} = (1 - \mathbf{r})H_{s,St}$ $\qquad$ 1. Umlenkgitter: $\quad \Delta h_{s,LeII} = \mathbf{r_2}H_{s,St}$

$$\mathbf{r} = \mathbf{r_1} + \mathbf{r_2} + \mathbf{r_3}$$

1. Laufgitter: $\quad \Delta h_{s,LaI} = \mathbf{r_1}H_{s,St}$ $\qquad$ 2. Laufgitter: $\qquad \Delta h_{s,LaII} = \mathbf{r_3}H_{s,St}.$

Nach Gl. (3.16), die unverändert gültig bleibt, da im Leitgitter ja noch kein Unterschied zur einfachen Stufe besteht, ist

$$c_{1I} = \sqrt{\eta_{Le}\left[(1 - \mathbf{r})2H_{s,St} + c_0^2\right]}$$

Analog zu Gl. (3.23) hier mit $\mathbf{r_1}$ anstatt $\mathbf{r}$ wird

$$w_{2I} = \sqrt{\eta_{La}\left(\mathbf{r_1}2H_{s,St} + w_{1I}^2 - u_{1I}^2 + u_{2I}^2\right)}$$

Sinngemäß sind auch die anderen Gleichungen des Abschn. 3.3.2 abzuwandeln, wie es das folgende Beispiel 3.2 zeigt. Tab. 3.5 zeigt Kenngrößen von Curtis-Stufen.

Beispiel 3.2 *Eine Kleinturbine in Curtis-Bauart soll berechnet werden. Gegeben ist:*

Frischdampfzustand	*12 MPa, 500 °C*
Gegendruck	*2,4 MPa*
Kupplungsleistung	*1200 kW*
Drehzahl	*150 1/s.*

Lösung 3.2 *Die Druckverluste in den Einströmorganen der Turbine werden auf 1 MPa geschätzt, so dass unmittelbar vor den Düsen ein Druck von 11 MPa angenommen wird. Mit dem Mollier-h-s-Programm wird damit ein isentropes Enthalpiegefälle $\Delta h_s = H_{s,St} = 416{,}55\frac{kJ}{kg}$ ermittelt. Mit einem geschätzten Kupplungswirkungsgrad $\eta_K = 0{,}65$ ergibt sich damit der erforderliche Massenstrom*

$$\dot{m} = \frac{P_K}{\Delta h_s \eta_K} = \frac{1200\,kW}{416{,}55\,\frac{kJ}{kg} \cdot 0{,}65} = 4{,}43\,\frac{kg}{s}.$$

Zur Aufteilung des Enthalpiegefälles auf die vier Schaufelkränze der Maschine werden gewählt

Tab. 3.5 Kenngrößen von Curtis-Stufen

	r	ν	ψ	α_{1I}	β_{2I}	α_{1II}	β_{2II}
Curtis-Stufen	0,05	0,2	24	16°	158°	29°	142°
(zweikränzig)	0,15	0,25	16	18°	156°	32°	135°

$$\mathbf{r_1} = 0; \quad \mathbf{r_2} = 0,02; \quad \mathbf{r_3} = 0,04,$$

$$so\,dass \quad \Delta h_{s,LeI} = (1 - \mathbf{r})H_{s,St} = 0,94 \cdot 416,55 \,\frac{kJ}{kg} = 391,56 \,\frac{kJ}{kg}$$

$$\Delta h_{s,LaI} = \mathbf{r_1}H_{s,St} = 0$$

$$\Delta h_{s,LeII} = \mathbf{r_2}H_{s,St} = 0,02 \cdot 416,55 \,\frac{kJ}{kg} = 8,33 \,\frac{kJ}{kg}$$

$$\Delta h_{s,LaII} = \mathbf{r_3}H_{s,St} = 0,04 \cdot 416,55 \,\frac{kJ}{kg} = 16,66 \,\frac{kJ}{kg}$$

Damit ergeben sich die Drücke mit dem Mollier-h-s-Programm oder mit dem h,s-Diagramm:

$$p_{1I} = p_{2I} = 2,67\,MPa; \quad p_{1II} = 2,58\,MPa.$$

In Anlehnung an Tab. 3.5 wird $\nu = 0,22$ gewählt, und daraus

$$u = \nu\sqrt{2H_{s,St}} = 0,22\sqrt{2 \cdot 416,55 \cdot 10^3 \,\frac{J}{kg}} = 201 \,\frac{m}{s}.$$

Für die Berechnung der Geschwindigkeitsdreiecke (Tab. 3.6) wurde eine rein axiale Strömung mit $u_{1I} = u_{2I} = u_{1II} = u_{2II}$ vorausgesetzt und die Zuströmgeschwindigkeit c_0 vernachlässigt.

Mit den abgewandelten Gl. (3.18) und (3.24) lassen sich jetzt die Enthalpien und die spezifischen Volumen berechnen

$$h_0 = 3349,97 \,\frac{kJ}{kg}$$

$$h_{1I} = h_0 - \frac{c_{1I}^2 - c_0^2}{2} = 3012,95 \,\frac{kJ}{kg}; \quad v_{1I} = 0,0929 \,\frac{m^3}{kg}$$

$$h_{2I} = h_{1I} - \frac{w_{2I}^2 - w_{1I}^2}{2} = 3058,50 \,\frac{kJ}{kg}; \quad v_{2I} = 0,0968 \,\frac{m^3}{kg}$$

$$h_{1II} = h_{2I} - \frac{c_{1II}^2 - c_{2I}^2}{2} = 3065,78 \,\frac{kJ}{kg}; \quad v_{1II} = 0,1009 \,\frac{m^3}{kg}$$

$$h_{2II} = h_{1II} - \frac{w_{2II}^2 - w_{1II}^2}{2} = 3055,50 \,\frac{kJ}{kg}; \quad v_{2II} = 0,1075 \,\frac{m^3}{kg}$$

Tab. 3.6 Berechnung der Geschwindigkeitsdreiecke (Beispiel 3.2)

		I	II	
α_1	°	16	30	gewählt nach Tab. 3.5
η_{Le}	1	0,86	0,8	geschätzt
c_1	m/s	821		$c_{1I} = \sqrt{\eta_{Le}\left[(1-\mathbf{r})2H_{s,St} + c_0^2\right]}$
			354	$c_{1II} = \sqrt{\eta_{Le}\left[\mathbf{r}_2 2H_{s,St} + c_{2I}^2\right]}$
c_{1m}	m/s	226	177	$c_{1m} = c_1 \sin\alpha_1$
c_{1u}	m/s	789	306	$c_{1u} = c_1 \cos\alpha_1$
w_{1u}	m/s	588	105	$w_{1u} = c_{1u} - u$
w_1	m/s	630	206	$w_1 = \sqrt{c_{1m}^2 + c_{1u}^2}$
β_1	°	21,0	59,3	$Ž\beta_1 = \arctan\frac{c_{1m}}{w_{1u}}$
β_2	°	158	140	gewählt nach Tab. 3.5
η_{La}	1	0,77	0,83	geschätzt
w_2	m/s	553		$w_{2I} = \sqrt{\eta_{La}[\mathbf{r}_1 2H_{s,St} + w_{1I}^2]}$
			251	$w_{2II} = \sqrt{\eta_{La}[\mathbf{r}_3 2H_{s,St} + w_{1II}^2]}$
w_{2m}	m/s	207	161	$w_{2m} = w_2 \sin\beta_2$
w_{2u}	m/s	−513	−192	$w_{2u} = w_2 \cos\beta_2$
c_{2u}	m/s	−312	9	$c_{2u} = w_{2u} + u$
c_2	m/s	374	161	$c_2 = \sqrt{w_{2m}^2 + c_{2u}^2}$
α_2	°	146,4	86,8	$\alpha_2 = 180° + \arctan\frac{w_{2m}}{c_{2u}}$

Zur Festlegung der Hauptabmessungen wird zunächst der mittlere Durchmesser D der Curtis-Stufe berechnet:

$$D = \frac{u}{\pi n} = \frac{201\,\frac{m}{s}}{\pi \cdot 150\,\frac{1}{s}} = 0{,}427\,m.$$

Bei voller Beaufschlagung ergäbe sich eine Schaufellänge $l_{1I} = 1{,}5\,mm$. Um eine so kleine Schaufelhöhe zu vermeiden, die hohe Randverluste zur Folge hätte, wird die Turbine teilbeaufschlagt, und zur Festlegung des Beaufschlagungsgrades eine Schaufelhöhe von $l_{1I} = 12\,mm$ vorgeschrieben. Damit wird

$$\varepsilon = \frac{\dot{m}v_{1I}}{\pi D l_{1I} c_{1mI} \tau_{1I}} = \frac{4{,}43\,\frac{kg}{s} \cdot 0{,}0929\,\frac{m^3}{kg}}{\pi \cdot 0{,}427\,m \cdot 0{,}012\,m \cdot 226\,\frac{m}{s} \cdot 0{,}9} = 0{,}1256$$

und die übrigen Schaufellängen

$$l_{2I} = \frac{\dot{m}\,v_{2I}}{\pi\,D\,c_{2mI}\,\tau_{2I}\,\varepsilon} = \frac{4{,}43\,\frac{kg}{s} \cdot 0{,}0968\,\frac{m^3}{kg}}{\pi \cdot 0{,}427\,m \cdot 207\,\frac{m}{s} \cdot 0{,}9 \cdot 0{,}1256} = 0{,}0137\,m$$

$$l_{1II} = \frac{\dot{m}\,v_{1II}}{\pi\,D\,c_{1mII}\,\tau_{1II}\,\varepsilon} = \frac{4{,}43\,\frac{kg}{s} \cdot 0{,}1009\,\frac{m^3}{kg}}{\pi \cdot 0{,}427\,m \cdot 177\,\frac{m}{s} \cdot 0{,}9 \cdot 0{,}1256} = 0{,}0167\,m$$

$$l_{2II} = \frac{\dot{m}\,v_{2II}}{\pi\,D\,c_{2mII}\,\tau_{2II}\,\varepsilon} = \frac{4{,}43\,\frac{kg}{s} \cdot 0{,}1075\,\frac{m^3}{kg}}{\pi \cdot 0{,}427\,m \cdot 161\,\frac{m}{s} \cdot 0{,}9 \cdot 0{,}1256} = 0{,}0194\,m$$

Um die Beschaufelung der Turbine im Meridianschnitt aufzuzeichnen, fehlt noch die axiale Breite der Schaufeln. Sie kann nicht nach strömungstechnischen Gesichtspunkten festgelegt werden. Hier wird zunächst $b = 16$ mm angenommen, was gegebenenfalls nach einer Festigkeitsberechnung noch zu korrigieren ist.

Die Umfangsarbeit bzw. die aerodynamische Stufenarbeit errechnet sich analog zu Gl. (2.87)

$$\Delta h_u = u(c_{1uI} - c_{2uI} + c_{1uII} - c_{2uII}) = 201\,\frac{m}{s}(789 + 312 + 306 - 9)\,\frac{m}{s} = 281{,}00 \cdot 10^3\,\frac{m^2}{s^2}$$

$$\Delta h_u = 281\,\frac{kJ}{kg}$$

und der Umfangswirkungsgrad bzw. der aerodynamische Wirkungsgrad nach Gl. (3.36) mit $c_0 = 0\,\frac{m}{s}$

$$\eta_{u,s} = \frac{\Delta h_u}{H_{s,ST}} = \frac{281{,}00\,\frac{kJ}{kg}}{416{,}55\,\frac{kJ}{kg}} = 0{,}675\,.$$

Er ist etwas größer als der geschätzte Kupplungswirkungsgrad $\eta_K = 0{,}65$, da die Zusatzverluste wie z. B. Spaltverluste, Ventilationsverluste in $\eta_{u,s}$ nicht enthalten sind.

3.3.5 Das radiale Gleichgewicht der Strömung

Bisher wurden im Sinne der eindimensionalen Stromfadentheorie nur die Verhältnisse im Mittelschnitt der Stufe berücksichtigt und die Änderungen der interessierenden Größen mit dem Radius nicht beachtet. Solange die radiale Länge der Schaufeln gering ist, ist das auch zulässig, nicht aber bei langen Schaufeln, z. B. bei den Endstufen der Kondensationsturbinen.

Wie bei der eindimensionalen Theorie (Abschn. 3.3.3) wird wieder eine adiabate stationäre Strömung vorausgesetzt. Die Meridiankomponente der Geschwindigkeit soll über den Radius konstant sein. Das ist zwar zunächst eine willkürliche Annahme, führt aber zu einer besonders einfachen und einleuchtenden Theorie.

Potentialwirbel In keiner der drei Kontrollebenen 0, 1 und 2 (Abb. 3.15a), also im Ringspalt zwischen der Leit- und Laufradbeschaufelung, kann der Strömung keine Energie zugeführt werden, deshalb ist dort die Totalenthalpie $h_t = const$

$$h_t = h + \frac{c^2}{2} = h + \frac{c_m^2 + c_u^2}{2} = \text{const}$$

wobei c_m und c_u die Komponenten der Absolutgeschwindigkeit in Meridian- und Umfangsrichtung sind. Durch Differenzieren nach r entsteht

$$\frac{dh}{dr} + c_m \frac{dc_m}{dr} + c_u \frac{dc_u}{dr} = 0$$

und da voraussetzungsgemäß $c_m = $ konst, also $dc_m = 0$

$$\frac{dh}{dr} = -c_u \frac{dc_u}{dr} \,. \tag{3.58}$$

An einem Fluidelement (Abb. 3.21) mit der Masse $dm = \rho dV = \rho r dr d\varphi dz$ greift in radialer Richtung die Druckkraft $dp r d\varphi dz$ an. Mit der Zentripetalbeschleunigung $r\omega^2 = \frac{c_u^2}{r}$ lautet damit die Gleichgewichtsbedingung

$$dp r d\varphi dz = \rho r dr d\varphi dz \frac{c_u^2}{r}$$

mit $v = \frac{1}{\rho}$ folgt daraus

$$\frac{v dp}{dr} = \frac{c_u^2}{r} \,. \tag{3.59}$$

Da für die Adiabate (siehe Tab. 2.2) $v dp = dh$ ist, können die Gl. (3.58) und (3.59) gleichgesetzt werden

Abb. 3.21 Zum radialen Gleichgewicht. Abmessungen eines Fluidteilchens und radiale Druckkräfte

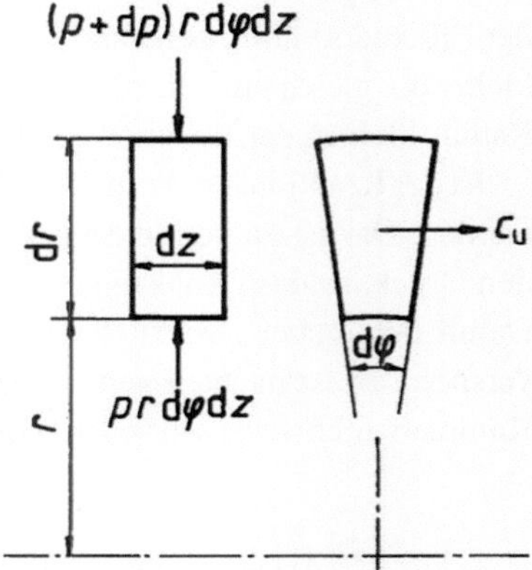

$$\frac{c_u^2}{r} = -c_u \frac{dc_u}{dr}\,.$$

Durch Trennung der Variablen und Integration folgt

$$rc_u = \text{const}; \quad c_u = \frac{K}{D}\,. \tag{3.60}$$

Das ist die Gleichung eines Potentialwirbels (siehe auch Gl. (2.64)), der sich also im Spaltraum zwischen den Schaufeln einer axialen Strömungsmaschine unter den eingangs genannten Bedingungen ausbildet. Da die Konstante K aus der Berechnung des Mittelschnitts folgt, ist die Umfangskomponente der Absolutgeschwindigkeit für jeden Durchmesser zu ermitteln. Mit der Umfangsgeschwindigkeit $u = \pi n D$ lassen sich die Geschwindigkeitsdreiecke für jeden Durchmesser berechnen.

Folgerungen Aus dem Ergebnis dieser Betrachtung ergeben sich die folgenden Schlüsse:

Die Schaufelwinkel sind über den Radius hin veränderlich, und die Schaufelprofile müssen deshalb unterschiedlich gestaltet sein. Die Lauf- und in geringerem Maße auch die Leitschaufeln sind in sich verwunden.

Umfangs- bzw. Stufenarbeit Da c_u dem Durchmesser umgekehrt, u dagegen direkt proportional ist, bleibt deren Produkt konstant. Aus Gl. (2.87) folgt dann, dass die Umfangsarbeit bzw. die Stufenarbeit in jedem Zylinderschnitt den gleichen Wert hat. Auch das Enthalpiegefälle der Stufe ist vom Radius unabhängig, jedenfalls dann, wenn $c_0 = c_2$, was zumindest ungefähr der Fall ist.

Reaktionsgrad Die Aufteilung des Gefälles auf das Leit- und Laufgitter und damit der Reaktionsgrad **r** ändern sich auffallend mit dem Radius. Da c_u wegen Gl. (3.60) mit wachsendem Radius abnimmt, ist der Differentialquotient $\frac{dc_u}{dr}$ negativ, und $\frac{dh}{dr}$ nach Gl. (3.58) positiv. Die Enthalpie nimmt also nach außen hin zu. Der Druck am Gehäuse ist größer als an der Nabe. Wegen der großen Umfangskomponente der Absolutgeschwindigkeit im Querschnitt 1 ist der Effekt dort groß, bei 0 und 2 dagegen gering oder gar nicht vorhanden, weil c_{0u} und c_{2u} klein oder gleich null sind. Der Gefälleanteil des Leitgitters wird demnach mit wachsendem Radius kleiner, der Reaktionsgrad **r** nach außen größer und nach innen kleiner.

Ist der Reaktionsgrad **r** im Mittelschnitt nicht groß genug, kann er am Schaufelfuß negativ werden. Das ist zu vermeiden, denn dann strömt das Fluid im Laufgitter gegen wachsenden Druck, so dass Ablösungen der Grenzschicht und Totwassergebiete entstehen können. Damit treten aber zusätzliche Verluste auf, und ein Teil des Strömungsquerschnitts wird versperrt. Diese nachteiligen Folgen begründen den Mindestreaktionsgrad, der auch bei den Kammerstufen vorgeschrieben wird (Abschn. 3.3.3).

Tab. 3.7 Berechnung der Geschwindigkeitsdreiecke im Mittelschnitt (Beispiel 3.3)

$u_1 = u_2 = 237$	$\frac{m}{s}$	$u = \pi n D$
$\eta_{Le} = \eta_{La} = 0{,}92$	1	geschätzt
$c_1 = w_2 = 259$	$\frac{m}{s}$	$c_1 = \sqrt{\eta_{Le}[(1-\mathbf{r})2\Delta h_s + c_0^2]}$
$\alpha_1 = 180° - \beta_1 = 20°$	°	gewählt
$c_{1m} = w_{2m} = 89$	$\frac{m}{s}$	$c_{1m} = c_1 \sin\alpha_1$
$c_{1u} = -w_{2u} = 243$	$\frac{m}{s}$	$c_{1u} = c_1 \cos\alpha_1$
$w_{1u} = -c_{2u} = 6$	$\frac{m}{s}$	$w_{1u} = c_{1u} - u$
$w_1 = c_2 = 89$	$\frac{m}{s}$	$w_1 = \sqrt{c_{1m}^2 + w_{1u}^2}$

Beispiel 3.3 *Aus dem Niederdruckteil einer Kondensationsturbine soll eine Einzelstufe berechnet werden. Gegeben sind:*

Eintrittszustand	$p_0 = 0{,}06\,MPa;\quad h_0 = 2631{,}00\,\frac{kJ}{kg};\quad c_0 = 89\,\frac{m}{s}$
isentropes Enthalpiegefälle	$\Delta h_s = H_{s,St} = 65{,}00\,\frac{kJ}{kg}$
Massenstrom	$\dot{m} = 28{,}7\,\frac{kg}{s}$
mittlerer Durchmesser	$D = 1{,}511\,m$
Drehzahl	$n = 50\,\frac{1}{s}$
Reaktionsgrad im Mittelschnitt	$\mathbf{r} = 0{,}5$.

Lösung 3.3 *Zunächst werden für den Mittelschnitt die Geschwindigkeitsdreiecke berechnet, die bei $\mathbf{r} = 0{,}5$ symmetrisch sind, siehe Tab. 3.7.*

Die Enthalpie am Expansionsendpunkt errechnet sich nach den Gl. (3.18) und (3.24) zu $h_2 = 2571{,}84\,\frac{kg}{s}$. Damit liefert das Mollier-Programm $v_2 = 3{,}9012\,\frac{m^3}{kg}$. Mit einem geschätzten $\tau_2 = 0{,}915$ wird damit die Schaufellänge l_2

$$l_2 = \frac{\dot{m}v_2}{\pi D_2 c_{2m}\tau_2} = \frac{28{,}7\,\frac{kg}{s}\cdot 3{,}9012\,\frac{m^3}{kg}}{\pi\cdot 1{,}511\,m\cdot 89\,\frac{m}{s}\cdot 0{,}915} = 0{,}290\,m\,.$$

Damit ist der Durchmesser am Innenrand des Strömungskanals $D_i = 1{,}221\,m$ und am Außenrand $D_a = 1{,}801\,m$. Innerhalb dieses Bereiches werden nun für fünf verschiedene Durchmesser die Geschwindigkeitsdreiecke nach dem Potentialwirbelgesetz (Gl. (3.60)) umgerechnet, wobei von den Daten des Mittelschnitts ausgegangen wird. Durch Auflösen der Gl. (3.16) und (3.23) nach $H_{s,Le}$ bzw. $H_{s,La}$ ist auch der Reaktionsgrad $\mathbf{r}$ in den fünf Zylinderschnitten zu berechnen (Tab. 3.8)

Tab. 3.8 Umrechnung auf andere Durchmesser (Beispiel 3.3)

D	m	1,221	1,366	1,511	1,656	1,801	
c_{1u}	$\frac{m}{s}$	301	269	243	222	204	$= 243\,\frac{m}{s} \cdot 1{,}511\,\frac{m}{D}$
c_{1m}	$\frac{m}{s}$	89	89	89	89	89	$= 89\,\frac{m}{s} = const$
c_1	$\frac{m}{s}$	314	283	259	239	223	$= \sqrt{c_{1m}^2 + c_{1u}^2}$
u	$\frac{m}{s}$	192	214	237	260	282	$= 237\,\frac{m}{s} \cdot \frac{D}{1{,}511\,m}$
w_{1u}	$\frac{m}{s}$	109	55	6	-38	-78	$= c_{1u} - u$
w_1	$\frac{m}{s}$	141	105	89	97	118	$= \sqrt{c_{1m}^2 + w_{1u}^2}$
c_{2u}	$\frac{m}{s}$	$-7{,}4$	$-6{,}6$	-6	$-5{,}5$	$-5{,}0$	$= -6\,\frac{m}{s} \cdot 1{,}511\,\frac{m}{D}$
w_{2m}	$\frac{m}{s}$	89	89	89	89	89	$= 89\,\frac{m}{s} = const$
w_{2u}	$\frac{m}{s}$	-199	-222	-243	-265	-287	$= c_{2u} - u$
w_2	$\frac{m}{s}$	218	239	259	280	300	$= \sqrt{w_{2m}^2 + w_{2u}^2}$
α_1	$^\circ$	16,5	18,3	20,1	21,8	23,6	$= \arctan \frac{c_{1m}}{c_{1u}}$
β_1	$^\circ$	39,2	58,2	86,1	113,1	131,2	$= \arctan \frac{c_{1m}}{w_{1u}}$
β_2	$^\circ$	155,9	158,2	159,9	161,4	162,8	$= 180^\circ + \arctan \frac{w_{2m}}{w_{2u}}$
α_2	$^\circ$	94,8	94,2	93,9	93,5	93,2	$= 180^\circ + \arctan \frac{w_{2m}}{c_{2u}}$
$H_{s,Le}$	$\frac{kJ}{kg}$	49,62	39,57	32,50	27,08	23,07	$= \frac{1}{2}(\frac{c_1^2}{\eta_{Le}} - c_0^2)$
$H_{s,La}$	$\frac{kJ}{kg}$	15,89	25,53	32,50	37,90	41,95	$= \frac{1}{2}(\frac{w_2^2}{\eta_{La}} - w_1^2)$
r	1	0,243	0,392	0,500	0,583	0,645	$= \frac{H_{s,La}}{H_{s,Le}+H_{s,La}}$

$$\mathbf{r} = \frac{H_{s,La}}{H_{s,St}} = \frac{H_{s,La}}{H_{s,Le} + H_{s,La}}.$$

In Abb. 3.22a sind die vier Winkel und der Reaktionsgrad über dem Durchmesser aufgetragen. Der Winkel α_1, der die Form der Leitschaufel am Leitradaustritt kennzeichnet, ändert sich nur geringfügig. Erheblich ändert sich dagegen der Laufradeintrittswinkel β_1 und damit die Laufschaufelprofilform (Abb. 3.22b). In der Nähe des Schaufelfußes ergeben sich dicke, am Blattende dagegen schlanke Profile. In günstiger Übereinstimmung mit den Erfordernissen der Festigkeit entsteht so eine Schaufelform, die einem Körper gleicher Zugfestigkeit nahe kommt. Damit die Fliehkräfte keine Biegemomente in die Schaufel einleiten, werden die Flächenschwerpunkte der Querschnitte auf eine radiale Gerade gelegt.

3.3.6 Nassdampfstufen

Wird bei der Entspannung des Dampfes in der Turbine die Grenzkurve zum Nassdampfgebiet unterschritten, wie bei Kondensationsmaschinen, so entsteht zunächst ein unterkühlter

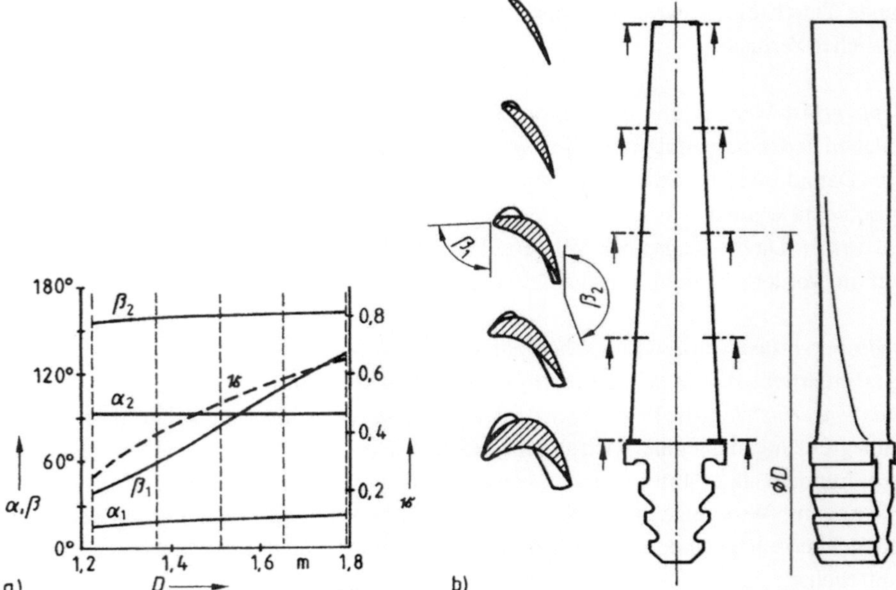

a) Schaufelwinkel von Leitrad α und Laufrad β und Reaktionsgrad **r** als Funktion des Durchmessers D

b) Profil der Laufradbeschaufelung über der Schaufellänge

Abb. 3.22 Stufe mit verwundener Laufradbeschaufelung (Beispiel 3.3)

Dampf, dessen Temperatur unter der zum Dampfdruck gehörigen Sättigungstemperatur liegt. In diesem instabilen Zustand ist der Dampf noch rein gasförmig, denn wegen des Fehlens sogenannter Kondensationskerne bilden sich zunächst keine Flüssigkeitströpfchen. Bei einer bestimmten Unterkühlung setzt jedoch eine spontane Kondensation ein, die so rasch abläuft, dass man von einem Kondensationsstoß spricht. Die Nebeltröpfchen, die sich dabei bilden, die Primärtröpfchen, sind sehr klein. Auch bei der weiteren Expansion wachsen sie durch die fortschreitende Kondensation kaum auf Durchmesser über etwa 0,2 μm an.

Durch die Stromlinienkrümmung in der Beschaufelung wird ein Teil der Feuchtigkeit auszentrifugiert und sammelt sich in Form eines Wasserfilms oder einzelner Wassersträhnen auf den Hohlseiten der Leit- und Laufschaufeln. Von deren Hinterkanten löst sich der Wasserfilm ab und bildet die größeren Sekundärtropfen mit Durchmessern bis zu etwa 400 μm. Noch größere Wasserteilchen sind in der Turbinenströmung nicht stabil, da sie wieder zerstäubt werden.

Verluste Durch die Anwesenheit der Primär- und Sekundärtropfen entsteht eine Reihe zusätzlicher Verluste.

Schleppverlust Wegen ihrer um mehrere Zehnerpotenzen höheren Dichte werden die Wasserteilchen in den Schaufelgittern nicht annähernd auf die Geschwindigkeiten beschleunigt, die der Dampf erreicht. Sie müssen von der umgebenden Dampfströmung durch Reibung mitgeschleppt werden.

Bremsverlust. Da die langsamen Wasserteilchen hinter dem Dampf zurückbleiben, treffen sie auf die Vorderseite der Laufschaufeln und bremsen diese ab.

Zentrifugierverlust Von den Laufschaufeln wird das Wasser nach außen abgeschleudert, die dazu erforderliche Arbeit geht der Energieumsetzung verloren.

Mengenverlust. Um die Wirkungen der Dampfnässe zu verringern, werden an der äußeren Kanalbegrenzung, manchmal auch an den Leitschaufeln, Entwässerungsschlitze angeordnet. So geht mit dem abgeführten Wasser auch ein Teil des Dampfes verloren.

Die gesamte Wirkungsgradminderung in einer Nassdampfstufe kann nur mit Schwierigkeiten rechnerisch behandelt werden [35]. Ihre Größenordnung liegt bei etwa 1 % je Prozent Dampffeuchte.

Materialverschleiß Außer der Wirkungsgradminderung hat die Anwesenheit flüssigen Wassers noch eine andere nachteilige Wirkung. Die metallischen Werkstoffe können angegriffen werden, wobei zwei unterschiedliche Mechanismen zu unterscheiden sind.

Tropfenschlagerosion kann an den Eintrittskanten der Laufschaufeln auftreten (Abb. 3.23). Im Nachlauf der Leitschaufeln, wo die Dampfgeschwindigkeit wegen des Grenzschichteinflusses kleiner ist als in der gesunden Strömung (Index D) werden die Wassertropfen (Index W) nur mäßig beschleunigt. Ihre Relativgeschwindigkeit ist wegen der hohen Umfangsgeschwindigkeit von Endstufenschaufeln dennoch groß. Beim Aufprall auf

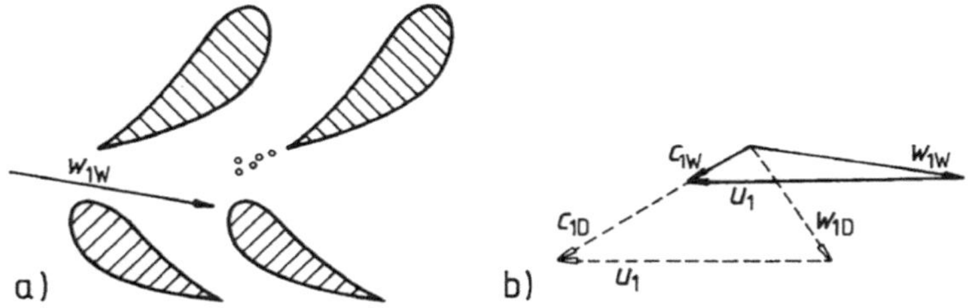

a) Schaufelschnitt

b) Eintrittsdreiecke mit den Geschwindigkeiten der gesunden Dampfströmung (Index D) und der Wasserteilchen (Index W)

Abb. 3.23 Tropfenschlagerosion

die Laufschaufel kann es zu einem Materialabtrag kommen, und zwar dann, wenn die Tropfen Durchmesser in der Größenordnung von 50 bis 400 μm haben. Wesentlich kleinere Tropfen sind harmlos und größere kommen nicht vor.

Entwässerung. Bei erheblicher Gefährdung sind Gegenmaßnahmen erforderlich. So können Entwässerungsschlitze in der äußeren Kanalbegrenzung vorgesehen werden. Die Schlitze liegen im Nachlauf der Laufschaufeln, damit sie das von diesen abgeschleuderte Wasser erfassen. Wo Anzapfungen zur Speisewasservorwärmung vorgesehen sind, werden sie mit den Entwässerungen kombiniert.

Besonders wirkungsvoll kann der Wasserfilm direkt an der Leitschaufeloberfläche abgesaugt werden. Dazu wird die hohle Leitschaufel mit Schlitzen versehen und ihr Inneres mit dem Kondensator verbunden. Wegen der Kosten lohnt sich das nur in den letzten Stufen besonders gefährdeter Maschinen.

In Abb. 3.24 sind die verschiedenen Arten der Entwässerung dargestellt. Da nur die Sekundärfeuchte abgeführt werden kann, und diese auch nur teilweise, ist die Verminderung der gesamten Feuchtigkeit gering, etwa 12 bis 15 %, so dass nach Abb. 3.24b mit dem Dampfgehalt x_d folgt

$$1 - x_{d0} = (0{,}85 \div 0{,}88)(1 - x_{d2v}) \, .$$

Hierbei kennzeichnet der Index 0 den Eintrittszustand der Stufe hinter der Entwässerung und 2v den Austrittszustand der vorherigen Stufe. Außer der Verringerung der Erosionsschäden wirken sich die Entwässerungen günstig auf die Verluste aus, weil die Minderung der Bremsverluste die Mengenverluste übersteigt.

Weitere Maßnahmen zur Minderung der Erosion haben das Ziel, die Bildung großer Wassertropfen von vornherein zu verhindern. Das gelingt durch optimal gestaltete Profile und dünne Austrittskanten der Leitschaufeln, ferner durch ausreichend große Axialspalte zwischen Leit- und Laufschaufeln, weil dadurch lange Beschleunigungs- und Zerstäubungsstrecken für die großen Wassertropfen gebildet werden. Schließlich wird die Widerstandskraft der Laufschaufeln erhöht, indem sie im gefährdeten Bereich im äußeren Drittel der Eintrittskanten örtlich gehärtet oder durch aufgelötete Stellitkanten gepanzert werden.

Dampfgehalt. Mit Rücksicht auf die erosive Wirkung der Dampfnässe, aber auch wegen der durch sie vermehrten Verluste, sollte im Expansionsendpunkt der Kondensationsturbinen der Dampfgehalt x_d größer oder mindestens gleich 0,85 sein.

Erosionskorrosion. Bei höheren Drücken innerhalb des Nassdampfgebiets gibt es auch einen Verschleiß durch chemische Reaktion des Eisens. Bei konventionellen Turbinen besteht keine Gefahr, weil ihre Expansionsverläufe das kritische Gebiet nicht berühren. Anders ist es dagegen bei den Sattdampfturbinen der Kernkraftwerke. Hier sind die Bauteile der Hochdruckteilturbinen, der Überström- und Anzapfleitungen sowie der Wasserabscheider gefährdet. Man mindert oder vermeidet Schäden an diesen Teilen durch den Einsatz chromlegierter Stähle.

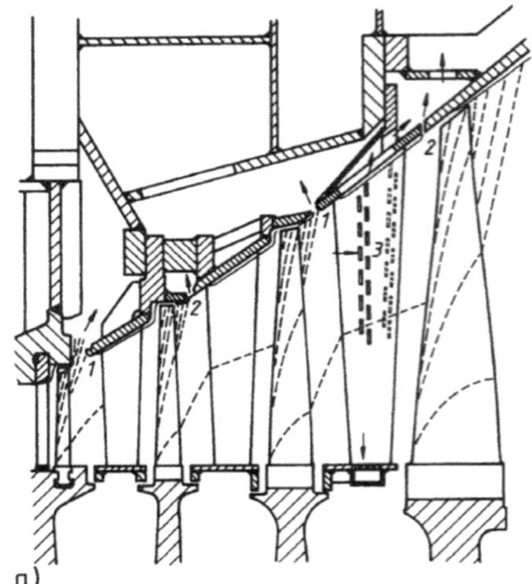 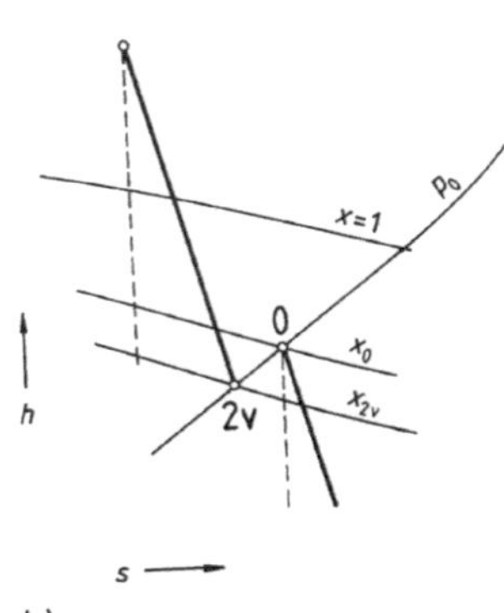

1 Entwässerung durch Anzapfung

2 Gehäuseentwässerung

3 Leitschaufelentwässerung

a) Wasserbahnen und Maßnahmen zur Wasserabscheidung (KWU)

b) Darstellung im h-s-Diagramm

Abb. 3.24 Entwässerung

3.3.7 Gitterwirkungsgrade

In Abschn. 3.3.2 wurden die zur Berechnung der Geschwindigkeiten benötigten Wirkungsgrade η_{Le} und η_{La} in den Gleichungen (3.15) und 3.23) als gegeben angenommen. Sie können aus der Grenzschicht und der Nachlaufströmung theoretisch berechnet werden oder in Gitterwindkanälen experimentell untersucht werden. Auf die Praxis direkt übertragbare Ergebnisse liefern Messungen an Versuchsturbinen, die allein eine ausreichende Modellähnlichkeit ermöglichen.

In [35] sind Unterlagen angegeben, die eine systematische Auswertung rechnerischer und experimenteller Ergebnisse darstellen, und mit denen sich die Gitterwirkungsgrade recht genau abschätzen lassen. Im Folgenden wird eine vereinfachte Zusammenfassung gegeben, bei der für η_{Le} und η_{La} einfach η geschrieben ist, da für die Leit- und Laufradgitter die gleichen Unterlagen gelten.

Statt der Wirkungsgrade η werden die Verluste $\zeta = 1 - \eta$ untersucht und in mehrere einzelne Bestandteile zerlegt.

$$\zeta = 1 - \eta = \zeta_p + \zeta_{Rest} + \zeta_z + \zeta_f + \Delta\zeta \, . \tag{3.61}$$

Profilverlust ζ_p Durch die Umlenkung im Gitter, durch Reibung an den Schaufeloberflächen und durch Wirbelablösungen an den endlich dicken Austrittskanten entsteht ein von der Profilform abhängiger Verlust. In Abb. 3.25a ist ζ_p für Beschleunigungsgitter, wie sie in jedem Fall die Leitschaufeln und bei Reaktionsstufen auch die Laufschaufeln bilden, und in Abb. 3.25b für Umlenkgitter, also die Laufgitter der Gleichdruckstufen und die Umlenk-

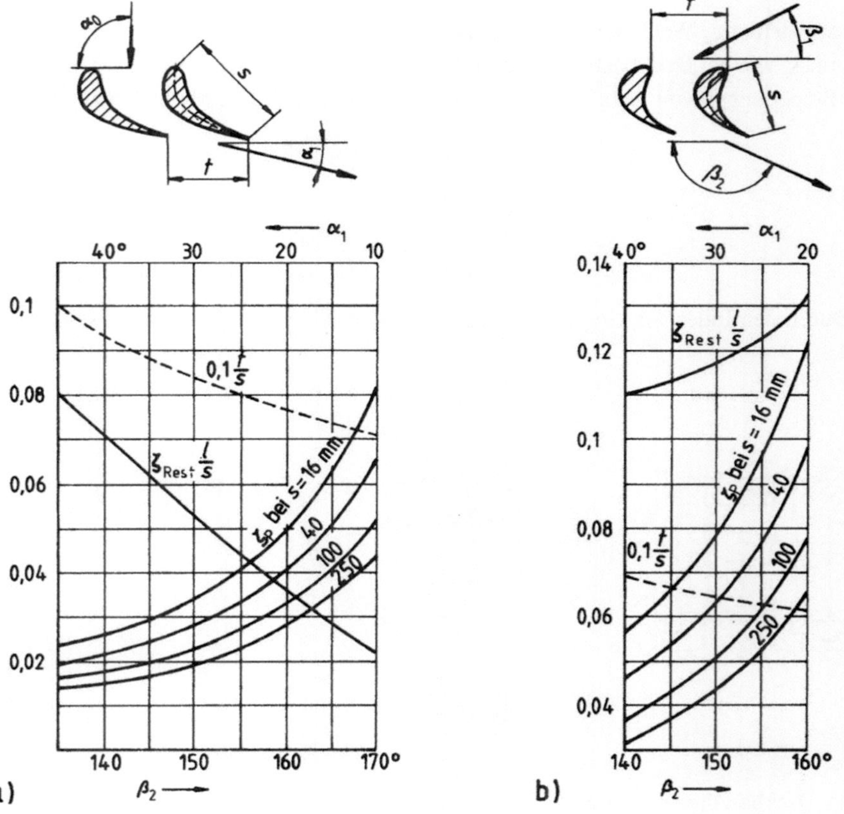

Abb. 3.25 Profil und Restverluste ζ_p und ζ_{Rest} in Abhängigkeit vom Austrittswinkel α_1 (Leitgitter) bzw. β_2 (Laufgitter) und von der Profilsehnenlänge s unter der Voraussetzung günstiger Teilungsverhältnisse t/s (gestrichelt). Nach Unterlagen in [35]

gitter der Curtis-Stufen in Abhängigkeit vom Austrittswinkel α_1 bzw. β_2 und von der Profilsehnenlänge s angegeben. Die Werte gelten unter der Voraussetzung, dass ein günstiges Teilungsverhältnis $\frac{t}{s}$ eingehalten ist, das gestrichelt eingetragen ist.

Die Angaben gelten im Unterschallbereich bis zu einer Machzahl von etwa 0,8. Im schallnahen Bereich tritt eine geringfügige Verbesserung ein, bei Machzahlen über 1,2 nehmen die Verluste dagegen erheblich zu.

Restverlust ζ_{Rest} Durch Störungen der Strömung in den Randzonen an den Schaufelfüßen und -spitzen entsteht ein weiterer Verlust. Er kann aus dem in Abb. 3.25 angegebenen dimensionslosen Ausdruck $\zeta_{Rest} \cdot \frac{l}{s}$ bei bekannter Länge l der Schaufel und der Profilsehne s berechnet werden.

Zusatzverlust ζ_z Wenn die Strömung axiale Spalträume mit freien Strahlgrenzen überqueren muss, wie bei Deckbandbeschaufelungen, entsteht ein zusätzlicher Verlust. Er wird mit den Beziehungen von Abb. 3.26a für Leit- und Laufgitter folgendermaßen abgeschätzt.

$$\zeta_{z,Le} = \frac{0,05 \div 0,06}{\sin \beta_{2v}} \left[\frac{\delta_{a2}}{l_2} \right]_v \left[\frac{w_{2v}}{c_1} \right]^2$$

$$\zeta_{z,La} = \frac{0,05 \div 0,06}{\sin \alpha_1} \left[\frac{\delta_{a1}}{l_1} \right] \left[\frac{c_1}{w_2} \right]^2 . \tag{3.62}$$

Durch den Index v ist angegeben, dass die Werte der vorangehenden Stufe einzusetzen sind.

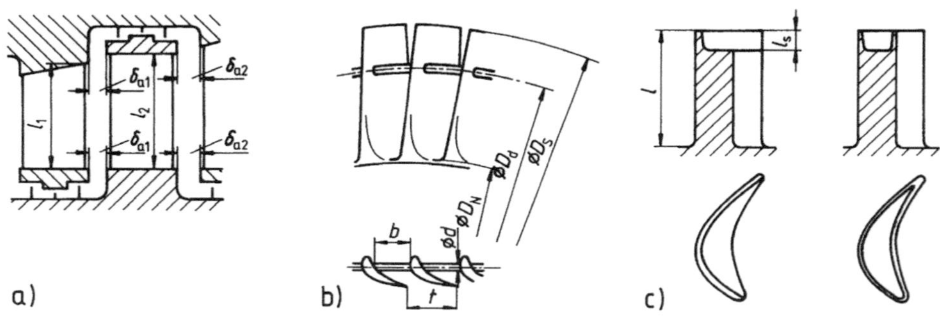

a) Deckbandbeschaufelung

b) Dämpfungsdraht

c) Zuschärfungen

Abb. 3.26 Einflüsse auf die Gitterverluste

Fächerverlust ζ_f Korrekterweise müssten die Verluste nicht nur im Mittelschnitt sondern für verschiedene Radien bestimmt und durch Integration über die Schaufellänge Mittelwerte gebildet werden. Tut man dies nicht, so sind die für den Mittelschnitt gerechneten Werte mit dem Fächerverlust zu korrigieren. Mit der Schaufellänge l und dem mittleren Durchmesser D_m gilt für unverwundene Schaufeln

$$\zeta_f = \frac{1}{3}\left(\frac{l}{D_m}\right)^2 . \tag{3.63}$$

Da der Fächerverlust bei großer Schaufellänge beträchtlich würde, sollen unverwundene Schaufeln nur bis zu $\frac{l}{D_m} = 0,15 \div 0,2$ verwendet werden. Wenn hohe Wirkungsgrade angestrebt werden, müssen aber auch kürzere Schaufeln verwunden werden, für die dann kein Fächerverlust zu berücksichtigen ist.

Korrekturen für Beschaufelungen mit Dämpfungsdrähten und mit Zuschärfungen $\Delta\zeta$. Zur Vermeidung oder Dämpfung von Schaufelschwingungen werden frei endende Schaufeln gelegentlich mit Dämpfungsdrähten versehen. Der dadurch verursachte zusätzliche Verlust beträgt mit den Bezeichnungen von Abb. 3.26b

$$\Delta\zeta = 8\zeta_W\left(\frac{l}{b}\right)^2 \frac{D_d d}{D_S^2 - D_N^2}\sin^2\beta_2 . \tag{3.64}$$

Dabei ist der Widerstandsbeiwert für einen runden Draht $\zeta_W = 1,2$.

Um Folgeschäden beim Anstreifen zu vermeiden, werden frei endende Schaufeln zugeschärft. Entweder geschieht das einseitig, und zwar so, dass das Profil auf der konvexen Seite erhalten bleibt, oder in Form der Kronenzuschärfung, bei der durch elektroerosive Bearbeitung die Stirnfläche des Schaufelblattes ausgetieft wird, sodass längs der Profilberandung nur ein schmaler Grat stehen bleibt (Abb. 3.26c). Während im letzten Fall kein zusätzlicher Verlust entsteht, weil das Schaufelprofil unangetastet bleibt, beträgt bei einseitiger Zuschärfung die Korrektur

$$\Delta\zeta = 0,2\left(\frac{l_s}{l}\right) . \tag{3.65}$$

Beispiel 3.4 *Für die Kammerstufe des Beispiels 3.1 sind die dort geschätzten Gitterwirkungsgrade nachzurechnen. Die Profilsehnenlänge der Leitschaufeln soll mit $s_{Le} = 70\,mm$ und der Laufschaufeln mit $s_{La} = 25\,mm$ gegeben sein. Ferner wird vorausgesetzt, dass der betrachteten Stufe eine ähnliche Kammerstufe mit den gleichen Geschwindigkeitsdreiecken vorausgeht, bei der die Laufschaufelhöhe $l_{2v} = 25mm\,mm$ ist. Die axialen Spalte sind mit $\delta_{a1} = \delta_{a2v} = 3\,mm$ gegeben.*

Lösung 3.4 *Mit $\alpha_1 = 15°$ und $s = 70\,mm$ ist nach Abb. 3.25a*

$$\zeta_{p,Le} = 0,044$$

Tab. 3.9 Schaufelzahlen z (zu Beispiel 3.4)

	Leitrad	Laufrad	
$\frac{t}{s}$	0,73	0,62	Abb. 3.25
t [mm]	51,1	15,5	$t = s\frac{t}{s}$
z	117	387	$z = \pi\frac{D}{t}$

und mit $l_1 = 31,6\,mm$

$$\zeta_{Rest,Le} = 0,028 \cdot \frac{70\,mm}{31,6\,mm} = 0,062\,.$$

Mit $\beta_{2v} = 160°$; $\quad w_{2v} = 403,1\,\frac{m}{s}$; $\quad c_1 = 668,1\,\frac{m}{s}$ folgt aus Gl. (3.62)

$$\zeta_{z,Le} = \frac{0,055}{\sin 160°} \cdot \frac{3\,mm}{25\,mm} \cdot \left[\frac{403,1\,\frac{m}{s}}{668,1\,\frac{m}{s}}\right]^2 = 0,007$$

und aus Gl. (3.63) mit $D_m = 1910\,mm$

$$\zeta_f = \frac{1}{3}\left[\frac{31,6\,mm}{1910\,mm}\right]^2 = 0,00009\,.$$

Der Fächerverlust ist demnach vernachlässigbar, und es ist

$$\zeta_{Le} = \zeta_{p,Le} + \zeta_{Rest,Le} + \zeta_{z,Le} = 0,044 + 0,062 + 0,007 = 0,133; \qquad \eta_{Le} = 1 - \zeta_{Le} = 0,867\,.$$

In entsprechender Weise wird für das Laufgitter berechnet

$$\zeta_{p,La} = 0,108$$

$$\zeta_{Rest,La} = 0,132 \cdot \frac{25\,mm}{43\,mm} = 0,077$$

$$\zeta_{z,La} = \frac{0,055}{\sin 15°} \cdot \frac{3\,mm}{31,6\,mm} \cdot \left[\frac{668,1\,\frac{m}{s}}{403,1\,\frac{m}{s}}\right]^2 = 0,055$$

$$\zeta_{La} = \zeta_{p,La} + \zeta_{Rest,La} + \zeta_{z,La} = 0,108 + 0,077 + 0,055 = 0,240; \qquad \eta_{La} = 1 - \zeta_{La} = 0,760\,.$$

Mit diesen Wirkungsgraden ist das Beispiel 3.1 noch zu korrigieren.

Mit den Teilungsverhältnissen $\frac{t}{s}$ nach Abb. 3.25 ergeben sich die Schaufelzahlen z von Leit- und Laufrad nach Tab. 3.9.

3.3.8 Stufenverluste

Außer den direkt in der Beschaufelung entstehenden Verlusten, die durch die Gitterwirkungsgrade bzw. den daraus folgenden aerodynamischen Wirkungsgrad (Abschn. 3.3.2) erfasst werden, gibt es noch die folgenden Verluste.

Spaltverlust Wie bei jeder Strömungsmaschine müssen zwischen den umlaufenden und den feststehenden Teilen hinreichend große Spalte vorhanden sein, durch die ein Teil des Dampfes strömt, ohne in der Beschaufelung Arbeit zu leisten.

Sind $\dot{m}_{Sp,Le}$ und $\dot{m}_{Sp,La}$ die Spaltmengenströme im Leit- und Laufschaufelspalt, so beträgt die um den Spaltverlust verringerte Umfangsleistung der Stufe $P_{u,St}$

$$P_{u,St} - P_{verlsp} = (\dot{m} - \dot{m}_{Sp,Le} - \dot{m}_{Sp,La})\Delta h_{u,St}$$

und der spezifische Spaltverlust

$$\Delta h_{verlsp} = \frac{P_{verlsp}}{\dot{m}} = \frac{\dot{m}_{Sp,Le} + \dot{m}_{Sp,La}}{\dot{m}}\Delta h_{u,St} \ .$$

Durch den Ansatz $\Delta h_{verlsp} = \zeta_{sp} \cdot \Delta h_s = (\zeta_{sp,Le} + \zeta_{sp,La})\Delta h_s$

wird der Spaltverlust auf das isentrope Enthalpiegefälle der Stufe bezogen. Die dadurch definierte Größe heißt Spaltverlustbeiwert. Durch Vergleich der beiden letzten Gleichungen folgt

$$\zeta_{sp,Le} = \frac{\dot{m}_{sp,Le}}{\dot{m}} \cdot \frac{\Delta h_u}{\Delta h_s}; \quad \zeta_{sp,La} = \frac{\dot{m}_{sp,La}}{\dot{m}} \cdot \frac{\Delta h_u}{\Delta h_s}$$

Für die Massenströme gilt die Kontinuitätsgleichung und damit folgt

$$\zeta_{sp,Le} = \frac{c_{sp,Le}\sin\alpha_{sp,Le}A_{sp,Le}}{c_1\sin\alpha_1 A_1} \cdot \frac{\Delta h_u}{\Delta h_s} = K_{sp,Le}\frac{A_{sp,Le}}{\sin\alpha_1 A_1}$$

$$\zeta_{sp,La} = \frac{w_{sp,La}\sin\beta_{sp,La}A_{sp,La}}{w_2\sin\beta_2 A_2} \cdot \frac{\Delta h_u}{\Delta h_s} = K_{sp,La}\frac{A_{sp,La}}{\sin\beta_2 A_2} \ . \tag{3.66}$$

In den Koeffizienten $K_{sp,Le}$ und $K_{sp,La}$ sind einige Größen, insbesondere die schwer zu bestimmenden Geschwindigkeiten der Spaltströme $c_{sp,Le}$ und $w_{sp,La}$ und deren Winkel $\alpha_{sp,Le}$ und $\beta_{sp,La}$ zusammengefasst. Diese Koeffizienten sind experimentell durch Wirkungsgradmessungen mit veränderlichen Spaltweiten ermittelt worden. Sie können für frei endende Schaufeln in Abhängigkeit vom Umlenkwinkel der Schaufeln $\Delta\alpha$ bzw. $\Delta\beta$ aus Abb. 3.27a entnommen werden. Bei Deckbandbeschaufelungen ist der Spaltverlust von der Anzahl der Dichtungsspitzen z_{Le} bzw. z_{La} abhängig und zwar nach Abschn. 3.4.4 der Wurzel aus z umgekehrt proportional. Im Diagramm von Abb. 3.27b ist deshalb das Produkt $K_{sp}\sqrt{z}$ aufgetragen.

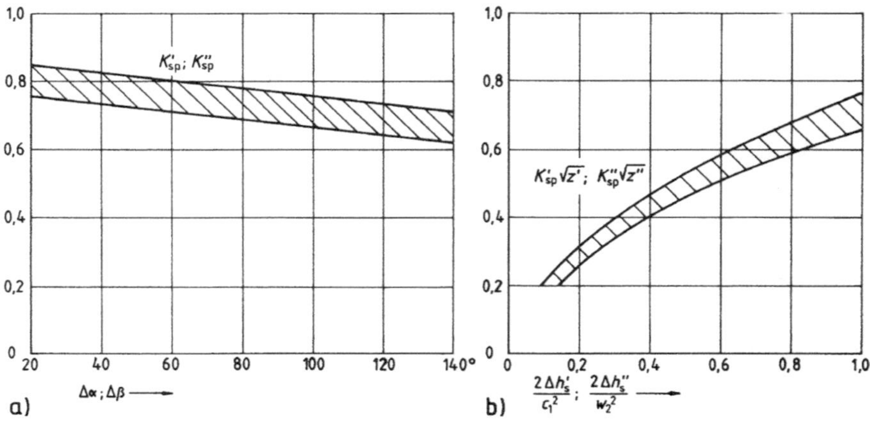

a) Frei endende Schaufeln, K_{sp} in Abhängigkeit vom Umlenkwinkel $\Delta\alpha$ bzw. $\Delta\beta$

b) Deckbandbeschaufelungen, $K_{sp}\sqrt{z}$ in Abhängigkeit von $\dfrac{2\Delta h_{s,Le}}{c_1^2}$ bzw. $\dfrac{2\Delta h_{s,La}}{w_2^2}$ mit Anzahl der Dichtspitzen z

Abb. 3.27 Spaltverlustkoeffizienten (nach [33])

Deckbänder und Dämpfungsdrähte. Beschaufelungen mit Deckbändern sind weit besser gegen Spaltverluste abzudichten und werden deshalb bevorzugt angewendet. Die Deckbänder bestehen aus einzelnen Deckplatten, die mit den Schaufeln in einem Stück gefräst (Abb. 3.28) und nach dem Einbau in den Läufer gemeinsam abgedreht werden. Die Schwerpunkte von Schaufelfuß, Schaufelblatt und Deckplatte müssen auf einer radialen Geraden liegen, damit durch die Fliehkräfte keine Biegemomente entstehen. Der Vorteil der Deckbandbeschaufelung liegt außer in der Verminderung der Spaltverluste darin, dass Schaufelschwingungen nahezu vollständig vermieden werden.

Da die Masse einer Deckplatte die Fliehkraftbelastung der Schaufel vergrößert, können die langen Endstufenschaufeln nur frei endend ausgeführt werden. Wegen der großen Strömungsquerschnitte, die in Gl. (3.66) im Nenner stehen, sind die Spaltverluste hier ohnehin klein. Zur Dämpfung der Schaufelschwingungen werden bei diesen Schaufeln gegebenenfalls Dämpfungsdrähte (Abb. 3.26b) vorgesehen.

Spaltquerschnitte Die Ringflächen $A_{sp,Le}$ und $A_{sp,La}$ in Gl. (3.66) errechnen sich zu

$$A_{sp} = \pi D_{sp}\delta_{sp} .$$

Dabei ist D_{sp} der Durchmesser am Spalt und δ_{sp} die radiale Spaltweite, die aus Gründen der Betriebssicherheit ausreichend groß sein muss. Als Anhalt dient

$$\delta_{sp} \geq \frac{D_{sp}}{1000} + 0,2\,\text{mm}; \quad \delta_{sp} \geq 0,4\frac{L_{sp}}{1000} , \tag{3.67}$$

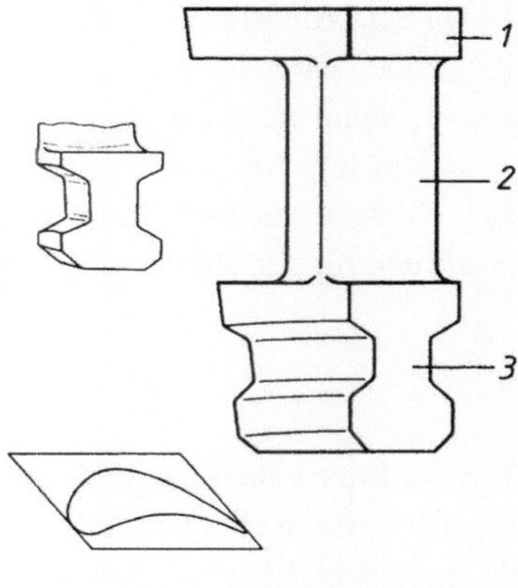

Abb. 3.28 Laufschaufel mit Deckplatte (AEG-Kanis)

1 Deckplatte

2 Schaufelblatt

3 Schaufelfuß

mit D_{sp} in $[m]$, δ_{sp} in $[mm]$ und mit L_{sp} in $[m]$ als den Abstand vom nächstgelegenen Lager des Rotors. Der jeweils größere Wert der beiden Bedingungen ist einzuhalten.

Radreibungsverluste Nach Gl. (2.115) wird die Leistung, die durch die Reibung der Rotorflächen, insbesondere der großen Radseitenflächen der Kammerturbinen im umgebenden Fluid entsteht, der Fluiddichte, der dritten Potenz der Drehzahl und der fünften Potenz des Scheibendurchmessers proportional sein. Daraus ergibt sich der Ansatz

$$P_{verlR} = k_R \frac{n^3 D_N^5}{v}.$$

Hier ist D_N der Scheibendurchmesser der Radscheibe, also der nicht mit Schaufeln besetzten Scheibenfläche, und v der Mittelwert der spezifischen Volumina vor bzw. hinter dem Laufrad. Für den Koeffizienten k_R gilt basierend nach [12]

$$k_R = 7{,}3 \cdot 10^{-4} \left(\frac{10^6}{Re} \right)^{1/6}. \tag{3.68}$$

Hier ist $Re = \dfrac{u \frac{D_N}{2}}{v}$ mit u als Umfangsgeschwindigkeit am Radscheibendurchmesser und v die kinematische Viskosität des Arbeitsmediums ist. Für Dampfturbinen kann auch gesetzt werden, ([33]):

$$k_R = 1{,}49 \cdot 10^{-3} Re^{-0{,}2}. \tag{3.69}$$

Da bei Dampfturbinen der mittlere Durchmesser D_m in Schaufelmitte als Bezugsgröße verwendet wird, ist D_m größer als der Scheibendurchmesser D_N und der Faktor k_R ist entsrpechend anzupassen.

Indem mit $\Delta h_{verlR} = \frac{P_{verlR}}{\dot{m}}$ ein spezifischer Radreibungsverlust eingeführt wird und auf die isentrope Enthalpiedifferenz der Stufe bezogen wird, entsteht der dimensionslose Ausdruck für den Radreibungsverlust.

$$\zeta_R = \frac{\Delta h_{verlR}}{\Delta h_s} = \frac{P_{verlR}}{\dot{m}\,\Delta h_s} = k_R \frac{n^3 D_N^5}{\dot{m} v \Delta h_s}. \tag{3.70}$$

Ventilationsverlust Bei teilbeaufschlagten Gleichdruckturbinen wirken die Laufschaufeln im nicht beaufschlagten Teil des Umfangs ähnlich wie die Schaufeln eines Ventilators, da sie notwendigerweise im dampferfüllten Totraum umlaufen müssen. Die entsprechende Förderleistung bildet den Ventilationsverlust.

Da die Ventilationsleistung der Dichte, der dritten Potenz der Umfangsgeschwindigkeit $(\pi n D_2)^3$ und dem nicht beaufschlagten Teil des Ringquerschnitts $(1-\varepsilon)\pi D_2 l_2$ proportional sein wird, ergibt sich mit dem Koeffizienten k_V der Ansatz

$$P_{verlV} = k_V (1 - \varepsilon) \frac{n^3 D_2^4 l_2}{v}.$$

Hier ist D_2 der mittlere Beschaufelungsdurchmesser, l_2 die Länge der Schaufel und v das spezifische Volumen im Laufschaufelbereich.

Der dimensionslose Ventilationsverlust ist

$$\zeta_V = \frac{\Delta h_{verlV}}{\Delta h_s} = \frac{P_{verlV}}{\dot{m}\,\Delta h_s} = k_V (1 - \varepsilon) \frac{n^3 D_2^4 l_2}{\dot{m} v \Delta h_s}. \tag{3.71}$$

Der Koeffizient k_V (Tab. 3.10) ist davon abhängig, ob der nicht beaufschlagte Teil des Laufschaufelkranzes frei (ohne Abdeckung) oder durch einen Ring (mit Abdeckung) abgedeckt ist (Abb. 3.29, mit l als Schaufellänge und D als mittlerer Durchmesser), wodurch die Ventilationsverluste gemindert werden. In der Tab. 3.10 ist auch der Rückwärtslauf berücksichtigt, der bei den Rückwärtsturbinen der Schiffsantriebe bei Vorwärtsfahrt vorkommt (Abschn. 3.2.4).

Tab. 3.10 Ventilationskoeffizient k_V abhängig vom Schaufellängenverhältnis $\frac{l}{D}$

	frei (ohne Abdeckung)	eingehüllt (mit Abdeckung) ($\frac{l}{D} < 1/8$)
vorwärts	$k_V = 1{,}95 + 25 \cdot \frac{l}{d-2}$	$k_V = 0{,}92 + 54 \cdot (1/8 - \frac{l}{d})^2$
rückwärts	$k_V = 43 - 633 \cdot \frac{l}{d}^2$	$k_V = 0{,}97 + 146 \cdot (1/8 - \frac{l}{d})^2$

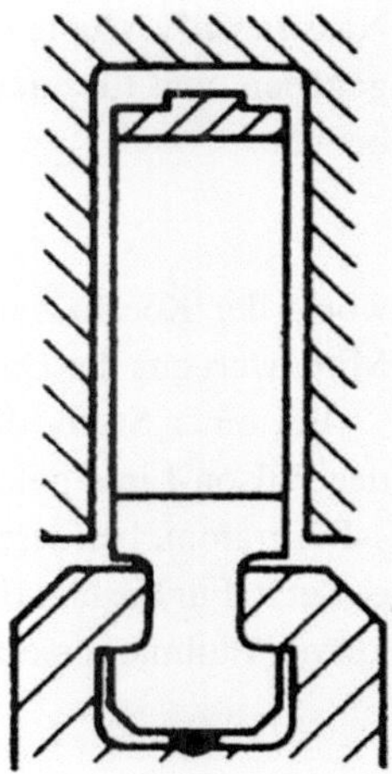

Abb. 3.29 Abdeckung eines nicht beaufschlagten Teils am Radumfang durch einen Ring zur Verminderung des Ventilationsverlustes

Bei Curtis-Stufen ist k_V bei freien Schaufelkränzen mit der Wurzel aus der Zahl der Laufradkränze zu multiplizieren, während bei Abdeckung einfach die Summe der einzelnen Ventilationsleistungen zu nehmen ist.

Teilbeaufschlagung ist bei thermischen Strömungsmaschinen wegen des Ventilationsverlustes nur ein Notbehelf, um unzulässig kurze Schaufeln zu vermeiden. Vergleicht man eine teilbeaufschlagte Dampfturbine mit einer Pelton-Wasserturbine, die grundsätzlich teilbeaufschlagt ist (Abschn. 4.1), so liegt ein wesentlicher Unterschied darin, dass bei der Wasserturbine der nicht beaufschlagte Teil nicht im Arbeitsfluid, sondern in Luft, einem Fluid wesentlich geringerer Dichte umläuft. Die Ventilationsverluste sind deshalb gering, und die Teilbeaufschlagung ist in diesem Fall kein Notbehelf sondern ein „legitimes" Mittel des Konstrukteurs.

Im Dampfturbinenbau wird die Teilbeaufschlagung vorwiegend bei Industrieturbinen in Kraft-Wärme-Kopplung bzw. im KWK- Betrieb, bei denen der Turbinenwirkungsgrad durch die gleichzeitige Bereitstellung von Nutzarbeit und Nutzwärme weniger wichtig ist, und bei den Regelstufen mittelgroßer Turbinen, bei denen die partielle Beaufschlagung für die Funktion unerlässlich ist, angewendet. Bei mehrstufigen Maschinen wird der Verlust der ersten Stufe auch zum Teil durch den polytropen Rückgewinn (Abschn. 3.4.1) ausgeglichen.

Bei Großmaschinen setzen die dann auftretenden sehr hohen Wechselbeanspruchungen der Laufschaufeln der Regelstufe der Anwendung der Teilbeaufschlagung eine natürliche Grenze.

Nassdampfverluste Unter Verzicht auf eine exakte Berechnung wird hier eine Abschätzung gegeben, und für eine vollständig im Nassdampfgebiet arbeitende Stufe folgender Ansatz benutzt

$$P_{verlN} = k_N \dot{m}\,\Delta h_s \left(1 - \frac{x_0 + x_2}{2}\right),$$

worin der Koeffizient k_N etwa gleich eins ist. Der Klammerausdruck kennzeichnet den Mittelwert aus der Dampffeuchte am Ein- und Austritt der Stufe.

Bei einer Stufe, die nur teilweise im Nassdampfgebiet arbeitet, ist nur das unterhalb der Wilson-Linie gelegene Teilgefälle einzusetzen. Die Wilson-Linie ist eine Kurve im h-s-Diagramm, bei deren Unterschreiten nach anfänglicher Unterkühlung die Kondensation einsetzt. Für die hier beabsichtigte Näherung kann jedoch die Wilson-Linie durch die Grenz-kurve (Taulinie) ersetzt werden (Abb. 3.30). Damit und mit $x_0 = 1$ ergibt sich

$$P_{verlN} = k_N \dot{m}\,\Delta h_{sN} \left(\frac{1 - x_2}{2}\right).$$

Wie bei den anderen Verlusten wird auf das isentrope Stufengefälle bezogen, also

$$\zeta_N = \frac{\Delta h_{verlN}}{\Delta h_s} = \frac{P_{verlN}}{\dot{m}\,\Delta h_s} = k_N \left(1 - \frac{x_0 + x_2}{2}\right) \quad , \text{bzw.}$$

$$\zeta_N = k_N \frac{\Delta h_{sN}}{\Delta h_s} \left(\frac{1 - x_2}{2}\right). \tag{3.72}$$

Abb. 3.30 Expansionsverlauf einer Stufe ins Nassdampfgebiet im h-s-Diagramm

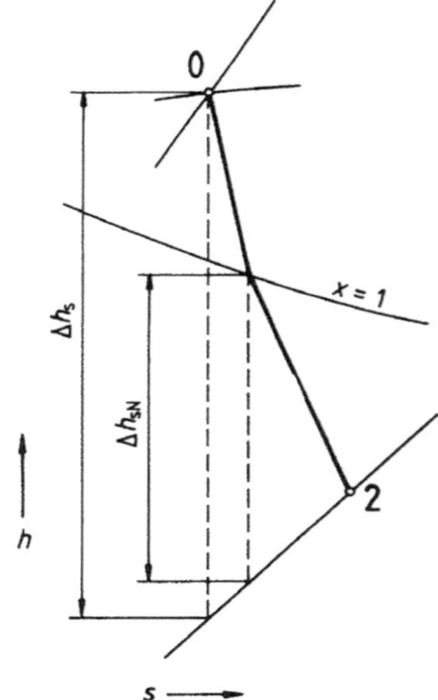

Innere Stufenarbeit und innerer Wirkungsgrad Die jetzt vollständig behandelten Stufenverluste, einschließlich der Beschaufelungsverluste η_{Le}, η_{La} (Abschn. 3.3.2) haben die Eigenschaft gemeinsam, dass die „verlorene" Energie vom Arbeitsfluid aufgenommen wird, dessen Enthalpie sich um den genau entsprechenden Betrag erhöht. Man nennt sie innere Verluste. Die Enthalpie am Stufenende ist

$$h_{\bar{2}} = h_2 + \sum \Delta h_{verl} = h_2 + \Delta h_s \sum \zeta = h_2 + \Delta h_s (\zeta_{sp} + \zeta_R + \zeta_V + \zeta_N) \text{ bzw.}$$

$$\tag{3.73}$$

$$\Delta h_{\bar{i}} = h_1 - h_{\bar{2}}$$

Die Beschaufelungsverluste η_{Le}, η_{La} sind bereits in h_2 enthalten (Gl. (3.18) und (3.24)).

Die innere Arbeit bzw. Stufenarbeit wird als $H_i = \Delta h_i$ bezeichnet und berücksichtigt die Verluste η_{Le}, η_{La} bei der Durchströmung durch die Leit- und Laufradbeschaufelung. Berücksichtigt man dazu noch die Zusatzverluste Δh_{verl}, so erhält man die innere Stufenarbeit $\Delta h_{\bar{i}}$ einschließlich der Zusatzverlust, siehe Abb. 3.31. Innere Wirkungsgrade der Stufe η_i können nun mit oder ohne die Zusatzverluste definiert werden.

$$\eta_i = \frac{\Delta h_i}{\Delta h_s} \tag{3.74}$$

$$\eta_i = \frac{\Delta h_{\bar{i}}}{\Delta h_s} \tag{3.75}$$

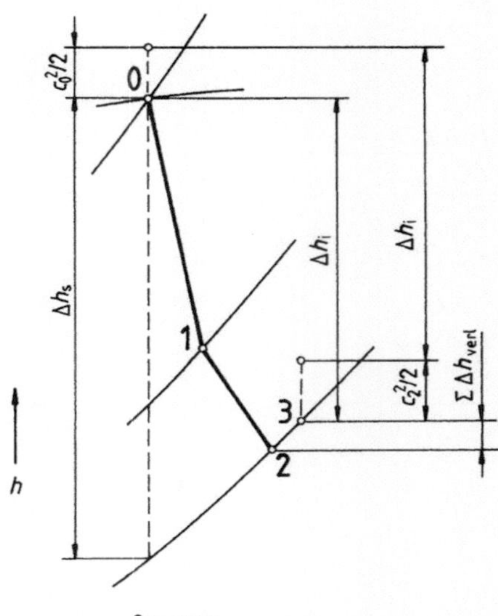

Abb. 3.31 Innere Stufenarbeit Δh_i und $\Delta h_{\bar{i}}$ mit Zusatzverlusten im h-s-Diagramm

Beispiel 3.5 *In Fortsetzung des Beispiels 3.1 sollen die inneren Wirkungsgrade je einer Stufe der Kammer- und der Trommelbauart, beide mit Deckbandbeschaufelungen berechnet werden.*

Lösung 3.5 *Aus dem Beispiel 3.1 und aus der Entwurfszeichnung sind die folgenden Daten bekannt (Tab. 3.11 und 3.12).*

Tab. 3.11 zu Beispiel 3.5

		Kammerstufe	Trommelstufe
n	1/s	50	50
$\dot{m}$	kg/s	120	120
Δh_s	kJ/kg	270	162
$\Delta h_{s,Le}$	kJ/kg	243	81
$\Delta h_{s,La}"$	kJ/kg	27	81
c_1	m/s	668,1	393,5
α_1	°	15	20
w_2	m/s	403,2	408,0
β_2	°	160	160
v_1	m³/g	0,240	0,150
v_2	m³/kg	0,271	0,188
$D_1 = D_2$	m	1,910	1,910
l_1	m	0,0308	0,0242
l_2	m	0,0412	0,0292
η_u	1	0,828	0,884
$D_{sp,Le}$	m	0,450	1,868
$D_{sp,La}$	m	1,970	1,958
D_N	m	1,867	1,880
$\delta_{sp,Le}$	mm	0,8	1,5
$\delta_{sp,La}$	mm	1,5	1,5
z_{Le}	1	5	3
z_{La}	1	3	3

Tab. 3.12 zu Beispiel 3.5

1. Spaltverlust

		Kammerstufe	Trommelstufe	
$A_{sp,Le}$	m^2	$1{,}131 \cdot 10^{-3}$	$8{,}8 \cdot 10^{-3}$	$\pi D_{sp,Le}\delta_{sp,Le}$
A_1	m^2	$0{,}1848$	$0{,}1452$	$\pi D_1 l_1$
$2\Delta h_{s,Le}/c_1^2$	1	$1{,}09$	$1{,}05$	
$K_{sp,Le}\sqrt{z_{Le}}$	1	$0{,}69$	$0{,}69$	Abb. 3.27b
$K_{sp,Le}$	1	$0{,}31$	$0{,}40$	
$\zeta_{sp,Le}$	1	$0{,}007$	$0{,}057$	Gl. (3.66)
$A_{sp,La}$	m^2	$9{,}28 \cdot 10^{-3}$	$9{,}23 \cdot 10^{-3}$	$\pi D_{sp,La}\delta_{sp,La}$
A_2	m^2	$0{,}247$	$0{,}175$	$\pi D_2 l_2$
$2\Delta h_{s,La}/w_2^2$	1	$0{,}332$	$0{,}984$	
$K_{sp,La}\sqrt{z_{La}}$	1	$0{,}40$	$0{,}69$	Abb. 3.27b
$K_{sp,La}$	1	$0{,}23$	$0{,}40$	
$\zeta_{sp,La}$	1	$0{,}024$	$0{,}061$	Gl. (3.66)

2. Radreibung

		Kammerstufe	Trommelstufe	
ν	m^2/s	$5{,}5 \cdot 10^{-6}$		Abb. A.1
k_R	1	$9{,}3 \cdot 10^{-3}$		Gl. (3.68)
v	m^3/kg	$0{,}258$		$(v_1 + v_2)/2$
ζ_R	1	$0{,}003$		Gl. (3.70)

3. Innerer Wirkungsgrad

		Kammerstufe	Trommelstufe	
$\sum \zeta$	1	$0{,}034$	$0{,}118$	$\zeta_{sp,Le} + \zeta_{sp,La} + \zeta_R$
η_i	1	$0{,}794$	$0{,}760$	Gl. (3.74), (3.75)

3.4 Auslegung mehrstufiger Turbinen

Die bisherigen Überlegungen der Turbinentheorie behandelten die Energieumsetzung des Gefälles in einer Stufe. Im allgemeinen Falle aber wird das in einer Turbine zu verarbeitende Gesamtgefälle größer sein, als dass es in einer einzigen Stufe verarbeitet werden kann. Grundsätzlich möchte man weitgehend Überschallströmungen vermeiden, weil sie stark verlustbehaftet sind. Außerdem möchte man aus festigkeitstechnischen Gründen keine extrem hohe Energiedichte (Enthalpiegefälle) an einer Stufe haben. Dies würde zu ausgesprochen ungünstigen Gittergeometrien führen. Hinzu kommt, dass die Volumenzunahme bei der Entspannung eines großen Gefälles nicht in einer Stufe mit guter Geometrie verarbeitet werden kann.

Daher baut man mehrstufige Maschinen mit mehreren hintereinander angeordneten Stufen. Die Austrittsdaten der ersten Stufe sind gleichzeitig die Eintrittsdaten der zweiten Stufe (Repetierstufen). Hierbei zeigt sich sofort der Vorteil der in Abschn. 3.3.3 definierten Kennzahlen: Ähnliche Stufen haben gleiche Werte von φ_{ax}, μ_p, μ_u und η_u. Die Theorie der mehrstufigen Anordnung unterscheidet sich dabei nicht von der Einstufentheorie. Es ist also wegen der Möglichkeit über diese Kennzahlen zu optimierenden Stufen zu kommen und wegen des wirtschaftlichen Vorteils ähnlicher Beschaufelungsgeometrien sehr sinnvoll, mit diesen Kennzahlen mehrstufige Maschinen auszulegen.

So ist die Aufteilung des Gesamtgefälles auf die einzelnen Stufen einer Turbine vorzunehmen. Da sich die Stufenzahl im Preis einer Turbine niederschlägt, also auch ein wirtschaftlicher Faktor ist, wird man stets eine minimale Stufenzahl mit günstigsten Wirkungsgraden bei der Konstruktion einer Turbine anstreben. Dabei ergeben sich folgende Zusammenhänge:

Kriterium	Turbinenart	Eigenschaften
minimale Stufenzahl	Gleichdruckturbine	mässiger Wirkungsgrad mässiges Betriebsverhalten geringe Investitionskosten
höhere Stufenzahl	Überdruckturbine	besserer Wirkungsgrad besseres Betriebsverhalten höhere Investitionskosten

3.4.1 Das Gesamtgefälle

Die Entspannung in der Turbine ist verlustbehaftet. Die Zustandsänderung des Entspannungsvorgangs verläuft polytrop. D.h. ein Teil der Entspannungsarbeit wird zur Überwindung der Reibung benötigt. Die tatsächlich abgegebene Arbeit ist daher um den polytropen Wirkungsgrad η_{pol} kleiner. Die aufzubringende Dissipationsarbeit kommt bei adiabaten Maschinen teilweise dem Strömungsmedium zugute und führt – verglichen mit einer isentropen Entspannnung – zu einer Temperaturerhöhung des Fluides, siehe auch Gl. 3.41. Dieser Effekt wird als polytroper Wärmerückgewinn bezeichnet und ist bei der weiteren Entspannung zu berücksichtigen.

Betrachtet man in Abb. 3.32 eine verlustbehaftete Entspannung von p_1 nach p_A als polytrope Zustandsänderung, so zeigt sich, dass die restliche Expansion in Punkt A'' beginnt. In A'' ist aber die Temperatur und somit auch das spezifische Volumen größer als in A', und somit auch das Arbeitsvermögen des Mediums bei weiterer Entspannung. Somit steht durch die Verluste der vorherigen Stufe der nachfolgenden Stufe ein etwas größeres isentropes Enthalpiegefälle zur Verfügung als bei einer verlustlosen Expansion in der vorherigen Stufe. Das zur Verfügung stehende Gefälle zwischen den gegebenen Drücken p_A und p_2 ist bei gegebener polytropen Entspannung um den polytropen Wärmerückgewinn δh_{pol} der

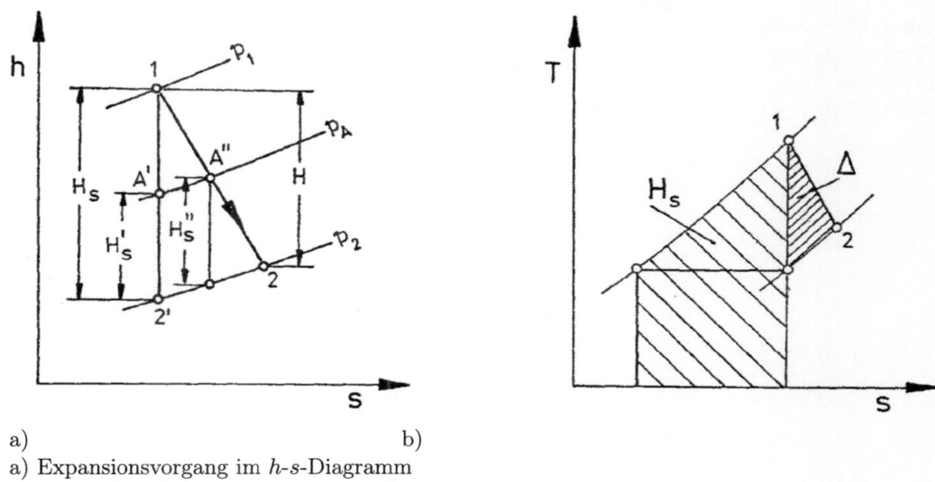

a)   b)

a) Expansionsvorgang im h-s-Diagramm
b) Expansionsvorgang im T-s-Diagramm

Abb. 3.32 Entspannungsvorgang – polytroper Wärmerückgewinn $\Delta = \delta h_{pol}$

vorherigen Entspannung größer. Es gilt mit Gl. (3.42) und mit Abb. 3.32:

$$H_s'' > H_s' \qquad \text{(divergierende Isobaren im } h - s\text{-Diagramm)}$$

$$T_A'' > T_A' \qquad \text{und}$$

$$v_A'' > v_A'$$

$$H_{pol} = H_s + \delta h_{pol} \tag{3.76}$$

Für unendlich viele Einzelstufen mit sehr kleinen Druckgefällen $\Delta p \rightarrow dp$ gilt:

$$\sum_{i=1}^{z} H_{s,St_i} \approx \sum_{i=1}^{z} H_{pol,St_i} = H_{pol,ges} = H_{s,ges}(1 + \delta_\infty) \tag{3.77}$$

Den Ausdruck $1 + \delta_\infty$ nennt man Wärmerückgewinnfaktor. Er ist abhängig vom Gesamtdruckverhältnis $\pi = \frac{p_2}{p_1}$, Polytropenexponent n, Isentropenexponent κ und kann für eine Folge infinitesimaler Entspannungsschritte (unendliche viele Einzelstufen) geschlossen berechnet werden zu, siehe auch Abb. 3.33:

Abb. 3.33 Polytroper Wärmerückgewinn bei unendlich vielen Turbinenstufen

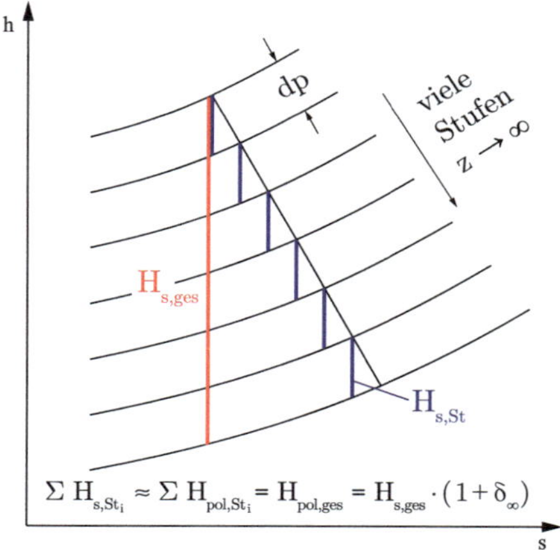

$$1 + \delta_\infty = f(\pi, n, \kappa)$$

$$1 + \delta_\infty = \frac{\frac{n}{n-1}\left[1 - \left(\frac{p_2}{p_1}\right)^{\frac{n-1}{n}}\right]}{\frac{\kappa}{\kappa-1}\left[1 - \left(\frac{p_2}{p_1}\right)^{\frac{\kappa-1}{\kappa}}\right]} \tag{3.78}$$

$$1 + \delta_\infty = \frac{\frac{H_i}{H_s}}{\frac{H_i}{H_{pol}}} = \frac{H_{pol}}{H_s} \tag{3.79}$$

$$1 + \delta_\infty = \frac{\eta_{s,ges}}{\bar{\eta}_{pol}} \tag{3.80}$$

Der Gesamtwirkungsgrad $\eta_{s,ges}$ der Entspannung von 1 nach 2 wird um den Wärmerückgewinnfaktor $1 + \delta_\infty$ und dem polytropen Wirkungsgrad $\bar{\eta}_{pol}$ der einzelnen (unendlich vielen) Stufen korrigiert. Es gilt:

$$1 + \delta_\infty > 1$$

$$\eta_{s,ges} > \bar{\eta}_{pol}$$

$$\eta_{s,ges} = \bar{\eta}_{pol}(1 + \delta_\infty) \tag{3.81}$$

Der Gesamtwirkungsgrad $\eta_{s,ges}$ ist somit um den Wärmerückgewinnfaktor größer als der polytrope Wirkungsgrad der Einzelstufen $\bar{\eta}_{pol}$.

Beim Übergang von unendlich vielen Stufen auf endliche Stufen z ergibt sich:

$$\delta = \delta_{\infty}(1 - \frac{1}{z}) \tag{3.82}$$

$$\eta_{s,ges} = \eta_{s,St}(1 + \delta) \ , \ mit \tag{3.83}$$

$$\eta_{s,ges} > \eta_{s,St}$$

Gl. (3.83) stellt Zusammenhang zwischen einer einzelnen und einer mehrstufigen Entspannung in bezug auf den isentropen Wirkungsgrad η_s dar. D.h. $\eta_{s,ges}$ der Gesamtentspannung wird um den Faktor $1 + \delta$ der Einzelstufenentspannung mit dem Wirkungsgrad $\eta_{s,St}$ korrigiert. Für z gegen ∞ geht $\eta_{s,St}$ gegen $\bar{\eta}_{pol}$ und Gl. (3.83) in Gl. (3.81) über. In der Praxis wird oft gesetzt:

$$\eta_{s,St} \approx \bar{\eta}_{pol} = 0,85...0,86 \tag{3.84}$$

Beim Übergang auf eine endliche Zahl von z Stufen ergibt sich analog zur Gl. (3.77):

$$H_{pol,ges} = H_{s,ges}(1 + \delta) \tag{3.85}$$

$$H_{pol,ges} = H_{s,ges}(1 + \delta) = \sum_{i=1}^{z} H_{s,St_i} \tag{3.86}$$

und bei konstantem Stufengefälle $H_{s,St}$ über alle z Stufen:

$$\sum_{i=1}^{z} H_{s,St_i} = z H_{s,St} = H_{pol,ges} \tag{3.87}$$

Für eine gewählte Bauweise der Stufen sind optimale Werte der Gefällezahl μ_p mit

$$\mu_p = \frac{H_{s,St}}{u^2} \quad \text{bzw.} \quad H_{s,St} = \mu_p \cdot u^2 \tag{3.88}$$

$$\mu_p = \frac{H_{pol,St}}{u^2} \quad \text{bzw.} \quad H_{pol,St} = \mu_p \cdot u^2 \tag{3.89}$$

bekannt, siehe auch Gl. (3.51). Dadurch ergibt sich für die Aufteilung des Gesamtgefälles $H_{pol,ges}$ auf mehrere Stufen z ($\mu_p = $ const über alle Stufen):

$$H_{pol,ges} = \sum_{i=1}^{z} H_{pol,St_i} = \mu_p \sum_{i=1}^{z} u_i^2 \tag{3.90}$$

In der Praxis stellt sich nun folgende Aufgabe bei der Aufteilung des Gesamtgefälles:

1. Enthalpie (Totalenthalpie) am Eintritt $h_0 \approx h_{t,0}$ ist immer gegeben.
2. Der statische Druck am Austritt p_a ist in vielen Fällen gegeben (GT, DT, HD-Teil, Gegendruckturbine).

3. Mit Einschätzung des polytropen Wirkungsgrades η_{pol} steht Polytropenexponent n fest und mit dem Fluid der Isentropenexponent κ.

4. Berechnung von $H_{pol,ges}$ (oder aus h-s-Diagramm ermittelbar).

5. Festlegung der Gefällekennzahl μ_p (Stufengefälle).

6. Wählbar ist nun $\sum_z u_i^2$ bzw. $\mu_p \sum_z u_i^2 = H_{pol,ges}$. Es ergeben sich mehrere Lösungen in Bezug auf Stufenzahl z und Stufendurchmesser D gemäß:

$$u = \frac{D}{2}\omega = \frac{D}{2}\cdot 2\pi f = \pi n D \qquad (3.91)$$

und auf die Drehzahl $n = \frac{u}{\pi D}$ in $\left[\frac{Umdrehung}{s}\right]$

7. Die Drehzahl einer Turbine ist

a) bei Generatorbetrieb konstant. Sie ist dabei bei Direktantrieb von der Netzfrequenz und Polzahl des Generators vorgegeben:

Anwendung		GT /DT		DT
50 Hz	2-polig(1 Polpaar)	$3000\ \frac{U}{min}$	4-polig(2 Polpaar)	$1500\ \frac{U}{min}$
60 Hz	2-polig	$3600\ \frac{U}{min}$	4-polig	$1800\ \frac{U}{min}$

Bei kleineren Leistungen kommen auch Getriebe zur Erhöhung der Turbinendrehzahl infrage.

b) bei sonstigen Antrieben wird eine Auslegungsdrehzahl vorgegeben, jedoch kann die Drehzahl mit der Leistung entsprechend einer Kennlinie variieren. Getriebe zur Erhöhung der Turbinendrehzahl sind möglich.

8. Ist Drehzahl n gewählt, so bleibt die Abstimmung zwischen Stufenzahl z und Durchmesser D, wobei der Durchmesserverlauf noch eine Rolle spielt.

a) Durchmesserverlauf

- konstant
- gestuft
- ansteigend

b) Zusammenhang

- großes D, wenig Stufen, billig, niedriger η, kurzer stabiler Läufer (Rotordynamik)
- kleines D, viele Stufen, teuer, guter η, langer Läufer, rotordynamisch empfindlicher

9. Aufteilung des Gesamtgefälles (tabellarisch oder grafisch im h-s-Diagramm). Bekannt sind dann: h_i, p_i, v_i

10. Bezeichnungen der vielstufigen Turbine

Nach Abb. 3.34 ergeben sich bei vorgegebenem Durchmesserverlauf die Schaufellängen l_i mit Hilfe der Kontinuitätsgleichung zu:

$$\dot{m} = \rho_i \cdot A_i \cdot c_i \ , \ \ oder \tag{3.92}$$

$$\dot{m} \cdot v_i = A_i \cdot c_i = \underbrace{\pi \cdot D_i \cdot l_i \cdot \tau_i}_{A_i} \cdot c_{ax,i} \ , \ \ oder \tag{3.93}$$

$$l_i = \frac{\dot{m} \cdot v_i}{\pi \cdot D_i \cdot \tau_i \cdot c_{ax,i}} \tag{3.94}$$

mit τ als Versperrungs- bzw. Verengungsfaktor.

11. Fazit bei Stufenauslegung:

- Bei vorgegebenem Durchmesser D_i bzw. u_i und $\mu_{p,i} = \mu_p$ verwendet man soviel Stufen z bis die Summe der einzelnen polytropen Stufengefälle $H_{pol,St,i}$ gleich dem umzusetzenden Gesamtgefälle $H_{pol,ges}$ nach Gl. (3.90) ist. Werte der Gefällezahl μ_p sind in Abschn. 3.3.3 angegeben (siehe Gl. (3.51) bis (3.55))
- Berechnung der Schaufellängen l_i erfolgt mit der Hilfe der Kontigl. nach Gl. (3.94)

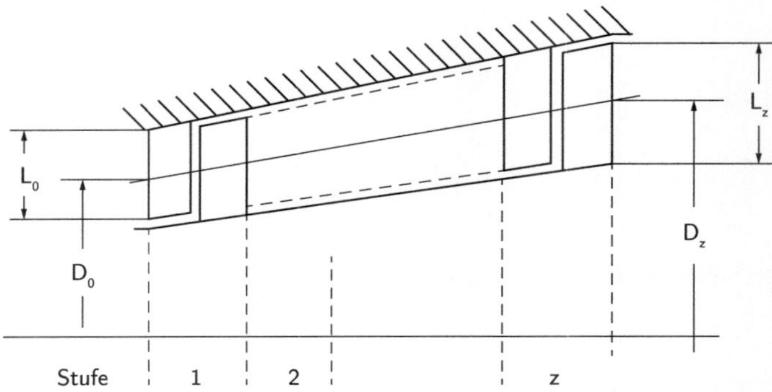

D_0 : Eintrittsdurchmesser der 1. Stufe
D_z : Austrittsdurchmesser der letzten Stufe
D_i : Durchmesserverlauf zwischen D_0 und D_z
l_i : Schaufellänge beim Durchmesser D_i

Abb. 3.34 Bezeichnungen der vielstufigen Turbine

Beispiel 3.6 *In einer Kondensationsturbine expandiert Dampf von $p_1 = 6\,MPa$ auf $p_2 = 0,004\,MPa$. Welcher Wärmerückgewinnfaktor $1 + \delta_\infty$ und welcher innere Wirkungsgrad $\eta_{s,ges} = \eta_{i,s,ges}$ sind zu erwarten, wenn folgende vereinfachende Annahmen getroffen werden? Die Turbine hat sehr viele (fast unendlich viele) Stufen, die alle den gleichen polytropen inneren Wirkungsgrad $\eta_{pol} = \eta_{i,pol} = 0,76$ haben. Der Isentropenexponent κ ist mit $\kappa = 1,322$ im ganzen Bereich konstant.*

Lösung 3.6 *Nach den Gl. (3.38), (3.78) ergibt sich:*

$$n = \frac{1,322}{1,322 - 0,76(1,322 - 1)} = 1,227$$

$$\frac{p_2}{p_1} = \frac{0,004\,MPa}{6\,MPa} = \frac{1}{1500}$$

$$1 + \delta_\infty = \frac{1}{0,76}\frac{1 - (1/1500)^{\frac{0,227}{1,227}}}{1 - (1/1500)^{\frac{0,322}{1,322}}} = 1,173$$

$$\eta_{s,ges} = (1 + \delta_\infty)\eta_{pol} = 1,173 \cdot 0,76 = 0,892$$

3.4.2 Hauptabmessungen vielstufiger Turbinen

Da beim Neuentwurf weder die Schaufellänge l, Durchmesser D_0, D_z noch die Axialgeschwindigkeit bekannt sind, benutzt man zur Berechnung von D_0 und D_z bezogene Größen. Man definiert das Schaufellängenverhältnis λ als das Verhältnis von Schaufellänge zu mittlerem Durchmesser:

$$\lambda = \frac{l}{D_m} \tag{3.95}$$

mit λ- Werten von

$$\lambda = \underbrace{0,05}_{\lambda_{min}} \mathinner{....} \underbrace{0,35}_{\lambda_{max}} \tag{3.96}$$

Tab. 3.13 zeigt Anhaltswerte für das Schaufellängenverhältnis $\lambda = \frac{L}{D_m}$:

Tab. 3.13 Anhaltswerte für $\lambda = \frac{L}{D_m}$

$\lambda_{min} = 0,05 \dots 0,06$	Eintrittsreihe (1. Stufe)
$\lambda_{zylindrisch} = 0,12 \dots 0,15$	Grenze für zylindrische bzw. prismatische Schaufeln
$\lambda_{max} = 0,35$	obere Grenze für verwundene Schaufeln (Endstufen)

Mit Hilfe der Volumenstromkennzahl φ_{ax} ergibt sich für eine Überdruckturbine mit dem Reaktionsgrad $\mathbf{r} = 0{,}5$

$$\varphi_{ax,\,\mathbf{r}=0{,}5} = \frac{c_{ax}}{u} = \sin\alpha_1 \cdot \sqrt{\frac{\mu_p}{\frac{1}{\varphi_{le}^2} - \sin^2\alpha_1}} \tag{3.97}$$

erhält man daraus allgemein für die Durchmesser D_0 und D_z:

$$D_0 = \sqrt[3]{\frac{\dot{m}v_0}{\left(\frac{c_{ax}}{u}\right)_0 \cdot n_s \cdot \pi^2 \cdot \lambda_0 \cdot \tau_0}} \tag{3.98}$$

$$D_z = \sqrt[3]{\frac{\dot{m}v_z}{\left(\frac{c_{ax}}{u}\right)_z \cdot n_s \cdot \pi^2 \cdot \lambda_z \cdot \tau_z}} \tag{3.99}$$

mit n_s als sekündliche Drehzahl in $[\frac{1}{s}]$. Daraus folgt, dass der Durchmesserverlauf beim Entwurf einer vielstufigen Turbine vorgegeben bzw. bekannt sein sollte.

Durchmesserverlauf Für überschlägige Berechnungen kann der Durchmesserverlauf durch einfache Funktionen dargestellt werden. In der Praxis wird oft ein konischer bzw. linear ansteigender und ein parabolischer Durchmesserverlauf über der Stufenzahl verwendet. Mit dem Ansatz für einen konischen Durchmesserverlauf (Index k) und für einen parabolischen Durchmesserverlauf (Index p) kann die benötigte Stufenanzahl z_k bzw. z_p geschlossen ermittelt werden zu:

$$z_k = \frac{\dfrac{H_{pol,ges}}{\mu_p}}{(\pi n_s D_0)^2 \left(\dfrac{D_z}{D_0} + \dfrac{1}{3}\left[\dfrac{D_z}{D_0} - 1\right]^2 \right)} \tag{3.100}$$

$$z_p = \frac{\dfrac{H_{pol,ges}}{\mu_p}}{(\pi n_s D_0)^2 \left(1 + \dfrac{2}{3}\left(\dfrac{D_z}{D_0} - 1\right) + \dfrac{1}{5}\left[\dfrac{D_z}{D_0} - 1\right]^2 \right)} \tag{3.101}$$

Erkennbar ist, dass ein parabolischer Verlauf eine größere Stufenanzahl z als beim konischen Verlauf erfordert (ca. 20% größere Stufenanzahl), durch Annähern der Treppenfunktion durch einen stetigen Verlauf man eine zu geringe Stufenanzahl erhält und aus fertigungstechnischen Gründen man die Wandkontur der einzelnen Stufengruppen kegelig ausführt und die Nabenkontur meistens zylindrisch.

Stufeneinteilung Eine mehrstufige Turbine besteht aus geometrisch ähnlichen Stufen mit gleichen Kennzahlen wie z. B. die Volumenstromkennzahl $\varphi_{ax} = \frac{c_{ax}}{u}$ und die Gefällekennzahl $\mu_p = \frac{\Delta h_{pol}}{u^2}$ (siehe Gl. (3.57)). Damit ergeben sich über alle Stufen jeweils ähnliche Schaufelprofile von Leitrad und Laufrad. Mit dem gewählten Durchmesserverlauf im Mittelschnitt stellen sich dann unterschiedliche Umfangsgeschwindigkeiten im Mittelschnitt ein mit entsprechend angepasster axialer Zuströmung zur Stufe. Oft werden einzelne Stufen zu Stufengruppen mit konstantem Durchmesser, wie z. B. bei Gleichdruckturbinen, zusammengefasst und durch Anzapfungen an der Turbine für die Speisewasservorwärmung oder Wärmeauskopplung abgegrenzt. Ist die erforderliche Schaufellänge zu groß, wird der Massenstrom auf mehrere Fluten der Turbinen (zweiflutig) oder auf Teilturbinen (MD-Turbinen und mehrgehäusige ND-Turbinen) aufgeteilt. Sehr oft wird die erste Stufe als eine Gruppe für sich behandelt, insbesondere dann, wenn sie als Regelstufe ausgebildet ist (Abschn. 3.2.1). Abb. 3.35 zeigt einen Schnitt durch eine Gleichdruckturbine mit 2 Stufengruppen bei jeweils konstantem Durchmesserverlauf und mit einer Regelstufe als 1. Stufe. Abb. 3.36 zeigt einen Schnitt durch eine Überdruckturbine mit parabolischem Durchmesserverlauf und mit einer Regelstufe als 1. Stufe.

Beispiel 3.7 *Turbinenauslegung – Berechnungsbeispiel*

Eine Industrieturbine mit minimaler Stufenanzahl - Gleichdruckturbine mit Reaktionsgrad $r = \frac{H_{s,La}}{H_{s,St}} = 0$ und konstantem mittleren Durchmesserverlauf D_m - soll nachgerechnet werden. Gegeben sind für die Turbinenberechnung folgende Daten:

- *Wärmezufuhr im Dampferzeuger auf Frischdampfzustand FD*
- *Entspannung in der Turbine auf Sattdampfzustand $x_D = 1$*
- *Wärmeabfuhr im Heizkondensator zur Nutzung im Industriewärmenetz*

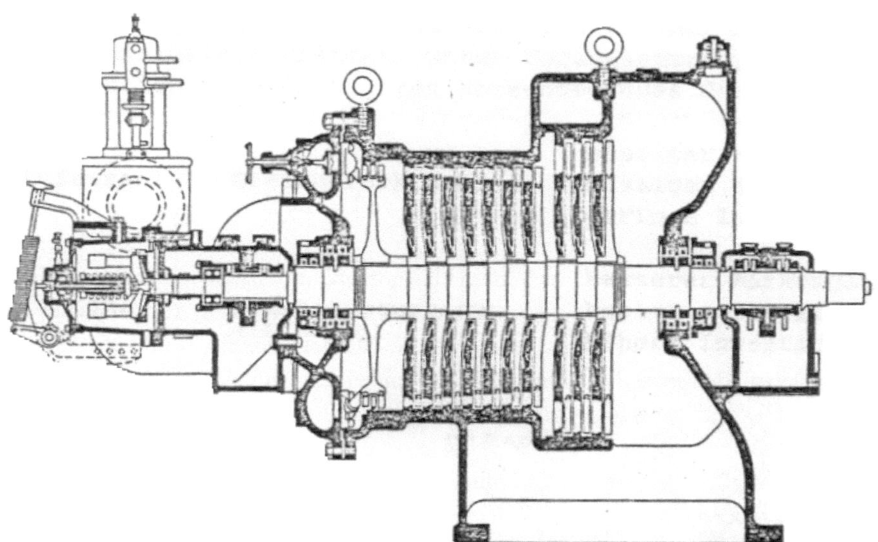

Abb. 3.35 Eingehäusige Gleichdruckkondensationsturbine mit Scheibenläufer [31]

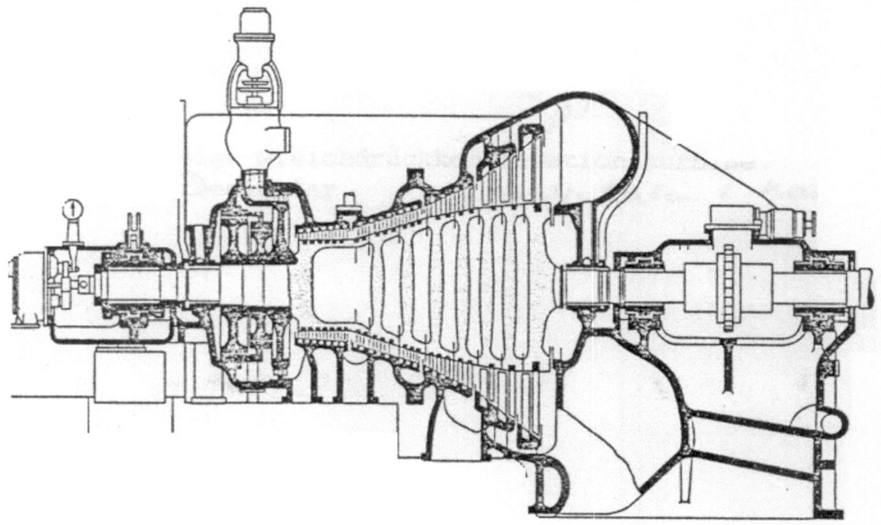

Abb. 3.36 Eingehäusige Überdruckkondensationsturbine mit Trommelläufer [31]

$$
\begin{aligned}
p_{FD} &= 10\ bar & &(Frischdampfdruck) \\
t_{FD} &= 300\,^{\circ}C & &(Frischdampftemperatur) \\
p_{heiko} &= 1\ bar & &(Heizkondensatordruck) \\
\dot{m}_T &= 15\ \tfrac{kg}{s} & &(Massenstrom\ durch\ Turbine) \\
n_{min} &= 3600\ \tfrac{U}{min} & &(Drehzahl\ des\ Turbosatzes) \\
\kappa &= 1{,}3 & &(Isentropenexponent\ Heissdampf) \\
n &= 1{,}216 & &(Polytropenexponent\ der\ Expansion) \\
\tau_{e,a} &= 0{,}85 & &(Versperrungsfaktor\ der\ Stufen) \\
\mu_{p,\mathbf{r}=0} = \tfrac{2\Delta h_{pol}}{u^2} &= 2{,}0 & &(Gefällekennzahl\ Gleichdruckturbine) \\
\varphi_{ax,\mathbf{r}=0} = \tfrac{c_{ax}}{u} &= 0{,}67 & &(Volumenstromkennzahl\ Gleichdruckturbine)
\end{aligned}
$$

Lösung 3.7

1. *Der Eintrittszustand $h_e = h_{FD}$, v_e ergibt sich im h-s-Diagramm als Schnittpunkt von $h(p,T)$ zu: $h_e = 3050\,\tfrac{kJ}{kg}$, $v_e = 0{,}26\,\tfrac{m^3}{kg}$. Der Austrittszustand h_a, v_a ergibt sich im $h-s$-Diagramm als Schnittpunkt von p_{heiko} mit der Taulinie $x_D = 1{,}0$ zu: $h_a = 2675\,\tfrac{kJ}{kg}$, $v_a = 1{,}7\,\tfrac{m^3}{kg}$. Das innere Gefälle der Turbine ist: $H_{i,ges} = \Delta h_{i,T} = h_e - h_a = 375\,\tfrac{kJ}{kg}$ (siehe auch Abb. 3.17).*

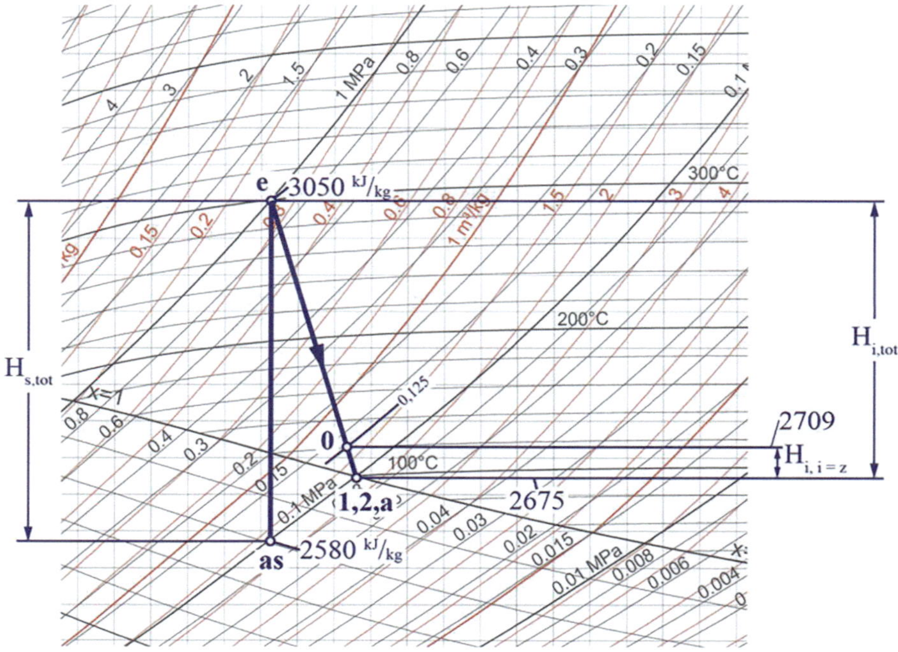

Abb. 3.37 Isentroper und polytroper Expansionsverlauf im h-s-Diagramm von Beispiel 3.7

2. *Das isentrope Gesamtgefälle $H_{s,ges}$ ergibt sich im $h-s$-Diagramm als isentrope Expansion von e nach as zu:* $H_{s,ges} = \Delta h_{s,T} = 470\,\frac{kJ}{kg}$. *Der isentrope Wirkungsgrad der Turbine ergibt sich zu:* $\eta_{i,T} = \frac{\Delta h_{i,T}}{\Delta h_{s,T}} = \frac{375\,\frac{kJ}{kg}}{470\,\frac{kJ}{kg}} = 0{,}8$, *siehe Abb. 3.37.*

3. *Der polytrope Wirkungsgrad $\eta_{i,pol}$ ergibt sich zu (Gl. (3.37)):* $\eta_{i,pol} = \frac{n-1}{n}\frac{\kappa}{\kappa-1} = 0{,}77$. *Der Wärmerückgewinnfaktor $1+\delta_\infty$ ergibt sich zu (Gl. (3.78)):*

$$1+\delta_\infty = \frac{1}{\eta_{i,pol}}\frac{1-\left(\frac{p_a}{p_e}\right)^{\frac{n-1}{n}}}{1-\left(\frac{p_a}{p_e}\right)^{\frac{\kappa-1}{\kappa}}} = \frac{1}{0{,}77}\frac{1-\left(\frac{1\,bar}{10\,bar}\right)^{\frac{1,216-1}{1,216}}}{1-\left(\frac{1\,bar}{10\,bar}\right)^{\frac{1,3-1}{1,3}}} = 1{,}0576.$$

Das für die Stufenauslegung zur Verfügung stehende Enthalpiegefälle $H_{pol,ges}$ ergibt sich zu (Gl. (3.77), (3.82), $\delta \approx \delta_\infty$):

$$H_{pol,ges} = (1+\delta_\infty)H_{s,ges} = 497\,\frac{kJ}{kg}.$$

4. *Die Aufteilung des Gesamtgefälle auf die z Stufen ist (Gl. (3.90)):*

$$H_{pol,ges} = \sum_z H_{pol,i} = \mu_p \cdot \sum_z u_i^2.$$

Bei einer geplanten Stufenanzahl von $z = 11$ Stufen und konstantem Durchmesserverlauf $D_{m,i} = const$ bzw. $u_i = const$ ergibt sich daraus: $H_{pol,ges} = \sum_z H_{pol,i} = z H_{pol,i}$

$bzw.\ H_{pol,i} = \dfrac{H_{pol,ges}}{z} = \dfrac{497\,\frac{kJ}{kg}}{11} = 45{,}2\,\frac{kJ}{kg}.$

5. *Die Umfangsgeschwindigkeit pro Stufe* i *mit* $u=u_i = const$ *ergibt sich zu (Gl. (3.51),*
   (3.89)): $u = \sqrt{\dfrac{H_{pol,i}}{\mu_p}} = 150\,\frac{m}{s}.$

6. *Das innere Stufengefälle der letzten Stufe* $z = 11$ $H_{i,i=z} = H_{i,St}$ *ergibt sich zu*
   (Gl. (3.36)):
   $H_{i,i=z} = \eta_{i,pol} H_{pol,i} = 34{,}8\,\frac{kJ}{kg}.$
   Damit ergeben sich für die letzte Stufe z *folgende Zustände* $0, 1, 2$ *aus dem h-s-*
   Diagramm (siehe Abb. 3.37):
   $h_{0,z} = 2709{,}8\,\frac{kJ}{kg}$, $h_{1,z} = h_{2,z} = 2675\,\frac{kJ}{kg}$ *(keine Laufrad-Verluste),* $p_{0,z} \approx 1{,}25\,bar,$
   $p_{1,z} = p_{2,z} = 1\,bar.$

7. *Der mittlere Durchmesser* $D_{m,i} = D_{m,i=z} = D_m$ *ergibt sich zu (Gl. (3.32), (3.91)):*
   $D_m = \dfrac{u}{\pi f} = \dfrac{150\,\frac{m}{s}}{\pi \cdot 60\,\frac{1}{s}} = 0{,}8\,m.$

8. *Mit der Volumenstromkennzahl* $\varphi_{ax} = \frac{c_{ax}}{u}$ *ergibt sich für die axiale Strömungsge-*
   schwindigkeit der letzten Stufe zu (Gl. (3.47)):
   $c_{ax} = \varphi_{ax} u = 100\,\frac{m}{s},$
   und damit mit dem Massentrom durch die Turbine (Kontinuitätsgleichung) die Schau-
   fellänge l_z *der letzten Stufe zu (Gl. (3.94)):*
   $l_z = \dfrac{v_a \dot{m}}{\pi D_m c_{ax} \tau_a} = \dfrac{1{,}7\,\frac{m^3}{kg}\,15\,\frac{kg}{s}}{\pi \cdot 0{,}8\,m\,100\,\frac{m}{s}\cdot 0{,}85} = 0{,}12\,m.$

9. *Das Schaufellängenverhältnis* $\lambda = \frac{l}{D_m}$ *ergibt sich zu (Gl. (3.95)):*
   $\lambda = 0{,}15,$
   was die Grenze für prismatische bzw. zylindrische Schaufeln darstellt.

10. *Die Turbinenleistung* P_T *beträgt (Gl. (3.102)):*
    $P_T = \dot{m} H_{i,ges} = 15\,\frac{kg}{s} \cdot 375\,\frac{kJ}{kg} = 5{,}6\,MW.$

11. *Mit* $H_{u,St} = H_{i,St} + H_{v,Zusatz}$ *(Gl. (3.44), (3.30)) würden sich die Zusatzverluste wie*
    Spaltverluste, etc. bei diesem Berechnungsbeispiel ergeben zu:
    $H_{v,Zusatz} = H_{u,St} - H_{i,St} = \Delta w_u u - H_{i,St} = 2u \cdot u - H_{i,St} \approx 10\,\frac{kJ}{kg}$, *d.h. hohe*
    Spaltverluste werden berücksichtigt.

12. *Die Geschwindigkeitsdreiecke und der Schaufelplan der letzten Stufe der Gleichdruck-*
    turbine ergeben sich bei rein axialer Zuströmung zu, siehe Abb. 3.38:

3.4.3 Verluste und Wirkungsgrade

Innere Verluste Der Wirkungsgrad einer Dampfturbine wird im Wesentlichen von den Verlusten der Einzelstufen (Abschn. 3.3.7, 3.3.8) bestimmt. Gemeinsames Merkmal aller dieser

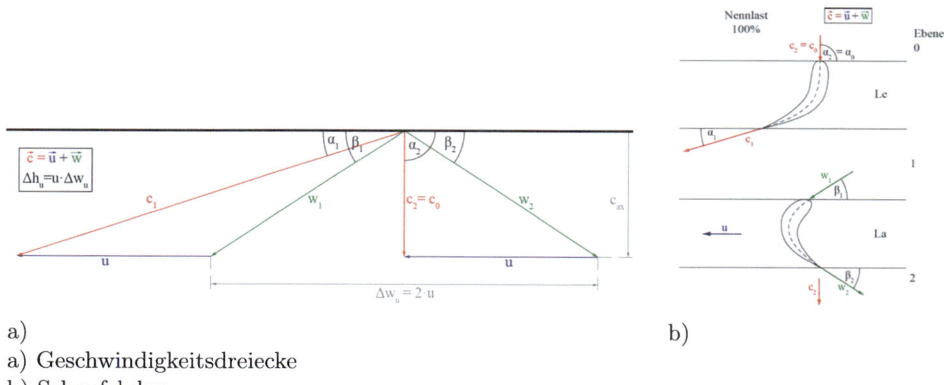

a)　　　　　　　　　　　　　　　　　　　　　　　　　　b)

a) Geschwindigkeitsdreiecke
b) Schaufelplan

Abb. 3.38 Geschwindigkeitsdreiecke und Schaufelplan der letzten Turbinenstufe von Beispiel 3.7

Verluste ist, dass sie die Enthalpie des Dampfes gegenüber dem gedachten Austrittszustand bei isentroper Expansion erhöhen. Der Dampf ist also gewissermaßen das Kühlmittel, das die verlorene Energie aufnimmt. Der damit verbundene Rückgewinn wurde in Abschn. 3.4.1 besprochen.

Äußere Verluste Im Gegensatz zu den inneren sind Undichtigkeitsverluste und mechanische Verluste der Turbine als Ganzes und nicht den einzelnen Stufen anzurechnen.

Undichtigkeitsverluste An den äußeren Wellendichtungen gehen kleinere Teilmengen des Arbeitsdampfes verloren. Anders als bei den Spaltverlusten der Einzelstufen (Abschn. 3.3.8) handelt es sich dabei um einen äußeren Verlust. *Mechanische Verluste* sind, wie bei allen Strömungsmaschinen gering. Außer der Reibung in den Trag- und Axiallagern ist an den Leistungsbedarf der Hilfsantriebe, also der Pumpen für Lager- und Steueröl sowie den Reglerantrieb zu denken. Bei den Getriebeturbinen werden manchmal der Einfachheit halber auch die Getriebeverluste der Turbine angerechnet.

Wirkungsgrade Zur Berechnung der Verluste werden Wirkungsgrade definiert, indem die Kupplungsleistung der Turbine auf die theoretische Leistung bei isentroper Expansion bezogen wird.

$$P_K = \eta_m \dot{m} \Delta h_i = \eta_m \eta_i \dot{m} \Delta h_s = \eta_K \dot{m} \Delta h_s \,, \tag{3.102}$$

mit

$$\eta_i: \qquad \text{innerer Wirkungsgrad}$$
$$\eta_m: \qquad \text{mechanischer Wirkungsgrad}$$
$$\eta_K = \eta_i \eta_m: \qquad \text{Kupplungswirkungsgrad}$$

Beispiel 3.8 *Für eine Dampfkraftanlage mit Anzapfvorwärmung und Zwischenüberhitzung ist gegeben:*

Frischdampfzustand	$p_{FD} = 19\ MPa,\ t_{FD} = 535°\ C$
Kondensationsdruck	$p_{kon} = 0,004\ MPa$
Leistung an den Generatorklemmen	$P_{el} = 100\ MW$
Generatorwirkungsgrad	$\eta_G = 0,97$

Im Beispiel 2.7 ist der Kreisprozess dieser Anlage behandelt worden. Dort wurde unter anderem das Verhältnis der inneren Leistung zur Frischdampfmenge berechnet $\frac{P_i}{\dot{m}} = 1059,8\ \frac{kWs}{kg}$. Gesucht ist der erforderliche Frischdampfmassenstrom $\dot{m}$.

Lösung 3.8 *Der mechanische Wirkungsgrad wird nach Abb. 3.39 auf $\eta_m = 0{,}995$ geschätzt, so dass sich ergibt:*

$$P_i = \frac{P_{el}}{\eta_G \eta_m} = \frac{100 \cdot 10^3\ kW}{0,97 \cdot 0,995} = 103{,}5 \cdot 10^3\ kW$$

$$\dot{m} = \frac{P_i}{\frac{P_i}{\dot{m}}} = \frac{103{,}5 \cdot 10^3\ kW}{1059{,}8\ \frac{kWs}{kg}} = 97{,}7\ \frac{kg}{s}.$$

3.4.4 Berührungsfreie Dichtungen – Labyrinthdichtungen

Zur Abdichtung der Wellendurchführungen durch die Gehäuse dienen, wie bei den anderen thermischen Strömungsmaschinen, berührungsfreie Labyrinthdichtungen (Abb. 3.40). Hauptaufgaben der berührungsfreien Dichtungen sind die Absperrung eines Arbeitsraumes gegen einen anderen oder gegen die Umgebung und die Vermeidung des Kontaktes zwischen den drehenden Rotorteilen und den sich nicht drehenden Statorteilen. Nebenaufgaben sind die Aufrechterhaltung von Druckdifferenzen zur Reduktion des Axialschubes, die definierte Leckdampfströmung vorgegebener Temperatur zur Optimierung der Gehäusetemperaturen und die Trennung des fluidbeaufschlagten Maschinenbereichs gegenüber der Umgebung. Insbesondere werden die Labyrinthdichtungen der Wellendurchführungen beim Anfahren der Turbine mittig mit einem Sperrmedium bedampft, um z. B. den Kondensatordruck nach der ND-Turbine einstellen zu können.

Aufbau und Wirkungsweise Der Spaltstrom, den diese Dichtungen stets durchtreten lassen, wird klein gehalten, indem der Dampf unter Druckabsenkung in engen Spalten beschleunigt, und die erreichte kinetische Energie in den anschließenden Ringräumen verwirbelt wird.

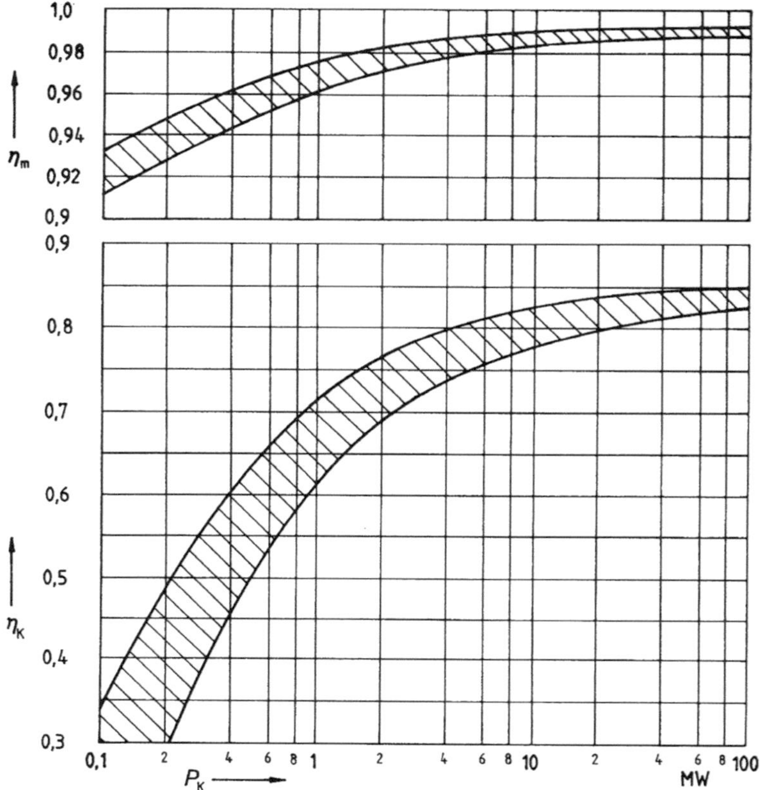

Abb. 3.39 Mechanischer Wirkungsgrad η_m und Kupplungswirkungsgrad η_K als Funktionen der Kupplungsleistung P_K

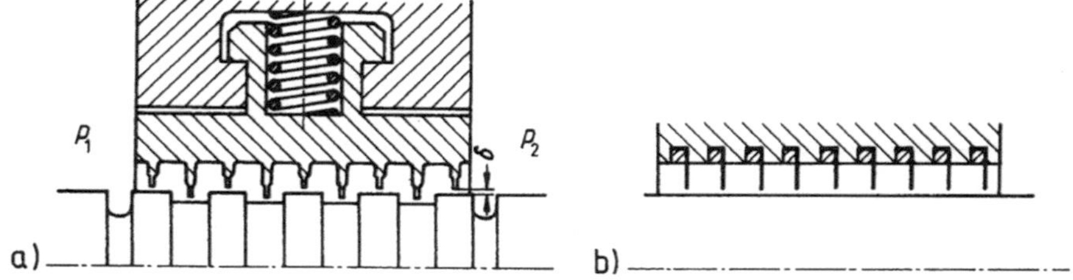

a) Volllabyrinth mit aus dem Vollen gedrehten Spitzen

b) Halblabyrinth mit eingestemmten Dichtspitzen (Blechstege)

Abb. 3.40 Labyrinthdichtungen in thermischen Strömungsmaschinen

Dichtungen dieser Art werden auch an den Wellendurchführungen zur Abdichtung nach außen (Stopfbüchsen), an den Wellendurchführeungen durch die Zwischenböden der Kammerturbinen und an den Deckbändern der Beschaufelungen (Abschn. 3.3.8) sowie an den Schubausgleichkolben der Trommelturbinen (Abschn. 3.4.5) verwendet.

Die Dichtungsspitzen können aus dem Vollen gedreht oder durch dünne Blechstege gebildet sein, die in das Grundmaterial eingestemmt sind. In jedem Fall müssen die Stege sehr dünn sein, etwa 0,2 bis 0,3 mm, damit sie sich bei einem eventuellen Anstreifen gefahrlos abschleifen können, ohne dass die Reibungswärme im Grundmaterial oder auf der Gegenseite unzulässig hohe Temperaturen erzeugt. Die Spitzen können auf der Wellen- oder auf der Gehäuseseite angeordnet sein. Sitzen die Spitzen auf der Welle, so bringt man sie oft zu deren Schutz vor Verzug durch einseitige Erwärmung auf einer Schonbüchse an. Nach einem Anstreifen tritt nämlich an der beschädigten Stelle ein vermehrter Durchfluss auf und diese wird einseitig aufgewärmt, da die schadhafte Stelle mit der Welle umläuft. Im Bereich des Zwischenbodens bei Kammerturbinen werden die Dichtungen über Federpakete eingebaut, damit diese nach einem evtl. Anstreifen zurückweichen können (siehe Abb. 3.40)

Das radiale Spiel soll wegen der Leckverluste klein sein, muss aber groß genug sein, um ein Anlaufen zu verhindern. Anhaltswerte gibt Gl. (3.67).

Fanno-Kurve Im h, s-Diagramm stellt sich die wiederholte Beschleunigung und Verwirbelung als eine gezackte Linie dar, die in Abb. 3.41 unter der vereinfachenden Annahme gezeichnet ist, dass die Expansionen isentrop und die Verwirbelungen isobar sind. Insgesamt ist der Vorgang von $1 - 2II$ eine isenthalpe Drosselung mit $h = $ const.

Im glatten Spalt (Abb. 3.41a) wird das Medium kontinuierlich durch die Grenzschicht der Wandoberflächen gebremst. Die Expansionsströmung ist die Fanno-Kurve und führt zu einer ständigen Zunahme der Geschwindigkeit, wobei die isobare Verwirbelung auf den Austrittsdruck p_z nach dem Spalt in der Umgebung erfolgt.

Im Labyrinthspalt (Abb. 3.41b) entspannt sich das Strömungsmedium von Kammer zu Kammer über das vorgelagerte Drosselblech. Die Strömung ist keine reine Drosselströmung, da ein Teil des Mediums das Labyrinth ungehindert durchströmen kann. Es erfolgt keine vollständige Verwirbelung in den Labyrinthkammern.

Die Labyrinthströmung (Abb. 3.41c) ist eine reine Drosselströmung, da in jeder Labyrinthkammer eine vollständige isobare Verwirbelung auf das anfängliche Energieniveau erfolgt. Durch die verzahnte Ausführung des Volllabyrinths kann ein ungehindertes Durchströmen eines Teiles des Mediums von Spalt zu Spalt vermieden werden.

Mit der Kontinuitätsgleichung $\dot{m}_{sp}v = \dot{V}_{sp} = c_{sp}A_{sp}$ und c_{sp} als Geschwindigkeit am Ende der isentropen Expansionen, also $c_{sp} = \sqrt{2\Delta h}$ und einer konstanten Spaltringflächen A_{sp} über alle Dichtungsspitzen, ergibt sich die Fanno-Kurve als Expansionsströmung im h-s-Diagramm:

$$\frac{\dot{m}_{sp}^2}{2A_{sp}^2} = \frac{\Delta h}{v^2} = \text{const} \tag{3.103}$$

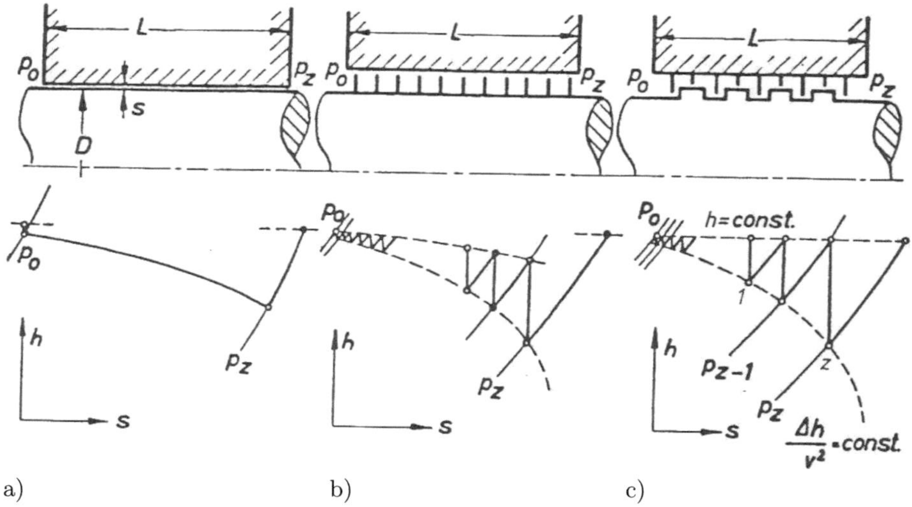

a) glatter Spalt (Durchblickdichtung)
b) Labyrinthspalt (Durchblickdichtung)
c) Labyrinth (Volllabyrinth)

Abb. 3.41 Die drei Grundtypen der Spaltdichtungen mit Zustandsänderungen – Fanno-Kurve [36]

Massenstrom durch Labyrinthdichtung Der Spaltmassenstrom durch eine Labyrinthdichtung mit z Dichtspitzen nach Stodola [27] berechnet sich mit folgenden Annahmen: Index 0 vor der 1. Dichtspitze, z nach der letzten Dichtspitze, kleine und gleiche Druckdifferenzen Δp zwischen zwei Spalten, isotherme Zustandsänderung im Bereich der Dichtspitze, keine Schallgeschwindigkeit an der letzten Dichtspitze.

$$c_{sp} = \sqrt{2\Delta h} = \sqrt{2\frac{\Delta p}{\rho}} = \sqrt{2v\Delta p}$$

$$\frac{\dot{m}_{sp}^2}{2A_{sp}^2} = \frac{\Delta h}{v^2} = \frac{\Delta p}{v}$$

$$p\Delta p = \frac{p_0 v_0}{2}\left(\frac{\dot{m}_{sp}}{A_{sp}}\right)^2$$

$$\sum_z p\Delta p = \frac{z\cdot p_0 v_0}{2}\left(\frac{\dot{m}_{sp}}{A_{sp}}\right)^2 \qquad (\Delta p \to dp \to \int dp)$$

$$A_{sp} \to \mu A_{sp} \qquad \text{Korrektur der Spaltringfläche mit Durchflusskoeffizient } \mu,$$

$$\dot{m}_{sp} = \mu A_{sp}\sqrt{\frac{p_0^2 - p_z^2}{z p_0 v_0}} = \mu\pi D_{sp}\delta_{sp}\sqrt{\frac{p_0^2 - p_z^2}{z p_0 v_0}} \qquad\qquad (3.104)$$

Der Durchflusskoeffizient μ berücksichtigt dabei die Einschnürung der Strömungsquerschnitte an den scharfen Dichtspitzenkanten und die durch die Näherungen verursachten Ungenauigkeiten. Er ist von der konstruktiven Gestaltung der Labyrinthe abhängig, experimentell zu bestimmen. Tendenziell gilt:

$$\mu_{glatter\,Spalt} > \mu_{Labyrinthspalt} > \mu_{Labyrinth}$$

$$0{,}6 \leq \mu_{Labyrinth} \leq 0{,}85 \qquad : \text{gute Durchflusskoeffzienten}$$

$$\mu_{Labyrinthspalt} \approx 1{,}2 \qquad : \text{Durchblickdichtung}$$

Die Stodola-Gleichung (3.104) gilt für eine Unterschallströmung an der letzten Dichtspitze.

In Abb. 3.42 ist der Expansionsverlauf im glatten Spalt als auch in der Labyrinthströmung für die Unterschall- und Schallgeschwindigkeit an der letzten Dichtspitze dargestellt. Der Eintrittszustand ist hier mit dem Index 1 und der Austrittszustand mit dem Index 2 markiert. Schneidet die Isobare p_2, die den Druck hinter dem Labyrinth beschreibt, den oberen Ast der Fanno-Kurve, so bleibt die Geschwindigkeit in allen Dichtspalten unterhalb der Schallgrenze. Hat die Isobare p_2 keinen gemeinsamen Punkt mit dem oberen Teil der Fanno-Kurve, so wird im letzten Spalt die Schallgeschwindigkeit erreicht. Das Erreichen der Schallgeschwindigkeit im letzten Spalt ist durch eine senkrechte Tangente an der Fanno-Kurve darstellbar.

Tritt an der letzen Dichtspitze z die Schallgeschwindigkeit auf, so kann der Massentrom durch die Labyrinthdichtung ermittelt werden zu:

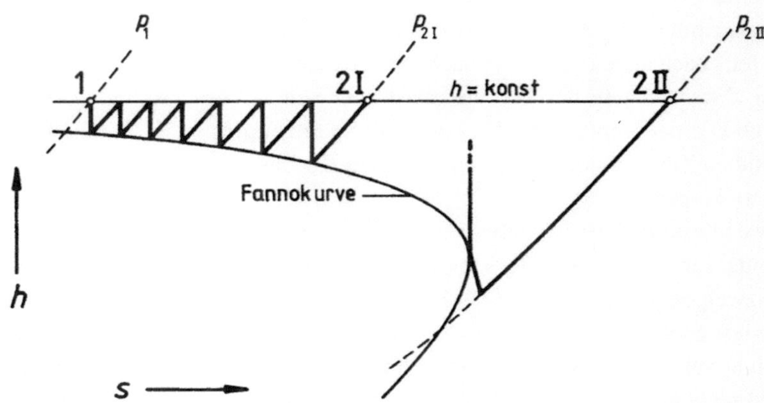

Abb. 3.42 Fanno-Kurve

$$\dot{m}_{sp} = \mu A_{sp} \sqrt{\frac{1}{\frac{1}{\Psi_L^2} + z - 1} \left(\frac{p_1}{v_1}\right)}.$$

Mit $\kappa = 1,3$ für Heißdampf und dem maximalen Stromdichtefaktor $\Psi_L = 0,667$ nach Gl. (2.75) gilt auch

$$\dot{m}_{sp} = \mu A_{sp} \sqrt{\frac{1}{1,25 + z} \left(\frac{p_1}{v_1}\right)}. \tag{3.105}$$

Kriterium für das Erreichen der Schallgeschwindigkeit an der letzten Dichtspitze ist, wenn an der letzten Dichtspitze das Lavaldruckverhältnis $\frac{p_L}{p}$ nach Gl. (2.74) anliegt. Mit $\kappa = 1,3$ für Heißdampf und dem maximalen Stromdichtefaktor $\Psi_L = 0,667$ wird schließlich

$$\frac{p_2}{p_1} \leq \frac{0,82}{\sqrt{1,25 + z}}. \tag{3.106}$$

Ist diese Bedingung erfüllt, so wird Gl. (3.105), andernfalls Gl. (3.104) benutzt.

Halblabyrinthe Wenn die axiale Verschiebbarkeit des Läufers nicht beeinträchtigt werden darf, werden Dichtungen nach Abb. 3.41b benutzt. Hier kann nicht mehr vorausgesetzt werden, dass der Spaltdampf in den Kammern vollständig verwirbelt wird. Er tritt mit beträchtlicher kinetischer Energie in den nachfolgenden Dichtungsspalt ein, so dass der Durchfluss gegenüber einem Volllabyrinth deutlich vergrößert wird. Experimentelle Untersuchungen liefern Durchflusskoeffizienten von ca. $\mu = 1,2$.

Abdichtung gegen Unterdruck Ein Eindringen der Außenluft in das Gehäuse ist zu verhindern, da diese mit großem Aufwand aus dem Kondensator der Anlage entfernt werden müsste, um das Vakuum aufrecht zu erhalten. Die Dichtung wird in einem solchen Fall in zwei Teillabyrinthe unterteilt, und in der Mitte wird Sperrdampf zugeführt, der dann in der Dichtung teils nach außen, teils aber nach innen expandiert. Der Sperrdampf wird aus einer passenden Zwischenstufe der Turbine meist aber von der druckseitigen Wellendichtung abgezweigt. Die Bedampfung der Dichtung mit Sperrdampf ist beim Anfahren der Turbine aus dem kalten Zustand notwendig, um z. B. den Kondensatordruck nach der ND-Turbine einstellen zu können.

Auch wenn während des Betriebes kein Sperrdampf benötigt wird, etwa bei einer Gegendruckturbine, kann es zweckmäßig sein, einen Teil des Spaltmengenstromes aus einer Dichtung abzuzweigen, um ihn einer Zwischenstufe der Turbine zuzuführen und den Undichtigkeitsverlust zu verringern. Die Labyrinthdichtungen sind demnach in der Regel an mehr oder weniger verzweigte Leitungssysteme angeschlossen, die bei großen mehrgehäusigen Maschinen recht kompliziert werden können, so dass ihre Auslegung sorgfältiger Planung bedarf.

Weitere Effekte sind bei Labyrinthdichtungen zu nennen bzw. zu berücksichtigen: Bei der Durchströmung der Labyrinthdichtungen können selbsterregte Schwingungen auftreten, eine sogenannte Spalterregung, die den Turbinenläufer zu Schwingungen anregt. In den Labyrinthdichtungen entstehen Querkräfte, die durch Steifigkeiten analog zu Gleitlagern beschreibbar sind. Für rotordynamische Berechnungen sind die Steifigkeiten wichtig und in experimentellen Untersuchungen ermittelbar.

3.4.5 Axialschub und Schubausgleich

Der Axialschub F_{ax} einer einzelnen Dampfturbinenstufe kann als Summe der Druckkräfte und Impulsströme berechnet werden.

Kammerstufen Mit den Bezeichnungen von Abb. 3.43a gilt

$$F_{ax} = \frac{\pi}{4} \left[(D_N^2 - D_{W1}^2)p_{1N} + (D_S^2 - D_N^2)p_1 - (D_S^2 - D_{W2}^2)p_2 \right] + \dot{m}(c_{1m} - c_{2m}).$$

Mit hinreichender Genauigkeit kann die Druckdifferenz zwischen Laufradeintritt und -austritt $\Delta p''$ durch $\mathbf{r}\frac{\Delta h_s}{v_2}$ ersetzt werden. Dann ist

$$p_1 = p_2 + \Delta p'' = p_2 + \mathbf{r}\frac{\Delta h_s}{v_2}$$

$$p_{1N} = p_2 + \beta \Delta p'' = p_2 + \beta \mathbf{r}\frac{\Delta h_s}{v_2},$$

wobei durch den Faktor $\beta < 1$ berücksichtigt ist, dass an der Nabe eintrittseitig ein etwas kleinerer Druck herrscht als im Mittelschnitt. Denn nach Abschn. 3.3.5 nimmt der Reakti-

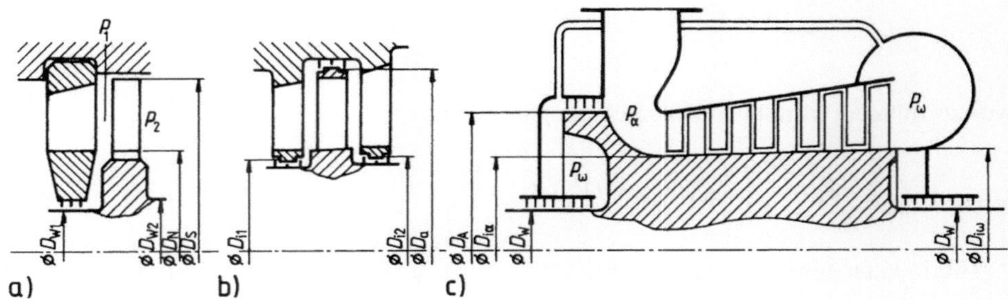

a) Kammerstufe
b) Trommelstufe
c) Trommelturbine mit Ausgleichskolben

Abb. 3.43 Zur Berechnung des Axialschubes und seines Ausgleichs

onsgrad $\mathbf{r}$ mit dem Radius ab. Durch Einsetzen entsteht

$$F_{ax} = \frac{\pi}{4}\left[p_2(D_{W2}^2 - D_{W1}^2) + \mathbf{r}\frac{\Delta h_s}{v_2}\left(D_S^2 + D_N^2(\beta - 1) - \beta D_{W1}^2\right)\right] + \dot{m}(c_{1m} - c_{2m}).$$

(3.107)

Bei der Herleitung wurde vorausgesetzt, dass die Spitzen- und Nabendurchmesser der Laufschaufeln D_S und D_N auf der Ein- und Austrittsseite jeweils gleich sind. Wenn das nicht zutrifft, wird der Fehler durch die Unsicherheit des Faktors β überdeckt, so dass sich der Aufwand einer genaueren Berechnung kaum lohnt.

Wegen des kleinen Reaktionsgrades werden die Axialkräfte bei Kammerturbinen verhältnismäßig klein und können vom Drucklager aufgenommen werden.

Trommelturbinen Die wesentlich größeren Axialkräfte sind nach Abb. 3.43b

$$F_{ax} = \frac{\pi}{4}\left[p_1(D_a^2 - D_{i1}^2) + p_2(D_a^2 - D_{i2}^2)\right] + \dot{m}(c_{1m} - c_{2m}).$$

Das letzte Glied, das die Impulsströme darstellt, kann vernachlässigt werden, da es bei Trommelturbinen wegen $c_{1m} \approx c_{2m}$ klein ist. Mit $p_2 = p_1 - \Delta p'' = p_1 - \mathbf{r}\Delta p$ wird für $\mathbf{r} = 0{,}5$

$$F_{ax} = \frac{\pi}{4}\left[p_1(D_{i2}^2 - D_{i1}^2) + \frac{\Delta p}{2}(D_a^2 - D_{i2}^2)\right].$$

Über alle Stufen eines Läufers summiert ergibt das den Gesamtschub

$$\sum F_{ax} = \frac{\pi}{4}\left[\sum p_1(D_{i2}^2 - D_{i1}^2) + \sum \frac{\Delta p}{2}(D_a^2 - D_{i2}^2)\right].$$

oder näherungsweise, indem die Summen durch bestimmte Integrale ersetzt werden

$$\sum F_{ax} = \frac{\pi}{4}\left[2\int_{D_i\alpha}^{D_i\omega} pD_i\,dD_i + \frac{1}{2}\int_{p_\omega}^{p_\alpha}(D_a^2 - D_{i2}^2)\,dp\right],$$

woraus mit dem Mittelwert der Integralrechnung folgt

$$\sum F_{ax} = \frac{\pi}{4}\left[\bar{p}(D_{i\omega}^2 - D_{i\alpha}^2) + \frac{1}{2}\overline{(D_a^2 - D_{i2}^2)}(p_\alpha - p_\omega)\right].$$

(3.108)

Hierin kann genügend genau der mittlere Druck $\bar{p} = \frac{p_\alpha + p_\omega}{2}$ gesetzt und der Ausdruck $\overline{(D_a^2 - D_{i2}^2)}$ mit den Werten in der Mitte des Läufers gebildet werden.

Obwohl die Gleichung am Beispiel einer Deckbandbeschaufelung hergeleitet wurde, gilt sie auch für Läufer mit frei endenden Schaufeln. Es sind dann D_a durch den Spitzen- und D_i durch den Nabendurchmesser zu ersetzen.

Ausgleichkolben Falls der Axialschub sich nicht aufhebt, wie bei zweiflutigen Läufern oder oft bei mehrgehäusigen Maschinen, kann er nicht mehr von einem Axiallager aufgenommen werden. Überdruckturbinen erhalten deshalb besondere Schubausgleichkolben. Für einen Läufer mit Ausgleichkolben nach Abb. 3.43c ist die gesamte Axialkraft

$$\sum F_{ax,ges} = \sum F_{ax} + \frac{\pi}{4}\left[p_\omega(D_A^2 - D_W^2) - p_\alpha(D_A^2 - D_{i\alpha}^2) - p_\omega(D_{i\omega}^2 - D_W^2)\right].$$

$$\sum F_{ax,ges} = \sum F_{ax} + \frac{\pi}{4}\left[p_\alpha D_{i\alpha}^2 - (p_\alpha - p_\omega)D_A^2 - p_\omega D_{i\omega}^2\right].$$

Durch Einsetzen von $\sum F_{ax}$ nach Gl. (3.108) und $\bar{p} = \frac{p_\alpha + p_\omega}{2}$ folgt daraus

$$\sum F_{ax,ges} = \frac{\pi}{8}(p_\alpha - p_\omega)\left[\overline{D_a^2} - \overline{D_{i2}^2} + D_{i\alpha}^2 + D_{i\omega}^2 - 2D_A^2\right].$$

Mit dem Mittelwert $\overline{D_{i2}^2} = \frac{D_{i\alpha}^2 + D_{i\omega}^2}{2}$ ergibt sich die einfachere Form

$$\sum F_{ax,ges} = \frac{\pi}{8}(p_\alpha - p_\omega)\left[\overline{D_a^2} + \overline{D_{i2}^2} - 2D_A^2\right]. \tag{3.109}$$

Der Achsschub kann demnach ausgeglichen werden, wenn man dem Ausgleichkolben den Durchmesser

$$D_A = \sqrt{\frac{\overline{D_a^2} + \overline{D_{i2}^2}}{2}} \tag{3.110}$$

gibt, weil dann die eckige Klammer in Gl. (3.109) verschwindet. Als Faustregel gilt, dass der Durchmesser des Ausgleichkolbens gleich dem mittleren Beschaufelungsdurchmesser einer Stufe in der Mitte des Läufers sein muss. Bei Trommelläufern mit stark unterschiedlichen Beschaufelungsdurchmessern empfiehlt es sich allerdings, einen gestuften Ausgleichkolben vorzusehen, weil sich dann die Axialschübe nicht nur im Auslegungspunkt sondern auch bei abweichenden Betriebszuständen ausgleichen lassen. Bei dieser Anordnung (Abb. 3.11) werden die Durchmesser des Ausgleichkolbens sinngemäß nach Gl. (3.110) den mittleren Durchmessern einzelner Stufengruppen gleichgesetzt. Die Durchmessersprungstelle wird dann durch eine Leitung mit der Trennstellen der Stufengruppe im Läufer verbunden.

Beispiel 3.9 *Für einen Trommelläufer ist der Axialschub zu berechnen, ferner der Durchmesser des Ausgleichkolbens zu dessen Kompensation und der Spaltmassenstrom der Ausgleichkolbendichtung. Gegeben sind:*

$$\dot{m} = 30\,\frac{kg}{s}$$

$$p_\alpha = 4\,MPa; \quad p_\omega = 0{,}5\,MPa; \quad \dot{m} = 30\,\frac{kg}{s}; \quad D_{N\alpha} = D_{N\omega} = 258\,mm$$

$$D_{2\alpha} = 307\,mm; \quad l_{2\alpha} = 49\,mm$$

$$D_{2\omega} = 344\,mm; \quad l_{2\omega} = 86\,mm\,.$$

Lösung 3.9 *Unter Berücksichtigung der Deckbänder wird festgelegt*

$$D_{i\alpha} = D_{i\omega} = 250\,mm; \quad D_{a\alpha} = 364\,mm; \quad D_{a\omega} = 438\,mm$$

und nach Gl. (3.108) und (3.110)

$$\sum F_{ax} = \frac{\pi}{4}\left[\bar{p}(D_{i\omega}^2 - D_{i\alpha}^2) + \frac{1}{2}\overline{(D_a^2 - D_{i2}^2)(p_\alpha - p_\omega)}\right]$$

$$\sum F_{ax} = \frac{\pi}{4}\left[0 + \frac{1}{2}(0{,}4027^2 - 0{,}250^2)\,m^2 \cdot (40 - 5) \cdot 10^5\,\frac{N}{m^2}\right] = 137 \cdot 10^3\,N$$

$$D_A = \sqrt{\frac{D_a^2 + D_{i2}^2}{2}} = \sqrt{\frac{(0{,}4027^2 + 0{,}250^2)\,m^2}{2}} = 0{,}335\,m = 355\,mm\,.$$

Die Spaltweite der Labyrinthdichtung wird mit

$$\delta_{sp} = \frac{D_A}{1000} + 0{,}2\,mm = (0{,}335 + 0{,}2)\,mm = 0{,}54\,mm \approx 0{,}5\,mm$$

*angenommen. Die Dichtung soll $z = 30$ Dichtspalte haben. Da sie die beiden Drücke
$p_1 = p_\alpha = 4\,MPa$ und $p_2 = p_\omega = 0{,}5\,MPa$ gegeneinander abdichten muss, ist*

$$\frac{p_2}{p_1} = \frac{0{,}5\,MPa}{4\,MPa} = 0{,}125 < \frac{0{,}82}{\sqrt{1{,}25 + z}} = \frac{0{,}82}{\sqrt{31{,}25}} = 0{,}147\,.$$

*Nach Gl. (3.106) ist demnach der Spaltmassenstrom mit Gl. (3.105) zu berechnen. Mit
einem geschätzten $\mu = 0{,}75$ wird*

$$\dot{m}_{sp} = \mu \pi D_A \delta_{sp} \sqrt{\frac{1}{1,25 + z} \cdot \frac{p_1}{v_1}}$$

$$\dot{m}_{sp} = 0,75 \cdot \pi \cdot 0,335\,m \cdot 0,0005\,\text{m} \cdot \sqrt{\frac{1 \cdot 4 \cdot 10^6\,\frac{N}{m^2}}{31,25 \cdot 0,0786\,\frac{m^3}{kg}}} = 0,5\,\frac{kg}{s}$$

$$\frac{\dot{m}_{sp}}{\dot{m}} = \frac{0,5\,\frac{kg}{s}}{30\,\frac{kg}{s}} = 0,017 = 1,7\,\% \,.$$

3.4.6 Betrieb von Dampfturbinen

Für den Betrieb einer Dampfturbine sind die Regelung und das Teillastverhalten maßgebend.

Regelung Eine geregelte Anlage besteht aus der Regelstrecke und dem Regler, die beide zusammen den Regelkreis bilden, in dem ein geschlossener Wirkungsablauf vorliegt. Die Regelgröße X, nach der die Regelung auch benannt wird, wird fortlaufend gemessen und mit dem Sollwert der Führungsgröße W verglichen. Abhängig von diesem Vergleich wird die Stellgröße Y so verändert, dass die Regelgröße trotz der Wirkung der Störgröße Z an die Führungsgröße angeglichen wird. Wichtiger als die Werte von X, Y, W und Z sind deren Änderungen, die mit den Kleinbuchstaben x, y, w und z bezeichnet werden.

Bei den Dampfturbinen ist die Regelgröße meist die Drehzahl, der Gegendruck oder der Druck hinter einer Entnahme. Dementsprechend wird von Drehzahl- und Druckregelungen gesprochen (Abb. 3.44). Stellgröße ist gewöhnlich der Massenstrom oder das Enthalpiegefälle, die durch Stellglieder, Drossel- oder Düsenventile, verändert werden. Als wichtigste Störgrößen sind die Kupplungsleistung, der Frischdampfzustand und der Gegendruck zu nennen.

Regler Regelgröße x und Führungsgröße w bilden die Eingänge, der Ausgang ist die Stellgröße y, über die der Regler auf die Strecke einwirkt. Gebräuchlich sind hydraulische und elektronische P-, PI- und PID-Regler. P-Regler sind im Betrieb besonders stabil, lassen aber Abweichungen zwischen Regel- und Führungsgröße bis zu 5 % zu. PI- und PID-Regler dagegen ändern die Stellgröße solange, bis innerhalb der Arbeitsgenauigkeit keine Differenz zwischen Regel- und Führungsgröße mehr besteht.

Strecke Stellgröße y und Störgröße z sind die Eingänge der Regelstrecke, die aus der Turbine und der von ihr angetriebenen Maschine, meist einem Generator, besteht. Ausgang ist die Regelgröße x, die für den Regler den Eingang bildet, sodass sich der Wirkungskreis schließt. Die Strecken zeigen meist ein I-Verhalten.

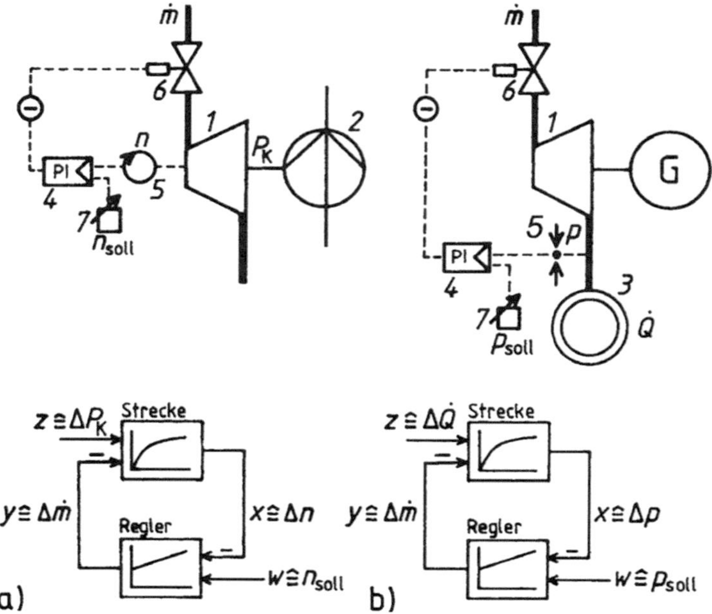

a) Drehzahlregelung einer Pumpenantriebsturbine

b) Druckregelung einer Gegendruckturbine

   1 Turbine

   2 Pumpe

   3 Wärmeverbraucher

   4 Regler

   5 Messglied (Drehzahl- bzw. Druckmesser)

   6 Stellglied

   7 Sollwertsteller

Abb. 3.44 Geräte und Blockschaltbilder einfacher Turbinenregelungen

Regelkreis Der aus dem Regler und der Strecke bestehende geschlossene Wirkungskreis wird durch die Angabe von Signalwegen im Schaltbild oder durch ein Blockschaltbild (Abb. 3.44) dargestellt. Der Inhalt eines Blockes zeigt die Reaktion des betreffenden Systemteils über der Zeit bei einer sprunghaften Änderung des Eingangs. Durch das Vorzeichen wird die Richtung angegeben, in der der Eingang auf den betreffenden Block wirkt. So lässt z. B. bei einer Drehzahlregelung (Abb. 3.44a) eine zunehmende Verbraucherleistung $P_{Last} = P_K$ die Drehzahl sinken (-x am Streckenausgang), und die Düsenventile werden bei steigender Drehzahl etwas geschlossen (-y am Regleraustritt). Bei einer Gegendruckregelung (Abb. 3.44b) sinkt der Gegendruck, wenn der entnommene Heizwärmestrom $\dot{Q}$ anwächst, während der Regler den Massenstrom bei steigendem Gegendruck verringert.

Stellglieder Bei Dampfturbinen gibt es drei Verfahren der Betriebsarten bzw. der Verstellung, das Drossel-, das Düsengruppen- und das Gleitdruckverfahren. Bei der Drosselung und beim Düsengruppenverfahren bleibt der durch Druck und Temperatur gegebene Austrittszustand des Kessels konstant, während er beim Gleitdruckverfahren verändert wird.

Drosselverfahren Bei diesem einfachen Verfahren dient ein vor der Turbine angeordnetes Ventil als Stellglied. Um eine Teilleistung (Index T) zu fahren, wird der Eintrittsdruck p_α auf den Wert $p_{\alpha T}$ verringert, wodurch das angebotene Gefälle sinkt. Zugleich wird durch den verminderten Durchflussquerschnitt des Drosselventils auch der Massenstrom verkleinert. Nach Abb. 3.45a wird der innere Wirkungsgrad bei Teillast $\eta_{iT} = \frac{\Delta h_{iT}}{\Delta h_{sN}}$ mit abnehmender Leistung immer kleiner, da das vom Dampferzeuger bereitgestellte isentrope Gefälle Δh_{sN} ungeändert bleibt, das innere Gefälle Δh_{iT} aber abnimmt. Dieser Mangel wird dadurch etwas gemildert, dass mit abnehmendem Enthalpiegefälle auch die Druckzahlen der einzelnen Stufen kleiner werden, und da die Turbinen mit Rücksicht auf eine möglichst kleine Stufenzahl gewöhnlich mit einem großen $\bar{\psi}$ ausgelegt sind, werden die Stufenwirkungsgrade zunächst etwas anwachsen. Dennoch sind die Teillastwirkungsgrade schlecht. Vorteilhaft ist die Drosselung neben ihrer konstruktiven Einfachheit vor allem dann, wenn eine Maschine nur selten mit verminderter Leistung betrieben wird, denn bei Volllast werden höhere Wirkungsgrade erreicht, als beim Düsengruppenverfahren.

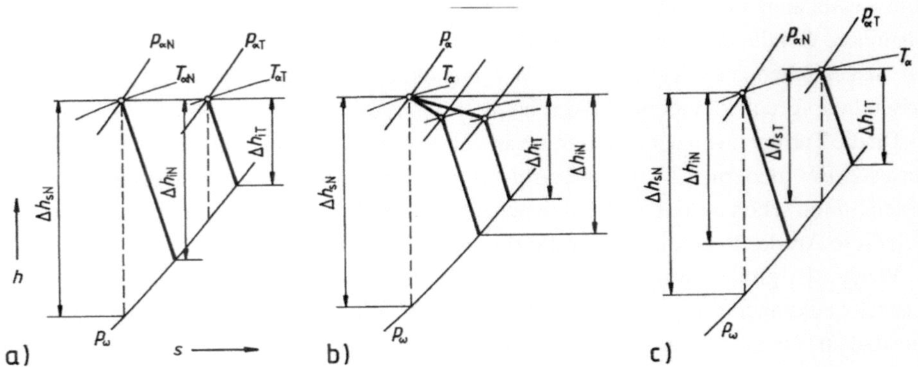

a) Drosselverfahren – Anwendung bei Volllastbetrieb (Grundlast)

b) Düsengruppenverfahren – Anwendung bei Teillastbetrieb

c) Gleitdruckverfahren – Anwendung vorwiegend bei Volllast (träges Verhalten)

Abb. 3.45 Auswirkung der Betriebsarten bzw. der Verstellung im h, s-Diagramm

Düsengruppenverfahren. Das in Abschn. 3.2.1 schon kurz erwähnte Verfahren hat im Teillastbereich ein besseres Verhalten als die Drosselung. Nach Abb. 3.5 ist dabei die erste Stufe eine teilbeaufschlagte Gleichdruckstufe, gelegentlich in der Curtis-Bauart ausgeführt. Der Beaufschlagungsgrad wird durch das Zu- und Abschalten von Düsengruppen verändert, womit der Massenstrom der ganzen Maschine beeinflusst wird. Günstiger als bei der Drosselung wird hier nur eine Teilmenge des Dampfes im gerade teilweise geöffneten Ventil gedrosselt, während die übrigen entweder voll geöffnet oder ganz geschlossen sind. Aber auch in den besonders günstigen Teillastpunkten, die überhaupt keine Drosselung erfordern, fällt der innere Wirkungsgrad gegenüber dem Auslegungspunkt ab (Abb. 3.45b). Das liegt daran, dass der Gefälleanteil der Regelstufe mit vermindertem Durchsatz größer wird, wie später das Kegelgesetz zeigen wird. Außerdem fällt der im Vergleich zu den vollbeaufschlagten Stufen ohnehin schlechtere Wirkungsgrad dieser Stufe durch die Verringerung des Beaufschlagungsgrades weiter ab.

Gleitdruckverfahren. Solange eine gewisse Kesselmindestlast nicht unterschritten wird, arbeitet die Turbine mit voll geöffneten Ventilen. Die Lastschwankungen werden durch Änderungen des Kesseldrucks aufgefangen, während auch in diesem Fall die Frischdampftemperatur durch eine besondere Regelung konstant gehalten wird, da Temperaturänderungen zu Wärmespannungen in den Bauteilen von Kessel, Rohrleitungen und Turbine führen würden. Im Vermeiden solcher Wärmespannungen liegt einer der Vorteile des Gleitdruckverfahrens, denn nach Bild 3.45 a und b sind die Temperaturen gerade der ersten thermisch hoch beanspruchten Turbinenstufen bei den beiden anderen Verfahren deutlichen Schwankungen unterworfen, während das hier gerade in den ersten Stufen nicht der Fall ist (Abb. 3.45c). Der innere Wirkungsgrad ist bei Teillast angenähert gleich hoch wie im Auslegungspunkt, da das vom Kessel angebotene Enthalpiegefälle Δh_{sT} im gleichen Verhältnis verkleinert wird wie das innere Gefälle der Turbine Δh_{iT}. Zum Teil wird dieser Vorteil allerdings dadurch wieder ausgeglichen, dass der thermische Wirkungsgrad des Kreisprozesses mit abnehmendem Frischdampfdruck kleiner wird (Abschn. 2.3.1).

Da die Turbinen von der ersten Stufe an vollbeaufschlagt sind, gibt es keine Ventilationsverluste. Bei modernen Kraftwersturbinen, die ihrer großen Leistung wegen auch in den ersten Stufen schon ausreichend lange Schaufeln haben, ist das ein weiterer Vorteil, weshalb sich diese Art der Regelung bei Großturbinen durchgesetzt hat.

Wegen der großen Wärmekapazität des Kessels kann das Gleitdruckverfahren raschen Lastschwankungen nicht folgen. Deshalb wird erforderlichenfalls über ein Bypassventil Zusatzdampf in eine Zwischenstufe der Turbine eingespeist und so die Leistungssteigerung vorübergehend aufgefangen bzw. umgesetzt.

Teillastverhalten Wie auch immer die Stellglieder beschaffen sein mögen, der Massenstrom muss vom Zustand vor der Turbine (p_α, t_α) und vom Gegendruck (p_ω) abhängen.

Einfluss des Druckverhältnisses. Um diesen Zusammenhang aufzuklären, wird von einer einzelnen Düse ausgegangen, deren Durchfluss in Abhängigkeit vom Druckverhältnis nach Abschn. 2.5 in Abb. 3.46a gezeigt ist. Eine vielstufige Turbine mit ihren hintereinander

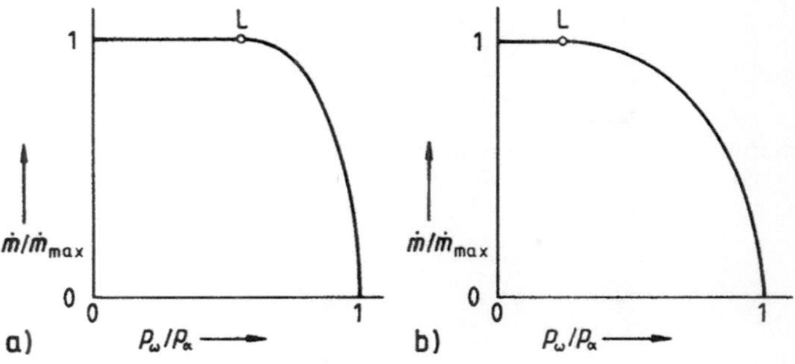

a) Einzeldüse

b) mehrstufige Turbine (hintereinander geschaltete Düsen)

Abb. 3.46 Abhängigkeit des Massenstroms vom Druckverhältnis

durchströmten Schaufelgittern kann nun mit einer Anzahl hintereinander geschalteter Düsen verglichen werden, für die sich ein ähnlicher Funktionszusammenhang ergibt, jedoch verschiebt sich der mit L bezeichnete Punkt, der dem Laval-Druckverhältnis entspricht, mit wachsender Stufenzahl immer mehr nach links. Das folgt daraus, dass das auf der Abszisse dargestellte Druckverhältnis aus den Drücken vor und hinter der gesamten Beschaufelung gebildet ist, während sich das Laval-Druckverhältnis nur auf ein einzelnes Schaufelgitter bezieht. Wenn aber der Kurvenpunkt L nicht mehr weit von der Ordinate entfernt ist, kann die ganze Kurve recht gut durch eine Viertelellipse bzw. bei gleichen Maßstäben beider Achsen durch einen Viertelkreis angenähert werden, also

$$\left(\frac{\dot{m}}{\dot{m}_{max}}\right)^2 = 1 - \left(\frac{p_\omega}{p_\alpha}\right)^2 .$$

Um den maximalen Massenstrom zu eliminieren, wird die Gleichung noch für den Auslegungspunkt mit dem Index N geschrieben und beide durcheinander dividiert

$$\left(\frac{\dot{m}}{\dot{m}_N}\right)^2 \sim \frac{1 - \left(\frac{p_\omega}{p_\alpha}\right)^2}{1 - \left(\frac{p_{\omega N}}{p_{\alpha N}}\right)^2} . \tag{3.111}$$

Kegelgesetz Es fehlt nun noch die Abhängigkeit des Massenstroms vom Eintrittszustand. Nach Gl. (2.73) ist $\dot{m} \sim \sqrt{\frac{p_\alpha}{v_\alpha}}$. Wird hierin das spezifische Volumen mittels der Zustandsgleichung ersetzt, der Einfachheit halber derjenigen des idealen Gases, also $v_\alpha \sim \frac{T_\alpha}{p_\alpha}$, so ergibt sich

$$\dot{m} \sim \sqrt{\frac{p_\alpha^2}{T_\alpha}} = \frac{p_\alpha}{\sqrt{T_\alpha}} \text{ und}$$

$$\frac{\dot{m}}{\dot{m}_N} \sim \frac{p_\alpha}{p_{\alpha N}} \sqrt{\frac{T_{\alpha N}}{T_\alpha}} \, .$$

Zusammen mit Gl. (3.111) erhält man damit

$$\frac{\dot{m}}{\dot{m}_N} = \frac{p_\alpha}{p_{\alpha N}} \sqrt{\frac{1 - \left(\frac{p_\omega}{p_\alpha}\right)^2}{1 - \left(\frac{p_{\omega N}}{p_{\alpha N}}\right)^2}} \cdot \sqrt{\frac{T_{\alpha N}}{T_\alpha}} \, . \qquad (3.112)$$

Diese Gleichung nennt man das Stodolasche Kegelgesetz nach Stodola (1875–1942), der sie erstmalig angegeben und auch experimentell nachgewiesen hat [27].

In einem dreidimensionalen Koordinatensystem mit den Achsen ($\dot{m}$, p_α, p_ω) wird Gl. (3.112) durch die Mantelfläche eines Viertelkegels dargestellt. In Abb. 3.47a entspricht die Grundfläche des Kegels (1, 2, 3) dem Eintrittsdruck im Auslegungszustand $p_{\alpha N}$. Die schraffierte Ebene $p_\omega = p_{\omega N} = $ const gibt den Gegendruck der Auslegung an. Der Punkt N, in dem sich beide Ebenen mit dem Kegelmantel schneiden, ist der Auslegungspunkt der Turbine.

Nach der Herleitung gilt das Kegelgesetz nicht streng, liefert aber dennoch recht genaue Ergebnisse. Es wurde jedoch vorausgesetzt, dass der Beaufschlagungsgrad der Stufen nicht verändert wird. Das Gesetz gilt deshalb bei Turbinen mit Düsengruppensteuerung nur für die

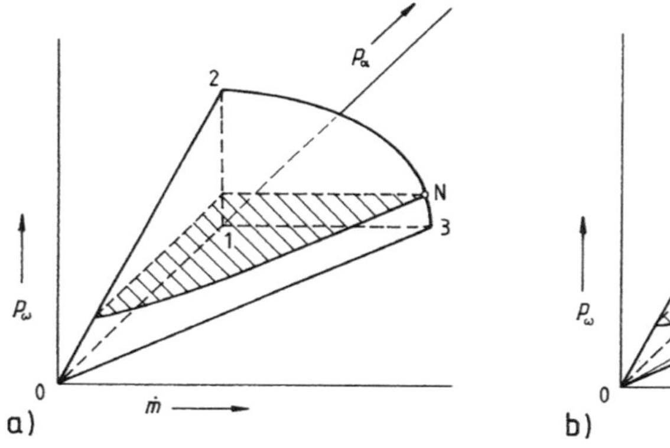
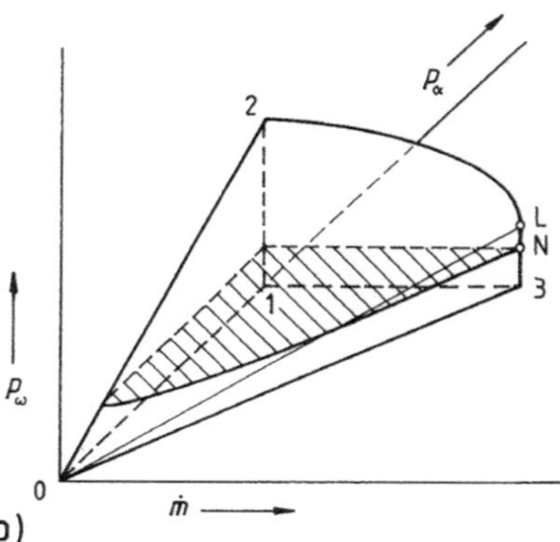

a) große Stufenzahl

b) kleine Stufenzahl

p_α: Eintrittsdruck, p_ω: Gegendruck, N: Auslegungspunkt

Abb. 3.47 Dampfkegel (N Auslegungspunkt)

vollbeaufschlagten Stufen aber nicht für die Regelstufe. p_α bedeutet dann den Druck hinter der Regelstufe, der bei vermindertem Durchfluss und ungeändertem Gegendruck p_ω kleiner wird. Der Gefälleanteil der vollbeaufschlagten Stufen wird demnach bei Teillast kleiner und derjenige der teilbeaufschlagten Regelstufe größer.

Sonderfälle. Während bei den Anzapfungen zur Speisewasservorwärmung vorausgesetzt werden kann, dass sich die Anzapfmengen proportional zur Frischdampfmenge ändern, sodass das Kegelgesetz gültig bleibt, kann es bei Entnahmeturbinen nur abschnittsweise für die einzelnen Teilturbinen angewendet werden. Schließlich gilt das Gesetz in der Form der Gl. (3.112) nur für große, eigentlich unendlich große Stufenzahlen. Es ist jedoch mit Abb. 3.46 leicht möglich, die Form des Kegeldiagramms bei kleiner Stufenzahl wenigstens qualitativ anzugeben. Die Grundfläche des Kegels ist dann kein Viertelkreis mehr, die Mantelfläche enthält ein zur Ebene ($\dot{m}$, p_α) senkrechtes, ebenes Teilstück, das in Abb. 3.47b durch die Gerade 0, 1 begrenzt ist.

Bei den Gegendruckturbinen wird der Gegendruck mit Rücksicht auf den nachgeschalteten Wärmeverbraucher konstant gehalten. Bei Kondensationsturbinen kann sich der ohnehin kleine Kondensationsdruck nur geringfüg ändern, er wird tatsächlich noch etwas kleiner als im Auslegungspunkt. Weil die im Kondensator niederzuschlagende Dampfmenge kleiner wird, verbessert sich das Vakuum. Von dieser Feinheit abgesehen interessiert also in jedem Fall der Betrieb bei konstantem Gegendruck, für den es zwei qualitativ verschiedene Kennlinien gibt, je nachdem, ob der Gegendruck p_ω oberhalb oder unterhalb des Punktes L in Abb. 3.47b liegt. Für $p_\omega > p_L$ (Abb. 3.48a ist die Kennlinie im p_α, $\dot{m}$-Diagramm eine Hyperbel, die die p_α-Achse bei $p_\alpha = p_\omega$ schneidet, und deren Asymptote die Gerade

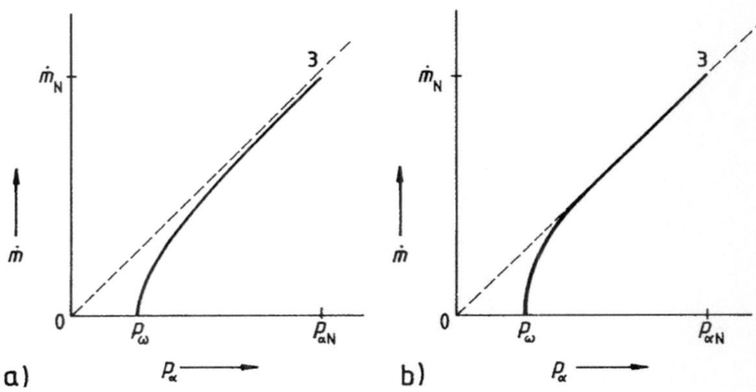

a) Gegendruck p_ω größer als Lavaldruck p_L ($p_\omega > p_L$)

b) Gegendruck p_ω kleiner als Lavaldruck p_L ($p_\omega < p_L$)

Abb. 3.48 Massenstrom $\dot{m}$ als Funktion des Eintrittsdrucks p_α

$0 \rightarrow 3$ des Kegeldiagramms ist. Für $p_\omega < p_L$ (Abb. 3.48b), was seltener vorkommt, geht die Hyperbel tangential in die Gerade $0 \rightarrow 3$ über. Ein besonders einfacher Sonderfall ist schließlich der, dass der Gegendruck p_ω sehr klein ist, wie bei einer Kondensationsturbine mit hohem Vakuum. Hier fällt die Kennlinie nahezu mit der Geraden $0 \rightarrow 3$ zusammen, der Massenstrom ist dann dem Eintrittsdruck proportional.

Wasserturbinen 4

4.1 Bauarten von Turbinen in der Wasserkraft

Wie bereits in Abschn. 1.4.2 erwähnt, kommen bei bestimmten Bedingungen unterschiedliche Turbinenbauarten zum Einsatz. Die geläufigsten Bauarten sind dabei:

- **Pelton-Turbine** (Abb. 4.1)

  Die Pelton-Turbine ist eine Freistrahlturbine. Diese Turbinenbauart ist prädestiniert für sehr hohe Fallhöhen bis $H = 2000\,m$. Die wichtigsten Komponenten einer Pelton-Turbine sind das mit Bechern besetzten Laufrad und eine oder mehrere Düsen. Die Druckenergie des Wassers wird in einer oder mehreren Düsen bis auf geringe Verluste vollständig in Geschwindigkeitsenergie umgesetzt. Der dabei entstandene druckfreie Wasserstrahl trifft auf einzelne Becher des Laufrads, wo er an der Mittelschneide der Laufradbecher geteilt wird. Die Form der Becher sorgt für eine Umlenkung der beiden Strahlhälften von fast 180°. Die dabei wirkende Impulskraft des Strahls auf die Becherwand versetzt das Laufrad in eine Drehbewegung. Das Laufrad der Freistrahlturbine ist teilbeaufschlagt. Pro Düse trifft der Wasserstrahl pro Umdrehung das Laufrad einmal. Dabei werden nur wenige Becher gleichzeitig beaufschlagt. Die Steuerung der Turbine wird über die Düsennadel in der Düse realisiert, die den Düsendurchfluss reguliert. Zusätzlich können durch Strahlabschneider, Teile des Wasserstrahls so umgeleitet werden, dass sie am Laufrad vorbeiströmen und der Becher nur von dem verbleibendem Wasserstrahl beauschlagt wird. Die Eigenschaften der Pelton-Turbine macht sie sehr interessant für Hochdruckkraftwerke, zur Deckung des Spitzenleistung mit schnellen Leistungsänder ungen.

  Peltonturbinen werden für kleine Leistungen (P < 50 MW) meist in horizontaler Bauweise mit bis zu drei Düsen ausgeführt. Für größere Leistungen werden Peltonturbinen heute meist in vertikaler Bauweise mit bis zu sechs Düsen ausgeführt.

© Der/die Autor(en), exklusiv lizenziert an Springer Fachmedien Wiesbaden GmbH, ein Teil von Springer Nature 2026
G. Thieleke und R. Feyrer, *Turbomaschinen*,
https://doi.org/10.1007/978-3-658-48698-3_4

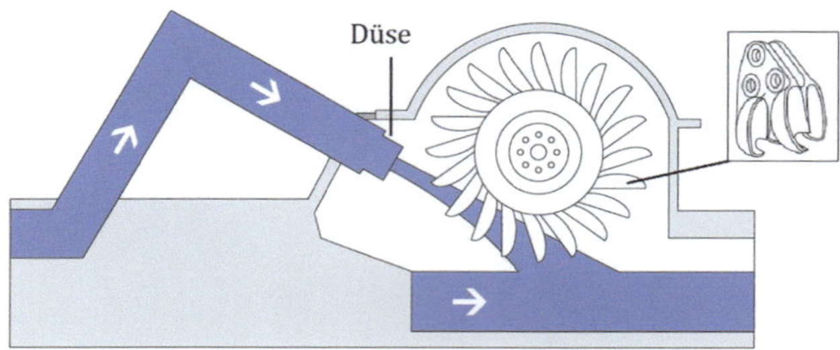

Abb. 4.1 Schematische Darstellung einer eindüsigen Pelton-Turbine [17, 20]

Die Möglichkeit die Peltonturbinen mit unterschiedlichen Düsenanzahl zu betreiben erlaubt hohe Wirkungsgrade in einem großen Durchflussbereich.

- **Durchströmturbine** (Abb. 4.2)

  Der Einsatzbereich dieses Turbinentyps liegt bei einer Fallhöhe von $H = 1 - 200\,m$ und geringem Durchfluss Q und damit für kleine Leistungen. Die trommelförmige Laufradausführung wird bei diesem Turbinentyp teilweise zuerst von außen nach innen und anschließend von innen nach außen durchströmt (zweimalige Durchströmung). Ein weiterer Teil des Durchflusses tritt in die Beschaufelung ein, tritt aber wieder nach aussen aus. Ein Leitapparat lenkt die Strömung für eine optimale Anströmung auf das Laufrad um. Somit wird im Laufrad der Impuls der Strömung in mechanische Energie umgewandelt. Dieser Turbinentyp gehört zu den Gleichdruckturbinen und wird somit in Teilbeaufschlagung betrieben. Weiter ist es möglich, das Laufrad in einzelnen Zellen zu betreiben, so dass der Betrieb mit Durchflüssen bis ca. 15 % des Nenndurchflusses wirtschaftlich ist. Meist wird da Laufrad in zwei Bereiche aufgeteilt. Bewährt hat sich die Aufteilung 1/3 und 2/3. Verwendet wird diese Bauart weitestgehend in Laufwasserkraftwerken mit kleiner Leistung mit Fallhöhen von bis zu 200 m.

Abb. 4.2 Schematische Darstellung einer Durchströmturbine [5]

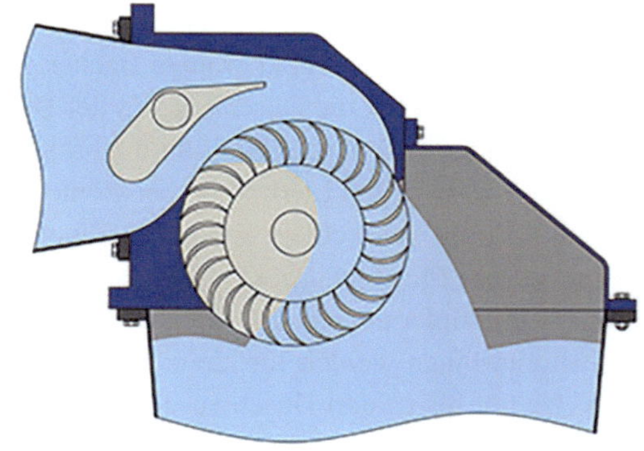

Abb. 4.3 Schematische Darstellung einer Francis-Turbine [20]

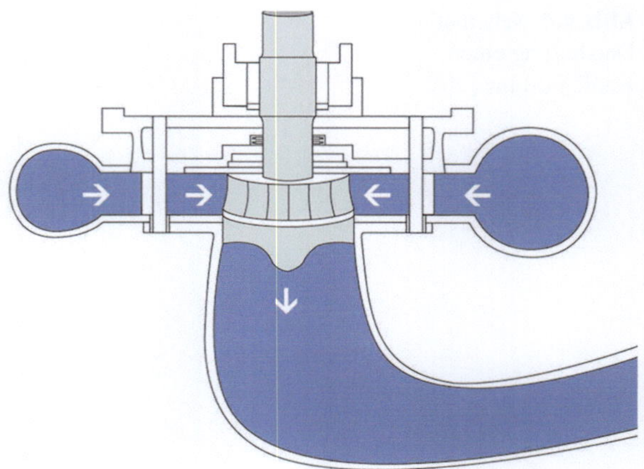

- **Francis-Turbine** (Abb. 4.3)

  Der Einsatzbereich von Francis-Turbinen ist vielseitig und überschneidet sich mit den anderen hier genannten Turbinenbauarten. Mit Fallhöhen bis mehr als $700\,m$ und mittleren bis hohen Durchflüssen ist die Francis-Turbine die meistverbreitete Turbinenbauart und dominiert heute weitestgehend die Wasserkraft. Die Anströmung dieser Turbinenbauart erfolgt radial, wobei die Abströmung des Laufrads axial ist. Über eine Einlaufspirale wird das Wasser über verstellbare Leitschaufeln in das Laufrad geleitet. Die Francis-Turbine gehört zu den Überdruckturbinen und wird somit voll beaufschlagt. Da die Francisturbine in Kraftwerken mit großen Fallhöhen eingesetzt werden kann, wird sie heute gerne für Laufwasserkraftwerke und für Speicherkraftwerke eingestzt. Aufgrund der besseren Effizenz und geringerer Investitionskosten verdrängt sie zunehmend die Peltonturbine.

- **Axial-Turbine** (Abb. 4.4)

  Die doppeltregulierte Axialturbine wird in vertikaler und horizontaler Wellenanordnung gebaut. Bei vertikaler Wellenanordnung spricht man von einer Kaplanturbine. Bei horizontaler Wellenanordnung spricht man von einer Rohrturbine. Heute kommt bei Fallhöhen bis 25 m meist die Rohrtubine zum Einsatz, da diese Turbinenbauart in diesem Fallhöhenbereich deutlich kostengünstiger als die Kaplanturbine ist. Für größere Fallhöhen kommt die Kaplanturbinr mit vertikaler Welle zum Einsatz. Bei geringen Fallhöhen und hohen Durchflüssen überzeugen die Kaplan- und Rohrturbine durch ihren guten Wirkungsgradverlauf. Sie gehören zu den Axialturbinen und haben ein propellerförmiges Laufrad. Die Kaplan-Turbine mit vertikaler Wellenausrichtung besitzt wie die Francis-Turbine eine Einlaufspirale mit Leitschaufeln. Für größere Fallhöhen besitzt die Kaplanturbine eine Metallspirale. Für kleinere Fallhöhen wird die Spirale in Beton ausgebildet. Die Strömung wird von radialer Strömungsrichtung in axiale Richtung umgelenkt. Bei der Rohrturbine mit horizontaler Wellenausrichtung der Generator in Verlängerung der Welle in axialer Richtung der Strömung eingebaut. Die Durchströmung des Laufrads

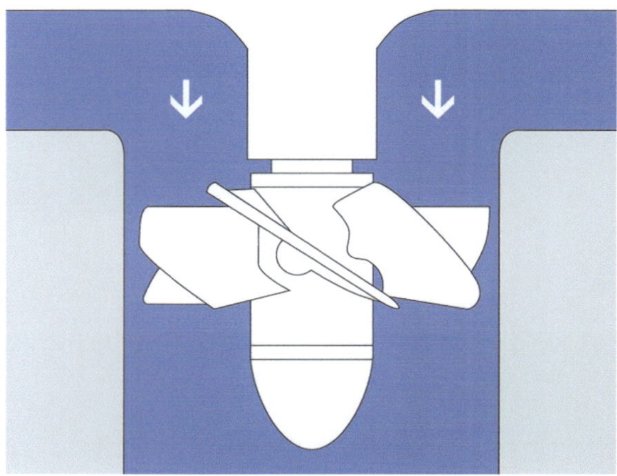

Abb. 4.4 Schematische Darstellung einer Kaplanturbine [20]

erfolgt bei beiden Wellenausrichtungen axial. Die Turbine ist eine Reaktionsturbine und somit vollbeaufschlagt. Eine Besonderheit der Kaplan-Turbine ist die doppelte Regulierung. Sowohl die Leitradstellung, als auch die Laufradstellung lassen sich verändern und so optimal an die Strömungszustände anpassen. Dadurch werden sehr gute Wirkungsgrade in großen Durchflussbereichen erreicht. Eine Sonderform ist die Straflo-Turbine (Straigth-Flow) mit Außenkranzgenerator. Ähnlich wie die Rohrturbine weisen sie eine sehr kompakte Bauweise auf, was eine ideale Einpassung von Laufwasserkraftwerke in die Landschaft ermöglicht.

Abb. 4.5 zeigt zusammenfassend die gängigsten Bauarten von Wasserturbinen mit Angabe der geodäditschen Randbedingung Oberwasser OW und Unterwasser UW und somit der geodätische Fallhöhe $H = OW - UW$. Es gilt zu beachten, dass Francis- und Kaplanturbinen mit einer Spirale ausgeführt werden.

Neben den vorgestellten Turbinenarten existieren weitere Turbinarten. Auf eine Vorstellung dieser Turbinen wird hier verzichtet, da sie als Nischenprodukte keinen nennenswerten Beitrag zur Energierzeugung leisten.

Wie in Abb. 1.19 (Abschn. 1.4.2) dargestellt, werden die Einsatzgebiete von Wasserturbinen in Abhängigkeit der spezifischen Drehzahl n_q oder der Schnellläufigkeit σ eingeteilt, siehe Abb. 4.6.

Forderungen Die Maschinen sollen möglichst geringe Abmessungen für jede Fallhöhe haben, sollen einen hohen Wirkungsgrad nicht nur im Auslegungspunkt sondern auch bei Teillast und bei schwankenden Wasserständen haben, sollen eine gute Regelbarkeit haben und eine sowohl senkrechte und waagerechte Aufstellungsmöglichkeit haben.

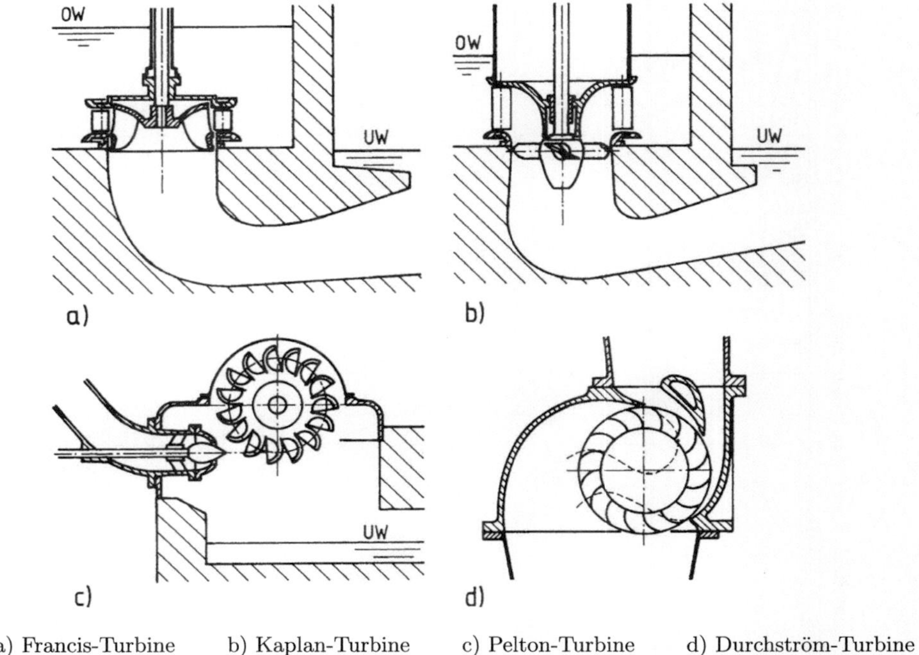

a) Francis-Turbine   b) Kaplan-Turbine   c) Pelton-Turbine   d) Durchström-Turbine

Abb. 4.5 Prinzipbilder von Wasserturbinen

Typenwahl Welcher Typ zur Anwendung kommt, richtet sich nach dem Höhenunterschied zwischen Ober- und Unterwasser, dem verfügbaren Volumenstrom und der für kavitationsfreien Betrieb zu wählenden Drehzahl (Abb. 4.6). Da für jede in der Natur vorkommende Fallhöhe mindestens eine geeignete Turbinentyp zur Verfügung steht, können Wasserturbinen immer einstufig ausgeführt werden. In sehr seltenen Sonderfällen kommen mitunter mehrstufige Turbinen zum Einstz. Für die sehr großen Fallhöhen kommen nur die Pelton-Turbinen in Frage. Im mittleren Bereich bis etwa 750 m lassen sich Francis-Turbinen einsetzen. Im Gebiet der Fallhöhenüberschneidung mit den Pelton-Turbinen von etwa 100 bis 750 m spricht für die Pelton-Turbine deren größere Unempfindlichkeit gegen Verschleiß, die Francis-Turbine ist jedoch durch höheren Wirkungsgrad, bessere Einsatzmöglichkeiten bei schwankenden Fallhöhen und geringere Abmessungen überlegen. Heute werden auch bei größeren Fallhöhen bis 750 m meist Francisturbinen eingesetzt. Bei den kleineren Fallhöhen liegt das Anwendungsgebiet der Kaplan-Turbinen. Auch hier gibt es eine Überschneidung mit den Francis-Turbinen im Bereich von etwa 40 bis 70 m. Hier werden gewöhnlich die Kaplan-Turbinen bevorzugt, da sie wegen ihrer höheren Schnellläufigkeit geringere Abmessungen haben, und der Wirkungsgradverlauf flacher ist.

Propeller-Turbinen haben starre Axialräder, also keine verstellbaren Laufschaufeln, sonst gleichen sie den Kaplan-Turbinen.

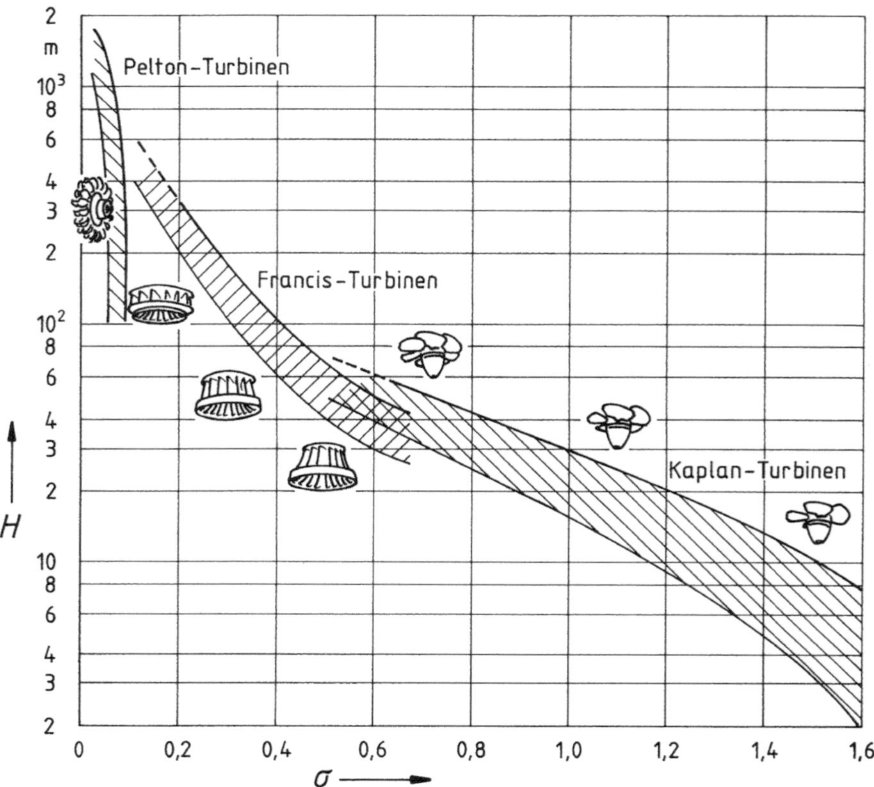

Abb. 4.6 Anwendungsgebiete von Wasserturbinen (nach Voith)

Jede Turbinenbauart zeigt einen charakteristischen Wirkungsgradverlauf, siehe Abb. 4.7. Die Abbildung zeigt den Wirkungsgrad η in Abhängigkeit der Beaufschlagung Q bei konstanter Drehzahl n. Deutlich zeigt sich der Einfluss der doppelten Regulierung auf den Wirkungsgrad η einer Kaplanturbine im Vergleich zur Propellerturbine mit einer festen Laufradstellung. So ist die Kaplanturbine in der Lage bei einer sehr geringen Beaufschlagung gute Wirkungsgrade zu erzielen. Ähnlich ist der Wirkungsgradverlauf der Pelton-Turbine. Da bei dieser Turbinenbauart die Geschwindigkeitsdreiecke am Laufrad bei unterschiedlicher Beaufschlagung gleich bleiben, ist der Wirkungsgrad η ab einem gewissen Punkt nahezu konstant.

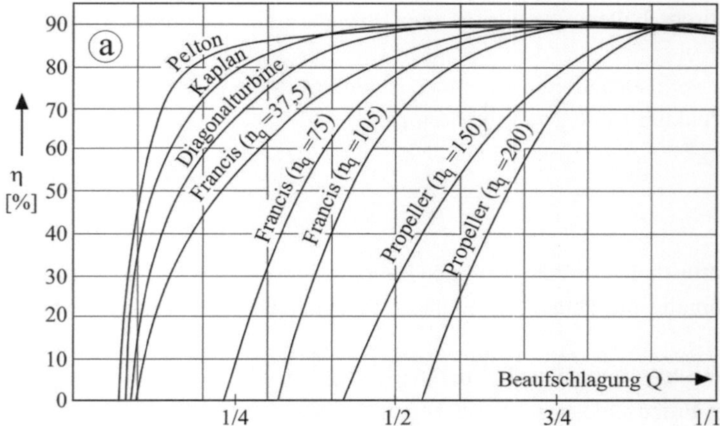

Abb. 4.7 Charakteristische Wirkungsgradverläufe der einzelnen Bauarten in Abhängigkeit der Beaufschlagung Q [17]

4.2 Grundgleichungen hydraulischer Strömungsmaschinen

Kontinuitätsgleichung Da bei Wasserturbinen und Pumpen das Strömungsmedium inkompressibel mit konstanter Dichte $\rho = const$ ist, wird die Kontinuitätsgleichung nach Gl. (2.50) verwendet mit Q als Durchsatz oder Durchfluss

$$Q = \frac{\dot{m}}{\rho} = Ac = const \tag{4.1}$$

Bernoulli-Gleichung Geht man von einer stationären Strömung aus, erhält man als Energiegleichung die Bernoulli-Gleichung für eine drei- bzw. eindimensionale, stationäre und inkompressible Strömung nach Gl. (2.58). Für eine Strömung entlang eines Stromfadens (eindimensionale Strömung) ist somit die Summe aus kinetischer Energie ($\frac{1}{2}c^2$) und Druckenergie ($\frac{p}{\rho}$) und potenzieller Energie (gz) bei einer reibungsfreien Strömung konstant:

$$\frac{1}{2}c^2 + \frac{p}{\rho} + gz = const \tag{4.2}$$

Befindet sich zwischen zwei Punkten 1 und 2 einer inkompressiblen, reibungsfreien Strömung eine Turbine oder Pumpe, so kann Gl. (4.2) erweitert werden zu:

$$\frac{p_1}{\rho} + \frac{c_1^2}{2} + gz_1 = \frac{p_2}{\rho} + \frac{c_2^2}{2} + gz_2 \pm y^* \tag{4.3}$$

$+y_T^*$: spezifische Fallenergie gilt für eine Turbine, $-y_P^*$: spezifische Förderenergie gilt für eine Pumpe

Bei einer verlustbehafteten inkompressiblen Strömung ist Gl. (4.3) um die Verluste zwischen den Punkten 1 und 2 zu erweitern zu:

$$\frac{p_1}{\rho} + \frac{c_1^2}{2} + gz_1 = \frac{p_2}{\rho} + \frac{c_2^2}{2} + gz_2 \pm y^* + \sum_i \left(\zeta_i \frac{c_i^2}{2} \right) \tag{4.4}$$

mit ζ_i als Verlustbeiwerte der jeweiligen Bauteile im Rohrsystem. Dazu gehören bei hydraulischen Strömungsmaschinen die Einlauf-, Auslauf- und Rohrleitungsverluste, siehe auch Gl. (4.5).

In der Wasserkraft werden die Energiegleichungen (Bernoulli-Gleichungen) Gl. (4.2) bis (4.4) auf die Erdbeschleunigung g bezogen, so dass sich für die Fallhöhe $H = \frac{y_T^*}{g}$ für eine Turbine ergibt zu:

$$H = \frac{y_T^*}{g} = \frac{p_1 - p_2}{g\rho} + \frac{c_1^2 - c_2^2}{2g} + z_1 - z_2 - h_{v,i} \tag{4.5}$$

H	Fallhöhe der Turbine	$[m]$
p_1, p_2	Druck vor und nach Turbine	$[Pa],[bar]$
$c_{1,2}$	Eintritts- und Austrittsgeschwindigkeit der Turbine	$[\frac{m}{s}]$
$z_{1,2}$	Einbauhöhe der Turbine (Zulauf und Ablauf)	$[m]$
$h_{v,i}$	Strömungsverluste, Ein- und Auslauf, etc.	$[m]$

Bei den verschiedenen Turbinentypen überwiegen jeweils einzelne Faktoren dieser Gleichung ([17]):

- Differenz der kinetischen Energie Δc_i^2: wesentlicher Anteil bei Pelton- und Durchströmturbinen. Die gesamte Energie des Wassers wird an der Düse der Peltonturbin in kinetische Energie und somit in Geschwindigkeit umgewandelt und am Laufrad verhältnismäßig stark reduziert. Auch bei der Gleichdruckturbinen erfolgt die Zuströmung zum Laufrad bei Umgebungsdruck, somit ist die Druckdifferenz Δp_i am Laufrad gleich null.
- Druckdifferenz Δp_i: Maßgeblicher Faktor bei Überdruckturbinen, also Kaplan- und Francis-Turbinen. Jedoch erfolgt auch in der Francis- und Kaplanturbine zu einem gewissen Anteil eine Änderung der Geschwindigkeit, sie ist jedoch vergleichsweise gering.
- Verluste in der Turbine $h_{v,i}$ von 1 nach 2.

Eulersche Turbinen- Hauptgleichung Wie in Abschn. 2.6.1 hergeleitet, ergibt sich das Reaktionsmoment $\vec{M}_R$ an der Welle, das vom Fluid auf die Wandung ausgeübt wird und in

Drehrichtung $\vec{\omega}$ bzw. $\vec{u}$ des Laufrades wirkt (siehe Gl. (2.84) mit negativem Voreichen) in skalarer Schreibweise mit $\vec{u}$ senkrecht zu $\vec{\omega}$ und $\vec{r}$ zu:

$$M_R = M_T = -\dot{m}(r_2 c_{u2} - r_1 c_{u1}) \qquad : \text{Turbinen} \tag{4.6}$$

$$M_T = \rho Q(r_1 c_1 \cos\alpha_1 - r_2 c_2 \cos\alpha_2) \tag{4.7}$$

Das Moment M_T einer axial durchströmten Kaplanturbine ergibt sich nach Gl. (4.7) mit dem Ein- und Austrittsradius $r_1 = r_2 = r$ der Turbinenbeschaufelung somit zu:

$$M_T = \rho Q r(c_{u1} - c_{u2}) = \rho Q r \Delta c_u = \rho Q r \Delta w_u \tag{4.8}$$

Aus Gl. (4.8) wird ersichtlich, dass das Turbinenmoment maßgeblich von der Umlenkung der Strömung im Laufrad Δw_u zwischen Laufradeintritt (Index 1) und Laufradaustritt (Index 2) abhängt. Die Umfangskraft F_u wirkt in Richtung der Umfangsgeschwindigkeit u und die Strömung im Laufrad wird entgegen der Umfangsrichtung umgelenkt, siehe Abb. 4.8.

Abb. 4.8 Schaufelplan und Geschwindigkeitsdreiecke an der Turbinenbeschaufelung in den Ebenen 0, 1, 2 [31]

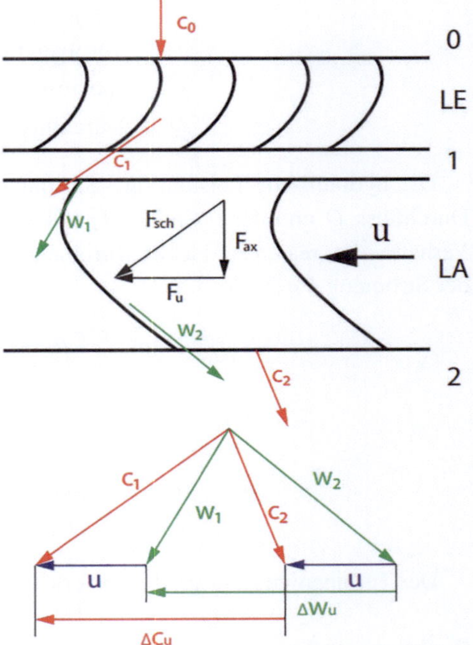

M_T	Moment an der Turbinenwelle	$[Nm]$
$c_{u1,2}$	Umfangskomponente der Strömungsgeschwindigkeit	$[\frac{m}{s}]$
Δc_u	Umlenkung der Strömung im Leitrad LE	$[\frac{m}{s}]$
Δw_u	Umlenkung der Strömung im Laufrad LA	$[\frac{m}{s}]$
F_u	Umfangskraft auf die LA- Beschaufelung im Mittelschnitt	$[N]$
F_{ax}	Axialkraft auf die LA- Beschaufelung im Mittelschnitt	$[N]$
F_{Sch}	resultierende Kraft auf die LA- Beschaufelung im Mittelschnitt	$[N]$

Leistung und Wirkungsgrad Die Leistung P_T einer Turbine wird über die Drehzahl n und das Drehmoment der Welle berechnet. Es gilt:

$$P_T = M_T \omega \tag{4.9}$$

$$P_T = M_T \frac{2\pi n}{60} \tag{4.10}$$

$$P_T = \rho Q y_T^* \tag{4.11}$$

P_T	Turbinenleistung	$[W]$
n	Turbinendrehzahl	$[\frac{1}{min}]$
y_T^*	spezifische Fallenergie	$[\frac{m^2}{s^2}]$
Q	Durchfluss	$[\frac{m^3}{s}]$

Die hydraulische Leistung der Strömung P_H durch die Turbine ergibt sich aus dem Durchfluss Q und der Fallhöhe H_n (Gl (4.12)). Der Wirkungsgrad η berechnet aus dem Verhältnis der realen zur idealen Turbinenleistung, die identisch der hydraulischen Leistung der Strömung P_H ist zu:

$$P_H = \rho g Q H_n \tag{4.12}$$

$$\eta = \frac{P_T}{P_H} \tag{4.13}$$

P_H	Hydraulische Leistung der Strömung	$[W]$
H_n	Nettofallhöhe	$[m]$

Der Turbinenwirkungsgrad η entspricht dem inneren Wirkungsgrad η_i nach Gl. (2.100).

Reaktionsgrad r Wie in Abschn. 1.4.2 erwähnt, lassen sich Wasserturbinen nach dem Funktionsprinzip in zwei grundlegende Gruppen unterteilen. Je nach Reaktionsgrad **r** unterscheidet man zwischen Aktionsturbine mit **r** $= 0$ und Reaktionsturbine **r** > 0.

$$\mathbf{r} = \frac{\Delta p_{La}}{\Delta p_{St}} = \frac{\Delta p_{La}}{\rho Y_{St}} \tag{4.14}$$

Δp_{La}	Druckgefälle des Laufrads	$[mbar]$
Δp_{St}	Druckgefälle der Stufe	$[mbar]$
ρ	Dichte von Wasser	$[\frac{kg}{m^3}]$
Y_{St}	spezifische Stutzenarbeit der Turbinenstufe	$[\frac{m^2}{s^2}]$

Als kinematischer Reaktionsgrad r_k wird für Turbinen auch folgende Gl. (4.15) geführt:

$$r_k = \frac{u_1^2 - u_2^2 - w_1^2 + w_2^2}{2Y_{Sch}} \tag{4.15}$$

$u_{1,2}$	Umfangsgeschwindigkeit am Laufrad Ebene 1,2	$[\frac{m}{s}]$
$w_{1,2}$	Relativgeschwindigkeit am Laufrad Ebene 1,2	$[\frac{m}{s}]$
$Y_{Sch} = \Delta h_u$	spezifische Schaufelarbeit bzw. Umfangsarbeit der Turbinenstufe	$[\frac{m^2}{s^2}]$

4.3   Kennwerte hydraulischer Strömungsmaschinen

Sind zwei Laufräder geometrisch ähnlich, haben sie geometrisch ähnliche Laufradabmessungen (Laufradform). Die kinematische Ähnlichkeit bezieht sich auf die Strömungsgeschwindigkeiten und Strömungswinkel an Laufradeintritt und -austritt. Dabei wird winkelgleiche Strömungswinkel und ähnliche Strömungsverhältnisse vorausgesetzt. Das Verhältnis der folgenden Geschwindigkeiten ist dabei von Interesse (Index M = Modellturbine; ohne Index = reale Maschine):

$$\frac{u_M}{c_M} \sim \frac{u}{c} \quad ; \quad \frac{c_{ax,M}}{c_M} \sim \frac{c_{ax}}{c}$$

Des Weiteren gelten folgende Proportionalitäten ($y^* = Y$):

$$c \sim Y^{\frac{1}{2}}$$

$$u \sim nD$$

$$c_{ax} \sim \frac{Q}{D^2}$$

Eine wichtige Kennzahl für die Kennzeichnung der geometrischen Ähnlichkeit von Laufradformen ist die Radformkennzahl K_L. Diese Kennzahl erhält man aus der Beziehung zwischen den Größen einer realen Maschine ohne Index und einer Modellturbine mit Index M.

$$\frac{n_M D_M}{\sqrt{Y_M}} = \frac{nD}{\sqrt{Y}} \tag{4.16}$$

Gleichzeitig gilt:

$$\frac{Q_M}{D_M^2\sqrt{Y_M}} = \frac{Q}{D^2\sqrt{Y}} \tag{4.17}$$

Eliminiert man $\frac{D}{D_M}$ aus Gl. (4.16) und (4.17) und setzt die beiden gleich, so erhält man die dimensionslose Radformkennzahl K_L.

$$K_L = \frac{n_M\sqrt{Q_M}}{Y_M^{\frac{3}{4}}} = \frac{n\sqrt{Q}}{Y^{\frac{3}{4}}} \tag{4.18}$$

n_M	Drehzahl der Modellturbine	$[\frac{1}{min}]$
n	Drehzahl der realen Turbine	$[\frac{1}{min}]$
D_M	Laufraddurchmesser der Modellturbine	$[m]$
D	Laufraddurchmesser der realen Turbine	$[m]$
Y_M	spezifische Stutzenarbeit der Modellturbine	$[\frac{m^2}{s^2}]$
Y	spezifische Stutzenarbeit der realen Turbine	$[\frac{m^2}{s^2}]$
Q_M	Modellturbinendurchfluss	$[\frac{m^3}{s}]$
Q	Durchfluss der realen Turbine	$[\frac{m^3}{s}]$
K_L	Radformkennzahl	$[-]$

K_L ist eine dimensionslose Kennzahl, wenn alle Größen in Basiseinheiten (n in $[\frac{1}{s}]$) eingesetzt werden. In der Praxis wird häufig die spezifische Drehzahl n_q in $[\frac{1}{min}]$ als Kenngröße verwendet. Die spezifische Drehzahl entspricht der Drehzahl einer fiktiven, geometrisch ähnlichen Turbine, die bei einem Durchfluss $Q_1^* = 1\,\frac{m^3}{s}$ und einer Fallhöhe $H_1 = 1\,m$ arbeitet. Diese fiktive Turbine wird auch als Vergleichsmaschine bezeichnet. Aus den Daten einer beliebigen Maschine mit Q, H und n in $[\frac{1}{min}]$, lässt sich die Drehzahl der Vergleichmaschine und somit die spezifische Drehzahl in zwei Schritten berechnen. Im ersten Schritt wird die Fallhöhe der fiktiven Maschine auf $H_1 = 1\,m$ geändert. Über das Verhältnis der Drehzahlen und Durchflüsse einer realen Maschine und der fiktiven Maschine

$$\frac{n_1}{n} = \frac{Q_1}{Q} \tag{4.19}$$

und aus der Proportionalität,

$$Q \sim \sqrt{H} \tag{4.20}$$

lassen sich Durchfluss- und Drehzahlverhältnis wie folgt darstellen:

$$Q_1 = Q\sqrt{\frac{H_1}{H}} \tag{4.21}$$

$$n_1 = n\sqrt{\frac{H_1}{H}} \tag{4.22}$$

n_1 Drehzahl der fiktiven Turbine mit $H_1 = 1\,m$ $[\frac{1}{min}]$

n_q spezifische Drehzahl der fiktiven Turbine mit $H_1 = 1\,m$ und $Q_1^* = 1\frac{m^3}{s}$ $[\frac{1}{min}]$

n Drehzahl der realen Turbine $[\frac{1}{min}]$

Q Durchfluss der realen Turbine $[\frac{m^3}{s}]$

Q_1 Durchfluss der fiktiven Turbine $[\frac{m^3}{s}]$

Q_1^* geänderter Durchfluss der fiktiven Turbine $Q_1^* = 1\frac{m^3}{s}$ $[\frac{m^3}{s}]$

D Laufraddurchmesser der realen Turbine $[m]$

D^* Laufraddurchmesser der fiktiven Turbine bei $Q_1^* = 1\,m$ $[\frac{m^3}{s}]$

H Fallhöhe der realen Turbine $[m]$

H_1 Fallhöhe der fiktiven Turbine $[m]$

Im zweiten Schritt wird vorausgesetzt, dass die fiktive, geometrisch ähnliche Vergleichsmaschine bei einem Durchfluss $Q_1^* = 1\frac{m^3}{s}$ arbeitet. Aufgrund der Kontinuitätsgleichung (Gl. 4.1) verringert sich der Laufraddurchmesser D^* der Maschine. Bei gleichbleibender Umfangsgeschwindigkeit dreht die Vergleichsmaschine mit der Drehzahl n_q und es ergibt sich folgendes Verhältnis:

$$\frac{D}{D^*} = \frac{n_q}{n_1} \tag{4.23}$$

und

$$\frac{D}{D^*} = \frac{\sqrt{Q_1}}{\sqrt{Q_1^*}} \tag{4.24}$$

Durch Gleichsetzen und Umformen der Gl. (4.23) und (4.24) erhält man

$$n_q = n_1 \frac{\sqrt{Q_1}}{\sqrt{Q_1^*}} \tag{4.25}$$

Über die Beziehungen (4.21) und (4.22) kann die Gleichung für die spezifische Drehzahl n_q wie folgt dargestellt werden:

$$n_q = n\sqrt{\frac{H_1}{H}}\frac{1}{Q_1^*}\sqrt{Q\sqrt{\frac{H_1}{H}}} \tag{4.26}$$

Durch Vereinfachen und Einsetzen von $Q_1^* = 1\frac{m^3}{s}$ und $H_1 = 1\,m$ ergibt sich unter Vernachlässigung eines Dimensionskorrekturfaktors die endgültige Gleichung der spezifischen Drehzahl n_q einer fiktiven, geometrisch ähnlichen Vergleichsmaschine zu:

$$n_q = n\frac{\sqrt{Q}}{H^{\frac{3}{4}}} \tag{4.27}$$

Q	Durchfluss der realen Turbine	$[\frac{m^3}{s}]$
H	Fallhöhe der realen Turbine	$[m]$
n	Drehzahl der realen Turbine	$[\frac{1}{min}]$
n_q	spezifische Drehzahl der fiktiven Turbine mit $H_1 = 1\,m$ und $Q_1^* = 1\frac{m^3}{s}$	$[\frac{1}{min}]$

Die spezifische Drehzahl n_q kennzeichnet somit ähnliche Laufradformen. Das bedeutet, dass ähnliche Laufräder unterschiedlicher Größe die gleiche Laufradform bzw. die gleiche spezifische Drehzahl n_q haben. Wie bereits in Abschn. 1.4.2 angesprochen, wird die spezifische Drehzahl n_q unter anderem dafür genutzt, um in Abhängigkeit von der Fallhöhe H, Einsatzbereiche der Turbinentypen (Pelton, Francis, Kaplan, etc.) zu definieren, siehe Abb. 1.19. Da allerdings jeder Betriebspunkt einer Turbine eine andere spezifische Drehzahl aufweist, einigte man sich darauf, Turbinen über eine einzige spezifische Drehzahl n_q zu kennzeichnen. Dabei wird entweder die spezifische Drehzahl im Bemessungspunkt der Turbine verwendet, bei der die Nennleistung erzielt wird, oder es wird der Betriebspunkt des optimalen Turbinenwirkungsgrads gewählt [11, 17].

4.4   Kennzahlen hydraulischer Strömungsmaschinen für den Turbinenbetrieb

Der Betrieb von Turbinen wird auch über zwei Kennzahlen dargestellt [9]. Die spezifische Umlaufgeschwindigkeit n_{ED} beschreibt das Verhältnis der Umfangsgeschwindigkeit $u = nD$ des Laufradaußendurchmessers bezogen auf die Nettofallhöhe H_n und wird von der Turbinendrehzahl n und der Nettofallhöhe H_n beeinflusst. Die Kennzahl setzt sich wie folgt zusammen:

$$n_{ED} = \frac{nD}{\sqrt{gH_n}} \tag{4.28}$$

n_{ED}	spezifische Drehzahl
n	Turbinendrehzahl $[\frac{1}{min}]$
D	Laufraddurchmesser $[m]$
H_n	Nettofallhöhe $[m]$

Eine weitere Kennzahl für den Turbinenbetrieb ist der spezifische Durchfluss Q_{ED}. Der spezifische Durchfluss Q_{ED} setzt sich aus dem axialen Durchfluss Q durch die Fläche des Laufradaustritts D, bezogen auf die Nettofallhöhe H_n zusammen. Er beschreibt die Proportionalität zwischen der fiktiven Meridiangeschwindigkeit im Laufrad c_{ax} und der aus dem Nettogefälle resultierender Geschwindigkeit $\sqrt{gH_n}$.

$$Q_{ED} = \frac{Q}{D^2\sqrt{gH_n}} \tag{4.29}$$

$$Q_{ED} \quad : \quad \text{spezifischer Durchfluss}$$

$$Q \quad : \quad \text{Durchfluss } [\tfrac{m^3}{s}]$$

$$D \quad : \quad \text{Durchmesser } [m]$$

$$c_m = c_{ax} \quad : \quad \text{Meridiangeschwindigkeit } c_{ax} = \tfrac{Q}{A} \, [\tfrac{m}{s}]$$

Weitere herstellerabhängige Kennzahlen für den Turbinenbetrieb Der Betrieb von Turbinen wird auch über herstellerabhängige Kennzahlen dargestellt z. B. [11]. Die spezifische Umlaufgeschwindigkeit K_u beschreibt das Verhältnis der Umfangsgeschwindigkeit u des Laufradaußendurchmessers bezogen auf die Nettofallhöhe H_n und wird von der Turbinendrehzahl n und der Nettofallhöhe H_n beeinflusst. Die Kennzahl setzt sich wie folgt zusammen:

$$K_u = \frac{u}{\sqrt{2g\,H_n}} = \frac{\pi\,n_T\,D}{60 \cdot \sqrt{2g\,H_n}} \tag{4.30}$$

$$K_u \quad \text{spezifische Umlaufgeschwindigkeit}$$

$$u \quad \text{Umfangsgeschwindigkeit} \qquad [\tfrac{m}{s}]$$

$$n_T \quad \text{Turbinendrehzahl } [\tfrac{1}{min}]$$

$$D \quad \text{Laufraddurchmesser } [m]$$

$$H_n \quad \text{Nettofallhöhe } [m]$$

Eine weitere Kennzahl für den Turbinenbetrieb ist der spezifische Durchfluss K_{cm}. K_{cm} setzt sich aus der axialen Strömungsgeschwindigkeit c_{ax} durch die Fläche des Laufradaustritts, bezogen auf die Nettofallhöhe H_n zusammen. Er beschreibt das Verhältnis zwischen der fiktiven Meridiangeschwindigkeit im Laufrad $c_m = c_{ax}$ und der aus dem Nettogefälle resultierender Geschwindigkeit $\sqrt{2g\,H_n}$.

$$K_{cm} = \frac{c_{ax}}{\sqrt{2g\,H_n}} \tag{4.31}$$

$$K_{cm} = \frac{Q}{A\sqrt{2g\,H_n}} = \frac{Q}{\tfrac{\pi}{4}D^2\sqrt{2g\,H_n}} \tag{4.32}$$

$$K_{cm} \quad : \quad \text{spezifischer Durchfluss}$$

$$Q \quad : \quad \text{Durchfluss } [\tfrac{m^3}{s}]$$

$$A \quad : \quad \text{Querschnittsfläche } [m^2]$$

$$c_m = c_{ax} \quad : \quad \text{Meridiangeschwindigkeit } c_{ax} = \tfrac{Q}{A} \, [\tfrac{m}{s}]$$

4.4.1 Muscheldiagramme zur Turbinendimensionierung

Die Muscheldiagramme zur Berechnung der Prototypdaten werden aus Messdaten von Modellversuchen erzeugt. Aus den Messdaten werden dann die Daten auf eine fiktive, geometrisch ähnliche Turbine umgerechnet. Diese fiktive Turbine wird auch als Einheitsmaschine bezeichnet und besitzt einen Laufraddurchmesser von $D_{11} = 1\,m$ und arbeitet bei einer Fallhöhe $H_{11} = 1\,m$. Sie darf nicht mit der Vergleichsmaschine zur Berechnung der spezifischen Drehzahl verwechselt werden.

Die Umrechnung von der Modellturbine auf die Einheitsmaschine erfolgt mit nachstehenden Gleichungen.

$$n_{11} = n_M \frac{\sqrt{H_{11}}}{D_{11}} \frac{D_M}{\sqrt{H_M}} = n_M \frac{\frac{D_M}{D_{11}}}{\sqrt{\frac{H_M}{H_{11}}}} = n_M \frac{D_M}{\sqrt{H_M}} \tag{4.33}$$

$$Q_{11} = Q_M \frac{\sqrt{H_{11}}\,D_{11}^2}{\sqrt{H_M} * D_M^2} = \frac{Q_M}{\sqrt{H_M}\,D_M^2} \tag{4.34}$$

Durch die Verwendung der Einheitsgrößen n_{11} und Q_{11} können die Muscheldiagramme auf eine

n_{11}	Drehzahl der Einheitsturbine	$[\frac{1}{min}]$
n_M	Drehzahl der Modellturbine	$[\frac{1}{min}]$
H_{11}	Fallhöhe der Einheitsturbine $H_{11} = 1\,m$	$[m]$
H_M	Fallhöhe der Modellturbine	$[m]$
D_{11}	Laufraddurchmesser der Einheitsturbine $D_{11} = 1\,m$	$[m]$
D_M	Laufraddurchmesser der Modellturbine	$[m]$
Q_{11}	Durchfluss der Einheitsturbine	$[\frac{m^3}{s}]$
Q_M	Durchfluss der Modellturbine	$[\frac{m^3}{s}]$

Großmaschine angewendet werden. Die Umrechnung von der fiktiven Einheitsmaschine auf eine Großausführung kann wie folgt durchgeführt werden:

$$Q = Q_{11}\sqrt{H}\,D^2 \tag{4.35}$$

und

$$n = n_{11} \frac{\sqrt{H}}{D} \tag{4.36}$$

$$n_q = n \frac{\sqrt{Q}}{H^{\frac{3}{4}}} = n_{11}\sqrt{Q_{11}} \tag{4.37}$$

Bei der Wirkungsgradaufwertung von der Modellturbine zur Großausführung [9] sind die Wandreibungsverluste zu beachten. Diese Verluste ändern sich mit der Reynoldszahl der Maschine. Die Reynoldszahl einer Turbine ist definiert als

$$Re = \frac{uD}{\nu} \tag{4.38}$$

n	Drehzahl der Großausführung	$[\frac{1}{min}]$
H	Fallhöhe der Großausführung	$[m]$
D	Laufraddurchmesser der Großausführung	$[m]$
Q	Durchfluss der Großausführung	$[\frac{m^3}{s}]$

Re	Reynoldszahl	$[-]$
u	Umfangsgeschwindigkeit	$[\frac{m}{s}]$
ν	kinematische Viskosität	$[\frac{m^2}{s}]$

Aus Gl. (4.38) wird ersichtlich, dass die Reynoldszahl einer Großausführung deutlich größer ist, als die einer Modellturbine. Demnach muss die Reynoldszahl von Modell und Großausführung in der Wirkungsgradaufwertung berücksichtigt werden. Hierfür kann eine vereinfachte,halbempirische Aufwerteformel Formel nach HUTTON [17] verwendet werden:

$$\frac{1-\eta}{1-\eta_M} = 0{,}3 + 0{,}7 \left(\frac{Re_M}{Re}\right)^{0,125} \tag{4.39}$$

Die spezifische Drehzahl n_q

η	aufgewerteter Wirkungsgrad	$[-]$
η_M	Modellwirkungsgrad	$[-]$
Re_M	Reynoldszahl der Modellturbine	$[-]$

kann nun mit Gl. (4.35) und unter Berücksichtigung sämtlicher Einheitswerte folgendermaßen ermittelt werden, siehe auch Gl. (4.27):

$$n_q = n_{11}\sqrt{Q_{11}} \tag{4.40}$$

Das Ergebnis der Umrechnung aus den Messdaten aus Modellversuchen zeigt nachfolgendes beispielhaftes Muscheldiagramm in Abb. 4.9. Dargestellt ist der Einheitsdurchfluss Q_{11} über der Einheitsdrehzahl n_{11}. Aus diesem Diagramm ist der Bemessungspunkt (hier oberhalb des maximalen Turbinenwirkungsgrads gewählt) der Turbine ablesbar. Möchte man nun eine Großausführung bei gegebener Fallhöhe und Durchfluss dimensionieren, so wird aus dem Bemessungspunkt die spezifische Drehzahl der Turbine nach Gl. (4.40) ermittelt und anschließend nach Gl. 4.35 der Laufraddurchmesser D und mit Gl. (4.36) die Turbinennenndrehzahl n berechnet. Mit Hilfe firmeninterner Gleichungen können anschließend die Abmessungen der Turbine ermittelt werden.

In Abb. 4.10 ist das Muscheldiagramm einer Kaplan-Rohrturbine als Propellerturbine dargestellt. Das Diagramm zeigt den Durchfluss Q über der Fallhöhe H als Funktion des Wir-

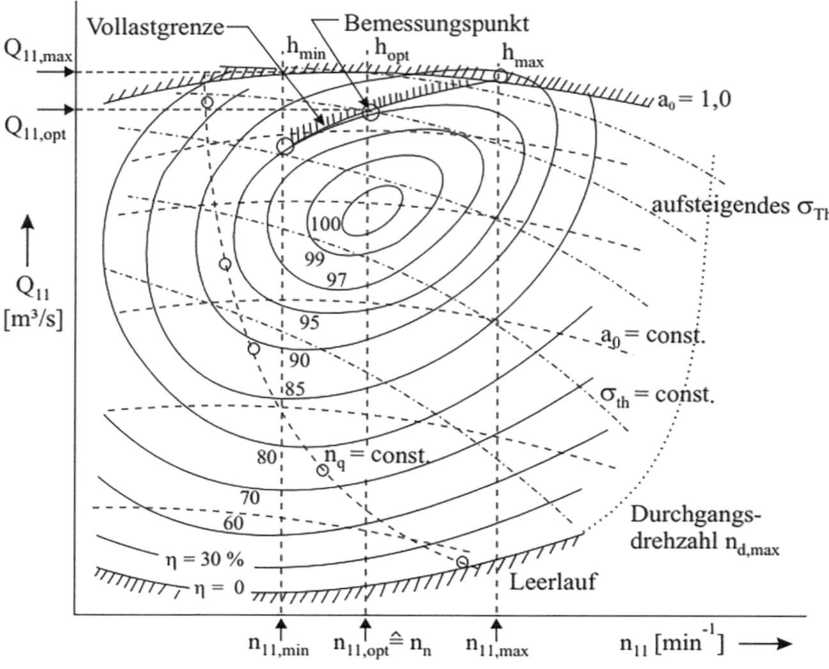

Abb. 4.9 Muscheldiagramm einer Wasserturbine [17]

kungsgrades η und der Leitradstellung a. Die durchgezogene eingezeichnete Linie zeigt die Betriebspunkte mit drallfreier Abströmung, also einer rein axialen Laufradabströmung. Eine drallfreie Laufradabströmung impliziert den maximal erreichbaren Wirkungsgrad bei den jeweiligen Bedingungen (Durchfluss und Fallhöhe). Die grün dargestellten Punkte zeigen drei mögliche Betriebspunkte der Turbine. Betrachtet man Betriebspunkt 1, so erkennt man, dass der Betriebspunkt über der roten Kurve liegt. Der Durchfluss der Turbine ist in diesem Betriebspunkt höher, als der Nenndurchfluss. Die Turbine arbeitet in Voll- bzw. Überlast(Ü) Betriebspunkt 2 befindet sich auf der Linie der drallfreien Abströmung. Gleichzeitig ist das der Betriebspunkt mit maximalem Wirkungsgrad (Nennbetriebspunkt). Betriebspunkt 3 besitzt einen geringeren Durchfluss. Die Turbine wird in Teillast (T)betrieben und die Laufradabströmung ist drallbehaftet (Mittdrall, in Umfangsrichtung). In Abschn. 4.5 wird eine Turbinendimensionierung mit dem erstellten Muscheldiagramm einer Modellturbine beispielhaft durchgerechnet. Hierfür wird die Dimensionierung nach [11, 17] durchgeführt.

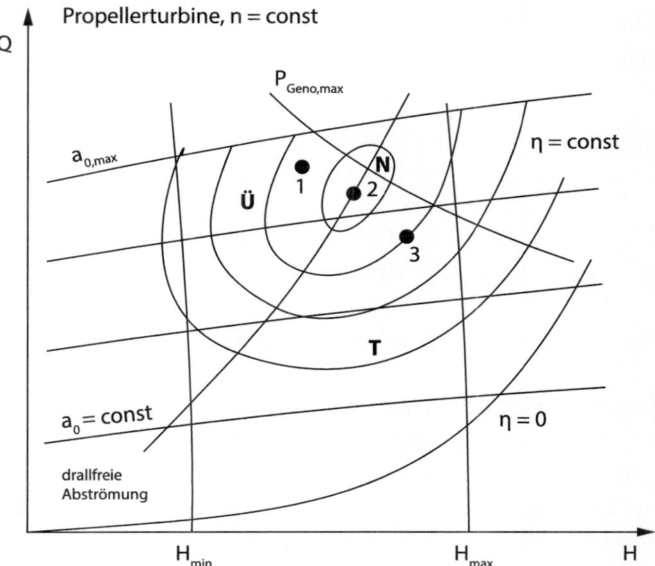

Abb. 4.10 Muscheldiagramm einer Kaplan- Propellerturbine [11] Ü: Überlast 1 (Gegendrall); Nenn-betriebspunkt 2 (drallfrei); T: Teillast 3 (Mitdrall)

4.4.2 Kavitation

Bei Überdruckturbinen besteht die Gefahr der Kavitation. Die Strömungsgeschwindigkeit wird durch die Saugwirkung des Saugrohrs erhöht. Dabei verringert sich der statische Druck der Strömung direkt hinter dem Turbinenlaufrad. Wird der Druck so weit verringert, dass er unter dem Dampfdruck liegt, entstehen Dampfbläschen. Diese Bläschen fallen in Bereichen mit höherem Druck schlagartig zusammen. Durch die Implosion der Dampfbläschen entstehen sogenannte Micro-Jets, sehr schnelle Strömungen, welche bei Auftreffen an Bauteilen für Beschädigungen führen können. Es ist daher für eine lange Lebensdauer einer Turbine wichtig, diese in dem Betriebsbereich in kavitationsfreien Betriebspunkten zu betreiben. Für die Beurteilung der Kavitationsgefahr wird häufig der Thoma-Beiwert σ_{Th} verwendet [11].

$$\sigma_{Th} = \frac{h_b - h_d - h_s}{H} \tag{4.41}$$

σ_{Th}	Thoma-Beiwert	$[-]$
h_b	Barometrische Höhe	$[m]$
h_d	Dampfdruckhöhe von Wasser	$[m]$
h_s	Saughöhe	$[m]$
H	Fallhöhe	$[m]$

Dabei berechnet sich die Saughöhe h_s aus der Differenz von Einbaukote E_K zu Unterwasserspiegel U_W [11].

$$h_s = E_K - U_W \qquad (4.42)$$

Somit ergibt sich ein $h_s > 0$, wenn die Maschinenachse oberhalb des Unterwasserspiegels U_W verbaut

E_K Einbaukote/ Höhe der Maschinenachse $[m]$
U_W Unterwasserspiegel $[m]$

ist. Die Saughöhe ist negativ, sobald die Maschinenachse unterhalb des Unterwasserspiegels verbaut ist.

Die Kavitationsgefahr sinkt mit steigendem σ_{Th}. Der Thoma-Beiwert σ_{Th} hängt von mehreren Faktoren, unter anderem von der spezifischen Drehzahl n_q ab. Mittels Experimenten gelingt es, σ_{Th} in Abhängigkeit der spezifischen Drehzahl n_q einer Turbine darzustellen, siehe Abb. 4.11. Der orange Bereich zeigt an, für welche Werte von σ_{Th} in Abhängigkeit von n_q ein kavitationsfreier Betrieb gewärleistet ist. Aus solchen Diagrammen ist es möglich, zusammen mit Gl. (4.43) einen überschlägigen Wert für die zulässige Saughöhe h_s zu ermitteln. In Versuchsanlagen ist die Saughöhe h_s konstruktionsbedingt nicht eindeutig bestimmbar, und daher wird der Thoma-Beiwert nach Gl. (4.43) mit p_{Da} als Diffusoraustrittdruck berechnet [11]. Da die Barometrische Höhe h_b, sowie die Dampfdruckhöhe des Wassers h_d standortgebundene Größen sind, können diese zu einem Faktor B^* zusammen gefügt werden. Für den Anlagenstandort der Hochschule Ravensburg-Weingarten entspricht sich z. B. $B^* = 9{,}7$.

$$\sigma_{Th} = \frac{h_b - h_d - h_s}{H_n} = \frac{B^* + \frac{p_{Da}}{\rho g}}{H_n} \qquad (4.43)$$

Eine weitere Kennzahl für die Einschätzung der Kavitationsgefahr ist die Saugzahl S_q. Diese Kennzahl ist ebenfalls von der spezifischen Drehzahl n_q abhängig und kann für eine

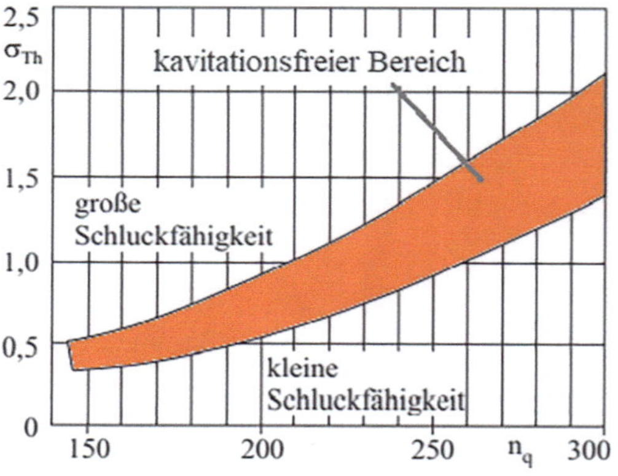

Abb. 4.11 Thoma-Beiwert σ_{Th} in Abhängigkeit von n_q für Kaplan- und Rohrturbinen [17]

Tab. 4.1 Saugzahl S_q einer Kaplan-Turbine in Abhängigkeit von n_q [17]

n_q [$\frac{1}{min}$]	140	170	200	120
S_q [$-$]	0,82	0,76	0,70	0,64

Kaplan-Turbine aus Tab. 4.1 ermittelt werden. Der Zusammenhang zwischen Saugzahl und Thoma-Beiwert kann wie folgt ausgedrückt:

$$\sigma_{Th} = \frac{1}{2304,3} \left(\frac{n_q}{S_q}\right)^{\frac{4}{3}} \tag{4.44}$$

4.5 Erstellung des Turbinenkennfelds zur Auslegung einer Großausführung

Bei der Auslegung von Wasserturbinen ist es von großem Vorteil, auf ein Muscheldiagramm einer geometrisch ähnlichen Maschine zurückgreifen zu können. Diese Muscheldiagramme werden mit Modellturbinen im Labor erzeugt, welche einen Laufraddurchmesser kleiner als ein halber Meter aufweisen (gerne verwendet ca. $D = 340\,mm$). Dadurch ist die Erstellung der Muscheldiagramme mit wirtschaftlich vertretbarem Aufwand möglich. Von der Modellturbine werden die gemessenen Daten auf eine geometrisch ähnliche, fiktive Einheitsmaschine umgerechnet, die einen Laufraddurchmesser $D_{11} = 1\,m$ hat und bei einer Fallhöhe $H_{11} = 1\,m$ arbeitet. Die Einheitsmaschine kann anschließend in jede gewünschte Großausführung mit ähnlicher Laufradform umgerechnet werden. Neben der Ermittlung der Abmessungen der Großausführung kann auch das Betriebskennfeld der Großausführung ermittelt werden. Die Aufwertung der Wirkungsgrade wird gemäß der IEC60193 [9] durchgeführt.

Turbinenwirkungsgradmessung der Modellturbine Für die Erstellung des Muscheldiagramms der Turbine werden Messungen des Wirkungsgrades, des Durchflusses und der Drehzahl bei unterschiedlichen Laufradwinkeln α_{La} und Leitradwinkeln φ_{Le} einer Turbine durchgeführt. Das Muscheldiagramm stellt dann das Kennfeld der Turbine auch bei Überlast und Teilllast dar.

Erstellung des Kennfelds der Modellturbine Abb. 4.12 zeigt den 3-dimensionalen Wirkungsgradverlauf einer Kaplan-Rohrturbine bei einer Fallhöhe von $H = 8\,m$. Der Wirkungsgrad η auf der y-Achse ist über der spezifischen Umlaufgeschwindigkeit K_u (x-Achse) und dem spezifischen Durchfluss K_{cm} (z-Achse) aufgetragen. In Abb. 4.13 ist das dazugehörige Muscheldiagramm dargestellt. Dabei ist auf der Ordinate der spezifische Durchfluss K_{cm} nach Gl. (4.32).eingetragen und auf der Abszisse die spezifische Umlaufgeschwindigkeit K_u (Gl. (4.30)). Die Wirkungsgrade η sind als Linien sichtbar. Linien gleicher Farbe besitzen

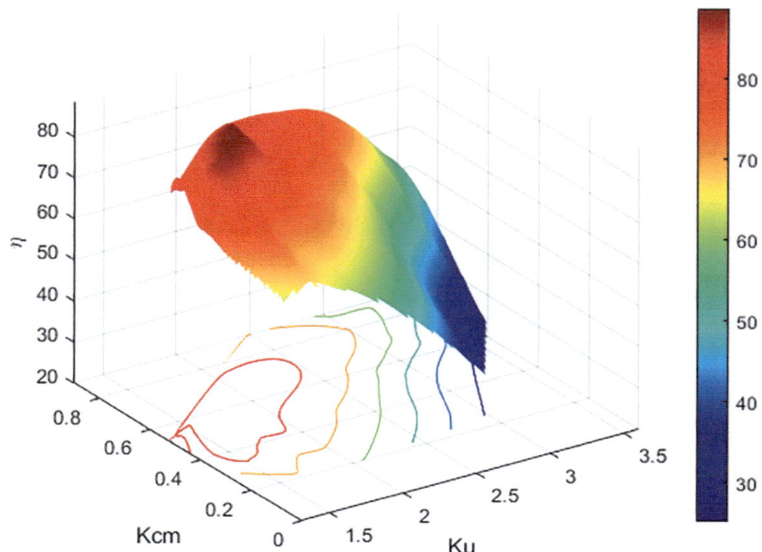

Abb. 4.12 Wirkungsgrad η der Modellturbine als Funktion von K_{cm} und K_u bei einer Fallhöhe $H = 8\,m$

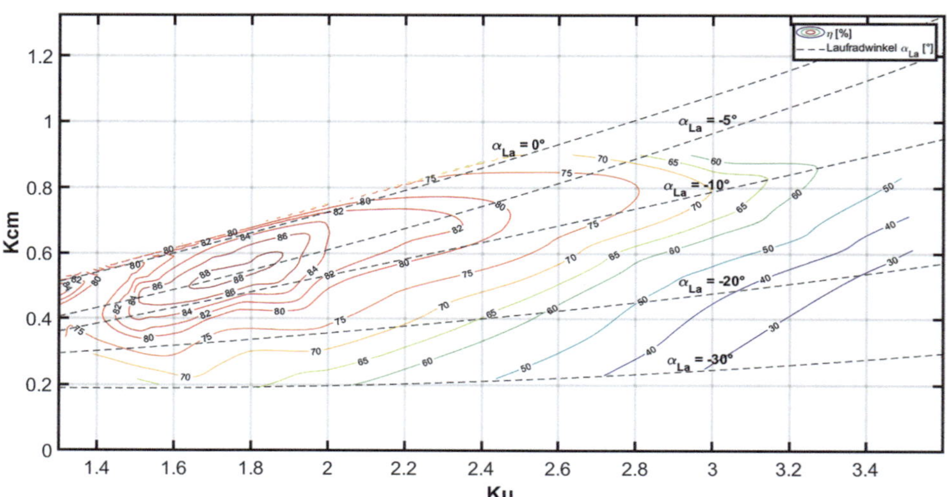

Abb. 4.13 Wirkungskennfeld der Modellturbine in Abhängigkeit von K_{cm} und K_u und α_{La} bei einer Fallhöhe $H = 8\,m$

denselben Wert. Die gestrichelten Linien zeigen die dazugehörige Laufradstellung α_{La} zu den Wirkungsgraden.

Der optimale Wirkungsgrad der Modellturbine nach Abb. 4.13 mit $\eta = 88{,}574\,\%$ ist bei einer spezifischen Drehzahl $K_u = 1{,}684$ und einem spezifischen Durchfluss $K_{cm} = 0{,}521$. Das erstellte Muscheldiagramm der Modellturbine kann nun für eine Turbinendimensionierung verwendet werden.

4.5.1   Muscheldiagramm der geometrisch ähnlichen Einheitsmaschine

Die in Modellversuchen aufgenommenen Wirkungsgradverläufe werden mithilfe der Gl. (4.33) und (4.34) auf eine fiktive, geometrisch ähnliche Einheitsmaschine umgerechnet, welche den Laufraddurchmesser $D_{11} = 1\,m$ besitzt und bei einer Fallhöhe $H_{11} = 1\,m$ arbeitet.

Zudem wird eine Wirkungsgradaufwertung nach [9] durchgeführt.

In Abb. 4.14 ist das Kennfeld der Einheitsturbine dargestellt. Dabei zeigt die x-Achse die Einheitsdrehzahl n_{11} in $\frac{1}{min}$, die z-Achse den Einheitsdurchfluss Q_{11} in $\frac{m^3}{s}$ und die y-Achse den Wirkungsgrad η der geometrisch ähnlichen Einheitsturbine in %. Abb. 4.15 zeigt das Muscheldiagramm, in welchem der Wirkungsgrad in Abhängigkeit von Q_{11} und n_{11} dargestellt ist. Das Muscheldiagramm der Einheitsmaschine zeigt einen ähnlichen Verlauf, wie das der Modellturbine mit einer Vergleichsfallhöhe von $H = 8\,m$, siehe Abb. 4.13. Die Turbinen-

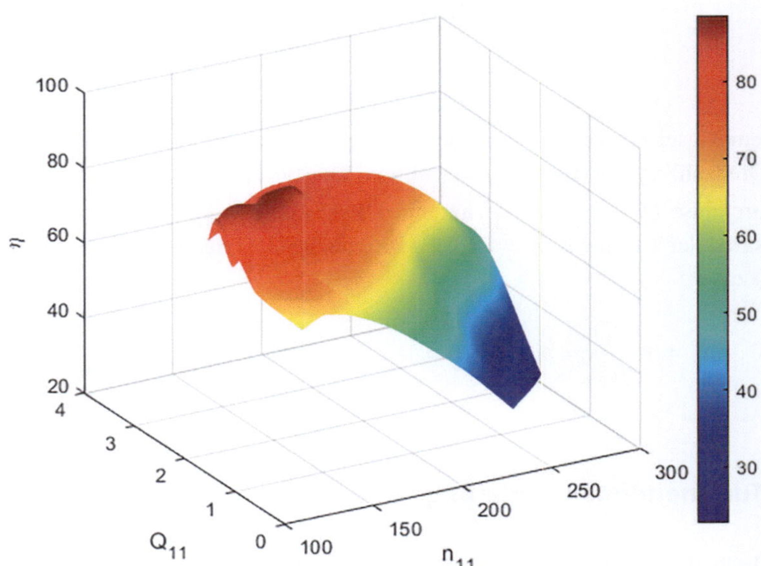

Abb. 4.14 Wirkungsgradkennfeld der Einheitsturbine

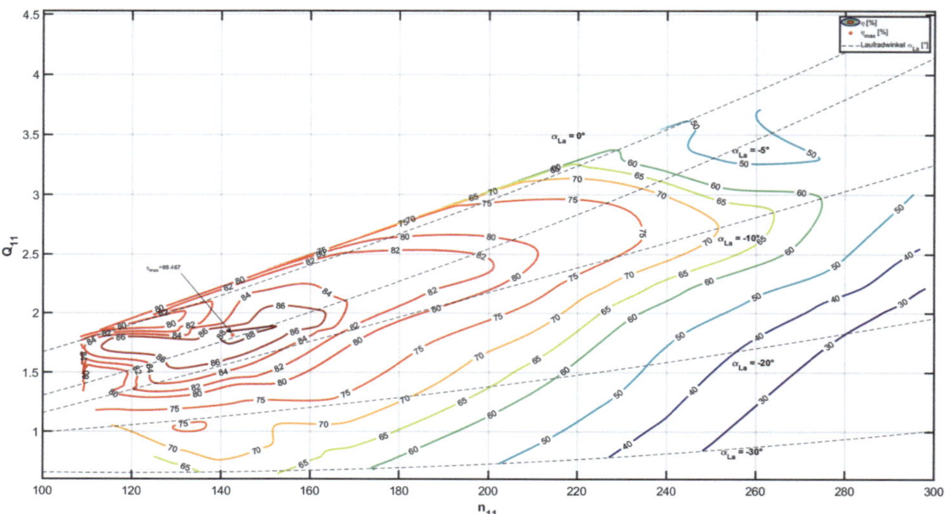

Abb. 4.15 Wirkungsgradverlauf der Einheitsturbine in Abhängigkeit von Q_{11}, n_{11} und α_{La}

größen Q, n und M der beiden Muscheldiagramme wurden aus denselben Messdaten berechnet, aber die Muscheldiagramme für unterschiedliche Kennzahlen (K_u, K_{cm}, n_{11}, Q_{11}) erzeugt.

$$Q_{11} = \frac{K_{cm}\pi\sqrt{2g}}{4} \tag{4.45}$$

$$n_{11} = \frac{K_u \cdot 60\sqrt{2g}}{\pi} \tag{4.46}$$

Aus dem Muscheldiagramm kann der Auslegungspunkt abgelesen werden, um die spezifische Drehzahl n_q der Turbine zu ermitteln. Der bestmögliche Wirkungsgrad liegt bei einem Durchfluss $Q_{11} = 1{,}811\,\frac{m^3}{s}$ und einer Drehzahl $n_{11} = 142{,}48\,\frac{1}{min}$, der maximale Wirkungsgrad der Turbine ist $\eta = 88{,}5\,\%$. Die spezifische Drehzahl n_q errechnet sich nach Gl. (4.37) zu:

$$n_q = n\frac{\sqrt{Q}}{H^{\frac{3}{4}}} = n_{11}\sqrt{Q_{11}} = 142{,}48\sqrt{1{,}811}\,\frac{1}{min} = 191{,}74\,\frac{1}{min}$$

4.5.2 Turbinendimensionierung

Basierend auf dem erzeugten Muscheldiagramm der geometrisch ähnlichen Einheitsmaschine (siehe Abb. 4.15) kann die Dimensionierung einer realen Turbine mit den standortbedingten Randbedingungen durchgeführt werden. Die standortbedingten Randbedingungen sind: die Fallhöhe H, der Nenndurchfluss Q des Gewässers. Als weitere Bedingung ist die geometrische Ähnlichkeit von Modellturbine und der realen Turbine einzuhalten. Für die Dimensionierung einer Turbine werden folgende Annahmen verwendet:

- Fallhöhe $H = 12\,m$
- Durchfluss $Q = 25\,\frac{m^3}{s}$
- aufgrund der geometrischen Ähnlichkeit gilt $n_q = 191{,}74\,\frac{1}{min}$, siehe Gl. (4.37)

Ermittlung der spezifischen Drehzahl

Als Auslegungspunkt wird hierzu der Betriebspunkt mit dem optimalen Wirkungsgrad gewählt. Dieser entspricht einem Einheitsdurchfluss $Q_{11} = 1{,}811\,\frac{m^3}{s}$ und einer Einheitsdrehzahl $n_{11} = 142{,}48\,\frac{1}{min}$.

Die spezifische Drehzahl berechnet sich zu

$$n_q = n\frac{\sqrt{Q}}{H^{\frac{3}{4}}} = n_{11}\sqrt{Q_{11}} = 142{,}48\sqrt{1{,}811} = 191{,}74\frac{1}{min} \tag{4.47}$$

Ermittlung des Laufraddurchmessers

Der Laufraddurchmesser der Großausführung D wird anhand Gl. (4.35) berechnet.

$$D = \sqrt{\frac{Q}{Q_{11}\sqrt{H}}} = \sqrt{\frac{25\,\frac{m^3}{s}}{1{,}811\,\frac{m^3}{s}\sqrt{12\,m}}} = 1{,}996\,m \tag{4.48}$$

Ermittlung der Turbinen- und Generatordrehzahl

Die Turbinendrehzahl wird mit Gl. (4.36) und den bisherigen Ergebnissen bestimmt.

$$n = n_{11}\frac{\sqrt{H}}{D} = 142{,}48\frac{1}{min}\frac{\sqrt{12\,m}}{1{,}996\,m} = 247\frac{1}{min} \tag{4.49}$$

Die Welle der Modellturbine ist direkt mit dem Generator verbunden. Somit ist zu beachten, dass die Turbinendrehzahl gleich der Generatordrehzahl ist. Bei einer Netzfrequenz von 50 Hz entspricht die benötigte Polpaarzahl p des Generators.

$$p = \frac{f}{n}60\,\frac{s}{min} \approx 12 \tag{4.50}$$

$$
\begin{array}{lll}
p & \text{Polpaarzahl des Generators} & [-] \\
f & \text{Netzfrequenz} & [Hz] \\
n & \text{Drehzahl} & [\frac{1}{min}]
\end{array}
$$

Mit der Festlegung der Polpaarzahl ergibt sich die Drehzahl der Prototypmaschine von $250\,[\frac{1}{min}]$.

Nennleistung der Turbine

Für die Nennleistung der Turbine wird zuerst der Wirkungsgrad η mit der Formel nach HUTTON aufgewertet und die hydraulische Leistung der Anlage bestimmt. Die Wirkungsgradaufwertung erfolgt mit Gl. (4.39).

$$\eta = 1 - \left(0{,}3 + 0{,}7 \left(\frac{Re_M}{Re}\right)^{0{,}125}\right)(1 - \eta_M) \tag{4.51}$$

Mit

$$Re = \frac{uD}{\nu} \tag{4.52}$$

und

$$u = \frac{D\pi n}{60} \tag{4.53}$$

berechnet sich der Wirkungsgrad der Naturausführung zu:

$$\eta = 1 - \left(0{,}3 + 0{,}7 \left(\frac{D_{3M}^2 \pi n_M}{60\nu}\left(\frac{D^2 \pi n}{60\nu}\right)^{-1}\right)^{0{,}125}\right)(1 - \eta_M) \tag{4.54}$$

$$\eta = 1 - \left(0{,}3 + 0{,}7 \left(\frac{(0{,}308\,m)^2 \pi\, 866{,}921\frac{1}{s}}{60\,1106\frac{m^2}{s}}\left(\frac{(1{,}996\,m)^2 \pi\, 247\frac{1}{s}}{60\,1106\frac{m^2}{s}}\right)^{-1}\right)^{0{,}125}\right)(1 - 0{,}88465)$$

$$\eta = 0{,}902 \equiv 90{,}2\,\%$$

Die hydraulische Leistung entspricht nach Gl. (4.12):

$$P_H = \rho g Q H = 998{,}2\frac{kg}{m^3}9{,}81\frac{m}{s^2}25\frac{m^3}{s}12\,m = 2937{,}7\,kW$$

Die Nennleistung der Turbine wird aus Gl. (4.13) berechnet:

$$P_{T,N} = \eta P_H = 0{,}902 \cdot 2937{,}7kW = 2649{,}81kW$$

Somit ist die Nennleistung der Turbine rund $2{,}65\,MW$.

Ermittlung von Schaufelzahl und Nabendurchmesser

Nach Tab. 4.2 wird die Schaufelzahl z_L des Laufrads und der Nabendurchmesser D_n bestimmt.

Tab. 4.2 Schaufelzahl und Nabenverhältnis in Abhängigkeit der Fallhöhe und spezifischen Drehzahl [17]

Fallhöhe $H[m]$	bis 5	bis 25	bis 40	bis 50	bis 60
Spezifische Drehzahl $n_q[\frac{1}{min}]$	210–300	170–250	120–200	80–160	60–130
Laufradschaufelzahl z_L	4	5	6	7	8
Nabenverhältnis $\frac{D_n}{D}$	0,4	0,5	0,55	0,6	0,65

Die reale Turbine hätte somit 5 Laufradschaufeln und einen Nabendurchmesser von $D_n = 0,998\,m$ ($\frac{D_n}{D} = 0,5$).

Ermittlung der zulässigen Saughöhe

Für die Ermittlung der zulässigen Saughöhe wird der Thoma-Beiwert über die Beziehung zwischen Saugzahl und spezifischer Drehzahl aus Tab. 4.1 ermittelt. Hierfür wird mit einer linearen Interpolation die Saugzahl für die spezifische Drehzahl $n_q = 191,74\frac{1}{min}$ berechnet. Die Saugzahl der Turbine beträgt $S_q = 0,72$. Über Gl. (4.44) wird der Thoma-Beiwert ermittelt.

$$\sigma_{Th} = \frac{1}{2304,3}\left(\frac{n_q}{S_q}\right)^{\frac{4}{3}} = \frac{1}{2304,3}\left(\frac{191,74}{0,72}\right)^{\frac{4}{3}} = 0,74$$

Überprüft man den berechneten Wert für σ_{Th} mit Abb. 4.16, so liegt der berechnete Wert (rote Markierung in Abb. 4.16) zwischen den 2 Begrenzungslinien.

Anschließend wird die zulässige Saughöhe $H_{S,zul}$ aus Gl. 4.41 berechnet

$$h_{S,zul} = h_b - h_d - \sigma_{Th} * H = 10\,m - 0,238\,m - 0,74 * 12\,m = 0,882\,m \tag{4.55}$$

Somit darf die Saughöhe h_S nicht $0,882m$ übersteigen, da ansonsten kein kavitationsfreier Betrieb gewährleistet ist.

Abb. 4.16 Thoma-Beiwert σ_{Th} in Abhängigkeit von n_q für Kaplan- und Rohrturbinen [17]

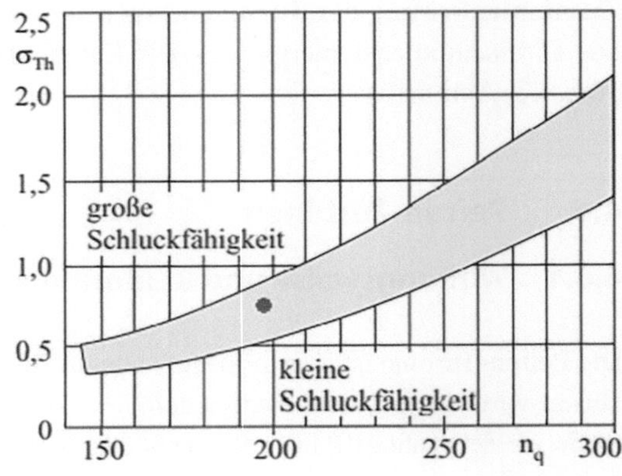

Tab. 4.3 Ergebnisse der Turbinendimensionierung

Turbinentyp	Kaplan-Rohrturbine
Fallhöhe H	12 m
Durchfluss Q	$25\ \frac{m^3}{s}$
Laufraddurchmesser D	1,996 m
Drehzahl n	$247\ \frac{1}{min}$
Nennleistung P_N	ca. 2,65 MW
η_{max}	90,2 %
zulässige Saughöhe $h_{S,zul}$	0,882 m
Nabendurchmesser D_N	0,998 m
Schaufelzahl z	5

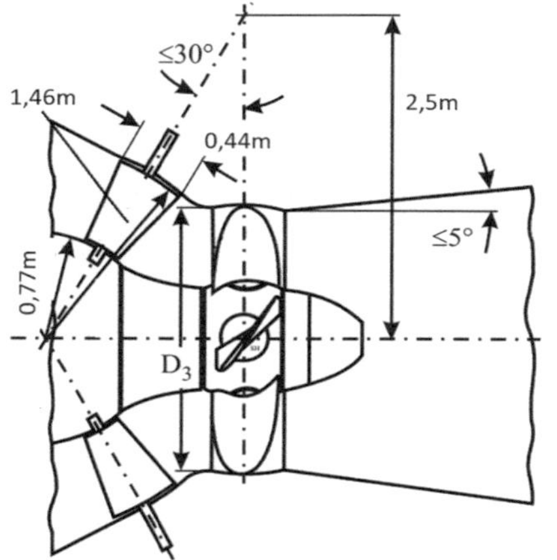

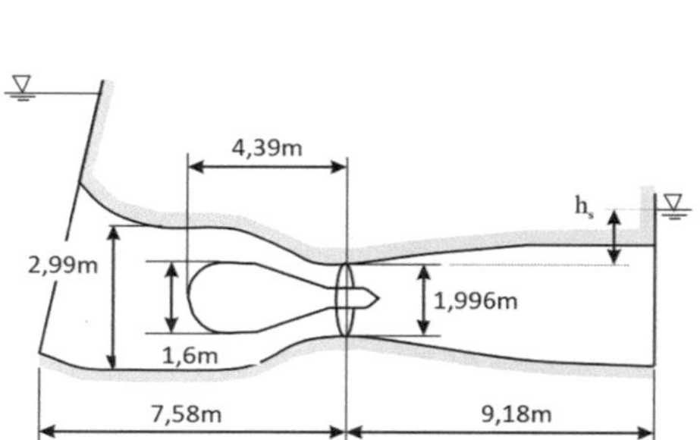

Abb. 4.17 Dimensionen der realen Turbine [17]

Zusammenfassung der Turbinendimensionierung

Die Turbinendimensionierung aus dem Kennfeld der Modellturbine ergibt folgende Größen
(Tab. 4.3, Abb. 4.17):

4.6 Pelton-Turbinen

4.6.1 Wirkungsweise und Bauformen

Die Pelton-Turbine ist eine teilbeaufschlagte Gleichdruckmaschine. In einer oder mehreren
Düsen wird das gesamte Energiegefälle in kinetische Energie umgewandelt. Der austretende Wasserstrahl trifft mit entsprechend hoher Geschwindigkeit auf die Laufschaufeln, die

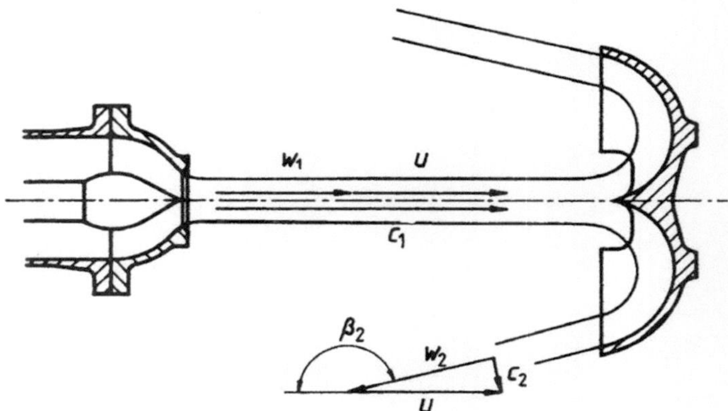

Abb. 4.18 Prinzipbild einer Pelton-Turbine

gewöhnlich als Becher bezeichnet werden, womit ihre charakteristische Form jedoch nur ungenügend beschrieben ist. Sie bilden eine symmetrische Doppelmulde mit einer Schneide in der Mitte. Von dieser wird der Strahl in zwei Teilströme getrennt und in den Mulden um nahezu 180° umgelenkt, wodurch dem Wasserstrahl die kinetische Energie entzogen und an das Laufrad übertragen wird (Abb. 4.18).

Die Pelton-Turbine stellt einen Idealfall einer teilbeaufschlagten Maschine dar. Da die nicht mit Wasser beaufschlagten Laufschaufeln in Luft, also einem Fluid wesentlich geringerer Dichte umlaufen, spielen die Ventilationsverluste keine nennenswerte Rolle. Diese Verluste sind die Arbeit, die die Schaufeln aufbringen müssen, um ständig neue Luftteilchen beiseite zu räumen (Abschn. 3.3.7). Es muss allerdings sichergestellt sein, dass der Unterwasserspiegel niemals bis an das Laufrad ansteigen kann, weshalb ein Teil der Fallhöhe ungenutzt bleibt. Dieser Verlust durch Freihang (H_F in Abb. 4.24) ist nicht sehr bedeutend, da die Pelton-Turbinen für große Fallhöhen eingesetzt werden, von denen der Freihang nur einen geringen Bruchteil bildet. In seltenen Fällen wurden Peltonturbinen auch unterhalb des Unterwasserpegels eingebaut. Hier muss mit Druckbeaufschlagung sichergestellt werden, dass ausreichend Freihang vorhanden ist.

Bauarten Es gibt Pelton-Turbinen mit waagerechter oder mit senkrechter Welle. Bei liegender Welle gibt es Ausführungen mit einem und mit zwei Laufrädern, die dann meist beiderseits des Generators angeordnet sind. Je Laufrad können ein, zwei oder drei Düsen vorgesehen werden (Abb. 4.19). Bei größeren Leistungen ist die senkrechte Aufstellung vorzuziehen. Da das aus den Laufschaufeln austretende Wasser in diesem Fall ohne Störung abfließen kann, lassen sich hier bis zu sechs Düsen über den Umfang verteilen. Mit der Zahl der Düsen werden die Abmessungen kleiner, die Drehzahl oft höher und damit die Kosten kleiner. Ein weiterer Vorteil der senkrechten Anordnung besteht darin, dass die

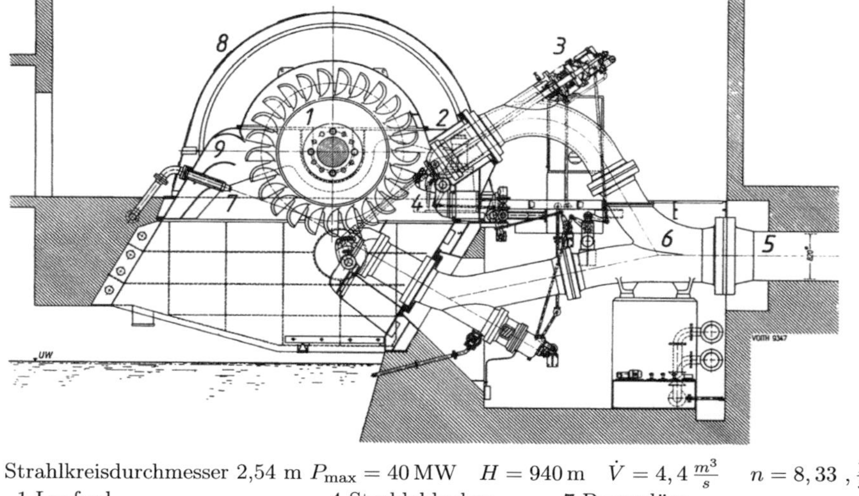

Strahlkreisdurchmesser 2,54 m $P_{\mathrm{max}} = 40\,\mathrm{MW}$ $H = 940\,\mathrm{m}$ $\dot{V} = 4,4\,\frac{m^3}{s}$ $n = 8,33\,,\frac{1}{s}$

1 Laufrad	4 Strahlablenker	7 Bremsdüse
2 Düse	5 Druckrohranschluss	8 Gehäuse
3 Stellantrieb der Düsennadel	6 Rohrverzweigung	9 Schürzen

Abb. 4.19 Pelton-Turbine mit horizontaler Welle und zwei Düsen (Voith)

Düsen symmetrisch über den Umfang verteilt werden können. Dadurch kann die einseitige Lagerbelastung in vielen Betriebssituatinen vermieden werden, die z. B. bei nur einer Düse unvermeidlich ist. Schließlich ist bei senkrechter Aufstellung der Platzbedarf für den Maschinensatz geringer, sodass die Kosten für das gesamte Kraftwerk gesenkt werden können (Abb. 4.20).

Laufräder Radscheibe und Schaufeln werden auch bei großen Abmessungen in einem Stück aus Chrom-Nickel-Stahl, z. B. G-X 5 CrNi 13.4 gefertigt. Integralguß des gesamten Laufrades wird heute vermieden. Bis zu bestimmten Abmessungen werden Peltonlaufräder heute oft aus Schmiedescheiben aus dem Vollen gefräst. Auf der Innenseite müssen die Schaufeln sehr sorgfältig bearbeitet werden, da schon kleinste Unebenheiten zu großen Schäden führen können. Am äußeren Rand haben sie einen Ausschnitt, durch den vermieden wird, dass beim Eintreten einer Schaufel in den Strahl der Becher nicht schlagartig beeaufschlagt wird und es dazu nicht zu Stößen kommt. Der Strahl wird vielmehr von der Spitze der Schneidenkante angeschnitten. Die Schneide selbst muss scharfkantig sein. Eine Abrundung würde eine seitliche Geschwindigkeitskomponente zur Folge haben, und die Gefahr der Kavitation herbeiführen. Die Schaufelteilung darf nicht zu groß sein, damit der von einer Schaufel beschnittene Teil des Strahls die vorauslaufende Schaufel noch erreicht. Durch die symmetrische Form der Schaufeln werden Axialkräfte ausgeglichen (Abb. 4.21).

48

2.3 Pelton-Turbinen

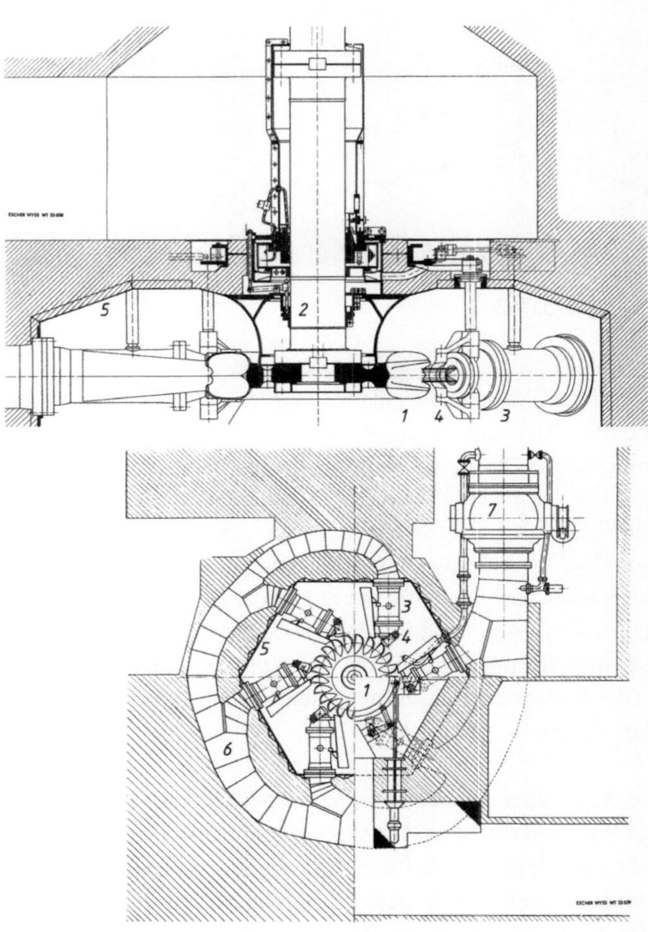

1 Laufrad

2 Welle

3 Düse mit innen-
   gesteuerter Düsen-
   nadel

4 Strahlablenker

5 Gehäuse   mit
   Schachtpanzerung

6 Ringleitung

7 Kugelschieber

Abb. 4.20 Vertikalachsige Pelton-Turbine mit 6 Düsen (Escher Wyss) $P_{\mathrm{max}} = 97\,\mathrm{MW}$, $H = 710\,\mathrm{m}$, $n = 8{,}33\,\frac{1}{s}$

Abb. 4.21 Pelton-Laufrad (Voith)

Düsen Als Stellglied der Maschine dient eine in ihrer Längsrichtung verschiebbare Düsennadel. Form und Oberflächenglätte von Düse und Nadel sollen eine reine Volumenstromverstellung ermöglichen. Dazu darf sich nur der Austrittsquerschnitt ändern, ohne dass Energieverluste durch Drosselung eintreten. Das Mundstück der Düse und die Nadelspitze sind stark durch Verschleiß gefährdet, sie bestehen aus hochfestem Werkstoff, häufig sind sie hartverchromt. Die Verschleißteile müssen leicht auswechselbar sein.

Bei kleineren Abmessungen wird oft der Schaft der Düsennadel durch den Krümmer des Druckrohres nach außen geführt und von dort verstellt (Abb. 4.19). Bei größeren Abmessungen liegt der gesamte Verstellantrieb in der Nabe des Düsenkörpers (Abb. 4.20 und 4.22), wodurch die bei der Außensteuerung auftretenden Störungen der Strömung durch den Nadelschaft vermieden werden.

Strahlablenker Bei raschen Schließbewegungen der Düsennadel würden durch die starke Verzögerung der Wassermasse in der Druckrohrleitung Druckstöße auftreten. Zu deren Vermeidung schließt der Regler die Nadel nur mit einer begrenzten Schließgeschwindigkeit. Damit die Turbinendrehzahl dabei nicht unzulässig ansteigt, wird mittels eines Strahlablenkers der Wasserstrahls seitlich abgeführt. Abb. 4.23 zeigt die Wirkungsweise bei einer Störung durch eine Leistungsabnahme. Strahlablenker können als Abschneider oder als Abdrücker ausgeführt werden. Der Strahlabschneider kann zur Verbesseung der Regelqualität in das Regelkonzept eingebunden werden.

Bremsdüse Um beim Abstellen des Maschinensatzes die langen Auslaufzeiten abzukürzen, wurde in der Vergangenheit bei großen Maschinen eine kleine Bremsdüse (Abb. 4.19 Pos. 7) eingebaut, durch die ein Bremsstrahl auf die Schaufelrückseite geleitet wird. Neuere Untersuchungen zeigen, dass ein Bremsstrahl einen sehr hohen, negativen Einfluss auf die Lebensdauer hat. Weshalb heute bevorzugt über den Generator elektrisch gebremst wird.

Gehäuse Außer dem Abschluss der Maschine nach außen haben die gewöhnlich geschweißten Gehäuse die Aufgabe, das aus den Laufschaufeln austretende Wasser so abzuführen, dass

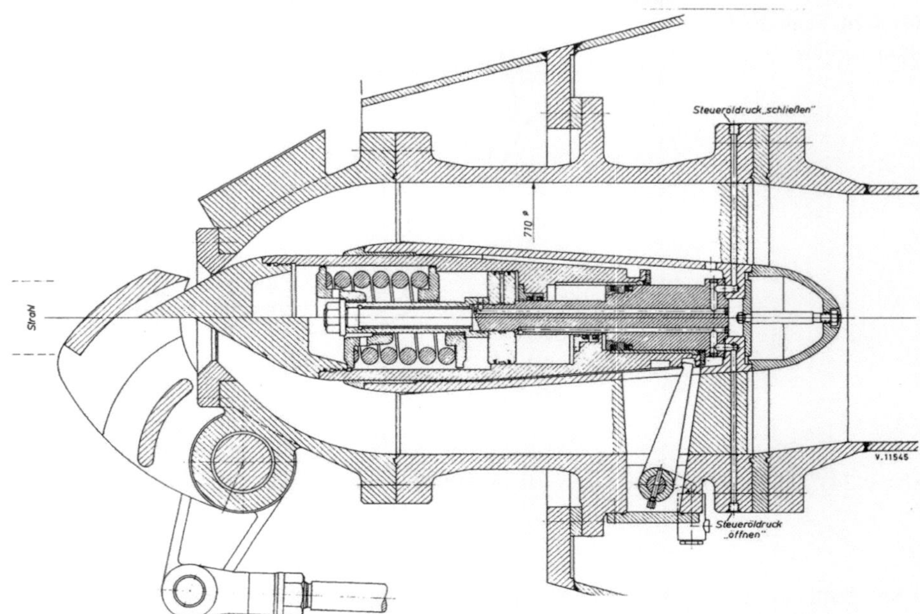

Abb. 4.22 Pelton-Düse mit Innensteuerung

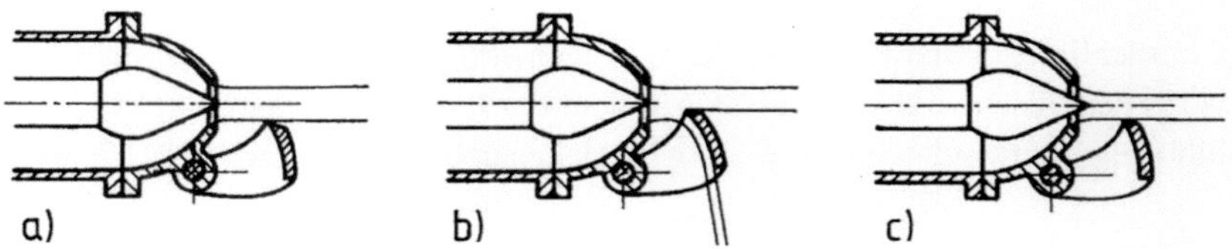

a) Beharrung

b) Störung durch Leistungsabnahme, Eingriff des Strahlabschneiders

c) neuer Beharrungszustand nach Querschnittsverengung durch die Düsennadel

Abb. 4.23 Wirkungsweise des Strahlablenkers (hier Strahlabschneider)

es das Laufrad nicht noch einmal trifft. Dem gleichen Zweck dienen, namentlich bei horizontaler Wellenlage, schürzenartige Einbauten (Abb. 4.19 Pos 9).

4.6.2 Betriebsverhalten

Geschwindigkeiten Es sei H_{geod} der geodätische Höhenunterschied zwischen Ober- und Unterwasser. H_R der Reibungsverlust in der Druckrohrleitung und H_F der Freihang

Abb. 4.24 Fallhöhe H einer Pelton-Turbine

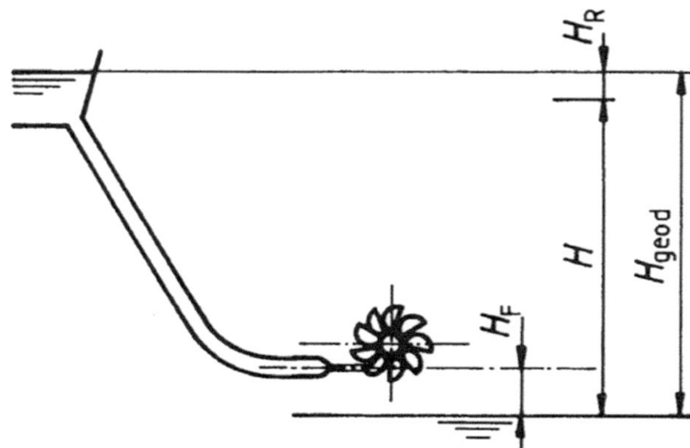

(Abb. 4.24). Da die Rohrleitungsverluste der Turbine nicht anzulasten sind, ist die Fallhöhe H

$$H = H_{geod} - H_R \, .$$

Mit der theoretischen Ausströmgeschwindigkeit c_{1th} lautet die Bernoulli-Gleichung

$$gH = \frac{c_{1th}^2}{2} + gH_F \, ; \quad c_{1th} = \sqrt{2g(H - H_F)} \, .$$

Die tatsächliche Geschwindigkeit ist $c_1 = \sqrt{\eta_D} c_{1th}$, wobei $\eta_D = \eta_{Le}$ ähnlich wie in Gl. (2.118) der Düsenwirkungsgrad ist. Mit dem Freihangwirkungsgrad $\eta_F = 1 - \frac{H_F}{H}$ und der Fallhöhengeschwindigkeit $c_\Delta = \sqrt{2gH}$ (siehe auch Gl. 3.56) ist

$$c_1 = \sqrt{\eta_{Le} 2gH \left(1 - \frac{H_F}{H}\right)} = \sqrt{\eta_D \eta_F} c_\Delta \, . \tag{4.56}$$

Nach dem Geschwindigkeitsplan (Abb. 4.18) ist

$$w_1 = c_1 - u \, . \tag{4.57}$$

Da es sich um eine Gleichdruckturbine handelt, findet in den Laufschaufeln keine Umsetzung von Druckenergie statt. Die dort entstehenden Reibungsverluste berücksichtigt der Laufschaufelwirkungsgrad η_{La}

$$\frac{w_2^2}{2} = \eta_{La} \frac{w_1^2}{2} \, ; \quad w_2 = \sqrt{\eta_{La}} w_1 = \sqrt{\eta_{La}}(c_1 - u) \, . \tag{4.58}$$

Drehmoment Nach Gl. (4.7) ist mit $r = r_1 = r_2$ und $c_1 = c_{1u}$

$$M = \dot{m} r (c_1 - c_{2u}) \, . \tag{4.59}$$

Abb. 4.25 Verlauf von Drehmoment M und hydraulischem Wirkungsgrad η_h über der Laufzahl ν

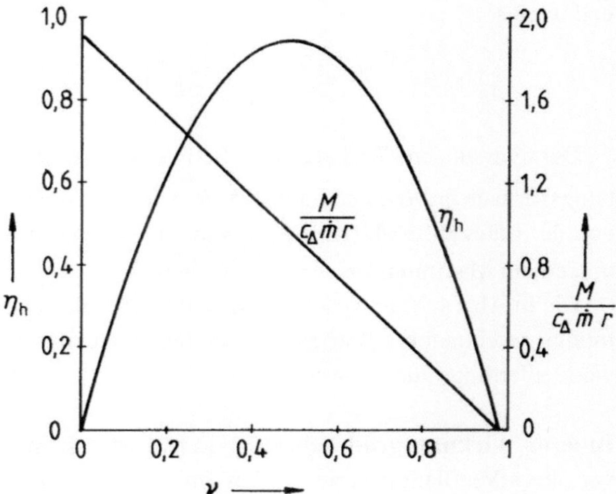

Nach Abb. 4.18 ist $c_{2u} = u + w_2 \cos \beta_2$, also

$$M = \dot{m}r(c_1 - u - w_2 \cos \beta_2)\,.$$

und somit

$$M = \dot{m}r \left(\sqrt{\eta_D \eta_F} c_\Delta - u\right)\left(1 - \sqrt{\eta_{La}}\cos \beta_2\right) \qquad (4.60)$$

oder dimensionslos mit der Laufzahl $\nu = \frac{u}{c_\Delta}$ nach Gl. (2.118)

$$\frac{M}{c_\Delta \dot{m} r} = \left(\sqrt{\eta_D \eta_F} - \nu\right)\left(1 - \sqrt{\eta_{La}}\cos \beta_2\right)\,. \qquad (4.61)$$

Das Moment ist linear von der Laufzahl abhängig (Abb. 4.25). Sein größter Wert bei $\nu = 0$ entspricht dem Stillstand der Maschine. Das Moment verschwindet, wenn $\nu = \sqrt{\eta_D \eta_F} \approx 0,97$. In diesem als Durchgang bezeichneten Zustand ist $u = c_1$ und $w_1 = 0$, das Wasser wird hier nicht mehr in den Bechern umgelenkt.

Hydraulischer Wirkungsgrad Nach der Turbinen- Hauptgleichung (Gl. (2.87)) ist die Umfangsarbeit Δh_u bzw. die Arbeit der Beschaufelung Y_{Sch}

$$\Delta h_u = Y_{Sch} = u(c_1 - c_{2u})\,.$$

Der Klammerausdruck stimmt mit der von Gl. (4.59) überein, deshalb kann sie von Gl. (4.60) übernommen werden

$$Y_{Sch} = \left(\sqrt{\eta_D \eta_F} u c_\Delta - u^2\right)\left(1 - \sqrt{\eta_{La}}\cos \beta_2\right)$$

und daraus

$$\eta_h = \frac{Y_{Sch}}{Y} = \frac{2Y_{Sch}}{c_\Delta^2} = 2\left(\sqrt{\eta_D\eta_F}\,v - v^2\right)\left(1 - \sqrt{\eta_{La}}\cos\beta_2\right)\,. \qquad (4.62)$$

Der hydraulische Wirkungsgrad berücksichtigt alle Verluste der Beschaufelung, die Reibungsverluste in Düse und Laufschaufeln und den Auslassverlust $\frac{c_2^2}{2}$. Er hängt parabelförmig von der Laufzahl v ab (Abb. 4.25) mit Nullstellen im Stillstand und im Durchgangspunkt und einem Maximum bei $v = \frac{\sqrt{\eta_D\eta_F}}{2} \approx 0{,}48$.

Die in Abb. 4.25 dargestellte Charakteristik gilt in ähnlicher Form auch für andere Strömungsmaschinen bei Betrieb mit konstanter spezifischer Stutzenarbeit, wobei die Zahlenwerte allerdings andere sein können.

Innerer Wirkungsgrad Neben den in η_h berücksichtigten gibt es weitere innere Verluste, vor allem Ventilationsverluste (Abschn. 3.3.8) und Zusatzverluste, die dadurch entstehen, dass die Geschwindigkeit im Wasserstrahl nicht konstant sind. Im Besonderen fällt die Strömungsgeschwindigkeit am Strahlrand stark ab, und nicht wie angenommen konstant sind (Abb. 4.27).

Da die Verluste vor allem von der Laufzahl v abhängen, könnte der Wirkungsgrad bei Betrieb mit konstanter Drehzahl und Fallhöhe aber variablem Volumenstrom ungeändert bleiben. Ganz ist das aber nicht der Fall, weil durch die Verschiebung der Düsennadel Drosselverluste auftreten, und die Zusatzverluste mit wachsendem Strahldurchmesser zunehmen. Dennoch hat die Pelton-Turbine ein besonders gutes Teillastverhalten (Abb. 4.26).

Abb. 4.26 Innerer Wirkungsgrad in Abhängigkeit vom Volumenstrom

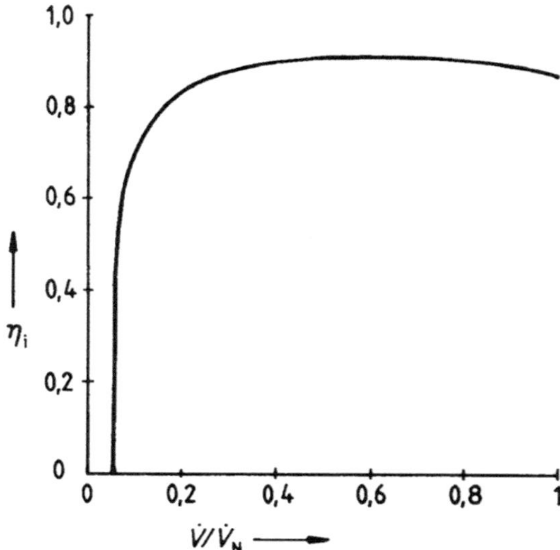

Abb. 4.27 Geschwindigkeiten
am Strahlrand

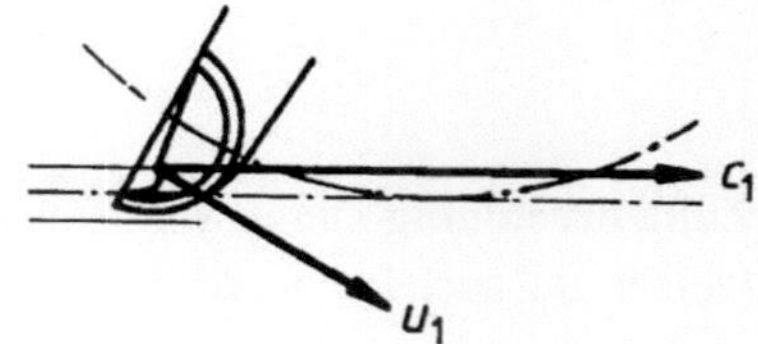

Beispiel 4.1 *Für eine Pelton-Turbine ist gegeben* $\eta_D = 0{,}98$, $\eta_{La} = 0{,}97$, $\eta_F = 0{,}997$, $\beta_2 = 175°$. *Man berechne die optimale Laufzahl* ν_{opt} *sowie für diese und für* $\nu = 0{,}25$ *und* $\nu = 0{,}75$ *den hydraulischen Wirkungsgrad* η_h *und vergleiche die hydraulischen Verluste mit dem Auslassverlust* $\dfrac{c_2^2}{2gH}$.

Lösung 4.1 *Durch Differenzieren und Nullsetzen der Ableitung folgt aus Gl. (4.62) (Tab. 4.4)*

$$\nu_{opt} = \frac{\sqrt{\eta_D \eta_F}}{2} = \frac{\sqrt{0{,}98 \cdot 0{,}997}}{2} = 0{,}494 \,.$$

Einsetzen der Zahlenwerte in Gl. (4.62) liefert

$$\eta_h = 2\left(\sqrt{\eta_D \eta_F}\,\nu - \nu^2\right)\left(1 - \sqrt{\eta_{La}}\cos\beta_2\right)$$
$$= 2(\sqrt{0{,}98 \cdot 0{,}997}\,\nu - \nu^2)(1 - \sqrt{0{,}97}\cos 175°) = 3{,}962(0{,}9885\,\nu - \nu^2)\,.$$

Die hydraulischen Verluste sind $\zeta_h = 1 - \eta_h$.
Für die Geschwindigkeitspläne folgt aus den Gl. (4.56) bis (4.58)

$$\frac{u}{c_\Delta} = \nu\,; \quad \frac{c_1}{c_\Delta} = \sqrt{\eta_D \eta_F}\,; \quad \frac{w_1}{c_\Delta} = \frac{c_1}{c_\Delta} - \frac{u}{c_\Delta}\,; \quad \frac{w_2}{c_\Delta} = \sqrt{\eta_{La}}\frac{w_1}{c_\Delta}\,.$$

Mit dem stumpfen Winkel β_2 *wird der Auslassverlust nach dem Cosinussatz*

Tab. 4.4 Berechnung des hydraulischen Wirkungsgrades und der Verluste (zu Beispiel 4.1)

ν	0,25	0,494	0,75
η_h	0,7315	0,9678	0,7086
ζ_h	0,2685	0,0322	0,2914
$\dfrac{c_1}{c_\Delta}$	0,988	0,988	0,988
$\dfrac{w_1}{c_\Delta}$	0,738	0,494	0,238
$\dfrac{w_2}{c_\Delta}$	0,727	0,487	0,234
$\dfrac{c_2^2}{2gH}$	0,228	0,002	0,267

$$\frac{c_2^2}{2gH} = \frac{c_2^2}{c_\Delta^2} = \left(\frac{u}{c_\Delta}\right)^2 + \left(\frac{w_2}{c_\Delta}\right)^2 + 2\frac{u}{c_\Delta}\frac{w_2}{c_\Delta}\cos\beta_2 \,.$$

Zahlenrechnung Durch Vergleich der dritten mit der letzten Zeile wird deutlich, dass bei kleiner und auch bei großer Laufzahl v die Verluste vor allem wegen der größeren Auslassverluste ansteigen, während die übrigen hydraulischen Verluste in jedem Fall klein sind.

4.6.3 Festlegen der Hauptabmessungen

Drehzahl Die Berechnung geht vom Volumenstrom $\dot{V}$ und dem Gefälle H aus, die beide von der Natur vorgegeben sind. Nachdem entschieden ist, ob die Maschine waagerecht oder senkrecht aufgestellt werden soll, und die Düsenanzahl festgelegt ist, wird die Drehzahl gewählt. Wegen des in diesem Bereich kleinen Maßstabs in Abb. 4.6 sind in Tab. 4.5 auf eine Einzeldüse bezogene Schnellläufigkeiten σ_D angegeben. Mit dem Volumenstrom pro Düse $\frac{\dot{V}}{z'}$, wobei z' die Anzahl der Düsen ist, folgt aus Gl. (2.125)

$$n = \frac{\sigma_D(2gH)^{\frac{3}{4}}}{2\sqrt{\pi\,\dot{V}_{D\ddot{u}se}}} \,. \tag{4.63}$$

Der gefundene Wert wird auf die nächstgelegene Synchrondrehzahl gerundet, also $n = \frac{f}{p}$ mit der Netzfrequenz f und der Generatorpolpaarzahl p.

Strahlkreisdurchmesser Durch die Wahl einer Laufzahl im Bereich des Wirkungsgradoptimums, also $v = 0{,}45 \div 0{,}48$ lässt sich die Umfangsgeschwindigkeit und damit der Strahlkreisdurchmesser mit Gl. (2.118) festlegen

$$u = v\sqrt{2gH}\,; \quad D = \frac{u}{\pi n} \,. \tag{4.64}$$

Geschwindigkeiten Mit $\eta_D = 0{,}92 \div 0{,}98$ und $\eta_{La} = 0{,}92 \div 0{,}98$ kann man nun den Geschwindigkeitsplan berechnen. Zuvor muss jedoch der Freihang festgelegt werden. Er richtet sich nach den Schwankungen des Unterwasserspiegels und muss so groß sein, dass beim höchsten Unterwasserstand ein Eintauchen des Laufrades noch mit Sicherheit vermieden wird.

Mit den Gl. (4.56) bis (4.58) werden die Geschwindigkeiten c_1, w_1 und w_2 berechnet. Damit und mit $\beta_2 = (172 \div 176)\,^\circ$ liegt der Geschwindigkeitsplan fest, so dass nun auch die

Tab. 4.5 Schnellläufigkeit σ_D eindüsiger Pelton-Turbinen

H	m	$1800 \div 1000$	$1000 \div 650$	$650 \div 400$	$400 \div 100$
σ_D	1	$0{,}02 \div 0{,}03$	$0{,}03 \div 0{,}04$	$0{,}04 \div 0{,}05$	$0{,}05 \div 0{,}06$

Tab. 4.6 Richtwerte für die Abmessungen von Pelton-Rädern (Bezeichnungen nach Abb. 4.28)

b/d	$2{,}5 \div 3{,}2$	$\beta_S = (7 \div 15)\,^\circ$
l/d	$2{,}1 \div 2{,}7$	$\beta_{2'} = (4 \div 7)\,^\circ$
t/d	$0{,}85 \div 0{,}96$	
e/d	$0{,}9 \div 1{,}2$	
a/d	$1{,}2 \div 1{,}3$	

spezifische Schaufelarbeit Y_{Sch} und der hydraulische Wirkungsgrad η_h berechnet werden können.

Düsen und Laufschaufeln Die noch fehlenden Abmessungen können mittels experimentell gewonnener Erfahrungswerte festgelegt werden. Die Anhaltswerte in Tab. 4.6 sind auf den Strahldurchmesser d bezogen. Mit der Kontinuitätsgleichung folgt

$$d = \sqrt{\frac{4\dot{V}_D}{\pi c_1}}\,. \tag{4.65}$$

Für den etwas größeren Düsenaustrittsdurchmesser d_D gilt die Faustformel

$$d_D = (1{,}25 \div 1{,}3)d\,.$$

Als Anhaltswert für die Anzahl der Laufschaufeln z_{La} gilt:

$$z_{La} \approx \frac{\pi D}{2d}\,.$$

Beispiel 4.2 *Eine liegende Doppel-Pelton-Turbine mit zwei Laufrädern und je einer Düse soll einen Synchrongenerator für eine Frequenz von $f = 50\,Hz$ antreiben. Für die Turbine ist gegeben:*
Volumenstrom $\dot{V} = 6{,}18\,\frac{m^3}{s}$, Fallhöhe $H = 1129\,m$, Freihang $H_F = 2{,}8\,m$.

Als Rechenhilfswerte sind anzunehmen:

$\sigma_D = 0{,}028 \div 0{,}029;\quad \nu = 0{,}475;\quad \beta_2 = 174^\circ;\quad \eta_K = 0{,}91;\quad \eta_D = 0{,}98;\quad \eta_{La} = 0{,}97$.

Gesucht sind die Hauptabmessungen und die Kupplungsleistung.

Lösung 4.2 *Drehzahl. Mit $z' = 2$ ist $\dot{V}_D = \frac{\dot{V}}{2} = 3{,}09\,\frac{m^3}{s}$.*

Nach Gl. (4.63)

Abb. 4.28 Maßskizze einer Pelton-Schaufel

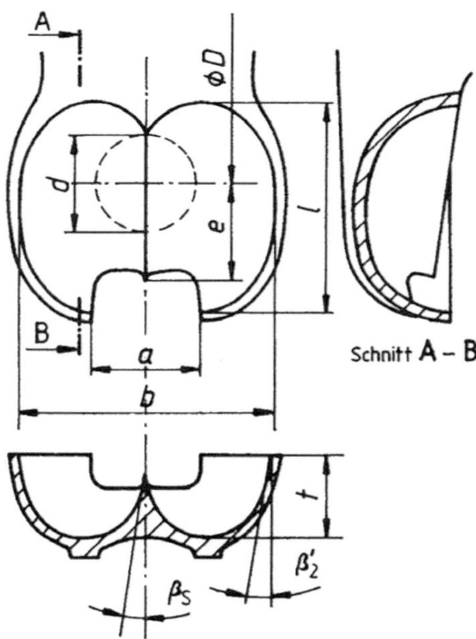

$$n = \frac{\sigma_D (2gH)^{\frac{3}{4}}}{2 \cdot \sqrt{\pi \dot{V}_D}} = \frac{(0{,}028 \div 0{,}029) \cdot (2 \cdot 9{,}81 \, \frac{m}{s^2} \cdot 1129 \, \text{m})^{0{,}75}}{2 \cdot \sqrt{\pi \cdot 3{,}09 \, \frac{m^3}{s}}} = (8{,}16 \div 8{,}45) \, \frac{1}{s}$$

Zwischen diesen Grenzen soll die Drehzahl liegen. Gewählt wird die Synchrondrehzahl bei $p = 6$ Polpaaren

$$n = \frac{50 \, \text{Hz}}{6} = 8{,}33 \, \frac{1}{s} \, .$$

Strahlkreisdurchmesser. Mit $c_\Delta = \sqrt{2gH} = \sqrt{2 \cdot 9{,}81 \, \frac{m}{s^2} \cdot 1129 \, \text{m}} = 148{,}8 \, \frac{m}{s}$ folgt aus Gl. (4.64)

$$u = vc_\Delta = 0{,}475 \cdot 148{,}8 \, \frac{m}{s} = 70{,}7 \, \frac{m}{s}; \quad D = \frac{u}{\pi n} = \frac{70{,}7 \, \frac{m}{s}}{\pi \cdot 8{,}33 \, \frac{1}{s}} = 2{,}70 \, \text{m} \, .$$

Geschwindigkeiten. Mit $\eta_F = 1 - \frac{H_F}{H} = 1 - \frac{2{,}8 \, \text{m}}{1129 \, \text{m}} = 0{,}9975$ folgt aus den Gl. (4.56) bis (4.58)

$$c_1 = \sqrt{\eta_D \eta_F}\, c_\Delta = \sqrt{0{,}98 \cdot 0{,}9975} \cdot 148{,}8\,\frac{m}{s} = 147{,}2\,\frac{m}{s}$$

$$w_1 = c_1 - u = (147{,}2 - 70{,}7)\,\frac{m}{s} = 147{,}2\,\frac{m}{s}$$

$$w_2 = \sqrt{\eta_D}\, w_1 = \sqrt{0{,}97} \cdot 76{,}5\,\frac{m}{s} = 75{,}3\,\frac{m}{s}$$

$$w_{2u} = w_2 \cos \beta_2 = 75{,}3\,\frac{m}{s} \cdot \cos 174^{circ} = -74{,}9\,\frac{m}{s}$$

$$c_{2u} = u + w_{2u} = (70{,}7 - 74{,}9)\,\frac{m}{s} = -4{,}2\,\frac{m}{s}$$

$$c_{2m} = w_{2m} = w_2 \sin \beta_2 = 75{,}3\,\frac{m}{s} \cdot \sin 174^\circ = 7{,}9\,\frac{m}{s}\,.$$

Hydraulischer Wirkungsgrad. Nach der Turbinen-Hauptgleichung (Gl. (4.7))ist

$$Y_{Sch} = u(c_1 - c_{2u}) = 70{,}7\,\frac{m}{s}(147{,}2 + 4{,}2)\,\frac{m}{s} = 10704\,\frac{m^2}{s^2}\ \text{und damit}$$

$$\eta_h = \frac{Y_{Sch}}{gH} = \frac{10704\,\frac{m^2}{s^2}}{9{,}81\,\frac{m}{s^2} \cdot 1129\,\text{m}} = 0{,}966\,.$$

Leistung. Da der hydraulische Wirkungsgrad nur einen Teil der Verluste berücksichtigt, wird geschätzt $\eta_K = 0{,}91$. Damit wird

$$P_K = \rho g \dot{V} H \eta_K = 10^3\,\frac{kg}{m^3} \cdot 9{,}81\,\frac{m}{s^2} \cdot 6{,}81\,\frac{m^3}{s} \cdot 1129\,\text{m} \cdot 0{,}91 = 62{,}3 \cdot 10^6 \text{W} = 62{,}3\,\text{MW}\,.$$

4.7 Francis-Turbinen

4.7.1 Allgemeine Übersicht

Francis-Turbinen werden von kleinen Leistungen (wenige kW) bis zu etwa 800 MW eingesetzt. Auch bei der Fallhöhe ist der mögliche Einsazbereich von wenigen Metern bis zu 750 m. Bei kleinen Leistungen und kleinen Fallhöhen wurde die Francisturbine in der Vergangenheit als Schachtturbinen ausgeführt. Heute wird sie nur als Spiralturbine ausgeführt. In beiden Fällen kann die senkrechte und waagerechte Wellenlage gewählt werden.

Schachtturbinen Maschinen dieser einfachen altertümlichen Form (Abb. 4.5a und 4.29) werden nur noch in seltenen Fällen gebaut. Meist spricht gegen dieses Konzept die signifikanten Wirkungsgradeinbusen und die Begrenzung der Fallhöhe. Werden ältere Kleinwasserkraftwerke wieder zu neuem Leben erweckt, kann diese Bauform zum Einsatz kommen.

Das Wasser strömt im offenen Schacht den Leitschaufeln zu. Da diese zwischen parallelen Begrenzungswänden eingebaut sind, können sie als Stellglied der Regelung um ihre senkrechten Bolzen geschwenkt werden. Hier verliert das Wasser einen Teil seiner potentiellen Energie und gewinnt kinetische Energie. Im Laufrad geht die anfangs noch radiale

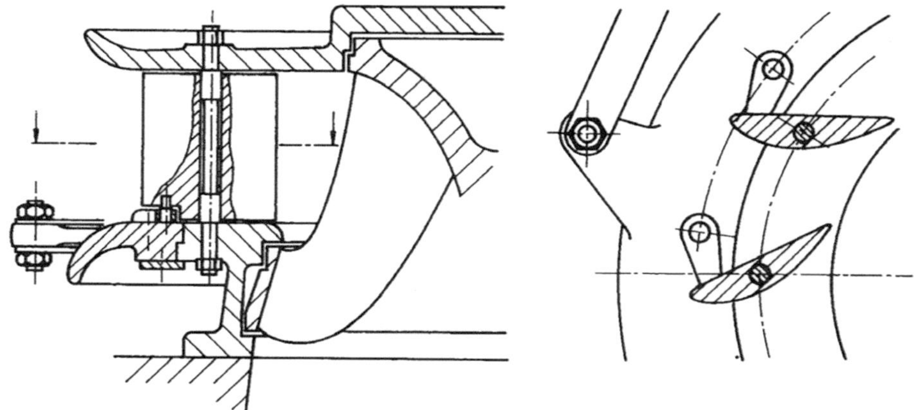

Abb. 4.29 Francis-Schachtturbine (schematisch)

Meridianströmung in die axiale Richtung über. Die Laufschaufeln bilden eine Überdruckbeschaufelung, sodass der Druck weiter absinkt und die Relativgeschwindigkeit wächst. Die Absolutgeschwindigkeit nimmt ab, Energie wird an das Laufrad übertragen.

Der Energieanteil unterhalb des Laufrades ist nicht verloren. Im Saugrohreintritt entsteht ein der Höhenlage relativ zu dem Unterwasser entsprechender Unterdruck, und da der Saugrohrquerschnitt in der Strömungsrichtung zunimmt, wird der Druck hinter dem Laufrad reduziert und damit ein Großteil der am Laufradaustritt noch vorhandenen kinetischen Energie ausgenutzt. Das Hebelgetriebe für die Leitschaufelverstellung (Abb. 4.29) liegt im wassererfüllten Raum.

Spiralturbinen Dies ist heute die typische Form des Turbineneinaufes bei Francisturbinen. Bei größeren Ausführungen oder größeren Fallhöhen kann man das Wasser nicht mehr im offenen Schacht zuführen. Die Turbine erhält ein Spiralgehäuse, das aus Stahlblech geschweißt wird (Abb. 4.30 und 4.31).

Aus Festigkeitsgründen werden die Spiralgehäuse an ihrem inneren Umfang durch Stützschaufeln versteift, die ähnlich geformt wie die Leitschaufeln, aber nicht verstellbar sind. Stützschaufeln dürfen die Strömung nicht stören. Bei der Formgebung ist darauf zu achten.

Die Laufräder bestehen gewöhnlich aus 13 % Chromstahlguss. Bei sehr großen Abmessungen werden sie aus einer Nabenscheibe, einem Kranz und Schaufeln zusammmengeschweißt. Für Hochdruckfrancisturbinenlaufräder kleiner und mittlerer Größe hat sich in den letzten Jahren, das Fräsen aus dem Vollen etabliert. Hier kommt als Ausgangsprodukt eine Schmiedescheibe zum Einstz. Meist sind die Laufräder fliegend gelagert. Selten wird die Welle durch den Krümmer des Saugrohres hindurchgeführt und beiderseits gelagert, da die Welle saugseitig durch das Saugrohr geführt wird und die Saugrohrströmung stört.

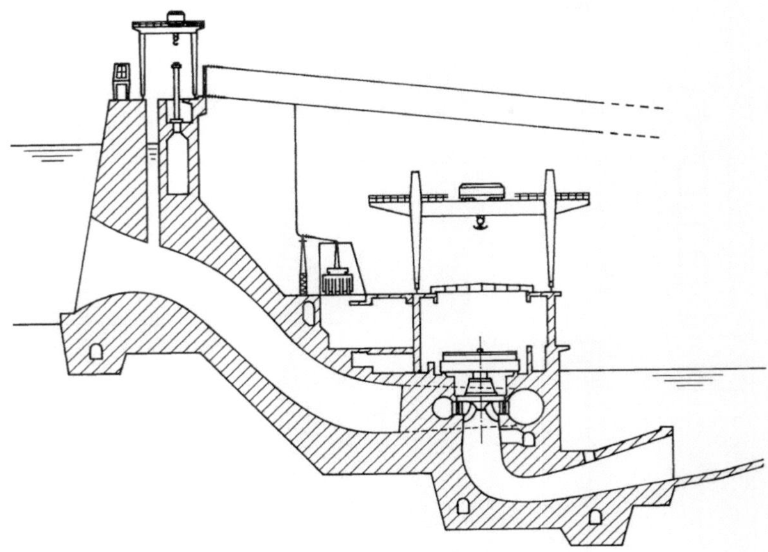

Abb. 4.30 Kraftwerk mit Francis-Spiralturbine (Voith)

Da bei einer Francisturbine der Druck vor dem Laufrad deutlich höher ist, als der Druck nach dem Laufrad, muss zwischen Druck- und Saugseite an dem Laufrad eine Labyrinthdichtung angeordnet werden. Die Dichtung der Wellendurchführung geschieht ebenfall mittels Labyrinthdichtungen. Die Bauteile für die Leitschaufelverstellung liegen außerhalb des Gehäuses. Bei dieser Außensteuerung werden die Leitschaufeln durch Hebel über einen Stellring gemeinsam verstellt, oder bei sehr großen Abmessungen kann jede einzelne Leitschaufel mit einem eigenen Stellantrieb ausgerüstet werden.

4.7.2 Zusammenhang zwischen Laufradform und Schnellläufigkeit

Francis-Turbinen werden in einem weiten Bereich der Schnellläufigkeit σ von etwa $\sigma = 0{,}12 \div 0{,}7$ eingesetzt. Die Schnellläufigkeit σ nach Gl. (2.125) und die Durchmesserzahl δ nach Gl. (2.126) kennzeichnen für eine Bauart einer Maschine die Ähnlichkeit der Laufradform und ist im Cordierdiagramm Abb. 2.39 dagestellt. Abb. 4.32 zeigt die Vielfalt der Laufräder unterschiedlicher Schnellläufigkeit σ, die zum besseren Vergleich für einheitliche Fallhöhen und Volumenströme berechnet wurden. Wie in Abschn. 4.3 erläutert, werden zur Beschreibung der Laufradform auch die Radformkennzahl K_L und oft die spezifische Drehzahl n_q verwendet.

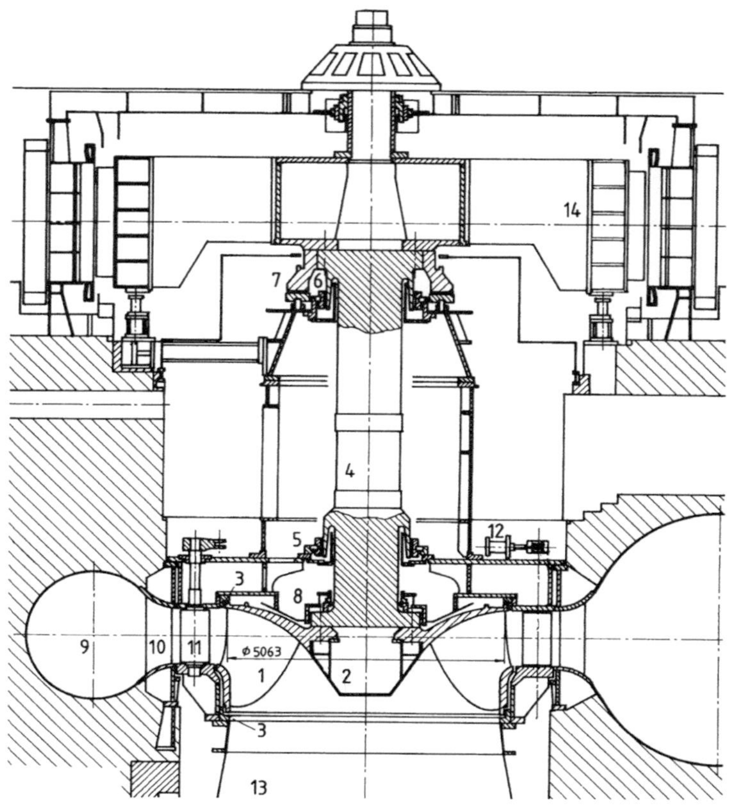

1 Laufrad   6 oberes Führungslager   11 Leitschaufel
2 Laufradhaube   7 Segmentspurlager   12 Leitradstellantrieb
3 Labyrinthdichtungen   8 Gleitringdichtung   13 Saugrohr
4 Welle   9 Spiralgehäuse   14 Generator
5 unteres Führungslager   10 Stützschaufelring

Abb. 4.31 Francis-Spiralturbine Laufraddurchmesser $5{,}063$ m $P = 198{,}5\,MW$, $H = 110$ m, $\dot{V} = 200{,}2(193{,}4)\,\frac{m^3}{s}$, $n = 1{,}923(2{,}308)\,\frac{1}{s}$ (Fa. Andritz Hydro (Fa.Escher Wyss))

Meridianform und Eintrittsdreieck Aus der Turbinen-Hauptgleichung folgt bei drall-freiem Austritt, also bei $c_{2u} = 0$

$$Y_{Sch} = u_1 c_{1u}\,.$$

Mit $u_1 = \pi n D_1$ und $Y_{Sch} = \eta_h g H$ folgt weiter

$$n = \frac{\eta_h g H}{\pi D_1 c_{1u}} \quad \text{und mit Gl. (2.126)} \quad \sigma = \frac{(2gH)^{\frac{1}{4}} \eta_h \sqrt{\dot{V}}}{\sqrt{\pi D_1 c_{1u}}}\,.$$

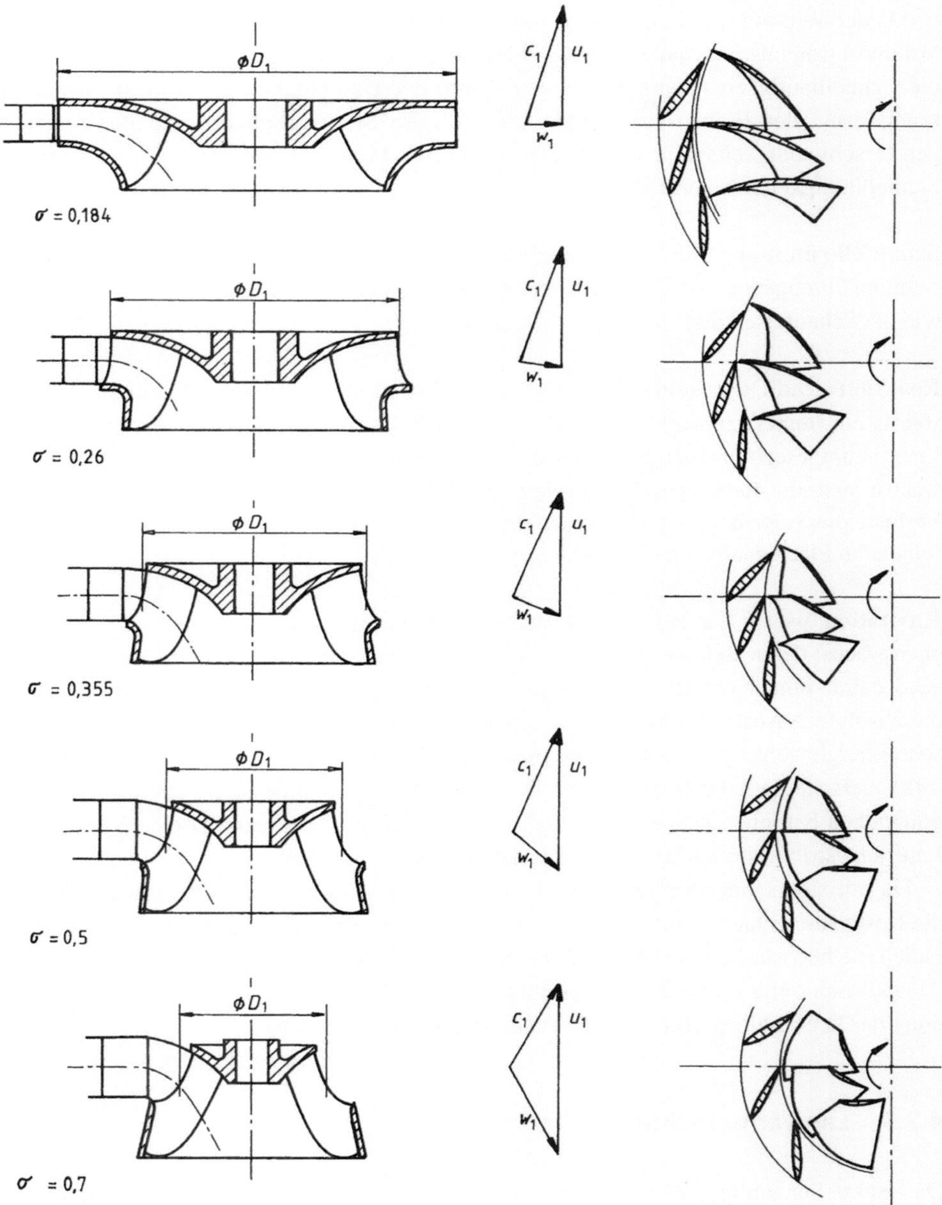

Abb. 4.32 Übersicht über Francis-Räder in Abhängigkeit der Schnellläufigkeit σ

Da der Wirkungsgrad nur gering von der Schnellläufigkeit abhängt, und Fallhöhe und Volumenstrom als ungeändert vorausgesetzt wurden, sind die einzigen Größen, mit denen die Schnellläufigkeit beeinflusst werden kann, der Durchmesser D_1 und die Umfangskomponente der Eintrittsgeschwindigkeit c_{1u}. Die Meridianschnitte und die zugehörigen Geschwindigkeitspläne (Abb. 4.32) zeigen, wie beide Größen abnehmen, um größere Schnellläufigkeiten zu erreichen.

Schaufelkrümmung Die Laufschaufeln sind bei kleiner Schnellläufigkeit gegen die Drehrichtung durchgebogen, bei mittlerer fast gerade und bei großer entgegengesetzt gekrümmt, wie die Schaufelschnitte (Abb. 4.32) erkennen lassen.

Reaktionsgrad Die absolute Eintrittsgeschwindigkeit nimmt mit der Schnellläufigkeit ab, sodass ein immer kleinerer Anteil des Gesamtgefälles in den Leitschaufeln in kinetische Energie umgesetzt und der kinematische Reaktionsgrad nach Gl. (4.15) größer wird. Damit wächst auch die Relativgeschwindigkeit in den Laufschaufelkanälen. Mit ihr würden die Verluste durch Reibung an den Schaufeln anwachsen, wenn diese nicht immer kürzer, die reibenden Flächen also kleiner würden.

Kavitation Wegen der kleineren Schhaufellänge in Strömungsrichtung und Schaufelflächen wächst deren Belastung durch Druckkräfte mit der Schnellläufigkeit, und die Turbine wird damit immer kavitationsanfälliger. Die Tendenz wird dadurch verstärkt, dass auch die absolute Austrittsgeschwindigkeit ansteigt, und die im Saugrohr umzusetzende kinetische Energie somit größer wird. Die Saugrohre der Schnellläufer sind deshalb länger und ihre Querschnitte nehmen stärker zu. Die Maschinen können deshalb nicht mit so großen Saughöhen betrieben werden wie Langsamläufer, da sonst unzulässig niedere Drücke am Laufradaustritt auftreten würden und Kavitation die Folge wäre.

Da mit steigender Drehzahl die Abmessungen von Turbine und Generator und damit die Kosten abnehmen, wählt man für einen bestimmten Anwendungsfall die in den meisten Fällen die höchstmögliche Drehzahl und geht bis an die Kavitationsgrenze heran.

Natürlich muss im Sinne der Gesamtwirtschaftlichkeit ein Kompromiss bei der Festlegung der Drehzahl mit Blick auf die Baukosten gewählt werden.

4.7.3 Laufradberechnung

Die exakte Schaufelgeometrie wird heute mit strömungsnumerischen Hilfsmitteln erstellt, meist CFD. Für große Projekte wird meist ein Modelversuch der gesamten Turbine geplant. Am Prüfstand können die Ergebnisse unter Laborgegebenhheiten mit höchster Genauigkeit gemessen werden und mit internationalen Regelwerken [9] verlässlich auf die Großausführung umgerechet werden.

Wie in Abschn. 4.3 erläutert, werden zur Beschreibung der Laufradform auch die Radformkennzahl K_L und oft die spezifische Drehzahl n_q verwendet. Die Laufräder der Wasserturbinen werden in der Praxis auf Grund von Erfahrungen entworfen. Hier kommen meist ähnliche Entwicklungen aus der näheren Vergangenheit zum Einstz. Für die verschiedenen Kennzahlen wie Schnellläufigkeiten σ, Radformkennzahl K_L bzw. spezifische Drehzahl n_q ermitteln die Turbinenhersteller einen Satz bewährter und in Modellversuchen ständig verbesserter Laufradtypen.

Hauptabmessungen Erfahrungswerte zur Berechnung zeigt Abb. 4.33 mit der Schnellläufigkeit σ und der Durchmesserzahl δ, dessen Kurven mit einem natürlichen Streubereich dargestellt sind.

Volumenstrom (evt. indirekt über Leistung) und Fallhöhe sind normalerweise vorgegeben. Aus Abb. 4.6 wird eine der Fallhöhe zugehörige Schnellläufigkeit abgelesen und mit Gl. (2.125) die Drehzahl berechnet, die gegebenenfalls auf eine Synchrondrehzahl gerundet wird, sodass die Schnellläufigkeit korrigiert werden muss. Mit der Durchmesserzahl aus Abb. 4.33 kann nun der Laufradeintrittsdurchmesser D_1 nach Gl. (2.126) berechnet werden, und mit den übrigen Werten aus Abb. 4.33 lässt sich das Laufrad im Meridianschnitt zeichnen, sodass sich die noch fehlenden Maße ergeben.

Geschwindigkeitsdreiecke Nach Kenntnis der Hauptabmessungen und der Drehzahl werden das Ein- und Austrittsdreieck gezeichnet oder rechnerisch ausgewertet. Als Ergebnis bekommt man die beiden Winkel β_1 und β_2, die für mehrere Stromlinien insbesondere für die innere und äußere Laufradbegrenzung ermittelt werden.

Schaufelform über den Schaufelverlauf zwischen Ein- und Austritt macht die eindimensionale Stromfadentheorie keine Aussage. Man könnte ihn danach also beliebig annehmen, solange nur die Winkel β_1 und β_2 eingehalten werden. Für die wirkliche Laufradströmung unter Berücksichtigung der Fluidzähigkeit ist jedoch der Schaufelverlauf keineswegs gleichgültig. Man wählt ihn im Interesse eines hohen Wirkungsgrades so, dass sich stetige Änderungen der Schaufelkrümmung ergeben, und macht die Schaufel in der Strömungsrichtung nicht länger als nötig.

Fertigung In der Zeichnung einer räumlich gekrümmten Schaufel werden die Winkel durch die Projektion verzerrt. Man bildet deshalb die Schaufeln, vor allem im Bereich der Ein- und Austrittskanten auf Kegelflächen ab, die sich verzerrungsfrei abwickeln lassen, oder man bedient sich der konformen Abbildung oder wendet die Hilfsmittel der Funkentheorie an (siehe Abschn. 2.4.5).

Für die Fertigung wird durch die Schaufelzeichnung eine Schar äquidistanter ebener Schnitte senkrecht zur Laufradmittellinie gelegt. Diese Schreinerschnitte werden auf Holzbretter von der Dicke der Schnittabstände übertragen, die ausgeschnitten, verleimt und geglättet einen Schaufelklotz ergeben, der die Schaufel räumlich abbildet und die Grundlage

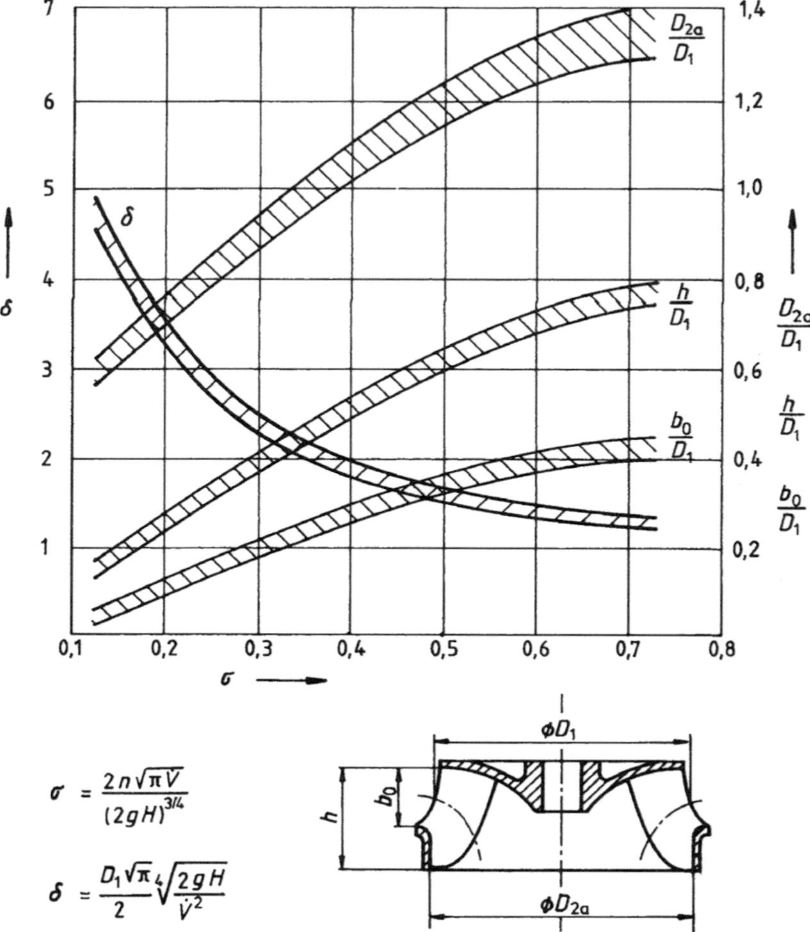

$$\sigma = \frac{2n\sqrt{\pi \dot{V}}}{(2gH)^{3/4}}$$

$$\delta = \frac{D_1\sqrt{\pi}}{2}\sqrt[4]{\frac{2gH}{\dot{V}^2}}$$

Abb. 4.33 Entwurfsdiagramm für Francis-Räder mit der Schnellläufigkeit σ und der Durchmesserzahl δ

für die Herstellung eines Presswerkzeuges für Blechschaufeln bzw. des Kernkastens für ein gegossenes Laufrad bildet.

Beispiel 4.3 *Ein Laufrad ist für die Kupplungsleistung $P_K = 50\,MW$ bei der Fallhöhe $H = 130\,m$ zu entwerfen. Der hydraulische Wirkungsgrad und der Kupplungswirkungsgrad sind $\eta_h = 0{,}95$ und $\eta_K = 0{,}93$, die Verengungsfaktoren $\tau_1 = 0{,}9$ und $\tau_2 = 0{,}85$.*

Lösung 4.3

$$\dot{V} = \frac{P_K}{\rho g H \eta_K} = \frac{50 \cdot 10^6 \,\text{W}}{10^3 \,\frac{kg}{m^3} \cdot 9{,}81 \,\frac{m}{s^2} \cdot 130 \,\text{m} \cdot 0{,}93} = 42{,}16 \,\frac{m^3}{s} \,.$$

Mit $\sigma = 0{,}32$ aus Abb. 4.6

$$n = \frac{\sigma (2gH)^{3/4}}{2\sqrt{\pi \dot{V}}} = \frac{0{,}32 (2 \cdot 9{,}81 \,\frac{m}{s^2} \cdot 130 \,\text{m})^{0{,}75}}{2\sqrt{\pi \cdot 42{,}16 \,\frac{m^3}{s}}} = 4{,}99 \,\frac{1}{s} \,.$$

Als nächstgelegene Synchrondrehzahl wird zur Ausführung gewählt $n = 5\,\frac{1}{s}$, womit sich die endgültige Schnellläufigkeit zu $\sigma = 0{,}321$ ergibt.

Aus Abb. 4.33 ergibt sich: $\delta = 2{,}25$; $\frac{D_{2a}}{D_1} = 0{,}92$; $\frac{h}{D_1} = 0{,}41$; $\frac{b_0}{D_1} = 0{,}21$

$$D_1 = \frac{2\delta}{\sqrt{\pi}} \cdot \left(\frac{\dot{V}^2}{2gH}\right)^{\frac{1}{4}} = \frac{2 \cdot 2{,}25}{\sqrt{\pi}} \cdot \left(\frac{(42{,}16 \,\frac{m^3}{s})^2}{2 \cdot 9{,}81 \,\frac{m}{s^2} \cdot 130 \,\text{m}}\right)^{0{,}25} = 2{,}32 \,\text{m}$$

$$D_{2a} = 0{,}92 \cdot D_1 = 2{,}13 \,\text{m}; \quad h = 0{,}41 \cdot D_1 = 0{,}95 \,\text{m}; \quad b_0 = 0{,}21 \cdot D_1 = 0{,}49 \,\text{m} \,.$$

Aus der Zeichnung Abb. 4.34

$$D_{2m} = 1{,}52 \,\text{m}; \quad b_1 = 0{,}496 \,\text{m}; \quad b_2 = 0{,}97 \,\text{m}$$

Geschwindigkeitsdreiecke. Die weitere Berechnung ist hier nur für den mittleren Stromfaden angegeben. Sie wird für den Auslegungspunkt, also drallfreie Abströmung $c_{2u} = 0$ durchgeführt.

$$u_1 = \pi n D_1 = \pi \cdot 5\,\frac{1}{s} \cdot 2{,}32 \,\text{m} = 36{,}4 \,\frac{m}{s}; \quad u_2 = 23{,}9 \,\frac{m}{s}$$

$$c_{1m} = \frac{\dot{V}}{\pi D_1 b_1 \tau_1} = \frac{42{,}16 \,\frac{m^3}{s}}{\pi \cdot 2{,}32 \,\text{m} \cdot 0{,}496 \,\text{m} \cdot 0{,}9} = 13{,}0 \,\frac{m}{s}$$

$$c_{2m} = \frac{\dot{V}}{\pi D_2 b_2 \tau_2} = \frac{2{,}16 \,\frac{m^3}{s}}{\pi \cdot 1{,}52 \,\text{m} \cdot 0{,}97 \,\text{m} \cdot 0{,}85} = 10{,}7 \,\frac{m}{s}$$

$$c_{1u} = \frac{gH\eta_h}{u_1} = \frac{9{,}81 \,\frac{m}{s^2} \cdot 130 \,\text{m} \cdot 0{,}95}{36{,}4 \,\frac{m}{s}} = 33{,}3 \,\frac{m}{s}; \quad c_{2u} = 0$$

$$\beta_1 = \arctan\left(\frac{c_{1m}}{u_1 - c_{1u}}\right) = \arctan\left(\frac{13{,}0 \,\frac{m}{s}}{(36{,}4 - 33{,}3)\frac{m}{s}}\right) = 76{,}6^\circ$$

$$\beta_2 = \arctan\left(\frac{c_{2m}}{u_2 - c_{2u}}\right) = \arctan\left(\frac{10{,}7 \,\frac{m}{s}}{(23{,}9 - 0)\frac{m}{s}}\right) = 24{,}1^\circ$$

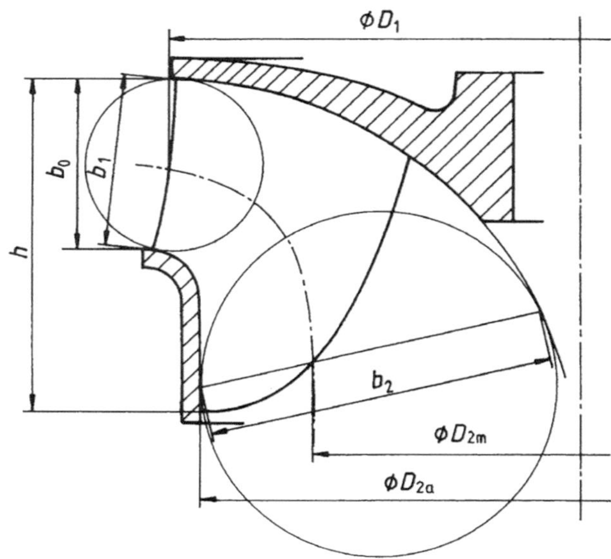

Abb. 4.34 Maßskizze eines Francis-Rades

4.7.4 Betriebsverhalten

Teillastverhalten Für die Anpassung der Turbine an die jeweilige Belastung wird der Volumenstrom geändert, während die Drehzahl konstant bleibt. Ideal wäre eine reine Mengenänderung mit nach Betrag und Richtung unveränderten Geschwindigkeiten. Dann wäre die Richtung der relativen Einströmgeschwindigkeit stets in Übereinstimmung mit dem Eintrittswinkel der Laufschaufel. Mit den drehbaren Leitschaufeln ist das aber nicht erreichbar.

In Abb. 4.35 sind die Leitschaufeln in Normalstellung (gestrichelt) und in teilweise geschlossener Stellung (ausgezogen) dargestellt. Die Geschwindigkeiten mit dem Index 0 gelten unmittelbar vor dem Laufradeintritt. Bei Teillast ändert sich die Richtung der absoluten wie auch der relativen Geschwindigkeiten gegenüber dem Normalfall. Im Inneren der Laufschaufelung ist aber die Richtung von w_1 durch die Schaufeln vorgegeben. Der Geschwindigkeitsplan mit dem Index 1, der für den Zustand unmittelbar nach dem Eintritt gilt, schließt sich deshalb nur bei Einführung einer Stoßgeschwindigkeit $\vec{w}_{st} = \vec{w}_1 - \vec{w}_0$. Die Hydrodynamik lehrt, dass dann ein Stoßverlust eintritt, der zu w_{st}^2 proportional ist.

Am Teillastaustrittsdreieck ist zu sehen, dass die absolute Austrittsgeschwindigkeit c_2 eine merkliche Komponente in der Umfangsrichtung hat. Die Geschwindigkeit ist also größer als für den Abtransport des Fluids erforderlich. Dadurch wird der Austrittsverlust ebenso erhöht wie der Reibungsverlust im Saugrohr, die beide proportional zu c_2^2 sind.

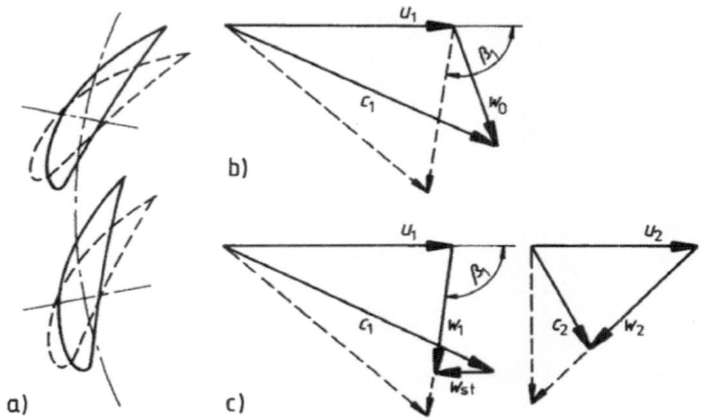

a) Leitschaufelschnitt b und c) Eintrittsdreiecke unmittelbar vor [b] und hinter [c] dem Laufradeintritt

Abb. 4.35 Geschwindigkeitsverhältnisse bei Teillast – – – – Auslegungszustand ——— Teillast

Aus den geschilderten Gründen fällt der Wirkungsgrad bei Teillast und ebenso bei Überlast gegenüber dem günstigsten Wert im Auslegungspunkt ab.

Modellversuche Um das Betriebsverhalten einer Turbine bei allen möglichen Betriebsbedingungen ermitteln zu können, werden strömungsnumerische Berechnungen durchgeführt oder experimentelle Untersuchungen an einer Modellturbine durchgeführt, siehe Abschn. 4.4.1. Als Ergebnisse werden Kennwerte zur Kennzeichnung einzelner Betriebspunkte im Kennfeld der Turbine ermittelt und im Muscheldiagramm dargestellt, siehe Abb. 4.9 einer Einheitsturbine. Abb. 4.36 zeigt ein Muscheldiagramm, das für alle dem Modell geometrisch ähnlichen Ausführungen gilt, und auf der Abszissenachse die Laufzahl ν und auf der Ordinate die Schluckzahl μ (Gl. (2.121)) aufgetragen ist. Eingezeichnet sind Kurven für konstante Werte der Leitradöffnung und des Wirkungsgrades.

Die Wirkungsgrade von Modell (Index M) und Ausführung (ohne Index) sind nur angenähert gleich. Ihre Differenz kann mittels empirischer Aufwerteformeln abgeschätzt werden, siehe Gl. (4.39).

Beispiel 4.4 *Für die bereits in Beispiel 4.3 behandelte Wasserkraftanlage, für die gegeben ist $H = 130\,m$; $\dot{V} = 42,16\,\frac{m^3}{s}$ soll eine Maschine nach dem Muscheldiagramm Abb. 4.36 ausgelegt werden. Die Versuche wurden mit einem Modell des Laufraddurchmessers $D_M = 490\,mm$ bei einer Modellfallhöhe $H_M = 80\,m$ durchgeführt. Als Korrekturfaktor für die Aufwertung ist $\beta = 0,7$ anzunehmen.*

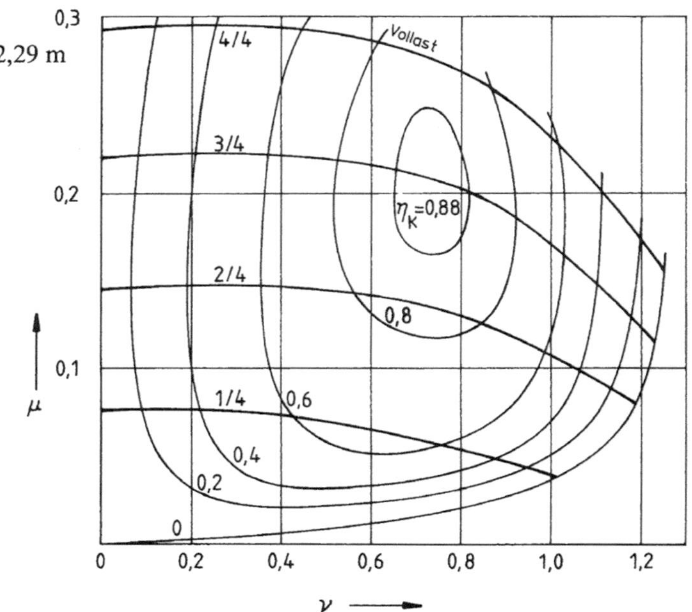

Abb. 4.36 Muscheldiagram mit Schluckzahl μ über der Laufzahl ν

Lösung 4.4 *Im optimalen Betriebspunkt ist nach Abb. 4.36 $\nu = 0,72$ und $\mu = 0,203$. Mit*
$$Y = gH; \quad c_\Delta = \sqrt{2gH} = \sqrt{2 \cdot 9,81\,\tfrac{m}{s^2} \cdot 130\,\text{m}} = 50,5\,\tfrac{m}{s} \text{ folgt aus Gl. (2.121) vorläufig}$$

$$D_1 = \sqrt{\frac{4\dot{V}}{\mu \pi c_\Delta}} = \sqrt{\frac{4 \cdot 42,16\,\tfrac{m^3}{s}}{0,203 \cdot \pi \cdot 50,5\,m\,\tfrac{m}{s}}} = 2,29\,\text{m}$$

und aus Gl. (2.118)

$$n = \frac{\nu c_\Delta}{\pi D_1} = \frac{0,72 \cdot 50,5\,\tfrac{m}{s}}{\pi \cdot 2,29\,\text{m}} = 5,05\,\frac{1}{s}\,.$$

Als nächstgelegene Synchrondrehzahl wird endgültig gewählt $n = 5\,\tfrac{1}{s}$ und damit der Eintrittsdurchmesser bei ungeänderter Laufzahl.

$$D_1 = \frac{\nu c_\Delta}{\pi n} = \frac{0,72 \cdot 50,5\,\tfrac{m}{s}}{\pi \cdot 5\,\tfrac{1}{s}} = 2,315\,\text{m}\,.$$

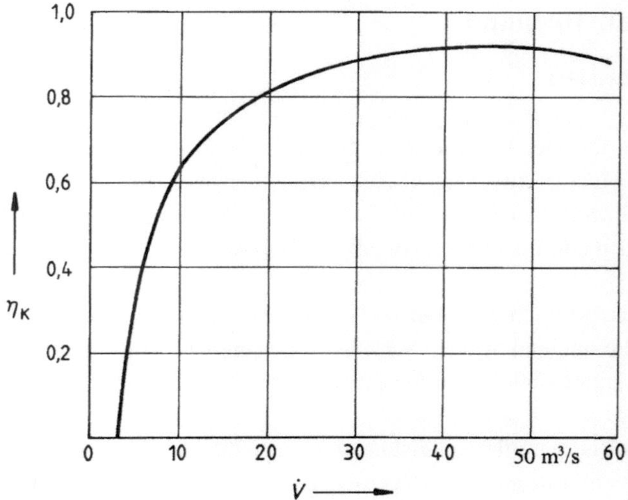

Abb. 4.37 Wirkungsgrad einer Francis-Turbine in Abhängigkeit vom Volumenstrom

Für ein Diagramm $\eta = \eta(\dot{V})$ Abb. 4.37 wird bei $\nu = 0{,}72$ ein Schnitt durch die Abb. 4.36 gelegt. Die aus dem Diagramm abgelesenen μ-Werte entsprechen gemäß Gl. (2.121) dem Volumenstrom der Ausführung

$$\dot{V} = \mu \frac{\pi}{4} D_1^2 c_\Delta = \mu \frac{\pi}{4} \cdot (2{,}315\,\mathrm{m})^2 \cdot 50{,}5\,\frac{m}{s} = \mu \cdot 212{,}6\,\frac{m^3}{s}.$$

Berücksichtigt mann noch die Wirkungsgradaufwertung nach Gl. (4.39), kann der Wirkungsgradverlauf der realen Ausführung ermittelt werden, siehe Abb. 4.37.

So ist z. B. bei

$$\nu = 0{,}72;\ \mu = 0{,}119;\ \eta_M = 0{,}8$$

$$\dot{V} = 0{,}119 \cdot 212{,}6\,\frac{m^3}{s} = 25{,}3\,\frac{m^3}{s}$$

$$\eta = 0{,}8 + (1 - 0{,}8) \cdot 0{,}211 = 0{,}842$$

Hinweis Die hier durchgeführte Auslegung im Punkt besten Wirkungsgrades ist nicht in jedem Fall die günstigste. Durch die Wahl einer etwas kleineren Laufzahl ν fällt der Wirkungsgrad nur geringfügig ab, die Abmessungen werden aber verringert, sodass die Gesamtkosten der Energieerzeugung verringert werden.

4.8   Kaplan-Turbinen

4.8.1   Bauformen

Von allen Wasserturbinen haben Kaplan-Turbinen die höchste Schnellläufigkeit. Sie dienen deshalb z. B. in Flusskraftwerken zur Ausnutzung von Wasserkräften mit geringem Gefälle bis zu 60 m in Einzelfällen bis zu 70 m. Die größten Maschinen haben Laufraddurchmesser von mehr als 10 m und Leistungen von über 200 MW.

Schachtturbinen Ähnlich wie Francis-Turbinen können auch kleine Kaplan-Turbinen mit geringem Gefälle in einen offenen Schacht eingebaut werden (Abb. 4.5 Diese Bauart wird heute aufgrund signifikanter Wirkungsgradeinbusen kaum mehr verwendet.

Spiralturbinen Bis zu mittleren Leistungen können die Maschinen mit waagerechter Welle und freistehender Spirale ausgeführt werden. Jedoch werden heute Kaplanturbinen auch mit kleineren Abmessungen meist mit senkrechter Welle ausgeführt. Bei größeren Abmessungen wird die senkrechte Aufstellung bevorzugt, die natürlich auch bei kleineren Leistungen möglich ist, und den Vorteil hat, dass der Grundriss kleiner wird, wodurch das Bauvolumen und die Kosten für das Kraftwerk verringert werden.

Bei kleinen Fallhöhen bis zu 30 ÷ 40 m wird die Spirale oft als Betonhalbspirale mit eckigem Querschnitt ausgeführt, eine Bauweise, die sich wegen der damit verbundenen Baukostenreduzierung aufgrund der geringeren Spiralabmessungen anbietet (Abb. 4.38 und 4.39).

Bei größeren Fallhöhen werden geschweißte Blechvollspiralen wie bei Francis-Turbinen notwendig, die bei großen Maschinen in den Beton des Bauwerks eingebettet werden (Abb. 4.40).

Rohrturbinen In einer Spiralturbine mit senkrechter Welle muss der Fluidstrom zweimal umgelenkt werden, von der waagerechten Zuströmung in die senkrechte Laufradströmung und dann wieder in die waagerechte Abströmung. Bei der Bauform als Kaplan-Rohrturbine, die bis zu Fallhöhen von etwa 25 m verwendet wird, lässt sich diese zusätzliche Umlenkung vermeiden, indem die Maschinenwelle waagerecht oder leicht gegen die Horizontale geneigt und auf ein Spiralgehäuse verzichtet wird. Die Turbinenlagerung und der Generator sind in einen vom Fluid umströmten Hohlkörper eingebaut. Die Bauart der Rohrturbinen wird heute für Fallhöhen bis 25 m eingesetzt und hat sich gegenüber der Kaplanturbine aufgrund der signifikanten Einsparung bei den Baukosten durchgesetzt. Abb. 4.41 zeigt eine Rohrtur-bine, bei der ein schnelllaufender Generator zusammen mit dem zugehörigen Getriebe in einen Betonhohlpfeiler eingebaut ist. Das Betriebswasser fließt in zwei Teilströmen, die sich kurz vor dem kegeligen Leitrad vereinigen, am Pfeiler vorbei. In dem nach oben offenen Hohlpfeiler sind die darin eingebauten Anlageteile gut zugänglich. Bei anderen Konstruk-tionen wird der Generator auch direkt angetrieben, er kann statt in den Hohlpfeiler in eine

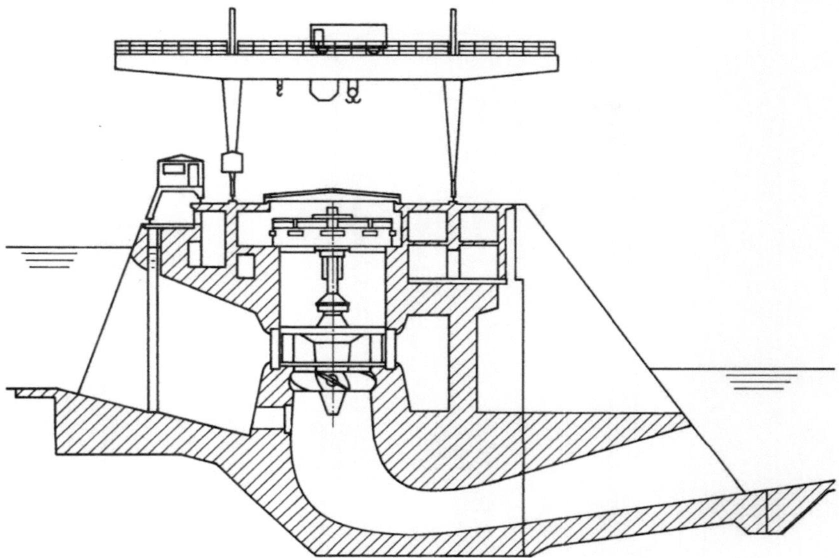

Abb. 4.38 Kraftwerk mit Kaplan-Spiralturbine (Voith)

geschweißte Stahlbirne eingeschlossen sein. In jedem Fall müssen aber Generator und Lagerung während des Betriebes zugänglich bleiben. Durch den Einsatz eines Getriebes kann der Generator mit deutlich größerer Drehzahl ausgeführt werden. Die Mehrkosten für das Getriebe werden durch die Kosteneinsparung beim Generator mehr als kompensiert. Für kleine Fallhöhen und kleinere Leistungen ist der Ensatz eines schnell drehenden Generators mit einem Getriebe zwischen Turbinenlaufrad und Gernerator die kosteneffektivste Lösung und hat sich deshalb am Markt durchgesetzt.

Vor einigen Jahren ist auch die ursprüngliche Bauform aus der Zeit vor dem zweiten Weltkrieg wieder diskutiert worden, bei der lediglich die Lagerung in einem kleinen strömungsgünstigen Innenkörper untergebracht ist. Der Generator ist als sogenannter Ringkranzgenerator nach außen verlegt, wobei die Turbinenschaufeln die Läuferspeichen bilden. Diese Bauart hat durch die fehlende Möglichkeit der Verstellung der Laufradschaufeln erhebliche Defizite im Teillastwirkungsgrad und kommt dadurch nur in Sondefällen zum Einsatz.

Deriaz-Turbine Um die Vorteile verstellbarer Laufschaufeln auch bei größeren Fallhöhen im Anwendungsgebiet der Francis-Turbinen bis zu etwa 150 m nutzen zu können, wurde ein der Kaplan-Turbine ähnlicher Typ entwickelt, bei dem ein diagonal durchströmtes Laufrad einem ebenfalls diagonalen oder radialen Leitrad nachgeschaltet ist (Abb. 4.42).

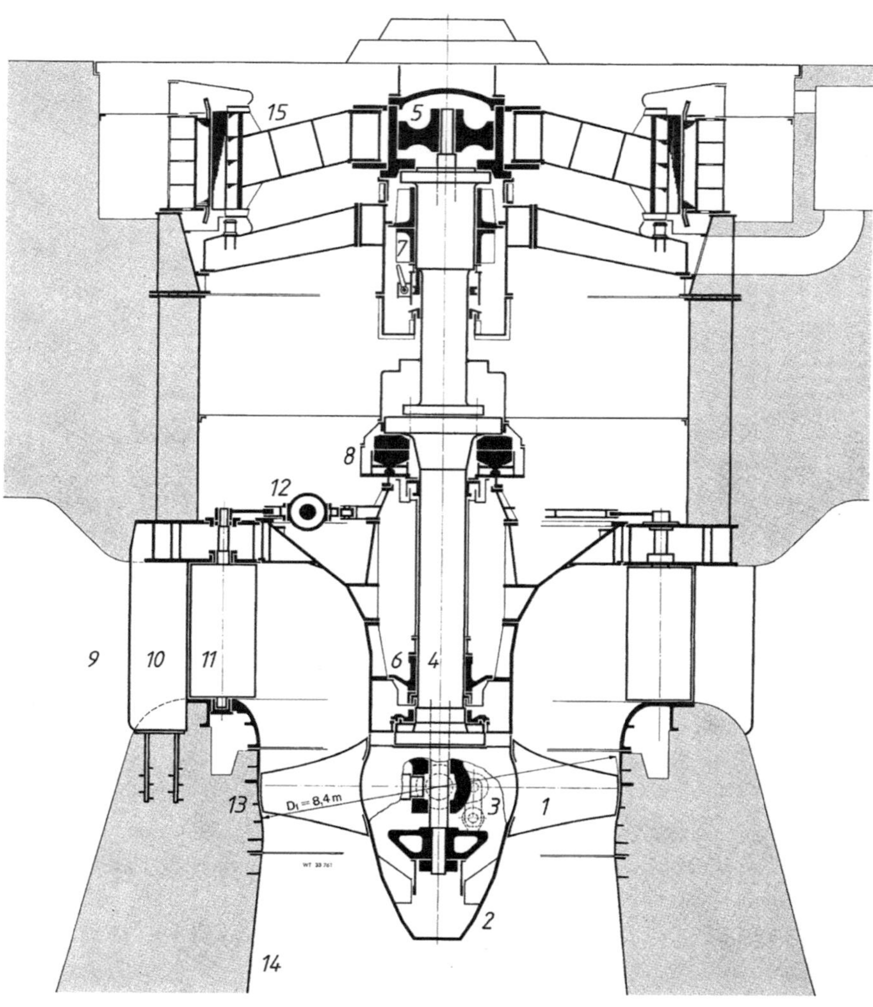

1 Laufschaufel	6 unteres Führungslager	11 Leitschaufel
2 Laufradnabe	7 oberes Führungslager	12 Leitrad-Stellantrieb
3 Laufrad-Verstellgetriebe	8 Spurlager	13 Laufradmantel
4 Welle	9 Spiralgehäuse	14 Saugrohr
5 Laufrad-Stellantrieb	10 Stützschaufelring	15 Generator

Abb. 4.39 Kaplan-Turbine in Betonspirale Durchmesser des 5-flügeligen Laufrades 8,4 m $P = 73\,\text{MW}$, $H = 17\,\text{m}$, $n = 1,137\,\frac{1}{s}$ (Fa. Andritz Hydro (Escher-Wyss))

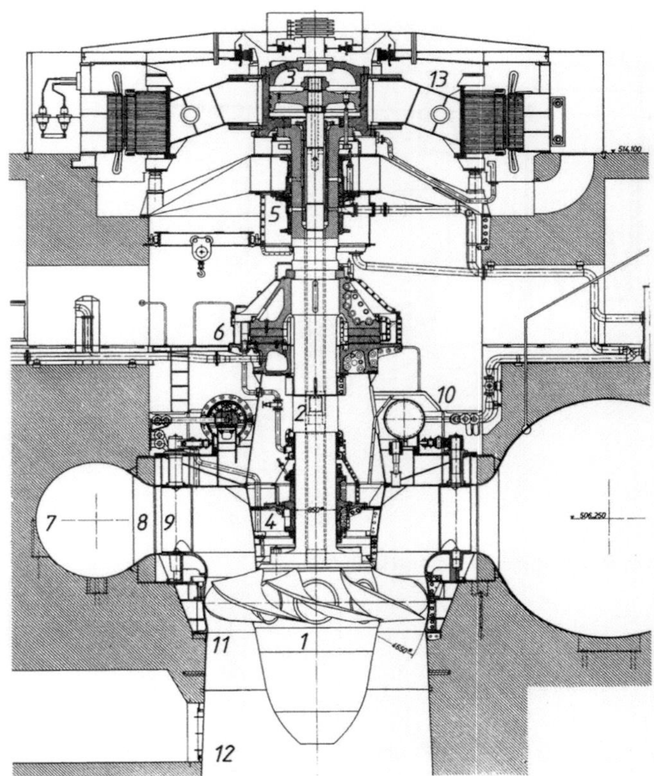

1 Laufrad   8 Stützschaufelring

2 Welle   9 Leitschaufel

3 Laufrad-Stellantrieb   10 Leitrad-Stellantrieb

4 unteres Führungslager   11 kugeliger Laufradmantel

5 oberes Führungslager   12 Saugrohr

6 Spurlager   13 Generator

7 Spiralgehäuse

Abb. 4.40 Kaplan-Turbine mit Vollspirale (Fa. Voith) Durchmesser des 8-flügeligen Laufrades 4,65 m $P_{max} = 74\,\text{MW}$, $H = 50\,\text{m}$, $\dot{V} = 149{,}5\,\frac{m^3}{s}$, $n = 2{,}727\,\frac{1}{s}$

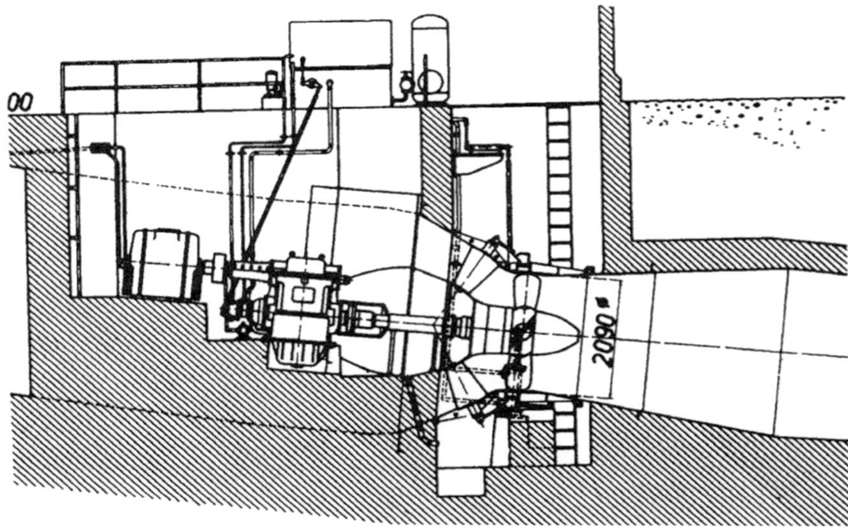

Abb. 4.41 Kaplan-Rohrturbine im Beton-Hohlpfeiler

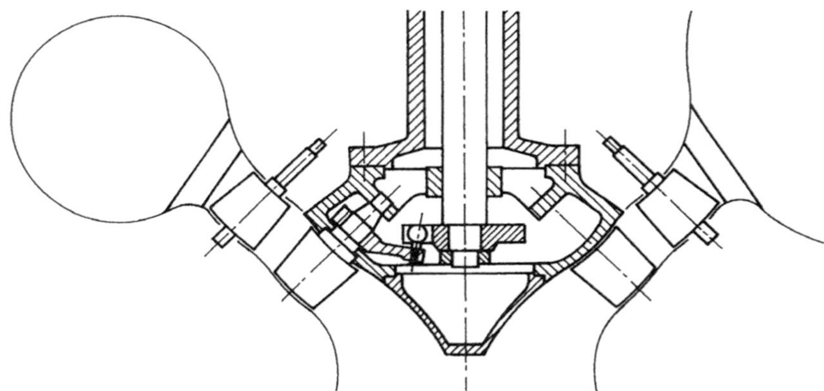

Abb. 4.42 Prinzipbild einer Diagonalturbine der Bauart Deriaz

Da der Vorteil der doppelten Verstellbarkeit von Leit- und Laufschaufeln aber weniger ausgeprägt ist als bei schnellläufigen Kaplan-Turbinen, haben die Diagonalturbinen kaum Verbreitung gefunden.

Laufräder Kaplan-Laufräder sind trotz des großen Schnellläufigkeitsbereiches, in dem sie eingesetzt werden, einander sehr ähnlich. Der auffallendste Unterschied besteht in der Schaufelzahl, die bei den Schnellläufern $z_{La} = 3$ beträgt, und bei Langsamläufern bis auf sieben anwächst. In Einzelfällen wurden in der Vergangenheit auch acht Laufradschaufeln ausgführt.

Die Nabe, die die Laufschaufeln mit ihren Drehzapfen aufnimmt, ist im Bereich der Schaufelung kugelförmig, damit der Spalt zwischen Schaufelblatt und Nabe bei jeder Stellung der Schaufeln eng bleibt. Auch der Laufradmantel, der das Laufrad außen umschließt, ist zumindest im dem unteren Teil kugelig. Allerdings wird heute bei vertikalen Maschinen im oberen Teil des Mantels auf die Kugelform meist verzichtet. Der dadurch verursachte höhere Spaltverlust ist gering, man hat aber den Vorteil, dass das Laufrad einfach montiert und demontiert werden kann, ohne dass zuvor der Laufradmantel zerlegt werden muss.

Schaufelverstellung Das in die Nabe eingebaute Hebelgetriebe zur Verstellung der Läuferflügel wird durch einen Stellantrieb betätigt, der heute in der Nabe selbst untergebracht wird. Lange Zeit wurde der Antrieb aber in der Generatornabe untergebracht und in diesem Fall seine Kraft mittels einer durch die hohle Welle durchgeführten Stange überträgt (Abb. 4.39).

Die Verstellbarkeit der Laufschaufeln ist bei der hohen Schnellläufigkeit der Kaplan-Turbinen eine zur Verbesserung des Teillastverhaltens notwendige Ergänzung der Leitradverstellung. Trägt man nämlich den Wirkungsgrad einer Axial-Turbine mit festen Laufschaufeln über dem Volumenstrom oder über der Schluckzahl auf, so zeigt sich, dass der Kurvenverlauf mit wachsender Schnellläufigkeit immer spitzer wird. Der Wirkungsgrad fällt also vom Maximum aus immer steiler nach beiden Seiten ab. Bei den Kaplan-Turbinen mit ihrer hohen Schnellläufigkeit ist das besonders ausgeprägt, aber eben nur dann, wenn die Laufschaufelstellung nicht verändert wird. Der Wirkungsgradverlauf der Kaplan-Turbine ergibt sich durch die Laufschaufelverstellung als die Umhüllende der in Bild 4.43 gestrichelten Propellerkurven und erweist sich als besonders flach.

Wie bei Volumenstromänderungen fällt der Wirkungsgrad auch bei änderungen der Fallhöhe von ihrem Auslegungswert ab. Auch hier wird durch die doppelte Verstellmöglichkeit ein günstiger Verlauf erreicht, der auch nötig ist, weil bei den kleinen Fallhöhen der Kaplan-Turbinen die Gefälleschwankungen sich besonders stark auswirken.

4.8.2 Laufradberechnung

Die exakte Schaufelgeometrie wird heute mit strömungsnumerischen Hilfsmitteln erstellt, meist CFD. Für große Projekte wird meist ein Modelversuch der gesamten Turbine geplant. Am Prüfstand können die Ergebnisse unter Laborgegebenhheiten mit höchster Genauigkeit gemessen werden und mit internationalen Regelwerken [9] verlässlich auf die Großausführung umgerechet werden.

Für einen ersten Laufradentwurf legt man zunächst nach Abb. 4.6 die Schnellläufigkeit fest, wobei zu beachten ist, dass ein hoher Wert zwar zu kleinen Maschinenabmessungen und damit niederen Baukosten führt, aber auch die Kavitationsempfindlichkeit erhöht. Liegt die Schnellläufigkeit unter Beachtung dieser Gesichtspunkte fest, und zwar natürlich so,

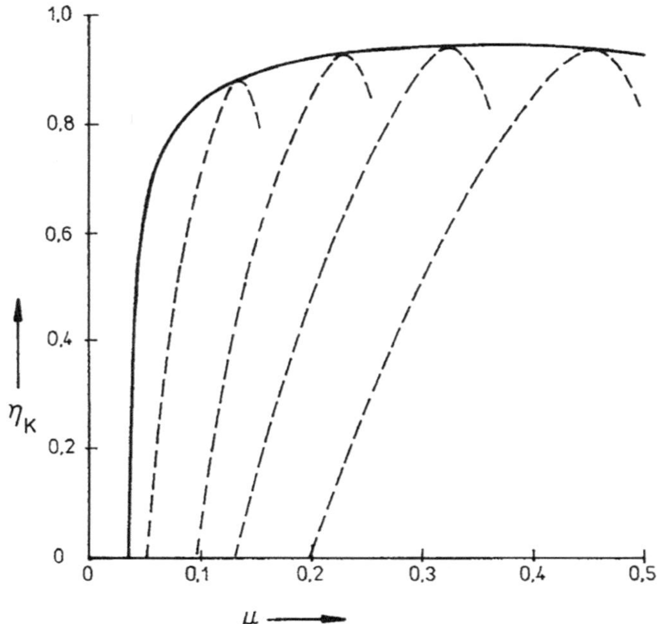

Abb. 4.43 Wirkungsgrad einer Kaplan-Turbine in Abhängigkeit von der Schluckzahl gestrichelt: Propellerkurven bei gleichbleibender Laufschaufelstellung

dass sich eine Synchrondrehzahl ergibt, falls die Maschine zum direkten Generatorantrieb bestimmt ist, können mit den Angaben der Abb. 4.44 die Hauptabmessungen des Meridianschnitts bestimmt werden.

Für die Schaufelberechnung ist die Eulersche Stromfadentheorie allein nicht ausreichend. Bei der geringen Schaufelzahl wäre die Abweichung zu groß. Statt dessen liefert die Tragflügeltheorie eine geeignete Entwurfsgrundlage.

Geschwindigkeiten und Kräfte am Flügelgitter Wird durch ein Laufrad beim Radius r ein zylindrischer Schnitt gelegt und in die Zeichenebene abgewickelt, so entsteht ein gerades Flügelgitter, das beiderseits unendlich weit fortgesetzt zu denken ist (Abb. 4.45).

Ein solches Gitter bewirkt im Gegensatz zu einem Einzelflügel eine Änderung der Zuströmgeschwindigkeit $\vec{w}_1$ in die Abströmgeschwindigkeit $\vec{w}_2$. Beide sind als Mittelwerte der nicht rotationssymmetrisch verteilten Relativgeschwindigkeiten vor bzw. hinter dem Laufrad zu denken.

Aus Kontinuitätsgründen sind die Meridiankomponenten der Geschwindigkeiten vor und hinter dem Gitter gleich $w_{1m} = w_{2m} = w_m$. Als mittlere Anströmgeschwindigkeit der Flügel wird der vektorielle Mittelwert

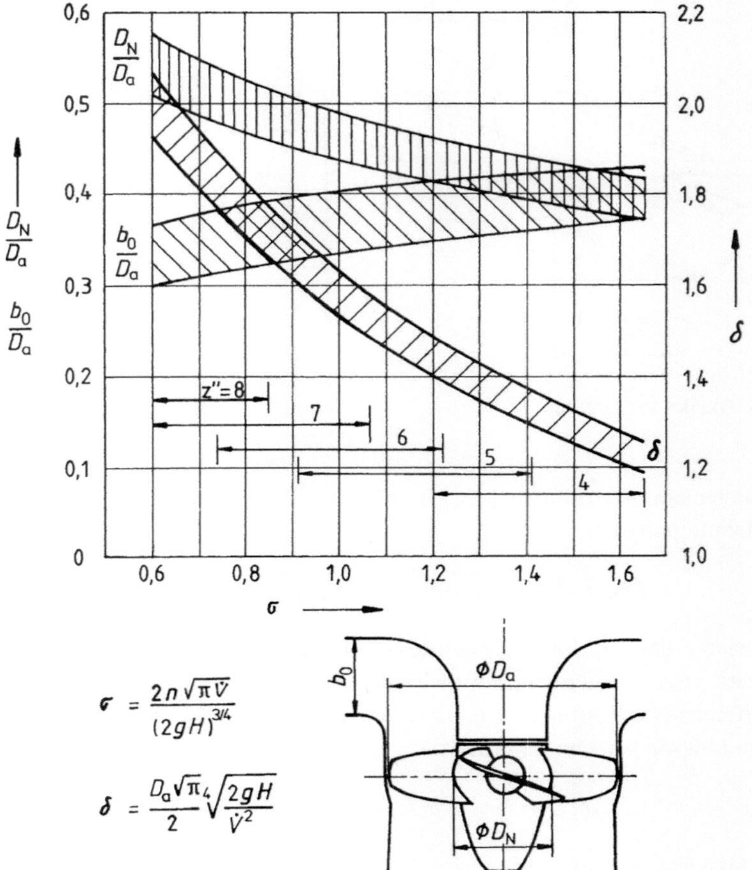

Abb. 4.44 Entwurfsdiagramm für Kaplan-Räder

$$\vec{w}_\infty = \frac{\vec{w}_1 + \vec{w}_2}{2} \tag{4.66}$$

mit den Komponenten $w_{\infty,m} = w_m$ und $w_{\infty,u} = \frac{w_{1u}+w_{2u}}{2}$ definiert (Abb. 4.45). Die Richtung von $\vec{w}_\infty$ wird durch den Winkel β_∞ beschrieben. Es ist

$$\tan(180° - \beta_\infty) = \frac{2w_m}{w_{1u} + w_{2u}}; \quad \tan\beta_\infty = -\frac{2w_m}{w_{1u} + w_{2u}}.$$

Der differenzielle Massenstrom, der durch ein schmales Teillaufrad der radialen Breite dr fließt, ist nach dem Kontinuitätssatz

$$d\dot{m} = \rho w_m 2\pi r\, dr\,,$$

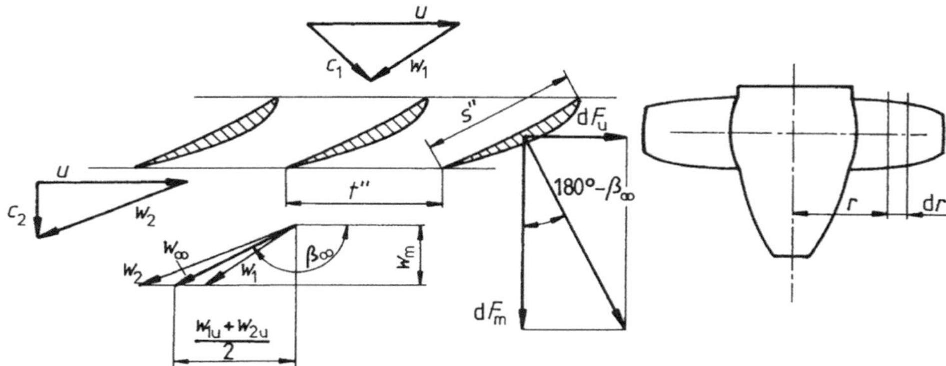

Abb. 4.45 Axiales Flügelgitter

und die gemeinsame differenzielle Umfangskraft fü alle Tragflügelelemente des Gitters
ist nach dem Impulssatz

$$dF_u = d\dot{m}(w_{1u} - w_{2u}) = \rho w_m(w_{1u} - w_{2u})2\pi r dr . \tag{4.67}$$

Man beachte, dass w_{1u} und w_{2u} nach den in Abschn. 2.6.1 angegebenen Vorzeichenregeln
beide negativ sind. Die Umfangskraft wird damit positiv, sie wirkt in Richtung von u.

Die differenzielle Kraft in Meridianrichtung kann aus der Differenz der Drücke vor und
hinter dem Laufrad berechnet werden

$$dF_m = (p_1 - p_2)dA = (p_1 - p_2)2\pi r dr . \tag{4.68}$$

Dabei lässt sich die Druckdifferenz im reibungsfreien Fall nach Gl. (2.94) ausdrücken

$$(p_1 - p_2) = \frac{\rho}{2}(w_2^2 - w_1^2) - \frac{\rho}{2}(w_{2u}^2 - w_{1u}^2) = \frac{\rho}{2}(w_{1u} + w_{2u})(w_{1u} - w_{2u}) . \tag{4.69}$$

da hier $u_1 = u_2$ und die änderung der Ortshöhe vernachlässigbar ist. Die Druckdifferenz
Δp in Gl. (4.69) ist durch die Vorzeichenregelung positiv. Durch Einsetzen in Gl. (4.68)
ergibt sich

$$dF_m = \frac{\rho}{2}(w_{1u} + w_{2u})(w_{1u} - w_{2u})2\pi r dr = \rho w_{\infty,u}(w_{1u} - w_{2u})2\pi r dr .$$

Die resultierende Kraft

$$dF = \sqrt{dF_u^2 + dF_m^2} = \rho\sqrt{w_{\infty,u}^2 + w_{\infty,m}^2}(w_{1u} - w_{2u})2\pi r dr = \rho w_\infty(w_{1u} - w_{2u})2\pi r dr$$

steht bei reibungsfreier Strömung auf dem Vektor der Zuströmgeschwindigkeit w_∞ senkrecht, wie sich aus

$$\tan(180° - \beta_\infty) = \frac{dF_u}{dF_m} = \frac{w_{\infty,m}}{w_{\infty,u}}$$

ergibt (siehe Abb. 4.45).

Tragflügeltheorie Abb. 4.46 zeigt die angreifenden Kräfte an einem Tragflügelelement, dabei ist w_∞ die Anstömgeschwindigkeit aus dem Unendlichen bzw. vor dem Tragflügel, der Winkel α der Anstellwinkel des Tragfügelprofils bezogen auf w_∞ und der Sehnenlänge s, dF_A die differenzielle Auftriebskraft an einem Tragflügelelement, dF_W die differenzielle Widerstandskraft an einem Tragflügelelement, dF_U die differenzielle Umfangskraft an einem Tragflügelelement, dF_m die differenzielle Meridian- oder Axialkraft an einem Tragflügelelement. Die Auftriebskraft dF_A wirkt senkrecht zur Anströmung w_∞, die Widerstandskraft dF_W wirkt in Richtung von w_{infty}, die Resultierende aus dF_A und dF_W ist die Kraft dF, die Umfangs- und Meridiankraft dF_U und dF_m ergeben sich aus der Zerlegung der resultierenden Kraft dF in die Umfangsrichtung u und in Meridian- oder Axialrichtung $w_m = w_{ax}$. Mit der Gitterteilung t_{La} (siehe Abb. 4.45) errechnet sich die Tragflügelzahl $z_{La} = z''$ ($t_{La} = t''$, $s_{La} = s''$) zu

$$z_{La} = \frac{2\pi r}{t_{La}}$$

und mit der Profilsehnenlänge s_{La} und dem Auftriebsbeiwert c_a die für alle z_{La} Tragflügelelemente des Teillaufrades gültige Auftriebskraft, die senkrecht zu w_∞ gerichtet ist

$$dF_A = z_{La}c_a\frac{\rho}{2}w_\infty^2 s_{La}dr = 2\pi r c_a\frac{\rho}{2}w_\infty^2\frac{s_{La}}{t_{La}}dr \qquad (4.70)$$

und entsprechend mit dem Widerstandsbeiwert c_w die zu w_∞ parallele Widerstandskraft

$$dF_W = z_{La}c_w\frac{\rho}{2}w_\infty^2 s_{La}dr = 2\pi r c_w\frac{\rho}{2}w_\infty^2\frac{s_{La}}{t_{La}}dr$$

Die Resultierende beider Kräfte dF schließt mit der Auftriebskraft den als Gleitwinkel bezeichneten Winkel ε ein (Abb. 4.46).

Gitterbemessungsgleichung Die resultierende Kraft dF hat in der Umfangsrichtung die Komponente

$$dF_u = \frac{dF_A \sin(180° - \beta_\infty - \varepsilon)}{\cos\varepsilon}$$

wie anhand von Abb. 4.46 nachzuweisen ist. Durch Gleichsetzen mit Gl. (4.67), in der noch keine Reibungsfreiheit vorausgesetzt war, folgt weiter unter Benutzung von Gl. (4.70) mit $\Delta w_u = w_{1u} - w_{2u}$

$$w_m\Delta w_u = c_a\frac{w_\infty^2}{2}\frac{s_{La}}{t_{La}}\frac{\sin(180° - \beta_\infty - \varepsilon)}{\cos\varepsilon}.$$

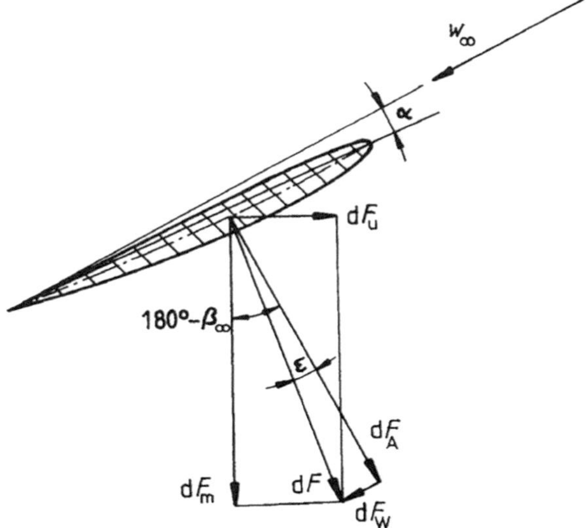

Abb. 4.46 Kräfte am Tragflügelelement bzw. an einem Tragflügel

Hierin kann noch $w_\infty = \frac{w_m}{\sin(180°-\beta_\infty)}$ gesetzt werden (Abb. 4.45). Durch Umordnen folgt schließlich

$$c_a \frac{s_{La}}{t_{La}} \cdot \frac{\sin(180° - \beta_\infty - \varepsilon)}{2\sin^2(180° - \beta_\infty)\cos\varepsilon} = \frac{\Delta w_u}{w_m}. \tag{4.71}$$

Hiermit ist der Zusammenhang mit der Tragflügeltheorie hergestellt. Auf der linken Seite stehen alle Größen, die das Gitter kennzeichnen, während rechts $\Delta w_u = w_{1u} - w_{2u} = c_{1u} - c_{2u} = \Delta c_u$ aus der Turbinen-Hauptgleichung und w_m aus der Kontinuitätsgleichung bestimmt werden können.

Profilbeiwerte Die Auftriebsbeiwerte c_a und die Gleitwinkel ε werden in Abhängigkeit vom Anstellwinkel α in Versuchen mit Tragflügelmodellen experimentell ermittelt. Sie sind von der Reynolds-Zahl abhängig und werden sehr erheblich durch etwaige Kavitationsblasen beeinflusst.

Schaufelform Die Berechnung einer Laufbeschaufelung muss für mehrere Zylinderschnitte bei unterschiedlichen Radien durchgeführt werden. Da die Umfangsgeschwindigkeit proportional mit dem Radius zunimmt, sind die Geschwindigkeitsdreiecke sehr unterschiedlich, die Winkel $(180° - \beta_\infty)$ werden nach außen hin immer kleiner, und deshalb müssen die Schaufeln in sich verwunden sein.

Auch das Verhältnis der Profiltiefe zur Gitterteilung $\frac{s_{La}}{t_{La}}$ ändert sich mit dem Radius. Während die Teilung dem Radius proportional ist, lässt man die Profiltiefe etwas weniger als linear anwachsen. überdies ist das Verhältnis $\frac{s_{La}}{t_{La}}$ von der Schnellläufigkeit abhängig. Bei langsamläufigen Maschinen muss es größer sein als bei den Schnellläufern. In [21] wird als grober Anhalt empfohlen

$$\left(\frac{s_{La}}{t_{La}}\right)_i = 1,8 \div 1,3; \quad \left(\frac{s_{La}}{t_{La}}\right)_a = 1,0 \div 0,7; \quad \sigma = 0,6 \div 1,3.$$

wobei für kavitationsgefährdete Maschinen etwas größere Werte zu wählen sind.

Modellversuche Die Laufradberechnung muss wie bei den anderen Wasserturbinen experimentell überprüft werden, wobei noch Änderungen notwendig werden können. Es werden nicht nur die Kennfelder der Maschinen aufgenommen, sondern auch das Kavitationsverhalten untersucht und die Spannungen und Verformungen an kritischen Stellen gemessen. Neben den Versuchen im stationären Betriebszustand wird das Modell auch beim Übergang von einem zum anderen Zustand untersucht.

Beispiel 4.5 *Eine Kaplan-Turbine soll bei der Fallhöhe $H = 4,4\,m$ den Volumenstrom $\dot{V} =$ $3,75\,\frac{m^3}{s}$ verarbeiten. Die Drehzahl ist frei wählbar, da zum Generatorantrieb ein Getriebe vorgesehen ist. Für das Laufrad dienen die Abb. 4.6 und 4.44 als Entwurfsgrundlage. Der hydraulische Wirkungsgrad ist $\eta_h = 0,95$ und die Gitterparameter am äußeren Schnitt sind $\frac{s_{La}}{t_{La}} = 0,7\,;\,c_a = 0,5\,;\,\varepsilon = 1,2°$. Gesucht sind die Hauptabmessungen des Laufrades D_a und D_N und der Zuströmwinkel β_∞ beim Durchmesser D_a.*

Lösung 4.5 *Mit $\sigma = 1,5$ nach Abb. 4.6 wird mit Gl. (2.125)*

$$n = \frac{\sigma(2gH)^{3/4}}{2\sqrt{\pi\dot{V}}} = \frac{1,5(2 \cdot 9,81\,\frac{m}{s^2} \cdot 4,4\,\text{m})^{0,75}}{2\sqrt{\pi \cdot 3,75\,\frac{m^3}{s}}} = 6,19\,\frac{1}{s}.$$

Aus Abb. 4.44 wird abgelesen $\delta = 1,3$; $\frac{D_N}{D_a} = 0,4$, womit aus Gl. (2.124) folgt

$$D_a = \frac{2\delta}{\sqrt{\pi}}\left(\frac{\dot{V}^2}{2gH}\right)^{\frac{1}{4}} = \frac{2 \cdot 1,3}{\sqrt{\pi}} \cdot \left(\frac{\left(3,75\,\frac{m^3}{s}\right)^2}{2 \cdot 9,81\,\frac{m}{s^2} \cdot 4,4\,\text{m}}\right)^{0,25} = 0,932\,\text{m}$$

$$D_N = 0,4 D_a = 0,4 \cdot 0,932\,\text{m} = 0,373\,\text{m}.$$

Die weitere Berechnung wird hier nur für den äußeren Schnitt durchgeführt. Dort ist nach der Hauptgleichung

$$\Delta w_u = \frac{gH\eta_h}{u} = \frac{gH\eta_h}{\pi n D_a} = \frac{9,81\,\frac{m}{s^2} \cdot 4.4\,\text{m} \cdot 0,95}{\pi \cdot 6,19\,\frac{1}{s} \cdot 0,932\,\text{m}} = 2,263\,\frac{m}{s}$$

und nach der Kontinuitätsgleichung

$$w_m = \frac{\dot{V}}{A} = \frac{4\dot{V}}{\pi(D_a^2 - D_N^2)} = \frac{4 \cdot 3,75 \,\frac{m^3}{s}}{\pi(0,932^2 - 0,373^2)\,m^2} = 6,545\,\frac{m}{s}\,.$$

Aus Gl. (4.71) folgt

$$\frac{\sin^2(180° - \beta_\infty)\cos\varepsilon}{\sin(180° - \beta_\infty - \varepsilon)} = c_a \frac{s_{La}}{t_{La}} \frac{w_m}{2\Delta w_u} = 0,5 \cdot 0,7 \frac{6,545 \cdot \frac{m}{s}}{2 \cdot 2,263\,\frac{m}{s}} = 0,506\,.$$

Wird zunächst der kleine Winkel ε vernachlässigt, so ergibt sich

$$(180° - \beta_\infty) = \arcsin 0,506 = 30,4°\,.$$

Durch schrittweise Verbesserung dieses Resultats wird endgültig

$$(180° - \beta_\infty) = 29,15°\,; \ \beta_\infty = 150,85°$$

Kontrolle
$$\frac{\sin^2(180° - \beta_\infty)\cos\varepsilon}{\sin(180° - \beta_\infty - \varepsilon)} = \frac{\sin^2 29,15° \cos 1,2°}{\sin(29,15° - 1,2°)} = 0,506\,.$$

Gasturbinen 5

5.1 Wirkungsweise und Bauformen von Gasturbinen

Wie in Abschn. 1.3.1 erläutert, ist die Gasturbine GT eine thermische Strömungsmaschine und wie die Dampfturbine DT den Kraftmaschinen zugeordnet. Kennzeichnend für die Gasturbine[1] ist, dass unter einer Gasturbine ein Aggregat verstanden wird, das aus mindestens den Komponenten Verdichter, Brennkammer und der eigentlichen, mit Heißgas beaufschlagten Turbine der Gasturbine besteht. Hinzu kommen je nach Arbeitsverfahren noch Wärmeübertrager (Kühler, Erhitzer, Wärmetauscher, Abhitzekessel).

Bei einer Gasturbine ist das Arbeitsmittel (Fluid), im Gegensatz zum Wasser–Wasserdampf- Kreislauf bei Dampfturbinen, immer in der Gasphase. Im Vergleich zur Dampfturbine arbeitet die Gasturbine mit wesentlich höheren Temperaturen, niedrigeren Drücken, kleinerem Gefälle und damit auch kleinerer Stufenzahl. Während die notwendige Pumpen- bzw. Verdichterleistung P_V zur Druckerhöhung beim DT-Prozess nur ca. 4 % der Nutzleistung P_N ausmacht, beträgt beim GT-Prozess dieses Verhältnis $\frac{P_V}{P_N} = 1,6 \div 2$. Diese schwierig zu bewerkstelligende Druckerhöhung im Verdichter war, neben dem Fehlen geeigneter Werkstoffe für die hohen Temperaturen in der Brennkammer und der Turbine, die Hauptursache dafür, dass die in die Gasturbine gesetzten Erwartungen erst spät erfüllt werden konnten.

Gasturbinen bieten den Vorteil einer kompakten Bauweise. Sie dienen als schnell in Betrieb zu setzende Anlagen kleinerer und mittlerer Leistungen zur Deckung von Lastspitzen in der öffentlichen Elektrizitätsversorgung, als Stromerzeuger in Industriebetrieben und zur Notstromerzeugung. Vermehrt werden heute auch große Gasturbinen in Kombination mit Dampfturbinen in sogenannten GuD-Anlagen eingesetzt, bei der eine Kopplung des Gasturbinenprozesses mit einem Dampfturbinenprozess über einen nachgeschalteten

---

[1] Kap. 5 wurde teilweise in Anlehnung an die Vorlesungsskripte Thermische Kraftwerke von Prof. Dr.–Ing. H. Stetter, Dr.–Ing. J. Messner, ITSM der Universität Stuttgart [16] und [29] angepasst.

© Der/die Autor(en), exklusiv lizenziert an Springer Fachmedien Wiesbaden GmbH, ein Teil von Springer Nature 2026
G. Thieleke und R. Feyrer, *Turbomaschinen*,
https://doi.org/10.1007/978-3-658-48698-3_5

Abhitzedampferzeuger realisiert wird, siehe auch Abb. 1.9. Die Gasturbine benötigt zu ihrem Betrieb kein Kühlwasser und ist daher auch an wasserarmen Standorten einsetzbar. Als Brennstoff werden gasförmige oder flüssige Brennstoffe eingesetzt. In Zukunft soll Wasserstoff als Brennstoff in Gasturbinen verwendet werden, damit die CO_2-Emissionen bei der Energieerzeugung reduziert werden können.

Ein weiteres wichtiges Einsatzgebiet ist der Flugzeugantrieb. Hier sind die am weitest entwickelten Gasturbinen als Flugtriebwerke wiederzufinden. Im Flugbetrieb steht die Nutzenergie meist nicht als mechanische Rotationsenergie, sondern als kinetische Energie der Strömung für die Schuberzeugung zur Verfügung. Die Gasturbine wird auch zum Antrieb von Schiffen und in Ausnahmefällen von Landfahrzeugen verwendet.

Das Fluid durchläuft beim GT-Prozess folgende Prozessschritte, siehe Abb. 5.1:

- Kompression bzw. Verdichtung (im Verdichter)
- Wärmezufuhr (in der Brennkammer oder einem Wärmeübertrager)
- Expansion (in der Turbine)
- Wärmeabfuhr (in einem Wärmeübertrager oder an die Umgebung)

Nach der Prozessführung unterscheidet man drei verschiedene Arbeitsverfahren:

- offener GT-Prozess
- GT-Prozess mit Vorwärmung – halboffener GT-Prozess
- geschlossener GT-Prozess

5.1.1 Offener Gasturbinenprozess

Beim offenen GT-Prozess (siehe Abb. 5.1) wird Luft mit dem Zustand p_1, T_1 aus der Umgebung von einem Verdichter angesaugt, mit gleichzeitiger Temperaturerhöhung auf T_2 auf den Druck p_2 verdichtet und einer Brennkammer zugeführt. Der Druck p_2 beträgt bei Gasturbinen ca. $p_2 = 9 \div 30$ bar, $t_2 \approx 300\,°C$. Bei konstantem Druck p_2 wird der Luft durch einen Verbrennungsvorgang Energie in Form von Wärme zugeführt (isobare Wärmezufuhr), wobei die Endtemperatur t_3 entsprechend der zulässigen Heißgastemperatur $t_3 \approx 900 \div 1300\,°C$ beträgt (bei heutigen GT bis $t_3 \approx 1400\,°C$). Vom Zustandspunkt 3 aus wird das Heißgas bis auf die Endtemperatur $t_4 \approx 450 \div 600\,°C$ enspannt und das Abgas in die Umgebung zurückgegeben. Im T-s-Diagramm (Abb. 5.1b) ist der ideale Prozess – auch als *Joule-Prozess* bekannt – dargestellt, wobei die Fläche $a - 2 - 3 - b$ der zugeführten Wärme (also dem Brennstoffbedarf) entspricht, die Abwärme entspricht der Fläche $a - 1 - 4 - b$. Die Differenz dieser Wärmemengen, die Fläche $1 - 2 - 3 - 4$, entspricht der erzielten Nutzarbeit $w_N = w$.

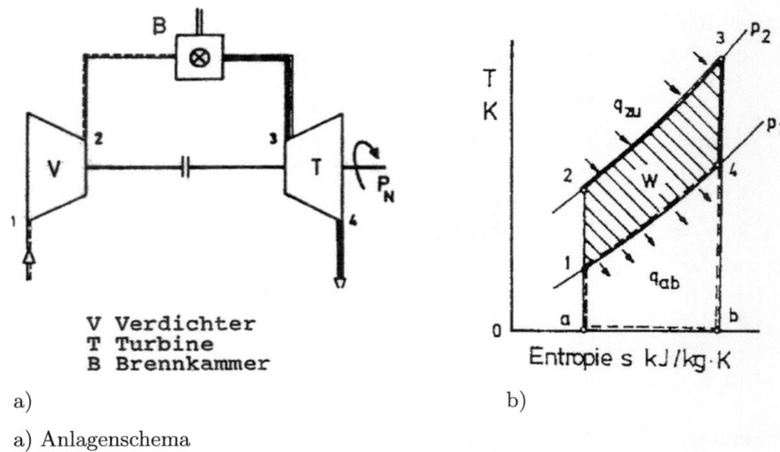

a) Anlagenschema
b) Zustandsverlauf im T-s-Diagramm

Abb. 5.1 Idealer offener GT-Prozess [29]

Der Joule-Prozess besteht aus zwei Isobaren und zwei Isentropen und setzt ein Ideales Gas voraus. Die 4 Teilprozesse sind offene Systeme und die Prozessgrößen $w = w_t$ als technische Arbeit und q_{zu} als zugeführte Wärme sind spezifische Größen. Die dem Massenstrom $\dot{m}$ in der GT-Anlage von außen zugeführte Wärmeleistung $\dot{Q}_{zu} = \dot{m} q_{zu}$ entspricht im wesentlichen der zugeführten Energie des Brennstoffes $\dot{Q}_{Br} = \dot{m}_{Br} H_u$ mit H_u als Heizwert des Brennstoffes.

Der thermische Wirkungsgrad η_{th} des offenen GT-Prozesses ist das Verhältnis der Nutzarbeit w_N als spezifische technische Arbeit zur zugeführten spezifischen Wärme q_{zu} und es gilt:

$$\eta_{th} = \frac{|w_N|}{q_{zu}}, \tag{5.1}$$

wobei die Nutzarbeit w_N der GT-Anlage die Differenz der technischen Arbeiten w_T der Turbine und w_V des Verdichters ist. Die Nutzleistung P_N der GT-Anlage ergibt sich aus:

$$P_N = \dot{m} \cdot w_N , \quad \text{Nutzleistung} \tag{5.2}$$

$$P_N = P_T - P_V \quad \text{Turbinen-, Verdichterleistung} \tag{5.3}$$

$$|w_N| = |w_T| - w_V \quad \text{technische Arbeiten: GT, Turbine, Verdichter}. \tag{5.4}$$

Nach dem 1. Hauptsatz der Thermodynamik haben zuzuführende Arbeiten ein positives und abzuführende Arbeiten ein negatives Vorzeichen, siehe Abschn. 2.1. Die technische Verdichterarbeit w_V ist positiv, die technische Turbinenarbeit w_T und die Nutzarbeit des GT-Prozesses w_N sind negativ. Berücksichtigt man das negative Vorzeichen in den Gl. (5.4), (5.8), werden nun die Arbeiten w_T und w_N als positive Größen geführt. Für die isentrope

Verdichtungs- und Entspannungsarbeit gilt nach den Gl. (2.24), (2.25) für ideale Gase mit der spezifischen Wärmekapazität c_p und dem Isentropenexponent κ:

$$w_{s,V} = \Delta h_{12} = c_p \cdot \Delta T_{12} = R \cdot T_1 \cdot \frac{\kappa}{\kappa - 1} \cdot \left[\left(\frac{p_2}{p_1} \right)^{\frac{\kappa - 1}{\kappa}} - 1 \right] > 0 \qquad (5.5)$$

$$w_{s,T} = \Delta h_{34} = c_p \cdot \Delta T_{34} = R \cdot T_3 \cdot \frac{\kappa}{\kappa - 1} \cdot \left[\left(\frac{p_4}{p_3} \right)^{\frac{\kappa - 1}{\kappa}} - 1 \right] < 0 \qquad (5.6)$$

$$w_{s,T} = \Delta h_{34} = c_p \cdot \Delta T_{34} = R \cdot T_3 \cdot \frac{\kappa}{\kappa - 1} \cdot \left[1 - \left(\frac{p_4}{p_3} \right)^{\frac{\kappa - 1}{\kappa}} \right] > 0 \qquad (5.7)$$

$$w_N = w_T - w_V \qquad (5.8)$$

Die verbrennungstechnischen Vorgänge in der Brennkammer werden bei vereinfachten Berechnungen durch eine äußere Wärmezufuhr bei konstantem Druck (isobare Wärmezufuhr) ersetzt. Die isobare Wärmezufuhr von außen ist unabhängig vom Brennstoff und gilt sowohl für gasförmige (Erdgas oder Wasserstoff, etc.) und flüssige Brennstoffe. Bei der separaten Bilanzierung der Brennkammer sind noch Verluste zu berücksichtigen.

$$\dot{Q}_{zu} = \dot{m} \cdot (h_3 - h_2) = \dot{m} \cdot c_p \cdot (T_3 - T_2) \qquad (5.9)$$

$$q_{zu} = \Delta h_{23} = c_p \cdot \Delta T_{23} \qquad (5.10)$$

Für den idealen offenen GT-Prozess gilt unter Vernachlässigung sämtlicher Verluste, ein Arbeitsmedium mit konstanten Gaseigenschaften c_p und R, konstantem Massenstrom mit $\dot{m}_V = \dot{m}_T = \dot{m}$:

$$\pi_V = \frac{p_2}{p_1}; \qquad \pi_T = \frac{p_4}{p_3}; \qquad \pi = \pi_V = \pi_T^{-1}; \qquad m = \frac{\kappa - 1}{\kappa} \qquad (5.11)$$

$$(\pi_V)^m = \frac{T_2}{T_1}; \qquad (\pi_T)^m = \frac{T_4}{T_3},; \qquad \frac{T_2}{T_1} = \frac{T_3}{T_4} \qquad (5.12)$$

$$\frac{w_N}{c_p \cdot T_1} = \frac{T_3}{T_1} \left(1 - \frac{1}{\pi^m} \right) - \left(\pi^m - 1 \right) \qquad (5.13)$$

$$\eta_{th,ideal} = \frac{w_N}{q_{zu}} = 1 - \frac{1}{\pi^m} = 1 - \frac{1}{\left(\frac{p_2}{p_1} \right)^{\frac{\kappa - 1}{\kappa}}} \qquad (5.14)$$

d. h. der Wirkungsgrad des Idealprozesses $\eta_{th,ideal}$ ist nur vom Verdichtungsverhältnis $\pi = \frac{p_2}{p_1}$ und von κ abhängig (Abb. 5.2a), während die auf $c_p \cdot T_1$ bezogene Nutzarbeit $\frac{w_N}{c_p \cdot T_1}$ als Leistungsdichte auch von der Turbineneintrittstemperatur T_3 abhängig ist (siehe Gl. (5.13), (5.14) und Abb. 5.2b).

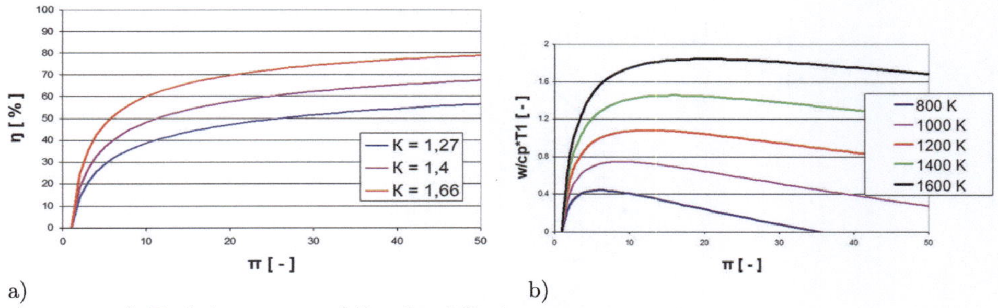

a)   b)

a) $\eta_{th,ideal}$ als Funktion von κ und Druckverhältnis π

b) bezogene Nutzarbeit $\frac{|w_N|}{c_p T_1}$ als Funktion von π und Turbineneintrittstemperatur T_3

Abb. 5.2 Verhalten des Idealen offenen GT-Prozesses [29]

Das Optimum für w_N des idealen GT-Prozesses ist für ($\frac{dw_N}{d\pi^m} = 0$) bei

$$\pi_{opt}^m = \sqrt{\frac{T_3}{T_1}}\,, \tag{5.15}$$

entsprechend $T_2 = T_4$ nach Gl. (5.12), siehe Abb. 5.2. Das Maximum verschiebt sich mit wachsender Temperatur T_3 bzw. Temperaturverhältnis $\tau = \frac{T_3}{T_1}$ zu immer höheren Druckverhältnissen. Das Temperaturverhältnis τ liegt bei Industrieturbinen bei $\tau_{GT,Industrie} = 3,5 \div 5$ und bei Flugtriebwerken $\tau_{GT,Flug} = 5 \div 6,5$.

Damit ergeben sich für die maximale Nutzarbeit im optimalen Betriebspunkt π_{opt} und die jeweiligen Verhälnisse von Verdichter- zu Turbinenarbeit $\frac{w_V}{|w_T|}$ und Nutz- zu Turbinenarbeit $\frac{w_N}{w_T}$ folgende Werte:

$$\left(\frac{w_N}{c_p \cdot T_1}\right)_{opt} = \left(\sqrt{\frac{T_3}{T_1}} - 1\right)^2$$

$$\left(\frac{w_V}{|w_T|}\right)_{opt} = \sqrt{\frac{T_1}{T_3}}$$

$$\left(\frac{w_N}{w_T}\right)_{opt} = \frac{\sqrt{\frac{T_3}{T_1}} - 1}{\sqrt{\frac{T_3}{T_1}}} = 1 - \frac{w_V}{|w_T|}$$

Wird die Turbineneintrittstemperatur T_3 von $(1000 \div 1600)$ K erhöht ($T_1 = 295$ K), so steigt die auf die Turbinenleistung bezogene Nutzleistung $\frac{w_N}{w_T}$ von $0,46 \div 0,57$. Die bezogene Verdichterleistung $\frac{w_V}{|w_T|}$ nimmt dann von $0,54 \div 0,43$ ab (ca. 20 %).

Der reale Gasturbinenprozess unterscheidet sich vom idealen zunächst durch die polytrope Verdichtung und polytrope Entspannung anstelle isentroper Zustandsverläufe, siehe

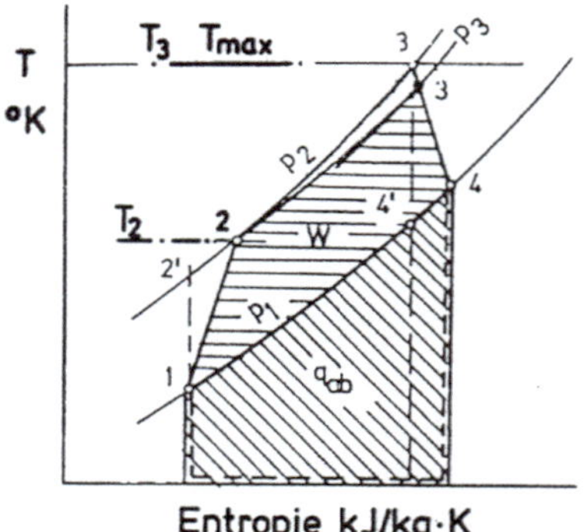

isentrope Verdichtung: $1 - 2_s$ $(T_{2s} = T_2')$ polytrope Verdichtung: $1 - 2$
isentrope Entspannung: $3 - 4_s$ $(T_{4s} = T_4')$ polytrope Entspannung: $3 - 4$

Abb. 5.3 Realer offener GT-Prozess im T-s-Diagramm [29]

Abb. 5.3. Die Wärmezufuhr in der Brennkammer ist beim realen Prozess verlustbehaftet und verursacht einen Druckabfall Δp_{23}.

Die Wirkungsgradkurven $\eta = \eta(\tau, \pi)$ und Nutzarbeitskurven $w_N = w_N(\tau, \pi)$ bei konstant gehaltenem Wirkungsgrad η_V und η_T von Verdichter und Turbine ($\eta_{ges} = \eta_V \cdot \eta_T$) zeigen, dass eine Vergrößerung der Arbeitsfläche w_N und des Wirkungsgrades durch Erhöhung der Turbineneintrittstemperatur T_3 möglich ist. Das Maximum der Kurven verschiebt sich mit steigender Temperatur T_3 zu steigenden Druckverhältnissen π, siehe Abb. 5.4 für $\kappa = 1,4$.

Die Berechnung des realen offenen GT-Prozesses (ohne Druckverlust $\Delta p_{23} = 0$ in der Brennkammer) kann mit den folgenden Gleichungen durchgeführt werden:

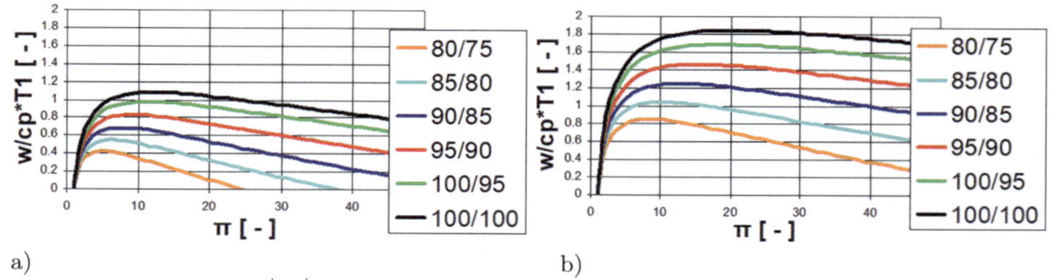

a) bezogene Nutzarbeit $\frac{|w_N|}{c_p T_1}$ als Funktion von π und vom Gesamtwirkungsgrad $\eta_{ges} = \eta_V \cdot \eta_T$ bei $T_3 = 1200\,K$
b) bezogene Nutzarbeit $\frac{|w_N|}{c_p T_1}$ als Funktion von π und vom Gesamtwirkungsgrad $\eta_{ges} = \eta_V \cdot \eta_T$ bei $T_3 = 1600\,K$

Abb. 5.4 Verhalten des realen offenen GT-Prozesses

$$w_T = w_{s,T} \cdot \eta_T \qquad w_{s,T}: \qquad \text{isentrope Expansionsarbeit}$$

$$w_V = w_{s,V} \cdot \frac{1}{\eta_V} \qquad w_{s,V}: \qquad \text{isentrope Verdichtungsarbeit}$$

$$w_N = w_T - w_V$$

$$\frac{w_N}{c_p \cdot T_1} = \frac{\left(\eta_V \eta_T \frac{T_3}{T_1} \cdot \frac{1}{\pi^m} - 1\right)(\pi^m - 1)}{\eta_V} \tag{5.16}$$

$$T_2 - T_1 = \frac{T_2' - T_1}{\eta_V}; \qquad m = \frac{\kappa - 1}{\kappa}$$

$$T_3 - T_4 = (T_3 - T_4') \cdot \eta_T$$

$$\eta_{th,real} = \frac{w_N}{q_{zu}} = \frac{w_N}{c_p(T_3 - T_2)} = \frac{\left(\eta_V \eta_T \frac{T_3}{T_1} \cdot \frac{1}{\pi^m} - 1\right)(\pi^m - 1)}{\eta_V \left(\frac{T_3}{T_1} - 1\right) - (\pi^m - 1)} \tag{5.17}$$

$$(\pi_{opt})^m = \sqrt{\eta_V \eta_T \frac{T_3}{T_1}} \tag{5.18}$$

$$\left(\frac{w_N}{c_p \cdot T_1}\right)_{opt} = \frac{1}{\eta_V}\left(\sqrt{\eta_V \eta_T \frac{T_3}{T_1}} - 1\right)^2 \tag{5.19}$$

$$\left(\frac{w_V}{|w_T|}\right)_{opt} = \sqrt{\frac{T_1}{T_3 \eta_V \eta_T}}$$

$$\left(\frac{w_N}{w_T}\right)_{opt} = 1 - \frac{w_V}{|w_T|}$$

Das optimale Druckverhältnis π_{opt} steigt mit der Turbineneintrittstemperatur T_3 und somit auch der maximale Wirkungsgrad $\eta_{th,real,max}$. Der Prozesswirkungsgrad $\eta_{th,real,max}$ ist von den Wirkungsgraden von Verdichter und Turbine η_V und η_T stark abhängig, deren Einfluss jedoch bei hohen T_3-Temperaturen geringer wird. Wird die Turbineneintrittstemperatur T_3 von $(1000 \div 1600)$ K erhöht bei $\eta_V = 85\,\%$ und $\eta_T = 90\,\%$, so steigt die auf die Turbinenleistung bezogene Nutzleistung von $(0,38 \div 0,51)$. Die Vorteile des einfachen GT-Prozesses liegen in ihrem einfachen Aufbau und der vielfältigen Anpassungsfähigkeit durch viele Schaltungsvarianten, wie z. B. bei der Kopplung des GT-Prozesses mit einem DT-Prozess beim GuD-Kraftwerk, siehe Abb. 5.12.

5.1.2 GT-Prozess mit Vorwärmung – halboffener GT-Prozess

Eine bedeutende Verbesserung des thermischen Wirkungsgrades der offenen Gasturbine lässt sich erzielen, indem die hohe Wärmeenergie der Turbinenabgase ausgenutzt wird. Dazu wird die verdichtete Luft, siehe Abb. 5.5 über einen Wärmetauscher, analog der Speisewas-

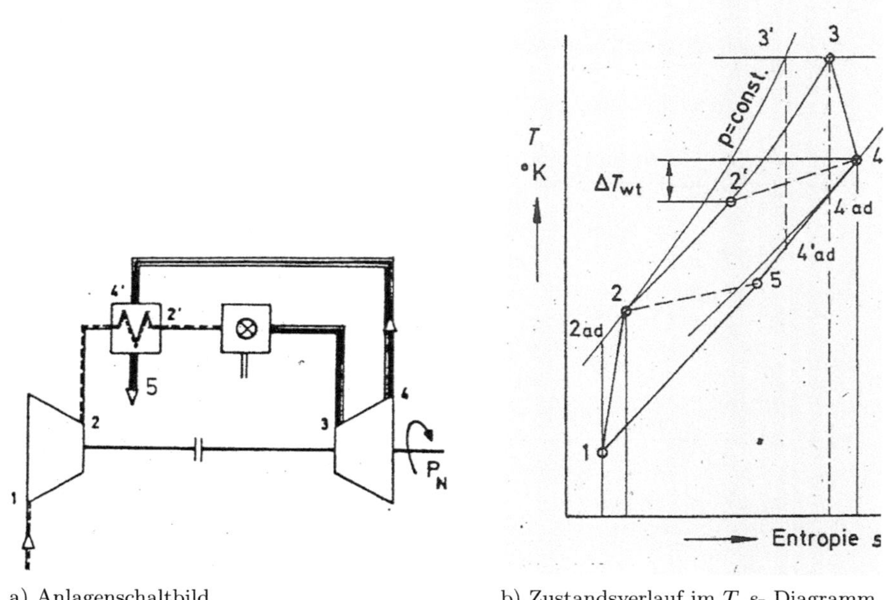

a) Anlagenschaltbild   b) Zustandsverlauf im T, s- Diagramm

Abb. 5.5 GT-Prozess mit Vorwärmung – halboffener GT-Prozess [29]

servorwärmung beim Dampfkraftprozess, von den Turbinenabgasen vorgewärmt, wodurch die Temperatur T_4, mit der die Abgase an die Umgebung abgegeben werden, gesenkt wird. Abb. 5.5b zeigt den halboffenen Prozess im T, s-Diagramm.

Abb. 5.6 zeigt den Verlauf des thermischen Wirkungsgrades η_{th} und der bezogenen Nutzarbeit als Leistungsdichte $\frac{w}{c_p T_1}$ in Abhängigkeit vom Druckverhältnis π. Im Vergleich zum idealen Joule-Prozess fällt der Wirkungsgrad mit steigender Verdichtung. Damit eine Vorwärmung und eine Wirkungsgradverbesserung überhaupt möglich ist, muss die Temperatur $T_4 > T_2$ sein. Für den Grenzfall folgt mit Gl. (5.12):

$$\frac{T_2}{T_1} = \sqrt{\frac{T_3}{T_1}} = \pi^{\frac{\kappa-1}{\kappa}}$$

$$\pi = \left(\frac{T_3}{T_1}\right)^{\frac{\kappa}{2(\kappa-1)}} \tag{5.20}$$

Das ist der Grenzwert des Druckverhältnisses, unterhalb dessen der Prozess mit Vorwärmung vorteilhafter ist als der einfache. Es ist zugleich das Druckverhältnis mit der höchsten Leistung (siehe Gl. (5.15)). Die Vorwärmung bringt bei Gasturbinen, die auf hohe Leistungsdichte hin ausgelegt sind, keine Verbesserung. Umgekehrt erfordert die Wirkungsgradanhebung durch Vorwärmung einen hohen Mehraufwand. Die Anlage wird durch den

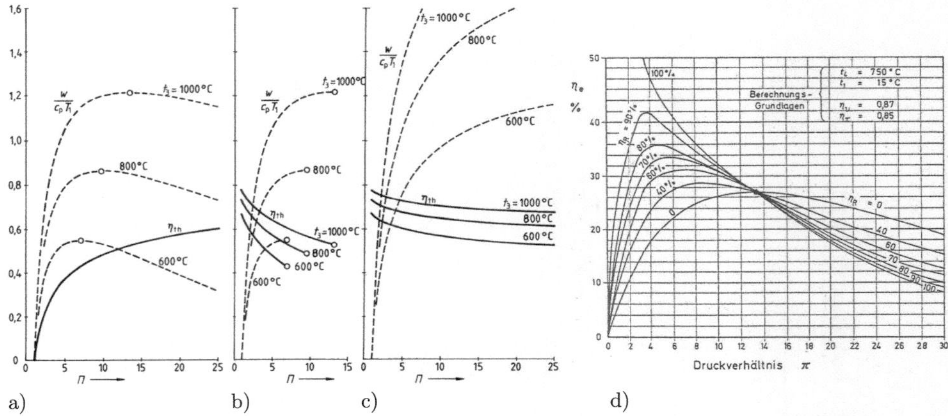

a) Joule-Prozess

b) Idealer Prozess mit Vorwärmung

c) Idealer Prozess mit zweifacher Zwischenkühlung und einfacher Zwischenerhitzung

d) Realer Prozess mit Vorwärmung bei verschiedenen verschiedenen Wärmetauscher-Wirkungsgraden η_R ($\eta_R = 0$: ohne Wärmetauscher)

Abb. 5.6 Thermischer Wirkungsgrad η_{th} (ausgezogen) und Leistungsdichte $\frac{w}{c_p T_1}$ (gestrichelt) der Idealprozesse als Funktion des Druckverhältnisses π

zusätzlichen Vorwärmer komplizierter, vor allem aber nimmt die Leistungsdichte einen ungünstigen Wert an, und die Maschinen bekommen größere Abmessungen.

Abb. 5.6d zeigt, dass ein Wärmetauscher nur für kleine Druckverhältnisse eine Wirkungsgradverbesserung bringt. Der Einsatz eines Wärmetauschers zur Vorwärmung der Luft vor der Brennkammer kommt daher nur bei Gasturbinen mit kleiner Leistung in Betracht. Bei großer GT-Leistung wird die nutzbare Wärme der Turbinenabgase auf andere Weise genutzt, siehe Abb. 5.12.

5.1.3 Geschlossener Gasturbinenprozess

Abb. 5.7 zeigt das Anlagenschaltbild des geschlossenen GT-Prozesses. Dabei wird das gasförmige Arbeitsfluid im geschlossenen Kreislauf durch die Anlage geführt. In diesem Fall wird das Gas vor dem erneuten Eintritt in den Verdichter rückgekühlt. Da die geschlossenen Anlagen nur für große Leistungen gebaut werden, werden diese gewöhnlich in Verbindung mit Zwischenkühlung und manchmal auch Zwischenerhitzung realisiert.

Außer Luft wird als Arbeitsgas auch Helium verwendet. Die geringe Dichte dieses Gases wird durch eine besonders hohe spezifische Wärmekapazität ausgeglichen. Außer der chemischen Inaktivität (nicht kontaminierbar) hat Helium noch den Vorteil einer gegenüber Luft

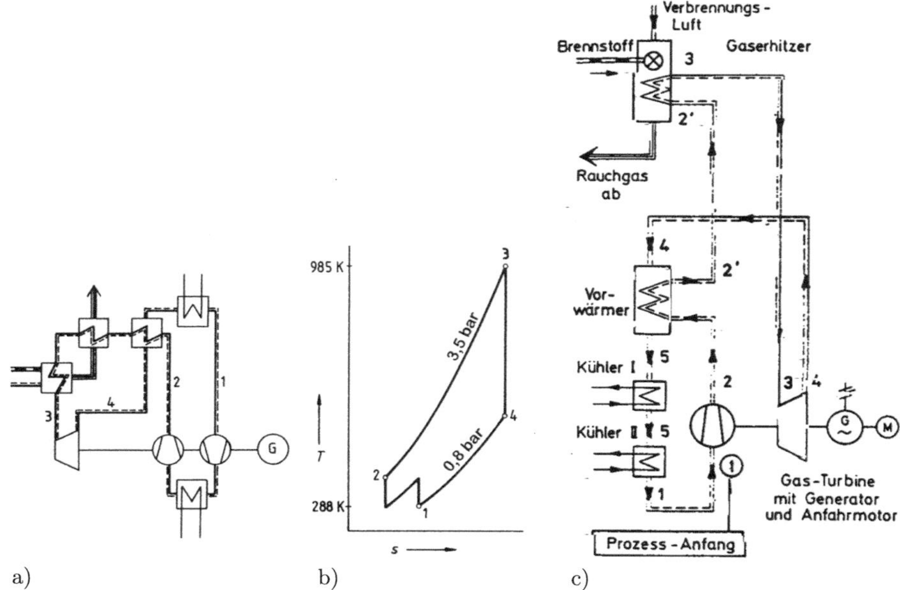

a) b) c)

a) Anlagenschaltbild

b) Idealprozess im T-s-Diagramm

c) Anlagenschaltbild mit Wärmezufuhr durch Verbrennung beliebiger Brennstoffe

Abb. 5.7 Geschlossene Gasturbinenanlage mit Kohlefeuerung und einfacher Zwischenkühlung [29]

etwa dreifach höheren Schallgeschwindigkeit (Gl. (2.77)). Dadurch können auch die Strömungsgeschwindigkeiten entsprechend höher gewählt und die Stufenzahl des Verdichters erheblich reduziert werden.

Abb. 5.7c zeigt das Schaltbild einer mit Luft betriebenen Anlage mittlerer Leistung mit einfacher Zwischenkühlung. Beim geschlossenen Prozess kann das Arbeitsgas nicht als Sauerstoffträger für die Verbrennung herangezogen werden. An die Stelle der Brennkammer des offenen Prozesses tritt ein Lufterhitzer, der in Funktion und Aussehen mit einem Dampfkessel vergleichbar ist. Die in den Kühlern aus dem Prozess ausscheidende Wärme kann für Heiz- oder Fabrikationszwecke genutzt werden. Durch Kraft-Wärme-Kopplung wird der geschlossene Prozess meist erst wirtschaftlich, da ja der Aufwand gegenüber dem offenen Prozess beträchtlich erhöht ist.

Die Vorteile des geschlossenen Prozesses liegen in der Möglichkeit, die Wärme beliebiger, auch fester, aschehaltiger Brennstoffe auszunutzen. Außerdem kann, anders als beim offenen Prozess der Druck am Verdichtereintritt höher als in der Umgebung gelegt werden. Da das Volumen eines Gases dem Druck umgekehrt proportional ist, ergeben sich kleinere Strömungsquerschnitte und damit geringere Maschinenabmessungen. Dadurch wird der größere Aufwand teilweise kompensiert. Zur Leistungsänderung wird das gesamte Druckniveau unter Beibehaltung des Druckverhältnisses und der Temperaturen variiert. Man erreicht damit sehr günstige Teillastwirkungsgrade, da die verminderte Leistung nur durch Reduzierung des Massenstroms erreicht wird, die Enthalpiedifferenzen aber erhalten bleiben.

Weiterhin ist die Schallemission geringer als im offenen Prozess, und das Arbeitsfluid bleibt sauber. Insbesondere lagern sich keine Verbrennungsrückstände auf den heißen Teilen der Anlage ab, die im offenen Prozess bei den hohen Temperaturen neuzeitlicher Anlagen oft zu Schwierigkeiten führen.

5.1.4 Verbrennung und Verbrennungsgas

Wird beim GT-Prozess im Gegensatz zur vereinfachten Wärmezufuhr von außen die tatsächliche Berechnung der Wärmezufuhr in der Brennkammer betrachtet, muss beim realen offenen GT-Prozess die Änderung der chemischen Natur des Arbeitsfluids durch die Verbrennung beachtet werden. Während im Verdichter mit Luft zu rechnen ist, also einem Mischgas konstanter Zusammensetzung, gibt es je nach der Art des Brennstoffs sowie dem Luftverhältnis eine unendliche Vielfalt verschiedener Verbrennungsgase.

Für einen bestimmten Brennstoff lässt sich immerhin das stöchiometrische Gas, das bei vollständiger Verbrennung mit der Mindestluftmenge entsteht, eindeutig angeben. Alle aus dem gleichen Brennstoff durch Verbrennung mit Luftüberschuss entstandenen Gase können dann als Mischungen des stöchiometrischen Gases mit Luft beschrieben werden.

Ähnlich wie in der Thermodynamik der Dampfgehalt des Nassdampfes mit $x = x_d$ bezeichnet wird (siehe G. (2.35)), soll hier $x = \frac{\dot{m}_{sto}}{\dot{m}_G}$ den Anteil des stöchiometrischen Gases (Index sto) in der Gasmischung (Index G) bezeichnen. Demnach entspricht $x = 0$ der reinen Luft und $x = 1$ dem stöchiometrischen Gas.

Das Verhalten eines idealen Gases wird nach Abschn. 2.1.1 durch die Gaskonstante R und die spezifische Wärmekapazität $[c_p]_0^t$ mit t als empirische Temperatur in °C. beschrieben. Sind diese beiden Größen für die Luft und das stöchiometrische Gas bekannt, so ergeben sich für jede beliebige Mischung

$$x = \frac{\dot{m}_{sto}}{\dot{m}_G}; \qquad (x = 0...1) \tag{5.21}$$

$$R_G = x R_{sto} + (1 - x) R_L \tag{5.22}$$

$$[c_{p,G}]_0^t = x [c_{p,sto}]_0^t + (1 - x)[c_{p,L}]_0^t . \tag{5.23}$$

Zur Berechnung des Mischungsverhältnisses x wird eine Mengenbilanz der Verbrennung gebildet. Mit dem jeweiligen Massenstrom für das Verbrennungsgas $\dot{m}_G$, für die Luft $\dot{m}_L$ und für den Brennstoff $\dot{m}_B$ ist

$$\dot{m}_G = \dot{m}_L + \dot{m}_B = \dot{m}_L \left(1 + \frac{\dot{m}_B}{\dot{m}_L}\right) = \dot{m}_L(1 + \beta)$$

mit der Abkürzung $\beta = \frac{\dot{m}_B}{\dot{m}_L}$. Speziell bei Verbrennung mit der Mindestluftmenge ist

$$\dot{m}_{sto} = \dot{m}_{L,min}\left(1 + \frac{\dot{m}_B}{\dot{m}_{L,min}}\right) = \dot{m}_{L,min}(1 + \beta_{max}) = \frac{\dot{m}_L}{\lambda}(1 + \beta_{max}),$$

wobei mit $\lambda = \frac{\dot{m}_L}{\dot{m}_{L,min}} = \frac{\beta_{max}}{\beta}$ das Luftverhältnis der Verbrennung bezeichnet ist. Damit wird

$$x = \frac{\dot{m}_{sto}}{\dot{m}_G} = \frac{1 + \beta_{max}}{\lambda(1 + \beta)} = \frac{\beta}{\beta_{max}} \cdot \frac{1 + \beta_{max}}{1 + \beta}. \tag{5.24}$$

Das nun noch fehlende Brennstoff-Luftverhältnis $\beta = \frac{\dot{m}_B}{\dot{m}_L}$ wird aus einer Energiebilanz der Verbrennung ermittelt. Mit H_u als dem unteren Heizwert und t_a als der Temperatur der Verbrennungsluft ist

$$(1 + \beta)[c_{p,G}]_0^{t_3}t_3 = [c_{p,L}]_0^{t_a}t_a + \beta H_u$$

$$\beta = \frac{[c_{p,G}]_0^{t_3}t_3 - [c_{p,L}]_0^{t_a}t_a}{H_u - [c_{p,G}]_0^{t_3}t_3}. \tag{5.25}$$

Als Brennstoffe werden überwiegend Mineralöle oder Erdgas verwendet. Deren Zusammensetzung ist zwar nicht konstant, die Schwankungen sind bei den Mineralölen jedoch so gering, dass die Ergebnisse des folgenden Beispiels, soweit sie sich auf das stöchiometrische Gas beziehen, näherungsweise auf andere flüssige Brennstoffe übertragbar sind. Das Mischungsverhältnis x kann aber sehr verschieden sein. Bei gasförmigen Brennstoffen können zwar nicht die Zahlenwerte, wohl aber das Berechnungsverfahren übernommen werden. Zukünftig soll auch aufgrund der Klimadiskussionen zur Energiewende Wasserstoff als Brennstoff in Gasturbinen eingesetzt werden.

Beispiel 5.1 *Bei einer Verbrennung wird die Luft mit einer Temperatur von $t_a = 300\,°C$ zugeführt. Die Temperatur des Verbrennungsgases beträgt $t_3 = 1000\,°C$. Der Brennstoff, ein Dieselkraftstoff mit 0,87 Massenteilen Kohlenstoff und 0,13 Massenteilen Wasserstoff, hat den Heizwert $H_u = 41660\,\frac{kJ}{kg}$.*

Zu ermitteln sind die Mindestluftmenge $\dot{m}_{L,min}$, die Zusammensetzung des stöchiometrischen Gases, die erforderliche Brennstoffmenge $\dot{m}_B$ sowie die Gaskonstante R_G und die spezifische Wärmekapazität $c_{p,G}$ des Verbrennungsgases bei den Temperaturen $t_3 = 500\,°C$ und $t_3 = 1000\,°C$.

Lösung 5.1 *Die Zusammensetzung des stöchiometrischen Gases ergibt sich aus den Reaktionsgleichungen, die zunächst für je ein kmol Kohlenstoff und Wasserstoff geschrieben und dann nach dem Dreisatz auf die Massenanteile umgerechnet werden.*

$$12\,\text{kgC} + 32\,\text{kgO}_2 \;=\; 44\,\text{kgCO}_2 \;\text{und}\; 2\,\text{kgH}_2 + 16\,\text{kgO}_2 = 18\,\text{kgH}_2\text{O}$$
$$0{,}87\,\text{kgC} + 2{,}32\,\text{kgO}_2 = 3{,}19\,\text{kgCO}_2 \;\text{und}\; 0{,}13\,\text{kgH}_2 + 1{,}04\,\text{kgO}_2 = 1{,}17\,\text{kgH}_2\text{O}$$

Die Massenanteile der Brennstoffe C und H_2 werden zu einem Brennstoff additiv zusammengefasst:

$$1\text{kg Brennstoff} + 3{,}36\,\text{kgO}_2 = 3{,}19\,\text{kgCO}_2 + 1{,}17\,\text{kgH}_2\text{O}.$$

Da Luft eine Mischung aus 0,23 Massenteilen O_2 und 0,77 Massenteilen N_2 ist, lautet die Mengenbilanz der stöchiometrischen Verbrennung

$$1\,\text{kg Brennstoff} + 14{,}61\,\text{kgLuft} = 3{,}19\,\text{kgCO}_2 + 1{,}17\,\text{kgH}_2\text{O} + 11{,}25\,\text{kgN}_2.$$

Damit ist die Mindestluftmenge und die Zusammensetzung des stöchiometrischen Gases mit den Massenanteilen ξ_i bekannt

$$\frac{\dot{m}_{\text{Lmin}}}{\dot{m}_{\text{B}}} = 14{,}61\,\frac{\text{kgLuft}}{\text{kgBrst}}; \qquad \beta_{max} = \frac{1}{14{,}61} = 0{,}0684$$

$$\xi_{CO_2} = \frac{3{,}19\,\text{kg}}{15{,}61\,\text{kg}} = 0{,}204; \quad \xi_{H_2O} = \frac{1{,}17\,\text{kg}}{15{,}61\,\text{kg}} = 0{,}075; \quad \xi_{N_2} = \frac{11{,}25\,\text{kg}}{15{,}61\,\text{kg}} = 0{,}721.$$

Mit den Gaskonstanten und spezifischen Wärmekapazitäten von CO_2, H_2O und N_2 aus Tabellenbüchern [32] lassen sich jetzt die entsprechenden Werte für die Gasmischung berechnen (Tab. 5.1):

Damit ist

$$R_{sto} = \Sigma(\xi_i \cdot R_i) = 0,2871\,\frac{kJ}{kg\,K}$$

$$[c_p]_0^{600\,°C} = \Sigma(\xi_i \cdot [c_{p,i}]_0^{600\,°C}) = 1,1405\,\frac{kJ}{kg\,K}\,.$$

Bemerkenswerterweise stimmt die Gaskonstante innerhalb der hier angebrachten Genauigkeit mit dem für Luft gültigen Wert $R_L = 0,28704\,\frac{kJ}{kg\,K}$ überein. Damit vereinfacht sich

Tab. 5.1 Gaskonstante und spezifische Wärmekapazität des stöchiometrischen Verbrennungsgases (Beispiel 5.1)

Gas		CO_2	H_2O	N_2	Summe
ξ_i	1	0,204	0,075	0,721	1,000
R_i	kJ/(kg K)	0,1889	0,4615	0,2968	
$\xi_i \cdot R_i$	kJ/(kg K)	0,0385	0,0346	0,2140	0,2871
$[c_p]_0^{600\,°C}$	kJ/(kg K)	1,044	2,000	1,078	
$\xi_i \cdot [c_p]_0^{600\,°C}$	kJ/(kg K)	0,2130	0,1500	0,7775	1,1405

Gl. (5.22) für diesen Brennstoff, und praktisch auch für alle anderen Mineralöle zu

$$R_G = R_L = 0,287 \, \frac{kJ}{kg \, K} \, .$$

Die mittlere spezifische Wärmekapazität ist hier beispielhaft für 600 °C berechnet worden. In Tab. A.1 sind eine Reihe weiterer ebenso gefundener Zahlenwerte angegeben.

Zur Berechnung des Brennstoff-Luftverhältnisses β muss zunächst die spezifische Wärmekapazität des Verbrennungsgases geschätzt werden. Das ist gut möglich, da der gesuchte Wert zwischen denen der Luft und des stöchiometrischen Gases liegen muss. Hier wird zwischen $[c_{p,L}]_0^{1000\,°C} = 1,091 \frac{kJ}{kg\,K}$ und $[c_{p,sto}]_0^{1000\,°C} = 1,195 \frac{kJ}{kg\,K}$ (Tab. A.1) geschätzt $[c_{p,G}]_0^{1000\,°C} = 1,125 \frac{kJ}{kg\,K}$. Damit und mit dem gegebenen H_u bekommt man aus Gl. (5.25) und (5.24)

$$\beta = \frac{[c_{p,G}]_0^{t3} t3 - [c_{pL}]_0^{ta} t_a}{H_u - [c_{p,G}]_0^{t3} t3} = \frac{1,125 \, \text{kJ/(kg K)} 1000\,^oC - 1,020 \, \text{kJ/(kg K)} \, 300\,^oC}{41660 \, \text{kJ/kg} - 1,125 \, \text{kJ/(kg K)} 1000\,^oC} = 0,0202)$$

$$x = \frac{\beta}{\beta_{max}} \cdot \frac{1 + \beta_{max}}{1 + \beta} = \frac{0,0202}{0,0684} \frac{1,0684}{1.0202} = 0,309.$$

Hiermit[2] kann $[c_{p,G}]_0^{1000\,^oC}$ nachgeprüft werden. Mit den Zahlenwerten aus der Tab. A.1 und mit Gl. (5.23) ergibt sich

$$[c_{p,G}]_0^{1000\,^oC} = x[c_{p,sto}]_0^{1000\,^oC} + (1 - x)[c_{p,L}]_0^{1000\,^oC}$$
$$= 0,309 \cdot 1,195 \, \text{kJ/(kg K)} + 0,691 \cdot 1,091 \, \text{kJ/(kg K)} = 1,123 \, \text{kJ/(kg K)}$$

in hinreichender Übereinstimmung mit dem zuvor geschätzten Wert. Und entsprechend

$$[c_{p,G}]_o^{550\,^oC} = 0,309 \cdot 1,1335 \, \text{kJ/(kg K)} + 0,691 \cdot 1,044 \, \text{kJ/(kg K)} = 1,072 \, \text{kJ/(kg K)}.$$

Der kleine Wert von $x = \frac{\dot{m}_{sto}}{\dot{m}_G} = 0,309$ bestätigt, dass im offenen Gasturbinenprozess ein stark lufthaltiges Abgas entsteht. Das Luftverhältnis $\lambda = \frac{\dot{m}_L}{\dot{m}_{L,min}}$ ist

$$\lambda = \frac{\beta_{max}}{\beta} = \frac{0,0684}{0,0202} = 3,40.$$

---

[2] Da es sich um Temperaturdifferenzen handelt, dürfen die Einheiten K und °C gegen einander gekürzt werden. Beide Temperaturskalen unterscheiden sich nur durch die Festlegung der Nullpunkte, die sich bei Differenzen aufheben.

5.1.5 Reale GT-Prozesse

Um noch detailliertere Eigenschaften der Kreisprozesse von Gasturbinen zu verstehen, sind zusätzlich zu den Berechnungen nach Abschn. 5.1.1 weitere Randbedingungen zur Auslegung der Maschinen zu berücksichtigen. Daher sollen die Abweichungen vom Ideal und ihre rechnerische Berücksichtigung dargestellt werden.

Druckverluste Im Ideal wurde für die Expansion und die Kompression das gleiche Druckverhältnis π angenommen. In Wirklichkeit ist wegen der Strömungswiderstände in Rohrleitungen, in der Brennkammer, im Luftfilter und in Schalldämpfern und gegebenenfalls im Vorwärmer p_3 kleiner als p_2 und p_4 größer als p_1 (siehe Abb. 5.8).

Mit $p_3 = p_2 - \Delta p_2$ und $p_4 = p_1 + \Delta p_1$ wird das Turbinendruckverhältnis

$$\frac{p_3}{p_4} = \frac{p_2 - \Delta p_2}{p_1 + \Delta p_1} = \frac{p_2}{p_1} \cdot \frac{1 - \frac{\Delta p_2}{p_2}}{1 + \frac{\Delta p_1}{p_1}} = \pi(1 - \epsilon) . \tag{5.26}$$

Hier sind also alle Druckverluste in einer Zahl zusammengefasst, für die gilt

$$\epsilon = \frac{\frac{\Delta p_1}{p_1} + \frac{\Delta p_2}{p_2}}{1 + \frac{\Delta p_1}{p_1}}$$

Innere Verluste des Verdichters und der Turbine Im realen Prozess sind die Kompression im Verdichter und die Expansion in der Turbine nicht isentrop. Beide Abweichungen vom Ideal werden durch die entsprechenden inneren Wirkungsgrade rechnerisch berücksichtigt. Mit den Isentropenexponenten κ_L für Luft und κ_G für Verbrennungsgas, für die wegen der Temperaturabhängigkeit geeignete Mittelwerte einzusetzen sind, ist mit den Gl. (5.5) und (5.6)

Abb. 5.8 Zustandsverlauf eines realen Gasturbinenprozesses im h-s-Diagramm

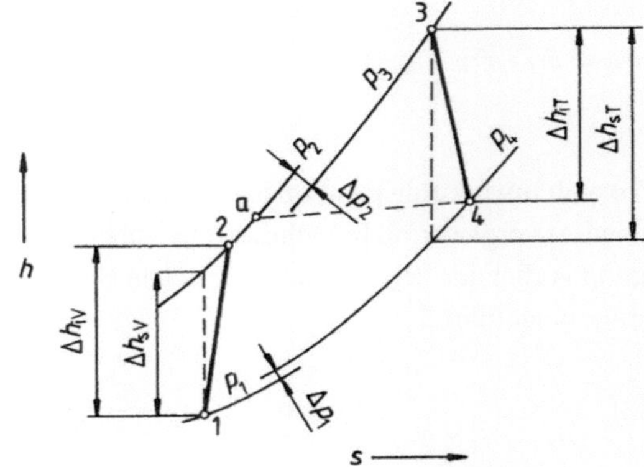

$$\Delta h_{i,V} = \frac{\kappa_L}{\kappa_L - 1} \frac{R_L T_1}{\eta_{i,V}} \left[\pi^{\frac{\kappa_L-1}{\kappa_L}} - 1 \right] \tag{5.27}$$

$$\Delta h_{i,T} = \frac{\kappa_G}{\kappa_G - 1} \eta_{i,T} R_G T_3 \left[1 - \left(\frac{1}{(1-\epsilon)\pi} \right)^{\frac{\kappa_G-1}{\kappa_G}} \right] \tag{5.28}$$

Für vergleichende Kreisprozessrechnungen ist es aber realistischer, statt mit den inneren mit den polytropen Wirkungsraden $\eta_{pol,V}$ und $\eta_{pol,T}$ zu arbeiten, weil dann die mit einer Erhöhung des Druckverhältnisses verbundene Zunahme des Rückgewinns (Abschn. 3.4.1) bei der Expansion und der entsprechenden zusätzlichen Arbeit bei der Kompression berücksichtigt werden.

$$\Delta h_{i,V} = \frac{\kappa_L}{\kappa_L - 1} R_L T_1 \left[\pi^{\frac{1}{\eta_{pol,V}} \cdot \frac{\kappa_L-1}{\kappa_L}} - 1 \right] \tag{5.29}$$

$$\Delta h_{i,T} = \frac{\kappa_G}{\kappa_G - 1} R_G T_3 \left[1 - \left(\frac{1}{(1-\epsilon)\pi} \right)^{\eta_{pol,T} \cdot \frac{(\kappa_G-1)}{\kappa_G}} \right] \tag{5.30}$$

Massenstrom Abweichend vom Ideal sind die Mengenströme in der Turbine und im Verdichter verschieden. Ein Teil der verdichteten Luft geht durch Undichtigkeiten in den Labyrinthdichtungen des Verdichters verloren, ein weiterer wird für Kühlungszwecke abgezweigt. Andererseits wird der Massenstrom durch das Hinzukommen der Brennstoffmasse wieder größer. Bezeichnet $\dot{m}_K$ den Kühlluftstrom einschließlich der Undichtigkeitsverluste, so gelangt in die Brennkammer nur der Luftmassenstrom

$$\dot{m}_L - \dot{m}_K = \dot{m}_L \left(1 - \frac{\dot{m}_K}{\dot{m}_L} \right) = \dot{m}_L (1 - \delta).$$

Mit dem Brennstoff-Luftverhältnis β nach Abschn. 5.1.4 wird damit der Massenstrom des Verbrennungsgases $\dot{m}_G$

$$\dot{m}_G = \dot{m}_L - \dot{m}_K + \dot{m}_B = \dot{m}_L \left(1 - \frac{\dot{m}_K}{\dot{m}_L} \right) \left(1 + \frac{\dot{m}_B}{\dot{m}_L - \dot{m}_K} \right) = \dot{m}_L (1-\delta)(1+\beta) \approx \dot{m}_L (1-\delta+\beta). \tag{5.31}$$

Vorwärmwirkungsgrad Im Idealprozess wird die Luft bis auf die Temperatur des Turbinenabgases vorgewärmt. In Wahrheit muss aber eine Temperaturdifferenz für die Wärmeübertragung vorhanden sein. Zur rechnerischen Berücksichtigung wird ein Vorwärmwirkungsgrad η_{VW} eingeführt

$$\eta_{VW} = \frac{(1-\delta)\dot{m}_L (T_a - T_2)}{(1-\delta+\beta)\dot{m}_L (T_4 - T_2)} \approx \frac{T_a - T_2}{T_4 - T_2}.$$

Damit wird die Temperatur der vorgewärmten Luft

$$T_a = T_2 + \eta_{VW}(T_4 - T_2) \,.$$ (5.32)

Arbeit und thermischer Wirkungsgrad Die auf den Massenstrom $\dot{m}_L$ bezogene innere Nutzarbeit ist

$$w_{N,i} = (1 - \delta + \beta)\Delta h_{i,T} - \Delta h_{i,V} \,.$$

Hierin sind die inneren Enthalpiedifferenzen $\Delta h_{i,T}$ und $\Delta h_{i,V}$ nach den Gl. (5.27) und (5.28) oder nach Gl. (5.29) und (5.30) einzusetzen.

Von der inneren Arbeit sind noch die mechanischen Verluste abzuziehen, die für Turbine und Verdichter insgesamt durch einen mechanischen Wirkungsgrad η_m berücksichtigt werden

$$w_{N,i} = \eta_m \left[(1 - \delta + \beta)\Delta h_{i,T} - \Delta h_{i,V} \right] \,.$$

Die dem Kreisprozess zugeführte Wärmeenergie beträgt mit dem unteren Heizwert H_u und dem Brennkammerwirkungsgrad η_B auf den Luftmassenstrom bezogen $\frac{\dot{m}_B H_u}{\eta_B \dot{m}_L} = \frac{\beta H_u}{\eta_B}$. Damit ist der thermische Wirkungsgrad

$$\eta_{th} = \frac{\eta_B w_{N,i}}{\beta H_u} = \frac{\eta_B \eta_m \left[(1 - \delta + \beta)\Delta h_{i,T} - \Delta h_{i,V} \right]}{\beta H_u} \,.$$ (5.33)

Dabei ist Gl. (5.25) zur Berechnung des Brennstoff-Luftgemisches β wegen des dort noch nicht berücksichtigten Faktors $(1 - \delta)$ und des Brennkammerwirkungsgrades η_B zu korrigieren

$$\beta = (1 - \delta)\frac{[c_{p,G}]_0^{t_3} t_3 - [c_{p,L}]_0^{t_a} t_a}{\eta_B H_u - [c_{p,G}]_0^{t_3} t_3} \,.$$ (5.34)

Zahlenwerte Für die Berechnung eines realen Prozesses werden Zahlenwerte benötigt, die erst nach dem Entwurf einzelner Anlageteile nachprüfbar sind. Für Schätzungen zur ersten Auslegung gibt Tab. 5.2 einen Anhalt.

Tab. 5.2 Anhaltswerte für Gasturbinenanlagen VW Vorwärmung SK Schaufelkühlung

	stationäre Anlagen	Kleinanlagen u. Fahrzeugturb.	Flugtriebwerke
t_{3max} °C	850 ohne SK 1450 mit SK	1000	$1000 \div 1470$
π	bis 30	$3 \div 5$	bis 30
ϵ	$0{,}02 \div 0{,}05$ ohne VW $0{,}03 \div 0{,}08$ mit VW	$0{,}06 \div 0{,}08$	$0{,}04 \div 0{,}06$
δ	$0{,}005 \div 0{,}01$	$0{,}01 \div 0{,}02$	$0{,}01 \div 0{,}02$
η_m	$0{,}98 \div 0{,}99$	$0{,}96 \div 0{,}97$	$0{,}98 \div 0{,}99$
η_B	$0{,}95 \div 0{,}98$	$0{,}93 \div 0{,}95$	$0{,}93 \div 0{,}95$

Beispiel 5.2 *Der thermische Wirkungsgrad eines offenen Gasturbinenprozesses ohne Vorwärmung ist unter realistischen Annahmen zu berechnen.*

Gegeben: $\quad \pi = 9; \qquad t_1 = 15\,°C; \qquad t_3 = 1000\,°C$

Annahmen: $\quad \epsilon = 0,025; \qquad \delta = 0,01; \qquad \eta_B\eta_m = 0,98; \quad \eta_{i,V} = 0,87; \quad \eta_{i,T} = 0,88.$

Lösung 5.2 *Die Temperatur am Verdichteraustritt wird zunächst auf $t_2 = 300\,°C$ geschätzt. Damit wird nach Tab. A.1 die mittlere spezifische Wärmekapazität der Verdichtung*

$$[c_{p,L}]_{t_1}^{t_2} = 1,020 kJ/(kgK)$$

und

$$\frac{\kappa_L - 1}{\kappa_L} = \frac{R_L}{[c_{p,L}]_{t_1}^{t_2}} = \frac{0,287 kJ/(kgK)}{1,020 kJ/(kgK)} = 0,2814$$

$$\Delta h_{i,v} = \frac{[c_{p,L}]_{t_1}^{t_2} T_1}{\eta_{i,V}}[\pi^{\frac{\kappa_L-1}{\kappa_L}} - 1] = \frac{1,020 kJ/(kgK)288K}{0,87}[9^{0,2814} - 1] = 289,0 kJ/kg$$

$$h_2 = [c_{pL}]_0^{t_1} t_1 + \Delta h_{i,V} = 1,005 kJ/(kgK)15K + 289 kJ/(kgK) = 304,1 kJ/(kgK)$$

$$t_2 = \frac{h_2}{[c_{p,L}]_0^{t_2}} = \frac{304,1 kJ/(kgK)}{1,020 kJ/(kgK)} = 298,1\,°C$$

in guter Übereinstimmung mit dem zuvor geschätzten Wert.

Die Turbinenaustrittstemperatur wird vorläufig auf $550\,°C$ geschätzt. Damit und mit den Ergebnissen von Beispiel 5.1 ergibt sich:

$$[c_{p,G}]_{t_4}^{t_3} = \frac{[c_{p,G}]_0^{t_3} t_3 - [c_{p,G}]_0^{t_4} t_4}{t_3 - t_4} = \frac{(1,123 \cdot 1000 - 1,072 \cdot 550)kJ/(kgK)K}{(1000 - 550)K} = 1,185 kJ/(kgK)$$

$$\frac{\kappa_G - 1}{\kappa_G} = \frac{R_G}{[c_{p,G}]_{t_4}^{t_3}} = \frac{0,287 kJ/(kgK)}{1,185 kJ/(kgK)} = 0,2422$$

$$\Delta h_{i,T} = \eta_{iT}[c_{p,G}]_{t_4}^{t_3} T_3 \left[1 - \left[\frac{1}{(1-\epsilon)\pi}\right]^{\frac{\kappa_G-1}{\kappa_G}}\right]$$

$$= 0,88 \cdot 1,185 kJ/(kgK)1273K \left[1 - \left[\frac{1}{0,975 \cdot 9}\right]^{0,2422}\right] = 543 kJ/kg$$

$$h_4 = [c_{p,G}]_0^{t_3} t_3 - \Delta h_{i,T} = 1,123 kJ/(kgK)1000K - 543 kJ/kg = 580,0 kJ/kg$$

$$t_4 = \frac{h_4}{[c_{pG}]_o^{t_4}} = \frac{580 kJ/kg}{1,072 kJ/(kgK)} = 541,0\,°C$$

$$\beta = (1 - \delta)\frac{[c_{p,G}]_0^{t_3} t_3 - [c_{p,G}]_0^{t_2} t_2}{H_u - [c_{p,G}]_0^{t_3} t_3} = 0,99 \frac{(1,123 \cdot 1000 - 1,020 \cdot 298,1)kJ/(kgK)K}{41660 kJ/kg - 1,123 kJ/(kgK) \cdot 1000K}$$

$$= 0,0202$$

$$\eta_{th} = \frac{\eta_B\eta_m[(1 - \delta + \beta)\Delta h_{i,T} - \Delta h_{i,V}]}{\beta H_u} = \frac{0,98[1,01 \cdot 543,0 - 289,0]kJ/kg}{0,0202 \cdot 41660 kJ/kg} = 0,308.$$

Diskussion der realen GT-Prozesse Abb. 5.9 zeigt die Kennlinien realer GT-Prozesse mit ähnlichen Annahmen wie in Beispiel 5.2. Wie zu erwarten, sind Wirkungsgrade und Leistungsdichten deutlich niedriger als bei den entsprechenden Idealprozessen (Abb. 5.6).

Prozess ohne Vorwärmung (Abb. 5.9a). Anders als in der Idealisierung hängt hier der thermische Wirkungsgrad von der Turbineneintrittstemperatur t_3 ab, und er steigt mit wachsendem Druckverhältnis π nicht unbegrenzt. Die Wirkungsgradkurven haben Maxima, die durchweg bei höheren Druckverhältnissen liegen als die der Leistungskurven.

Prozess mit Vorwärmung (Abb. 5.9b). Beim Druckverhältnis eins wird hier der Carnot-Wirkungsgrad nicht erreicht. Vielmehr muss eine Mindestverdichtung vorhanden sein, damit Wirkungsgrad und Leistung überhaupt positive Werte annehmen. Die Wirkungsgradmaxima liegen hier bei kleineren Druckverhältnissen als die Leistungsmaxima. Während bei den Idealprozessen mit und ohne Vorwärmung die Kurven der Leistungsdichten gleich sind, werden die Leistungen hier wegen der zusätzlichen Druckverluste im Vorwärmer etwas

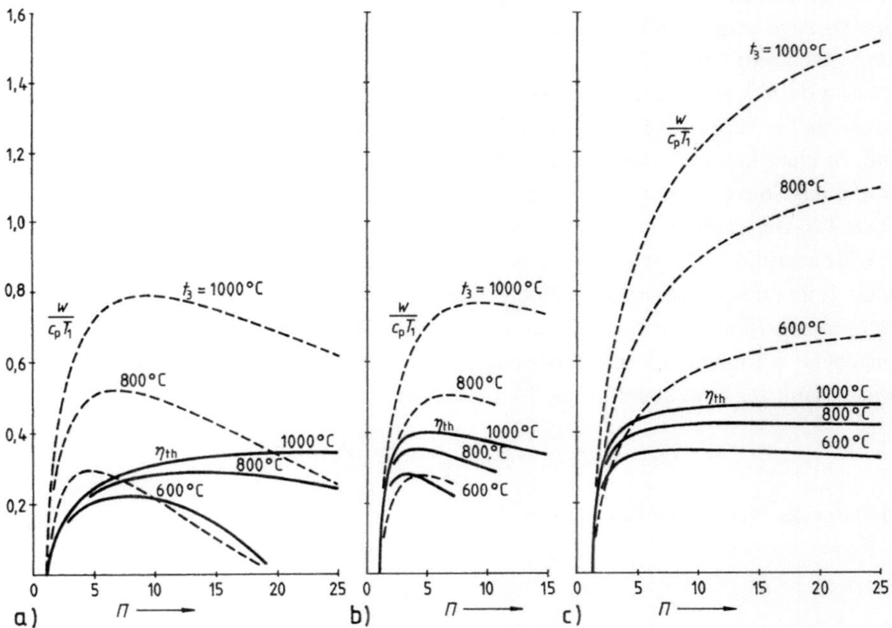

a) einfacher Prozess ohne Vorwärmung

b) Prozess mit Vorwärmung

c) Prozess mit zweifacher Zwischenkühlung und einfacher Zwischenerhitzung

Abb. 5.9 Thermischer Wirkungsgrad $\eta_t h$ (ausgezogen) und Leistungsdichte $\frac{w}{c_p T_1}$ (gestrichelt) realer Gasturbinenprozesse in Abhängigkeit vom Druckverhältnis π

kleiner. Die Kurven sind wie in Abb. 5.6b nur so weit gezeichnet, wie der Prozess dem einfachen ohne Vorwärmung überlegen ist.

Prozess mit zweifacher Zwischenkühlung und einfacher Zwischenerhitzung (Abb. 5.9c). Hier sind die Kennlinien ähnlich wie beim Prozess mit Vorwärmung. Die Maxima der Wirkungsgrad- und Leistungskurven verschieben sich aber zu höheren Druckverhältnissen, und auch die absoluten Höhen der Kurvenwerte sind größer.

5.1.6 Kombinierte Gas-Dampf-Prozesse – GuD-Prozess

Beim einfachen Joule-Prozess verlässt das Turbinenabgas die Anlage mit einer recht hohen Temperatur (Beispiel 5.2). Zur Ausnutzung seiner thermischen Energie bildet eine Kombination mit einer Dampfkraftanlage eine besonders wirtschaftliche Alternative zum Prozess mit Vorwärmung.

Durch die Zusammenarbeit der Kreisprozesse gelingt die Ausnutzung der thermodynamischen Vorzüge beider. Im Kondensator der Dampfanlage wird die Wärme wie beim Carnot-Prozess isotherm bei niederer Temperatur abgeführt (Abschn. 2.2). In der Brennkammer der Gasturbine kann andererseits die Wärme bei sehr viel höherer Temperatur zugeführt werden als bei vertretbaren Kosten in einem Dampfkessel mit seinem hohen Materialaufwand. In einer kombinierten Anlage nutzt daher immer die Gasturbine die hohen und die Dampfanlage die niederen Temperaturen.

Das T,s-Diagramm einer solchen Anlage (Abb. 5.10) zeigt, wie die mittlere Temperatur der Wärmezufuhr im Vergleich zu einer einfachen Dampfkraftanlage angehoben wird. In beiden Teilen des Prozesses werden die Wärmeströme $\dot{Q}_{zu,G}$ und $\dot{Q}_{zu,D}$ bei hohen Temperaturen zugeführt. Unter der Voraussetzung, dass die vom Gasturbinenprozess (Index G) abgegebene Wärme dem Dampfturbinenprozess (Indes D) vollständig zugeführt wird, sind die insgesamt zu- bzw. abgeführten Wärmeströme

$$\dot{Q}_{zu} = \dot{Q}_{zu,G} + \dot{Q}_{zu,D} \quad \text{und} \quad \dot{Q}_{ab} = \dot{Q}_{ab,D}$$

und damit der thermische Wirkungsgrad

$$\eta_{th} = \frac{P_G + P_D}{\dot{Q}_{zu,G} + \dot{Q}_{zu,D}} = \frac{P_{ges}}{\dot{Q}_{zuG}} \left(\frac{1}{1 + \frac{\dot{Q}_{zu,D}}{\dot{Q}_{zu,G}}} \right)$$

Demnach sollte der Anteil des Dampfteils an der Wärmezufuhr möglichst klein sein. Mit den thermischen Wirkungsgraden der Anlageteile

$$\eta_{th,G} = \frac{P_G}{\dot{Q}_{zu,G}} = 1 - \frac{|\dot{Q}_{ab,G}|}{\dot{Q}_{zu,G}} \quad \text{und} \quad \eta_{th,D} = \frac{P_D}{\dot{Q}_{zu,D} + |\dot{Q}_{ab,G}|}$$

Abb. 5.10 T-s-Diagramm
einer kombinierten
Gas-Dampfanlage mit den
mittleren Temperaturen der
Wärmezufuhr

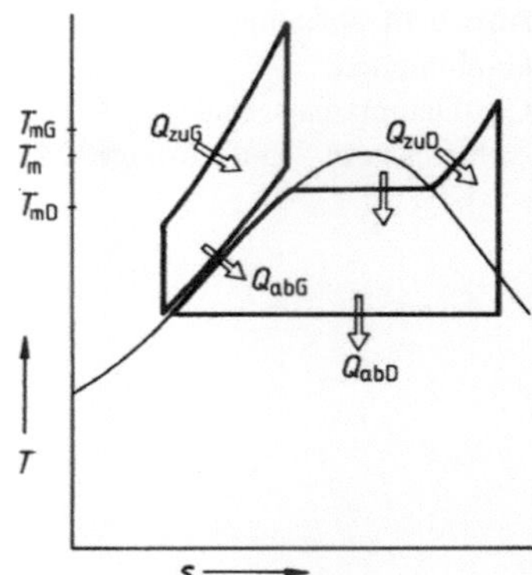

folgt noch

$$\dot{Q}_{zu,G} = \frac{P_G}{\eta_{th,G}} \quad \text{und} \quad \dot{Q}_{zu,D} = \frac{P_D}{\eta_{th,D}} - |\dot{Q}_{ab,G}| = \frac{P_D}{\eta_{th,D}} - (1 - \eta_{th,G})\dot{Q}_{zu,G}$$

$$\eta_{th} = \frac{\eta_{th,D}}{1 - (1 - \eta_{th,D})\dfrac{P_G}{P_{ges}}} \; . \tag{5.35}$$

Hiernach ist der thermische Wirkungsgrad der Gesamtanlage von demjenigen des Gasturbinenteils unabhängig, eine Folge der hier getroffenen Voraussetzung, dass die Gasturbinen-Abwärme dem Dampfteil vollständig zugeführt wird. Auf die thermodynamische Qualität der Gasturbine kommt es aber dennoch an, weil ihr Leistungsanteil möglichst hoch sein soll, wie aus Gl. (5.35) hervorgeht. Die Turbineneintrittstemperatur des Gasteils ist also möglichst hoch zu wählen. Die tatsächlichen Wirkungsgradgewinne gegenüber einer reinen Dampfturbinenanlage sind etwa 3 bis 10 % also kleiner als nach Gl. (5.35).

Neben der Wirkungsgraderhöhung werden die Anlagekosten gesenkt, denn die zusätzliche Leistung des Gasteils erfordert einen vergleichsweise geringen Mehraufwand.

Kombinierte Anlage mit Abhitzekessel – GuD-Anlage In einer einfachen Anlage zur Verwirklichung der obigen Überlegung wird der Gasturbine ein feuerungsloser Abhitzekessel nachgeschaltet (Abb. 5.11). Hier wird also nur dem Gasturbinenprozess bei hoher Temperatur Wärme zugeführt, so dass ein thermodynamisch guter Prozess entsteht. Man nennt diese Schaltung mit Abhbitzekessel einen GuD-Prozess.Auch der Leistungsanteil der Gasturbine ist hoch, etwa 65 bis 75 %. Der Wirkungsgrad des Dampfteils ist aber bei der Anlage nach Abb. 5.11 niedrig, da sich nur mäßige Frischdampfzustände bis zu etwa 6 MPa und 470 °C realisieren lassen. Deshalb wird oft der Abhitzekessel mit einer Zusatzeuerung versehen, um die Eintrittstemperatur der Dampfturbine auf üblich hohe Eintrittszustände zu erhöhen.

Abb. 5.12 zeigt das Anlagenschaltbild eines modernen GuD-Kraftwerkes.

Abb. 5.11 Schaltung einer
kombinierten
Gas-Dampfanlage mit
Abhitzekessel – GuD-Anlage

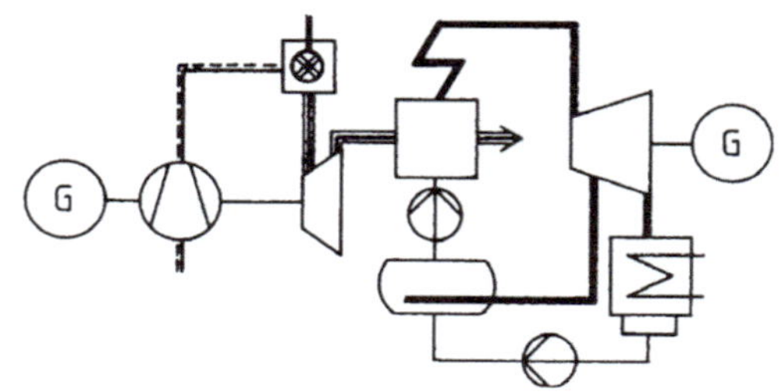

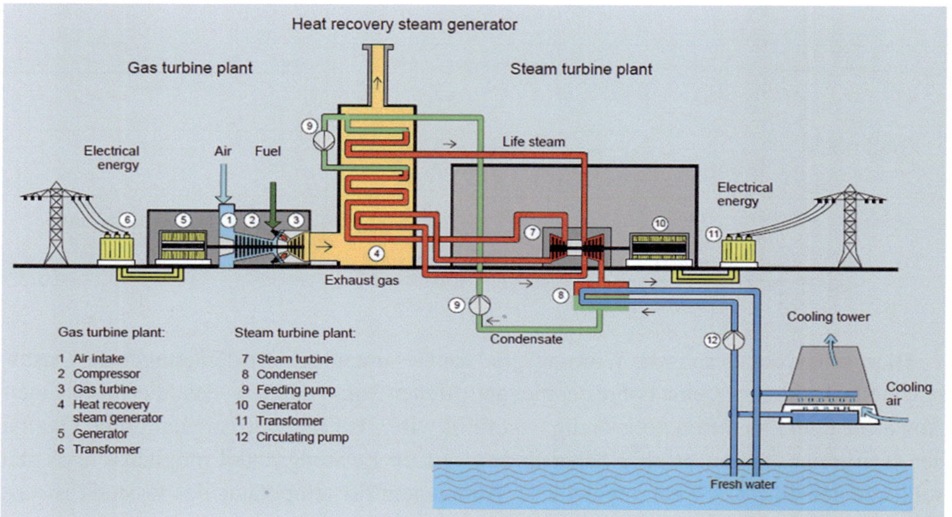

Abb. 5.12 Anlagenschaltbild eines modernen GuD-Kraftwerkes (Siemens) [34]

Beispiel 5.3 *In einer kombinierten Anlage nach Abb. 5.11 sollen in der Gasturbine die Prozessdaten des Beispiels 5.2 verwirklicht werden. Im Abhitzekessel wird das Verbrennungsgas bis auf $t_5 = 150\,°C$ abgekühlt. Für den Dampfteil ist gegeben:*

Frischdampfzustand $p_{=}4\,MPa;$ $t_D = 450\,°C$
Zustand vor dem Kondensator $p_K = 0,005\,MPa;$ $h_K = 2580\,kJ/kg.$

Zur Speisewasservorwärmung wird Dampf mit $h_E = 2830\,kJ/kg$ in der Menge $\mu\dot{m}_D$ abgezapft, womit das Speisewasser auf $t_W = 130\,°C$ vorgewärmt wird.

Zu berechnen sind der Leistungsanteil der Gasturbine und die thermischen Wirkungsgrade.

Lösung 5.3 *Die Energiebilanz des Abhitzekessels ergibt mit $[c_{p,G}]_{t_5}^{t_4} = 1,072\,kJ/(kg\,K)$ (Beispiel 5.1)*

$$\dot{m}_L[c_{p,G}]_{t_5}^{t_4}(t_4 - t_5) = \dot{m}_D(h_D - c_{pW} \cdot t_W)$$

$$\frac{\dot{m}_L}{\dot{m}_D} = \frac{h_D - c_{pW} \cdot t_W}{[c_{p,G}]_{t_5}^{t_4}(t_4 - t_5)} = \frac{3330\,kJ/kg - 4,183\,kJ/(kg\,K) \cdot 130\,K}{1,072\,kJ/(kg\,K)(541 - 150)K} = 6,65$$

Und die Bilanz des Speisewasservorwärmers

$$(1 - \mu)\dot{m}_D h'_K + \mu\dot{m}_D h_E = \dot{m}_D c_{pW} \cdot t_W$$

$$\mu = \frac{c_{pW} \cdot t_W - h'_K}{h_E - h'_K} = \frac{4,183\,kJ/(kg\,K) \cdot 130K - 138\,kJ/kg}{(2830 - 138)kJ/kg} = 0,151$$

wobei $h'_K = 138\,kJ/kg$ die Enthalpie des Kondensats ist.

Die Leistungen sind mit δ, β, $\Delta h_{i,V}$ und $\Delta h_{i,T}$ nach Beispiel 5.2

$$P_G = \dot{m}_L[(1 - \delta + \beta)\Delta h_{i,T} - \Delta h_{i,T}] = 6,64 \cdot \dot{m}_D \cdot [1,01 \cdot 543\,kJ/kg - 289\,kJ/kg]$$

$$= 1723\,kJ/kg \cdot \dot{m}_D$$

$$P_D = \dot{m}_D[h_D - h_E + (1 - \mu)(h_E - h'_K)]$$

$$= \dot{m}_D[(3330 - 2830) + 0,849 \cdot (2830 - 2580)]kJ/kg = 711\,kJ/kg \cdot \dot{m}_D$$

$$\frac{P_G}{P_{ges}} = \frac{1723\,kJ/kg \cdot \dot{m}_D}{(1723 + 711)kJ/kg \cdot \dot{m}_D} = 0,708\,.$$

Der zugeführte Wärmestrom ist

$$\dot{Q}_{zu,G} = \dot{m}_L[(1 - \delta + \beta)h_3 - h_1] = 6,64 \cdot \dot{m}_D \cdot [1,01 \cdot 1123 - 304,1]kJ/kg = 5512 \cdot \dot{m}_D$$

und der dem Gasteil entzogene, zugleich dem Dampfteil zugeführte Wärmestrom

$$\dot{Q}_{ab,G} = \dot{Q}_{zu,D} = \dot{Q}_{zu,G} - P_G = (5512 - 1723)kJ/kg \cdot \dot{m}_D = 3789\,kJ/kg \cdot \dot{m}_D\,.$$

und der dem Gasteil entzogene, zugleich dem Dampfteil zugeführte Wärmestrom

$$\dot{Q}_{ab,G} = \dot{Q}_{zu,D} = \dot{Q}_{zu,G} - P_G = (5512 - 1723)kJ/kg \cdot \dot{m}_D = 3789\,kJ/kg \cdot \dot{m}_D\,.$$

Damit ergeben sich die thermischen Wirkungsgrade

$$\eta_{th,G} = \frac{P_G}{\dot{Q}_{zu,G}} = \frac{1723\,kJ/kg \cdot \dot{m}_D}{5512\,kJ/kg \cdot \dot{m}_D} = 0,313$$

$$\eta_{th,D} = \frac{P_D}{\dot{Q}_D} = \frac{711\,kJ/kg \cdot \dot{m}_D}{3789\,kJ/kg \cdot \dot{m}_D} = 0,188$$

$$\eta_{th} = \frac{P_G + P_D}{\dot{Q}_{zu,G}} = \frac{(1723 + 711)\,kJ/kg \cdot \dot{m}_D}{5512\,kJ/kg \cdot \dot{m}_D} = 0,442\,.$$

Das letzte Resultat liefert auch Gl. (5.35), nämlich

$$\eta_{th} = \frac{\eta_{th,D}}{1 - (1 - \eta_{th,D})\frac{P_G}{P_{ges}}} = \frac{0,188}{1(1 - 0,188) \cdot 0,708} = 0,442$$

Die tatsächlich erreichten Wirkungsgrade sind sämtlich etwas kleiner, da in diesem Beispiel weder die mechanischen noch die Verluste in der Brennkammer und im Abhitzekessel berücksichtigt wurden. Dadurch erklärt sich auch der im Vergleich zu Beispiel 5.2 etwas höhere Wert von $\eta_{th,G}$. Bei modernen GuD-Anlagen werden heute Wirkungsgrade von $\eta \approx 0,6$ erreicht.

Kombinierte Anlage mit aufgeladenem Dampferzeuger Bei einer anderen Kombination von Gas- und Dampfanlage (Abb. 5.13) wird die Verbrennungsluft für den Dampfkessel mittels des Verdichters der Gasturbine auf höheren Druck gefördert. Ein so aufgeladener Dampferzeuger (Velox-Kessel) ist zugleich die Brennkammer der Gasturbine. Die Luftmenge ist hier nur wenig größer als die stöchiometrische, denn die notwendige Abkühlung des Verbrennungsgases auf die Turbineneintrittstemperatur geschieht durch Wärmeabgabe an den Dampferzeuger und nicht durch Zumischen von Kaltluft. Die Gasturbine erzeugt deshalb bei einer vergleichsweise geringen Verdichterleistung eine höhere Generatorleistung. Ihr Anteil an der Gesamtleistung liegt bei dieser Schaltung bei 16 bis 18 %. Der Wirkungsgrad ist bei Volllast ähnlich hoch wie beim Prozess mit Nachverbrennung, der Abfall bei Teillast ist wegen der starren Kopplung von Gasturbine und Dampferzeuger aber steiler.

Die Anlagekosten sind besonders niedrig, da die Kesselabmessungen erheblich reduziert werden. Durch die Verbrennung bei hohem Druck werden nämlich die Rauchgasvolumina kleiner, der Wärmeübergang besser, und man kommt mit geringeren Heizflächen aus.

Nachteilig ist, dass bei einem Ausfall von Gasturbine, Kessel oder Dampfturbine die gesamte Anlage stillgesetzt werden muss. Dazu kommt, dass hier hochwertige Brennstoffe nicht nur für den Gasteil, sondern für die Gesamtanlage benötigt werden.

Abb. 5.13 kombinierte Anlage
mit aufgeladenem Kessel

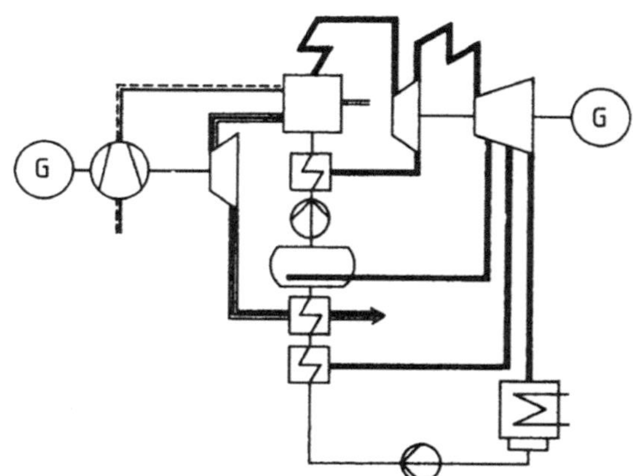

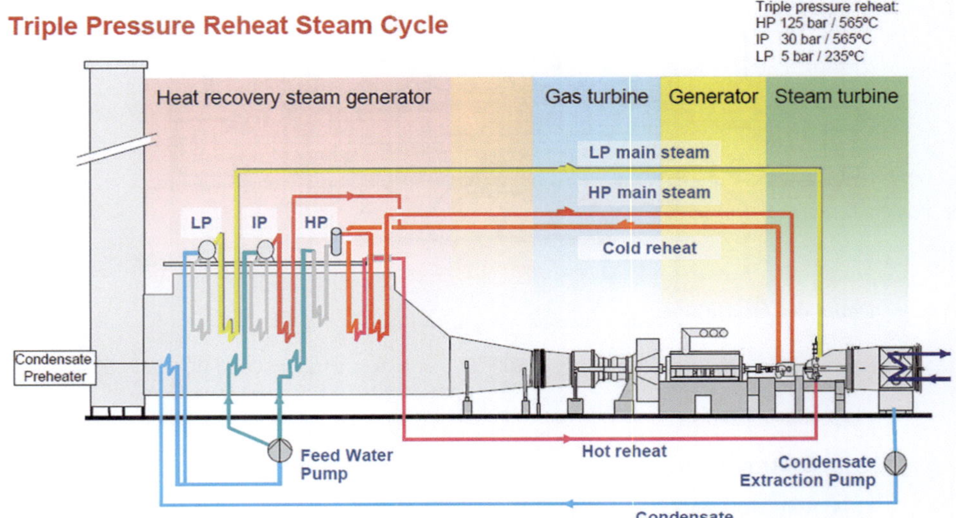

Abb. 5.14 Anlagenschaltbild eines modernen GuD-Kraftwerkes mit gemeinsamer Welle von GT und DT (Siemens) [34]

GuD-Anlage mit Kopplung einer Gas- und Dampfturbine GT und DT mit gemeinsamer Welle Abb. 5.14 zeigt das Anlagenschaltbild einer Weiterentwicklung der Kopplung einer GT und DT, bei der die GT-Welle und die DT-Welle über einen gemeinsamen Generator gekoppelt sind. Dadurch entfällt der zusätzliche Generator der DT, und das Ein- und Auskuppeln der DT-Welle auf den gemeinsamen Generator kann abhängig von der benötigten Nutzleistung variabel erfolgen. Dadurch kann die Lastkurve des elektrischen Netzes von Erzeugung und Verbraucher mit dieser GuD-Anlage schnell nachgefahren werden (siehe Abb. 10.1).

5.2 Baugruppen

5.2.1 Turbinen

Die Berechnung der Gas- und Dampfturbinen (Abschn. 3.3 und 3.4) unterscheidet sich nicht. Auch der konstruktive Aufbau als mehrstufige Axialmaschine ist bei großen Leistungen der gleiche wie bei Dampfturbinen (Abb. 5.15 und 5.16).

Vergleich von Dampf- und Gasturbine Bei den Hauptabmessungen und in der Stufenzahl gibt es deutliche Unterschiede. Wegen der kleineren Druckverhältnisse ergeben sich geringere Enthalpiegefälle und somit auch weniger Stufen als bei einer vergleichbaren Kondensationsdampfturbine. Für die gleiche Kupplungsleistung ist der Massenstrom der Gasturbine

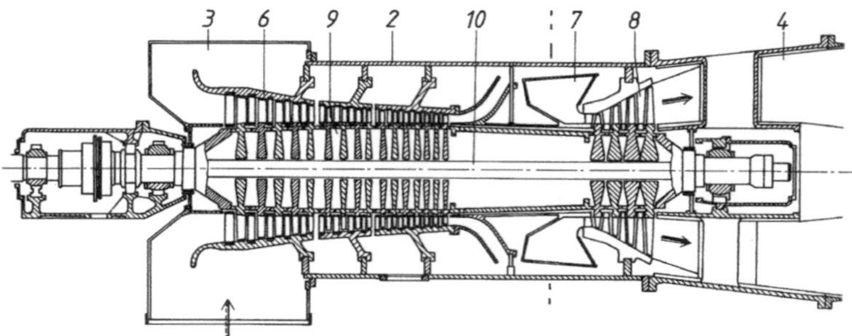

Daten der Gasturbine:

$$\dot{m}_L \approx 355\,\frac{kg}{s}, \quad t_3 \approx 800\,^{\circ}C, \quad \pi \approx 9, \quad P_{max} \approx 60\,MW, \quad n = 50\,\frac{1}{s}$$

2 Außengehäuse

3 Einströmgehäuse

4 Abgasstutzen

6 Leitschaufelträger

7 Innengehäuse

8 Leitapparat

9 Läufer

10 Zuganker

Abb. 5.15 Einwellengasturbine mit zwei seitlich aufgestellten Einzelbrennkammern (KWU)

erheblich größer als in der Dampfturbine, nicht nur wegen des kleineren Enthalpiegefälles, sondern auch wegen des Leistungsbedarfs des Verdichters. Daraus folgt, dass die Strömungsquerschnitte der Gasturbine größer sind. Der Effekt wird auf der Eintrittseite noch dadurch verstärkt, dass das Verbrennungsgas ein größeres spezifisches Volumen hat als der Dampf bei den üblichen Frischdampfzuständen. Die Volumenzunahme ist aber wesentlich geringer als bei einer Kondensationsdampfturbine.

Gehäuse und Läufer Während Dampfturbinen wegen der großen Stufenzahl und der Querschnittszunahme bei großen Leistungen mehrgehäusig und in den Niederdruckteilen mehrflutig ausgeführt werden müssen, können Gasturbinen bis zu den heute realisierten Leistungen eingehäusig und einflutig gebaut werden. Allerdings ist die Leistungsgrenze auch deutlich kleiner als bei der Dampfturbine. Die axiale Baulänge ist wegen der wenigen Stufen klein, so dass sogar Turbine und Verdichter in einem gemeinsamen Gehäuse mit nur zwei Traglagern unterzubringen sind (Bild 5.15). Wegen der geringen Drücke werden die Turbinen leichter und dünnwandiger gebaut als Dampfturbinen, wodurch eine höhere Wär-

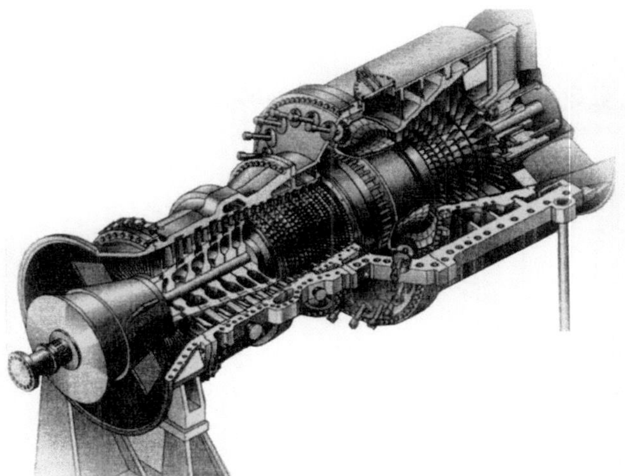

Daten der Gasturbine:

$$\dot{m}_G \approx 650\,\frac{kg}{s}, \quad t_3 \approx 1400\,^{\circ}C, \quad \pi \approx 17, \quad P_{max} \approx 261\,MW, \quad n = 50\,\frac{1}{s}$$

Abb. 5.16 Gasturbine ähnlicher Ausführung mit Ringbrennkammer (Siemens)

meelastizität erreicht wird. Die horizontal geteilten Gehäuse, in die die Leitschaufelträger eingesetzt sind, sind meistens Schweißkonstruktionen. Die Läufertrommeln bestehen aus einzelnen Scheiben, die durch Zuganker miteinander verbunden oder verschweißt sind. Bei Luftfahrzeugturbinen wird dieses Bauprinzip zu ausgeprägtem Leichtbau mit geringen Materialstärken abgewandelt, wenn die Maschinen dadurch auch empfindlicher gegen Erosion und Korrosion werden.

Da die Schaufeln von der ersten Stufe an lang sind, müssen im Mittelschnitt genügend große Reaktionsgrade eingehalten werden (Abschn. 3.3.5, Abb. 5.17). Das Gleichdruckprinzip kommt deshalb nicht in Frage. Allerdings gibt man dem Leitgitter der ersten Stufe ein möglichst großes Enthalpiegefälle, um die Temperatur im Laufgitter herabzusetzen. Die Turbinenstufen sind, wie bei Überdruckstufen notwendig, stets vollbeaufschlagt. Da dies auch für die erste Stufe gilt, gibt es im Gegensatz zu den Dampfturbinen keine teilbeaufschlagten Regelstufen und keine Stellventile, die bei den hohen Temperaturen auch problematisch wären. Die Leistung wird stattdessen über die Brennstoffzufuhr und damit über die Eintrittstemperatur bzw. beim geschlossenen Prozess über das Druckniveau verstellt.

Kühlung Die Rotortrommeln werden durch einen Kühlluftschleier von der Heißgasströmung abgeschirmt und zugleich auf Temperaturen unterhalb 500 °C abgekühlt, so dass ferritische Stähle eingesetzt werden können.

Für die Schaufeln sind hochwarmfeste Werkstoffe erforderlich, gewöhnlich Nickelbasislegierungen. Dennoch müssen die Leit- und Laufschaufeln der ersten Turbinenstufen

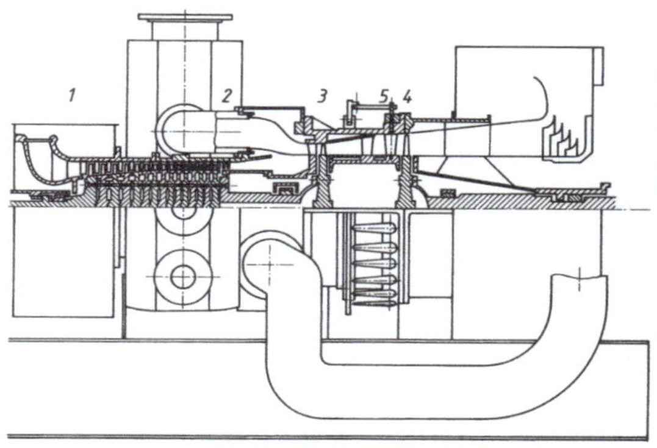

a) Zweiwellen-GT für Verdichterantrieb   b) moderner GT-Läufer

$\dot{m}_L \approx 50 \frac{kg}{s}, \quad P_{max} \approx 7,5\,\text{MW}$
$n_1 = 50 \frac{1}{s}$ (Verdichter und HD-Turbine)
$n_2 = 95 \frac{1}{s}$ (Nutzleistungsturbine)

1 Verdichter

2 Brennkammer

3 Verdichterantriebs- (HD) Turbine

4 Nutzleistungs- (ND) Turbine

5 verstellbare Leitschaufeln der ND-Turbine

Abb. 5.17 Zweiwellengasturbine für den Verdichter- oder Pumpenantrieb (AEG-Kanis) und Gasturbinen-Läufer (Siemens) [34]

gekühlt werden, wenn man sich nicht mit niedrigen Eintrittstemperaturen zufrieden geben will. Als Kühlmittel dient aus dem Verdichter abgezweigte Luft.

Am einfachsten werden die Schaufeln durch Konvektion gekühlt, wobei Luft durch Kanäle im Schaufelinneren strömt und dabei Wärme von den Wänden aufnimmt. Der Kühlstrom ist radial gerichtet und wird im Zickzack mehrfach durch die Schaufel geleitet bevor er aus Schlitzen an der Hinterkante austritt (Abb. 5.18a). Diese Art der Schaufelkühlung ist auf Turbineneintrittstemperaturen bis zu etwa 1100 °C beschränkt. Darüber wird der Kühlluftbedarf zu groß, und die unterschiedlichen Temperaturen innerhalb der Bauteile verringern deren Lebensdauer.

Eine etwas wirksamere Abart bildet die Prallkühlung, bei der Kühlluft im Schaufelinneren mit hoher Geschwindigkeit auf die Oberfläche geblasen wird. Durch Verbesserung des Wärmeübergangs an kritischen Stellen der Schaufeln in der Nähe der Eintrittskante wird der Kühlluftbedarf reduziert.

Bei der Filmkühlung tritt Luft aus feinen Bohrungen an der Schaufeloberfläche aus und bildet einen Kühlfilm, der die Schaufel vom Kontakt mit dem Heißgasstrom abschirmt. Die Austrittsbohrungen werden elektroerosiv eingebracht und so verteilt, dass die Kühlluft

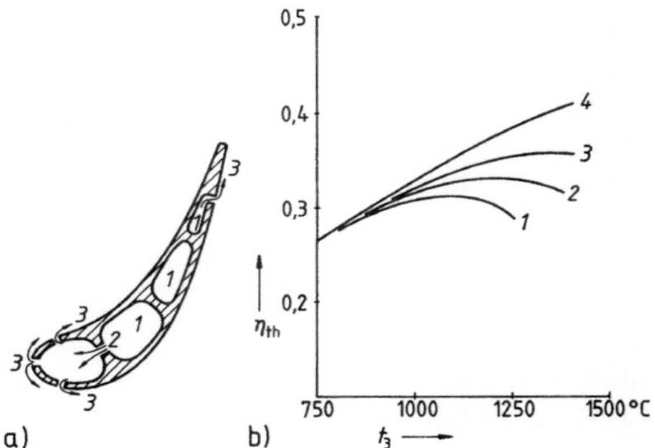

a) schematische Darstellung einer Leitschaufel mit den verschiedenen Arten der Kühlung

b) erreichbare thermische Wirkungsgrade in Abhängigkeit von der Turbineneintrittstemperatur
   (nach BBC)

    1 Konvektionskühliung

    2 Prallkühlung

    3 Filmkühlung

    4 ungekühlt (Keramikschaufel)

Abb. 5.18 Schaufelkühlung

gezielt an die richtigen Stellen gebracht wird. Der Kühlluftbedarf und die Temperaturdifferenzen im Schaufelmaterial werden verringert, so dass Eintrittstemperaturen heute bis zu etwa 1400 °C zulässig werden.

Die Kühlwirkung der genannten Verfahren nimmt in der angegebenen Reihenfolge zu, der Kühlluftbedarf für eine bestimmte Turbineneintrittstemperatur entsprechend ab, so dass die Wirkungsgradverschlechterung gegenüber dem ungekühlten Prozess infolge der Zufuhr kalter Luft immer geringer wird (Abb. 5.18b). Die höchsten Wirkungsgrade ließen sich mit Schaufeln aus keramischem Material erreichen, die wegen ihrer hohen Warmfestigkeit keiner Kühlung bedürfen. Eine andere vielversprechende Idee ist die Effusionskühlung, bei der die Kühlluft aus einer porösen Beschichtung der Schaufeln austritt, oder noch wirkungsvoller die Transpirationskühlung, bei der ein flüssiges Kühlfluid an der Oberfläche verdampft und der Schaufel die Verdampfungswärme entzieht.

Zentripetalturbinen Außer den axialen Turbinenstufen werden im Gasturbinenbau auch Radialstufen angewendet, die wie die Francis-Wasserturbinen von außen nach innen (zentripetal) durchströmt werden. Solche Zentripetalturbinen sind für kleine Massenströme geeignet, sie verarbeiten Druckverhältnisse bis zu $\pi = 4$ und werden deshalb in einstufiger

Anordnung für Anlagen kleiner Leistung, z. B. in Abgasturboladern (Abschn. 5.3.3) eingesetzt.

5.2.2 Verdichter

Wie bei Turbinen werden in Gasturbinen radiale und axiale Verdichterbauformen eingesetzt, siehe Kap. 6.

Radialverdichter werden bei kleinen Leistungen als ein- oder zweistufige Maschinen eingesetzt. Außerdem kommt eine radiale Stufe auch am Ende eines im übrigen axialen Verdichters vor, wenn die Strömung am Verdichterende ohnehin in die radiale Richtung gebracht werden soll.

Axialverdichter sind im Aufbau den axialen Turbinen ähnlich, jedoch ist die Stufenzahl viel größer. Während in den Turbinengittern eine starke Beschleunigung der Strömung zulässig ist, darf die Verzögerung im Verdichtergitter nur gering sein, weil sich die Grenzschicht sonst ablöst. Die Schaufelprofile sind deshalb nur schwach gewölbt, ähnlich wie die Tragflügelprofile von Flugzeugen. Sie ergeben nur eine geringe Umlenkung der Strömung, so dass das Stufengefälle viel kleiner ist als in einer Turbine.

Schaufelverstellung. Zur Verbesserung der Teillastwirkungsgrade werden mitunter die Leitschaufeln der Verdichterstufen verstellbar ausgeführt. Vor allem bei den Niederdruckverdichtern der Flugzeugtriebwerke wird diese Konstruktion häufig angewendet, die hier wegen der niederen Temperaturen im Gegensatz zur Turbine möglich ist.

5.2.3 Brennkammern

Bei den hohen Luftüberschüssen, die für die Gasturbinenverbrennung nötig ist, wäre eine stabile Flamme nicht zu erreichen. Man trennt deshalb in der Brennkammer den Luftstrom in die Primärluft, die mit dem Brennstoff zusammen der Verbrennungszone zugeführt wird, und in die Sekundärluft, die erst später zugemischt wird.

Arbeitsweise (Abb. 5.19) Die Primärluft wird durch Drallbleche in eine Wirbelbewegung gebracht. Dadurch wird zwar der Strömungswiderstand erhöht, aber eine gute Gemischaufbereitung erreicht. So kann der Brennstoff trotz der kurzen Verweildauer in der Reaktionszone nahezu vollständig verbrannt werden.

Von den hohen Temperaturen der Flamme wird die Außenwand durch das Flammrohr abgeschirmt, das seinerseits durch die Sekundärluft gekühlt wird. Diese tritt durch Löcher und Schlitze ins Flammrohrinnere über, stabilisiert die Flamme und bringt das Verbrennungsgas auf die beabsichtigte Turbineneintrittstemperatur. Eine vollständige Vermischung der Gase ist nicht in jedem Fall erwünscht, die Temperatur soll in der Randzone niedriger sein als in der Kernströmung, um die Schaufelfüße und -köpfe zu entlasten.

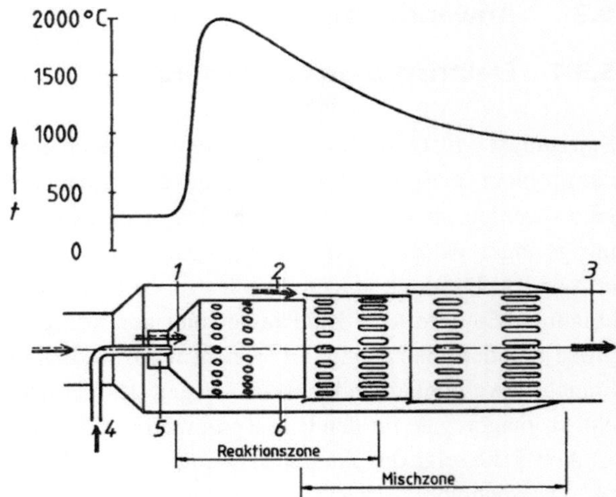

Abb. 5.19 Prinzipbild einer Brennkammer und Temperaturverlauf im Primärstrom

1 Primärluft

2 Sekundärluft

3 Verbrennungsgas

4 Brennstoff

5 Drallerzeuger

6 Flammrohr

Bauarten Es sind Einzel- und Ringbrennkammern zu unterscheiden. Einzelbrennkammern werden bei Kleinanlagen angewendet, wo sie tangential an das Turbinengehäuse montiert werden, und manchmal bei großen stationären Anlagen. Dort stehen sie senkrecht neben der Maschine. Flugzeugtriebwerke und daraus abgeleitete Maschinen in Leichtbauweise erhalten Ringbrennkammern, die bei geringem Raumbedarf direkt zwischen Verdichter und Turbine liegen. Die Ringbrennkammern haben einen ebenfalls ringförmigen Flammrohreinsatz oder in einem Kranz angeordnete einzelne Flammrohre.

Wärmebelastung und Wirkungsgrad Die Raumwärmebelastung der Brennkammer ist hoch. Sie beträgt 25 bis 35 $\frac{MW}{m^3}$ bei stationären Anlagen, 250 bis 300 $\frac{MW}{m^3}$ bei Fahrzeugturbinen und 600 bis 800 $\frac{MW}{m^3}$ bei Flugtriebwerken. Mit zunehmender Wärmebelastung also abnehmenden Brennkammerabmessungen wachsen auch die Druckverluste, die 1 bis 4 % bei stationären Anlagen und bis zu 6 % bei Flugtriebwerken betragen.

Der Brennkammerwirkungsgrad η_B in Gl. (5.33) berücksichtigt die Verluste durch Wärmeabstrahlung an die Umgebung und durch unvollständige Verbrennung, die insbesondere bei den thermisch hoch belasteten Flugzeugbrennkammern auftritt.

5.3   Anwendungen

5.3.1   Elektrische Energieversorgung

Spitzenlast Mit Gasturbinen nach dem einfachen Joule-Prozess ohne Vorwärmung kann das Problem der Spitzenlastdeckung und der primären Frequenzregelung sehr kostengünstig gelöst werden, siehe Kap. 10. Neben den geringen Anlagekosten bedürfen diese Maschinen nur geringer Wartung. Sie können sogar ganz ohne personelle Überwachung ferngesteuert werden. Da keine langen Anwärmzeiten nötig sind, lassen sie sich kurzfristig an- und abfahren. Es wird kein Kühlwasser und nur wenig Grundfläche benötigt, wodurch eine große Standortunabhängigkeit erreicht wird, so dass die Installation in der Nähe des Verbrauchschwerpunktes möglich ist. Wegen des geringen Bauvolumens sind auch fahrbare Notstromaggregate für den Einsatz an wechselnden Standorten ausführbar.

Abb. 5.20 zeigt das Anfahrdiagramm einer GT für Spitzenlastbetrieb. Die Anfahrzeit für das Hochfahren der GT auf die Synchrondrehzahl $n = 3000\,\frac{1}{min}$ mit anschließender Synchronisierung des Generators mit dem elektrischen Netz und Lastaufnahme der GT auf Volllast $P = 140\,MW$ kann in ca. 4,7 min erfolgen. Schnelle Anfahrzeiten und schnelle Laständerungen sind für die Netzfrequenzstabiltät von besonderer Bedeutung, siehe Kap. 10.

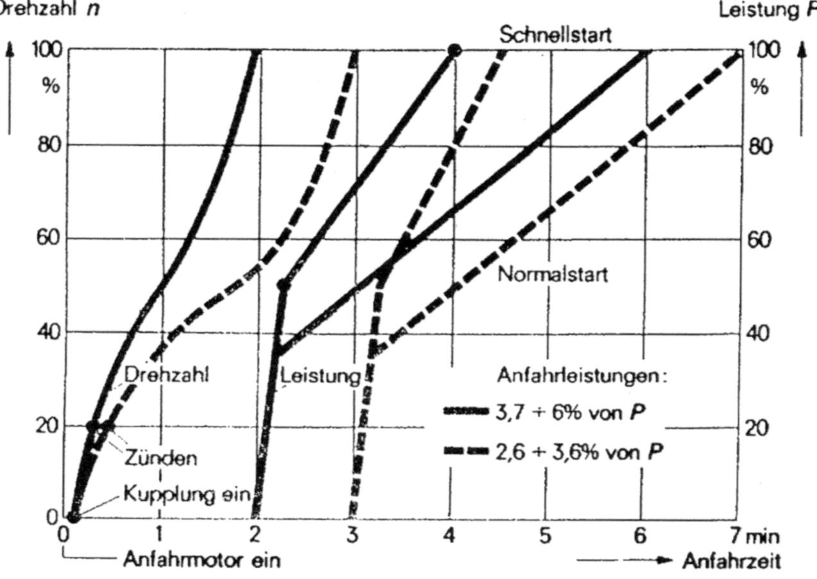

Abb. 5.20 Anfahrdiagramm einer Spitzenlast-Gasturbine [29]

Grundlast Für fossil befeuerte Kraftwerke der öffentlichen Energieversorgung werden vor allem in Stadtnähe die kombinierten Gas-Dampfanlagen (GuD-Anlage, Abschn. 5.1.6) den reinen Dampfkraftwerken vorgezogen, weil mit ihnen durch die gleichzeitige Erzeugung von Strom und Wärme mittels Kraft-Wärme-Kopplung KWK besonders hohe Wirkungsgrade erreicht werden.

Notstromaggregate Gasturbinen werden auch für die Notstromversorgung eingesetzt. Dabei werden auch die Aeroderivate mit nachgeschalteter, freilaufender Nutzleistungsturbinen eingesetzt, die in Container-Aggregate verbaut werden, siehe Abb. 5.21.

In kommunalen und in Industrie-Heizkraftwerken wird die Wirtschaftlichkeit der Anlage durch Ausnutzung der Abwärme zu Heiz- oder Produktionszwecken mittels Kraft-Wärme-Kopplung KWK gesteigert. Neben Gegendruck-Kraftwerken und GuD-Kraftwerken (Abschn. 5.1.6) werden auch Gasturbinenanlagen mit Abhitzekessel für die Bereitstellung der nutzbaren Wärme eingesetzt, die im Jahresmittel hohe Nutzungsgrade liefern.

Energiespeicherung In Gasturbinen-Luftspeicher-Kraftwerken wird ähnlich wie in hydraulischen Pumpspeicherwerken (Abschn. 1.4) Energie gespeichert. In diesen Anlagen arbeiten Verdichter und Turbine nicht gleichzeitig (Abb. 5.22). In Zeiten geringer Stromabnahme, vor allem nachts, können die Grundlastkraftwerke durch den Antrieb des Verdichters zusätzlich belastet werden. Die verdichtete Luft wird in einem Hohlraum gespeichert und in Zeiten erhöhten Strombedarfs wieder entnommen. Nach Aufheizung in der Brennkammer gibt sie ihre Energie wieder ab, wobei die gesamte Leistung für den Generator zur Verfügung steht, da ja kein Verdichter anzutreiben ist.

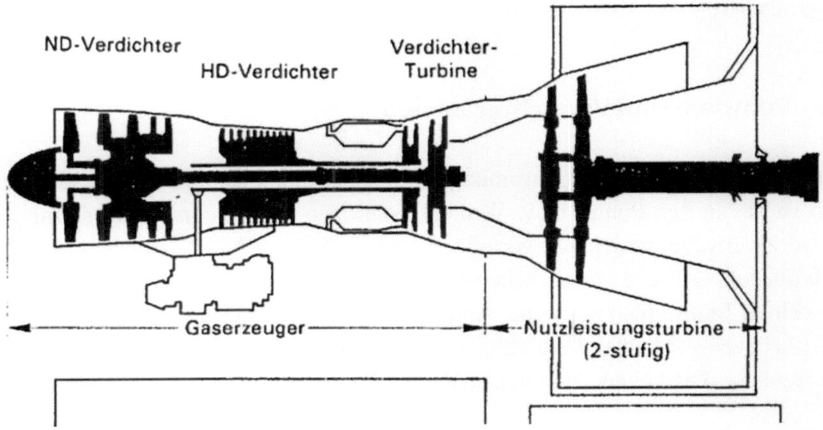

Abb. 5.21 Notstromversorgung mit Gasturbinen – GT mit nachgeschalteter Nutzleistungsturbine [29]

Abb. 5.22 Vereinfachte
Schaltung eines
Luftspeicherkraftwerkes

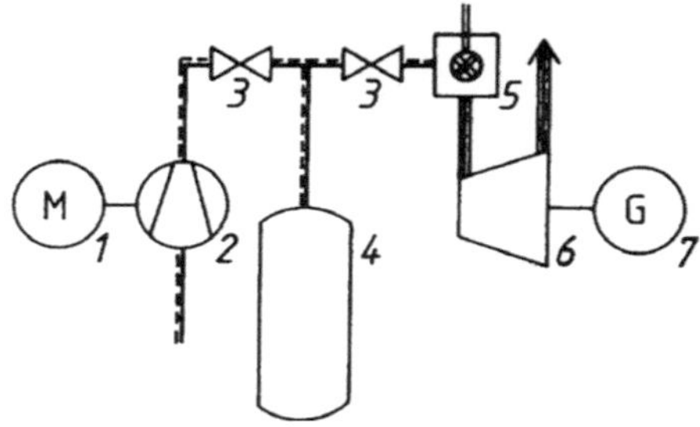

1 Motor

2 Verdichter

3 Absperrorgane

4 Luftspeicher

5 Brennkammer

6 Turbine

7 Generator

Während bei Pumpspeicherkraftwerken die bei Spitzenbedarf verfügbare elektrische
Energie kleiner ist als die zuvor durch den Pumpbetrieb aufgewendete, ist sie bei Luftspei-
cherkraftwerken erheblich größer, weil in der Brennkammer zusätzlich Wärme eingebracht
wird. Als geeignete Luftspeicher dienen unterirdische Hohlräume, die durch Ausspülen
von Salzstöcken gewonnen werden. Luftspeicherkraftwerke sind deshalb ganz ähnlich wie
Pumpspeicherwerke an bestimmte geologische Voraussetzungen gebunden.

5.3.2   Pumpen- und Verdichterantrieb

Gasturbinen sind gut geeignet, Strömungsarbeitsmaschinen anzutreiben. Besonders naheliegend ist das in den Pump- bzw. Verdichterstationen von Öl- und Erdgasfernleitungen.
Hier sind Zweiwellenmaschinen vorteilhaft, bei denen eine Nutzleistungsturbine gegebenenfalls über ein Getriebe mit der Arbeitsmaschine gekuppelt ist, während der Luftverdichter
für die beiden Teilturbinen mit seiner Antriebsturbine einen zweiten Wellenstrang bildet. In
Abb. 5.17a liegen Verdichter, Verdichterantriebs- und Nutzleistungsturbine in einem gemeinsamen Gehäuse. Die beiden Turbinen sind nur über den Gasstrom miteinander verbunden.

5.3.3 Abgasturbolader

In einer ähnlichen Anordnung wie bei einem aufgeladenen Dampferzeuger (Abschn. 5.1.6) kann durch die Kombination mit einer Gasturbine die Leistung eines Otto- oder Dieselmotors bei unverändertem Hubvolumen und gleichbleibender Drehzahl gesteigert werden. Nach Abb. 5.23 wird die Energie des Motorabgases zum Betrieb einer Turbine genutzt, die ihrerseits den Verdichter antreibt, der die Frischluft für den Motor vorverdichtet. Da somit die Zylinder mit einer größeren Luftmasse gefüllt werden, kann auch die Kraftstoffmenge erhöht werden, und die Leistung steigt.

Der Abgasturbolader selbst gibt keine Leistung ab, sondern die Turbine deckt gerade den Leistungsbedarf des Verdichters. An die Stelle der Brennkammer tritt der Kolbenmotor. Verdichter und Turbine sind einstufige Radialmaschinen, nur bei großen Motorleistungen werden auch Axialturbinen angewendet.

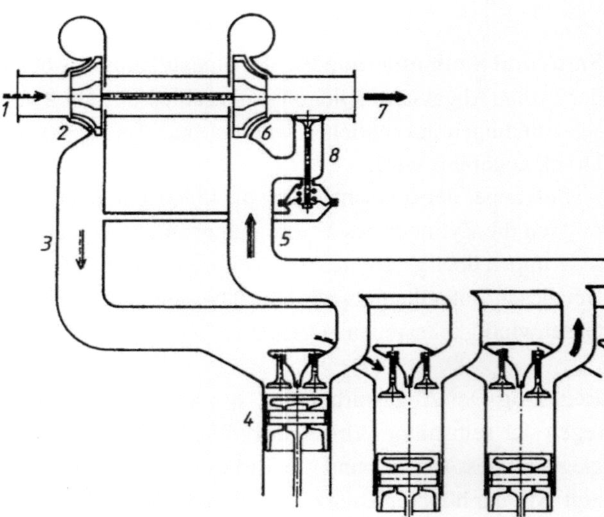

Abb. 5.23 Abgasturbo – Aufladung eines Viertakt-Otto-Motors

1 Frischluft

2 Verdichter

3 Frischluftleitung

4 Motor

5 Abgasleitung

6 Turbine

7 Abgas

8 Bypass

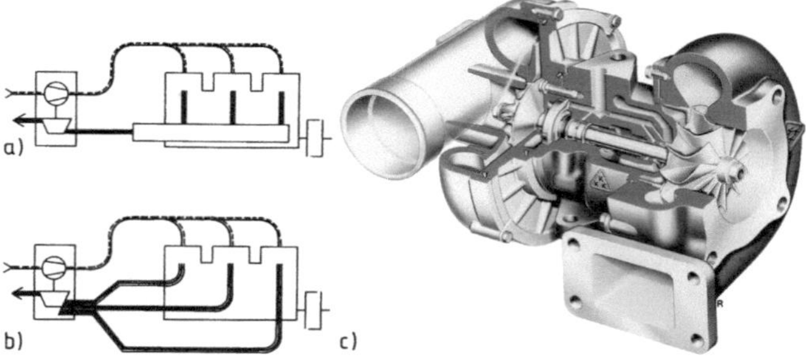

a) Stauaufladung

b) Stoßaufladung

c) Schnitt eines ausgeführten Laders (Kühnle, Kopp & Kausch) links Verdichter, rechts Turbine

Abb. 5.24 Abgasturbo – Aufladung **a** und **b** schematische Darstellung nach DIN 6262

Stau- und Stoßaufladung Bei der Stauaufladung (Abb. 5.24a) werden beliebig viele Zylinder an eine Abgassammelleitung angeschlossen, deren Volumen so bemessen ist, dass Druckschwankungen ausgeglichen werden, und das Abgas der Turbine mit nahezu konstantem Druck zugeführt wird.

Soll außer der statischen auch die kinetische Energie des Abgases ausgenutzt werden, so müssen die Zylinder des Verbrennungsmotors einzeln oder bei geeigneten Zündabständen in Gruppen über getrennte Abgasleitungen mit der Turbine verbunden werden (Abb. 5.24b). Bei dieser Stoßaufladung wird die Abgasenergie der Turbine im wesentlichen in Druck- und Geschwindigkeitsstößen zugeführt.

Regelung Der Abgasturbolader ist nur thermodynamisch mit dem Motor gekuppelt und regelt sich selbsttätig. Wird eine erhöhte Kraftstoffmenge eingespritzt, so wird auch der Energiegehalt des Abgases und die Turbinenleistung größer, und der Läufersatz wird beschleunigt. Mit der höheren Drehzahl fördert der Verdichter einen größeren Luftmassenstrom, den der Motor zur Verbrennung der erhöhten Kraftstoffmenge auch benötigt. Zugleich nimmt der Verdichter eine größere Leistung auf, so dass sich nach einer Übergangszeit bei höherer Drehzahl ein neues Gleichgewicht einstellt.

Die Aufladung von Otto-Motoren verursacht wegen der Klopfneigung besondere Probleme. Wird der höchstzulässige Ladedruck erst bei maximaler Drehzahl erreicht, so ist der Leistungsgewinn im normalen Betrieb gering. Verdichter und Turbine werden deshalb so ausgelegt, dass sie schon bei relativ geringen Durchsätzen einen hohen Ladedruck ermöglichen. Ein Bypassventil (Pos. 8 in Abb. 5.23) öffnet jedoch, wenn der gewünschte Druck erreicht ist, und lässt einen Teil des Abgases unter Umgehung der Turbine direkt in das Auspuffsystem entweichen.

Vorteile Außer der Leistungssteigerung, durch die geringeres Gewicht und bessere Einbaubedingungen erreicht werden, hat die Abgasturbo-Aufladung weitere Vorteile. Der Drehmomentverlauf des Motors wird günstiger, der Kraftstoffverbrauch sinkt und die Schadstoffemission nimmt ab. Schließlich entwickelt ein aufgeladener Motor weniger Geräusch. Vor allem im Auspuff wirkt der Abgasturbolader als ein zusätzlicher Schalldämpfer, und durch das geringere Bauvolumen wird die Schall abgebende Oberfläche kleiner.

5.3.4 Gasturbinen für Fahrzeugantriebe, Schiffsantriebe und Mikrogasturbinen

Im Straßenverkehr sind Gasturbinen bisher aus dem Experimentierstadium nicht herausgekommen. Trotzdem versprechen sie, vor allem im oberen Leistungsbereich, interessante Vorteile. Der Drehmomentenverlauf ist günstiger als bei Kolbenmaschinen, der Betrieb ist schwingungsfrei und die Schadstoffemission geringer. Selbst in der Lärmentwicklung sollen die Werte der Kolbenmotoren erreicht werden. Der Teillastbetrieb ist jedoch extrem unwirtschaftlich, und die hohen Drehzahlen erfordern ein zusätzliches Untersetzungsgetriebe. Gasturbinen für Kraftfahrzeuge werden aufgrund der geringen Leistung mit Vorwärmung bevorzugt, wobei die Vorwärmer nach dem Regenerativprinzip ausgeführt werden. Aufgrund der Weiterentwicklung des Hubkolbenmotors und der Wirtschaftlichkeit hat sich die Gasturbine als Fahrzeugantrieb nicht durchgesetzt.

Für größere Schiffe haben sich Gasturbinen nicht durchsetzen können, sie sind aber dann von Vorteil, wenn hohe Leistungen bei geringem Gewicht und Bauvolumen gefordert sind, also bei kleinen, schnellen Fahrzeugen. Beispiele im zivilen Bereich sind Luftkissenfahrzeuge und Tragflügelboote, für die aus Flugzeugtriebwerken entwickelte Maschinen eingesetzt werden.

In der Marine werden Schiffsantriebe mit Gasturbinen eingesetzt in Kriegsschiffen, wie in Torpedobooten oder in Fregatten. Wegen der ungünstigen Teillastwirkungsgrade, und weil die Schiffe bei der normalen Marschfahrt nur einen Teil der installierten Leistung benötigen, werden verschieden große Turbinen eingebaut, oder es wird eine Dieselmaschine für die Marschfahrt mit einer Gasturbine kombiniert, die nur für die Schnellfahrt zusätzlich eingesetzt wird.

Mikrogasturbinen sind Gasturbinen kleiner Leistungen und werden vorwiegend in der Hausenergieversorgung, insbesondere für kleinere und mittlere Unternehmen sowie für Wohnanlagen und Krankenhäuser im KWK-Betrieb eingesetzt. Die Leistungen liegen bei ca. $P_{elektr.} \approx 100\,kW$ und $\dot{Q}_{therm} \approx 160\,kW$ (EnBW-Mikrogasturbine Turbec T100). Verdichter und Turbine sind in radialer Bauart konstruiert, das Druckverhältnis liegt bei $\pi = 3,5 \div 5$, die Turbineneintrittstemperatur bei $t_3 < 950\,^\circ\text{C}$.

5.3.5 Flugzeugtriebwerke

In der einfachsten Anordnung eines Turbo-Luftstrahl-Triebwerkes (TL-Triebwerk,
Abb. 5.25a) wird keine mechanische Leistung nach außen abgegeben, so dass das Abgas am
Turbinenaustritt noch viel Energie enthält. Mit dieser wird es in einer Schubdüse beschleu-
nigt, und die Reaktionskraft des austretenden Gasstrahls bildet den Antrieb des Flugzeugs.

Es sei $\dot{m}_L$ der Luftmassenstrom und $(1 - \delta + \beta)\dot{m}_L$ der Massenstrom des Verbrennungsgases (Gl. (5.31)), ferner c_0 die Fluggeschwindigkeit, die zugleich die Lufteintrittsgeschwin-

Abb. 5.25 Flugzeugtriebwerke

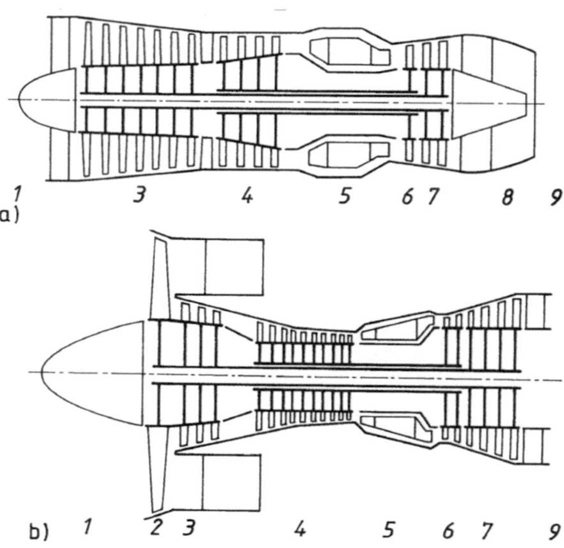

a) Turbo-Luftstrahl (TL)-Triebwerk

b) Zweistrom-Turbo-Luftstrahl (ZTL)-Triebwerk

1 Lufteintritt

2 Mantelstromgebläse

3 ND-Verdichter

4 HD-Verdichter

5 Brennkammer

6 HD-Turbine

7 ND-Turbine

8 Schubdüse

9 Gasaustritt

digkeit relativ zum Flugzeug ist. Damit und mit der relativen Düsenaustrittsgeschwindigkeit c_D folgt aus dem Impulssatz (Abschn. 2.4.4) die Schubkraft F_S

$$F_S = \dot{m}_L \left[(1 - \delta + \beta)c_D - c_0\right] . \tag{5.36}$$

Die Vortriebsleistung ist

$$P_V = F_S c_0 = \dot{m}_L \left[(1 - \delta + \beta)c_D c_0 - c_0^2\right] .$$

Die maximal denkbare Leistung ergibt sich als die Änderung der kinetischen Energien

$$P_{th} = \Delta E_{kin} = \dot{m}_L \left[(1 - \delta + \beta)\frac{c_D^2}{2} - \frac{c_0^2}{2}\right] .$$

Indem man beide Leistungen durcheinander dividiert, ergibt sich der Vortriebswirkungsgrad

$$\eta_V = \frac{P_V}{P_{th}} = \frac{2c_0\left[(1 - \delta + \beta)c_D - c_0\right]}{(1 - \delta + \beta)c_D^2 - c_0^2} .$$

Mit der gut zutreffenden Näherung $(1 - \delta + \beta) \approx 1$ vereinfacht sich die Gleichung zu

$$\eta_{th} = \frac{2c_0}{c_0 + c_D} = \frac{2}{1 + \frac{c_D}{c_0}} . \tag{5.37}$$

Um günstige Vortriebswirkungsgrade zu erreichen, darf also die Düsenaustrittsgeschwindigkeit nicht allzu viel größer sein als die Fluggeschwindigkeit. Ein TL-Triebwerk mit seiner hohen Austrittsgeschwindigkeit kommt deshalb vor allem in schnellen Militärflugzeugen zur Anwendung.

Für weniger schnelle Flugzeuge muss die Düsenaustrittsgeschwindigkeit verringert und, um einen ausreichend großen Schub zu erhalten, der Luftdurchsatz vergrößert werden. Es ergibt sich so die Weiterentwicklung des TL-Triebwerks zum Mantel- oder Zweistrom-Turbo-Luftstrahl-Triebwerk (ZTL-Triebwerk Abb. 5.25b), bei dem die Turbine einen zusätzlichen Mantelstromverdichter antreibt. Nur ein Teil der Luft durchströmt das Basistriebwerk, das von der restlichen Luft ringförmig eingehüllt wird. Während der Luftdurchsatz bei dieser Bauart vergrößert wird, ist die Ausströmgeschwindigkeit kleiner als bei dem einfachen TL-Triebwerk, nicht nur weil der Mittelwert aus Kern- und Mantelströmung zu bilden ist, sondern auch, weil dem Heißgas eine größere Turbinenleistung entzogen wird.

In der zivilen Luftfahrt werden ZTL-Triebwerke mit einstufigen Mantelstromgebläsen benutzt. Der Luftdurchsatz des Mantels ist groß und kann bis zum siebenfachen der Kernströmung betragen. Außer der Verbesserung der Wirtschaftlichkeit wird auch die Lärmentwicklung erheblich verbessert.

Zur besseren Anpassung an wechselnde Betriebsbedingungen werden die TL- und ZTL-Triebwerke fast immer in Mehrwellenbauart ausgeführt. Dabei laufen zwei (Abb. 5.25) oder drei mechanisch unabhängige Läufersätze mit je einer Teilturbine und einem Teilverdichter

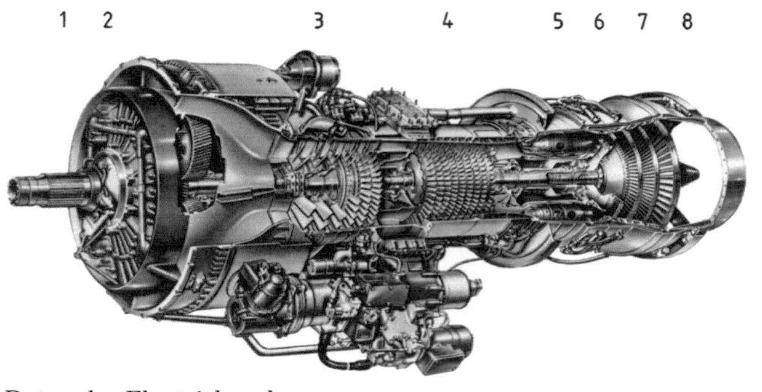

Daten des Flugtriebwerks:

maximale Dauerleistung	3,87 MW		
Restschub	4,42 kN	1 Planetengetriebe	5 Brennkammer
Drehzahl der ND-Welle	242 1/s	2 Lufteintritt	6 HD-Turbine
Luftmassenstrom	21,1 kg/s	3 ND-Verdichter	7 ND-Turbine
Verdichtungsverhältnis	13,5	4 HD-Verdichter	8 Schubdüse

Abb. 5.26 Propellerturbine (PTL-Triebwerk, MTU)

auf koaxialen Wellen mit verschiedenen Drehzahlen. Eine weitere Möglichkeit zur Verbesserung des Teillastverhaltens ist die Verstellbarkeit der Verdichterschaufeln (Abschn. 5.2.2). Bei großen leistungsstarken Triebwerken werden beide Maßnahmen, Leitschaufelverstellung und Mehrwellenbauart kombiniert.

Zur Erhöhung der Schubleistung kann zwischen Turbine und Schubdüse dem Gas durch eine Nachverbrennung nochmals Energie zugeführt werden. Weil dabei aber der Kraftstoffverbrauch überproportional ansteigt, wird hiervon nur bei Militärflugzeugen und dort auch nur kurzzeitig Gebrauch gemacht. Triebwerke mit Nachverbrennung haben eine verstellbare Schubdüse, die dem Betrieb mit und ohne Nachbrenner angepasst werden kann.

Außer den TL- und ZTL-Triebwerken werden in der Luftfahrt auch Wellenleistungsturbinen eingesetzt, bei denen mechanische Leistung über ein Untersetzungsgetriebe, oft ein Planetengetriebe, abgegeben wird. Hierzu gehören das Propeller-Turbo-Luftstrahl-Triebwerk (PTL-Triebwerk) und die Triebwerke der Hubschrauber, siehe Abb. 5.26.

Turboverdichter 6

6.1 Wirkungsweise und Bauformen von Verdichtern

Wie in Abschn. 1.3.1 erläutert, werden Verdichter zum Verdichten und zur Förderung von Gasen aller Art eingesetzt. Tab. 1.4 zeigt die Einsatzgebiete von Turboverdichtern[1]. Prinzipiell unterscheidet man die Verdichter nach dem Druckverhältnis $\pi = \frac{p_D}{p_S}$ mit p_D als Austritts- bzw. Enddruck (Druckseite) und p_S als Eintrittsdruck (Saugseite) und nach der Hauptströmungsrichtung des Arbeitsmediums. Ergänzend zeigt Tab. 6.1 die Einteilung der Turboverdichter und Gebläse nach unterschiedlichen Merkmalen. Somit werden für große Volumenströme und geringe Druckverhältnisse Axialverdichter AV und für hohe Enddrücke und geringe Volumenströme Radialverdichter RV eingesetzt. Durch die Kombinationen beider Bauarten AV und RV können beliebige Zustände von Enddruck und Volumenstrom realisiert werden.

Wie bei jeder technischen Einrichtung ergeben sich auch für den Einsatz von Turboverdichtern Grenzen, die entweder aus wirtschaftlichen oder aus technisch physikalischen Gründen nicht überschritten werden können, siehe Abb. 6.1. In Tab. 6.2 sind die wichtigsten dieser Grenzen zusammengefasst. Daneben gibt es selbstverständlich noch andere Gründe, die den Einsatz von Strömungsverdichtern für eine bestimmte Aufgabe ausschließen können. Diese sind im konkreten Einzelfall zu beachten.

---

[1] Kap. 6 wurde teilweise in Anlehnung an die Vorlesungsskripte Turboverdichter und Gebläse von Prof. Dr.–Ing. H. Stetter, Dr.–Ing. G. Roth, ITSM der Universität Stuttgart [22, 28] angepasst.

© Der/die Autor(en), exklusiv lizenziert an Springer Fachmedien Wiesbaden GmbH, ein Teil von Springer Nature 2026
G. Thieleke und R. Feyrer, *Turbomaschinen*,
https://doi.org/10.1007/978-3-658-48698-3_6

Tab. 6.1 Unterscheidungsmerkmale von Turboarbeitsmaschinen

Unterscheidungsmerkmal	Bezeichnung
Hauptströmungsrichtung des Arbeitsmediums	Axial-, Diagonal-, Radial-, Tangentialmaschinen
Druckverhältnis	Lüfter, Ventilator ($\pi = 1...1, 2$) Gebläse ($\pi \approx 1, 2...4$) Verdichter, Kompressor ($\pi > 4$)
Thermodynamik	Gekühlt ungekühlt
Machzahl im Schaufelkanal	Unterschallverdichter transsonischer Verdichter Überschallverdichter

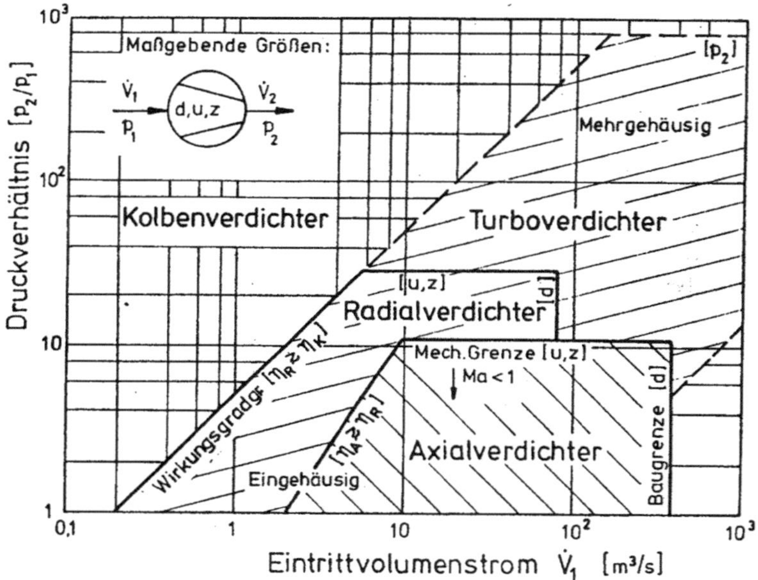

Abb. 6.1 Grenzen des Turboverdichtereinsatzes [28]

Tab. 6.2 Allgemeine Grenzen des Turboverdichters

Grenze	Bedeutung
Wirkungsgrad	Überproportionale Zunahme der Reibungs- und Spaltverluste bei kleinen und sehr kleinen Maschinen
Baugröße	Größe der Maschineneinheit Rotordynamik
Festigkeit	Begrenzung der Umfangsgeschwindigkeit durch Festigkeit des Laufrad- und Schaufelwerkstoffes
Aerodynamik	Schallgeschwindigkeit Strömungsabriß im Laufradkanal

6.2 Relevante Grundgleichungen der Turboverdichter

Die Grundgleichungen für thermische Strömungsmaschinen und somit auch für Turboverdichter sind im Kap. 2 beschrieben. Da die Kennwerte für Turboverdichter sich von Dampfturbinen und von hydraulischen Strömungsmaschinen teilweise unterscheiden, sind die relevanten Gleichungen der Verdichtertheorie in den folgenden Kapiteln nochmals zusammengefasst.

Kontinuitätsgleichung Das Arbeitsmedium ist ein kompressibles Gas und wird mit den Zustandsgleichungen für reale oder ideale Gase nach Abschn. 2.1.1 beschrieben. Die Kontinuitätsgleichung basiert auf Gl. (2.49) und wird oft mit dem Volumenstrom $\dot{V}$ angewendet zu:

$$\dot{m} = \rho A c$$

$$\dot{V} = \frac{\dot{m}}{\rho} = A c \tag{6.1}$$

Energie- und Bernoulli-Gleichung Der 1. HS für ein offenes System nach Gl. (2.4) stellt die Energiegleichung für die Strömung im Verdichter dar und gilt für eine stationäre, kompressible, reibungsbehaftete Strömung. Dabei wird entsprechend Gl. (2.5) oft die Totalenthalpie h_t als Summe der statischen Enthalpie h und der kinetischen Energie $\frac{1}{2}c^2$ geführt ($h_t = h + \frac{1}{2}c^2$). Die Änderung der potenziellen Energie $g(z_2 - z_1)$ kann bei Turboverdichtern oft vernachlässigt werden.

$$w_{t12} + q_{12} = (h_2 - h_1) + \frac{1}{2} \cdot (c_2^2 - c_1^2) = h_{t2} - h_{t1} \tag{6.2}$$

Für einen wärmedichten Verdichter mit $q_{12} = 0$ folgt:

$$w_{t12} = (h_2 - h_1) + \frac{1}{2} \cdot (c_2^2 - c_1^2) = h_{t2} - h_{t1} \tag{6.3}$$

Setzt man Reibungsfreiheit (eine oft brauchbare Annäherung bei Gasen) und keine Wärme- und Arbeitsübertragung von außen an, so kann die kompressible Strömung mit der Euler-gleichung (Gl. (2.56)) beschrieben werden. Daraus ergibt sich die Bernoulli- Gleichung für eine eindimensionale, stationäre, kompressible und reibungsfreie Strömung zwischen zwei Punkten 1 und 2 zu:

$$\frac{1}{2}c_1^2 + \frac{p_1}{\rho_1} = \frac{1}{2}c_2^2 + \frac{p_2}{\rho_2} \tag{6.4}$$

Mit Kenntnis der Zustandsänderung von 1 nach 2 (isotherm, isentrop oder polytrop) und der Zustandsgleichungen können somit die relevanten Zustandsgrößen ermittelt werden. Bei kleinen Strömungsgeschwindigkeiten c ($c \ll a$), kann der Einfluss der Kompressibiltät oft vernachlässigt werden, und die Strömung kann wie bei hydraulischen Strömungsmaschinen als inkompressibel betrachtet werden.

Zustandsänderungen

Tab. 2.2 zeigt die relevanten Zustandsänderungen Idealer Gase. Bei Verdichtungsvorgängen kommen die isotherme, isentrope und polytrope Zustandsänderung als Vergleichprozesse vor. Damit lassen sich die aufzubringende Verdichtungsarbeit und die Endtemperatur nach einem vorgebenem Verdichtungsvorgang von p_1 nach p_2 bestimmen und es gilt:

Für die Verdichtungsarbeit bei einem isothermen Verdichtungsvorgang gilt:

$$\Delta h_T = -q_{12} = R \cdot T_1 \ln \frac{p_2}{p_1} \tag{6.5}$$

Bei isentroper Zustandsänderung ergibt sich

$$\Delta h_s = R \cdot T_1 \cdot \frac{\kappa}{\kappa - 1} \cdot \left[\left[\frac{p_2}{p_1} \right]^{\frac{\kappa-1}{\kappa}} - 1 \right] \tag{6.6}$$

Weiter gilt:

$$\frac{p_2}{p_1} = \left[\frac{v_1}{v_2} \right]^{\kappa} = \left[\frac{T_2}{T_1} \right]^{\frac{\kappa}{\kappa-1}} \tag{6.7}$$

Analog gilt bei der polytropen Zustandsänderung:

$$\Delta h_p = R \cdot T_1 \cdot \frac{n}{n - 1} \cdot \left[\left[\frac{p_2}{p_1} \right]^{\frac{n-1}{n}} - 1 \right] \tag{6.8}$$

und

$$\frac{p_2}{p_1} = \left[\frac{v_1}{v_2} \right]^{n} = \left[\frac{T_2}{T_1} \right]^{\frac{n}{n-1}} \tag{6.9}$$

Bei isothermer Verdichtung ist definitionsgemäß $T_2 = T_1$, das Medium erfährt also bei konstantem c_p keine Änderung der Enthalpie. Dies bedeutet aber, dass aus dem Gas gleich viel Wärme abgeführt werden muss, wie an Verdichtungsarbeit zugeführt wird. Der isentrope Verdichtungsvorgang ist grundsätzlich adiabat, für den polytropen setzen wir Wärmedichtheit stets voraus, so dass hier die Verdichtungsarbeit ebenfalls direkt aus der Enthalpieänderung des Fluids bestimmt werden kann. Da bei einem Verdichtungsvorgang eines wärmedichten Systems der Polytropenexponent n stets größer als der Isentropenexponent κ ist (bei einem Entspannungsvorgang ist n stets kleiner als κ, siehe auch Abb. 2.5), gilt

$$\Delta h_T < \Delta h_s < \Delta h_p$$

d. h., bei einer isothermen Verdichtung wird die geringste Verdichtungsarbeit benötigt, um ein Gas vom Druck p_1 auf p_2 zu verdichten. Weiter erkennt man, dass die aufzubringende Verdichtungsarbeit bei gleichem Druckverhältnis proportional zur Ausgangstemperatur T_1 ist. Dies ist ein wichtiger Grund für die Kühlung von Verdichtern bzw. des zu verdichtenden Mediums. Die Verdichtungsarbeiten Δh_T, Δh_s und Δh_p entsprechen bei Wirkungsgradbetrachtungen dem Nutzen, siehe Abschn. 6.2.2.

6.2.1   Spezifische innere Arbeit - innere Verdichtungsarbeit

Bei wärmedichter Maschine ist unter Vernachlässigung von Lager- und sonstiger Verluste die an der Welle zugeführte technische Arbeit w_t gleich der Differenz der Totalenthalpie von Anfangs- und Endzustand des Gases. Diese Arbeit wird als spezifische innere Arbeit Δh_i (innere Verdichtungsarbeit, spezifische innere Arbeit), als spezifische Stutzenarbeit y_i oder auch als Gesamtverdichtungsarbeit bezeichnet. Bei Wirkungsgradbetrachtungen entspricht Δh_i dem Aufwand, siehe Abschn. 6.2.2. Es gilt:

$$w_t = y_i = \Delta h_i = h_{t2} - h_{t1} = c_p \cdot (T_{t2} - T_{t1}) \tag{6.10}$$

$$\Delta h_i = h_2 - h_1 = c_p \cdot (T_2 - T_1) \tag{6.11}$$

Bei gleicher kinetischer Energie im Saug- und Druckstutzen ($c_1 = c_2$) gilt Gl. (6.11), es ergibt sich mit

$$c_p = \frac{\kappa \cdot R}{\kappa - 1} \quad und \quad T_2 = T_1 \cdot \left[\frac{p_2}{p_1}\right]^{\frac{n-1}{n}} \tag{6.12}$$

für die innere spezifische Arbeit Δh_i:

$$\Delta h_i = R \cdot T_1 \cdot \frac{\kappa}{\kappa - 1} \cdot \left[\left[\frac{p_2}{p_1}\right]^{\frac{n-1}{n}} - 1\right] \tag{6.13}$$

Feuchte Luft Bei der Verdichtung von Luft ist zu berücksichtigen, dass es sich gewöhnlich nicht um trockene Luft, sondern um ein Gemisch aus Luft und Wasserdampf handelt. Wird

Tab. 6.3 Feuchte Luft und Wasserabscheidung

Bereich	Problem
Einlaufbereich	Taupunktsunterschreitung, Vereisung
Laufrad	Tropfenschlag durch Flüssigkeitstropfen, Erosion
Zwischenkühler	Kondensation, Flüssigkeitsabfuhr
Nutzmassenstrom	Geringer wegen Wasserabscheidung
Wirkungsgrad	Abweichung gegenüber Auslegung (Berücksichtigung im Abnahmeversuch beim Garantievergleich)

dieses Gemisch nach der Verdichtung gekühlt, kann die Dampfdruckkurve unterschritten werden und damit eine Wasserausscheidung auftreten, siehe Abb. 6.2. Die gleichen Überlegungen gelten natürlich sinngemäß auch für andere Gas–Dampfgemische. Tab. 6.3 gibt einen Überblick über Probleme, die bei der Verdichtung von Gas–Dampfgemischen auftreten können.

Die Wasserabscheidung beginnt, wenn das ungesättigte Gas-Dampf-Gemisch bei konstantem Partialdruck p_D des Wasserdampfes unter die Sättigungstemperatur t_S, die nach der Dampfdruckkurve zum Partialdruck p_D gehört, abgekühlt wird. Die Wasserabscheidung kann mit dem Mollier-h, x- Diagramm ermittelt werden, siehe [32].

Abb. 6.2 Dampfdruckkurve für Wasserdampf

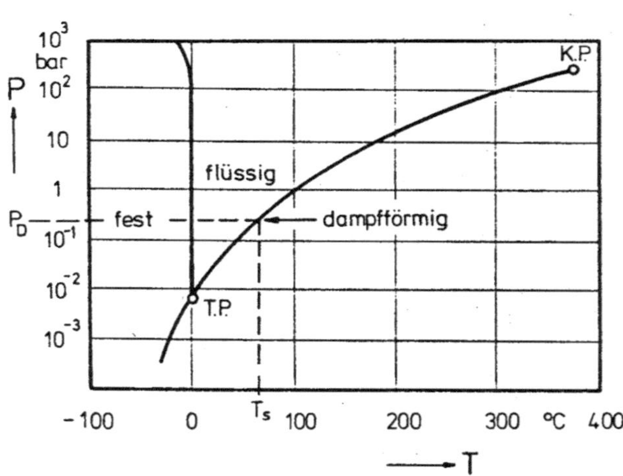

6.2.2   Wirkungsgrade

Der Wirkungsgrad einer Maschine ist allgemein definiert als das Verhältnis einer Nutzarbeit zur aufgewendeten Arbeit:

$$\eta = \frac{P_N}{P_A} = \frac{Nutzleistung}{Antriebsleistung} = \frac{Nutzen}{Aufwand} = \frac{Vergleichsprozess}{realer\,Prozess} \tag{6.14}$$

Bei Verdichteranlagen kommen beispielsweise als Aufwand die Klemmenarbeit eines Elektromotors, die spezifische Stutzenarbeit einer Antriebsturbine, die Kupplungsarbeit und die spezifische innere Arbeit der Maschine in Frage. Als Nutzen kommen dann die benötigten Verdichtungsarbeiten unter Zugrundelegung eines geeigneten thermodynamischen Vergleichsprozesses zur Anwendung, siehe Abb. 6.3.

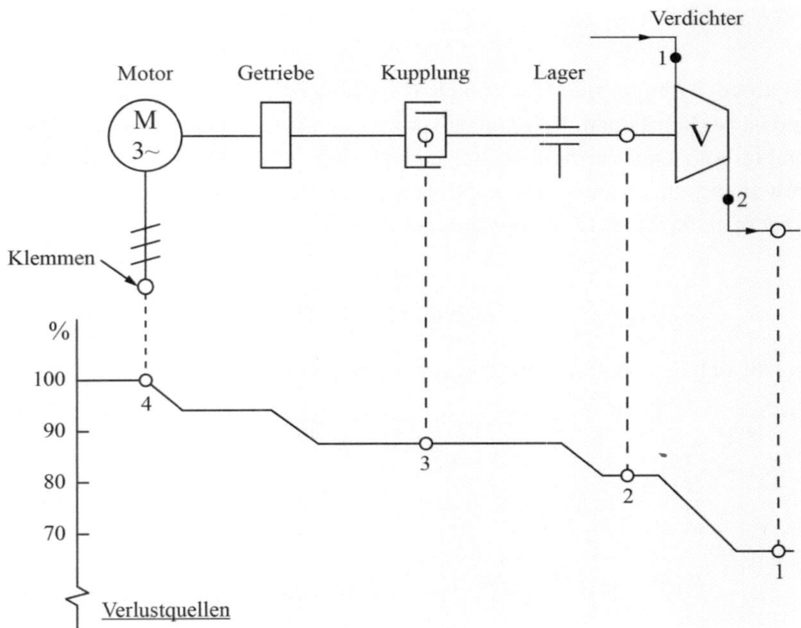

Aufwand: innere Arbeit an der Welle Δh_i
           Umfangsarbeit an der Beschaufelung Δh_u

Nutzen: isentrope Verdichtung Δh_s
           polytrope Verdichtung Δh_{pol}
           isotherme Verdichtung Δh_T

Abb. 6.3 Definition von Verdichterwirkungsgraden

Innere Wirkungsgrade Für die thermodynamische Auslegung und Beurteilung von Turboverdichtern sind die inneren Wirkungsgrade mit Δh_i als Nenner in Gl. (6.14) von besonderer Bedeutung, da hier nur die für die Verdichtung relevanten Komponenten der Maschine berücksichtigt werden. Man bezeichnet diese Wirkungsgrade auch als aerodynamische Wirkungsgrade, da sie nur von der Qualität der Verdichtung abhängen. Der polytrope Wirkungsgrad ist definiert als

$$\eta_{i,pol} = \frac{\Delta h_{pol}}{\Delta h_i} \tag{6.15}$$

Setzt man die Beziehungen für Δh_{pol} und Δh_i ein, Gl. (6.8) und (6.13) ein, so erhält man mit $\pi = \frac{p_2}{p_1}$ und $\Theta = \frac{T_2}{T_1}$

$$\eta_{i,pol} = \frac{R \cdot T_1 \cdot \frac{n}{n-1} \cdot \left[\pi^{\frac{n-1}{n}} - 1\right]}{R \cdot T_1 \cdot \frac{\kappa}{\kappa-1} \cdot \left[\pi^{\frac{n-1}{n}} - 1\right]} \tag{6.16}$$

$$\eta_{i,pol} = \frac{n}{n-1} \cdot \frac{\kappa-1}{\kappa} = \frac{\kappa-1}{\kappa} \cdot \frac{\ln \pi}{\ln \Theta} \tag{6.17}$$

Der polytrope Wirkungsgrad läßt sich also aus Temperatur- und Druckmessungen bestimmen und ist bei konstantem Polytropenexponent n, anders als der isentrope Wirkungsgrad, unabhängig vom Druckverhältnis. Bei mehrstufigen Verdichtern ist damit der polytrope Gesamtwirkungsgrad gleich den polytropen Stufenwirkungsgraden, wenn diese konstant sind. Löst man die Gl. (6.17) nach n auf, erhält man

$$n = \frac{\eta_{i,pol} \cdot \kappa}{\eta_{i,pol} \cdot \kappa - \kappa + 1} \tag{6.18}$$

Analog läßt sich der isentrope Wirkungsgrad angeben mit $\Theta = \frac{T_2}{T_1} = \pi^{\frac{n-1}{n}}$:

$$\eta_{i,s} = \frac{\Delta h_s}{\Delta h_i} \tag{6.19}$$

$$\eta_{i,s} = \frac{R \cdot T_1 \cdot \frac{\kappa}{\kappa-1} \cdot \left[\pi^{\frac{\kappa-1}{\kappa}} - 1\right]}{R \cdot T_1 \cdot \frac{\kappa}{\kappa-1} \cdot \left[\pi^{\frac{n-1}{n}} - 1\right]} = \frac{\pi^{\frac{\kappa-1}{\kappa}} - 1}{\pi^{\left(\frac{\kappa-1}{\kappa} \cdot \frac{1}{\eta_{i,pol}}\right)} - 1} = \frac{\pi^{\frac{\kappa-1}{\kappa}} - 1}{\Theta - 1} \tag{6.20}$$

Der isentrope Wirkungsgrad ist also eine Funktion des Druckverhältnisses und des polytropen Wirkungsgrades. Aus Gl. (6.20) lässt sich leicht ableiten, dass der isentrope Wirkungsgrad bei konstantem polytropischen Stufenwirkungsgrad mit dem Druckverhältnis kleiner wird. Dies ist beim Vergleich von Verdichtern mit unterschiedlichen Druckverhältnissen unbedingt zu beachten. Für den isothermen inneren Wirkungsgrad des ungekühlten Verdichters ergibt sich schließlich:

$$\eta_{i,T} = \frac{\Delta h_T}{\Delta h_i} \tag{6.21}$$

$$\eta_{i,T} = \frac{R \cdot T_1 \cdot \ln \pi}{R \cdot T_1 \cdot \frac{\kappa}{\kappa-1} \cdot \left[\pi^{\frac{n-1}{n}} - 1 \right]} = \frac{\ln \pi}{\frac{\kappa}{\kappa-1} \cdot \left[\pi^{\left(\frac{\kappa-1}{\kappa} \cdot \frac{1}{\eta_{i,pol}} \right)} - 1 \right]} \tag{6.22}$$

Gl. (6.21) gilt prinzipiell auch für einen gekühlten Verdichter, allerdings darf dann die innere spezifische Arbeit nicht mehr aus der Wärmedifferenz von Ein- und Austritt der Maschine gebildet werden. Die innere spezifische Arbeit muss hier entweder durch eine Gesamtwärmebilanz oder durch Aufsummieren der inneren spezifischen Stufenarbeiten gebildet werden.

Umfangswirkungsgrad Für die strömungstechnische Beurteilung eines Verdichters kann der Umfangswirkungsgrad η_u herangezogen werden. Er stellt gewissermaßen eine Verbindung zwischen der Strömungsmechanik und der Thermodynamik her, indem die aus der Impulsbilanz am Laufrad abgeleitete Umfangsarbeit Δh_u mit dem thermodynamischen Vergleichsprozess in Beziehung gesetzt wird. Der isentrope Umfangswirkungsgrad $\eta_{u,s}$, polytrope Umfangswirkungsgrad $\eta_{u,pol}$, isotherme Umfangswirkungsgrad $\eta_{u,T}$ ergeben sich zu:

$$\eta_{u,s} = \frac{\Delta h_s}{\Delta h_u} \tag{6.23}$$

$$\eta_{u,pol} = \frac{\Delta h_{pol}}{\Delta h_u} \tag{6.24}$$

$$\eta_{u,T} = \frac{\Delta h_T}{\Delta h_u} \tag{6.25}$$

Abb. 6.4 zeigt den Verdichtungsvorgang von 1 nach 2 im h-s- und T-s-Diagramm. Im h-s-Diagramm sind die relevanten Verdichtungsarbeiten als Strecken und im T-s-Diagramm als Flächen markiert. Mit den in den Diagrammen markierten Arbeiten können die Verdichtungswirkungsgrade $\eta_{i,s}$ (Gl. (6.19)) und $\eta_{i,pol}$ (Gl. (6.15)) auch grafisch interpretiert werden.

6.2.3 Ähnlichkeiten und Kennzahlen

Wie in Abschn. 2.6.5 erläutert, sind für die Beurteilung des Betriebsverhaltens von Turbomaschinen Ähnlichkeitsbeziehungen und daraus abgeleitete Kennzahlen von großer Bedeutung. In Abschn. 4.3 ist für Wasserturbinen die Vorgehensweise bei der Ermittlung des Betriebsverhalten einer Modellturbine und Übertragung der Kennwerte auf eine reale Turbine (Großausführung) ausführlich dargestellt.

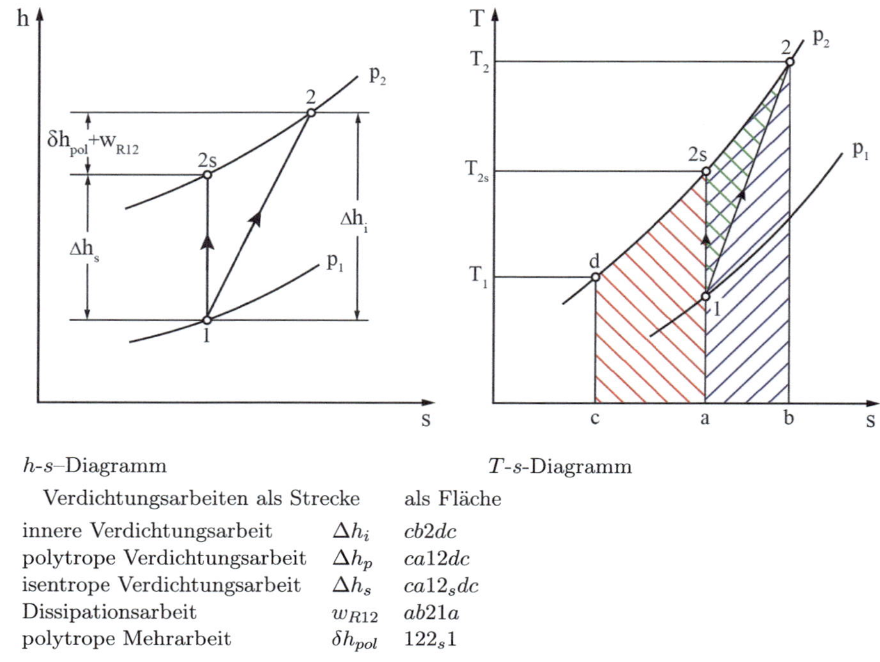

h-s–Diagramm T-s-Diagramm

Verdichtungsarbeiten

	als Strecke	als Fläche
innere Verdichtungsarbeit	Δh_i	$cb2dc$
polytrope Verdichtungsarbeit	Δh_p	$ca12dc$
isentrope Verdichtungsarbeit	Δh_s	$ca12_sdc$
Dissipationsarbeit	w_{R12}	$ab21a$
polytrope Mehrarbeit	δh_{pol}	122_s1

Abb. 6.4 adiabater Verdichtungsvorgang im h-s- und T-s-Diagramm

Reynolds- und Machzahl Eine besondere Rolle unter den in Turbomaschinen auftretenden Kräfte spielen die durch die Reibung bedingten Zähigkeitskräfte. Bei Turboverdichtern wird daher die Reynoldszahl Re als das Verhältnis der Trägheits- zu den Zähigkeitskräften verwendet. Strömungsvorgänge, die bei gleicher Reynoldszahl Re ablaufen, sind einander hydraulisch ähnlich. Die Reynoldszahl Re wird bei Turboverdichtern oft als Umfangsreynoldszahl Re_u mit dem Außendurchmesser als charakteristische Länge und der Umfangsgeschwindigkeit gebildet, siehe auch Gl. (4.38):

$$Re_u = \frac{u_2 D_2}{\nu} \tag{6.26}$$

Re_u	Umfangsreynoldszahl	$[-]$
u_2	Umfangsgeschwindigkeit am Laufradaustritt	$[\frac{m}{s}]$
D_2	Durchmesser am Laufradaustritt	$[\frac{m}{s}]$
ν	kinematische Viskosität	$[\frac{m^2}{s}]$

Reynoldszahleffekte werden mittels Aufwertegesetzen von Modell- und Großausführungen berücksichtigt, siehe auch Gl. (4.39).

Bei der Verdichtung von Gasen sind bei größeren Druckverhältnissen Kompressibilitätseinflüsse zu berücksichtigen. Die Ähnlichkeit bezüglich der Kompressibilität wird erreicht, wenn das Verhältnis der Geschwindigkeit c an einer beliebigen Stelle zur Schallgeschwindigkeit a beim Modell und ausgeführter Maschine dasselbe ist. Dieses Geschwindigkeitsverhältnis wird als Machsche Zahl Ma bezeichnet.

$$Ma = \frac{c}{a}; \quad a = \sqrt{\kappa RT}. \tag{6.27}$$

Die Erfahrung zeigt, dass der Kompressibilitätseinfluss nur im Bereich hoher Machzahlen erheblich ist. Im allgemeinen ist er bei Axialverdichtern üblicher Ausführung bis zu Druckverhältnissen von etwa $\pi = 1,1$ und bei Radialverdichtern bis etwa $\pi = 1,5$ vernachlässigbar.

Die Gleichheit von Machzahl und Reynoldszahl ist bei gleichen Stoffkonstanten im Modell nicht zu verwirklichen. Modellversuche mit verändertem Maßstab sind daher nur möglich, wenn im Versuch die Stoffkonstante geändert wird, indem man z. B. die Versuche mit einem anderen Medium oder unter verändertem Druck durchführt. Bei Verdichtern wird oft die Machzahl als Verhältnis der Umfangsgeschwindigkeit des Laufrades zur Schallgeschwindigkeit des Fluids am Eintritt gebildet, die sogenannte Umfangsmachzahl.

Lieferzahl und Druckzahl Als weitere Kennzahlen für die Charakterisierung von Verdichterstufen werden für den Volumenstrom $\dot{V}$ die Lieferzahl φ und für die spezifische Arbeit die Druckzahl ψ, die Impulszahl μ_u und die Leistungszahl λ definiert. Die Lieferzahl φ ist definiert für den Axialverdichter zu

$$\varphi_{ax} = \frac{\dot{V}_E}{\frac{\pi}{4} \cdot D_2^2 \cdot (1 - \nu^2) \cdot u_2} = \frac{c_{ax}}{u_2} \tag{6.28}$$

mit $\nu = \frac{D_1}{D_2}$, und für den Radialverdichter zu

$$\varphi_{ra} = \frac{\dot{V}_E}{\frac{\pi}{4} \cdot D_2^2 \cdot u_2}. \tag{6.29}$$

Im Turbinenbereich wird φ_{ax} als Volumenstromkennzahl bezeichnet, siehe Gl. (3.47). Eine andere Möglichkeit zur Charakterisierung des Volumendurchsatzes durch einen Radialverdichter ist die Volumenzahl φ_{r2}

$$\varphi_{r2} = \frac{\dot{V}_2}{\pi \cdot D_2 \cdot B_2 \cdot u_2} = \frac{c_{r2}}{u_2} \tag{6.30}$$

mit B_2 als Kanalbreite.

Die Druckzahl ψ ist definiert zu

$$\psi = \frac{2 \cdot \Delta h_s}{u_2^2}. \tag{6.31}$$

Als Alternative kann man zur Definition auch die polytrope Verdichtungsarbeit heranziehen

$$\psi_p = \frac{2 \cdot \Delta h_{pol}}{u_2^2}.$$ (6.32)

Für die Charakterisierung der Umfangsarbeit gilt

$$\psi_u = \frac{2 \cdot \Delta h_u}{u_2^2}.$$ (6.33)

ψ_u wird auch als Schaufelarbeitszahl oder als Leistungsziffer λ bezeichnet. Gelegentlich findet man auch die Impulszahl oder Druckziffer μ_u, die aber bis auf den Faktor 2 der Druckzahl ψ entspricht ($\mu_u = \frac{\psi}{2}$).

Cordier-Diagramm Mit Hilfe zweier weiterer Kennzahlen, der Schnellläufigkeit σ und dem spezifischen Durchmesser δ, lässt sich nach Cordier der Zusammenhang zwischen der möglichen Laufradform und diesen Kennzahlen ableiten, siehe auch Abb. 2.39. Bei Verdichtern gilt für die Schnellläufigkeit σ:

$$\sigma = \frac{2 \cdot \sqrt{\pi}}{60} \cdot (2 \cdot \Delta h_s)^{-\frac{3}{4}} \cdot \dot{V}^{\frac{1}{2}} \cdot n$$ (6.34)

und für den spezifischen Durchmesser δ gilt:

$$\delta = \frac{\sqrt{\pi}}{2} \cdot (2 \cdot \Delta h_s)^{\frac{1}{4}} \cdot \dot{V}^{-\frac{1}{2}} \cdot D_s$$ (6.35)

mit

$$
\begin{aligned}
n &: \quad \text{Umdrehungen pro Minute} \\
\dot{V} &: \quad \text{Volumenstrom pro Sekunde} \\
D_s &: \quad \text{Außendurchmesser des Laufrades}
\end{aligned}
$$

Abb. 6.5 zeigt die von Cordier gefundenen Zusammenhänge zwischen der Laufradform, der Schnellläufigkeit σ und dem spezifischen Durchmesser δ. Es bildet einen Anhaltspunkt für die Laufradform beim vollständigen Neuentwurf einer Maschine.

Reaktionsgrad r Bei einem Verdichter erfolgt die Energiezufuhr, also die Erhöhung der Totalenthalpie, stets im Laufrad, während die statische Druck- bzw. Enthalpieerhöhung je nach Auslegung der Maschine unterschiedlich auf das Laufrad und die dazugehörende Leiteinrichtung (Leitrad, Diffusor, Spirale) verteilt werden kann. Die Aufteilung hat entscheidenden Einfluß auf die Wahl der Beschaufelung und das Verhalten der Stufe. Zur quantitativen Charakterisierung dient der Reaktionsgrad **r**. Bei Verdichtern läßt sich der Reaktionsgrad mit der Druckerhöhung Δp am Laufrad La und an der Stufe St bzw. der Enthalpieerhöhung Δh am Laufrad La und Stufe St definieren.

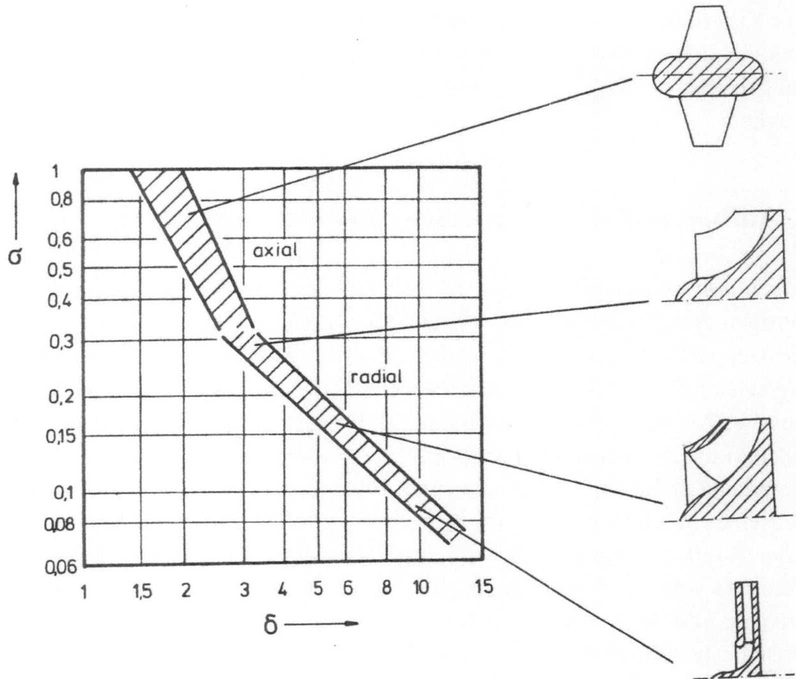

Abb. 6.5 Cordier-Diagramm und Laufradformen [28]

$$r = \frac{\Delta p_{La}}{\Delta p_{St}} \tag{6.36}$$

$$r = \frac{\Delta h_{La}}{\Delta h_{St}} \tag{6.37}$$

In der Regel sind die Strömungsgeschwindigkeiten am Eintritt und Austritt der Stufe gleich, so dass der Reaktionsgrad auch aus dem Verhältnis der Änderung des statischen Anteils einer Größe im Laufrad zur Änderung des Totalwertes gebildet wird. Insbesonders bei Radialverdichtern läßt sich der Reaktionsgrad als das Verhältnis der statischen Druckerhöhung zur Totaldruckerhöhung im Laufrad definieren. Der Reaktionsgradbereich von Turboverdichtern reicht von $r = 0$ bis $r = 1$, in Sonderfällen sind im Axialverdichter auch Reaktionsgrade größer 1 möglich; üblich sind Reaktionsgrade zwischen 0,5 und 1,0. Bei Axialverdichtern ist zu beachten, daß sich der Reaktionsgrad in Abhängigkeit eines gewählten Schaufelverwindungsgesetzes über dem Radius einer Stufe ändern kann [28].

De-Haller-Kriterium De Haller hat bei Untersuchungen an Axialverdichtergittern festgestellt, dass die Strömung nur bis zu einem bestimmten Verhältnis von Austritts- zur Eintrittsgeschwindigkeit des Gitters ($\frac{c_2}{c_1} \geq 0,72$) ohne Ablösungen verzögert werden kann. Das de-Haller-Kriterium bietet eine einfache Möglichkeit, die maximal zulässige Verzögerung der Strömung in einem konventionellen Axialverdichtergitter abzuschätzen. Bei speziellen Auslegungen oder bei Radialverdichterkanälen sind auch kleinere Geschwindkeitsverhältnisse möglich.

6.3   Aufbau und Wirkungsweise von Axialverdichtern

Der Aufbau von Axialverdichtern ist in Abb. 1.11 und in Abb. 6.6 für einen 12-stufigen eingehäusigen Axialverdichter mit verstellbaren Leitschaufeln für Anwendungen in der Industrie dargestellt. Allgemein erkennbar ist, dass die durchströmte Querschnittsfläche und somit die Schaufellängen des Verdichters auf der Zuströmseite größer sind im Vergleich zur Abströmseite. Wie bereits erwähnt, werden Axialverdichter bervorzugt bei der Verdichtung von großen Volumenströmen bei mäßigen Druckverhältnissen eingesetzt.

Laufrad und Leitrad eines Axialverdichters bilden als Stufe den kleinsten funktionstüchtigen Teil eines Axialverdichters. Im rotierenden Laufrad wird dem Arbeitsmedium mit der Umfangskraft F_u entgegen der Umfangsrichtung u die Umfangsarbeit Δh_u zugeführt, und im Leitrad wird die Strömung umgelenkt und eventuell verzögert. Die Erhöhung der Totalenthalpie h_t erfolgt über den mittleren Radumfang der Stufe. Die statische Enthalpie bzw. der statische Druckaufbau kann je nach Auslegung der Maschine unterschiedlich auf das Lauf- und Leitrad der Stufe aufgeteilt werden. Da die der Beschaufelung zugeführte Umfangsarbeit in einer Axialverdichterstufe relativ gering ist, sind zum Erreichen der für Industrieanwendungen notwendigen Druckverhältnisse meist mehrere Stufen nötig. Einstufige oder gelegentlich auch zweistufige Maschinen bezeichnet man als Ventilatoren. Diese Maschinen werden im einstufigen Fall oft auch ohne Leitgitter ausgeführt. Vor der ersten Stufe einer Axialmaschine kann ein Vorleitrad bzw. Vorleitgitter stehen, das die Strömung

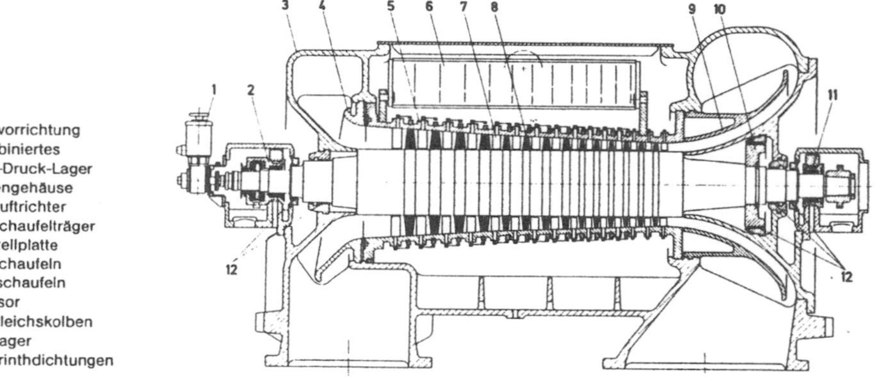

Abb. 6.6 Aufbau eines 12-stufigen Axialverdichters mit verstellbaren Leitschaufeln (DEMAG) [28]

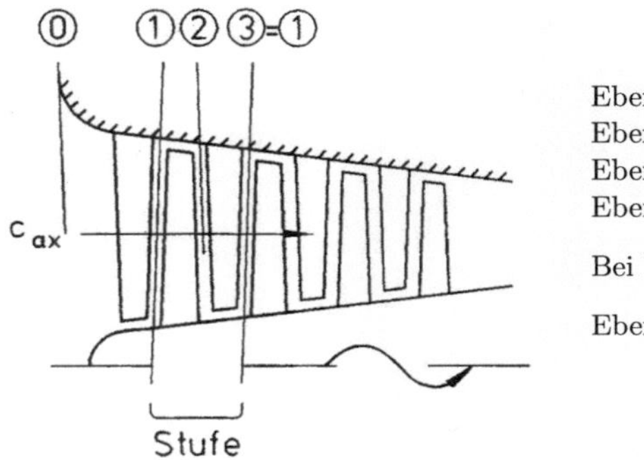

Abb. 6.7 Aufbau einer Axialverdichterstufe [28]

zum nachfolgenden Laufrad einstellt. Abb. 6.7 zeigt den Aufbau sowie die Bezeichnung der Ebenen eines mehrstufigen Axialverdichters.

Bei mehrstufigen Maschinen werden die Stufen zu Stufengruppen zusammengefasst, die nach den gleichen Gesetzmäßigkeiten bzw. Kennzahlen ausgelegt sind. Derartige Stufen nennt man auch Repetierstufen. Bei geänderten Betriebszuständen kann die Gittergeometrie durch verstellbare Leitschaufeln und seltener durch eine verstellbare Laufradbeschaufelung ausgeführt sein.

6.3.1   Theorie der Axialverdichterstufe

Grundlegende Annahme für die elementaren Betrachtungen an einer Axialverdichterstufe ist die rotationssymmetrische, vom Radius unabhängige Strömung. Dies ist in Stufen mit einem großen Nabenverhältnis, also bei Stufen mit kleiner Schaufelhöhe oft gut erfüllt. Bei Stufen mit verhältnismäßig langen Schaufeln denkt man sich die Strömung durch einen geeigneten Koaxialschnitt in der Mitte der Schaufelllänge (Mittelschnittsrechnung) repräsentiert. Weiterhin wird eine schaufelkongruente Strömung, das heißt eine Strömung, die exakt der Kanalkontur folgt, vorausgesetzt.

6.3.2   Schaufelplan und Energieübertragung

Abb. 6.8 zeigt die Bezeichnungen, den Profilschnitt und Schaufelplan sowie das Geschwindigkeitsdreieck (Impulsdreieck) an einem abgewickelten Koaxialschnitt einer Axialverdichterstufe.

Für die Umfangsarbeit Δh_u der Beschaufelung der Axialverdichterstufe erhält man nach Gl. (3.30):

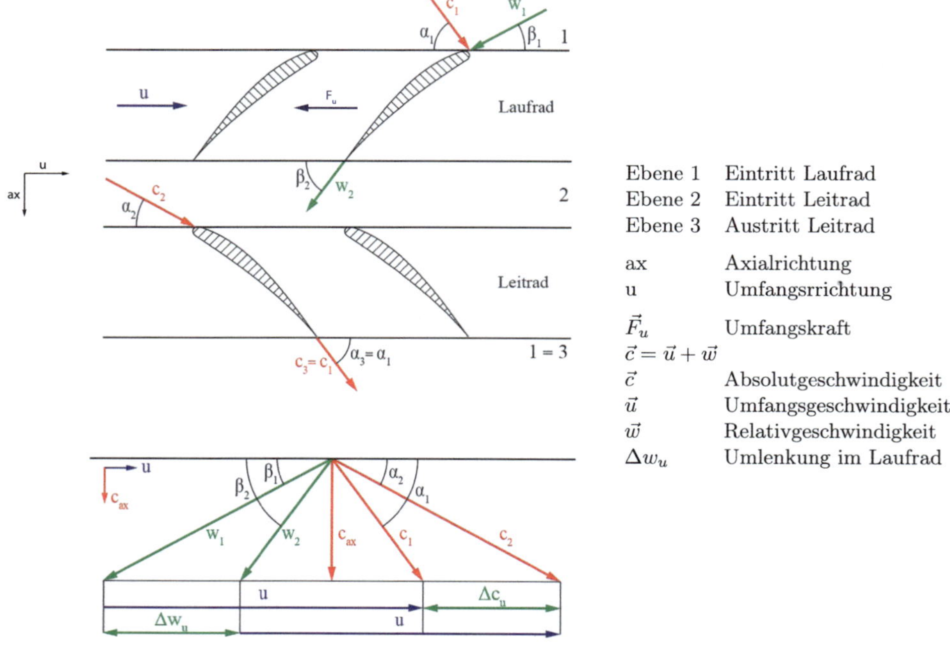

Abb. 6.8 Schaufelplan im Mittelschnitt und Geschwindigkeitsdreieck einer Axialverdichterstufe

$$\Delta h_u = u(c_{u2} - c_{u1}) = u\,\Delta c_u = u\,\Delta w_u \qquad \text{mit} \qquad (6.38)$$

$$\Delta w_u = w_{u2} - w_{u1} = \Delta c_u = c_{u2} - c_{u1} \qquad (6.39)$$

Zur Berechnung der inneren Verdichtungsarbeit Δh_i an der Verdichterwelle sind außer der nutzbaren Umfangsarbeit Δh_u zusätzliche oder summarische Verluste $h_{v,zusatz}$ wie Spaltverluste, Radreibungsverluste, Ventilationsverluste und Feuchtigkeitsverluste (zusätzliche Verlustbeiwerte ζ_z) zu decken, so dass gilt:

$$\Delta h_i = \Delta h_u + h_{v,zusatz} = \Delta h_u \cdot \left(1 + \sum \zeta_z\right) . \qquad (6.40)$$

Die innere Leistungsaufnahme beträgt dann:

$$P_i = \dot{m} \cdot \Delta h_i = \dot{m} \cdot (\Delta h_u + h_{v,zusatz}) . \qquad (6.41)$$

Die innere Leistung wird an der Verdichterwelle übertragen. Die Verdichterantriebsleistung $P_{antrieb}$ deckt auch den mechanischen Wirkungsgrad η_{mech}, und es gilt:

$$P_{antrieb} = \frac{P_i}{\eta_{mech}} . \qquad (6.42)$$

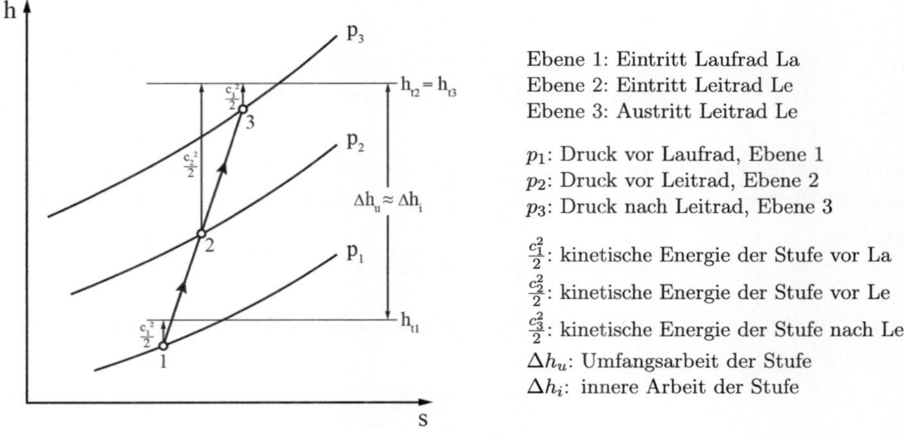

Abb. 6.9 Verdichtungsvorgang in einer Axialverdichterstufe im h-s-Diagramm

Die spezifische innere Arbeit Δh_i ist bei adiabater Maschine gleich der Totalenthalpie-änderung des Arbeitsmediums ($h_t = h + \frac{c^2}{2}$) zwischen Eintritt und Austritt der Maschine und bei vernachlässigbaren Zusatzverlusten gleich der Umfangsarbeit Δh_u, so dass gilt:

$$\Delta h_i = c_p \cdot (T_{t3} - T_{t1}) = h_{t3} - h_{t1} \tag{6.43}$$

$$\Delta h_i \approx \Delta h_u \qquad\qquad \text{für} \quad h_{v,zusatz} \approx 0. \tag{6.44}$$

Sie bewirkt einerseits eine Zunahme des Totaldruckes und, infolge des irreversiblen Charakters technischer Prozesse, eine Zunahme der Entropie. Abb. 6.9 verdeutlicht den Verdichtungsvorgang in einer Axialverdichterstufe im h, s- Diagramm.

6.3.3 Ideale Axialverdichterstufe und Verdichterkennlinie

Betrachtet man eine ideale Verdichterstufe mit einer schaufelkongruenten, verlustfreien Strömung, bei der die Leit- und Laufradverluste ($\Delta h_{v,Le} = \Delta h_{v,La} = 0$) und ebenfalls die Zusatzverluste $h_{v,zusatz}$ Null sind, dann ergibt sich für die Umfangsarbeit Δh_u (siehe Gl. (6.38)) und die innere Arbeit Δh_i (siehe Gl. (6.43)) mit Gl. (6.40) für die ideale Stufe:

$$\Delta h_u = \Delta h_i = \Delta h_s = R \cdot T_1 \cdot \frac{\kappa}{\kappa - 1} \cdot \left[\pi^{\frac{\kappa-1}{\kappa}} - 1 \right] = u \cdot (w_{u2} - w_{u1}) . \tag{6.45}$$

Gl. (6.45) gilt für rein axiale Durchströmung der Stufen bzw. bei gleicher Umfangsgeschwindigkeit $u_1 = u_2 = u$. Damit läßt sich direkt das Druckverhältnis π bei einer kompressiblen reversiblen Verdichtung berechnen:

$$\pi^{\frac{\kappa-1}{\kappa}} = \frac{u \cdot \Delta w_u \cdot (\kappa - 1)}{\kappa R T_1} + 1 \tag{6.46}$$

$$\pi = \left[\frac{u \cdot \Delta w_u \cdot (\kappa - 1)}{\kappa R T_1} + 1 \right]^{\frac{\kappa}{\kappa-1}} . \tag{6.47}$$

Im umgekehrten Fall kann man aus einem vorgegebenen Druckverhältnis die Schaufelarbeit und damit die benötigte Strömungsumlenkung im Laufrad bestimmen. Aus Gl. (6.45) erhält man dann

$$u \cdot \Delta w_u = R T_1 \frac{\kappa}{\kappa - 1} \left[\pi^{\frac{\kappa-1}{\kappa}} - 1 \right] . \tag{6.48}$$

Zur Durchführung der Stufenberechnung ergibt sich mit der Kontinuitätsgleichung in den Kontrollebenen:

$$\dot{m} = \tau \rho \underbrace{\pi D_m l}_{Fläche\ A} \underbrace{c \sin \alpha}_{c_{ax}} . \tag{6.49}$$

mit τ als Verengungs- oder Versperrungsfaktor.

Für die Druckzahl ψ erhält man mit den getroffenen Annahmen nach Gl. (6.31):

$$\psi = \frac{2\Delta h_s}{u^2} = \frac{2u \cdot (w_{u1} - w_{u2})}{u^2} = \psi_u = 2\mu_u . \tag{6.50}$$

Hier wurde im Nenner die Umfangsgeschwindigkeit $u = u_1 = u_2$ im Mittelschnitt eingesetzt.

Mit dem Geschwindigkeitsdreieck aus Abb. 6.8 ergibt sich für die Änderung der Umfangskomponente der Relativgeschwindigkeit

$$\Delta w_u = u - (w_{u2} + c_{u1}) = u - (c_{ax} \cot \beta_2 + c_{ax} \cot \alpha_1) , \tag{6.51}$$

und mit der Lieferzahl $\varphi = \frac{c_{ax}}{u}$ erhält man schließlich

$$\psi = 2 - 2 \cdot \varphi_{ax} \cdot (\cot \beta_2 + \cot \alpha_1) . \tag{6.52}$$

Trägt man diese Funktion in ein $\psi = \psi(\varphi_{ax})$ Diagramm ein, siehe Abb. 6.10, so erhält man die dimensionslose Stufenkennline einer idealen Axialverdichterstufe bei drallfreier Zuströmung, also $\alpha_1 = 90°$ sowie mit α_1 als Scharparameter und konstantem β_2. Die Kennlinien werden also mit größer werdenden Schaufelaustrittswinkeln β_2 und α_1 immer flacher.

Die ideale Sufenkennline nach G. (6.52) gilt entsprechend der Stromfadentheorie für eine unendliche große Schaufelanzahl $z \to \infty$, bei der die Strömung exakt der Kanalkontur folgt. Im realen Gitter treten infolge von Reibungseinflüssen und Sekundärströmungen Abweichungen zwischen dem Strömungswinkel und dem Schaufelwinkel am Austritt auf. Der tatsächliche Umlenkungswinkel der Strömung $\beta_{2,Str}$ ist stets kleiner als der Profilumlenkungs- bzw. Schaufelwinkel $\beta_{2,Sch}$ und die tatsächliche Energieumsetzung in der Stufe ist geringer als im idealen Fall. Diesen Effekt nennt man Minderumlenkung oder wegen der

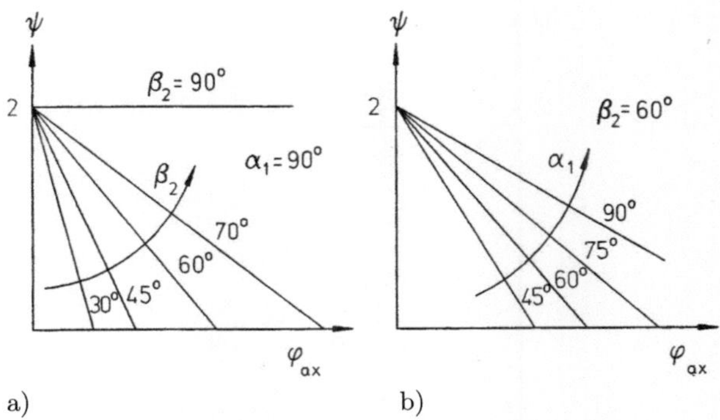

Abb. 6.10 Dimensionslose Kennlinie der idealen Axialverdichterstufe [28]

a) axiale Zuströmung mit $\alpha_1 = 90°$ und β_2 variabel
b) Abströmung mit $\beta_2 = 60°$ und α_1 variabel
ψ: Druckzahl φ_{ax}: Lieferzahl

geringeren Arbeitsübertragung Minderleistung oder Impulsminderung. Nach der Tragflügeltheorie entstehen auf der Saugseite infolge des Unterdruckes Übergeschwindigkeiten und auf der Druckseite wegen des dortigen Überdruckes Untergeschwindigkeiten (siehe Abschn. 9.2.1). Im Spalt nach der Beschaufelung herrscht aber wieder gleicher Druck, so dass die Strömung auf der Saugseite auf einem relativ kurzen Weg verzögert und auf der Druckseite beschleunigt werden muss. Diese verzögerte Strömung auf der Saugseite führt zu einem Anwachsen der Grenzschicht während sie auf der Druckseite dünn bleibt. Im Schaufelkanaleintritt herrschen gerade umgekehrte Verhältnisse, das heißt eine beschleunigte Strömung auf der Saug- und eine verzögerte Strömung auf der Druckseite. Es kommt also zu einer Transportströmung entgegen der Umfangsrichtung, was zu einem kleinerem Profilumlenkungswinkel am Schaufelaustritt führt. Dies führt zu einer Impulsminderung $\Delta\mu_u$ bzw. $\Delta\psi_u$ infolge der endlichen Schaufelzahl z und wird bei der Darstellung der dimensionslosen Stufenkennlinie in Abb. 6.11 berücksichtigt. Die Impulsminderung $\Delta\psi = 2\Delta\mu_u$ kann durch eine Winkelübertreibung, das heißt eine Vergrößerung des Schaufelaustrittswinkels $\beta_{2,Sch}$ ausgeglichen werden. Berücksichtigt man noch die Verluste im Lauf- und Leitrad ($\Delta h_{v,La}$, $\Delta h_{v,Le}$) und die Zusatzverluste $h_{v,Zusatz}$, so ergibt sich für die dimensionslose Verdichterkennlinie einer Stufe mit Verlusten, siehe auch Abb. 6.11:

$$\psi = \psi^* - \Delta\psi - \psi_v = \psi' - \psi_v \tag{6.53}$$

Der Arbeitsbereich der Verdichterstufe wird bei kleiner Durchsatzgröße φ durch die Pumpgrenze und bei großer Durchsatzgröße φ durch die Schluckgrenze begrenzt. Bei Unterschreiten der Pumpgrenze reißt die Strömung im Schaufelkanal ab und an der Schluckgrenze sperrt die Strömung durch Erreichen der Schallgeschwindigkeit im Schaufelkanal. Die Auslegung der Verdichter erfolgt in der Praxis im Arbeitsbereich bei negativer Steigung der realen Verdichterkennlinie.

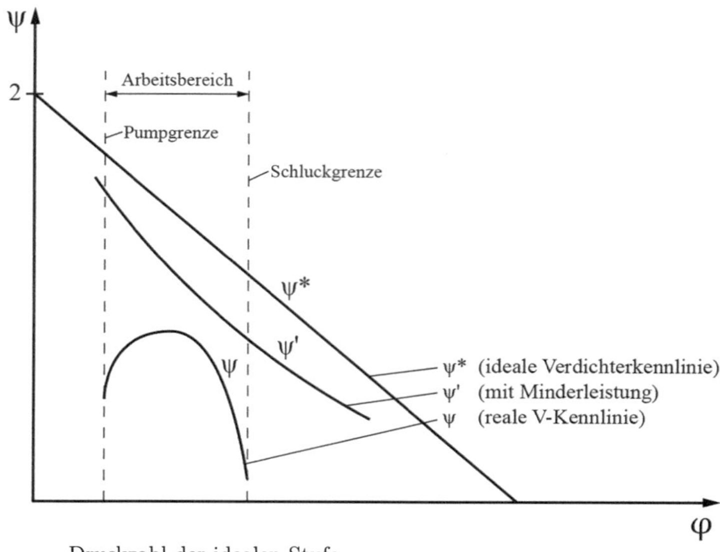

ψ^* Druckzahl der idealen Stufe
$\Delta\psi$ Impulsminderung infolge der Minderleistung
ψ' Druckzahl mit Minderleistung aber ohne Verluste
ψ Druckzahl der realen Stufe mit Verlusten
$\varphi_{ax} = \varphi$ Lieferzahl

Abb. 6.11 Dimensionslose Stufenkennlinie [28]

6.3.4   Reaktionsgrad einer Axialverdichterstufe

Bei gegebener Umfangsgeschwindigkeit u des Laufrades und gegebener Umlenkung im Gitter Δc_u bzw. Δw_u bleibt die Totalenthalpieerhöhung einer Stufe für jede denkbare Anordnung der Geschwindigkeitsdreiecke stets gleich. Die Aufteilung der statischen Druckerhöhung im Laufrad Δp_{La} und Leitrad Δp_{Le} kann aber je nach Auslegung verschieden sein. Die Druckerhöhung im Laufrad erhält man durch die Verzögerung der Relativströmung im Laufradkanal beim inkompressiblen Fall zu

$$\Delta p_{La} = \frac{1}{2}\rho(w_1^2 - w_2^2) = \rho w_{u\infty}\Delta w_u \ . \tag{6.54}$$

mit

$$w_{u\infty} = \frac{1}{2}(w_{u2} + w_{u1}) \ . \tag{6.55}$$

Die Druckerhöhung der Stufe Δp_{St} ist im inkompressiblen Fall

$$\Delta p_{St} = \frac{1}{2}\rho(w_1^2 - w_2^2 + c_2^2 - c_1^2) = \rho u \Delta w_u \;. \tag{6.56}$$

Für den Reaktionsgrad $\mathbf{r}$ erhält man dann mit $c_3 = c_1$

$$\mathbf{r} = \frac{\Delta p_{La}}{\Delta p_{St}} = \frac{w_{u\infty}}{u} \;. \tag{6.57}$$

Analog zu den Gl. (4.15) und (2.111) wird für Verdichter der kinematische Reaktionsgrad $\mathbf{r_k}$ geführt:

$$\mathbf{r_k} = -\frac{u_1^2 - u_2^2 - w_1^2 + w_2^2}{2\Delta h_u} \tag{6.58}$$

Für Axialmaschinen ist $u = u_1 = u_2$ und der kinematische Reaktionsgrad $\mathbf{r_k}$ ist mit den getroffenen Annahmen gleich dem Reaktionsgrad $\mathbf{r}$:

$$\mathbf{r_k} = \frac{w_{u\infty}}{u} = \mathbf{r}$$

Der Reaktionsgrad $\mathbf{r}$ reicht bei Axialmaschinen zwischen 0 und 1, in seltenen Fällen gibt es auch Verdichter mit einem Reaktionsgrad $\mathbf{r}$ größer als 1. Maschinen mit Reaktion $\mathbf{r} = 0$ werden auch Gleichdruckmaschinen genannt, da hier vor und nach dem Laufrad derselbe statische Druck herrscht, ansonsten spricht man von Überdruckmaschinen. In den Abb. 6.12 und 6.13 sind die Geschwindigkeitsdreiecke, Schaufelpläne und h-s-Diagramme von Axialverdichterstufen für $\mathbf{r} = 0{,}5$ und $\mathbf{r} = 1$ dargestellt.

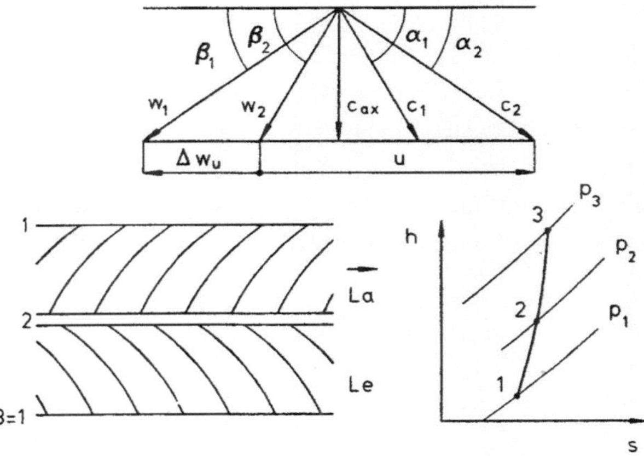

Geschwindigkeitsdreiecke, Schaufelpläne und Zustandsverlauf im h-s-Diagramm

Abb. 6.12 Verdichterstufe mit $\mathbf{r} = 0{,}5$ (Überdruckstufe) [28]

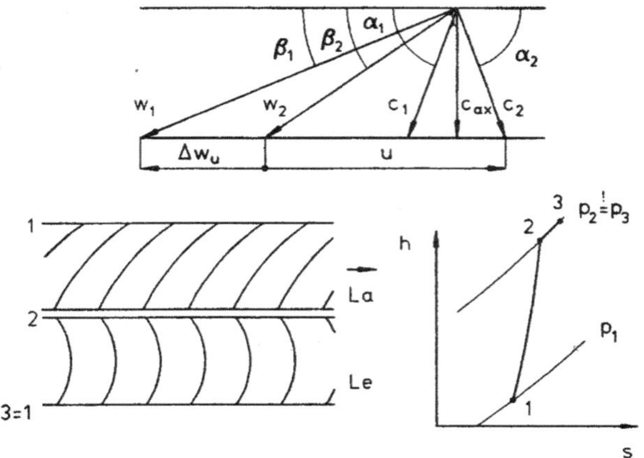

Geschwindigkeitsdreiecke, Schaufelpläne und Zustandsverlauf im h-s-Diagramm

Abb. 6.13 Verdichterstufe mit $\mathbf{r} = 1,0$ [28]

Abb. 6.14 Richtwerte für die
Kennzahlen $\mu_u = \frac{\psi_u}{2}$ und φ_{ax}
für Axialverdichter mit
$\mathbf{r} = 0,5$ und $\mathbf{r} = 1$, [13]

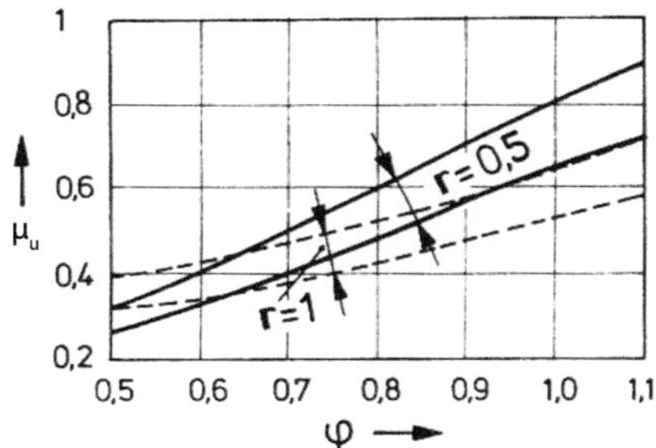

Als Richtwerte der Kennzahlen $\psi_u = 2\mu_u$ und φ_{ax} werden in [13, 35] für die Bauarten der Axialverdichter mit $\mathbf{r} = 0,5$ und $\mathbf{r} = 1$ Werte entsprechend der Abb. 6.14 angegeben.

In den Tab. 6.4 und 6.5 sind die wichtigsten Eigenschaften beider Auslegungsarten zusammengefasst. Dabei ist zu beachten, dass ein konstanter Reaktionsgrad über die gesamte Schaufelhöhe einer Stufe nur bei bestimmten Auslegungen der Schaufelverwindung erreichbar ist, ansonsten ändert sich der Reaktionsgrad über der Schaufelhöhe mehr oder weniger stark.

Tab. 6.4 Eigenschaften des Verdichters mit $r = 0,5$ [28]

Verdichter mit Reaktionsgrad $r = 0,5$
$\Rightarrow$ besonders geeignet für Gase mit niedriger Schallgeschwindigkeit $a = \sqrt{\kappa RT}$
$\Rightarrow$ höhere Umfangsgeschwindigkeiten möglich bis zur Machzahlgrenze, deshalb: – geringere Stufenzahl   – steilere Kennlinie   – geringerer Kennfeldbereich
$\Rightarrow$ höhere Axialgeschwindigkeiten möglich, deshalb: – starke Temperaturabsenkung im Einlaufbereich   – eventuell früher Wasserausscheidung   – eventuell früher Vereisung des Einlaufbereiches   – geringere Schaufelhöhe, dadurch größerer relativer Anteil der Randverluste
$\Rightarrow$ bevorzugter Einsatz z. B. in Flugtriebwerken

Tab. 6.5 Eigenschaften des Verdichters mit $r = 1,0$ [28]

Verdichter mit Reaktionsgrad $r = 1,0$
$\Rightarrow$ besonders geeignet für Gase mit hoher Schallgeschwindigkeit
$\Rightarrow$ niedrige Umfangs- und Axialgeschwindigkeiten, deshalb: – größere Schaufelhöhen
$\Rightarrow$ geringerer Wirkungsgradverlust bei Staubablagerung im Leitrad
$\Rightarrow$ normalerweise größerer Kennfeldbereich
$\Rightarrow$ bevorzugt im industriellen Einsatz

Beispiel 6.1 *Axialverdichterauslegung – Berechnungsbeispiel*

Eine Axialverdichteranlage soll ein Arbeitsmedium in einer neu zu verlegenden Leitung der Länge L zu einer Versuchsanlage fördern. Der Druck in der Versuchsanlage soll konstant sein $p_3 = const$. Der Verdichter saugt das Arbeitsmedium aus der Umgebung an. Die Druckerhöhung im Verdichter Δp_V und der Volumenstrom $\dot{V}_E$ am Verdichtereintritt sind gegeben. Der Druckverlust in der Leitung zur Versuchsanlage kann nach den Gesetzen zur Rohrhydraulik mit $\Delta p_L = \lambda \frac{L}{D} \frac{1}{2} \bar{\rho}_g \bar{c}_g^2$ berechnet werden, dabei kann für Überschlagsrechnungen mit einer mittleren Dichte des Mediums $\bar{\rho}_g$ und mit einer mittleren Strömungsgeschwindigkeit $\bar{c}_g$ gerechnet werden. Gegeben sind:

$$
\begin{aligned}
p_u &= 1\,bar && (\textit{Umgebungsdruck}) \\
t_u &= 20\,°C && (\textit{Umgebungstemperatur}) \\
\Delta p_V &= 11\,bar && (\textit{Druckerhöhung im Verdichter}) \\
\dot{V}_E &= 300\,\tfrac{m^3}{s} && (\textit{Volumenstrom am Verdichtereintritt}) \\
\kappa &= 1{,}43 && (\textit{Isentropenexponent des Arbeitsmediums}) \\
n &= 1{,}52 && (\textit{Polytropenexponent}) \\
R &= 300\,\tfrac{J}{kg\,K} && (\textit{Gaskonstante des Arbeitsmediums}) \\
p_{nL} &= 2\,bar && (\textit{Druck nach der Leitung } p_{nL} = p_3) \\
\bar{\rho}_g &= 8\,\tfrac{kg}{m^3} && (\textit{mittlere Dichte des Mediums in der Leitung}) \\
\bar{c}_g &= 50\,\tfrac{m}{s} && (\textit{mittlere Geschwindigkeit des Mediums in der Leitung}) \\
\lambda &= 0{,}02 && (\textit{Rohrreibungsbeiwert der Leitung})
\end{aligned}
$$

Gesucht sind die Anlagenskizze mit Verdichter und Verbraucher, Verdichterauslegung mit Geschwindigkeitsdreiecken und Schaufelplan.

Lösung 6.1

1. *Abb. 6.15 zeigt das Anlagenschema von Verdichter mit Verbraucher bzw. Last. Die Druckerhöhung im Verdichter $\Delta p_V = \Delta p_{L1} + \Delta p_{L2}$ entspricht dem Druckabfall in der Leitung Δp_{L1} und dem Druckabfall in der Anlage Δp_{L2}.*
2. *Für den idealen und realen Verdichtungsvorgang ergeben sich jeweils die Verdichterendtemperaturen T_{2s}, T_2 (siehe T-s-Diagramm) und die isentrope Verdichtungsarbeit Δh_s, innere Verdichtungsarbeit Δh_i (siehe h-s-Diagramm) in Abb. 6.16.*

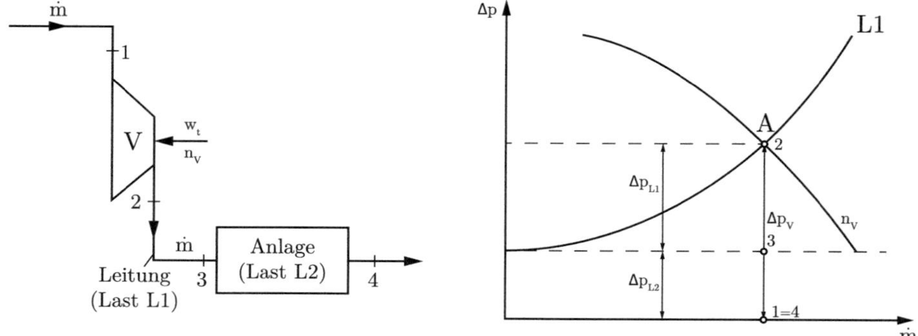

Abb. 6.15 Axialverdichter mit Verbraucher (Leitung und Versuchsanlage)

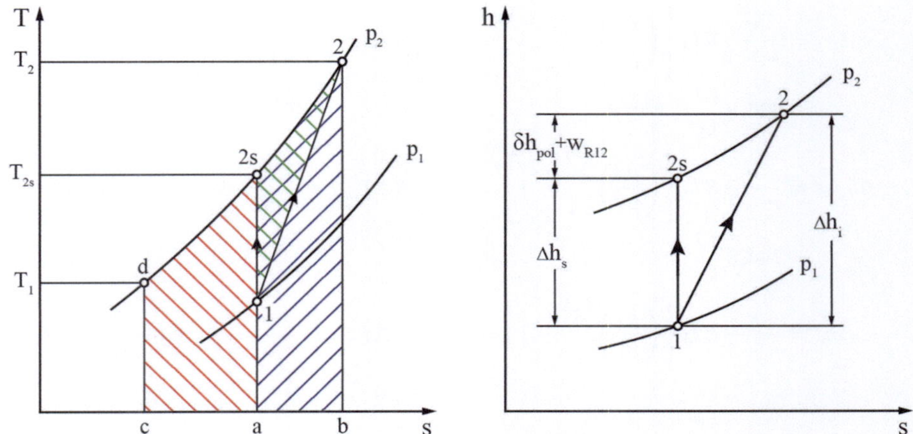

Abb. 6.16 Verdichtungsvorgang im T-s- und h-s-Diagramm

Es gilt für den Druck nach Verdichter p_2, Druckverhältnis am Verdichter π_V und Verdichterendtemperaturen T_{2s}, T_2:

$$p_2 = p_1 + \Delta p_V = (1 + 11)\,bar = 12\,bar$$

$$\pi_V = \frac{p_2}{p_1} = \frac{12\,bar}{1\,bar} = 12$$

$$\Delta T_s = T_1\left[\left(\frac{p_2}{p_1}\right)^{\frac{\kappa-1}{\kappa}} - 1\right] = 293\,K\left[12^{\frac{1,43-1}{1,43}} - 1\right] = 325,6\,K$$

$$T_{2s} = T_1 + \Delta T_s = 293\,K + 325,6\,K = 618,6\,K \equiv 345,6\,^\circ C$$

$$\Delta T_{pol} = T_1\left[(\pi_V)^{\frac{n-1}{n}} - 1\right] = 293\,K\left[12^{\frac{1,52-1}{1,52}} - 1\right] = 392,6\,K$$

$$T_2 = T_1 + \Delta T_{pol} = 293\,K + 392,6\,K = 685,6\,K \equiv 412,6\,^\circ C$$

3. *Es gilt für die isentrope Verdichtungsarbeit Δh_s, polytrope Verdichtungsarbeit Δh_{pol}, innere Verdichtungsarbeit Δh_i, Verdichterleistung P und die isentrope und polytrope Verdichtungswirkungsgrade $\eta_{i,s}$ und $\eta_{i,pol}$:*

$$\Delta h_s = \frac{\kappa}{\kappa - 1} R T_1 \left[\left(\frac{p_2}{p_1} \right)^{\frac{\kappa-1}{\kappa}} - 1 \right] = \frac{\kappa}{\kappa - 1} R \Delta T_s = \frac{1{,}43}{1{,}43 - 1} \cdot 300 \, \frac{J}{kg\,K} \cdot 325{,}6 \, K$$

$$= 324{,}8 \, \frac{kJ}{kg}$$

$$\Delta h_{pol} = \frac{n}{n - 1} R T_1 \left[\left(\frac{p_2}{p_1} \right)^{\frac{n-1}{n}} - 1 \right] = \frac{n}{n - 1} R \Delta T_{pol} = \frac{1{,}52}{0{,}52} \cdot 300 \, \frac{J}{kg\,K} \cdot 392{,}6 \, K$$

$$= 344{,}8 \, \frac{kJ}{kg}$$

$$\Delta h_i = \frac{\kappa}{\kappa - 1} R T_1 \left[\left(\frac{p_2}{p_1} \right)^{\frac{n-1}{n}} - 1 \right] = \frac{\kappa}{\kappa - 1} R \Delta T_{pol} = \frac{1{,}43}{1{,}43 - 1} \cdot 300 \, \frac{J}{kg\,K} \cdot 392{,}6 \, K$$

$$= 391{,}7 \, \frac{kJ}{kg}$$

$$w_{t12} = w_{t,V} = \Delta h_i = 391{,}7 \, \frac{kJ}{kg}$$

$$\rho_1 = \frac{p_1}{R T_1} = \frac{1 \cdot 10^5 \, Pa}{300 \, \frac{J}{kg\,K} \cdot 293 \, K} = 1{,}137 \, \frac{m^3}{kg}$$

$$\dot{m} = \rho_1 \dot{V}_1 = 1{,}137 \, \frac{m^3}{kg} \cdot 300 \, \frac{m^3}{s} = 341 \, \frac{kg}{s}$$

$$P = \dot{m} w_{t,V} = 341 \, \frac{kg}{s} \cdot 391{,}7 \, \frac{kJ}{kg} = 133{,}6 \, MW$$

$$\eta_{i,s} = \frac{\Delta h_s}{\Delta h_i} = \frac{324{,}8 \, \frac{kJ}{kg}}{391{,}7 \, \frac{kJ}{kg}} = 0{,}83$$

$$\eta_{i,pol} = \frac{\Delta h_{pol}}{\Delta h_i} = \frac{344{,}8 \, \frac{kJ}{kg}}{391{,}7 \, \frac{kJ}{kg}} = 0{,}88$$

4. *Die der Beschaufelung zugeführte Arbeit Δh_u soll 90 % von Δh_i betragen. Es gilt für die Zusatzverluste wie Spalt- und Radreibungsverluste $h_{v,zu}$:*

$$\Delta h_u = 0{,}9 \cdot \Delta h_i = 0{,}9 \cdot 391{,}7 \, \frac{kJ}{kg} = 352{,}5 \, \frac{kJ}{kg}$$

$$\Delta h_u = \Delta h_i - h_{v,zu} \qquad bzw.$$

$$h_{v,zu} = \Delta h_i - \Delta h_u = (391{,}7 - 352{,}5) \, \frac{kJ}{kg} = 66{,}2 \, \frac{kJ}{kg}$$

5. *Für die Verdichterauslegung werden gewählt: Reaktionsgrad $\mathbf{r} = \frac{\Delta p_{La}}{\Delta p_{St}} = 0{,}5$; Liefer-zahl $\varphi_{ax} = \frac{c_{ax}}{u} = 0{,}4$; Druckzahl $\psi_u = \frac{2\Delta h_{u,St}}{u_2^2} = 0{,}8$ (Impulskennzahl $\mu = \frac{\psi}{2}$); Umfangsgeschwindigkeit am Verdichteraustritt $u_2 = 354 \, \frac{m}{s}$; Zuströmung zur Ver-dichterstufe mit $\alpha_1 = 55°$.*
Die Umfangsarbeit der Stufe $\Delta h_{u,St}$, die Stufenanzahl z bei gleichmäßiger Stufenauf-

teilung, die Umlenkung Δw_u der Stufe und das Stufendruckverhältnis $\pi_{V,St}$ ergeben sich zu:

$$\Delta h_{u,St} = \frac{u_2^2 \psi_u}{2} = \frac{354^2 \frac{m^2}{s^2} \cdot 0{,}8}{2} = 50{,}1 \frac{kJ}{kg}$$

$$\Delta h_u = z\,\Delta h_{u,St} \qquad bzw.$$

$$z = \frac{\Delta h_u}{\Delta h_{u,St}} = \frac{352{,}5 \frac{kJ}{kg}}{50{,}1 \frac{kJ}{kg}} \approx 7$$

$$\Delta h_{u,St} = u\,\Delta w_u \qquad bzw.$$

$$\Delta w_u = \frac{\Delta h_{u,St}}{u} = \frac{50{,}1 \frac{kJ}{kg}}{354 \frac{m}{s}} = 141{,}2 \frac{m}{s}$$

$$\pi_V = (\pi_{V,St})^z \qquad bzw.$$

$$\pi_{V,St} = (\pi_V)^{\frac{1}{z}} = 12^{\frac{1}{7}} = 1{,}43$$

6. *Damit ergeben sich für die Geschwindigkeitsdeiecke und den Schaufelplan, siehe Abb. 6.17:*

7. *Für die Anströmung zur ersten Verdichterstufe ist ein Vorleitrad von 0 nach 1 erforderlich, dass die Strömunng von der axialen bzw. drallfreien Zuströmung $c_{ax} = c_0$ ($\alpha_1 = 90°$) in die Richtung von c_1 mit $\alpha_1 = 55°$ umlenkt. Dabei wird die Strömung im Vorleitrad auch beschleunigt. Die axiale Zuströmgeschwindigkeit ergibt sich zu (siehe auch Abb. 6.17):*

$$\varphi_{ax} = \frac{c_{ax}}{u} \qquad bzw.$$

$$c_{ax} = \varphi_{ax} u = 0{,}4 \cdot 354 \frac{m}{s} = 142 \frac{m}{s}$$

$$c_1 = \frac{c_{ax}}{\cos(90° - \alpha_1)} = \frac{142 \frac{m}{s}}{\cos(90 - 55)°} = \frac{142 \frac{m}{s}}{0{,}819} = 173 \frac{m}{s}$$

$$\Delta w_u = u - (w_{u2} + c_{u1}) = u - (c_{ax}(\cot \beta_2 + \cot \alpha_1)) = 354 \frac{m}{s}$$

$$- \left(142 \frac{m}{s} \cdot 2 \cdot \cot 55°\right) = 155 \frac{m}{s}$$

$$\Delta h_{u,St} = u\,\Delta w_u = 354 \frac{m}{s} \cdot 155 \frac{m}{s} = 55 \frac{kJ}{kg}$$

Die ermittelten Umfangsarbeiten pro Stufe über die Druckzahl ψ mit $\Delta h_{u,St} = 50{,}1 \frac{kJ}{kg}$ oder über das Geschwindigkeitsdreieck $\Delta h_{u,St} = 55 \frac{kJ}{kg}$ stimmen mit dem gewählten Zuströmwinkel $\alpha_1 = 55°$ und mit $\alpha_1 = \beta_2$ für $\mathbf{r} = 0{,}5$ annähernd überein.

Altenativ kann über die Gl. (6.51) über die berechnete Umlenkung $\Delta w_u = 141{,}2 \frac{m}{s}$ ein

Abb. 6.17 Schaufelplan und Geschwindigkeitsdreiecke der Axialverdichterstufe

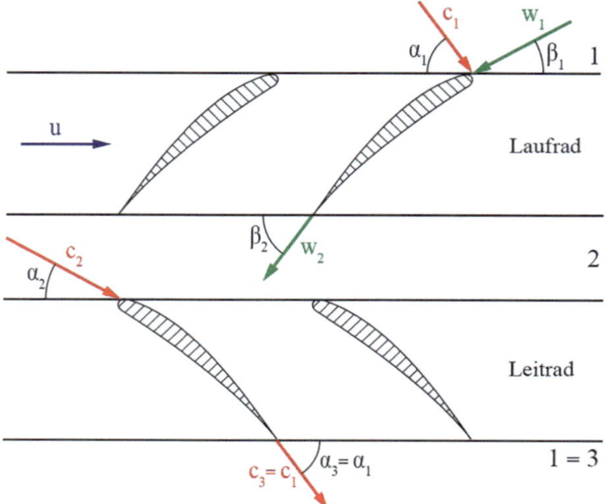

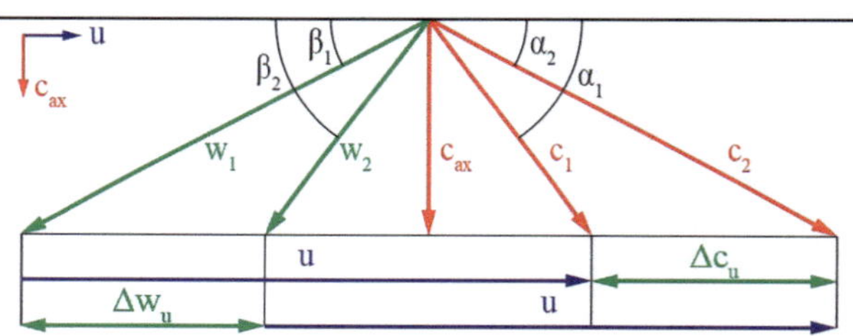

neuer Abströmwinkel β_2 am Laufradaustritt berechnet werden zu:

$$\cot \beta_2 = \frac{u - \Delta w_u}{c_{ax}} - \cot \alpha_1 \; bzw.$$

$$\beta_2 = \arctan \left(\frac{u - \Delta w_u}{c_{ax}} - \cot \alpha_1 \right)^{-1} = \arctan \left(\frac{(354 - 141{,}2)\,\frac{m}{s}}{142\,\frac{m}{s}} - \cot 55^\circ \right)^{-1}$$

$$= 51{,}4^\circ$$

Der Abströmwinkel β_2 am Laufradaustritt ist bei dieser Berechnung mit Vorgabe der Umlenkung $\Delta w_u = 141{,}2\,\frac{m}{s}$ um $\Delta \beta_2 = (55 - 51{,}4)^\circ = 3{,}6^\circ$ kleiner und somit die Geschwindigkeit w_2 etwas größer als c_1.

8. *Für die erste Stufe mit den Zustandspunkten 1,2,3 ergeben sich folgende Zustände (Druck- und Enthalpieänderung durch die Zuströmung zum Verdichter und die Strömung durch das Vorleitrad von 0 nach 1 werden vernachlässigt):*
   Druckverhältnis pro Stufe: $\pi_{V,St} = \frac{p_3}{p_1} = 1{,}43$, daraus $\Delta p_{St1} = \Delta p_{La} + \Delta p_{Le} =$

$$p_3 - p_1 = p_1(\pi_{V,St} - 1) = 0{,}43 \cdot p_1 = 0{,}43 \, bar$$

Zustand im Eintrittspunkt 1 vor Laufrad:

$$p_1 = p_u = 1 \, bar, \; T_1 = T_u = 293 \, K = 20 \, ^\circ C$$

im Austrittspunkt 3 nach Leitrad:

$$p_3 = 1{,}43 \, bar, \; T_3 = T_1 \left[(\pi_{V,St})^{\frac{n-1}{n}} \right] = 293 \, K \left[1{,}43^{\frac{1{,}52-1}{1{,}52}} \right] = 331{,}1 \, K = 58 \, ^\circ C$$

Zustand im Austrittspunkt 2 nach Laufrad bzw. Eintritt Leitrad mit $\mathbf{r} = 0{,}5$*:*

$$p_2 = p_1 + \Delta p_{La} = p_1 + \tfrac{\Delta p_{St1}}{2} = (1 + \tfrac{0{,}43}{2}) \, bar = 1{,}215 \, bar, \; T_2 = 313{,}2 \, K = 40 \, ^\circ C$$

Abb. 6.9 zeigt den Verdichtungsvorgang in der Axialverdichterstufe.

9. *Die Abströmgeschwindigkeit nach dem Laufrad* c_2 *ergibt sich mit* $c_1 = c_3$ *nach dem Energieerhaltungssatz Gl. (6.3), siehe auch Abb. 6.9.*

$$\Delta h_u = (h_3 - h_1) + \frac{1}{2}(c_3^2 - c_1^2) = h_{t3} - h_{t1} = h_{t2} - h_{t1} \quad bzw.$$

$$h_{t2} = h_{t3} = h_2 + \frac{1}{2}c_2^2 = h_3 + \frac{1}{2}c_3^2$$

$$\frac{1}{2}c_2^2 = h_3 - h_2 + \frac{1}{2}c_3^2 = \frac{\Delta h_u}{2} + \frac{1}{2}c_1^2 \quad (f\ddot{u}r \; \mathbf{r} = 0{,}5)$$

$$\frac{1}{2}c_2^2 = \frac{50{,}1 \, \frac{kJ}{kg}}{2} + \frac{1}{2} \cdot \left(173\frac{m}{s}\right)^2 = 39{,}96 \, \frac{kJ}{kg}$$

$$c_2 = \sqrt{2 \cdot 39{,}96 \cdot 10^3 \left(\frac{m}{s}\right)^2} = 283 \, \frac{m}{s}$$

Für $\mathbf{r} = 0{,}5$ *ist die relative Zuströmgeschwindigkeit ins Laufrad* w_1 *gleich der absoluten Abströmgeschwindigkeit* c_2*, was in einem maßstäblichen Geschwindigkeitsdreieck auch zu finden ist, siehe Abb. 6.17.*

10. *Mit einer sekundlichen Drehzahl* $n = 75\,\frac{1}{s}$*, Versperrungsfaktor* $\tau = 0{,}9$ *ergeben sich mit den Gl. (2.81), (6.49) für den mittleren Durchmesser* D_m *und die Schaufellänge* l_1 *der ersten Stufe:*

$$u_1 = u_2 = u = \pi n D_m$$

$$D_m = \frac{u}{\pi n} = \frac{354 \, \frac{m}{s}}{\pi \cdot 75 \, \frac{1}{s}} = 1{,}5 \, m$$

$$\dot{m} = \tau \rho_1 \pi D_m l_1 c_{ax}$$

$$l_1 = \frac{\dot{m}}{\tau \rho_1 \pi D_m c_{ax}} = \frac{341 \, \frac{kg}{s}}{0{,}9 \cdot 1{,}137 \, \frac{m^3}{kg} \cdot \pi \cdot 1{,}5 \, m \cdot 142 \, \frac{m}{s}} = 0{,}5 \, m = 500 \, mm$$

11. *Die Schaufellänge* $l_{3,St7}$ *am Verdichteraustritt nach der letzten Stufe 7 ergibt sich bei der Annahme eines konstanten mittleren Durchmessers* D_m *über der axialen Länge des Verdichters zu:*

$$\dot{m} = \tau \rho_{3,St7} \pi\, D_m l_{3,St7} c_{ax}$$

$$\rho_{3,St7} = \frac{p_{3,St7}}{R T_{3,St7}} = \frac{12 \cdot 10^5\, Pa}{300\, \frac{J}{kg\,K} \cdot 685,6\, K} = 5,83\, \frac{m^3}{kg}$$

$$l_{3,St7} = \frac{\dot{m}}{\tau \rho_3 \pi\, D_m c_{ax}} = \frac{341\, \frac{kg}{s}}{0,9 \cdot 5,83\, \frac{m^3}{kg} \cdot \pi \cdot 1,5\, m \cdot 142\, \frac{m}{s}} = 0,097\, m = 97\, mm$$

Falls die Schaufellänge nach der letzten Stufe 7 größer als $l_{3,St7} = 97\,mm$ sein sollte, muss der mittlere Durchmesser D_m über die Axialverdichterstufen kleiner werden. Bei einer angenommenen Schaufellänge von $l_{3,St7} = 145\,mm$ sollte der mittlere Durchmesser $D_{m,St7}$ um den Faktor $f = \frac{97}{145}$ kleiner werden, damit die axiale Strömungsgeschwindigkeit $c_{ax} = 142\,\frac{m}{s}$ gleich bleibt. Dabei ändert sich jedoch die Lieferzahl $\varphi_{ax} = \frac{c_{ax}}{u}$, da die Umfangsgeschwindigkeit $u_{St,7} = \pi n D_{m,St7} = \pi \cdot 75\,\frac{1}{s} \cdot 1\,m = 236\,\frac{m}{s}$ im Mittelschnitt abnimmt. Es ergibt sich eine Lieferzahl $\varphi_{ax} = \frac{c_{ax}}{u} = \frac{142\,\frac{m}{s}}{236\,\frac{m}{s}} = 0,6$, was andere Schaufelwinkel an der Stufe zur Folge hat. Für den Reaktionsgrad $\mathbf{r} = 0,5$ liegen die φ_{ax}-Werte nach Abb. 6.14 an der Grenze der dargestellten Richtwerte. Iterative Berechnungen für die Verdichterstufen sind daher notwendig.

Das Kennfeld der Verdichteranlage mit Verbraucher wird im Beispiel 6.2 ermittelt und dargestellt.

6.4   Aufbau und Wirkungsweise von Radialverdichtern

Radialverdichter sind ähnlich aufgebaut wie Radialpumpen. Die Abb. 1.11 und 6.18 zeigen den Aufbau eines mehrstufigen Radialverdichters für Industrieanwendungen. Allgemein erkennbar ist wiederum, dass die Querschnittsfläche am Eintritt größer ist als am Austritt. Wie bereits erwähnt, werden Radialverdichter bervorzugt bei der Verdichtung von mäßigen Volumenströmen bei hohen Druckverhältnissen eingesetzt.

Eine bedeutende Rolle spielt der Radialverdichter bei der Aufladung von Kolbenmotoren sowohl bei Klein- als auch bei Großdieselmotoren. Der Antrieb des Verdichters kann mechanisch über ein Getriebe oder über eine Entspannungsturbine, die die Restenthalpie des Abgases ausnützt, realisiert werden. Ein weiteres Einsatzgebiet für Radialverdichter sind Gasturbinen kleiner und mittlerer Leistung und in der Luftfahrt. Bei kleinen Einheiten ist der Verdichter meist einstufig ausgeführt, bei größeren Leistungen findet man auch zweistufige Verdichter. So ist z. B. bei Turbopropflugzeugen das Wellenleistungstriebwerk mit einem zweistufigen Radialverdichter aufgebaut.

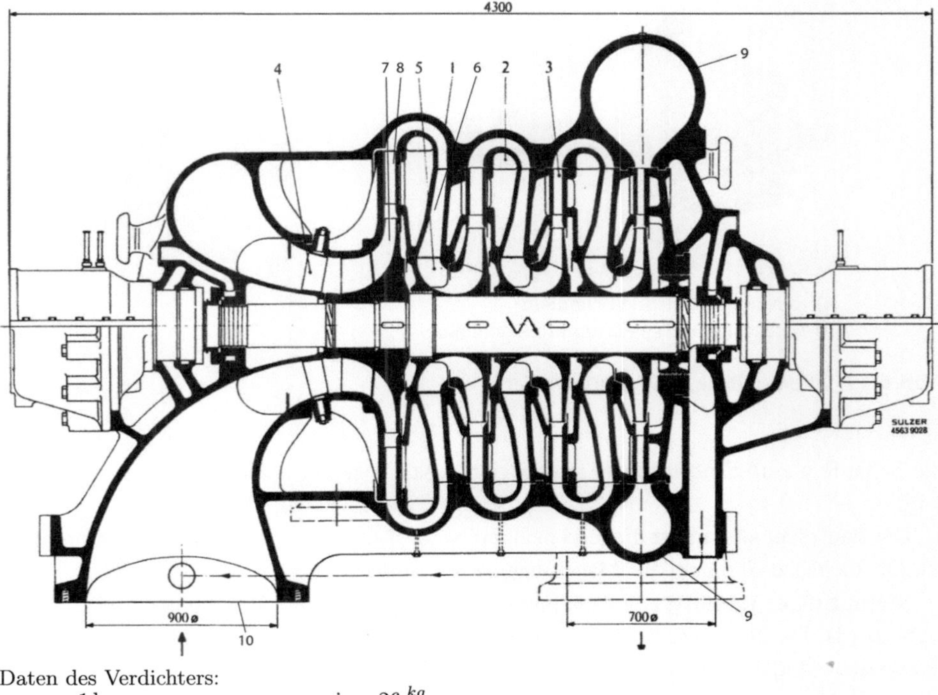

Daten des Verdichters:

$p_{ein} = 1\,\text{bar}$	$\dot{m} = 26\,\frac{kg}{s}$
$p_{aus} = 6\,\text{bar}$	$n = 73\,\frac{1}{s}$

1 Umlenkkanal   6 Rückführkanal
2 Zwischenboden   7 Laufräder
3 Diffusoren (Leitrad)   8 Diffusor (Leitrad)
4 verstellbare Vorleitschaufeln   9 Austritsspirale, Austritt
5 Vorleiträder   10 Eintritt

Abb. 6.18 Aufbau eines 4-stufigen Radialverdichters mit verstellbaren Vorleitschaufeln (Sulzer)

6.4.1 Bauformen

Einstufige Radialverdichter werden für Druckverhältnisse bis ca. $\pi \approx 4$ gebaut. Die große spezifische Umfangsarbeit bei geringer Dichte des Förderfluids erfordert eine hohe Umfangsgeschwindigkeit, so dass die Laufräder großen Fliehkraftbeanspruchungen ausgesetzt sind. Hierfür haben sich offene Laufräder ohne Deckscheiben nach Abb. 6.19 bewährt.

Die ursprüngliche Ausführung sah Schaufeln rein radialer Ausrichtung vor (Abb. 6.19-a). Da die Schaufelprofile keine Biegemomente sondern nur Zugkräfte aufnehmen, sind sie für höchste Umfangsgeschwindigkeiten bis zu $u = 460\,\frac{m}{s}$ geeignet. Ohne diesen Vorzug aufzugeben, sind neuere Ausführungen am Austritt leicht rückwärts gekrümmt (Abb. 6.19-b), wodurch die Kennlinien und der Wirkungsgrad verbessert werden. In jedem Fall sind

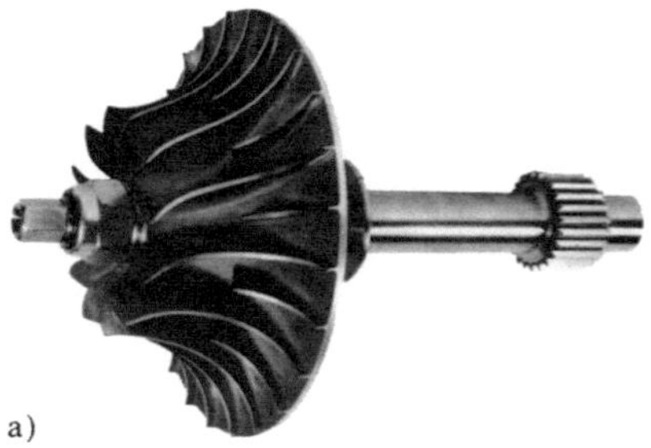

a) rein radial endende Schaufeln
b) leicht rückwärts gekrümmte Schaufeln

Abb. 6.19 Offene radiale Verdichterlaufräder

die Schaufeln zum Eintritt hin so abgebogen, dass ein glatter Strömungsübergang erreicht wird.

Die Laufräder sind meist fliegend gelagert, so dass nur eine Wellendichtung erforderlich ist. Die Gehäuse sind quer zur Maschinenachse geteilt.

Mehrstufige Radialverdichter sind ähnlich aufgebaut wie mehrstufige Pumpen (Abb. 6.18). Da die spezifischen Volumina mit fortschreitender Verdichtung immer kleiner werden, sind die Stufen aber nicht unter sich gleich, sondern ihre Abmessungen nehmen ab, besonders wenn Zwischenkühlungen vorgesehen sind. Dabei besteht die Möglichkeit, alle Abmessungen im gleichen Verhältnis zu belassen, also die Stufenkennzahlen φ und ψ beizubehalten, oder bei konstantem Laufradaußendurchmesser nur die Kanalbreiten zurückzunehmen.

Die Laufräder sind meistens mit Deckscheiben und rückwärts gekrümmten Schaufeln ausgeführt. Laufräder des offenen Typs sind bei diesen Maschinen seltener, kommen aber gelegentlich als erste Stufen in Frage.

Zum Ausgleich des Axialschubes wird ein Teil der Stufen gegensinnig zu den anderen angeordnet, oder ein Ausgleichkolben vorgesehen. Die gegensinnige Anordnung vermeidet die Spaltverluste des Ausgleichkolbens, führt aber zu komplizierteren Gehäuseformen. Auch ist der Ausgleich nicht für jeden Betriebszustand gewährleistet, so dass verhältnismäßig kräftig dimensionierte Axiallager erforderlich werden.

Radialverdichter sind gut für die Ausführung mit Zwischenkühlung geeignet besonders bei größeren Druckverhältnissen. In den an die Diffusoren als Leitrad anschließenden zu den Kühlern führenden Kanälen wird die Verzögerung der Strömung fortgesetzt, die Umlenkung geschieht bei kleinen Geschwindigkeiten und dadurch bleiben die Druckverluste in annehmbaren Grenzen.

6.4.2 Theorie der Radialverdichterstufe

Der Aufbau einer Radialverdichterstufe ist verglichen mit der Axialverdichterstufe aufwendiger, da bei mehrstufigen Maschinen die mit radialer Komponente aus dem Laufrad austretende Strömung umgelenkt und der nachfolgenden Stufe wieder zugeführt werden muss. Die Normalstufe eines mehrstufigen Radialverdichters besteht aus dem Laufrad, dem Diffusor als Leitrad, dem Umlenkkanal und dem Rückführkanal. Diffusor und Umlenkkanal können beschaufelt oder unbeschaufelt ausgeführt sein; der Rückführkanal ist in der Regel beschaufelt, weil zu einer drallfreien Zuströmung der folgenden Stufe noch Umfangsgeschwindigkeit abgebaut werden muss. Die Kanalbreite müsste sonst nach innen stark erweitert werden, damit es zu keiner Verengung des Strömungsquerschnittes und somit zu einer Beschleunigung der Strömung kommt, siehe Abb. 6.20. Der Rückführkanal dient somit der Zuführung der Strömung in die nachfolgende Stufe einer mehrstufigen Verdichteranlage. Nach der letzten Stufe wird die Strömung im Spiralgehäuse aus der Maschine herausgeführt. Die Austrittsspirale besteht aus einem sich in Drehrichtung des Laufrades ständig erweiterndem Ring mit in der Regel kreisförmiger Querschnittsgeometrie, siehe auch Abb. 6.18.

Bei Ventilatoren und einfachen einstufigen Verdichtern kann der Diffusor ganz fehlen, die Spirale schließt sich dann direkt an das Laufrad an und ist als Diffusor ausgelegt. Vor der ersten Stufe einer Maschine kann ein verstellbares Vorleitgitter stehen, bei einstufigen Maschinen kann die Diffusorbeschaufelung ebenfalls verstellbar ausgeführt sein.

Das charakteristische Verhalten einer Radialverdichterstufe wird unter idealisierten Voraussetzungen durch eine schaufelkongruente, isentrope Strömung beschrieben, die durch einen Stromfaden mit geeigneten Annahmen für den Eintritts- und Austrittszustand repräsentiert wird. Die Abweichungen der realen Strömung von der Schaufelkontur wird, wie beim Axialverdichter, mit Minderleistungsfaktoren berücksichtigt. Die Wahl des Eintrittsradius ist bei einer achsparallelen Eintrittskante einfach, Abb. 6.21a, bei abgeschrägten Schaufeleintrittskanten, Abb. 6.21b, und bei Rädern mit in den Einlauf vorgezogenen Schaufeln, Abb. 6.21c ist er durch einen geeigneten Mittelwert zu ersetzen. Gelegentlich wird, u. a. bei

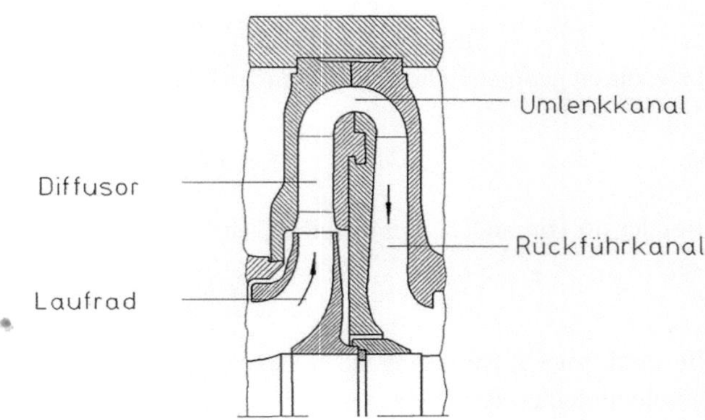

Abb. 6.20 Aufbau einer Radialverdichterstufe [28]

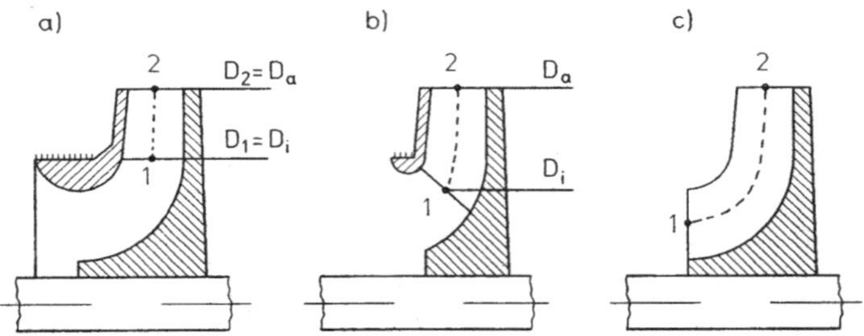

a) achsparallele Eintrittskante
b) abgeschrägte Eintrittskante
c) in den Einlauf vorgezogene Eintrittskante

Abb. 6.21 Beispiele für die Wahl des repräsentativen Stromfadens zur vereinfachten Berechnung eines Radialrades [28]

offenen Laufrädern, auch der Außenradius des Eintrittsbereiches herangezogen, da diese Stromlinie aerodynamisch am stärksten belastet ist und demnach die strömungstechnischen Grenzen festlegt. Ferner treten am Außenradius die größten Relativgeschwindigkeiten im Laufradkanal auf, so dass dort die Schallgrenze zuerst erreicht wird. Bei drallfreier Zuströmung hat die Wahl des Eintrittsradius keine Bedeutung, da die spezifische Umfangsarbeit Δh_u hier nur von der Umfangsgeschwindigkeit des Rades u_2 und der Umfangskomponente der Absolutgeschwindigkeit c_{u2} abhängt (siehe Gl. (6.61)).

6.4.3 Schaufelplan, Geschwindigkeitsdreiecke und Energieübertragung

Abb. 6.22 zeigt den Schaufelplan als Schaufelstern, die Bezeichnungen und die dazugehörenden Geschwindigkeitsdreiecke eines Radialrades.

Für die Umfangsarbeit Δh_u erhält man für eine Radialverdichterstufe, siehe auch Gl. (2.88):

$$\Delta h_u = u_2 c_{u2} - u_1 c_{u1} \,, \tag{6.59}$$

bzw. durch geometrische Umformungen (siehe auch Gl. (2.89)):

$$\Delta h_u = \frac{1}{2} \left[c_2^2 - c_1^2 + w_1^2 - w_2^2 + u_2^2 - u_1^2 \right] \tag{6.60}$$

Bei der oft vorhandenen drallfreien Zuströmung vereinfacht sich Gl. (6.59) wegen $c_{u1} = 0$ zu:

$$\Delta h_u = u_2 \cdot c_{u2} \,. \tag{6.61}$$

Bei drallfreier Zuströmung ist die spezifische Umfangsarbeit lediglich von der Umfangsgeschwindigkeit des Rades und der Umfangskomponente der Absolutgeschwindigkeit am

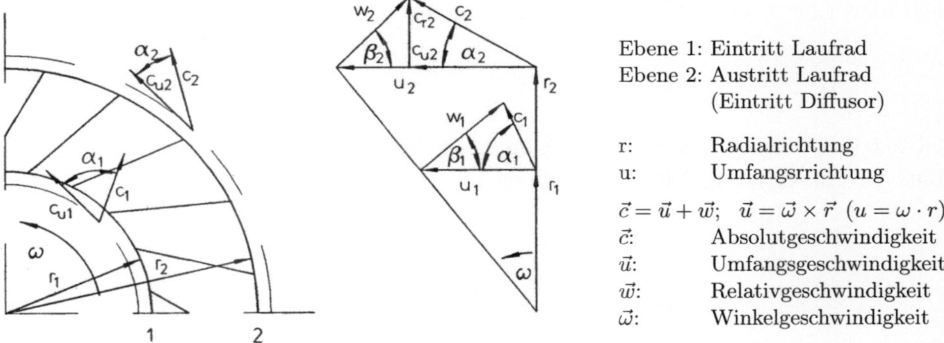

Abb. 6.22 Schaufelplan bzw. Schaufelstern und Geschwindigkeitsdreiecke einer Radialverdichter-stufe [28]

Laufradaustritt abhängig. Die drallfreie Zuströmung wird im folgenden noch oft vorausge-setzt werden, da sie eine bedeutende Vereinfachung vieler Gleichungen bewirkt und in der Regel auch der Praxis entspricht, da Verdichter im Auslegungspunkt praktisch immer ohne Vordrall betrieben werden.

6.4.4 Ideale Radialverdichterstufe und Verdichterkennlinie

Für die prinzipielle Charakterisierung einer Radialverdichterstufe wird wieder eine verlust-freie, adiabate, stationäre und schaufelkongruente Strömung vorausgesetzt. Gl. (6.45) bis (6.48) gelten auch hier, wenn man den Term $u \cdot \Delta c_u$ durch $(u_2 c_{u2} - u_1 c_{u1})$ ersetzt. Für das Druckverhältnis π ergibt sich dann

$$\pi = \left[\frac{(\kappa - 1)(u_2 c_{u2} - u_1 c_{u1})}{\kappa R T_1} + 1 \right]^{\frac{\kappa}{\kappa - 1}} . \tag{6.62}$$

bzw. bei drallfreier Zuströmung

$$\pi = \left[\frac{(\kappa - 1) u_2 c_{u2}}{\kappa R T_1} + 1 \right]^{\frac{\kappa}{\kappa - 1}} . \tag{6.63}$$

Für die Druckzahl ψ erhält man unter Berücksichtigung der getroffenen Annahmen

$$\psi = \frac{2\Delta h_s}{u_2^2} = \frac{2\Delta h_u}{u_2^2} = \frac{2(u_2 c_{u2} - u_1 c_{u1})}{u_2^2} . \tag{6.64}$$

und wieder für den Fall der drallfreien Zuströmung

$$\psi = \frac{2c_{u2}}{u_2} \; .$$ (6.65)

Gl. (6.64) stellt die Ausgangsgleichung für die Herleitung der dimensionslosen Impulskennlinie dar. Aus dem Impulsdreieck erhält man

$$c_{u1} = c_{r1} \cdot \cot \alpha_1$$ (6.66)

$$c_{u2} = u_2 - w_{u2} = u_2 - c_{r2} \cot \beta_2 \; .$$ (6.67)

Aus der Kontinuitätsgleichung ergibt sich für c_{r1}

$$c_{r1} = c_{r2} \frac{\rho_2 \cdot b_2 D_2}{\rho_1 b_1 D_1}$$ (6.68)

und für u_1 ergibt sich

$$u_1 = u_2 \frac{D_1}{D_2} .$$ (6.69)

Einsetzen dieser Beziehungen in Gl. (6.64) liefert

$$\psi = 2 \left[1 - \frac{c_{r2}}{u_2} \cot \beta_2 - \frac{c_{r2}}{u_2} \frac{\rho_2 b_2}{\rho_1 b_1} \cot \alpha_1 \right]$$ (6.70)

oder mit der Volumenzahl $\varphi_{r2} = \frac{c_{r2}}{u_2}$

$$\psi = 2 \left[1 - \varphi_{r2} \left(\cot \beta_2 + \frac{\rho_2 b_2}{\rho_1 \cdot b_1} \cot \alpha_1 \right) \right]$$ (6.71)

Für den Sonderfall einer inkompressiblen Strömung und einem Laufrad mit konstanter Kanalhöhe b ergibt sich

$$\psi = 2 \cdot [1 - \varphi_{r2}(\cot \beta_2 + \cot \alpha_1)]$$ (6.72)

Damit lassen sich die dimensionslosen Impulskennlinien analog zum Axialverdichter mit α_1 oder β_2 als Scharparameter zeichnen, siehe Abb. 6.23. Ist der Absolutströmungswinkel α_1 am Eintritt kleiner als 90°, spricht man vom Mitdrall, ansonsten vom Gegendrall. Radialräder mit einem Schaufelaustrittswinkel β_2 kleiner als 90° bezeichnet man als Räder mit rückwärtsgerichteten Schaufeln, bei $\beta_2 = 90°$ von radial endenden Schaufeln und bei β_2 größer als 90° von vorwärtsgerichteten Schaufeln, siehe Abb. 6.25. Abb. 6.24 zeigt den entsprechenden Schaufelplan von vorwärts- und rückwärtsgerichteten Schaufeln.

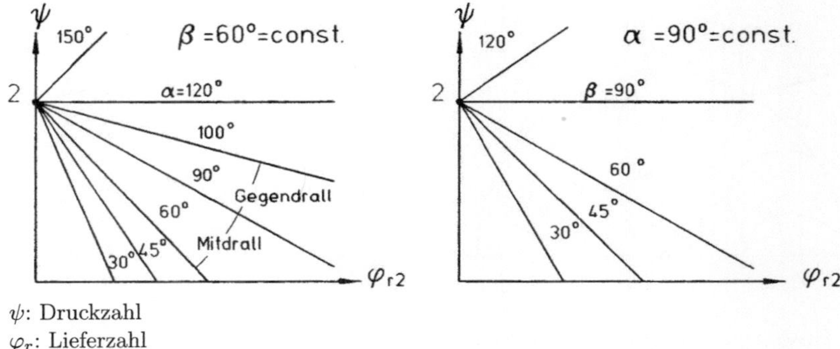

ψ: Druckzahl
φ_r: Lieferzahl

Abb. 6.23 Dimensionslose Impulskennlinien einer Radialverdichterstufe [28]

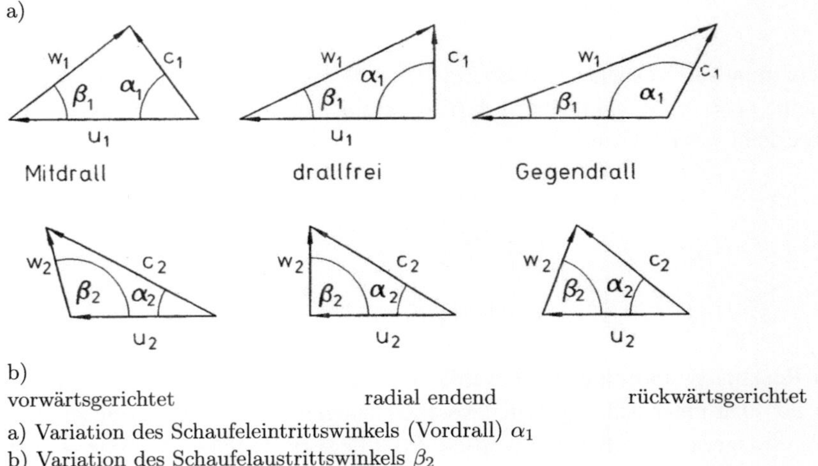

a) Variation des Schaufeleintrittswinkels (Vordrall) α_1
b) Variation des Schaufelaustrittswinkels β_2

Abb. 6.24 Veränderlicher Vordrall α_1 und Schaufelaustrittswinkel β_2, siehe auch Abb. 6.25 [28]

6.4.5   Reaktionsgrad einer Radialverdichterstufe

Nach Gl. (6.37) gilt für den Reaktionsgrad **r** einer Radialverdichterstufe

$$\mathbf{r} = \frac{\Delta h_{La}}{\Delta h_{St}} \quad \text{mit}$$

$$\Delta h_{La} = \frac{1}{2}\left[w_1^2 - w_2^2 + u_2^2 - u_1^2\right] \quad \text{und}$$

$$\Delta h_{St} = u_2 c_{u2} - u_1 c_{u1} \quad \text{somit}$$

$$\mathbf{r} = \frac{w_1^2 - w_2^2 + u_2^2 - u_1^2}{2(u_2 c_{u2} - u_1 c_{u1})} \tag{6.73}$$

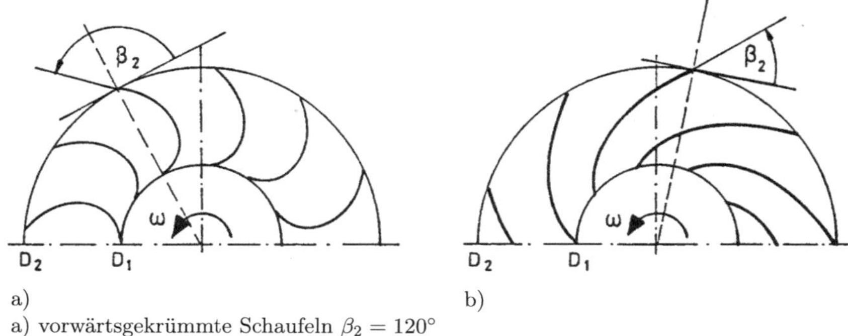

a) vorwärtsgekrümmte Schaufeln $\beta_2 = 120°$
b) rückwärtsgekrümmte Schaufeln $\beta_2 = 60°$

Abb. 6.25 Schaufelplan von vorwärts- und rückwärtsgerichteten Schaufeln (Schaufelstern) [28]

Aus dem Impulsdreieck eines Radialverdichterstufe mit drallfreier Zuströmung und mit der Bedingung $c_1 = c_{r1} = c_{r2}$ (siehe Abb. 6.26), ergibt sich für den Reaktionsgrad $\mathbf{r}$ und mit der Druckzahl ψ nach Gl. (6.72):

$$\mathbf{r} = \frac{u_2^2 - (u_2^2 - c_{u2})^2}{2 \cdot u_2 c_{u2}}$$

$$\mathbf{r} = 1 - \frac{c_{u2}}{2 \cdot u_2} = 1 - \frac{\psi}{4}, \tag{6.74}$$

Der Reaktionsgrad $\mathbf{r}$ einer Radialverdichterstufe mit radial endenden Laufradschaufeln ($\beta_2 = 90°$) hat unter den gegebenen Voraussetzungen stets den Reaktionsgrad $\mathbf{r} = 0{,}5$, bei rückwärtsgerichteten Schaufeln ($\beta_2 < 90°$) liegt er zwischen $0{,}5 < \mathbf{r} < 1{,}0$, wobei Reaktion $\mathbf{r} = 1{,}0$ bei Radialverdichtern ein Grenzfall darstellt, der praktisch nicht erreicht werden kann, da in dem Diffusor nach dem Laufrad immer ein Druckaufbau stattfindet. Bei vorwärtsgerichteten Schaufeln ($\beta_2 > 90°$) wird der Reaktionsgrad $\mathbf{r} < 0{,}5$.

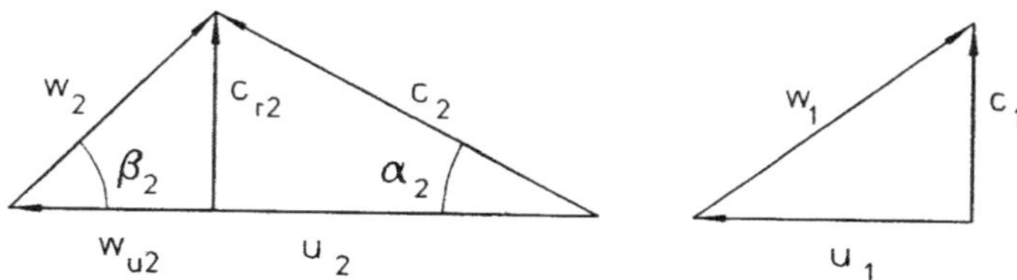

Abb. 6.26 Geschwindigkeitsdreieck bei drallfreier Zuströmung und $c_{r1} = c_{r2} = c_r = c_1$ [28]

6.4.6 Diffusor der Radialverdichterstufe

Da der Reaktionsgrad einer Radialverdichterstufe in der Praxis deutlich kleiner als eins ist, muss nach dem Laufrad noch ein erheblicher Anteil an kinetischer Energie in Druckenergie im Diffusor umgewandelt werden. Die Gestaltung des Diffusors hat somit einen bedeutenden Einfluss auf die Charakteristik und den Wirkungsgrad einer Radialverdichterstufe. Die Zuströmung des Diffusors ist gekennzeichnet durch hohe Strömungsgeschwindigkeiten mit einer Strömungskomponente in Umfangsrichtung (siehe Abb. 6.24) und einen hohen Turbulenzgrad infolge der Nachlaufdellen der Laufradschaufeln.

Der nachgeschaltete Diffusor kann im einfachsten Fall parallelwandig, konvergent oder divergent und schaufellos oder beschaufelt realisiert sein. Die Diffusorwirkung entsteht durch Verzögerung der Radialkomponente und dem Abbau der Umfangskomponente der Absolutströmung. Der Verlauf der Radialkomponente über dem Radius ist dabei durch die Kontinuitätsgleichung gegeben, da sie die Komponente senkrecht zu der durchströmten Zylindermantelfläche darstellt, während sich der Verlauf der Umfangskomponente beim unbeschaufelten Diffusor durch das Potentialwirbelgesetz beschreiben lässt.

Für die Radialkomponente c_r gilt dann vom Laufradaustritt Ebene $2 = 3$ in den Diffusor hinein (beschaufelt oder unbeschaufelt), siehe Abb. 6.27:

$$2\pi \cdot r_3 \cdot b_3 \cdot \rho_3 \cdot c_{r3} = 2\pi \cdot r \cdot b \cdot \rho \cdot c_r, bzw. \tag{6.75}$$

$$c_r = c_{r3} \cdot \frac{r_3 \cdot b_3 \cdot \rho_3}{r \cdot b \cdot \rho} \tag{6.76}$$

Bei einer inkompressiblen Strömung ($\rho = const$) und konstanter Kanalbreite b ergibt sich:

$$c_r = c_{r3} \cdot \frac{r_3}{r} \tag{6.77}$$

Die Umfangskomponente c_u verhält sich im reibungsfreien Fall nach dem Gesetz des Potenzialwirbels (siehe Gl. (2.64)):

$$r_2 \cdot c_{u2} = r \cdot c_u = const, bzw. \tag{6.78}$$

$$c_u = c_{u3} \cdot \frac{r_3}{r} \tag{6.79}$$

Die Verzögerungswirkung hängt also zum größten Teil von dem Radienverhältnis $\frac{r_3}{r}$ ab und wenn überhaupt, so nur zum geringen Teil von dem Breitenverhältnis $\frac{b_3}{b}$ des Diffusors. Da die Umfangskomponente wesentlich größer ist als die Radialkomponente, bewirkt sie auch den größten Teil des statischen Druckaufbaus im Diffusor. Im beschaufelten Diffusor werden mit Hilfe der Leitschaufeln Kräfte auf das Strömungsmedium ausgeübt, die eine größere Verzögerung der Umfangskomponente c_u ermöglichen, als dies allein auf Grund des Potenzialwirbels beim schaufellosen Diffusor möglich ist. In der Regel befindet sich zwischen dem Laufrad und dem beschaufelten Diffusor ein schaufelloser Ringraum, in dem sich die ungleichmäßige Laufradaustrittsströmung zum größten Teil ausgleichen soll. Abb. 6.27

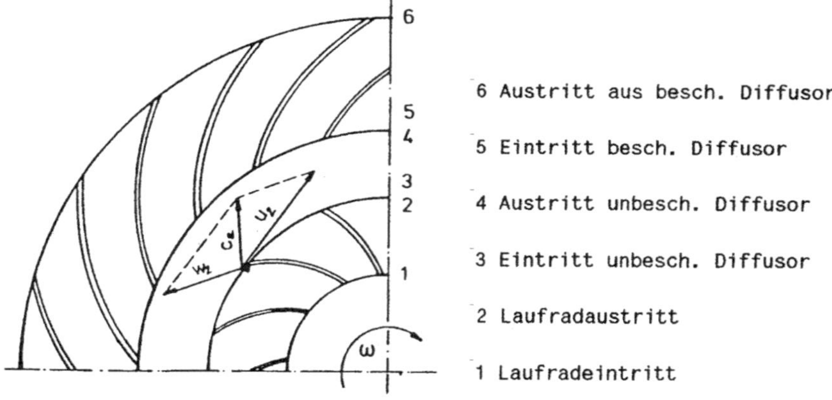

Abb. 6.27 Vorwärtsgerichtete Radialverdichterstufe mit beschaufeltem Diffusor [28]

zeigt eine vorwärtsgerichtete Radialverdichterstufe mit nachgeschaltetem, beschaufeltem Diffusor.

6.4.7 Verluste in der Radialverdichterstufe

Die Verluste in einer Radialverdichterstufe können nach ihren Ursachen in die aerodynamischen Verluste, die Verluste durch die Reibung an den Außenseiten der Radscheiben sowie in die Leckageverluste der Labyrinthströmung unterteilt werden. Abb. 6.28 zeigt einen Überblick über die Verluste in einer Radialverdichterstufe.

Ähnlich wie bei der Axialverdichterstufe folgt die reale Strömung im Radialverdichterlaufradkanal nicht exakt der Kanalkontur gemäß der Stromfadentheorie, sondern weicht besonders zum Austritt hin von ihr ab. Der Austrittswinkel der Strömung $\beta_{2,Str}$ ist dabei stets kleiner als der Schaufelwinkel $\beta_{2,Sch}$, so dass die Energieübertragung im Laufrad der realen Stufe geringer ist als bei der idealen Stufe. Anschaulich kann man sich diese Strömung als eine Überlagerung einer Durchflussströmung mit einem relativen Kanalwirbel vorstellen, der sich nach *Stodola* mit der Winkelgeschwindigkeit -2ω dreht [27]. Für die Herleitung des Minderleistungsfaktors μ_u nach Stodola legt man einen Laufradkanal mit rückwärtsgerichteten, geraden Schaufeln zugrunde, in dem eine stationäre reibungsfreie Relativströmung herrscht sowie ein Relativwirbel mit -2ω rotiert, siehe Abb. 6.29. Der Minderleistungsfaktor μ lässt sich ermitteln zu

$$\mu = \frac{\Delta h_{u,real}}{\Delta h_{u,ideal}}$$

$$\mu = 1 - \frac{\frac{\pi}{z}\sin\beta_{2*}}{1 - \varphi_{r2}\cot\beta_{2*}}$$

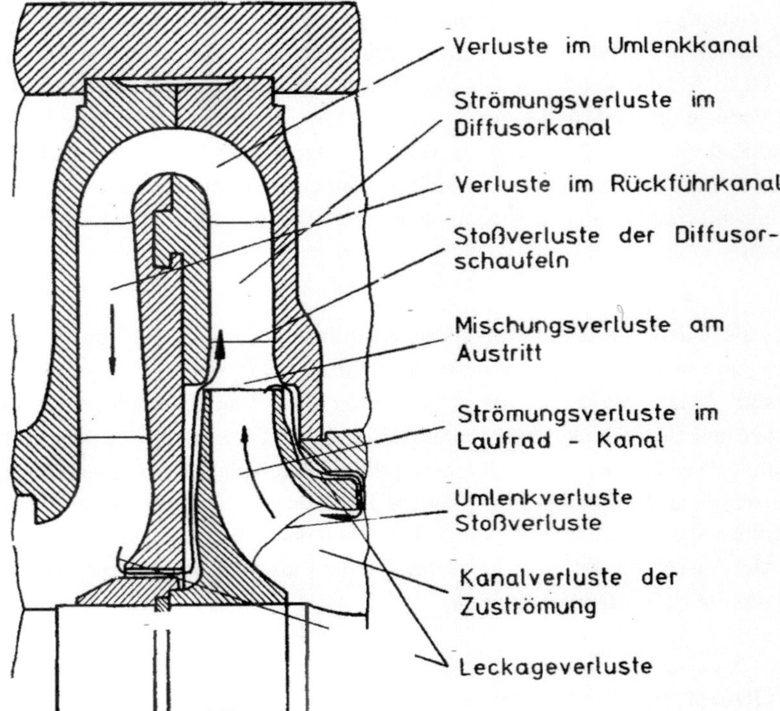

Abb. 6.28 Verluste in einer Radialverdichterstufe [28]

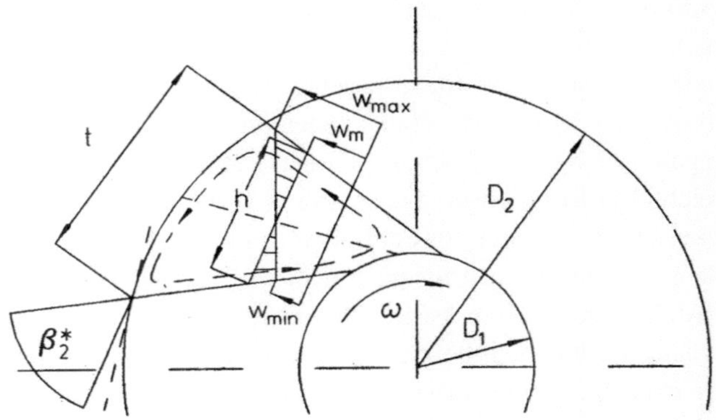

Abb. 6.29 Bestimmung des Minderleistungsfaktors nach Stodola [27, 28]

mit z als Schaufelzahl, β_{2*} als dem geometrischen Abströmwinkel ($\beta_{2,Sch}$ für $z \to \infty$) und φ_r als Lieferzahl in Radial- bzw. Meridianrichtung. Mit dem Minderleistungsfaktor μ lässt sich mit Gl. (6.33) die Minderumlenkung $\Delta\mu_u$ bzw. $\Delta\psi_u$ ermitteln. Berücksichtigt man noch die Verluste im Lauf- und Leitrad ($\Delta h_{v,La}$, $\Delta h_{v,Le}$), die Zusatzverluste $h_{v,Zusatz}$ wie Spalt- und Radreibungsverluste und die Verluste aufgrund der Minderumlenkung $\Delta\psi_u$, so ergibt sich analog zur Axialverdichterstufe die dimensionslose Kennline einer Radialverdichterstufe mit Verlusten $\psi = \psi(\varphi_r)$, siehe auch Abb. 6.11. Die Druckzahl ψ lässt sich ermitteln zu

$$\psi(\varphi_r) = \psi^* - \Delta\psi_u - \psi_v \tag{6.80}$$

mit $\psi(\varphi_r)$ als reale Kennlinie, ψ^* als ideale Kennlinie, $\Delta\psi_u$ als Verlust durch die Minderumlenkung und ψ_v als weitere summarische Verluste.

Wie beim Axialverdicher ist der Arbeitsbereich der Radialverdichterstufe durch die Pumpgrenze und die Schluckgrenze begrenzt. Bei kleiner Durchsatzgröße oder Lieferzahl φ ist die Pumpgrenze und bei großer Durchsatzgröße φ durch die Schluckgrenze bestimmend. Bei Unterschreiten der Pumpgrenze reißt die Strömung im Schaufelkanal ab und an der Schluckgrenze sperrt die Strömung durch Erreichen der Schallgeschwindigkeit im Schaufelkanal. Die Auslegung der Verdichter erfolgt in der Praxis im Arbeitsbereich bei negativer Steigung der realen Verdichterkennlinie.

6.5 Querstromventilatoren

Für lufttechnische Geräte kleiner Leistung haben sich Querstromventilatoren bzw. -lüfter bewährt, siehe Abb. 6.30. Die angesaugte Luft tritt in einem mit radialen kurzen Schaufeln besetzten trommelförmigen Rotor auf etwa einem Drittel des Umfangs radial von außen nach innen ein und verlässt ihn auf einem gegenüberliegenden Umfang radial nach außen wieder. Zur Verbesserung der Eigenschaften können im Innenraum des Rotors feststehende Leitschaufeln angebracht werden. Auch bei kleinen Lüftern werden noch Wirkungsgrade von $\eta \approx 0{,}6$ erreicht. Der Reaktionsgrad liegt bei $\mathbf{r} \approx 0$, weshalb der Querstromlüfter nach dem Gleichdruckverfahren arbeitet. Im Laufrad wird nur die kinetische Energie der Strömung erhöht, die erst in einem Austrittsdiffusor in eine Erhöhung des statischen Druckes umgewandelt wird. Die Druckziffer des Gleichdruckrades wird durch die doppelte Durchströmung noch gesteigert und liegt bei ca. $\psi \approx 3$. Die Durchflusszahl liegt bei $\varphi > 1$, da die Laufradbreite ebenfalls groß gemacht werden kann. Es ergibt sich ein platzsparender Ventilator, der mit seiner Rechteckform in vielen Anwendungsfällen günstig einzubauen ist. Weitere Vorteile sind ein geräuscharmer Lauf und drallfreie Abströmung. Die Wirkungsgrade sind jedoch niedriger als bei Radial- und Axialventilatoren.

Abb. 6.30 Prinzipbild eines
Querstromventilators

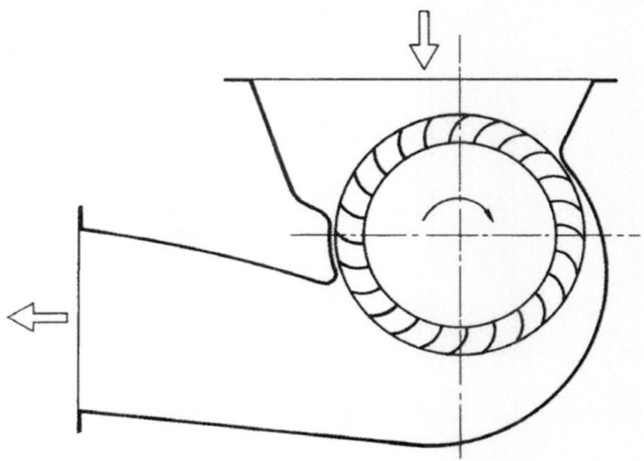

6.6   Betriebsverhalten von Verdichtern

6.6.1   Kennlinien und Kennfelder

Das Verhalten einer Maschine unter verschiedenen, in der Regel vom Auslegungspunkt abweichenden Bedingungen, wird im Kennfeld dargestellt. Übliche Darstellungsarten sind entweder mit den dimensionslosen Kennzahlen als Druckzahl ψ über der Lieferzahl φ, oder aber auch als dem Druckverhältnis π über dem Volumenstrom $\dot{V}$. Scharparameter können die Drehzahl n, oder veränderliche Geometriegrößen, z. B. die Dralldrosselstellung am Eintritt sein. Bei Veröffentlichungen von Verdichterherstellern werden die Kenngrößen oft auch auf den Auslegungspunkt bezogen. Vielfach werden die Wirkungsgradlinien als sogenannte *Muscheldiagramme* mit in das Kennfeld eingezeichnet, siehe auch Abb. 4.9 und 4.10. Abb. 6.31 zeigt einige Beispiele für die Darstellung von Kennfeldern bei Turboverdichtern.

Grundsätzlich treten in den Kennfeldern zwei charakteristische Grenzen auf, die sogenannte *Pumpgrenze* und die *Sperrgrenze*. Die Pumpgrenze bezeichnet die maximale aerodynamische Belastbarkeit der Beschaufelung, oder anders ausgedrückt, beim Erreichen der Pumpgrenze steigen die Verluste infolge der Falschanströmung stark an, was schließlich zu einem Strömungsabriss in der Beschaufelung führt. Der Verdichter kann dann den Druck im angeschlossenen Verbrauchersystem nicht mehr aufrecht erhalten, so dass es zu einer Rückströmung, also zu einer vollständigen Strömungsumkehr, im Verdichter kommt. Diesen Vorgang nennt man *Pumpen*. Die Sperrgrenze kennzeichnet den maximal möglichen Durchsatz durch den Verdichter, der durch die Schallgeschwindigkeit festgelegt ist. Verdichtungsstöße können die Sperrgrenze und somit den Kennlinienverlauf beeinflussen.

Besteht die Verdichteranlage aus mehreren Stufen, wird im Verdichterkennfeld durch Kombination der Einzelstufenkennlinien das Verhalten der mehrstufigen Verdichteranlage dargestellt. Zudem ist es notwendig, die Betriebsbedingungen auf einen einheitlichen Normzustand umzurechnen, was durch DIN-Normen für die Umrechnung von Verdichterkennli-

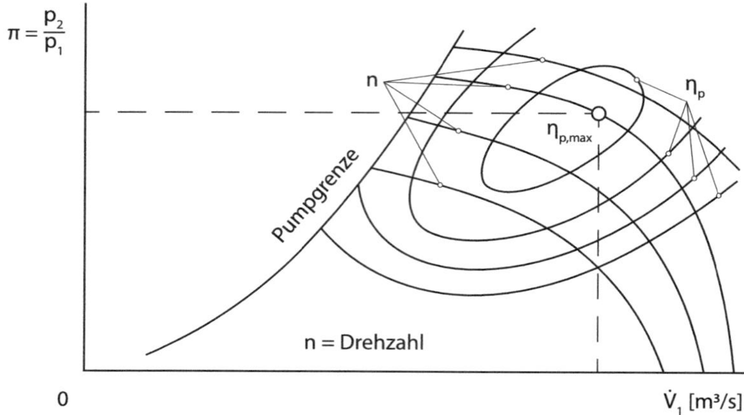

Abb. 6.31 Verdichterkennfeld [28]

nien und auch bei Abnahmeversuchen vorgegeben ist. Somit können die jeweiligen Betriebs-zustände miteinander verglichen werden.

Rotating-Stall Bereits vor Erreichen der eigentlichen Pumpgrenze kann es in der Ver-dichterbeschaufelung zu einem instationären Betriebsverhalten mit lokaler Abreißströmung kommen. Die Ablösegebiete in der Laufradbeschaufelung sind lokal, und es kommt stän-dig zu einem Wiederanlegen und zu einem Ablösen der Strömung im Schaufelkanal. Die Ablösezonen laufen stetig entgegen der Umfangsrichtung des Laufrades ständig um bei einer Frequenz, die ca. der halben Umfangsgeschwindigkeit entspricht. Axialverdichter sind gegenüber Rotating Stall empfindlicher als Radialverdichter.

Die Gefährlichkeit von Rotating-Stall besteht darin, dass Verdichter oft lange unbemerkt mit rotierender Abreißströmung betrieben werden können. Dies kann unter Umständen zu einer erheblichen Schwingungsanregung des Rotors und vor allem der Beschaufelung in Axi-alverdichtern und damit zu enormen Schäden an der Verdichteranlage bis zur Zerstörung der Anlage führen. Rotating-Stall wird ferner als Ursache für häufig beobachtete Kennlinien-hysteresen im Bereich des Kennlinienmaximums angesehen und verursacht Verluste beim Verdichtungsvorgang.

6.6.2 Stabilitätsprobleme – Verdichter und Verbraucher

Grundsätzlich besteht eine Verdichteranlage aus dem eigentlichen Verdichter und dem Ver-braucher, der den vom Verdichter gelieferten Massenstrom zu verarbeiten hat. Der Verbrau-cher wird auch als Last bezeichnet. Abb. 6.32a zeigt eine Verdichteranlage mit Verdichter und Last, die als einstellbare Blende dargestellt ist. Der Verbraucher soll dabei zunächst ohne

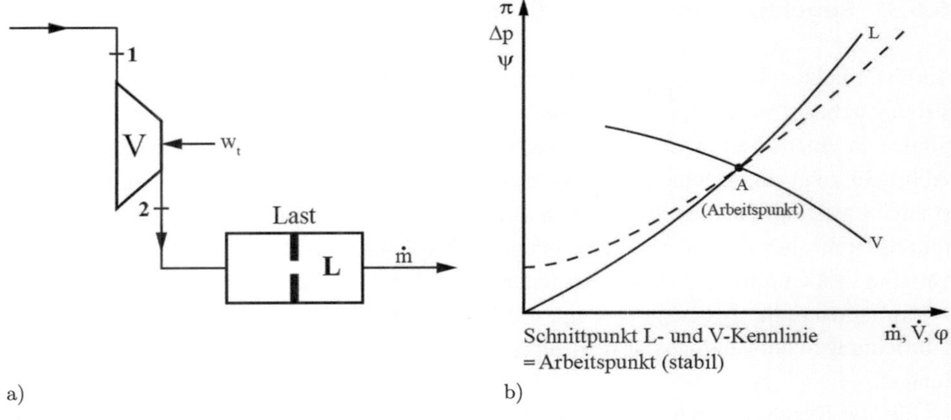

Abb. 6.32 Kennfeld von Verdichter mit Verbraucher

Verzögerung den Druck- bzw. Massenstromänderungen des Verdichters folgen. Abb. 6.32b zeigt die Drosselkennline der Blende oder Lastkennlinie L sowie die Verdichterkennlinie V bei konstanter Drehzahl n. Der Druckabfall über der Blende ändert sich im Unterschallbereich näherungsweise quadratisch mit dem Volumenstrom. Der Betriebs- bzw. Arbeitspunkt der Anlage stellt sich dann als Schnittpunkt der sogenannten Lastkurve L (Drosselkurve des Verbrauchers) mit der Verdichterkennlinie V.

Ein Betriebspunkt ist dann stabil, wenn sich nach einer kleinen Störung in der Anlage, z. B. nach einer kleinen Volumenstromerhöhung, der ursprüngliche Zustand in einer endlichen Zeit wieder einstellt. Als notwendige Stabilitätsbedingung kann daraus abgeleitet werden:

$$\left[\frac{dp}{d\dot{V}}\right]_{Verbraucher} > \left[\frac{dp}{d\dot{V}}\right]_{Verdichter}, \qquad (6.81)$$

somit muss die Verbraucherkennlinie auf jeden Fall steiler ansteigen (positiver Gradient) als die Verdichterkennlinie (negativer Gradient), um einen stabilen Betriebspunkt zu gewährleisten. Erhöht sich z. B. der Volumenstrom $\dot{V}$ der Last aufgrund einer Störung, müsste sich z. B. die Druckdifferenz Δp am Verbraucher erhöhen, siehe Abb. 6.32. Der Verdichter liefert jedoch gemäß seiner Verdichterkennlinie bei $n = const$ bei einer Erhöhung des Volumenstromes $\dot{V}$ eine geringere Druckerhöhung Δp, weshalb nach einer Störung sich wieder der vorherige Betriebspunkt als stabiler Arbeitspunkt einstellt. Die Auslegung des Betriebspunktes der Anlage sollte daher im stabilen Arbeitsbereich des Verdichters liegen, siehe auch Abb. 6.11.

6.6.3 Regelung von Turboverdichtern

Turboverdichter werden für einen bestimmten Betriebspunkt (Druckverhältnis, Volumen-strom, Drehzahl) ausgelegt und berechnet, so dass zur Anpassung an sich ändernde Betriebs-punkte in einem Verbraucher geeignete Regeleinrichtungen vorgesehen werden müssen. Abb. 6.33 zeigt unterschiedliche Arbeitspunkte A_1, A_2, A_3, die entweder auf einer kon-stanten Lastkennlinie oder Anlagenkennlinie L und durch variable Verdichterkennlinien V mittels Drehzahländerung n_1, n_2, n_3, oder auf einer konstanter Verdichterkennlinie V durch variable Lastkennlinien L mittels Laständerung L_1, L_2, L_3 sich ergeben.

Um gewünschte Arbeitspunkte mit der Verdichteranlage fahren zu können, sind Rege-leinrichtungen notwendig. Abb. 6.34 zeigt ein Anlagenschema mit möglichen Regeleinrich-tungen.

Für die Regelung einer Anlage auf einen konstanten Volumenstrom $\dot{V} = const$ oder die Regelung auf konstanten Enddruck $p = const$ gibt es mehrere Regelungsarten, siehe Abb. 6.35. Die verschiedenen Regelungsarten sind:

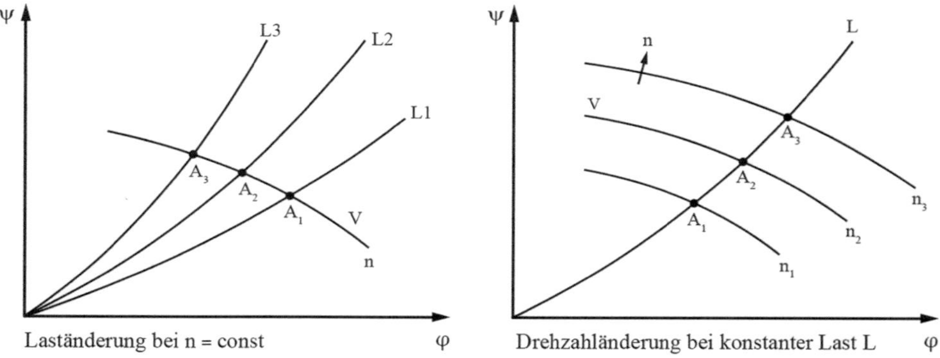

Abb. 6.33 Verdichter mit Verbraucher bei unterschiedlichen Arbeistpunkten

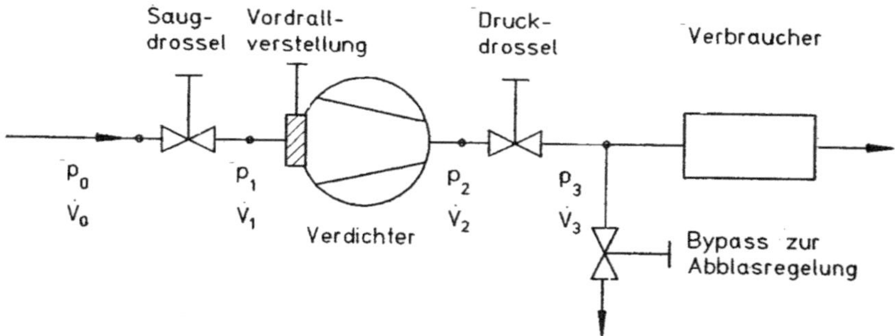

Abb. 6.34 Anlagenschema mit Regeleinrichtungen [28]

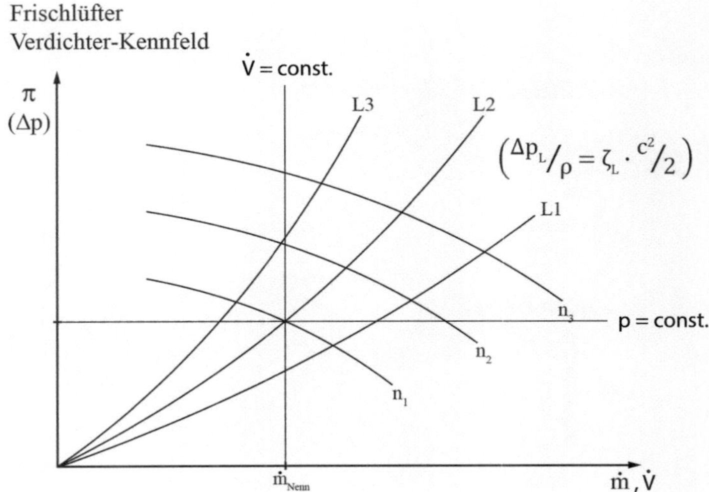

Abb. 6.35 Verdichterkennfeld mit Regelung auf konstanten Druck oder Volumenstrom

- Drehzahlregelung: Drehzahl n des Verdichters wird über drehzahlvariablen Verdichterantrieb geregelt.
- Drosselregelung: Bei konstanter Verdichterdrehzahl ist durch eine Drosselung in der Saug- oder Druckleitung bei gleichbleibendem Nutzdruck p im Verbraucher der Volumenstrom änderbar.
- Schaufelverstellung: Durch Verstellen der Leit- und (oder) Laufschaufeln ist eine Änderung des Arbeitsbereichs des Verdichters ohne größere Wirkungsgradverluste möglich.
- Bypass zur Abblaseregelung: Arbeitet ein Verdichter bei kleinen Volumenströmen im Bereich der Pumpgrenze, kann als Pumpverhütungsvorrichtung ein Bypass zur Abblaseregelung aktiviert werden, wodurch der nicht vom Verbraucher aufzunehmende Volumenstrom dem Bypass zugeführt wird. Diese Abblaseregelung wird oft beim Anfahren von Gasturbinen nach dem Verdichter der Gasturbinenanlage umgesetzt.

Die Abb. 6.36 und 6.37 zeigen das Anlagenschaltbild der Verbrennungsluft und der bei der Verbrennung entstehenden Rauchgase in einem Kohlekraftwerk und die dazugehörende Anlagentechnik mit Frischlüfter und Saugzuggebläse, um den Luftdurchsatz bei unterschiedlichen Betriebsbedingungen gewährleisten zu können. Da der Luftvolumenstrom für die Verbrennung sehr groß ist, werden bei solchen Anlagen mehrstufige Axialverdichter mit Drehzahlregelung eingesetzt. Die Regelung soll dabei einerseits die für die Verbrennung notwendige Luftmenge bei unterschiedlichen Lastzuständen des Kraftwerkes und andererseits immer die einzuhaltende Pressung Δp als Unterdruck in der Brennkammer des Kessels gewährleisten.

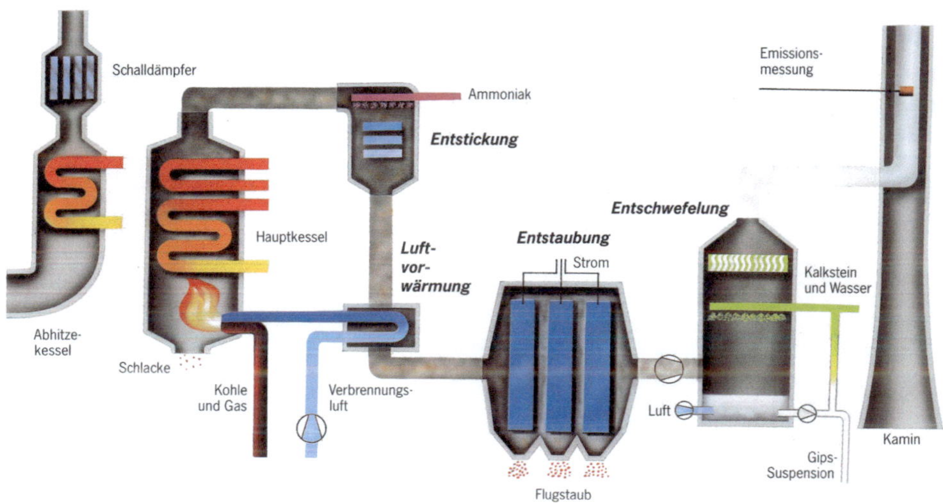

Abb. 6.36 Verdichteranlagen bei der Kohleverbrennung

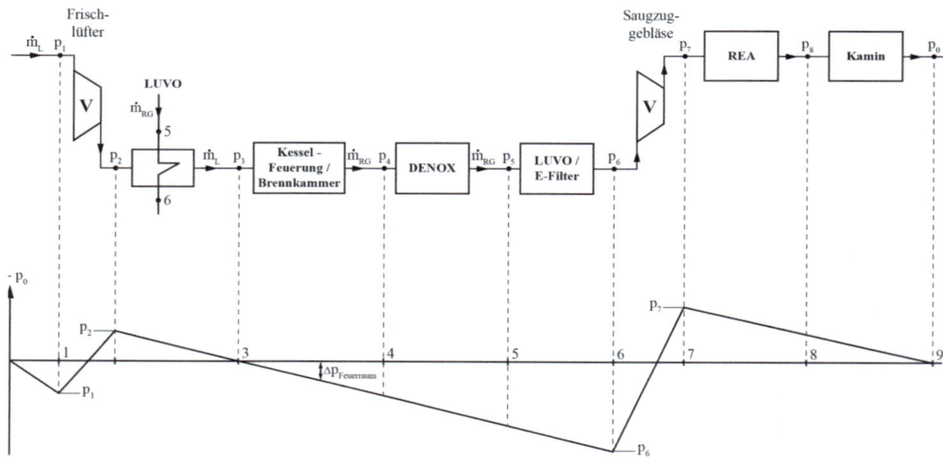

Abb. 6.37 Verdichteranlagen für die Verbrennungsluft und Rauchgase bei der Kohleverbrennung in einem Kraftwerk

Beispiel 6.2 *Basierend auf der Auslegung des Avialverdichters im Beispiel 6.1 erfolgt nun die Ermittlung des Verdichterkennfeldes mit dem Verbaucher bzw. der Last bestehend aus der Erdgaszuleitung und Versuchsanlage.*

Lösung 6.2

1. *Das Anlagenschema mit Verdichter und Verbraucher zeigt Abb. 6.15.*
2. *Der Druckverlust Δp_L in der Leitung, der Durchmesser D der Leitung und die Leitungslänge L ergeben sich zu:*

$$\Delta p_L = \lambda \frac{L}{D}\frac{1}{2}\bar{\rho}_g\bar{c}_g^2 = p_2 - p_3$$

$$\Delta p_L = p_2 - p_3 = 12\,bar - 2\,bar = 10\,bar$$

$$\dot{m} = \bar{\rho}_g A \bar{c}_g = \bar{\rho}_g \frac{\pi}{4} D^2 \bar{c}_g \quad bzw.$$

$$D = \sqrt{\frac{4\dot{m}}{\bar{\rho}_g \pi \bar{c}_g}} = \sqrt{\frac{4 \cdot 341\,\frac{kg}{s}}{8\,\frac{kg}{m^3} \cdot \pi \cdot 50\,\frac{m}{s}}} = 1,042\,m$$

$$L = \frac{2\Delta p_L D}{\lambda \bar{\rho}_g \bar{c}_g^2} = \frac{2 \cdot 10 \cdot 10^5\,Pa \cdot 1,042\,m}{0,02 \cdot 8\,\frac{kg}{m^3} \cdot \left(50\,\frac{m}{s}\right)^2} = 5,21\,km$$

3. *Abb. 6.38 zeigt das Verdichterkennfeld im Nenn- oder Volllastpunkt A_1 der Verdichteranlage (100 %-Last) und den Arbeitspunkt A_2 bei 50 %- Teillast.*

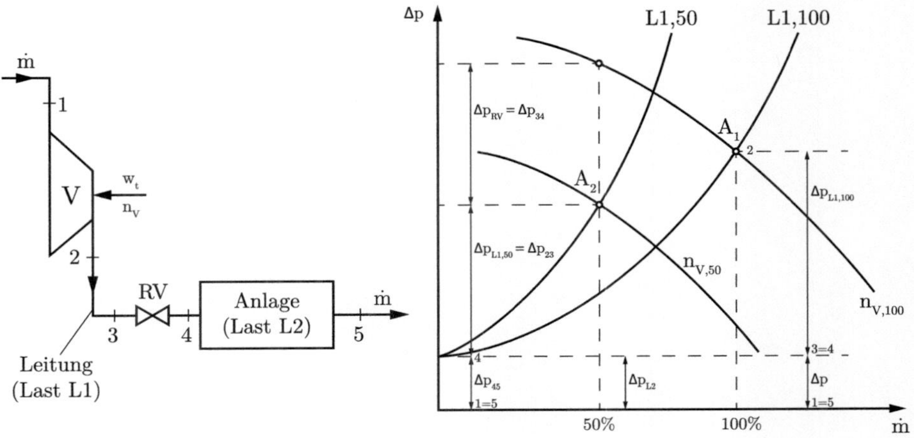

Abb. 6.38 Kennfeld der Axialverdichterstufe bei 100 %-Volllast und 50 %-Teillast

4. *Der Arbeitspunkt A_2 bei 50 %- Teillast kann mit der Verdichteranlage mit der Verdichterdrehzahl $n_2 = n_{V,50}$ gefahren werden, in dem die Nenn- bzw. Auslegungsdrehzahl $n_1 = n_{V,100}$ über einen drehzahlvariablen Motor kontinuierlich reduziert wird (Drehzahlregelung). Wird die Verdichteranlage durch einen drehzahlstarren Antrieb bei konstanter Nenndrehzahl $n_1 = n_{V,100}$ betrieben, ist ein zusätzliches Regelventil RV am Verdichteraustritt nötig, das den Druck p_2 nach Verdichter auf den erforderlichen Druck des Verbrauchers p_4 reduziert (Druckdrosselregelung). Der Druckverlust am Ventil Δp_{RV} und der Druckabfall am Verbraucher (Leitung und Versuchsanlage) $\Delta p_{L1,50} + \Delta p_{L2}$ entspricht der Druckerhöhung im Verdichter $\Delta p_{V,n1}$ bei der Nenndrehzahl $n_1 = n_{V,100}$. Somit liefert die Verdichteranlage bei 50 %-Teillast die gewünschte Durchsatzmenge bzw. Massenstrom durch den Verbraucher (Erdgasleitung und Versuchsanlage) bei vorgegebenem Druck in der Versuchsanlage.*

Turbopumpen

7

7.1   Einleitung

Kreiselpumpen bilden die zahlreichste Gruppe innerhalb der Strömungsmaschinen. Es gibt sie von den kleinsten bis zu den größten Abmessungen. Sie finden sich in vielen technischen Geräten und Anlagen, überall wo Flüssigkeiten zu heben, zu transportieren oder umzuwälzen sind. Als Förderfluid kommt neben Wasser jede andere Flüssigkeit in Frage, insbesondere Öl, aber auch aggressive Flüssigkeiten oder Wasser in der Nähe des Siedezustandes mit erhöhter Kavitationsgefahr. Das Förderfluid kann auch beträchtliche Mengen von Feststoffen aller Art, wie Zellulosefasern, Stückkohle, Zuckerrüben mitführen, deren Transport dann die Hauptaufgabe darstellt.

Aufbau und Laufradform. Je nach dem geforderten Volumenstrom und der Förderhöhe werden die Maschinen mit radialen, halbaxialen oder axialen Laufrädern ausgeführt. Durch mehrstufige und mehrflutige Anordnung lässt sich der Anwendungsbereich deutlich erweitern (Einsatzgebiet von Standardpumpen Abb. 7.1).

Eine einstufige Kreiselpumpe ist ähnlich aufgebaut wie eine Überdruck-Wasserturbine. Die Lauf- und Leitschaufeln sind fast immer fest. Kann ihre Stellung im Stillstand verändert werden, spricht man von einstellbaren Schaufeln, ist das auch während des Betriebes möglich, von verstellbaren Schaufeln.

Dem Fluid wird durch Oberflächenkräfte an den Laufschaufeln Energie zugeführt. Diese liegt am Laufradaustritt zum Teil als Druckenergie, zum anderen aber als kinetische Energie vor. Um die Druckerhöhung zu erreichen, muss die relative Laufradströmung verzögert werden. Die entsprechende Kanalerweiterung darf aber lange nicht so groß sein wie die Verengung in einer Turbine, da sich die Grenzschicht sonst ablösen würde.

Daraus ergeben sich längere Schaufelkanäle und bei gleicher Schnellläufigkeit größere radiale Laufradabmessungen (Abb. 7.2).

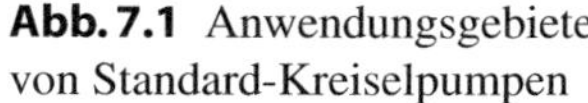

Abb. 7.1 Anwendungsgebiete
von Standard-Kreiselpumpen

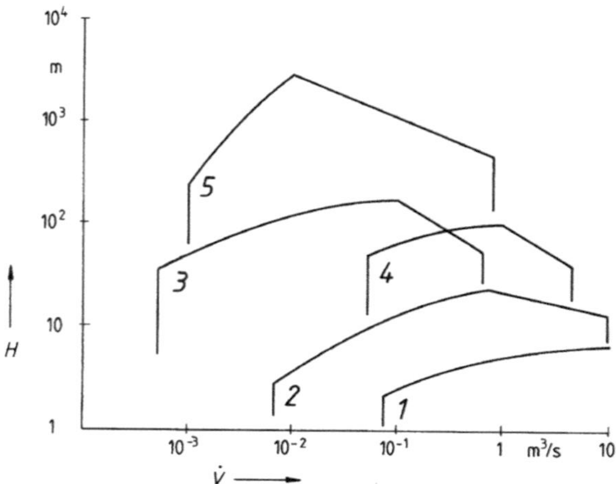

1 Axialpumpen

2 halbaxiale Pumpen

3 Radialpumpen

4 zweiflutige Pumpen

5 mehrstufige Pumpen

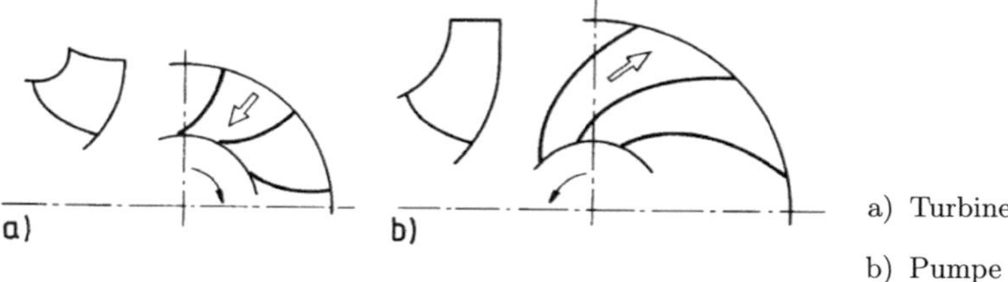

Abb. 7.2 Laufradvergleich Pumpe und Turbine

Der Anteil der kinetischen Energie beträgt etwa 10 bis 40 %, nur in Ausnahmefällen mehr. Um auch diesen Teil noch in Druckenergie umzusetzen, wird hinter dem Laufrad ein Diffusor angeordnet, der aus einem schaufellosen Ringraum oder aus einem Kranz feststehender Leitschaufeln bestehen kann, bei einer Endstufe außerdem oder ausschließlich aus dem Spiralgehäuse der Pumpe.

Der Volumenstrom einer Kreiselpumpe ist stark von der spezifischen Stutzenarbeit und beide von der Drehzahl abhängig. Deshalb müssen Laufradform und Maschinenabmessungen an die Betriebsbedingungen sorgfältig angepasst werden. Der Wirkungsgrad ist kleiner als bei einer Turbine mit vergleichbaren Betriebsdaten, weil der Reibungseinfluss in den längeren Schaufelkanälen stärker ist und auch die Radseitenreibung wegen des größeren Laufraddurchmessers verstärkt ist.

Kavitation. Kurz hinter der Eintrittskante treten auf der Saugseite der Laufschaufeln, insbesondere in der Nähe des Außenkranzes hohe Relativgeschwindigkeiten auf. An diesen Stellen besteht deshalb die größte Kavitationsgefahr. Da hier anders als in der Turbine die Dampfbläschen im Inneren der Laufradkanäle kondensieren, ist auch der Materialverschleiß bei gleichem Kavitationsgrad größer. Dazu kommt noch, dass schon in der Unterdruckzone vor dem Laufrad in der Flüssigkeit gelöste Gase in Form feiner Bläschen ausgeschieden werden können. Diese wirken einerseits als Siedekeime und verstärken die Kavitation, andererseits mindern sie deren Wirkung, da das kompressible Gas dämpfend wirkt.

7.2 Bauformen

7.2.1 Schnellläufigkeit und Laufradform

Bei drallfreier Zuströmung zum Laufrad lautet die Hauptgleichung Gl. (7.1)

$$Y_{sch} = g H_{th} = u_2 c_{2u} = \pi n D_2 c_{2u}. \tag{7.1}$$

Hieraus ist für die Form eines langsamläufigen Laufrades zu schließen, dass für eine gegebene spezifische Schaufelarbeit Y_{sch} bei kleiner Drehzahl der Laufradaußendurchmesser D_2 groß sein muss, wenn man vom Einfluss der Umfangskomponente der absoluten Austrittsgeschwindigkeit c_{2u} absieht. Da der Eintrittsdurchmesser D_1 vom geforderten Volumenstrom abhängt und nicht ebenfalls groß sein darf, ergibt sich ein Laufrad mit radialer Meridianform und mit einfach gekrümmten Laufschaufeln nach Abb. 7.3a.

Mit wachsender Schnellläufigkeit σ nach Gl. (2.125) wird der Austrittsdurchmesser immer kleiner, und um keine zu kurzen Laufschaufelkanäle entstehen zu lassen, muss die Eintrittskante weiter in den Bereich des Übergangs von der axialen in die radiale Strömung vorgezogen werden, sodass doppelt gekrümmte Schaufeln entstehen (Abb. 7.3b und c).

Bei weiterer Fortsetzung dieser Tendenz wird schließlich auch die Austrittskante in den axial-radialen Übergangsbereich verlegt, und es entsteht ein halbaxiales (Abb. 7.3d) und schließlich als die schnellläufigste Form ein axiales Laufrad (Abb. 7.3e).

7.2.2 Mehrstufige und mehrflutige Pumpen

Mehrstufige Pumpen. Für große Förderhöhen muss die Schnellläufigkeit eines Pumpenrades klein sein. Sehr kleine Schnellläufigkeiten führen nämlich zu ungünstigen Laufradformen mit sehr langen, engen Schaufelkanälen und entsprechend großen Reibungsverlusten

Abb. 7.3 Laufradformen

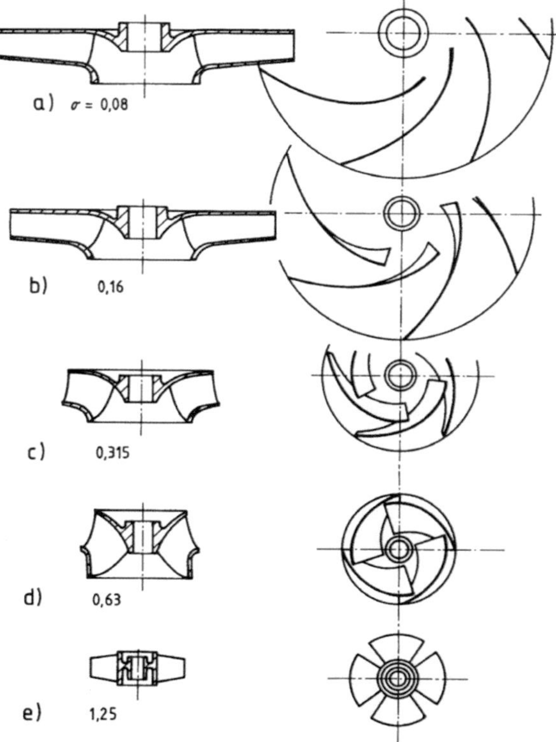

a) Radialrad mit einfach gekrümmten Schaufeln $\sigma = 0,08$

b) Radialrad mit räumlich gekrümmten Schaufeln $\sigma = 0,16$

c) Radialrad mit räumlich gekrümmten Schaufeln $\sigma = 0,315$

d) Halbaxiales Rad $\sigma = 0,63$

e) Axialrad $l\sigma = 1,25$

$$\sigma = \frac{2n\sqrt{\pi \dot{V}}}{(2gH)^{3/4}}$$

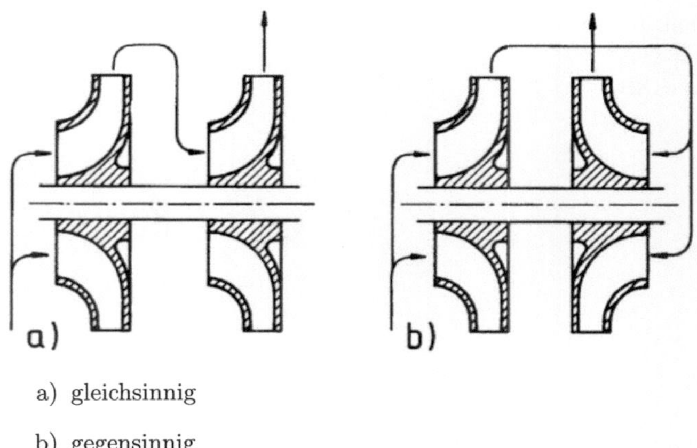

a) gleichsinnig

b) gegensinnig

Abb. 7.4 Laufradanordnung mehrstufiger Pumpen

und damit zu Wirkungsgradeinbusen. Die erreichbaren Stufenförderhöhe sind außerdem wegen der Festigkeit und der Kavitation begrenzt und liegen bei etwa 180 bis 200 m, in Ausnahmefällen bis zu 400 m und nur sehr selten darüber. Im Großpumpenbau für Pumpspeicherkraftwerke wurden für einstufige Pumpen auch schon Förderhöhen von über 700 m realisiert.

Hochdruckpumpen für sehr große Förderhöhen werden deshalb mehrstufig ausgeführt werden, wobei die einzelnen Stufen baugleich sein können, da die Fluide ja inkompressibel sind. Die Laufräder werden meist gleichsinnig durchströmt (Abb. 7.4). Hochdruckpumpen mit gegensinniger Anströmung erfordern eine aufwendige Rückführung.

Gliederpumpen. Bei der gleichsinnigen Anordnung, der häufigsten Bauform mehrstufiger Pumpen (Abb. 7.4a), besteht die Maschine aus einem Sauggehäuse, mehreren unter sich gleichen Stufen und dem Druckgehäuse, die alle durch Zuganker miteinander verbunden sind (Abb. 7.5). Zu jedem Laufrad gehört ein Leitapparat mit fester Beschaufelung, der wie bei einstufigen Pumpen ein schaufelloser oder beschaufelter Ringraum ist, außerdem ein Rückführkanal, der das Fluid dem Saugmund des nachfolgenden Laufrades zuführt. Nur in der letzten Stufe mündet der Leitapparat in das Spiralgehäuse.

Abb. 7.5 Vierstufige Kesselspeisepumpe in Gliederbauweise (KSB)

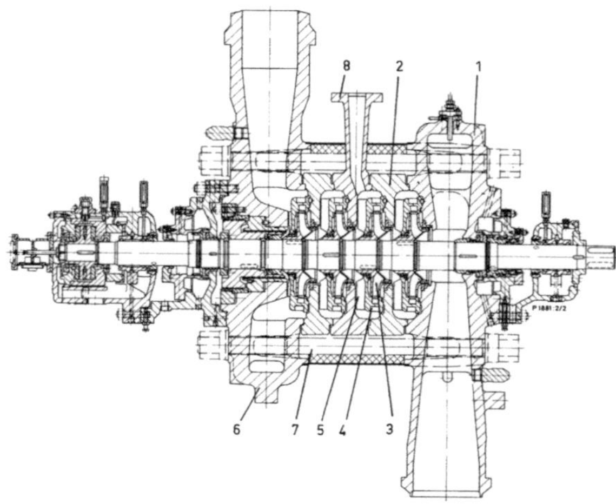

1 Sauggehäuse

2 Stufengehäuse

3 Laufrad

4 Leitrad

5 Rückführbeschaufelung

6 Druckgehäuse

7 Zuganker

8 Anzapfung für Einspritzwasser

Topfgehäusepumpen. Bei hohen Enddrücken werden die Pumpenstufen in ein Topfgehäuse eingesetzt (Abb. 7.6). Die Herstellungskosten dieser Bauart sind höher, aber sie ist außer der größeren Druckfestigkeit auch montagegünstiger. Bei einer Reparatur können die Innenteile ausgebaut werden, während das Gehäuse mit den Rohranschlüssen an seinem Platz bleibt.

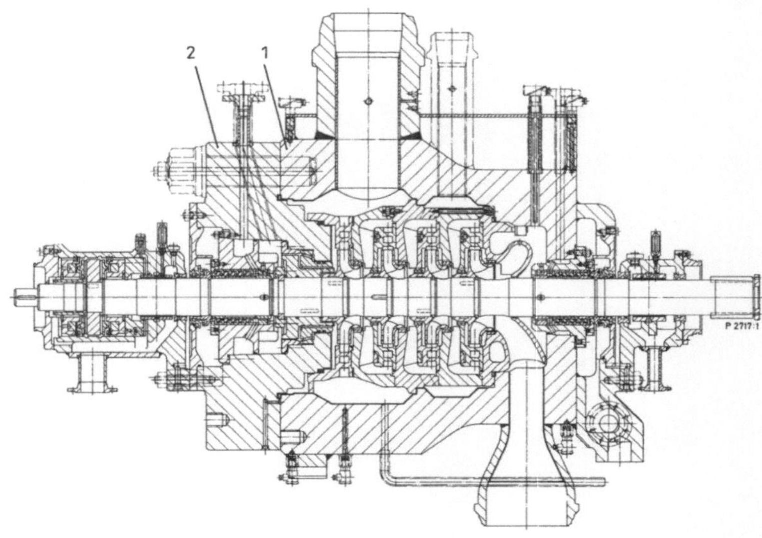

1 Topfgehäuse

2 Deckel

Abb. 7.6 Vierstufige Kesselspeisepumpe mit Topfgehäuse (KSB)

Rücken-an-Rücken-Anordnung. Bei gegensinniger Laufradanordnung (Abb. 7.4b) sind die Laufräder von je zwei Stufen mit ihren Innenkränzen einander zugekehrt (Abb. 7.7). Die Stufenzahl muss gerade sein und ist selten größer als zwei. Vorteile sind der durch keinen zusätzlichen Verlust erkaufte Axialschubausgleich und geringe Spaltverluste. Nachteilig ist der größere Bauaufwand, denn hier wird ein doppeltes Spiralgehäuse benötigt und eine Umgehungsleitung, die das Fluid aus dem Spiralstutzen der Niederdruckseite dem Saugmund der Hochdruckseite zuführt. Deshalb kommt diese Bauweise nur für größere Pumpen zur Anwendung, insbesondere bei Pumpen in Pipelines, Pumpspeicherkraftwerken (Abschn. 7.5.7) und in der Trinkwasserversorgung.

Mehrflutige Pumpen. Durch das Parallelschalten von Laufrädern wird bei ungeänderter Förderhöhe der Volumenstrom entsprechend vervielfacht. Davon wird Gebrauch gemacht, um die Abmessungen insgesamt klein zu halten, und um die Geschwindigkeit im Eintrittsquerschnitt der Laufräder zur Verbesserung des Saugverhaltens herabzusetzen.

Grundsätzlich ist die Zahl der parallel arbeitenden Laufräder beliebig, doch sind mehr als zweiflutige Kreiselpumpen ungebräuchlich. Durch das gemeinsame Spiralgehäuse und

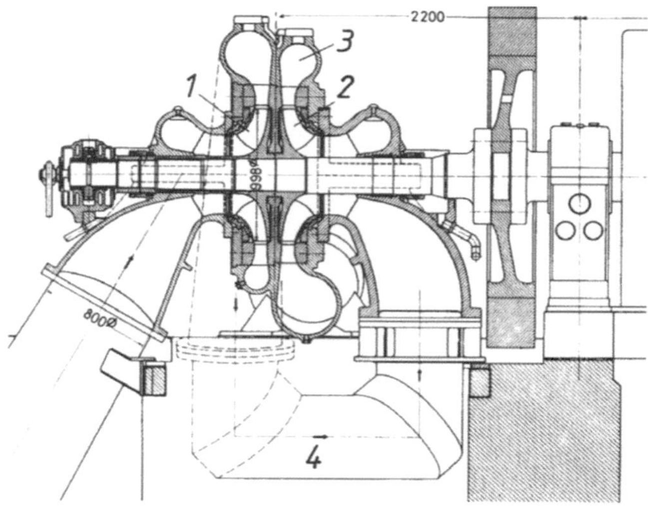

1 Laufrad der ersten Stufe

2 Laufrad der zweiten Stufe

3 Spiralgehäuse

4 Umführungsleitung

Abb. 7.7 Zweistufige Pumpe in Rücken-an-Rücken Anordnung (Voith)

das verzweigte, gemeinsame Saugrohr bilden doppelflutige Pumpen (Abb. 7.8) eine besonders rationelle Bauweise. Durch die spiegelbildliche Laufradanordnung wird der Achsschub ausgeglichen und die Radseitenreibung am Innenkranz der Laufräder vermieden. Die Mehrflutigkeit kann auch mit der Mehrstufigkeit kombiniert werden (Abb. 7.48).

7.2.3 Weitere Konstruktionsformen

Laufräder. Außer der Schnellläufigkeit ist für die Formgebung der Laufräder auch die Art des Förderfluids maßgebend. Für verunreinigte Flüssigkeiten, Dickstoffe und andere Flüssigkeits – Feststoffgemische wird die Schaufelzahl auf drei, zwei oder eine einzige Schaufel reduziert und dadurch werden große freie Durchflussquerschnitte im Laufrad erzielt. In der Tauchmotorpumpe (Abb. 7.9) hat der rotierende Laufradkanal die gleiche Lichtweite wie die Rohrleitungen, um ein Festklemmen von Fremdkörpern zu vermeiden.

Abb. 7.8 Zweiflutige
Spiralgehäusepumpe (KSB)

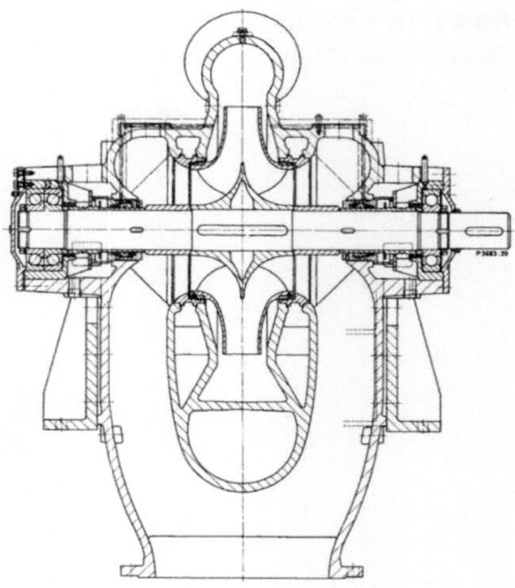

Abb. 7.9 Tauchmotorpumpe
(KSB)

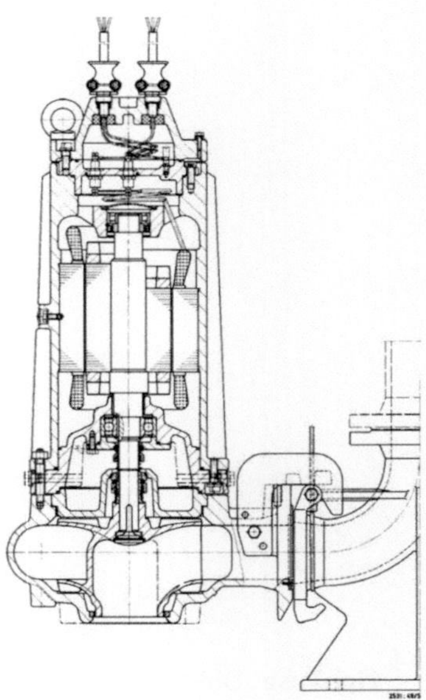

Weitere Laufräder mit und ohne Außenkranz zeigt Abb. 7.10. Die offenen Räder werden bei ausgasenden Flüssigkeiten bevorzugt. Für Dickstoff- und Schmutzwasserförderung eignen sich auch Freistromräder, deren Schaufeln radiale, nur teilweise in den Strömungsraum reichende Rippen sind (Abb. 7.11). Da das Laufrad nur indirekt auf das Fluid einwirkt, ist die Verstopfungsgefahr gering. Manchmal ist auch der Mischeffekt erwünscht, der durch die vom Freistromrad erzeugten Wirbel zustande kommt.

Abb. 7.10 Laufräder von
Schmutzwasserpumpen (KSB)

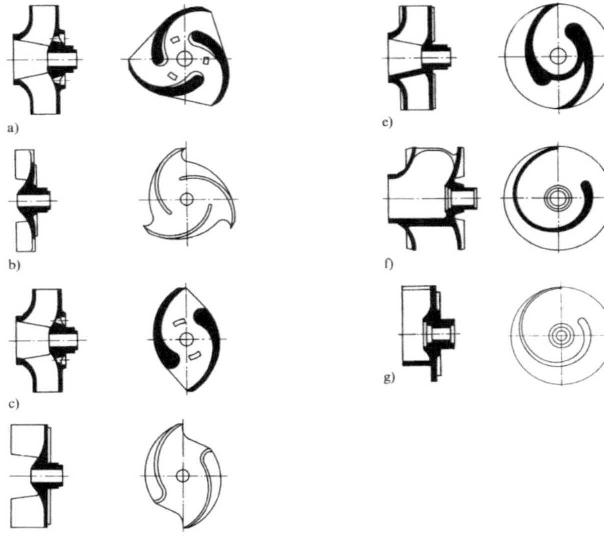

a geschlossenes
   Dreikanalrad

b offenes Dreikanal-
   rad

c geschlossenes
   Zweikanalrad

d offenes Zweikanal-
   rad

e geschlossenes Ein-
   kanalrad

f geschlossenes Ein-
   schaufelrad

g offenes Einschau-
   felrad

Gehäuse. Die meisten Kreiselpumpen sind Spiralgehäusepumpen, wobei die Gehäuse
gewöhnlich quer zur Maschinenachse geteilt sind. Längsgeteilte Gehäuse sind seltener und
finden sich vor allem bei zweiflutigen Maschinen.

Im Interesse spannungsgünstiger und montagefreundlicher Formen oder auch einfach zur
Verringerung der Herstellungskosten wird statt des dem Strömungsverlauf gut angepassten
Spiralgehäuses gelegentlich auch ein Ringgehäuse mit über dem Umfang gleichbleibendem
Querschnitt oder zylindrische bzw. kugelige Gehäuse verwirklicht.

Abb. 7.11 Laufräder von
Schmutzwasserpumpen (KSB)

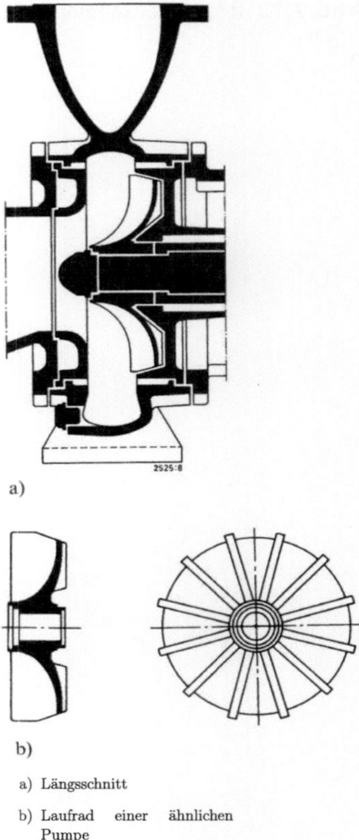

Bei Pumpen hoher Schnellläufigkeit, bei denen das Fluid in axialer oder halbaxialer Richtung aus dem Laufrad austritt, ist ein Rohrgehäuse oder Krümmerrohrgehäuse naheliegend (Abb. 7.12). Meistens ist die Welle bei diesen Pumpen vertikal oder schräg angeordnet. Um bei Reparaturarbeiten die Demontage des sperrigen Rohrgehäuses zu vermeiden, wird im Druckkrümmer zur Antriebsseite hin eine durch einen Deckel verschließbare Öffnung vorgesehen, durch welche die gesamte Welle mit der Lagerung und dem Laufrad auszubauen ist.

Dichtungen. An den Wellendurchführungen in den Pumpengehäusen werden bei kleineren oder mittelgroßen Pumpen vor allem Packungsstopfbuchsen oder Gleitringdichtungen verwendet.

Abb. 7.12 Rohrgehäusepumpe
(KSB)

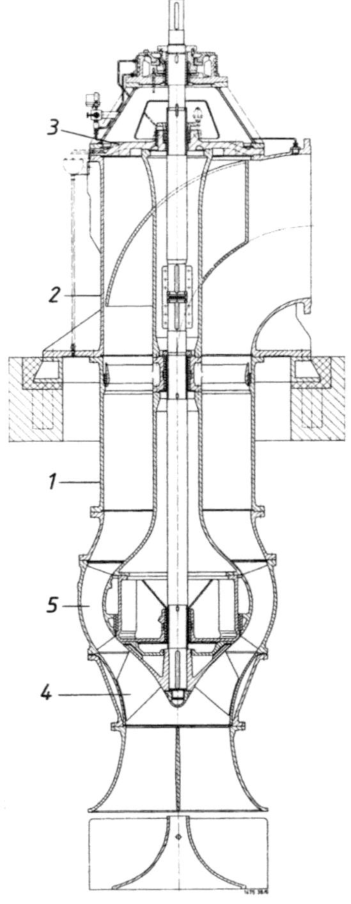

1 Rohrgehäuse

2 Druckkrümmer mit Öffnung
zur Demontage der Innenteile

3 Deckel

4 Laufrad

5 Leitrad

Packungsstopfbuchsen sind an die Art des Förderfluids und dessen Temperatur anzuglei-
chen. Bei Wasser geringer Temperatur werden geflochtene Talg- oder Graphit-Baumwoll-
schnüre als Packungsmaterial verwendet, bei höherer Temperatur Graphit-Asbestschnüre.
Gleitringdichtungen (Abb. 7.13) sind für alle Drücke geeignet und bewähren sich auch
bei hohen Umfangsgeschwindigkeiten. Sie sind aber empfindlich gegen abrasive Verunrei-
nigungen im Förderfluid, sodass sie gegebenenfalls durch saubere Sperrflüssigkeit vor dem
Arbeitsfluid geschützt werden müssen.

Abb. 7.13 Gleitringdichtung

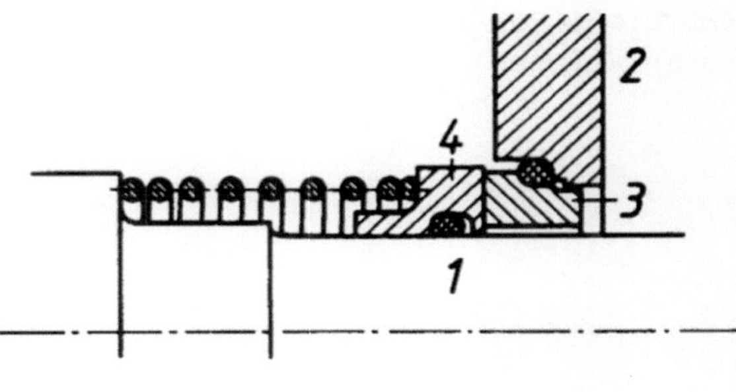

1 Welle

2 Gehäuse

3 feststehender Gleitring

4 umlaufender Gleitring

Nassläufermotoren. Bei der Förderung giftiger, aggressiver oder radioaktiv kontaminierter Flüssigkeiten, überall dort, wo vollständige Dichtheit verlangt wird, verzichtet man auf eine Wellendurchführung und lässt den Läufer der antreibenden Asynchronmaschine mit seiner Lagerung im Förderfluid laufen. Solche Motoren gibt es mit nasser oder mit trockener Ständerwicklung. Der Stator lässt sich nämlich durch ein dünnwandiges Spaltrohr im magnetischen Spalt des Motors von der Flüssigkeit trennen.

Spalt- und Labyrinthdichtungen werden bei kleineren und mittelgroßen Pumpen nur an den innerhalb des Pumpengehäuses liegenden Dichtungsstellen angewendet. Im Großpumpenbau werden Spalt- und Labyrinthdichtungen aufgrund der hohen Geschwindigkeiten standardmäßig eingesetzt.

7.3   Berechnung radialer und halbradialer Laufräder

7.3.1   Meridianform

Meist werden heute für die Berechnung von Pumpenlaufräder strömungsnunerische Berechnungsprogramme eingesetzt. Stömungsnumerische Berechnungsprogramme ermöglichen eine sehr gute Kenntnisse der Strömung im Pumpenlaufrad. Die hier vorgestellten Berechnungsmethoden ermöglichen die Dimensionierung eines Pumpenlaufrades und werden meist als Startpunkt für die weitere Optimierung mit Hilfe moderner strömungsnumerischer Werkzeuge verwnendet.

Den Ausgangspunkt der Berechnung bilden der Volumenstrom $\dot{V}$ und die spezifische Stutzenarbeit Y bzw. die Förderhöhe H, die für einen bestimmten Anwendungsfall gegeben sind. Die Schnellläufigkeit σ kann im Interesse eines günstigen Wirkungsgrades nur selten nach Abb. 7.14 gewählt werden. Oft ist nämlich die Drehzahl durch den Antrieb, etwa mit

Abb. 7.14 Kupplungswirkungsgrade von Kreiselpumpen

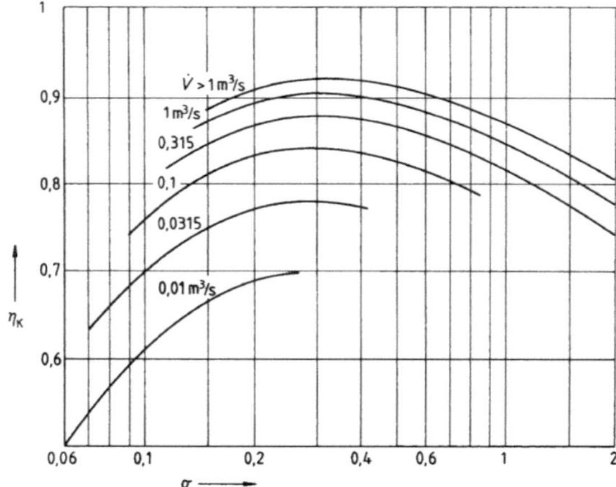

einem Asynchronmotor vorgegeben. Immerhin zeigt das Diagramm, dass zu langsamläufige Maschinen möglichst zu vermeiden und statt dessen zwei- oder mehrstufige Pumpen vorzuziehen sind. Die großen Schnellläufigkeiten führen zwar auch zu geringen Wirkungsgraden und erhöhen die Kavitationsanfälligkeit, haben aber den Vorteil geringeren Bauvolumens.

Nach Wahl einer Drehzahl ergibt sich die Schnellläufigkeit nach der Definitionsgleichung (2.125).

$$\sigma = \frac{2n\sqrt{\pi\dot{V}}}{(2Y)^{3/4}} = \frac{2n\sqrt{\pi\dot{V}}}{(2gH)^{3/4}}, \tag{7.2}$$

und aus dem Cordier-Diagramm (Abb. 7.15) kann die Durchmesserzahl abgelesen werden, aus der sich der Laufraddurchmesser D_{2a} errechnet (Austrittsdurchmesser in Strömungsrichtung):

$$D_{2a} = \frac{2\delta}{\sqrt{\pi}}\sqrt[4]{\frac{\dot{V}^2}{2Y}} = \frac{2\delta}{\sqrt{\pi}}\sqrt[4]{\frac{\dot{V}^2}{2gH}}. \tag{7.3}$$

Der Meridianschnitt kann nun entworfen werden, wofür Abb. 7.3 Beispiele liefert. Als Anhalt dienen auch die in Abb. 7.15 enthaltenen dimensionslosen Zahlenwerte, die aber mit einer gewissen Streuung zu verstehen sind.

Beispiel 7.1 *Ein Pumpenlaufrad ist für die Betriebsdaten* $H = 60\,m$, $\dot{V} = 0{,}08\,m^3/s$ *zu entwerfen.*

Als Antrieb ist ein Motor mit der Drehzahl $n = 24{,}5\ 1/s$ *vorgesehen. Gesucht sind die erforderliche Kupplungsleistung und die Hauptabmessungen des Laufrades.*

Abb. 7.15 Cordier-Diagramm und Laufradabmessungen

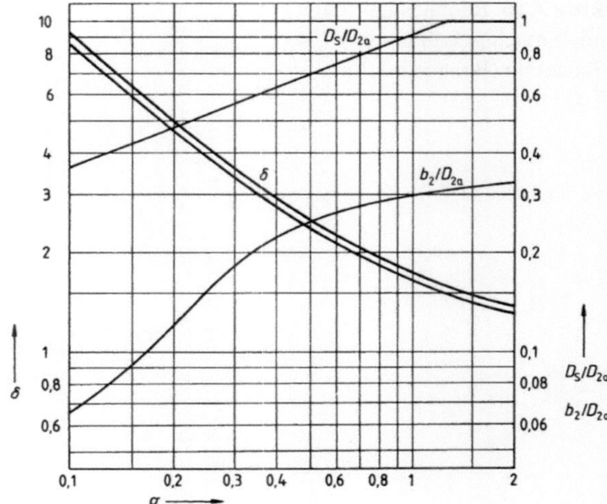

Lösung 7.1 *Die Schnellläufigkeit ist nach Gl. (2.125)*

$$\sigma = \frac{2n\sqrt{\pi\,\dot{V}}}{(2gH)^{3/4}} = \frac{2 \cdot 24{,}5\{1}{/}\, s \cdot \sqrt{\pi \cdot 0{,}08\,m^3/s}\,(2 \cdot 9{,}81\,m/s^2 \cdot 60\,m)^{0{,}75} = 0{,}122. \qquad (7.4)$$

Damit ist nach Abb. 7.14 ein Kupplungswirkungsgrad $\eta_K = 0{,}75$ zu erwarten, und damit

$$P_K = \frac{gH\varrho\dot{V}}{\eta_K} = \frac{9{,}81\,m/s^2 \cdot 60\,m \cdot 1000\,kg/m^3 \cdot 0{,}08\,m^3/s}{0{,}75} = 62\,800\,W = 63\,kW. \qquad (7.5)$$

In Anlehnung an Abb. 7.15 werden gewählt: $\delta = 7{,}6$; $D_S/D_{2a} = 0{,}4$; $b_2/D_{2a} = 0{,}077$. Damit wird:

$$D_2 = D_{2a} = \frac{2\delta}{\sqrt{\pi}}\sqrt[4]{\frac{\dot{V}^2}{2gH}} = \frac{2 \cdot 7{,}6}{\sqrt{\pi}}\,\frac{\sqrt{0{,}08\,m^3/s}}{\sqrt[4]{2 \cdot 9{,}81\,m/s^2 \cdot 60\,m}} = 0{,}414\,m \qquad (7.6)$$

$$D_S = 0{,}4 \cdot 0{,}414\,m = 0{,}166\,m \qquad (7.7)$$

$$b_2 = 0{,}077 \cdot 0{,}414\,m = 0{,}032\,m. \qquad (7.8)$$

Die Meridianform des Laufrades kann nun aufgezeichnet werden (Abb. 7.16a). Aus der Zeichnung lassen sich weitere Abmessungen abgreifen, insbesondere

$$D_1 = 0{,}17\,m \text{ und } b_1 = 0{,}048\,m. \qquad (7.9)$$

Abb. 7.16 Radiales Laufrad mit einfach gekrümmten Schaufeln (Beispiele 7.1 bis 7.3)

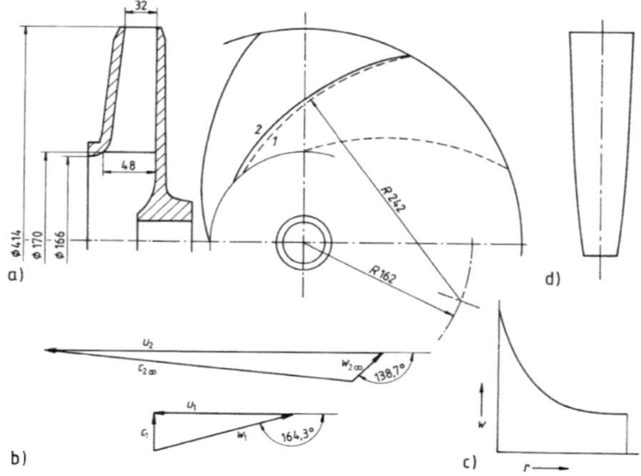

a) Laufradzeichung   1 Kreisbogen   2 punktweise berechnete Schaufel

b) Geschwindigkeitsplan

c) angenommener Verlauf der Relativgeschwindigkeit

d) dem Schaufelkanal gleichwertiger Kegeldiffusor

7.3.2 Geschwindigkeitsdreiecke

Eintrittsdreieck. Bei Kreiselpumpen ist die Zuströmung im Optimalfall drallfrei, sodass ein rechtwinkliges Eintrittsdreieck entsteht (Abb. 7.17a) für das gilt:

$$u_1 = \pi n D_1; \quad c_1 = c_{1m} = \frac{\dot{V}}{\pi D_1 b_1 \tau_1} \tag{7.10}$$

$$c_{1u} = 0; \quad w_{1u} = -u_1 \tag{7.11}$$

$$\beta_1 = arctan\left(\frac{c_{1m}}{w_{1u}}\right) + 180^o = arctan\left(\frac{c_1}{-u_1}\right) + 180^o. \tag{7.12}$$

Der Faktor τ_1, der die Querschnittsverengung durch die endliche Schaufelstärke berücksichtigt, ist mit den Bezeichnungen von Abb. 7.17c:

$$\tau_1 = 1 - \frac{s_1}{t_1 \sin(180^o - \beta_1)} = 1 - \frac{s_1}{t_1 \sin\beta_1}. \tag{7.13}$$

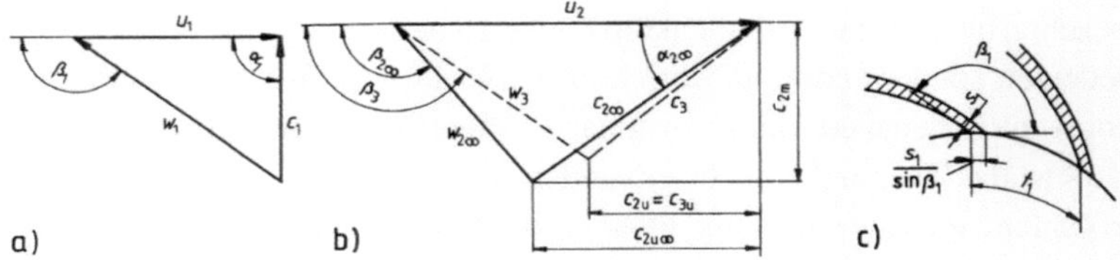

Abb. 7.17 Geschwindigkeitsdreiecke **a**) Eintrittsdreieck **b**) Austrittsdreieck **c**) Schaufelabmessungen am Eintritt

Falls schwache Kavitation zugelassen werden soll, etwa bis zu 3 % Förderhöhenabfall (Abschn. 7.5.3), muss die Verengung durch die Kavitationsblasen durch einen entsprechend größeren Wert von τ_1 berücksichtigt werden.

Austrittsdreieck. Am Laufradaustritt ist:

$$u_2 = \pi n D_2; \quad c_{2m} = \frac{\dot{V}}{\pi D_2 b_2 \tau_2},\tag{7.14}$$

wobei in:

$$\tau_2 = 1 - \frac{s_2 + \delta_2}{t_2 \sin\beta_2}\tag{7.15}$$

außer der Schaufelstärke auch die Summe der Verdrängungsdicken der saug- und druckseitigen Grenzschichten mit δ_2 einzusetzen ist. Der Verdrängungseffekt kann dadurch ganz beträchtlich werden, insbesondere dann, wenn in der Austrittszone des Rades ein Totwassergebiet auftritt. Als Anhalt kann gelten $\tau_2 = 0,67$ bis $0,83$.

Als dritte Größe zur Berechnung des Austrittsdreiecks folgt aus der Hauptgleichung (2.88) mit der bereits vorausgesetzten drallfreien Zuströmung:

$$c_{2u\infty} = \frac{g H_{th\infty}}{u_2}.\tag{7.16}$$

Dabei unterscheidet sich $H_{th\infty}$ von der tatsächlichen Förderhöhe H durch die hydraulischen Verluste und durch den Einfluss der endlichen Schaufelzahl:

$$H_{th} = \frac{H}{\eta_h}; \quad H_{th\infty} = (1 + p)H_{th}$$

$$H_{th\infty} = \frac{1 + p}{\eta_h} H\tag{7.17}$$

mit $\quad \eta_h$ hydraulischer Wirkungsgrad

$\frac{1}{1+p}$ Minderleistungsfaktor.

Man beachte, dass die durch den Faktor $1/(1 + p)$ berücksichtigte Minderleistung keinen Verlust bedeutet, sondern nur eine Korrektur der für die verzögerte Strömung im Pumpenlaufrad sonst zu ungenauen eindimensionalen Theorie. Die Berechnung des Minderleistungsfaktors ist das Thema der nächsten beiden Abschnitte.

Ist der Zahlenwert von p bekannt, so liegt das Austrittsdreieck der schaufelkongruenten Strömung fest, und es folgt für den Austrittswinkel (Abb. 7.17b):

$$\beta_{2\infty} = arctan\left(\frac{c_{2m}}{c_{2u\infty} - u_2}\right) + 180^o. \tag{7.18}$$

Für die tatsächliche Strömung eines Laufrades mit endlicher Schaufelzahl ist entsprechend:

$$\beta_2 = arctan\left(\frac{c_{2m}}{c_{2u} - u_2}\right) + 180^o \tag{7.19}$$

mit

$$c_{2u} = \frac{gH_{th}}{u_2} = \frac{gH}{\eta_h u_2}. \tag{7.20}$$

Unmittelbar hinter dem Laufrad ist die Meridiangeschwindigkeit wegen des Fortfalls der Verengung durch die Schaufeln kleiner als im Laufrad selbst:

$$c_{3m} = \frac{\dot{V}}{\pi D_2 b_2}, \tag{7.21}$$

womit sich der Abströmwinkel β_3 errechnen lässt:

$$\beta_3 = arctan\left(\frac{c_{3m}}{c_{2u} - u_2}\right) + 180^o. \tag{7.22}$$

Die Anzahl der Laufschaufeln $z_{La} = z''$ ($t_{La} = t''$, $s_{La} = s''$) wird so festgelegt, dass der Quotient aus der gestreckten Länge einer Schaufel und der mittleren Kanalweite $L/a = 3$ bis 6 wird, wobei der Bereich von 4 bis 5 besonders empfohlen wird [26]. Als Anhalt gilt auch nach [19]:

$$z'' = (5 \div 6{,}5)\frac{D_2 + D_1}{D_2} - D_1 \sin\left(\frac{\beta_{2\infty} + \beta_1}{2}\right). \tag{7.23}$$

7.3.3 Relativer Kanalwirbel

Die reibungsfreie Relativströmung durch einen radialen Schaufelkanal kann man sich aus der Überlagerung der Durchflussströmung bei stillstehendem Laufrad mit der Strömung im umlaufenden Kanal bei verhindertem Durchfluss (Abb. 7.18) entstanden denken. Diese

Abb. 7.18 Radiales Laufrad mit einfach gekrümmten Schaufeln (Beispiele 7.1 bis 7.3)

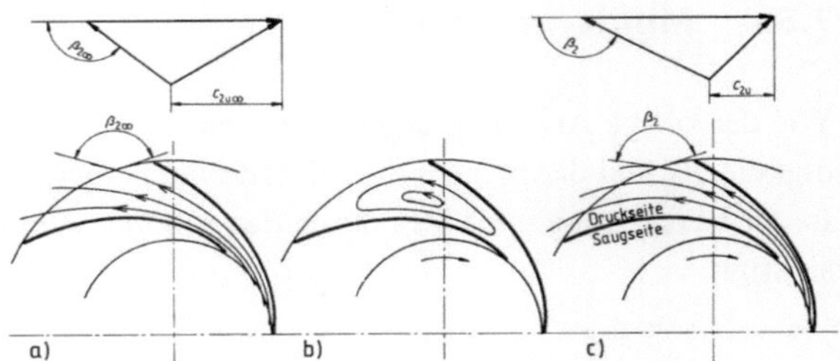

a) schaufelkongruente Durchflussströmung

b) relativer Kanalwirbel

c) resultierende Strömung

Letztere besteht in einer Wirbelbewegung mit zum Laufrad entgegengesetztem Drehsinn, denn wegen der vorausgesetzten Reibungsfreiheit kann die Rotation des Rades nicht auf die Flüssigkeit übertragen werden, sodass die Absolutströmung drehungsfrei bleiben muss.

Da nun die Geschwindigkeit des relativen Kanalwirbels auf der Vorderseite der Schaufel, deren Druckseite, dem Durchfluss entgegen gerichtet ist, entsteht dort eine kleine resultierende Geschwindigkeit, erkennbar am größeren Abstand der Stromlinien in Abb. 7.18c, und ein entsprechend hoher Druck. Umgekehrt wird auf der Schaufelrückseite oder Saugseite die Durchflussgeschwindigkeit durch die Wirbelgeschwindigkeit verstärkt und der Druck verringert.

Die Existenz des Kanalwirbels ist demnach ursächlich mit dem Auftreten einer Kraftwirkung auf die Schaufeln verknüpft. Als weitere Folge des relativen Kanalwirbels lässt sich zeigen, dass in der Mitte eines Schaufelkanals die Stromlinien nicht schaufelkongruent sein können, denn der relativen Austrittsgeschwindigkeit aus der Durchflussströmung wird dort eine der Drehrichtung entgegen gerichtete Umfangskomponente aus der Wirbelströmung überlagert. Die resultierende Strömung hat deshalb eine etwas kleinere Umfangskomponente als es der Schaufelkrümmung entsprechen würde. Das gilt natürlich auch für die über den Umfang gemittelte Strömung unmittelbar hinter dem Laufrad. Die in der Richtung der Laufraddrehung positiv gewertete Umfangskomponente der Austrittsgeschwindigkeit ist kleiner, als bei der schaufelkongruenten Strömung.

7.3.4　Minderleistung

Wie der vorige Abschnitt ergeben hat, ist die Umfangskomponente der Austrittsgeschwindigkeit c_{2u} und damit auch die Förderhöhe kleiner, als bei schaufelkongruenter Strömung. In der Berechnung wird dies durch den schon eingeführten Minderleistungsfaktor berücksichtigt:

$$1 + p = \frac{H_{th\infty}}{H_{th}} = \frac{c_{2u\infty}}{c_{2u}}. \tag{7.24}$$

Näherungsbetrachtung. Der Unterschied der Umfangskomponenten $c_{2u\infty}$ und c_{2u} kann aus dem relativen Kanalwirbel berechnet werden:

$$c_{2u\infty} - c_{2u} = w_{2u\infty} - w_{2u} = \omega \frac{a_2}{2}. \tag{7.25}$$

Hierin ist mit $a_2 = t_2 \sin\beta_2 = (\pi D_2/z'')\sin\beta_2$ die Kanalweite am Laufradaustritt eingesetzt. Damit wird:

$$1 + p = \frac{c_{2u\infty}}{c_{2u}} = \frac{c_{2u} + \frac{\pi\omega D_2\sin\beta_2}{2z''}}{c_{2u}} = 1 + \frac{\pi u_2\sin\beta_2}{z''c_{2u}}. \tag{7.26}$$

Durch Erweitern mit $2u_2$ sowie mit der Definition der Druckzahl:

$$\psi = \frac{2gH}{u_2^2} = \frac{2u_2c_{2u}\eta_h}{u_2^2} \tag{7.27}$$

wird daraus:

$$1 + p = 1 + \frac{2\pi u_2^2\sin\beta_2}{z''2u_2c_{2u}} = 1 + \frac{2\pi\sin\beta_2\eta_h}{z''\psi}. \tag{7.28}$$

Einleuchtender Weise nähert sich der Minderleistungsfaktor mit der Laufschaufelzahl z'' gegen unendlich dem Grenzwert eins. Außerdem zeigt Gl. (7.28), dass p vom Austrittswinkel β_2 und von der Druckzahl ψ abhängt. Zur Abschätzung der Größenordnung von p kann für radiale Pumpenräder eingesetzt werden:

$$\psi \approx 1; \quad \beta_2 = 150^o \div 160^o; \quad \eta_h \approx 0{,}8; \quad z'' = 5 \div 9, \tag{7.29}$$

womit sich $p = 0{,}2 \div 0{,}5$ ergibt.

Der Minderleistungseffekt ist demnach bei Radialpumpen in jedem Fall recht erheblich und kann im Gegensatz zu Turbinen keinesfalls vernachlässigt werden.

Abb. 7.19 Zum statischen
Moment der mittleren
Stromlinie

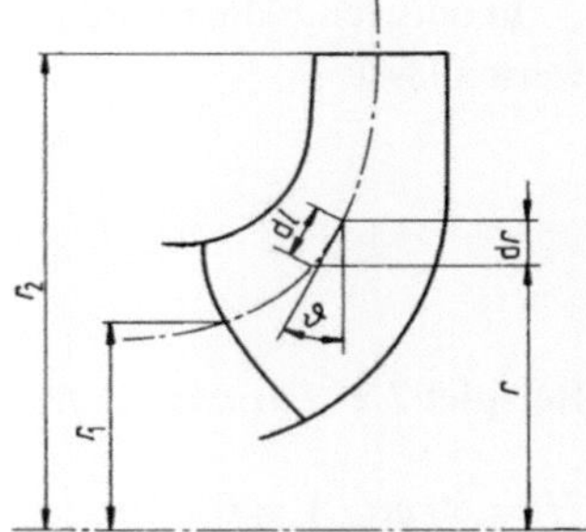

Verfahren von Pfleiderer Während sich mit Gl. (7.28) die allgemeinen Zusammenhänge gut verstehen lassen, ist sie als Grundlage der Laufradberechnung nicht genau genug. Dagegen hat sich ein von C. Pfleiderer [19] eingeführtes Berechnungsverfahren bewährt, das vom statischen Moment der mittleren Meridianstromlinie ausgeht, also mit den Bezeichnungen von Abb. 7.19:

$$S = \int_{r_1}^{r_2} r \, dl. \tag{7.30}$$

Ferner wird ein Beiwert λ^* benutzt, der von der Art des Leitapparates abhängt:

$$p = \lambda^* \frac{r_2^2 (4 - \beta_{2\infty}/60^o)}{z'' S} \tag{7.31}$$

mit $\beta_{2\infty}$ in Winkelgrad und:

$$\lambda^* = 0{,}65 \text{ bis } 0{,}85 \quad \text{Spiralgehäuse als einziger Diffusor}$$
$$\lambda^* = 0{,}85 \text{ bis } 1{,}0 \quad \text{schaufelloser Leitring}$$
$$\lambda^* = 0{,}6 \quad \text{beschaufeltes Leitrad.}$$

Für ein rein radiales Laufrad ist $dl = dr$, sodass das statische Moment analytisch berechnet werden kann:

$$S = \int_{r_1}^{r_2} r \, dr = \frac{r_2^2 - r_1^2}{2}. \tag{7.32}$$

In anderen Fällen wird das Integral durch eine Summe ersetzt, die sich numerisch auswerten lässt:

$$S = \sum_{r_1}^{r_2} r\,\Delta l. \tag{7.33}$$

Beispiel 7.2 *Für das Laufrad von Beispiel 7.1 mit den Werten:*

$$H = 60\,m; \quad \dot{V} = 0{,}08\,m^3/s; \quad n = 24{,}5\,1/c; \quad D_1 = 0{,}17\,m; \quad D_2 = 0{,}414\,m; \quad b_1 = 0{,}048\,m; \tag{7.34}$$

$$b_2 = 0{,}032\,m \tag{7.35}$$

sind die Geschwindigkeitsdreiecke zu berechnen.

Lösung 7.2 *Mit geschätzten Werten $\tau_1 = 0{,}85$ und $\tau_2 = 0{,}75$ wird:*

$$u_1 = -w_{1u} = \pi n D_1 = \pi \cdot 24{,}5\,1\,s \cdot 0{,}17\,m = 13{,}08\,m/s \tag{7.36}$$

$$c_1 = w_{1m} = \frac{\dot{V}}{\pi D_1 b_1 \tau_1} = \frac{0{,}08\,m^3/s}{\pi \cdot 0{,}17\,m \cdot 0{,}048\,m \cdot 0{,}85} = 3{,}67\,m/s \tag{7.37}$$

$$w_1 = \sqrt{w_{1u}^2 + w_{1m}^2} = \sqrt{(13{,}08^2 + 3{,}67^2)m^2/s^2} = 13{,}59\,m/s \tag{7.38}$$

$$\beta_1 = arctan\left(\frac{w_{1m}}{w_{1u}}\right) + 180^o = arctan\left(\frac{3{,}67\,m/s}{-13{,}08\,m/s}\right) + 180^o = 164{,}3^o \tag{7.39}$$

$$u_2 = \pi n D_2 = \pi \cdot 24{,}5\,1/s \cdot 0{,}414\,m = 31{,}87\,m/s \tag{7.40}$$

$$c_{2m} = \frac{\dot{V}}{\pi D_2 b_2 \tau_2} = \frac{0{,}08\,m^2/s}{\pi \cdot 0{,}414\,m \cdot 0{,}032\,m \cdot 0{,}75} = 2{,}56\,m/s. \tag{7.41}$$

Für die weitere Berechnung des Austrittsdreiecks wird zunächst angenommen:

$$z'' = 9 \tag{7.42}$$

$$\beta_{2\infty} = 140^o \quad \textit{(vorläufig geschätzt)} \tag{7.43}$$

$$\lambda^* = 0{,}65 \quad \textit{(Spiralgehäuse als einziger Leitdiffusor)} \tag{7.44}$$

$$\eta_h = 0{,}82. \tag{7.45}$$

Damit folgt weiter

$$S = \frac{r_2^2 - r_1^2}{2} = \frac{D_2^2 - D_1^2}{8} = \frac{(0{,}414^2 - 0{,}17^2)m^2}{8} = 0{,}0178\,m^2 \tag{7.46}$$

$$p = \frac{\lambda^* D_2^2 (4 - \beta_{2\infty}/60^o)}{4z''S} = \frac{0{,}65{\cdot}0{,}414\,m^2{\cdot}(4 - 140^o/60^o)}{4{\cdot}9{\cdot}0{,}0178\,m^2} = 0{,}290 \tag{7.47}$$

$$H_{th\infty} = \frac{1+p}{\eta_h} H = \frac{1+0{,}290}{0{,}82}{\cdot}60\,m = 94{,}1\,m \tag{7.48}$$

$$c_{2u\infty} = \frac{gH_{th\infty}}{u_2} = \frac{9{,}81\,m/s^2{\cdot}94{,}1\,m}{31{,}87\,m/s} = 28{,}96\,m/s \tag{7.49}$$

$$w_{2u\infty} = c_{2u\infty} - u_2 = (28{,}96 - 31{,}87)m/s = -2{,}91\,m/s \tag{7.50}$$

$$w_{2\infty} = \sqrt{c_{2m}^2 + w_{2u\infty}^2} = \sqrt{(2{,}56^2 + 2{,}91^2)m^2/s^2} = 3{,}88\,m/s \tag{7.51}$$

$$\beta_{2\infty} = arctan\left(\frac{c_{2m}}{w_{2u\infty}}\right) + 180^o = arctan\left(\frac{2{,}56\,m/s}{-2{,}91\,m/s}\right) + 180^o = 138{,}7^o. \tag{7.52}$$

In Abb. 7.16b sind die Geschwindigkeitsdreiecke gezeichnet.

7.3.5   Festlegen des Schaufelverlaufs

Kreisbogenschaufeln. Bei einem langsamläufigen Radialrad nach Abb. 7.3a sind die Schaufeln nur einfach gekrümmt. Im einfachsten Fall bildet ihre Skelettlinie einen Kreisbogen, dessen Radius und Exzentrizität aus den Durchmessern am Ein- und Austritt und den dort vorgeschriebenen Winkeln β_1 und $\beta_{2\infty}$ mittels des Cosinus-Satzes der Trigonometrie berechnet werden.

Mit den Bezeichnungen von Abb. 7.20a gilt für die Dreiecke MPE und MQE:

$$e^2 = r_1^2 + R^2 - 2r_1 R\cos(180^o - \beta_1) \tag{7.53}$$
$$e^2 = r_2^2 + R^2 - 2r_2 R\cos(180^o - \beta_{2\infty}) \tag{7.54}$$

und daraus:

$$R = \frac{D_2^2 - D_1^2}{4(D_1\cos\beta_1 - D_2\cos\beta_{2\infty})} \tag{7.55}$$

$$e = \sqrt{\frac{D_2^2}{4} + R^2 + D_2 R\cos\beta_{2\infty}} \tag{7.56}$$

falls β_1 und $\beta_{2\infty}$ stumpfe Winkel sind, wie es bei diesen Pumpenrädern regelmäßig der Fall ist.

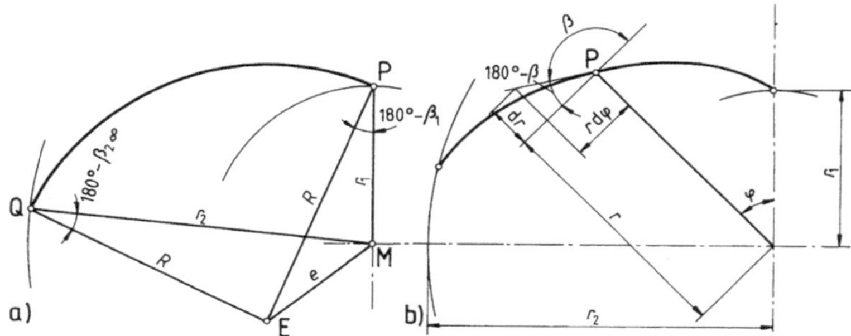

Abb. 7.20 Schaufelverlauf **a**) Kreisbogenschaufel   **b**) punktweise berechnete Schaufel

Kreisbogenschaufeln sind einfach herzustellen und erfüllen die Bedingung stetigen Krümmungsverlaufs. Dagegen sind aus mehreren Kreisbögen zusammengesetzte Schaufeln nicht zu empfehlen.

Punktweise berechnete Schaufel. Für höhere Ansprüche werden einzelne Punkte der Skelettlinie berechnet, deren Form dann festliegt, wenn ein Funktionszusammenhang der Polarkoordinaten $r = f(\varphi)$ gefunden ist (Abb. 7.20b).

Für den Schaufelwinkel β gilt an einer beliebigen Stelle

$$\tan(180^o - \beta) = \frac{dr}{r\,d\varphi} \quad \text{und} \quad \sin(180^o - \beta) = \frac{c_m}{w}. \tag{7.57}$$

Mit der trigonometrischen Beziehung:

$$\tan x = \frac{\sin x}{\sqrt{1 - \sin^2 x}} \quad \text{folgt daraus} \tag{7.58}$$

$$d\varphi = \frac{\sqrt{w^2 - c_m^2}}{r c_m}\,dr; \qquad \varphi = \int_{r_1}^{r} \frac{\sqrt{w^2 - c_m^2}}{r c_m}\,dr. \tag{7.59}$$

Dabei ist die Meridiankomponente c_m in ihrer Abhängigkeit vom Radius aus dem Volumenstrom und dem Meridianschnitt berechenbar, und die Schaufelform kann demnach so festgelegt werden, dass ein vorgegebener Verlauf der Relativgeschwindigkeit w eingehalten wird, während er bei der Kreisbogenschaufel nur nachträglich kontrolliert werden kann.

Für die praktische Berechnung wird das Integral durch eine Summe ersetzt, die tabellarisch ausgewertet wird, wie es die Tab. 7.1 zeigt.

$$\varphi = \sum_{r_1}^{r} \frac{\sqrt{w^2 - c_m^2}}{r c_m}\,\Delta r. \tag{7.60}$$

Tab. 7.1 Punktweise Berechnung einer Laufschaufel Beispiel 7.1

Nr	r	Δr	b	c_m	w	$\Delta\varphi$	φ	d
	mm	mm	mm	m/s	m/s	°	°	mm
0	85		48	3,67	13,59		0	31,3
1	100	15	42	3,57	9,35	20,80	20,80	37,8
2	112,5	12,5	40	3,33	7,13	12,05	32,86	43,2
3	125	12,5	38,9	3,08	5,87	9,30	42,15	47,6
4	137,5	12,5	37,9	2,87	4,92	7,25	49,40	52,0
5	150	12,5	36,8	2,71	4,45	6,22	55,62	54,7
6	162,5	12,5	35,8	2,57	4,2	5,70	61,32	56,3
7	175	12,5	34,7	2,47	4	5,21	66,53	57,7
8	187,5	12,5	33,7	2,37	3,9	4,99	71,53	58,4
9	200	12,5	32,6	2,44	3,8	4,28	75,80	61,0
10	207	7	32	2,56	3,8	2,13	77,93	63,0

Mit dem nun bekannten Zusammenhang der Größen r und φ wird das Laufrad in Grund- und Aufriss, also in einer zur Maschinenachse senkrechten und in der meridionalen Ebene gezeichnet. Zur Kontrolle wird überprüft, ob der Schaufelkanal einen gleichwertigen geradachsigen Kegeldiffusor mit nicht zu starker Erweiterung ergibt. Dazu wird über der Abwicklung des Schaufelskeletts der dem jeweiligen Querschnitt

$$A = \frac{\pi Db\sin(180^o - \beta)}{z''} = \frac{\pi Dbc_m}{z''w} \tag{7.61}$$

entsprechende Durchmesser einer gleichwertigen Kreisfläche $d = \sqrt{4A/\pi}$ aufgetragen. Der halbe Kegelöffnungswinkel sollte im Mittel nicht größer sein als $4°$, darf aber in der Nähe der Eintrittskante etwas größer sein.

Beispiel 7.3. *Für das Laufrad der Beispiele 7.1 und 7.2 ist der Verlauf einer Kreisbogenschaufel und einer punktweise berechneten Schaufel zu entwerfen.*

Bereits bekannt sind:

$$D_1 = 0,17\,m;\ D_2 = 0,414\,m;\ \beta_1 = 164,3^o;\ \beta_{2\infty} = 138,7^o;\ \dot{V} = 0,08\,m^3/s. \tag{7.62}$$

Lösung 7.3 *Die Kreisbogenschaufel ist durch die beiden Maße R und e vollständig beschrieben*

$$R = \frac{D_2^2 - D_1^2}{4(D_1\cos\beta_1 - D_2\cos\beta_{2\infty})} = \frac{0{,}414^2\,m^2 - 0{,}17^2\,m^2}{4(0{,}17\,m\cdot\cos164{,}3\,^o - 0{,}414\,m\cdot\cos138{,}7\,^o)} = 0{,}242\,m \tag{7.63}$$

$$e = \sqrt{D_2^2/4 + R^2 + D_2 R\cos\beta_{2\infty}} \tag{7.64}$$

$$= \sqrt{0{,}414^2\,m^2/4 + 0{,}242^2\,m^2 + 0{,}414\,m\cdot0{,}242\,m\cdot\cos138{,}7\,^o} = 0{,}1616\,m. \tag{7.65}$$

Für die punktweise berechnete Schaufel wird zunächst ein stetiger Verlauf der Relativgeschwindigkeit über dem Radius angenommen (Abb. 7.16 c) und damit die Berechnung nach Gl. (7.60) durchgeführt (Tab. 7.1). Das Ergebnis ist in Abb. 7.16 eingetragen und mit der Kreisbogenschaufel verglichen. Zur Kontrolle sind auch nach Gl. (7.61) die Durchmesser des mit dem Schaufelkanal gleichwertigen Kegeldiffusors berechnet und in Abb. 7.16d dargestellt worden.

Zur Erläuterung der Berechnung soll die vierte Zeile der Tab. 7.1 als Beispiel dienen.

Die Breite $b = 37{,}9\,mm$ beim Radius $r = 137{,}5\,mm$ ist aus der Zeichnung abgemessen worden. Damit und mit einem Verengungsfaktor $\tau = 0{,}85$ errechnet sich die Meridiangeschwindigkeit zu:

$$c_m = \frac{\dot{V}}{2\pi r b\tau} = \frac{0{,}08\,m^3/s}{2\cdot\pi\cdot0{,}1375\,m\cdot0{,}0379\,m\cdot0{,}85} = 2{,}87\,m/s. \tag{7.66}$$

$\Delta r = 12{,}5\,mm$ ist die Differenz gegenüber dem Radius der vorangehenden Zeile. Die Relativgeschwindigkeit $w = 4{,}92\,m/s$ ist aus Abb. 7.16c abgelesen. Damit:

$$\Delta\varphi = \frac{\sqrt{w^2 - c_m^2}}{r c_m}\Delta r = \frac{\sqrt{(4{,}92^2 - 2{,}87^2)\,m^2/s^2}}{0{,}1375\,m\cdot2{,}87\,m/s}\cdot0{,}0125\,m\cdot\frac{180\,^o}{\pi} = 7{,}25\,^o \tag{7.67}$$

und durch Addition zum Winkel der dritten Zeile:

$\varphi = 42{,}15\,^o + 7{,}25\,^o = 49{,}40\,^o$. Fläche und Durchmesser eines flächengleichen Kreises sind nach Gl. (7.61)

$$A = \frac{2\pi r b c_m}{z''w} = \frac{2\cdot\pi\cdot0{,}1375\,m\cdot0{,}0379\,m\cdot2{,}87\,m/s}{9\cdot4{,}92\,m/s} = 0{,}00212\,m^2 \tag{7.68}$$

$$d = \sqrt{4A/\pi} = \sqrt{4\cdot0{,}00212\,m^2/\pi} = 0{,}052\,m = 52\,mm. \tag{7.69}$$

7.3.6   Doppelt gekrümmte Laufschaufeln

Mittlere Meridianstromlinie. Bei Laufrädern höherer Schnellläufigkeit, deren Schaufeln doppelt gekrümmt sind (Abb. 7.3b bis d), muss die zuletzt besprochene Berechnung für mehrere Stromlinien, mindestens je eine am Innen- und am Außenkranz und eine in der Mitte des Laufrades, durchgeführt werden.

Abb. 7.21 Konstruktion der
mittleren Meridianstromlinie

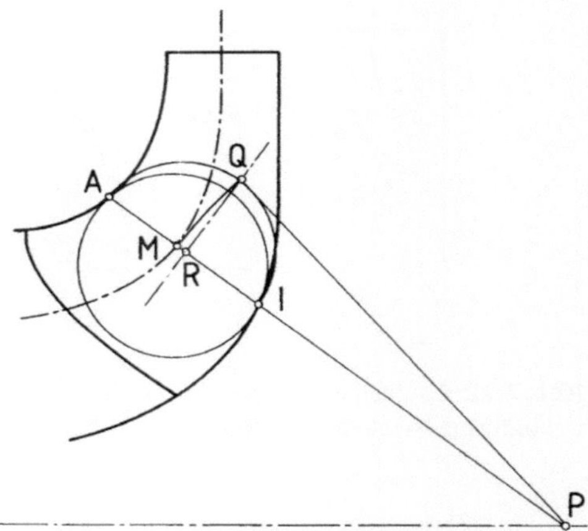

Diese mittlere Stromlinie kann im Meridianschnitt unter der vereinfachenden Annahme einer über den Querschnitt konstanten Meridiangeschwindigkeit folgendermaßen zeichnerisch konstruiert werden (Abb. 7.21).

In den Meridianschnitt wird eine Schar von Kreisen so eingezeichnet, dass sie die Innen- und Außenkontur berühren. Durch die Berührungspunkte A und I eines dieser Kreise wird eine Gerade gezogen, die die Laufradmittellinie in P schneidet. Über der Strecke $\overline{AI}$ wird mit dem Mittelpunkt R ein Halbkreis gezeichnet und die Mittelsenkrechte errichtet, die sich beide in Q schneiden. Mit dem Radius $\overline{PQ}$ wird um P ein Kreisbogen geschlagen. Der Schnittpunkt M des Kreisbogens mit der Geraden A I P ist ein Punkt der gesuchten mittleren Meridianstromlinie.

Die angegebene Konstruktion halbiert die der Strecke $\overline{AI}$ entsprechende Kegelmantelfläche. Es ist also

$$\overline{AP}^2 - \overline{MP}^2 = \overline{MP}^2 - \overline{IP}^2 \tag{7.70}$$

wie durch Betrachtung des rechtwinkligen Dreiecks P Q R mit den Katheten $\overline{PR} = (\overline{AP} + \overline{IP})/2$ und $\overline{QR} = (\overline{AP} - \overline{IP})/2$ und der Hypotenuse $\overline{QP} = \overline{MP}$ nachzuweisen ist.

Schaufelentwurf. Bei der Berechnung des Schaufelskeletts ist zu beachten, dass der Winkel β bei einem nicht rein radialen Laufrad in der Grundrissebene verzerrt abgebildet wird. Ist β' dieser verzerrte Winkel und ϑ der Winkel zwischen der Tangente an die Meridianstromlinie und dem Radius (Abb. 7.22) so gilt

$$\tan(180^{\,o} - \beta') = \cos\vartheta \, \tan(180^{\,o} - \beta), \tag{7.71}$$

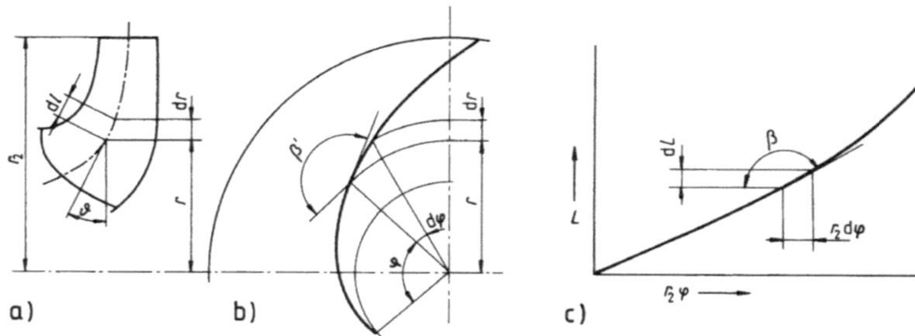

Abb. 7.22 Laufschaufelkonstruktion mittels konformer Abbildung **a)** Meridianschnitt **b)** Grundriss
c) konforme (winkeltreue) Abbildung

womit Gl. (7.60) in die folgende Form übergeht

$$\varphi = \sum_{r_1}^{r} \frac{\sqrt{w^2 - c_m^2}}{r \cos \vartheta \, c_m} \Delta r. \tag{7.72}$$

Hiermit wird der Grundriss wie bei der einfach gekrümmten Schaufel aufgezeichnet.
Außer der dort genannten Kontrolle sorgt man aber noch dafür, dass die Eintrittskante in
einer radialen Ebene, ihre Projektion in den Grundriss also auf einem Radius liegt, und dass
zugleich die Austrittskante den gewünschten, meist ebenfalls radialen Verlauf hat. Da diese
Forderung auf Anhieb nicht erfüllt sein wird, muss der angenommene w-Verlauf für einzelne
Stromlinien korrigiert werden.

Konforme Abbildung. Zur Erleichterung des Entwurfs wird die Schaufel außer im
Grund- und Aufriss noch in Hilfsebenen gezeichnet, die eine konforme, d. h. winkel-
treue Abbildung der von den Meridianstromlinien dargestellten Rotationsflächen gestatten
(Abb. 7.22).

Auf der Abszissenachse wird mit $r_2\varphi$ der Umfang des Laufradaußenkreises aufgetragen.
Für die Ordinate L ergibt sich aus der Forderung der Winkeltreue

$$\frac{dL}{r_2 d\varphi} = \frac{dl}{r \, d\varphi} = \tan(180^\circ - \beta) \tag{7.73}$$

$$dL = \frac{r_2}{r} dl = \frac{r_2}{r \cos \vartheta} dr; \quad L = r_2 \int_{r_1}^{r} \frac{dl}{r} = r_2 \int_{r_1}^{r} \frac{dr}{r \cos \vartheta}. \tag{7.74}$$

Zur praktischen Anwendung werden die Differentiale durch Differenzen und die Integrale
durch Summen ersetzt, also

$$\Delta L = \frac{r_2}{r} \Delta l = \frac{r_2}{r \cos \vartheta} \Delta r; \quad L = r_2 \sum_{r_1}^{r} \frac{\Delta l}{r} = r_2 \sum_{r_1}^{r} \frac{\Delta r}{r \cos \vartheta}. \tag{7.75}$$

Außer der unverzerrten Wiedergabe der Schaufelwinkel β werden hier schleifende Schnitte beim Aufzeichnen der Schaufel vermieden, die in der Grundrissebene auftreten, wenn $\cos\vartheta$ klein wird, die Schaufel sich also der axialen Form nähert, was bei höherer Schnellläufigkeit am Eintritt der Fall ist. Außerdem kann bei vorgegebener Lage der Ein- und Austrittskante die Schaufelkontur sofort eingetragen und dabei der Verlauf des Winkels β direkt überprüft werden.

Beispiel 7.4. *Für die Betriebsdaten $\dot V = 0{,}05\,m^3/s$; $H = 42\,m$; $n = 49\,1/s$ ist ein Pumpenlaufrad zu entwerfen.*

Lösung 7.4 *Aus den gegebenen Daten errechnet sich die Schnellläufigkeit zu $\sigma = 0{,}253$. Die Meridianform wird ähnlich wie in Beispiel 7.1 festgelegt (Abb. 7.23a), wobei die mittlere Stromlinie wie in Abb. 7.21 angegeben konstruiert wird.*

Die Geschwindigkeitsdreiecke werden nach dem Muster von Beispiel 7.2 berechnet und zwar für die innere, die mittlere und die äußere Stromlinie (Tab. 7.2 und Abb. 7.23b).

Wie in Beispiel 7.3 aber mit Gl. (7.72) wird nun die mittlere Stromlinie in den Grundriss übertragen (Abb. 7.23a) und konform abgebildet (Abb. 7.23c). Zur Erläuterung der Tab. 7.3 wird deren dritte Zeile nachgerechnet.

Abb. 7.23 Laufrad mit räumlich gekrümmten Schaufeln (Beispiel 7.4 und Tab. 7.3)

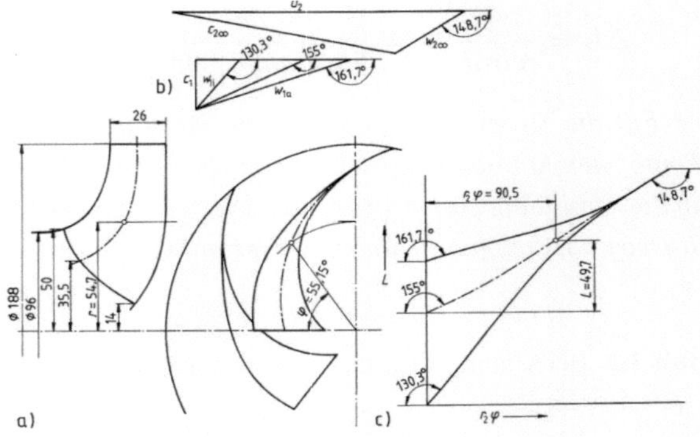

a) Laufrad

b) Geschwindigkeitsplan

c) konforme Abbildung

Tab. 7.2 Berechnung der Geschwindigkeitsdreiecke (Beispiel 7.4)

		Innen	Mitte	Außen
D_1	mm	28	71	100
u_1	m/s	4,31	10,93	15,93
c_1	m/s	5,08	5,08	5,08
β_1	°	130,3	155,0	161,7
D_2	mm	188		
u_2	m/s	28,94		
c_{2m}	m/s	4,17		
$c_{2u\infty}$	m/s	22,08		
$w_{2u\infty}$	m/s	−6,86		
$\beta_{2\infty}$	°	148,7		

$$c_m = \frac{\dot{V}}{2\pi r b \tau} = \frac{0,05\,m^3/s}{2\cdot\pi\cdot 0,0547\,m\cdot 0,038\,m\cdot 0,874} = 4,38\,m/s \tag{7.76}$$

$$\Delta\varphi = \frac{\sqrt{w^2 - c_m^2}}{r\cos\vartheta\,c_m} = \frac{\sqrt{(8,6^2 - 4,38^2)m^2/s^2}}{0,0547\,m\cdot 0,898\cdot 4,38\,m/s}\cdot 0,0084\cdot\frac{180^o}{\pi} = 16,56^o \tag{7.77}$$

$$\Delta L = \frac{r_2}{r\cos\vartheta}\Delta r = \frac{94\,mm}{54,7\,mm\cdot 0,898}\cdot 8,4\,mm = 16,07\,mm. \tag{7.78}$$

Für die Stromlinien an der Innen- und Außenkontur wird nun ebenfalls das Maß L der konformen Abbildung nach Gl. (7.75) berechnet (Tab. 7.3). Beide Stromlinien werden nun so in die Abbildung eingetragen, dass die zuvor berechneten Winkel am Ein- und Austritt durch Kurven mit stetigem Krümmungsverlauf verbunden werden, und dass der Umschlingungs-

Tab. 7.3 Berechnung einer räumlich gekrümmten Laufschaufel (Beispiel 7.4) mittlere Stromlinie

Nr	r	Δr	$\cos\vartheta$	c_m	w	$\Delta\varphi$	φ	φr_2	ΔL	L
	mm	mm	1	m/s	m/s	°	°	mm	mm	mm
0	35,5		0,320	5,08	12,06		0,00	0,0		0,0
1	39,5	4,0	0,625	4,70	10,35	18,21	18,21	29,9	15,23	15,2
2	46,3	6,8	0,792	4,50	9,35	20,38	38,59	63,3	18,36	33,6
3	54,7	8,4	0,898	4,38	8,60	16,56	55,15	90,5	16,07	49,7
4	64,1	9,4	0,960	4,28	8,00	13,82	68,97	113,2	14,36	64,0
5	74,0	9,9	0,992	4,23	7,75	11,86	80,83	132,6	12,68	76,7
6	84,0	10,0	1,000	4,18	7,70	10,55	91,39	149,9	11,19	87,9
7	94,0	10,0	1,000	4,17	8,04	10,05	101,43	166,4	10,00	97,9

(Fortsetzung)

Tab. 7.3 (Fortsetzung)

Innere Stromlinie						Äußere Stromlinie					
	r	Δr	$\cos\vartheta$	ΔL	L		r	Δr	$\cos\vartheta$	ΔL	L
	mm	mm	1	mm	mm		mm	mm	1	mm	mm
0	14,0		0,731		0,0	0	50,0		0,366		0.0
1	22,0	8,0	0,866	39,47	39,5	1	55,8	5,8	0,683	14,31	14,3
2	31,2	9,2	0,930	29,80	69,3	2	63,9	8,1	0,849	14,03	28,3
3	40,8	9,6	0,970	22,80	92,1	3	73,2	9,3	0,947	12,61	41,0
4	50,6	9,8	0,988	18,43	110,5	4	83,0	9,8	0,983	11,29	52,2
5	60,5	9,9	0,998	15,41	125,9	5	94,0	11,0	0,995	11,05	63,3
6	70,5	10,0	1,000	13,33	139,3						
7	80,5	10,0	1,000	11,68	150,9						
8	94	13,5	1,000	13,50	164,4						

winkel wie in der mittleren Stromlinie eingehalten wird. Jetzt können die zu den jeweiligen Radien gehörigen Winkel der Abbildung entnommen und in den Grundriss übertragen werden.

7.4 Berechnung weiterer Einzelteile

7.4.1 Radiale Leitapparate

Den Laufrädern der Radialpumpen wird ein als Diffusor wirkender Leitapparat nachgeschaltet. Er hat die Aufgabe, die aus dem Laufrad austretende Drallströmung möglichst verlustarm in eine drallfreie Strömung umzuwandeln. Dabei wird der Betrag der Geschwindigkeit vermindert und der Druck erhöht. Die Leitapparate können als feststehende Schaufelkränze oder als schaufellose Ringdiffusoren ausgebildet sein. Beide Arten werden bei Zwischenstufen mehrstufiger Pumpen durch Rückführschaufeln fortgesetzt, die das Fluid der nächsten Stufe zuführen. In der letzten Stufe bzw. bei einstufigen Maschinen schließt an den Leitapparat das Spiralgehäuse an, das aber oft, insbesondere bei kleinen einstufigen Pumpen, bei denen auf einen eigentlichen Leitapparat verzichtet wird, den einzigen nachgeschalteten Diffusor darstellt.

Strömungsverhältnisse. Da die Eintrittsgeschwindigkeit in den Leitapparat mit der Frequenz der vorbeigehenden Laufschaufeln nach Betrag und Richtung erheblich schwankt, bildet sich eine stark instationäre Strömung aus. Die Grenzschicht wächst durch den Druckanstieg und die Geschwindigkeitsabnahme viel stärker als im Laufrad an, wo das Grenzschichtmaterial durch die Fliehkräfte abgeschleudert wird. In der Nähe der seitlichen Begrenzungswände des Leitapparates kommt es deshalb zu einer noch durch die absaugende Wirkung der Laufradspalte unterstützten Rückströmung.

Bei einem beschaufelten Leitdiffusor löst sich die Strömung von der Schaufel jedesmal ab, wenn eine der Nachlaufdellen der Laufradströmung vorüberzieht, wodurch der Durchfluss eines Leitschaufelkanals periodisch versperrt werden kann.

Leitradbreite. Ein Leitring mit oder ohne Schaufeln wird am Eintritt um etwa 1 bis 2 mm breiter gemacht als das Laufrad an seinem Austritt. So werden in die Strömung hereinragende Kanten vermieden, und die dickere Grenzschicht berücksichtigt. Über die radiale Erstreckung des Leitrades hin bleibt die Breite konstant oder nimmt nach außen leicht zu.

Leitradeintritt. Der Winkel α_4 ist wegen der geschilderten Kompliziertheit der Strömung nur durch Versuche optimal zu ermitteln. Unter der Annahme drallfreier Zuströmung zum Laufrad ergibt sich aus dem Kontinuitätssatz Gl. (2.50) und der Hauptgleichung (2.88)

$$\tan\alpha_4^* = \frac{c_{4m}}{c_{4u}} = \frac{\dot{V}/(\pi D_4 b_4)}{gH/(\eta_h \pi n D_4)} = \frac{\dot{V}\eta_h n}{gH b_4}. \tag{7.79}$$

Dieser Winkel ist aber noch folgendermaßen zu korrigieren

$$\tan\alpha = \frac{\kappa}{\tau_4}\tan\alpha_4^*. \tag{7.80}$$

Der Verengungsfaktor τ_4 ergibt sich aus der Dicke der Diffusorschaufeln s_4, ihrer Teilung t_4 und dem Winkel α_4 zu

$$\tau_4 = \frac{t_4 - s_4/\sin\alpha_4}{t_4}. \tag{7.81}$$

Die Korrektur κ dagegen, die die Ungleichförmigkeit der Strömung und den Einfluss von Grenzschicht und Sekundärströmungen berücksichtigt, kann nur durch Versuche ermittelt werden. Sie liegt nach Pfleiderer [12] zwischen 1,25 und 1,8 und nach anderen Quellen [26] bis zu 2,0 wachsend mit der Zahl der Laufschaufeln.

Wird als Anfangsbogen im Schrägabschnitt der Leitschaufel eine logarithmische Spirale mit der Gleichung $r = r_4 exp(\tan\alpha_4 \cdot \varphi)$ angenommen, so errechnet sich die Lichtweite a_4 mit der Anzahl der Leitschaufeln zu

$$a_4 = \frac{\pi D_4 \sin\alpha_4}{z'}\left(1 + \frac{\pi \sin(2\alpha_4)}{2z'}\right) - s_4. \tag{7.82}$$

Auf die Einhaltung dieser Lichtweite (Abb. 7.24) kommt es nach [12] mehr an als auf den Winkel α_4 selbst. Die Formgebung als logarithmische Spirale ist dagegen nicht wesentlich.

Abb. 7.24 Leitschaufeln

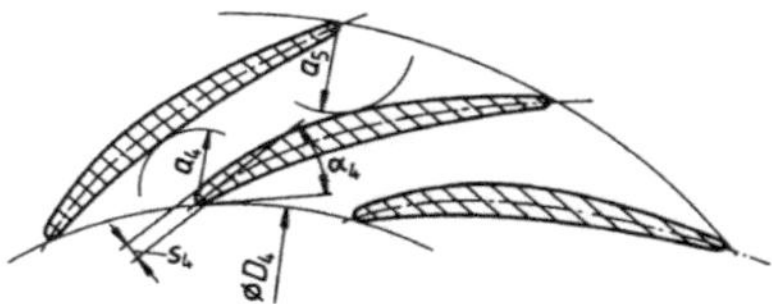

Leitradaustritt. Die Lichtweite am Austritt wird etwa um das 1,5- bis 1,75-fache größer als am Eintritt ausgeführt. Bei einer abgewickelten Kanallänge von etwa $4a_4$ entspricht das einem Diffusoröffnungswinkel von 7 bis 11 °. Die Leitschaufeln können wie die Laufschaufeln als Kreisbögen oder als punktweise berechnete Schaufeln gestaltet werden.

Leitschaufelzahl. Die Leitschaufelanzahl $z' = z_{Le}$ ($t_{Le} = t'$, $s_{Le} = s'$) ergibt sich aus der Forderung, dass die Leitkanäle an ihrem Eintritt einen angenähert quadratischen Querschnitt haben sollen zu

$$z' \approx \frac{\pi D_4 \sin\alpha_4}{b_4 + s_4}.$$ (7.83)

Sie darf keinesfalls mit der Laufschaufelzahl $= z_{La} = z''$ übereinstimmen und sollte mit ihr kein kleineres gemeinsames Vielfaches als $z'z''$ haben.

7.4.2 Spiralgehäuse

Das Spiralgehäuse, das die Verbindung zur Druckrohrleitung herstellt, wirkt wie ein Leitdiffusor mit einer einzigen Schaufel. Dabei entspricht die Spirale dem Schrägabschnitt eines Schaufelgitters und der anschließende Konus dem eigentlichen Leitkanal.

Linearer Querschnittsverlauf. Die Spiralen werden unter der Annahme gleicher mittlerer Geschwindigkeiten in den einzelnen Querschnitten oft so bemessen, dass die Fläche A linear mit dem Zentriwinkel φ anwächst. Wird φ von der Spiralzunge aus gemessen, und bezeichnet A_{360} den Querschnitt bei $\varphi = 360^o$, also

$$A = A_{360}\frac{\varphi^o}{360^o} = A_{360}\frac{\varphi}{2\pi}.$$ (7.84)

Diese einfache Art der Dimensionierung trägt jedoch den Strömungsverhältnissen nur ungenügend Rechnung. Die gekrümmten Stromlinien sind nämlich überhaupt nur dadurch möglich, dass der Druck nach außen zu- und die Geschwindigkeit entsprechend abnimmt. Demnach sind die mittleren Geschwindigkeiten in den weiter außen liegenden großen Querschnitten merklich kleiner als in den kleineren Spiralschnitten am Anfang. Wenn darauf nicht geachtet wird, kann sich am Laufradaustritt keine rotationssymmetrische Strömung einstellen.

Konstanter Drall. Für die Strömung in der Spirale gilt nach der Momentengleichung Gl. (2.64)

$$rc_u = r_i c_{iu} = K,$$ (7.85)

wobei r_i der Radius und c_{iu} die Umfangskomponente der Geschwindigkeit am Innenrand der Spirale sind. Damit errechnet sich der längs des Bogens $r_i\varphi$ eintretende und durch den Spiralquerschnitt beim Winkel φ durchströmende Volumenstrom.

$$\dot{V}_\varphi = \frac{\varphi}{2\pi}\dot{V} = \int\limits_{r_i}^{R} c_u\, dA = K \int\limits_{r_i}^{R} \frac{b}{r}\, dr. \tag{7.86}$$

Konstante Kanalbreite. Das Integral in Gl. (7.86) ist einfach lösbar, wenn $b = konst$

$$\frac{\varphi}{2\pi}\dot{V} = K\, b\, ln\left(\frac{R}{r_i}\right) \quad also \quad R = r_i\, exp\left(\frac{\dot{V}}{2\pi K b}\varphi\right). \tag{7.87}$$

Mit der Meridiankomponente $c_{im} = \dot{V}/(2\pi r_i b)$ und der Umfangskomponente $c_{iu} = K/r_i$ der Geschwindigkeit am Innenrand der Spirale folgt

$$R = r_i\, exp\left(\frac{c_{im}}{c_{iu}}\varphi\right) = r_i\, exp(\tan\alpha_i\cdot\varphi). \tag{7.88}$$

Es ergibt sich eine logarithmische Spirale, die auch sonst bei parallelen Seitenwänden die wirkungslose, kein Moment übertragende Schaufelform darstellt (Abschn. 7.4.1). Solche Spiralgehäuse mit konstanter Breite werden bei Radialgebläsen häufig, aber bei Kreiselpumpen nur selten, eigentlich überhaupt nicht verwendet.

Kreisquerschnitt (Abb. 7.25). Auch in diesem bei Kreiselpumpen meist ausgeführten Fall ist das Integral der Gl. (7.86) analytisch lösbar. Mit der Kreisgleichung

$$\left(\frac{b}{2}\right)^2 + (r-a)^2 = \varrho^2; \quad b = 2\sqrt{\varrho^2 - (r-a)^2} \tag{7.89}$$

wird $\displaystyle\int\limits_{r_i}^{r_a} \frac{b}{r}\, dr = 2 \int\limits_{a-\varrho}^{a+\varrho} \frac{\sqrt{\varrho^2-(r-a)^2}}{r}\, dr = 2\pi\,[a - \sqrt{a^2 - \varrho^2}\,]^{1)}$

---

[1] Das Integral lässt sich mit der Substitution $\cos\varphi = \frac{a-r}{\varrho}$ umformen in

$$I = 2 \int\limits_{a-\varrho}^{a+\varrho} \frac{\sqrt{\varrho^2-(r-a)^2}}{r}\, dr = 2\varrho \int\limits_{0}^{\pi} \frac{1-\cos^2\varphi}{a/\varrho - \cos\varphi}\, d\varphi \tag{7.90}$$

$$= 2\varrho\left[\int\limits_{0}^{\pi}\left(\cos\varphi + \frac{a}{\varrho}\right)d\varphi + \left(\frac{a^2}{\varrho^2} - 1\right)\int\limits_{0}^{\pi} \frac{d\varphi}{\cos\varphi - a/\varrho}\right]. \tag{7.91}$$

Das erste Teilintegral macht keine Schwierigkeiten, das zweite ist in Formelsammlungen angegeben, kann aber auch mit der weiteren Substitution $x = \tan(\varphi/2)$ gelöst werden. Damit erhält man

$$I = 2\varrho\left[\sin\varphi + \frac{a}{\varrho}\varphi - \frac{2}{\varrho}\sqrt{a^2 - \varrho^2}\arctan\left(\sqrt{\frac{a+\varrho}{a-\varrho}}\tan\left(\frac{\varphi}{2}\right)\right)\right]_{0}^{\pi} = 2\pi\left[a - \sqrt{a^2 - \varrho^2}\right]. \tag{7.92}$$

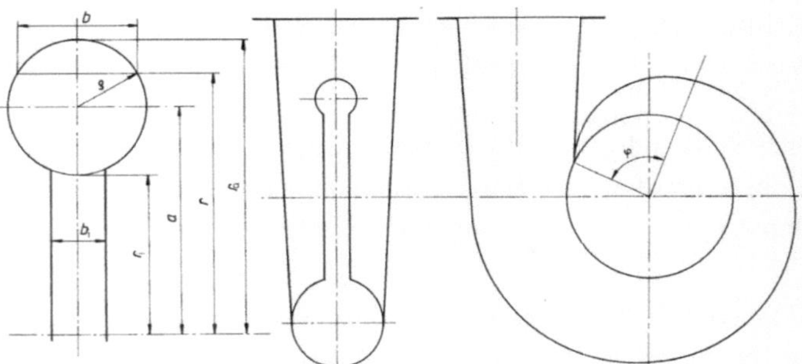

Abb. 7.25 Spiralgehäuse mit Kreisquerschnitt

und mit $a = r_i + \varrho$

$$\int_{r_i}^{R} \frac{b}{r}\,dr = 2\pi \left[r_i + \varrho - \sqrt{r_i(r_i + 2\varrho)} \right] \tag{7.93}$$

damit folgt aus Gl. (7.86)

$$\varphi = \frac{4\pi^2 K}{\dot{V}} \left[r_i + \varrho - \sqrt{r_i(r_i + 2\varrho)} \right] \tag{7.94}$$

oder nach ϱ aufgelöst

$$\varrho = \frac{\varphi}{C} + \sqrt{2r_i\frac{\varphi}{C}} \quad mit \quad C = \frac{4\pi^2 K}{\dot{V}}. \tag{7.95}$$

Die Drallkonstante K ist bei fehlendem Leitrad gleich dem Austrittsdrall des Laufrades, also nach der Hauptgleichung $K = r_2\,c_{2u} = gH_{th}/(2\pi n)$ und sonst gleich dem Austrittsdrall des Leitrades, der so festgelegt wird, dass ein günstiges Spiralgehäuse entsteht. Der größte Spiralquerschnitt soll mit einem kurzen konischen Diffusor von etwa 6° Öffnungswinkel auf die Druckrohrleitung übergehen.

Für die Geschwindigkeit im Druckstutzen wird in [12] empfohlen

$$c_D = \frac{\dot{V}}{A_D} = (0{,}1 \div 0{,}2)\sqrt{2gH}. \tag{7.96}$$

ähnlich wie bei einem beschaufelten Leitapparat die Eintrittslichtweite der Schaufeln entscheidender ist als der Schaufelverlauf im Schrägabschnitt, kommt es hinsichtlich des Wirkungsgrades bei einem Spiralgehäuse vor allem auf den richtigen Querschnitt am Übergang von der Spirale in den Diffusor an, wie er sich aus Gl. (7.95) mit $\varphi = 2\pi$ ergibt.

Bei großen Abmessungen werden die Spiralgehäuse wie bei Francis-Turbinen aus einzelnen Blechschüssen geschweißt. Die dabei entstehenden Ecken verursachen keinen nennenswerten Verlust, da der Anteil der Geschwindigkeitsenergie an der gesamten spezifischen

Arbeit an den kritischen Stellen nur noch gering ist. Wenn die Festigkeit es erfordert, erhalten die Gehäuse am Eintritt Stützschaufeln, die die Fortsetzung der Leitschaufeln bilden oder sie ersetzen.

Durch die nicht vollständige Rotationssymmetrie der Druckverteilung wirkt auf das Laufrad ein Radialschub, der die Wellenlager zusätzlich belastet. Zu dessen Vermeidung sind gelegentlich Doppelspiralen mit zwei um $180\,°$ versetzten Stutzen gebaut worden.

Beispiel 7.5. *Für eine Radialpumpe mit den Betriebsdaten $\dot{V} = 0{,}05\,m^3/s$; $H = 42\,m$; $n = 49\,1/s$ ist das Spiralgehäuse zu entwerfen. Für das Laufrad dieser Pumpe war in Beispiel 7.4 ermittelt worden $\eta_h = 0{,}85$; $D_2 = 188\,mm$; $b_2 = 26\,mm$.*

Lösung 7.5 *Die Drallkonstante ist*

$$K = \frac{gH}{\eta_h 2\pi n} = \frac{9{,}81\,m/s^2 \cdot 42\,m}{0{,}85 \cdot 2 \cdot \pi \cdot 49\,1/s} = 1{,}574\,m^2/s \tag{7.97}$$

und die Konstante C in Gl. (7.95)

$$C = \frac{4\pi^2 K}{\dot{V}} = \frac{4 \cdot \pi^2 \cdot 1{,}574\,m^2/s}{0{,}05\,m^3/s} = 1243\,1/m. \tag{7.98}$$

Zwischen das Laufrad und die Spirale soll ein schaufelloser Ringdiffusor mit einem äußeren Durchmesser von 256 mm eingeschaltet werden, in dem das Fluid mit konstantem Drall strömt (Tab. 7.4).

Mit $r_1 = 256\,mm/2 = 0{,}128\,m$ errechnet sich der Radius des Spiralquerschnitts bei $\varphi = 120\,° = 2{,}094$ nach Gl. (7.95) zu

$$\varrho = \frac{\varphi}{C} + \sqrt{\frac{2r_i\varphi}{C}} = \frac{2{,}094}{1243\,1/m} + \sqrt{\frac{2 \cdot 0{,}128\,m \cdot 2{,}094}{1243\,1/m}} = 0{,}0225\,m = 22{,}5\,mm \tag{7.99}$$

und entsprechend für die anderen Winkel.

Die Eintrittsbreite der Spirale soll mit $b_1 = 28\,mm$ um 2 mm breiter sein als die Austrittsbreite des Laufrades. Der Spiralradius bei $\varphi = 30\,°$ ist deshalb gar nicht ausführbar, weil er kleiner ist als $b_1/2$. Als Abhilfe wird der Kreisquerschnitt durch eine flächengleiche Ellipse ersetzt. Die große Halbachse sei $\varrho_1 = 16\,mm$, dann ist die kleine

Tab. 7.4 Dimensionierung eines Spiralgehäuses (Beispiel 7.5)

φ	°	0	30	60	90	120	150	180	210	240	270	300	330	360
ϱ	mm	0	10,8	15,5	19,2	22,5	25,3	28,0	30,4	32,7	34,9	37,0	39,1	41,0
ϱ_2	mm		7,3	15,0										

$$\varrho_2 = \frac{\varrho^2}{\varrho_1} = \frac{10,8^2\,mm^2}{16\,mm} = 7,3\,mm. \tag{7.100}$$

Der Druckstutzen soll eine Nennweite von $D_D = 100\,mm$ erhalten, dann ist dort die Geschwindigkeit

$$c_D = \frac{4\dot{V}}{\pi D_D^2} = \frac{4 \cdot 0,05\,m^3/s}{\pi \cdot 0,1^2 m^2} = 6,37\,m/s = 0,22\sqrt{2gH} \tag{7.101}$$

etwas mehr als der in Gl. (7.96) empfohlene Richtwert. Der Kegeldiffusor, der den größten Spiralquerschnitt mit dem Druckstutzen verbindet, hat bei einer Länge von $l = 150\,mm$ einen Öffnungswinkel

$$\varepsilon = 2\,arctan\left(\frac{D_D/2 - \varrho_{360}}{l}\right) = 2\,arctan\left(\frac{50\,mm - 41\,mm}{150\,mm}\right) = 6,9^{\,o}. \tag{7.102}$$

7.4.3 Axiale Schaufelgitter

Bei der für radiale und halbaxiale Laufräder bewährten Berechnung nach der eindimensionalen Stromfadentheorie wird von unendlich vielen Schaufeln ausgegangen und der Einfluss der endlichen Schaufelzahl durch einen Minderleistungsansatz berücksichtigt.

Für axiale Räder ist das entgegengesetzte Vorgehen naheliegend. Es werden die Kräfte berechnet, die bei der Umströmung eines einzelnen Tragflügels auftreten, und gegebenenfalls die gegenseitige Beeinflussung der Schaufeln durch eine Gitterkorrektur berücksichtigt.

Da die Stromlinien näherungsweise auf koaxialen Zylinderflächen verlaufen, kann die an sich räumliche Strömung zweidimensional behandelt werden. Dazu wird wie schon in Abschn. 4.8.2 ein schmales Teillaufrad der Breite dr betrachtet (Abb. 7.26). Die Vektoren $\vec{w}_1$ und $\vec{w}_2$ sind Mittelwerte der relativen Zu- und Abströmgeschwindigkeit, die nicht notwendig rotationssymmetrisch verteilt sein muss. Da keine schaufelkongruente Strömung vorausgesetzt wird, stimmen auch die Winkel β_1 und β_2 mit den Tangentenrichtungen des Tragflügelskeletts an Ein- und Austrittskante nicht überein.

Kräfte. Nach der Tragflügeltheorie entsteht für alle z'' Laufschaufeln eine Auftriebs- und eine Widerstandskraft, siehe auch Abschn. 9.2.1

$$dF_A = z_{La}c_A\varrho\frac{w_\infty^2}{2}s''dr \quad \text{und} \quad dF_W = z_{La}c_W\varrho\frac{w_\infty^2}{2}s''dr, \tag{7.103}$$

die senkrecht bzw. parallel zu dem vektoriellen Mittelwert $\vec{w}_\infty = (\vec{w}_1 + \vec{w}_2)/2$ gerichtet sind. Die Resultierende bildet mit dem Auftrieb den Gleitwinkel ε, sodass ihr Betrag durch

$$dF = \frac{dF_A}{\cos\varepsilon} = \frac{z_{La}c_A\varrho\,w_\infty^2 s''}{2\cos\varepsilon}dr \tag{7.104}$$

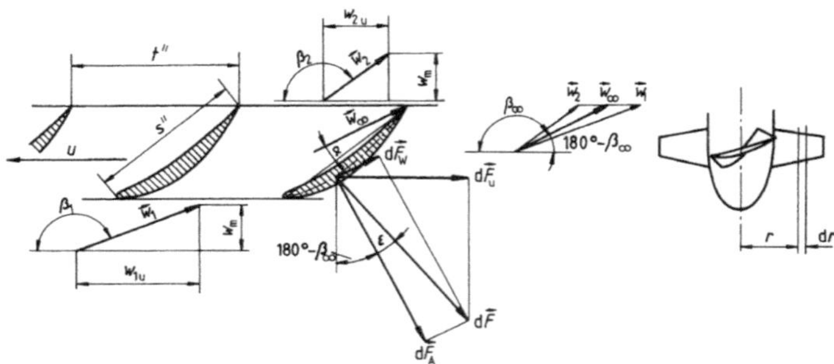

Abb. 7.26 Axiales Schaufelgitter

beschrieben werden kann. Die Kraftkomponente in Umfangsrichtung ist

$$dF_u = \frac{-\sin(180^o - \beta_\infty + \varepsilon)}{\cos\varepsilon}dF_A = -\frac{z_{La}c_A\varrho w_\infty^2 s''\sin(180^o - \beta_\infty + \varepsilon)}{2\cos\varepsilon}dr.$$

(7.105)

Sie ist negativ, nämlich entgegengesetzt zur Umfangsgeschwindigkeit gerichtet. In axialer Richtung ergibt sich ganz entsprechend eine ebenfalls negative, dem Durchfluss entgegengesetzte Kraftkomponente

$$dF_m = \frac{-\cos(180^o - \beta_\infty + \varepsilon)}{\cos\varepsilon}dF_A = -\frac{z_{La}c_A\varrho w_\infty^2 s''\cos(180^o - \beta_\infty + \varepsilon)}{2\cos\varepsilon}dr.$$

(7.106)

Mittels des Impulssatzes Gl. (2.61) kann die Umfangskraft dF_u auch auf ganz andere Weise gefunden werden

$$dF_u = d\dot{m}(w_{1u} - w_{2u}) = 2\pi r\, dr\varrho w_m(w_{1u} - w_{2u}) = z_{La}t''dr\varrho w_m(w_{1u} - w_{2u}). \quad (7.107)$$

Auch hier ergibt sich eine negative Kraft, denn die Komponenten der Relativgeschwindigkeit w_{1u} und w_{2u} sind beide negativ und w_{1u} ist die dem Betrag nach größere.

Gitterbemessungsgleichung. Durch Gleichsetzen der beiden Ausdrücke für dF_u erhält man durch Umordnen und mit $w_m = w_\infty\sin\beta_\infty$ und $\Delta w_u = (w_{1u} - w_{2u})$

$$c_A\frac{s''}{t''} = \frac{\Delta w_u}{w_\infty}\frac{2\sin\beta_\infty\cos\varepsilon}{\sin(180^o - \beta_\infty + \varepsilon)} = \frac{\Delta w_u}{w_m}\frac{2\sin^2\beta_\infty\cos\varepsilon}{\sin(180^o - \beta_\infty + \varepsilon)}.$$

(7.108)

Diese Gleichung stimmt bis auf das Vorzeichen des Gleitwinkels ε, durch das die Wirkung der Reibung berücksichtigt wird, mit Gl. (4.71) überein. Links stehen die für die Gitterbemessung gesuchten Größen und rechts solche, die aus der Berechnung der Geschwindigkeitsdreiecke bekannt sind. Nur für den Gleitwinkel muss zunächst ein geschätzter Wert eingesetzt werden, der erst nachträglich kontrolliert werden kann.

Hat man nach Gl. (7.108) den Ausdruck $c_A s''/t''$ gefunden, so kann nach Festlegung des Teilungsverhältnisses ein Profil mit passendem Auftriebsbeiwert aus einem Profilkatalog ausgesucht werden. Schlanke Profile mit großer Dickenrücklage, sog. Laminarprofile sind günstig hinsichtlich des Kavitationsverhaltens der Pumpe. Profile mit großem Rundungsradius an der Eintrittskante sind andererseits weniger empfindlich gegen Anströmung unter anderem Winkel als dem der Auslegung.

Profilkennwerte. Bei Kreiselpumpen mit ihren weit auseinander gestellten Schaufeln können die an Einzelflügeln gemessenen Auftriebsbeiwerte und Gleitwinkel ohne Gitterkorrektur übernommen werden. Diese Messwerte werden üblicherweise in der Form der Profilpolaren wiedergegeben, wobei der Auftriebsbeiwert über dem Widerstandsbeiwert aufgetragen und der Anstellwinkel α an die einzelnen Kurvenpunkte angeschrieben wird. Da für c_W ein größerer Maßstab gewählt wird als für c_A, erscheint der Gleitwinkel vergrößert. Abb. 7.27 zeigt ein Beispiel, ausführliche Angaben finden sich in [12].

Schnellläufigkeit und Laufradform. Da die Differenz der Umfangskomponenten Δw_u der Förderhöhe und die Meridiangeschwindigkeit dem Volumenstrom proportional ist, lässt sich der Bemessungsgleichung (7.108) entnehmen, dass schnellläufige Axialmaschinen, also solche, die für großen Volumenstrom und kleine Förderhöhe ausgelegt sind, entweder einen kleinen Auftriebsbeiwert haben, also dünne schwach gewölbte Profile, oder ein großes Teilungsverhältnis t''/s'', also wenige schlanke Flügel. Für axiale Kreiselpumpen ist das Teilungsverhältnis unabhängig von der Schnellläufigkeit ungefähr gleich eins, manchmal

Abb. 7.27 Profilpolare

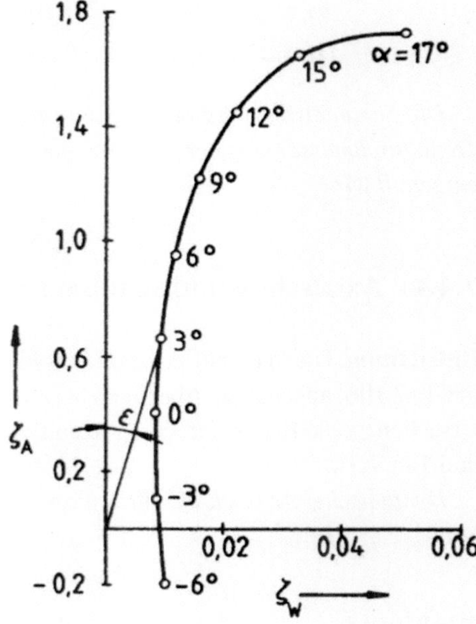

aus Kavitationsgründen etwas kleiner, weil dann c_A ebenfalls kleiner werden kann, die Flügel also weniger stark belastet sind.

Leitgitter. Die für das Laufgitter hergeleiteten Ergebnisse gelten in ähnlicher Weise auch für axiale Leitgitter. Dabei muss die Relativgeschwindigkeit durch die Absolutgeschwindigkeit und der Winkel $(180° - \beta)$ durch α ersetzt werden. Die Gitterbemessungsgleichung (7.108) geht dann über in

$$c_A \frac{s_{La}}{t_{La}} = \frac{\Delta c_u}{c_\infty} \frac{2\sin\alpha_\infty \cos\varepsilon}{\sin(\alpha_\infty + \varepsilon)} = \frac{\Delta c_u}{c_m} \frac{2\sin^2\alpha_\infty \cos\varepsilon}{\sin(\alpha_\infty + \varepsilon)}. \tag{7.109}$$

Beispiel 7.6. *Für eine Axialpumpe ist gegeben* $\dot{V} = 0{,}4\,m^3/s;\ H = 6\,m;\ n = 24{,}2\,1/s$. *Das Laufrad ist zu entwerfen.*

Lösung 7.6 *Aus den gegebenen Daten folgt*

$$\sigma = \frac{2n\sqrt{\pi \dot{V}}}{(2gH)^{3/4}} = \frac{2\cdot24{,}2\,1/s\cdot\sqrt{\pi\cdot0{,}4\,m^3/s}}{(2\cdot9{,}81\,m/s^2\cdot6\,m)^{0{,}75}} = 1{,}518. \tag{7.110}$$

Nach Abb. 7.15 wird ausgewählt $\delta = 1{,}4$ *und* $b_2/D_{2a} = 0{,}32$ *womit*

$$D_{2a} = \frac{2\delta}{\sqrt{\pi}} \sqrt[4]{\frac{\dot{V}^2}{2gH}} = \frac{2\cdot1{,}4}{\sqrt{\pi}} \frac{\sqrt{0{,}4\,m^3/s}}{\sqrt[4]{2\cdot9{,}81\,m/s^2\cdot6\,m}} = 0{,}304\,m \tag{7.111}$$

$$b_2 = 0{,}32 D_{2a} = 0{,}32\cdot0{,}304\,m = 0{,}097\,m \tag{7.112}$$

$$D_1 = D_{2a} - 2b_2 = 0{,}304\,m - 2\cdot0{,}097\,m = 0{,}110\,m. \tag{7.113}$$

Die Schaufelzahl wird mit $z_{La} = 4$ *angenommen. Die weitere Berechnung wird für die Trenndurchmesser von vier flächengleichen Ringen durchgeführt, in die der Strömungsraum eingeteilt wird.*

7.4.4 Axialschub und Schubausgleich

Entstehung. Die in einem axialen Laufrad parallel zur Mittellinie wirkende Kraft ist bereits in Gl. (7.106) angegeben. Aber auch bei radialen Laufrädern treten als Summe verschiedener Ursachen axiale Kräfte auf, deren Resultierende zum Saugmund hin gerichtet ist (Abb. 7.28 und Tab. 7.5).

Dynamischer Achsschub. Durch die Änderung des Impulsstromes entsteht die meist kleine Kraft

$$F_{ax\,dyn} = \varrho\dot{V}(c_0 - c_{2ax}), \tag{7.114}$$

die sich zu $F_{ax\,dyn} = \varrho\dot{V}c_0$ vereinfacht, wenn c_2 keine axiale Komponente hat.

Abb. 7.28 Axiales Laufrad
(Beispiel 7.4)

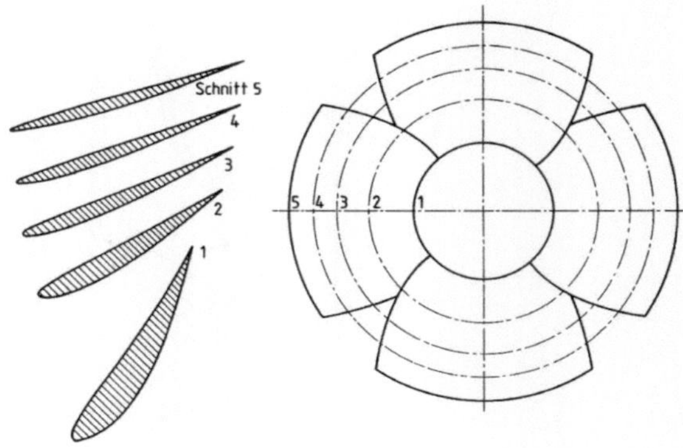

Tab. 7.5 Berechnung eines axialen Laufrades (Beispiel 7.6)

Schnitt		1 innen	2	3	4	5 außen
D	m	0,110	0,179	0,229	0,269	0,304
$u = -w_{1u} = \pi n D$	m/s	8,36	13,61	17,41	20,45	23,11
$c_m = w_m = 4\dot{V}/[\pi(D_a^2 - D_i^2)]$	m/s	6,34	6,34	6,34	6,34	6,34
$c_{2u} = \Delta w_u = gH/(\eta_h u);\ \eta_h = 0,85$	m/s	8,28	5,09	3,98	3,39	3,00
$w_{2u} = c_{2u} - u$	m/s	$-0,08$	$-8,52$	$-13,43$	$-17,07$	$-20,12$
$\beta_\infty = arctan(2c_m/(w_{1u} + w_{2u})) + 180^o$	°	123,7	150,2	157,6	161,3	163,6
ε (geschätzt)	°	1	1	1	1	1
$c_A s''/t''$ Gl. (7.106)	1	2,149	0,774	0,458	0,325	0,251
t''/s'' (angenommen)	1	0,475	0,837	1	1,138	1,249
$t'' = \pi D/z''$	m	0,0864	0,1406	0,1799	0,2113	0,2388
$s'' = t''/(t''/s'')$	m	0,182	0,168	0,180	0,186	0,191
c_A (Profil nach Abb. 7.27)	1	1,0208	0,648	0,458	0,370	0,313
α	°	4,0	2,5	2,1	2,0	1,9
ε	°	1,3	1,0	0,9	0,8	0,8

Statischer Achsschub. Der auf der äußeren und der inneren Laufradscheibe lastende Außendruck kann näherungsweise berechnet werden, wenn angenommen wird, dass das Fluid außen mit der halben Winkelgeschwindigkeit des Laufrades mitrotiert. Eine plausible Annahmen, denn einerseits wird die Flüssigkeit durch Reibungskräfte vom Laufrad mitgenommen, andererseits vom Gehäuse abgebremst. Es ergibt sich so eine parabolische, von außen nach innen abnehmende Druckverteilung (Abb. 7.29).

Der Druck bei einem beliebigen Radius r errechnet sich aus der Energiegleichung für die Relativströmung Gl. (2.94) zu

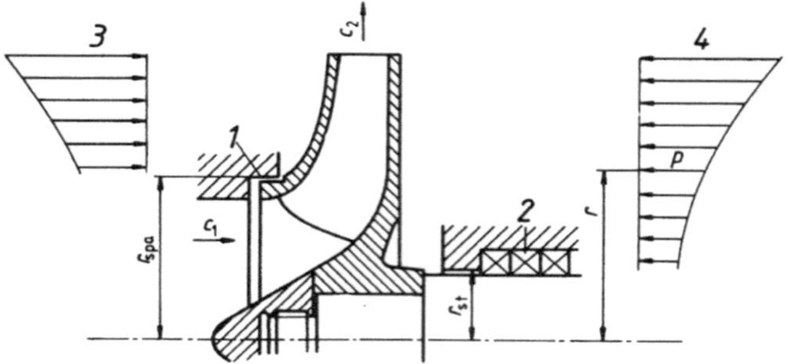

1 äußere Spaltdichtung

2 Wellendichtung

3, 4 Druckverteilung im Laufra-
daußenraum

Abb. 7.29 Anwendungsgebiete von Kreiselpumpen

$$p = p_2 - \left(\frac{\omega}{2}\right)^2 \frac{\varrho}{2}(r_2^2 - r^2), \tag{7.115}$$

wobei p_2 den Druck am Laufradaustritt darstellt. Da sich die Druckkräfte auf beiden Laufradseiten ausgleichen, bleibt nur der Restbetrag, der zwischen dem Radius des Dichtspalts am Außenkranz r_{spa} und dem Stopfbuchsradius r_{st} entsteht, übrig (Abb. 7.29). Also

$$F_{ax\,stat} = \int_{r_{st}}^{r_{spa}} (p - p_1)2\pi r\,dr = 2\pi \int_{r_{st}}^{r_{spa}} \left[(p_2 - p_1)r - \left(\frac{\omega}{2}\right)^2 \frac{\varrho}{2}(rr_2^2 - r^3)\right] dr$$

$$F_{ax\,stat} = A_n \left[(p_2 - p_1) - \frac{\varrho\omega^2}{8}\left(r_2^2 - \frac{r_{spa}^2 + r_{st}^2}{2}\right)\right] \tag{7.116}$$

mit $A_n = \pi(r_{spa}^2 - r_{st}^2)$ als der nicht ausgeglichenen Fläche. Dabei ist die Druckdifferenz $p_2 - p_1$, der sog. Spaltdruck, aus der Energiegleichung der Relativströmung Gl. (2.94) zu berechnen

$$p_2 - p_1 = \frac{\varrho}{2}(w_1^2 - w_2^2 - u_1^2 + u_2^2) \tag{7.117}$$

oder im Regelfall drallfreier Zuströmung mit $w_1^2 - u_1^2 = c_1^2$

$$p_2 - p_1 = \frac{\varrho}{2}(c_1^2 - w_2^2 + u_2^2). \tag{7.118}$$

Natürlich ist die Annahme der Fluidrotation mit der halben Winkelgeschwindigkeit des Laufrades nur eine Näherung, die unberücksichtigt lässt, dass die Wirbelströmung in den

Radseitenräumen durch deren geometrische Form und durch die Spaltströmung beeinflusst wird.

Bei senkrechter Wellenlage ist zu der Summe $F_{ax\,dyn} + F_{ax\,stat}$ noch das Läufergewicht zu addieren.

Anfahren. Ein höherer statischer Achsschub als im stationären Betrieb entsteht beim Anlaufvorgang, weil die Laufradströmung sich in sehr kurzer Zeit aufbaut, die Radseitenwirbel aber weit langsamer durch Reibungskräfte angefacht werden.

Ausgleich. Der Betrag der resultierenden Axialkraft ist insbesondere bei langsamläufigen Pumpen mit großen Förderhöhen häufig so groß, dass er nicht von einem Axiallager aufgenommen werden kann, sodass ein Kraftausgleich erforderlich wird.

Spiegelbildliche Läuferanordnung. Bei zweiflutigen oder mehrstufigen Pumpen bildet die gegensinnige Läuferanordnung einen einfachen und zugleich verlustneutralen Ausgleich (Abschn. 7.2.2). Da mit Asymmetrien der Strömung stets zu rechnen ist, kann der Ausgleich nicht vollkommen sein, sodass auf ein Axiallager für den Restschub nicht verzichtet werden kann.

Entlastungsbohrungen. An einer Einzelstufe ist der Ausgleich dadurch möglich, dass auch am Laufradinnenkranz ein Dichtspalt vorgesehen wird, und mittels Entlastungsbohrungen in dem durch die Dichtung abgegrenzten Ringraum der gleiche Druck wie auf der Laufradaußenseite hergestellt wird (Abb. 7.30a). Selbst bei idealer Wahl der Spaltradien

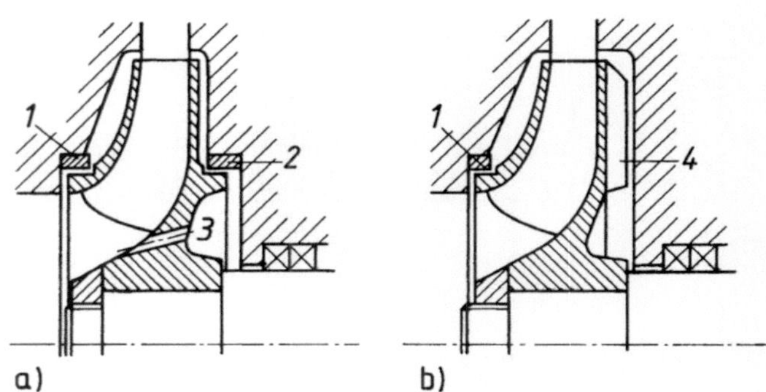

a Spaltdichtung und Entlastungsbohrungen

b Rückenschaufeln

1 äußerer Spaltring

2 innerer Spaltring

3 Entlastungsbohrung

4 Rückenschaufeln

Abb. 7.30 Schubausgleich an einer Einzelstufe

ließe sich auf diese Weise kein vollständiger Schubausgleich erreichen, denn der Druck an der Mündung der Entlastungsbohrungen ist wegen der instationären Strömung auch beim Normalbetrieb nicht konstant. Erst recht kann kein Ausgleich für alle Betriebszustände geschaffen werden. Deshalb begnügt man sich gewöhnlich damit, die Spaltradien auf beiden Seiten gleich zu machen. Der Schubausgleich mit Spaltdichtung und Entlastungsbohrungen wird durch einen vergrößerten Spaltverlust erkauft.

Rückenschaufeln. Durch radiale Rippen auf der Rückseite des Laufradbodens wird der Achsschub auf dynamische Weise ausgeglichen (Abb. 7.30b). Dadurch, dass der Radseitenwirbel auf eine höhere Winkelgeschwindigkeit gebracht wird, verringert sich der auf dem inneren Laufradkranz lastende Druck und damit der Achsschub.

Ausgleichkolben. Bei mehrstufigen Pumpen mit gleichsinnig durchströmten Laufrädern ist es zweckmäßig und auch für den Wirkungsgrad günstiger, den Ausgleich nicht für die Einzelstufen sondern für den ganzen Läufer anzustreben. Das gelingt, ähnlich wie für eine Überdruckdampfturbine (Abschn. 3.4.5) durch einen Ausgleichkolben, auf dessen einer Seite der hohe Druck hinter dem Laufrad der letzten Stufen lastet, während die andere Seite mit dem Saugstutzen und dessen niederem Druck in Verbindung steht (Abb. 7.31a).

Mit einer Variante dieser Konstruktion, der Ausgleichscheibe (Abb. 7.31b) ist sogar ein in allen Betriebszuständen vollständiger Achsschubausgleich möglich. Dem eigentlichen, hier radialen Dichtungsspalt ist ein axialer Drosselspalt vorgeschaltet. Vergrößert sich aus

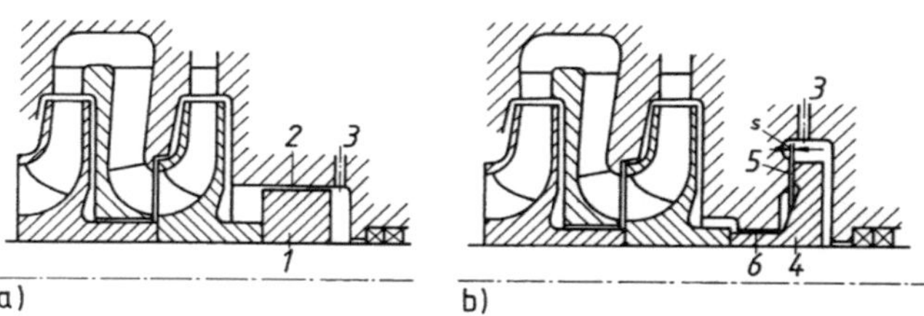

a Ausgleichkolben

b Ausgleichscheibe

1 Ausgleichkolben

2 Dichtungsspalt

3 Verbindung zum
   Saugstutzen

4 Ausgleichscheibe

5 Radialspalt

6 Drosselspalt

Abb. 7.31 Schubausgleich bei mehrstufigen Pumpen

irgendeinem Grund der Achsschub, so bewegt sich der Läufer nach links, die Spaltweite s und mit ihr der Spaltstrom wird kleiner. Dadurch wird auch die Drosselwirkung am Axialspalt geringer, und der nun höhere auf der Ausgleichscheibe lastende Druck bildet die dem erhöhten Axialschub entsprechende Gegenkraft.

Während bei allen zuvor besprochenen Arten des Ausgleichs auf ein Axiallager nicht verzichtet werden kann, wäre es hier sogar schädlich, da es für die Funktion der Ausgleichscheibe offenbar erforderlich ist, dass sich der Läufer axial frei bewegen kann.

Beispiel 7.7. *In einer fünfstufigen Pumpe ist das Laufrad von Abb. 7.16 eingebaut. Man berechne den resultierenden Achsschub und die Abmessungen eines Kolbens zu dessen Ausgleich.*

Lösung 7.7 *Aus der vorangegangenen Berechnung ist bekannt:*

$$\dot{V} = 0{,}08\,m^3/s; \quad H = 60\,m \;\text{(Stufenförderhöhe)}; \quad \omega = 153{,}9\;1/s; \tag{7.119}$$

$$c_0 = 3{,}86\,m/s; \; c_1 = 3{,}67\,m/s; \; w_3 = 5{,}55\,m/s; \; r_2 = 0{,}207\,m; \; r_{spa} = 0{,}095\,m; \; r_{st} = 0{,}025\,m. \tag{7.120}$$

Der Innenradius des Ausgleichkolbens wird aus konstruktiven Gründen mit $r_{Ki} = 0{,}039m$ festgelegt. Für ein einzelnes Laufrad errechnet sich

$$F_{ax\,dyn} = \varrho\,\dot{V}c_0 = 1000\,kg/m^3 \cdot 0{,}08\,m^3/s \cdot 3{,}86\,m/s = 309\,N \tag{7.121}$$

$$A_n = \pi\,(r_{sp\,a}^2 - r_{st}^2) = \pi\,(0{,}095^2 - 0{,}025^2)m^2 = 0{,}0264\,m^2 \tag{7.122}$$

$$p_2 - p_1 = \frac{\varrho}{2}(c_1^2 - w_3^2 + u_2^2)$$

$$= \frac{1000\,kg/m^3}{2}(3{,}67^2 - 5{,}55^2 + 31{,}87^2)m^2/s^2 = 4{,}99 \cdot 10^5\,N/m^2 \tag{7.123}$$

$$F_{ax\,stat} = A_n \left[(p_2 - p_1) - \frac{\varrho\omega^2}{8}\left(r_2^2 - \frac{r_{spa}^2 + r_{st}^2}{2} \right) \right] \tag{7.124}$$

$$= 0{,}0264\,m^2 \left[4{,}99 \cdot 10^5\,N/m^2 - \frac{1000\,kg/m^3 \cdot 153{,}9^2\;1/s^2}{8} \right. \tag{7.125}$$

$$\left. \left(0{,}207^2 - \frac{0{,}095^2 + 0{,}025^2}{2} \right) m^2 \right] \tag{7.126}$$

$$= 10\,202\,N \tag{7.127}$$

$$F_{ax} = F_{ax\,dyn} + F_{ax\,stat} = (309 + 10\,202)N = 10{,}5\,kN. \tag{7.128}$$

Für alle fünf Laufräder

$$F_{ax\,ges} = 5\,F_{ax} = 5 \cdot 10{,}5\,kN = 52{,}5\,kN. \tag{7.129}$$

Für die Dimensionierung des Ausgleichkolbens wird der Druck hinter dem Laufrad der fünften Stufe benötigt, genauer die Differenz dieses Druckes vermindert um den Druck im Saugstutzen. Sie setzt sich zusammen aus dem von den ersten vier Stufen aufgebauten Druck und dem Spaltdruck der letzten Stufe

$$p = 4g\varrho H + (p_2 - p_1) = 4 \cdot 9{,}81\,m/s^2 \cdot 1000\,kg/m^3 \cdot 60\,m + 4{,}99 \cdot 10^5\,N/m^2$$

$$= 28{,}53 \cdot 10^5\,N/m^2. \tag{7.130}$$

Ist $A_K = \pi(r_{Ka}^2 - r_{Ki}^2)$ *die Fläche des Ausgleichkolbens,* r_{Ka} *und* r_{Ki} *dessen äußerer und innerer Radius, so erfordert der Ausgleich*

$$F_{axges} = pA_K = p\pi(r_{Ka}^2 - r_{Ki}^2) \tag{7.131}$$

$$r_{Ka} = \sqrt{r_{Ki}^2 + \frac{F_{axges}}{\pi p}} = \sqrt{0{,}039^2\,m^2 + \frac{52\,500\,N}{\pi \cdot 28{,}53 \cdot 10^5\,N/m^2}} = 0{,}086\,m = 86\,mm.$$

$$\tag{7.132}$$

7.5   Betriebsverhalten

7.5.1   Theoretisch berechnete Kennlinie

Allgemeines. Bei jeder Kreiselpumpe hängt die spezifische Stutzenarbeit bzw. die Förderhöhe bei konstanter Drehzahl auf charakteristische Weise vom Volumenstrom ab. Diese Funktion, deren graphische Darstellung als Kennlinie oder Drosselkurve der Pumpe bezeichnet wird, kann mit der erforderlichen Genauigkeit nur durch das Experiment bestimmt werden. Zum besseren Verständnis grundlegender Tatsachen ist aber eine theoretische Betrachtung von Nutzen. Wie bei der Berechnung radialer Laufräder wird dabei von der schaufelkongruenten Strömung ausgegangen und anschließend der Einfluss der endlichen Schaufelzahl sowie der Verluste berücksichtigt.

Schaufelkongruente Strömung. Im Geschwindigkeitsplan (Abb. 7.32) beziehen sich die gestrichelt gezeichneten Größen auf einen beliebigen Volumenstrom $\dot{V}$, die ausgezogen dargestellten mit dem Zusatzindex N dagegen auf den normalen Volumenstrom $\dot{V}_N$, für den die Pumpe berechnet wurde.

Bei gleicher Drehzahl und schaufelkongruenter Strömung sind die Umfangsgeschwindigkeit u_2 und der relative Strömungswinkel β_∞ konstant, während sich die übrigen Größen mit dem Volumenstrom ändern. Bei drallfreier Zuströmung lautet die Hauptgleichung

$$gH_{th\infty} = u_2\,c_{2u\infty}. \tag{7.133}$$

Die Meridiangeschwindigkeit ist dem Volumenstrom proportional, also

$$w_{2m} = \frac{\dot{V}}{\dot{V}_N}w_{2mN}. \tag{7.134}$$

Abb. 7.32 Austrittsdreiecke
bei unterschiedlichem
Volumenstrom ausgezogen bei
$\dot{V} = \dot{V}_N$ (Normalzustand)
gestrichelt bei $\dot{V} > \dot{V}_N$

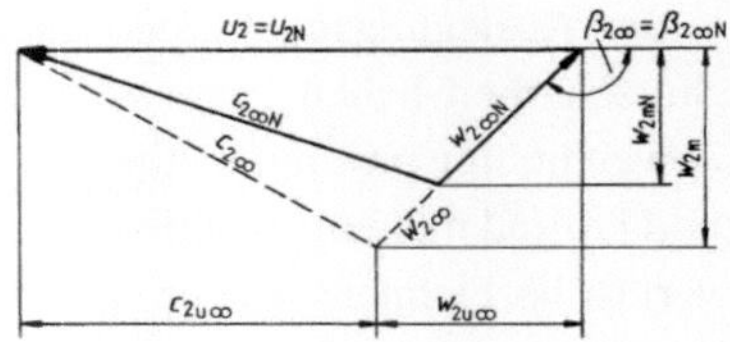

Ferner ergibt sich aus Abb. 7.32

$$w_{2u\infty} = \frac{-w_{2m}}{\tan(180^o - \beta_{2\infty})} = \frac{w_{2m}}{\tan\beta_{2\infty}} = \frac{\dot{V}/A_2}{\tan\beta_{2\infty}} \tag{7.135}$$

$$c_{2u\infty} = u_2 + w_{2u\infty}. \tag{7.136}$$

Damit folgt

$$Y_{th\infty} = gH_{th\infty} = u_2^2 + \frac{\dot{V}}{\dot{V}_N}\frac{u_2 w_{2mN}}{\tan\beta_{2\infty}} = u_2^2 + \dot{V}\frac{u_2}{A_2\tan\beta_{2\infty}}. \tag{7.137}$$

Die Kennlinie (Abb. 7.33) ist demnach bei verlustloser schaufelkongruenter Strömung eine Gerade, die die Y-Achse bei u_2^2 schneidet, und die bei den üblichen stumpfen Winkeln $\beta_{2\infty}$ rückwärts gekrümmter Pumpenschaufeln eine fallende Tendenz hat. Der Betrag der Steigung nimmt mit wachsender Umfangsgeschwindigkeit, wachsendem Austrittswinkel und abnehmendem Austrittsquerschnitt zu.

Endliche Schaufelzahl. Wird der schon in Abschn. 7.3 benutzte Faktor $1/(1 + p)$ vereinfachend als konstant, nämlich unabhängig von $\dot{V}$ angenommen, so wird die Kennlinie bei verlustloser Strömung und endlicher Schaufelzahl wiederum eine Gerade. Die Y-Achse wird bei $u_2^2/(1 + p)$ und die $\dot{V}$–Achse im gleichen Punkt wie bei schaufelkongruenter Strömung geschnitten.

Verluste. Es sind Reibungs- und Stoßverluste zu unterscheiden. Die Reibungsverluste ΔY_{VerlR} sind bei $\dot{V}_N$ durch $(1 - \eta_{hN})Y_{th\,N}$ gegeben und sind im übrigen dem Quadrat der Strömungsgeschwindigkeit bzw. des Volumenstroms proportional. Also

$$\Delta Y_{Verl\,R} = (1 - \eta_{hN})Y_{thN}\left(\frac{\dot{V}}{\dot{V}_N}\right)^2. \tag{7.138}$$

Abb. 7.33 Theoretisch
berechnete Kennlinie bei
verlustfreier Strömung

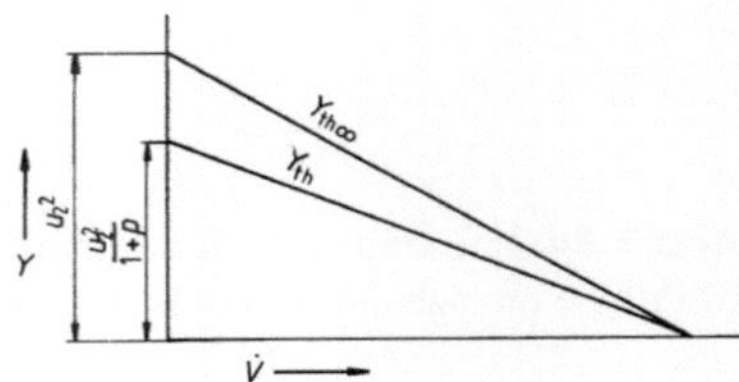

Im Auslegungspunkt sind damit alle Verluste, soweit sie Einfluss auf die spezifische Stutzenarbeit haben, erfasst. Je stärker aber der Volumenstrom von seinem Normalwert abweicht, umso weniger stimmen die Richtungen der Eintrittsgeschwindigkeit in das Lauf- und Leitrad mit den jeweiligen Schaufelwinkeln überein. Die dadurch verursachte, als Stoß-verlust bezeichnete, weitere Minderung der spezifischen Arbeit ist vom Quadrat der Differenz $(\dot{V}_N - \dot{V})$ abhängig, also

$$\Delta Y_{VerlSt} = K_{St} \left(\frac{\dot{V}_N - \dot{V}}{\dot{V}_N} \right)^2 , \tag{7.139}$$

wobei der Faktor K_{St} nach [19] mit

$$K_{St} = (0,25 \div 0,35) \left[u_1^2 + \left(\frac{u_2}{1+p} \frac{D_2}{D_4} \right)^2 \right] \tag{7.140}$$

abgeschätzt wird, und D_4 der Eintrittsdurchmesser des Leitrades ist.

Durch Abzug der beiden Verluste $\Delta Y_{Verl\,R}$ und $\Delta Y_{Verl\,St}$ entsteht die gesuchte Pumpenkennlinie. Sie ist eine quadratische Parabel mit zur Y–Achse paralleler Symmetrielinie (Abb. 7.34a).

Wird statt eines beschaufelten Leitrades ein glatter Leitring verwendet, so wird die Kennlinie etwas flacher. Zur Erklärung sind in Abb. 7.34b die Verluste in ihren Lauf- und Leitradanteil getrennt dargestellt und durch zwei bzw. einen Strich gekennzeichnet. Die Leitradreibung fällt in diesem Fall mit wachsendem Volumenstrom ab, weil die Absolutgeschwindigkeit dann kleiner wird, wie aus dem Geschwindigkeitsplan Abb. 7.32 hervorgeht.

Ist die Kennlinie für eine Drehzahl bekannt, kann sie mit den Ähnlichkeitsbeziehungen Gl. (2.113) bis (2.114) auf jede andere umgerechnet werden.

Beispiel 7.8. *Für die fünfstufige Pumpe des Beispiels 7.7 ist die zu erwartende Kennlinie zu berechnen*

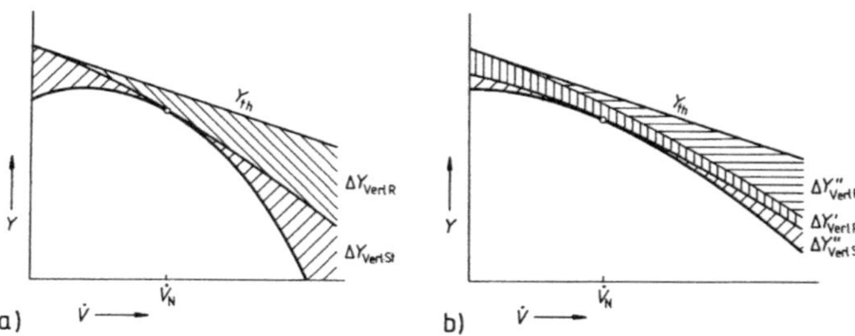

Abb. 7.34 Entstehung der Kennlinie durch Abzug der Verluste **a)** Pumpe mit beschaufeltem Leitrad **b)** Pumpe mit schaufellosem Leitdiffusor

Lösung 7.8 *Aus der Laufradberechnung ist für die Einzelstufe bekannt:*

$$\dot{V}_N = 0{,}08\,m^3/s; \qquad H_N = 60\,m; \qquad Y_N = 589\,m^2/s^2 \quad \eta_h = 0{,}82; \qquad p = 0{,}29$$

$$u_1 = 13{,}08\,m^2/s^2; \quad u_2 = 31{,}87\,m/s; \quad w_{2mN} = 2{,}56\,m/s; \quad D_2 = 0{,}414\,m; \quad D_4 = 0{,}426\,m;$$

$$\beta_{2\infty N} = 138{,}7^{\,o}.$$

$$\text{(7.141)}$$

Bei Reibungsfreiheit sind die Kennliniengeraden der Einzelstufe

$$Y_{th\infty} = u_2^2 + \frac{\dot{V}}{\dot{V}_N}\frac{u_2 w_{2mN}}{\tan\beta_{2\infty}} = 31{,}87^2\,m^2/s^2 + \frac{\dot{V}}{\dot{V}_N}\frac{31{,}87\,m/s\cdot 2{,}56\,m/s}{\tan 138{,}7^{\,o}} \tag{7.142}$$

$$= 1016\,m^2/s^2 - 92{,}9\,m^2/s^2\left(\frac{\dot{V}}{\dot{V}_N}\right) \tag{7.143}$$

$$Y_{th} = \frac{Y_{thN}}{1+p} = \frac{Y_{thN}}{1{,}29} = 790\,m^2/s^2 - 72{,}2\,m^2/s^2\left(\frac{\dot{V}}{\dot{V}_N}\right). \tag{7.144}$$

Davon sind die Verluste abzuziehen

$$\Delta Y_{VerlR} = (1-\eta_h)\frac{Y_N}{\eta_h}\left(\frac{\dot{V}}{\dot{V}_N}\right)^2 = (1-0{,}82)\frac{589\,m^2/s^2}{0{,}82}\left(\frac{\dot{V}}{\dot{V}_N}\right)^2 = 129{,}3\,m^2/s^2\left(\frac{\dot{V}}{\dot{V}_N}\right)^2 \tag{7.145}$$

$$\Delta Y_{VerlSt} = K_{ST}\left(\frac{\dot{V}_N - \dot{V}}{\dot{V}_N}\right)^2 = 0{,}3\left[u_1^2 + \left(\frac{u_2}{1+p}\frac{D_2}{D_4}\right)^2\right]\left(\frac{\dot{V}_N - \dot{V}}{\dot{V}_N}\right)^2 \tag{7.146}$$

$$= 0{,}3\left[13{,}08^2\,m^2/s^2 + \left(\frac{31{,}87\,m/s\cdot 0{,}414\,m}{1{,}29\cdot 0{,}426\,m}\right)^2\right]\left(\frac{\dot{V}_N - \dot{V}}{\dot{V}_N}\right)^2 \tag{7.147}$$

$$= 225\,m^2/s^2\left[1 - 2\frac{\dot{V}}{\dot{V}_N} + \left(\frac{\dot{V}}{\dot{V}_N}\right)^2\right] = \left[225 - 450\frac{\dot{V}}{\dot{V}_N} + 225\left(\frac{\dot{V}}{\dot{V}_N}\right)^2\right]. \tag{7.148}$$

Für die fünfstufige Pumpe ist damit

$$H_{ges} = \frac{5}{g}(Y_{th} - \Delta Y_{VerlR} - \Delta Y_{VerlSt}) \tag{7.149}$$

$$= \frac{5}{9{,}81\,m/s^2}\left[565\,m^2/s^2 + 377{,}8\,m^2/s^2\frac{\dot{V}}{0{,}08\,m^3/s} - 354{,}3\,m^2/s^2\left(\frac{\dot{V}}{0{,}08\,m^3/s}\right)^2\right] \tag{7.150}$$

$$= 288\,m + 2407\,s/m^2\,\dot{V} - 28\,216\,s^2/m^5\,\dot{V}^2. \tag{7.151}$$

7.5.2   Das tatsächliche Verhalten der Pumpe

Wirkliche Pumpenkennlinie. Zur Messung der Betriebsgrößen Volumenstrom, Förderhöhe und Leistungsaufnahme wird die Pumpe oder eine Modellausführung mit konstanter Drehzahl angetrieben und der Volumenstrom mittels eines in die Druckrohrleitung eingebauten Drosselorgans variiert (Abb. 7.35 und Tab. 7.6).

In Diagrammen werden über dem Volumenstrom dargestellt: Die spezifische Stutzenarbeit Y oder die Förderhöhe H (Drosselkurve), die Kupplungsleistung und der Kupplungswirkungsgrad $\eta_K = (\varrho \dot{V} Y)/P_K$ Abb. (7.36).

Es zeigt sich, dass die Drosselkurve von ihrem theoretischen parabelförmigen Verlauf abweicht, und dass ihre Form außerdem von der Schnellläufigkeit abhängt. Wie nach den im Anschluss an Gl. (7.137) angestellten Überlegungen zu erwarten, wächst die Steigung der $H, \dot{V}$–Kurve mit der Schnellläufigkeit. Die Wirkungsgradkurve, die bei einer langsamläufigen Pumpe ein breites Maximum hat, wird mit wachsender Schnellläufigkeit immer schmaler. Die Leistung steigt bei geringer Schnellläufigkeit von links nach rechts an und fällt umgekehrt bei hoher Schnellläufigkeit ab. Eine langsamläufige Pumpe wird deshalb bei geschlossenem Schieber angefahren, weil der Leistungsbedarf beim Förderstrom null

Tab. 7.6 Theoretisch berechnete Kennlinie einer fünfstufigen Pumpe (Beispiel 7.8)

$\dot{V}$	m^3/s	0,0	0,016	0,032	0,048	0,064	0,08	0,096	0,112	0,128	0,144
H_{ges}	m	288	319	336	338	326	300	259	204	134	49

Abb. 7.35 Versuchsanordnung
zur Messung der Kennlinie

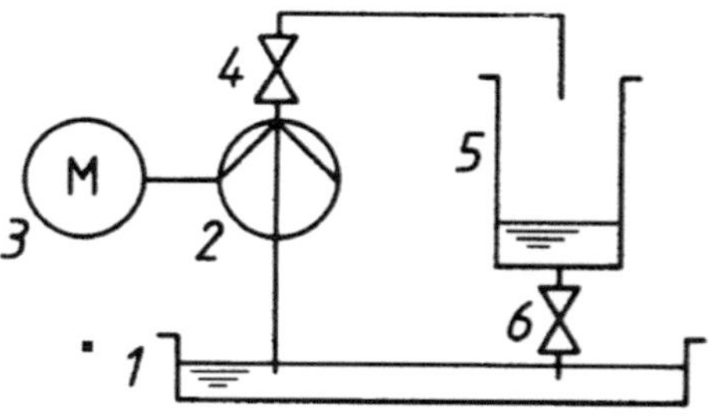

1 Vorratsbehälter

2 Pumpe

3 Motor

4 Drosselorgan

5 Messbehälter

6 Absperrorgan (während
   einer Messung geschlossen)

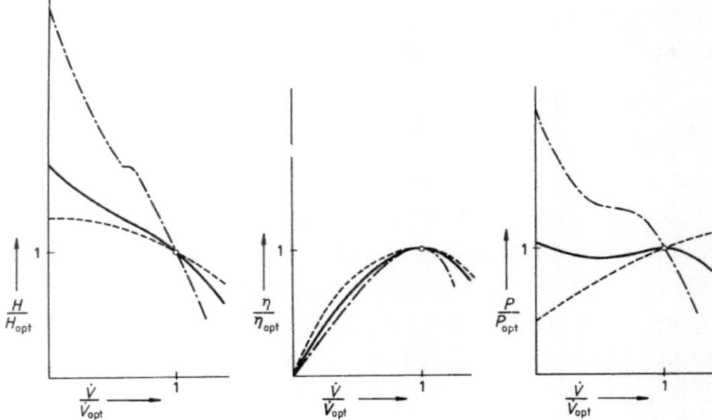

Abb. 7.36 Pumpenkennlinien bei verschiedener Schnellläufigkeit gestrichelt $\sigma = 0,13$ ausgezogen $\sigma = 0,51$ strichpunktiert $\sigma = 1,27$

am geringsten ist. Bei einer schnellläufigen Pumpe ist dagegen das Anfahren bei offenem Schieber günstiger.

Kennfeld der Pumpe. Durch die Darstellung der Drosselkurven verschiedener Drehzahlen im gleichen $H, \dot{V}$–Diagramm wird ein besonders übersichtliches Bild gewonnen, dessen Wert noch erhöht wird, wenn als weitere Kurvenschar Linien gleichen Kupplungswirkungsgrades eingezeichnet werden (Abb. 7.37). Für jeden Kennfeldpunkt sind der Volumenstrom, die Förderhöhe, die Drehzahl und der Wirkungsgrad unmittelbar ablesbar, und die Kupplungsleistung $P_K = \varrho \dot{V} g H / \eta_h$ ist leicht zu berechnen. Durch die Aufnahme von Kurven gleicher Kupplungsleistung lässt sich die Rechenarbeit auch ganz vermeiden, doch leidet die Übersichtlichkeit des Diagramms (Abb. 7.36).

Diejenigen Diagrammpunkte, die einander nach den Ähnlichkeitsbeziehungen (Abschn. 2.6.5) entsprechen, für die also die Geschwindigkeitsdreiecke einander ähnlich sind, liegen

Abb. 7.37 Kennfeld

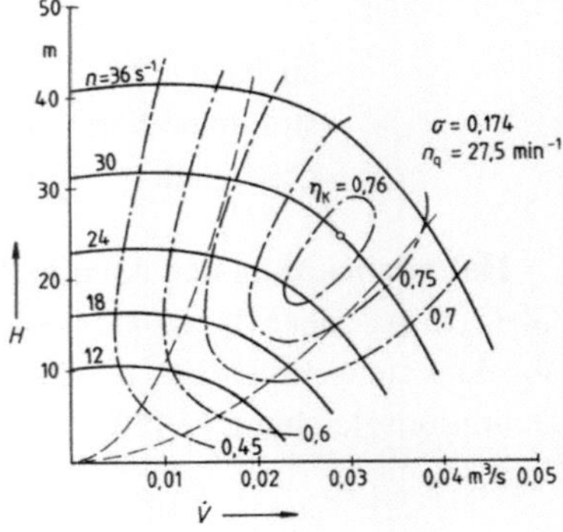

auf den sog. Kurven gleichen Stoßzustandes. Das sind Parabeln mit dem Ursprung als Scheitelpunkt. Zur Erklärung dienen die Gl. (2.113) und (2.114) also

$$\frac{\dot V_1}{\dot V_2} = \frac{n_1}{n_2} \; und \; \frac{H_1}{H_2} = \frac{n_1^2}{n_2^2} = \frac{\dot V_1^2}{\dot V_2^2} \quad oder \quad \frac{H_1}{\dot V_1^2} = \frac{H_2}{\dot V_2^2} = \frac{H}{\dot V^2} = konst; \quad H = konst \dot V^2.$$

(7.152)

Diese Beziehung, ein Sonderfall der allgemeineren ähnlichkeitsgleichungen, wird als Affinitätsgesetz bezeichnet. Da zu verschiedenen Drehzahlen unterschiedliche Reynolds-Zahlen gehören, erstreckt sich die ähnlichkeit nicht auf die Reibungseinflüsse, und das Affinitätsgesetz gilt streng nur für ein reibungsfreies inkompressibles Fluid.

Ohne diese Einschränkung wären die Linien gleichen Stoßzustandes zugleich auch Kurven gleichen Wirkungsgrades. Tatsächlich wird der Wirkungsgrad mit abnehmender Drehzahl immer kleiner, was zum Teil an dem besprochenen Einfluss der Reynoldszahl, zum anderen daran liegt, dass die in η_K enthaltenen mechanischen Verluste nicht mit der dritten Potenz der Drehzahl abnehmen. Dass die Wirkungsgradlinien sich auch nach oben wieder schließen, ist durch den mit wachsender Drehzahl zunehmenden Kavitationseinfluss zu erklären.

7.5.3   Haltedruckhöhe und Kavitation

Um Kavitation zu vermeiden, muss der Druck im Eintrittsstutzen noch merklich höher sein als der Dampfdruck. Denn an Orten hoher Relativgeschwindigkeit wird der Druck gegenüber seinem Wert im Saugstutzen noch abfallen.

Die durch die Höhe einer Flüssigkeitssäule ausgedrückte Differenz zwischen dem absolutem Gesamtdruck im Saugstutzen p_{tots} und dem Dampfdruck p_D bezeichnet man als Haltedruckhöhe

$$H_H = \frac{p_{tots} - p_D}{g\varrho}.$$

(7.153)

Dabei wird zwischen der tatsächlich vorhandenen Haltedruckhöhe der Anlage H_{HA} und der mindestens erforderlichen Haltedruckhöhe der Pumpe H_H unterschieden.

ausgezogen	Linien gleicher Drehzahl
strichpunktiert	Linien gleichen Kupplungswirkungsgrades
gestrichelt	Parabeln gleichen Stoßzustandes

Haltedruckhöhe der Anlage. Der durch den Index s gekennzeichnete Bezugspunkt in Gl. (7.153) ist der Mittelpunkt des Saugstutzens (Abb. 7.38a und c). Ist p_s der dort vorhandene absolute statische Druck, c_s die zugehörige Fluidgeschwindigkeit, so ergibt sich aus der Definitionsgleichung (7.153)

$$H_{HA} = \frac{p_s - p_D}{g\varrho} + \frac{c_s^2}{2g}.$$

(7.154)

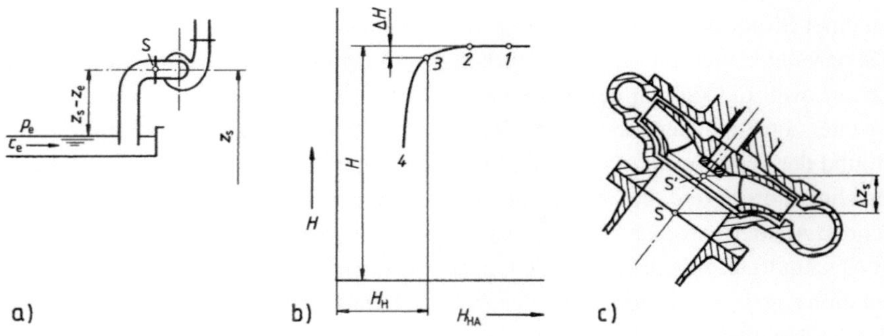

Abb. 7.38 Haltedruckhöhe

Die Haltedruckhöhe kann auch durch die Werte im Ansaugbehälter ausgedrückt werden. Ist p_e der auf dessen Oberfläche lastende Absolutdruck, c_e die meist vernachlässigbar kleine Geschwindigkeit im Saugbehälter und sind z_e und z_s die geodätischen Höhen der Punkte e und s (Abb. 7.38a), schließlich H_{Verls} der in Fluidsäule ausgedrückte Reibungsverlust der Saugleitung einschließlich etwaiger Einströmverluste, so folgt

$$H_{HA} = \frac{p_e - p_D}{g\varrho} + \frac{c_e^2}{2g} - (z_s - z_e) - H_{Verls}. \tag{7.155}$$

Ist $(z_s - z_e)$ wie in Abb. 7.38a positiv, spricht man von einer Saughöhe, andernfalls von der Zulaufhöhe $(z_e - z_s)$.

Haltedruckhöhe der Pumpe. Entsprechend Gl. (7.154) und (7.155) wird definiert

$$H_H = \left(\frac{p_s - p_D}{g\varrho} + \frac{c_s^2}{2g} \right)_{min} = \left(\frac{p_e - p_D}{g\varrho} + \frac{c_e^2}{2g} - (z_s - z_e) - H_{Verls} \right)_{min}. \tag{7.156}$$

Der Unterschied besteht darin, dass H_H einen pumpenspezifischen Minimalwert darstellt, der von der Haltedruckhöhe der Anlage weder erreicht noch unterschritten werden darf, wenn Kavitation vermieden werden soll.

Allerdings ist es weitgehend Definitionssache, von welchem Wert der Haltedruckhöhe an Kavitation vorhanden ist, denn vom Auftreten erster Bläschen an der Schaufeleintrittskante bis zum kavitationsbedingten Steilabfall der Förderhöhe gibt es eine gewisse Spanne (Abb. 7.38b). Oft wird als Kavitationskriterium ein Förderhöhenabfall von $\Delta H = 0{,}03\,H$, aber mitunter, besonders bei hoher Schnellläufigkeit auch der beginnende Förderhöhenabfall definiert.

Die Größe von H_H kann zuverlässig nur durch Versuch ermittelt werden. Dabei ist zwischen saug- und druckseitiger Kavitation zu unterscheiden. Während die Schaufelsaugseite durch ein Fenster im Saugrohr der Versuchspumpe gut sichtbar ist, muss die Druckseite im Spiegelbild der zu diesem Zweck polierten Nachbarschaufel beobachtet werden. Im

Licht einer Stroboskoplampe sind die Kavitationsbläschen deutlich sichtbar. Bei beginnender Saugseitenkavitation steigt der Wirkungsgrad bei etwa richtiger Zuströmung zunächst etwas an, weil die sich an der Schaufel bildenden Dampfbläschen die Reibung mindern. Bei weiter zunehmender Kavitation wird aber der Querschnitt zwischen den Schaufeln verengt, und der Wirkungsgrad fällt ab. Bei druckseitiger Kavitation verengt sich dagegen der Querschnitt sofort, und die Förderhöhe und mit ihr der Wirkungsgrad fallen ohne vorübergehenden Anstieg sofort ab. Wie viel Kavitation zugelassen werden darf, hängt nicht zuletzt vom Absolutdruck an gefährdeten Stellen ab. Bei einer Axialpumpe kann z. B. viel sichtbare Kavitation zugelassen werden, weil der absolute Druck an der Implosionsstelle der Bläschen gering ist, bei einer Radialpumpe mit hohem Zulaufdruck ist dagegen jede Spur sichtbarer Kavitation zu vermeiden.

Neben dem Experiment wird auch ein theoretischer Ansatz benutzt

$$H_H = \lambda_1 \frac{w_{1a}^2}{2} + \lambda_2 \frac{c_s^2}{2}. \tag{7.157}$$

Dabei sind w_{1a} die Relativgeschwindigkeit am äußeren Punkt des Laufradeintritts, c_s die Absolutgeschwindigkeit im Bezugspunkt S und λ_1 und λ_2 Erfahrungswerte, die von der Pumpenbauart und vom Betriebspunkt abhängen. Grobe Anhaltswerte für langsamläufige Spiralgehäusepumpen bei stoßfreiem Eintritt sind nach [21]

$$\lambda_1 = 0.2 \quad \text{und} \quad \lambda_2 = 1{,}2. \tag{7.158}$$

***NPSH*-Wert.** In der angelsächsischen, zunehmend aber auch in der deutschen Fachliteratur wird statt der Haltedruckhöhe H_H und H_{HA} mit den ähnlich definierten *NPSH*-Werten gearbeitet. Die Abkürzung steht für Net Positiv Suction Head, und der Unterschied besteht lediglich darin, dass statt der Mitte des Saugstutzens (Punkt S) der Mittelpunkt eines ebenen, zur Mittellinie senkrechten Laufradschnittes durch die äußeren Punkte der Eintrittskante zum Bezugspunkt gewählt wird. Nach Abb. 7.38c unterscheiden sich deshalb die Haltedruckhöhen und die NPSH-Werte nur um die geodätische Höhendifferenz der unterschiedlichen Bezugspunkte

$$H_{HA} = NPSH_{Anl} + \Delta z_S \quad und \quad H_H = NPSH_{Ppe} + \Delta z_S. \tag{7.159}$$

Bei waagerechter Wellenlage besteht überhaupt kein Unterschied.

Kavitationsfreier Betrieb. Der Bereich, in dem H_{HA} größer ist als H_H, die Pumpe also frei von Kavitation arbeitet, wird im $H, \dot{V}$-Diagramm dadurch deutlich, dass die Haltedruckhöhen der Anlage und der Pumpe in Abhängigkeit vom Volumenstrom eingetragen werden (Abb. 7.39). Die Haltedruckhöhe der Pumpe wird wie beschrieben durch Versuch ermittelt, oder es wird mangels solcher Versuchsergebnisse mit geschätzten Werten von λ_1 und λ_2 nach Gl. (7.157) gearbeitet.

Die Haltedruckhöhe der Anlage nimmt nach Gl. (7.155) quadratisch mit dem Volumenstrom ab, da die Drücke p_e und p_D sowie die geodätischen Höhen z_e und z_s konstant, nämlich

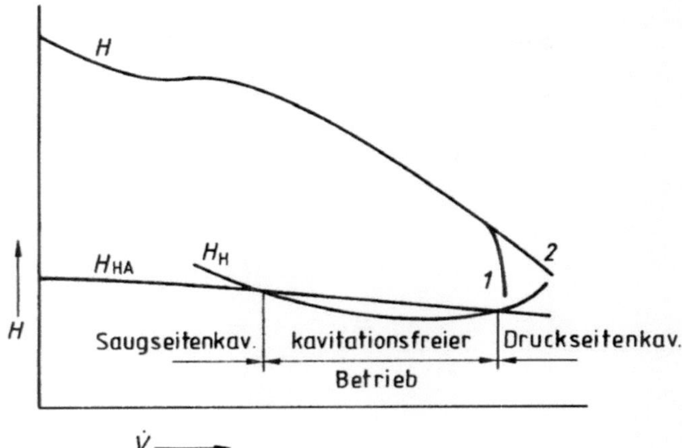

Abb. 7.39 Betriebsbereiche mit und ohne Kavitation 1 kavitationsbedingter Förderhöhenabfall 2 Fortsetzung der Drosselkurve bei größerem H_{HA}

vom Volumenstrom unabhängig sind, die Verlusthöhe H_{Verls} dagegen mit dem Quadrat von $\dot{V}$ anwächst.

Beispiel 7.9. *Die Pumpe mit der Kennlinie des Bildes 7.40 soll Wasser von 17,5° C fördern. Die Aufstellungshöhe der Pumpe ist so zu bemessen, dass ein kavitationsfreier Betrieb im Förderhöhenbereich von 3,5 bis 10 m gewährleistet ist.*

Der Barometerstand ist am Aufstellungsort nicht kleiner als 970 hPa = 0,097 MPa, die Geschwindigkeit im Saugbehälter c_e kann vernachlässigt werden, und die Verlusthöhe der Saugleitung wird mit $H_{Verls} = 8\,s^2/m^5\,\dot{V}^2$ geschätzt.

Lösung 7.9 *Aus der Kennlinie wird abgelesen, dass die größten Werte der Haltedruckhöhe an den Betriebsgrenzen auftreten, nämlich $H_H = 9{,}6\,m$ bei $\dot{V} = 0{,}0595\,m^3/s$ und $H_H = 10{,}3\,m$ bei $\dot{V} = 0{,}0905\,m^3/s$, womit zugleich die Mindestwerte der Anlagehaltedruckhöhe gegeben sind. Damit und mit*

$$p_e = 97000\,N/m^2;\ \ p_D = 2000\,N/m^2\,(Tab.\,A.2);\ \ H_{Verls} = 8\,s^2/m^5\,\dot{V}^2 = 0{,}028\,m\ bzw.$$
$$\tag{7.160}$$

$$= 0{,}066\,m \tag{7.161}$$

folgt aus Gl. (7.154)

Abb. 7.40 Kennlinien einer
Axialpumpe
$n = 49{,}31/s;\ \sigma = 1{,}272$

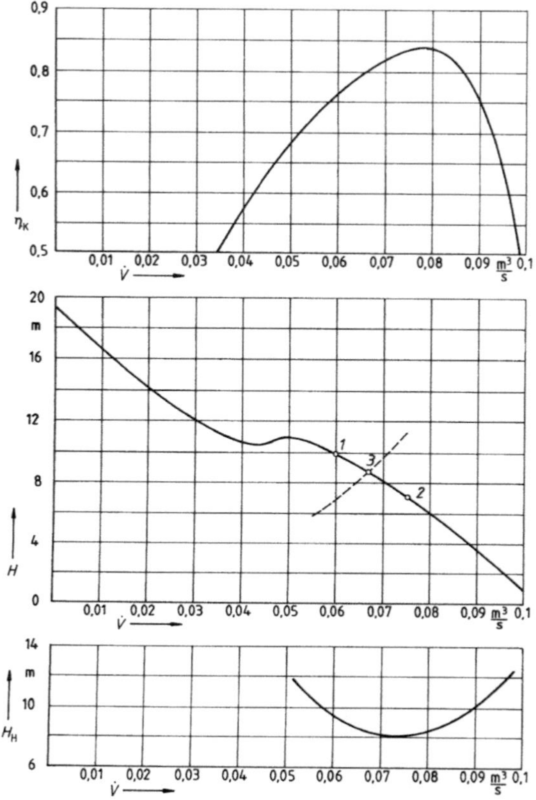

Punkte 1 bis 3 zu
Beispiel 5.10

1 Drosselung

2 Bypass

3 Drehzahlverstellung

$$(z_s - z_e) = \frac{p_e - p_D}{g\varrho} + \frac{c_e^2}{2g} - H_{Verls} - H_{HA} \tag{7.162}$$

$$= \frac{(97000 - 2000)\,N/m^2}{9{,}81\,m/s^2 \cdot 1000\,kg/m^3} + (0 - 0{,}028 - 9{,}6)m = 0{,}056\,m \tag{7.163}$$

$$bzw. \qquad = \frac{(97000 - 2000)\,N/m^2}{9{,}81\,m/s^2 \cdot 1000\,kg/m^3} + (0 - 0{,}066 - 10{,}3)m = -0{,}682\,m. \tag{7.164}$$

*In der Anlage muß also eine Zulaufhöhe von mindestens 0,682 m verwirklicht werden,
d. h. um dieses Maß muß der Saugstutzen der Pumpe tiefer liegen als die Oberfläche des
Ansaugbehälters.*

7.5.4 Zusammenarbeit von Pumpe und Rohrleitung

Anlagen- oder Rohrkennlinie. Der Zusammenhang zwischen der erforderlichen Förderhöhe einer Pumpenanlage und dem Volumenstrom wird durch eine Kurve beschrieben, die nicht mit der Drosselkurve zu verwechseln ist. Während diese die Pumpe charakterisiert, ist die Rohrkennlinie ganz unabhängig von der Pumpe. Sie gibt zu jedem beliebigen Volumenstrom die Förderhöhe an, die erforderlich ist, um das Fluid gegen die vorhandenen Widerstände durch die Rohrleitung zu fördern.

Mit den Indizes e für den Eintritt in die Pumpenanlage und a für den Austritt und dem durch die Höhe einer äquivalenten Fluidsäule ausgedrückten Reibungsverlust H_{Verl} lautet die Gleichung für die Anlagenförderhöhe

$$H_A = z_a - z_e + \frac{p_a - p_e}{g\varrho} + \frac{c_a^2 - c_e^2}{2g} + H_{Verl}. \tag{7.165}$$

Für den Reibungsanteil wird in der Hydromechanik der Ansatz

$$H_{Verl} = \left(\lambda\frac{l}{d} + \Sigma\zeta\right)\frac{c^2}{2g} \tag{7.166}$$

benutzt, wobei l die Länge der Rohrleitung, d deren lichter Durchmesser und c die mittlere Geschwindigkeit bedeuten. Die Rohrreibungszahl λ ist von der Wandrauhigkeit und von der Reynolds-Zahl abhängig. Die Verlustbeiwerte ζ berücksichtigen die Widerstände von Formstücken und Armaturen. Zahlenwerte von λ und ζ finden sich in technischen Tabellenbüchern z. B. in [25].

Da bei der fast immer vorliegenden ausgebildeten Turbulenz die Abhängigkeit der Beiwerte λ und ζ von der Reynolds-Zahl gering und die Geschwindigkeit dem Volumenstrom proportional ist, kann die Gleichung der Rohrkennlinie mit $\alpha = $ konst in einen konstanten und einen quadratisch vom Volumenstrom abhängigen Anteil zerlegt werden (Abb. 7.41).

$$H_A = H_{stat} + \alpha\dot{V}^2. \tag{7.167}$$

Betriebspunkt. Im Schnittpunkt der Drosselkurve mit der Rohrkennline stimmen die von der Pumpe erzeugte und die von der Rohrleitung verlangte Förderhöhe überein, hier liegt deshalb der Betriebspunkt der Anlage. Er wird, wenn die Pumpe richtig an die Rohrleitung angepasst ist, in der Nähe des Punktes mit dem besten Wirkungsgrad liegen.

Das Gleichgewicht zwischen Pumpe und Rohrleitung ist stabil, wenn im Betriebspunkt die Rohrkennlinie steiler über dem Volumenstrom ansteigt als die Drosselkurve, denn dann wird eine Störung von selbst ausgeglichen und die Betriebswerte kehren immer wieder in den Schnittpunkt zurück.

Beim Anfahren muß eine Pumpe vom Volumenstrom null ausgehend mit allen Punkten der Rohrkennlinie zwischen deren Scheitelpunkt und dem stationären Betriebspunkt zusammenarbeiten. Wegen der waagerechten Tangente der Rohrparabel im Scheitelpunkt

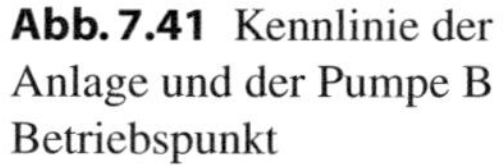

Abb. 7.41 Kennlinie der
Anlage und der Pumpe B
Betriebspunkt

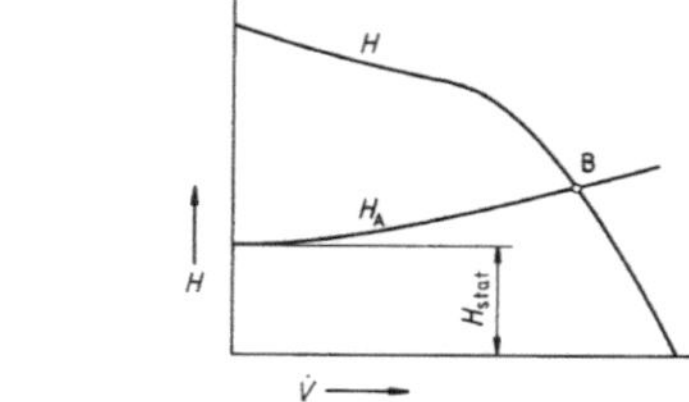

Abb. 7.42 Stabile und
instabile Kennlinie **a)** stabil **b)**
instabil

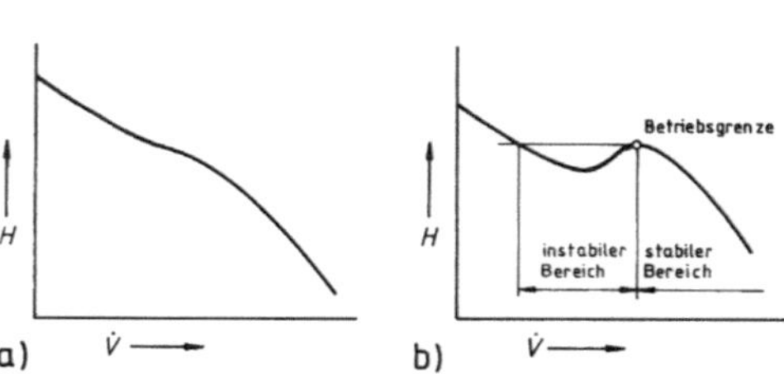

ist ein jederzeit stabiler Betrieb nur möglich, wenn die Drosselkurve überall negativ gegen
die $\dot{V}$-Achse geneigt ist. Eine solche Pumpenkennlinie wird als stabil bezeichnet, während
andernfalls in einen stabilen und einen instabilen Bereich unterteilt wird (Abb. 7.42). Im
instabilen Bereich kann eine Kreiselpumpe im Dauerbetrieb nicht arbeiten.

7.5.5   Änderung des Betriebspunktes

Das Gleichgewicht zwischen Pumpe und Rohrleitung lässt sich zur Anpassung der Betriebspunkte nutzen, indem entweder die Rohrleitungskennlinie oder die Drosselkurve der Pumpe
gezielt verändert wird. Meistens handelt es sich dabei um die Anpassung an änderungen des
Volumenstroms, seltener der Förderhöhe oder der Antriebsleistung.

Drosselung. Am einfachsten läßt sich die Anlagenkennline beeinflussen, nämlich durch
das Verstellen eines Drosselorgans in der Rohrleitung (Abschn. 7.5.2). Wegen ihrer Einfachheit wird die sog. Drosselregelung bevorzugt angewendet, wobei das druckseitige Absperrorgan als Drossel dient. Eine Drosselung in der Saugleitung würde die Haltedruckhöhe der
Anlage vermindern und ist deshalb zu vermeiden.

Hinsichtlich der Energieverluste ist die Drosselung ungünstig, da ja der Reibungsanteil
der Rohrkennline erhöht wird. Nachteilig sind auch die Druckschwankungen, die durch
periodische Wirbelablösungen an der teilgeöffneten Drossel entstehen können.

Bypass. Statt die Pumpe in einen Betriebspunkt mit geringerem Volumenstrom arbeiten
zu lassen, kann auch ein durch Drosselung einstellbarer Teil des geförderten Fluids über
eine Nebenschlussleitung, einen sog. Bypass in den Saugbehälter zurückgeführt werden.
Diese Anordnung (Abb. 7.43b) ist dann vorteilhaft, wenn die Leistungskurve über dem
Volumenstrom abfällt, also bei schnellläufigen Maschinen.

Abb. 7.43 Änderung des
Betriebspunktes

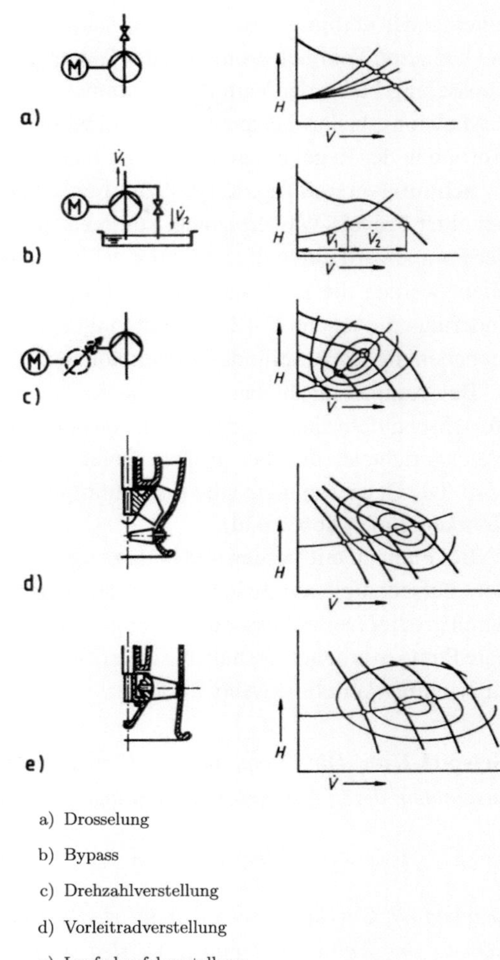

a) Drosselung

b) Bypass

c) Drehzahlverstellung

d) Vorleitradverstellung

e) Laufschaufelverstellung

Drehzahlverstellung. Die wirtschaftlichste Betriebsweise und zugleich eine schonende
Behandlung der Pumpe besteht darin, die Drehzahl dem zu fördernden Volumenstrom anzupassen. Hier liegen die Betriebspunkte als Schnittpunkte mit den verschiedenen Drosselkurven auf der unveränderten Anlagenkennlinie (Abb. 7.43c).

Besonders günstige Verhältnisse liegen vor, wenn die Rohrparabel einen geringen statischen Anteil hat Gl. (7.167) und fast ausschließlich durch die Reibungsverluste beeinflusst
wird. Ihr Scheitelpunkt liegt dann in der Nähe des Koordinatenursprungs, und sie fällt angenähert mit der Parabel gleichen Stoßzustandes zusammen, die alle optimalen Betriebspunkte

miteinander verbindet. Bei größerer statischer Anlagenförderhöhe gerät zwar die Pumpe bei kleineren Volumenströmen in das Gebiet geringerer Wirkungsgrade, aber gegenüber der Drosselung bleibt der Vorteil, dass immer nur die benötigte Förderhöhe erzeugt wird und der Leistungsbedarf entsprechend klein bleibt. Nachteilig ist, dass ein drehzahlverstellbarer Antrieb in der Regel einen höheren Aufwand erfordert.

Schaufelverstellung. Verstellbare Leitschaufeln auf der Druckseite des Laufrades, wie bei einer Francis-Wasserturbine, kommen für Pumpen weniger in Frage. Die $H, \dot{V}$-Kurve der Pumpe wird durch die Änderung der Leitradstellung nur geringfügig verändert, und vor allem werden die Leitschaufeln durch die instationäre Strömung mit ihren periodischen Änderungen (Abschn. 7.4.1) zu Schwingungen angeregt, die bei verstellbarer Ausführung zu bedenklichen Amplituden führen können.

Bei Pumpen mit halbaxialen, seltener solchen mit axialen Laufrädern werden dagegen Vorleitschaufeln angewendet, mit denen bei kleinem Volumenstrom ein der Laufraddrehung gleichgerichteter und bei großem Volumenstrom ein entgegengesetzter Vordrall erzeugt wird. Die Betriebspunkte sind die Schnittpunkte der veränderten Pumpenkennlinie mit der Rohrkennlinie (Abb. 7.43d).

Bei Pumpen mit axialen und halbaxialen Laufrädern ist schließlich auch eine Verstellung der Laufschaufeln möglich. Das Kennfeld einer solchen Pumpe hat Wirkungsgradmuscheln, deren größter Durchmesser ungefähr parallel zur $\dot{V}$-Achse gelegen ist. Laufschaufelverstellbare Pumpen arbeiten deshalb besonders wirtschaftlich in Zusammenarbeit mit einer flachen Rohrleitungskennlinie (Abb. 7.43e).

Beispiel 7.10. *Die Pumpe mit der Kennlinie von Abb. 7.40 arbeitet mit einer Rohrleitung zusammen, deren Anlagekennlinie durch*

$$H_A = H_{stat} + \alpha \dot{V}^2 = 6{,}8\,m + 85{,}5\,s^2/m^5\,\dot{V}^2 \tag{7.168}$$

gegeben ist. Um die verschiedenen Arten der Regelung zu vergleichen, soll die Wirtschaftlichkeit der Anlage untersucht werden, wenn die Pumpe auf einen Volumenstrom von $\dot{V} = 0{,}06\,m^3/s$ herunter geregelt wird. Zu diesem Zweck wird ein Anlagewirkungsgrad definiert, der die dem Verbraucher nach Abzug der Rohrleitungsverluste zur Verfügung stehende hydraulische Leistung zu der aufgewendeten Leistung ins Verhältnis setzt.

$$\eta_A = \frac{g\varrho\,\dot{V}_A H_{stat}}{P_K} = \frac{g\varrho\,\dot{V}_A H_{stat}}{g\varrho\dot{V}H/\eta_K} = \eta_K\,\frac{\dot{V}_A H_{stat}}{\dot{V}H}. \tag{7.169}$$

Lösung 7.10

Drosselung. Im Betriebspunkt bei $\dot{V} = 0,06\,m^3/s$ *wird der Pumpenkennlinie entnommen*

$$H = 9,9\,m; \quad \eta_K = 0,765 \qquad (Punkt\ 1\ in\ Abb.\,7.40), \tag{7.170}$$

$$womit \quad P_K = \frac{g\varrho \dot{V} H}{\eta_K} = \frac{9,81\,m/s^2 \cdot 1000\,kg/m^3 \cdot 0,06\,m^3/s \cdot 9,9\,m}{0,765} = 7617\,W$$
$$\tag{7.171}$$

$$\eta_A = \eta_K \frac{H_{stat}}{H} = 0,765\frac{6,8\,m}{9,9\,m} = 0,525. \tag{7.172}$$

Bypass. Bei einer so schnellläufigen. Pumpe könnte die Regelung über einen Bypass günstiger sein. Für den gegebenen Volumenstrom $\dot{V} = 0,06\,m^3/s$ *erfordert die Anlagekennlinie eine Förderhöhe von*

$$H_A = 6,8m + 85,5\,s^2/m^5 \cdot 0,06^2\,m^6/s^2 = 7,11\,m, \tag{7.173}$$

die von der Pumpe im Kennlinienpunkt (2) bei $\dot{V} = 0,075\,m^3/s;\ \eta_K = 0,833$ *aufgebracht wird. Damit errechnet sich*

$$P_K = \frac{9,81\,m/s^2 \cdot 1000\,kg/m^3 \cdot 0,075\,m^3/s \cdot 7,11\,m}{0,833} = 6280\,W \tag{7.174}$$

$$\eta_A = \eta_K \frac{\dot{V}_A H_{stat}}{\dot{V} H} = 0,833\frac{0,06\,m^3/s \cdot 6,8\,m}{0,075\,m^3/s \cdot 7,11\,m} = 0,637. \tag{7.175}$$

Drehzahlverstellung. Bei der zunächst unbekannten Drehzahl n und unveränderter Anlagenkennlinie ist für $\dot{V}_n = 0,06\,m^3/s$ *die erforderliche Förderhöhe wie vorher* $H_n = 7,11\,m$. *Die durch diesen Kennfeldpunkt verlaufende Parabel gleichen Stoßzustandes mit der Gleichung*

$$H = konst\ \dot{V}^2 = \frac{7,11\,m}{0,06^2\,m^6/s^2}\dot{V}^2 = 1974\,s^2/m^5 \cdot \dot{V}^2 \tag{7.176}$$

schneidet die bei $n_{Kennl} = 49,3\ 1/s$ *gegebene Drosselkurve im Punkt (3)*

$$\dot{V}_{Kennl} = 0,067\,m^3/s; \quad H_{Kennl} = 8,8\,m; \quad \eta_K = 0,805 \quad womit \tag{7.177}$$

$$P_K = \frac{9,81\,m/s^2 \cdot 1000\,kg/m^3 \cdot 0,06\,m^3/s \cdot 7,11\,m}{0,805} = 5197\,W \tag{7.178}$$

$$\eta_A = 0,805\frac{6,8\,m}{7,11\,m} = 0,770. \tag{7.179}$$

Die Drehzahl errechnet sich aus den Ähnlichkeitsgleichungen

$$n = n_{Kennl} \cdot \frac{\dot{V}_n}{\dot{V}_{Kennl}} = 49{,}3 \; 1/s \, \frac{0{,}06 \, m^3/s}{0{,}067 \, m^3/s} = 44{,}3 \; 1/s \tag{7.180}$$

$$bzw. \quad n_{Kennl} \sqrt{\frac{H_n}{H_{Kennl}}} = 49{,}3 \; 1/s \sqrt{\frac{7{,}11 \, m}{8{,}8 \, m}} = 44{,}3 \; 1/s. \tag{7.181}$$

Schaufelverstellung. In diesem Beispiel handelt es sich um eine Axialpumpe, deshalb sind verstellbare Laufschaufeln ebenso gut ausführbar wie verstellbare Vorleitschaufeln. In beiden Fällen sind ähnliche Resultate wie bei der Drehzahlverstellung zu erwarten, da die Betriebszustände ebenfalls bei hohem Pumpenwirkungsgrad auf der ungedrosselten Anlagenkennlinie liegen.

Zusammenarbeit mehrerer Pumpen. Bei Pumpenanlagen mit stark schwankendem Förderstrom ist die Anordnung mehrerer parallel geschalteter Pumpen zweckmäßig. Während bei kleinem Volumenstrom nur eine Pumpe arbeitet, werden bei großer Fördermenge weitere Pumpen zugeschaltet. Alle Pumpen speisen in eine gemeinsame Druckleitung ein, aber jede von ihnen hat eine eigene Saugleitung (Abb. 7.44). Da die Rohrleitungsverluste vor allem in der langen Druckleitung entstehen, bedeutet es keinen großen Fehler, wenn der Einfluss der kurzen Saugleitungen vernachlässigt und eine durchgehende, von der Zahl der zugeschalteten Pumpen unabhängige Rohrkennlinie angenommen wird. Die Drosselkurven beim Betrieb mehrerer Pumpen ergeben sich durch Addition der einzelnen Volumenströme bei gleicher Förderhöhe. Die Kennlinien der einzelnen Pumpen können durchaus verschieden sein, die Zusammenarbeit ist aber nur dann problemlos, wenn alle Pumpen stabile Kennlinien mit gleicher Nullförderhöhe haben [21].

Da die Betriebspunkte auf der Rohrparabel liegen, erhöht jede zugeschaltete Pumpe den Volumenstrom um einen geringeren Anteil als ihr bei alleinigem Betrieb entsprechen würde. Die Verminderung ist umso größer, je steiler die Rohrkennlinie ist, und entsprechend stärker unterscheiden sich auch die Wirkungsgrade beim Betrieb mit verschieden vielen Pumpen.

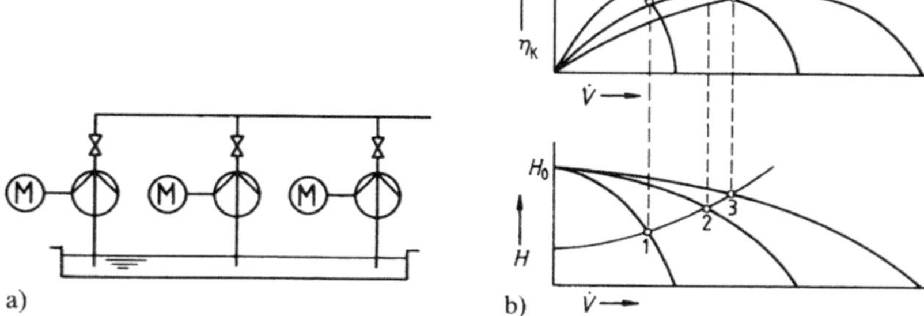

Abb. 7.44 Parallelbetrieb von Kreiselpumpen a) Anlageskizze;   b) Kennlinien 1, 2, 3 Betriebspunkte, wenn eine, zwei oder drei Pumpen in Betrieb sind

7.5.6 Verhalten der Pumpe außerhalb des normalen Betriebszustandes

Bremsbetrieb. Die Drosselkurve einer Kreiselpumpe hat im $\dot{V}$, H-Diagramm nach links, zu negativen Volumenströmen hin eine Fortsetzung, in der das Gefälle H gegen unendlich anwächst (Abb. 7.45). In dieser Betriebsart strömt das Fluid der normalen Durchflussrichtung entgegen, also von der Druck- zur Saugseite der Pumpe. Diese wirkt als Bremse und nimmt sowohl von der Antriebsmaschine her als auch aus der hydraulischen Energie des Fluids Arbeit auf und wandelt sie in Wärme um.

In den Bremsbetrieb geht eine Pumpe über, wenn die Drehzahl zu klein ist, um entgegen der äußeren Druckdifferenz einen positiven Durchfluss zu erzwingen, und wenn der negative nicht durch ein Rückschlagventil verhindert wird.

Turbinenbetrieb. Im Pumpen- und im Bremsbetrieb wird die Maschine gegen das Drehmoment der hydraulischen Kräfte angetrieben. Gibt man ihr die Möglichkeit, diesem Moment nachzugeben, so kehrt sich die Drehrichtung um, und die Maschine geht in den Turbinenbetrieb über. Hierbei ist die Durchflussrichtung die gleiche wie im Bremsbetrieb. Ebenso wie dort nimmt die Maschine Arbeit aus der Strömungsenergie des Fluids auf, aber sie gibt an der Kupplung mechanische Arbeit ab. Der Wirkungsgrad kann dabei bemerkenswert hohe Werte erreichen, die nahezu an diejenigen von speziell konstruierten Wasserturbinen heranreichen. Hiervon wird gelegentlich Gebrauch gemacht. Zur Ausnutzung einer kleinen Wasserkraft kann statt einer aufwändigen Wasserturbine eine preiswerte Serienpumpe verwendet werden. Aber auch in Pumpspeicherkraftwerken beachtlicher Leistung wird oft auf getrennte Maschinen für den Pumpen- und den Turbinenbetrieb verzichtet, und man verwendet Umkehrmaschinen für beide Aufgaben (Abschn. 7.5.7). Im Übrigen ist die Kenntnis des Verhaltens in den verschiedenen Bereichen für die Beurteilung instationärer Betriebsübergänge von Bedeutung.

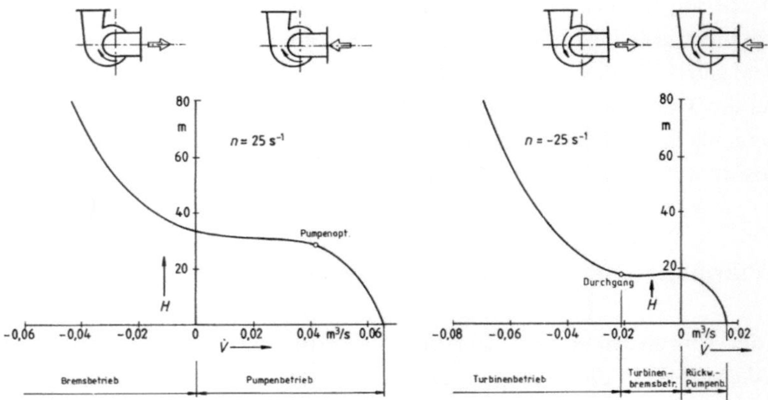

Abb. 7.45 Vollständige Kennlinie einer Kreiselpumpe

So wird z. B. bei einem unbeabsichtigten Antriebsausfall die Drehzahl rasch abfallen. Die Pumpe geht unter Umkehr der Durchflussrichtung in den Bremsbetrieb über und wird bis zum Stillstand verzögert. Das immer noch vorhandene Drehmoment wird die jetzt als Turbine arbeitende Maschine sogleich in der umgekehrten Drehrichtung wieder antreiben und weiter beschleunigen. Ein Gleichgewicht ist erst erreicht, wenn die Turbinendrehzahl so hoch ist, dass das Drehmoment verschwindet. Dieser als Durchgang bezeichnete Betriebszustand bildet die Grenze des Turbinenbetriebes. Sein mögliches Auftreten ist bei der Festigkeitsberechnung der Pumpe zu berücksichtigen. Näherungsweise liegt die Durchgangsdrehzahl etwa beim 1,2 bis 2,0-fachen der Pumpendrehzahl, wobei die größeren Werte für schnellläufige Pumpen gelten.

Turbinenbrems- und Rückwärtspumpenbetrieb. Soll die Maschine über den Durchgang hinaus in Turbinendrehrichtung angetrieben werden, so muss offenbar vom Antrieb her Arbeit aufgenommen werden. Es ergibt sich ein weiterer Bremsbetrieb, der sich von dem oben beschriebenen durch den Drehsinn in Turbinenrichtung unterscheidet und Turbinenbremsbetrieb genannt wird. Verfolgt man die Kennlinie weiter, so wird sich schließlich das Vorzeichen des Volumenstroms wieder umkehren, und die Maschine fördert das Fluid bei „falscher" Drehrichtung im Sinne einer Pumpe. Der Wirkungsgrad ist dabei gering, und der Lauf der Maschine unruhig und mit Geräusch verbunden.

Darstellung der fünf Betriebsgebiete im $\dot{V},n$-Diagramm. Da in dem bisher benutzten $\dot{V}, H$–Diagramm Linien konstanter Drehzahl gezeichnet werden, ist es unmöglich, alle fünf Betriebsgebiete durch eine einzige Kurve darzustellen, da die Drehrichtung unterschiedlich ist. Eine geschlossene Darstellung gelingt aber, wenn man die Drehzahl als unabhängige Variable wählt und das Gefälle konstant lässt. In Abb. 7.46 sind in dieser Weise die Verläufe des Volumenstroms und des Drehmoments gezeigt. Die Vorzeichen sind so gewählt, wie sie in diesem Buch für den Pumpenbetrieb verwendet werden.

Vom Pumpenoptimum ausgehend erkennt man, wie mit abnehmender Drehzahl auch der Volumenstrom kleiner wird. Sinkt die Drehzahl unter einen Mindestwert, so kann das Fluid nicht mehr in Pumpenfließrichtung gefördert werden, der Volumenstrom ändert sein Vorzeichen, und die Pumpe geht in den Bremsbetrieb über. Wird auch die Drehzahl negativ, so arbeitet die Maschine bis zum Durchgangspunkt als Turbine und darüber hinaus unter Vorzeichenumkehr des Drehmoments als Turbinenbremse solange, bis der Volumenstrom wieder positiv wird, womit der Rückwärtspumpenbetrieb erreicht ist.

7.5.7 Pumpspeicherkraftwerke, Pumpenturbinen

Prinzip der Pumpspeicherung. Der bisherige Grundsatz *Elektrische Energie kann in großem Maßstab nicht direkt gespeichert und deshalb nicht auf Vorrat produziert werden* wird zunehmend in Ländern mit gleichbleibender Sonneneinstrahlung zunehmend in Frage gestellt. Pumpspeicherkraftwerke werden hier zunehmend dazu genutzt in großen Mengen mit Photovoltaikkraftwerken erzeugte Energie für die Nacht einzuspeichern. Viele Instal-

Abb. 7.46 $\dot{V},n-$ und $M,n-$
Diagramm mit den 5
Betriebsgebieten

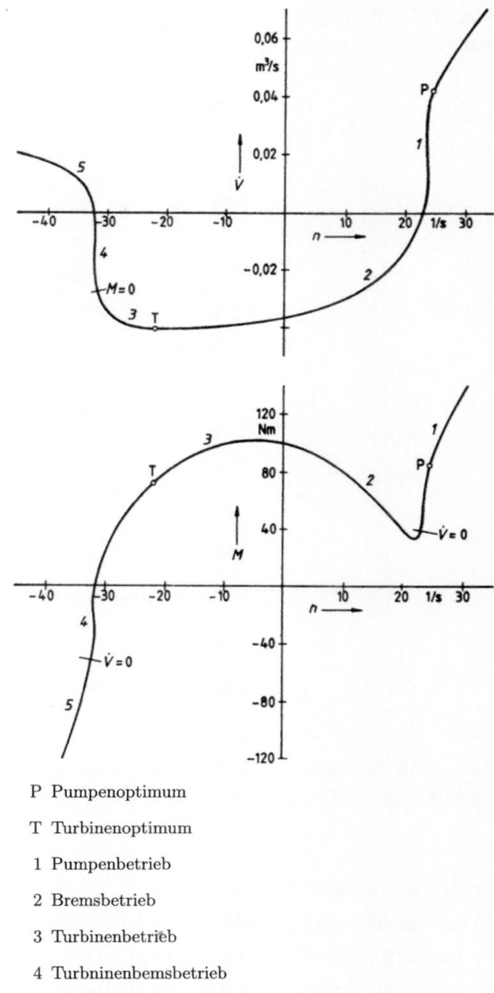

P Pumpenoptimum

T Turbinenoptimum

1 Pumpenbetrieb

2 Bremsbetrieb

3 Turbinenbetrieb

4 Turbninenbemsbetrieb

5 Rückwärtspumpenbetrieb

lationen werden heute weiterhin genutzt um in begrenztem Umfang die unterschiedliche
Belastung der Kraftwerke dadurch auszugleichen, dass die elektrische Energie umgewandelt und in mechanischer Form abgespeichert wird.

Die einzig wirtschaftliche Art der Energiespeicherung stellen die Pumpspeicherkraftwerke dar, deren wesentliche Bestandteile die Abb. 7.47 und 7.48 zeigen. Zum Laden des
Speichers entnimmt die elektrische Maschine dem Verbundnetz Energie, arbeitet im Motor-
betrieb und treibt die Pumpe an. Von Verlusten abgesehen findet sich die aufgewendete Arbeit
als potentielle Energie des in das obere Becken geförderten Wassers. Bei Bedarf wird der

Abb. 7.47 Prinzipbild eines
Pumpspeicherkraftwerks

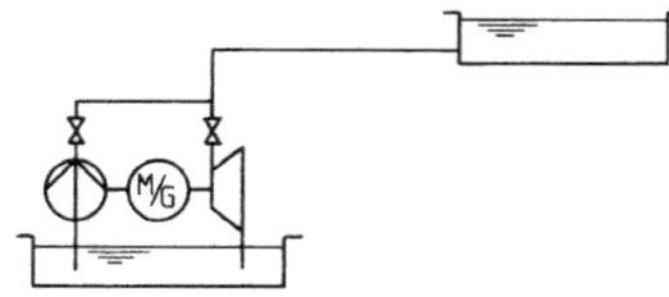

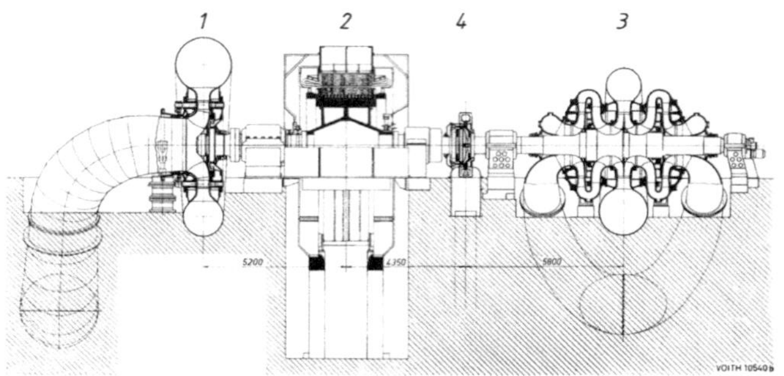

1 Francis-Turbine

2 Motor/Generator

3 Speicherpumpe

4 Pelton-Anwurfturbine   mit
   Zahnkupplung

Abb. 7.48 Maschinensatz eines Pumpspeicherkraftwerks (Voith) Turbinenleistung 150 MW, Pumpenleistung 71 MW, Fall-Förderhöhe $260 \div 290$ m

Speicher wieder entladen, indem die Turbine die jetzt als Generator wirkende elektrische Maschine antreibt und die Energie ins Netz zurückgegeben wird.

Bei dem in Abb. 7.48 gezeigten Maschinensatz läuft die Francis-Turbine beim Betrieb der Speicherpumpe leer mit. Um dabei die Ventilationsverluste klein zu halten, wird das Leitrad geschlossen und der Laufradraum mit Druckluft leergeblasen. Im Turbinenbetrieb wird die Pumpe abgekuppelt, stillgesetzt und entleert. Für den Übergang vom Turbinen- in den Pumpenbetrieb muss deshalb die Pumpe zunächst hochgefahren, dann synchronisiert und gekuppelt werden. Hierzu dient eine kleine Pelton-Anwurfturbine in Verbindung mit einer Zahnkupplung.

Umkehrbare Pumpenturbinen. Da eine Kreiselpumpe bei gutem Wirkungsgrad auch als Turbine arbeiten kann, ist es naheliegend, den Bauaufwand eines Pumpspeicherkraftwerks dadurch zu reduzieren, dass auf die Turbine ganz verzichtet wird, und die Speicherpumpe in beiden Drehrichtungen im Pumpen- und im Turbinenbetrieb eingesetzt wird.

Dadurch wird nicht nur eine von zwei hydraulischen Maschinen mit den erforderlichen Absperrorganen eingespart, sondern auch die Rohrleitungen werden einfacher und der Platzbedarf des Maschinensatzes kleiner, wodurch die Baukosten insgesamt erheblich verringert werden. Die ersten Pumpturbinen hatten im Vergleich zu konventionellen maschinensätzen mit getrennter Pumpe und Turbine einen deutlich geringeren Speicherwirkungsgrad. Durch langjährige Entwicklungsarbeit wurde dieser Nachteil der Pumpturbine deutlich reduziert. In den längeren Schaufelkanälen der Pumpenturbine entstehen höhere Reibungsverluste und wegen des größeren Laufraddurchmessers ist auch die Radseitenreibung größer. Dadurch werden im Turbinenoptimum keine so hohen Wirkungsgrade erreicht wie mit einer nur für den Turbinenbetrieb gestalteten Maschine. Der Effekt wird dadurch verstärkt, dass der optimale Betriebspunkt des Turbinenbetriebes bei einer Drehzahl erreicht wird, die dem Betrag nach etwas kleiner ist als die günstigste Pumpendrehzahl. Von wenigen Ausnahmen abgesehen, muss aber der Maschinensatz in beiden Betriebsarten mit der gleichen Drehzahl laufen, sodass die Maschine etwas außerhalb der Bestpunkte ausgelegt sein muss. Nachteilig sind außerdem die längeren Umschaltzeiten beim Übergang von der einen in die andere Betriebsart. Im Gegensatz zum Dreimaschinensatz muss ja der gesamte Läufer der Pumpenturbine und des Motor-Generators abgebremst und in der Gegenrichtung wieder hochgefahren werden. Der Zweimaschinensatz wird deshalb bevorzugt, wenn keine besonders kurzen Umschaltzeiten gefordert werden. Die Laufradform einer Pumpturbine (Abb. 7.49) muss sich vor allem nach den Bedürfnissen des Pumpenbetriebes richten, da die verzögerte Strömung mäßig erweiterte und damit lange Schaufelkanäle erfordert. Wie eine Francis-Turbine wird die Pumpenturbine im Turbinenbetrieb mittels drehbarer Leitschaufeln geregelt. Die hohen Druckpulsationen am Laufradaustritt des Pumpenlaufrades erfordern eine ausreichende Dimensionierung der Leitschaufellagerung, da diese direkt von den hohen Druckpulsationen ausgesetzt sind.

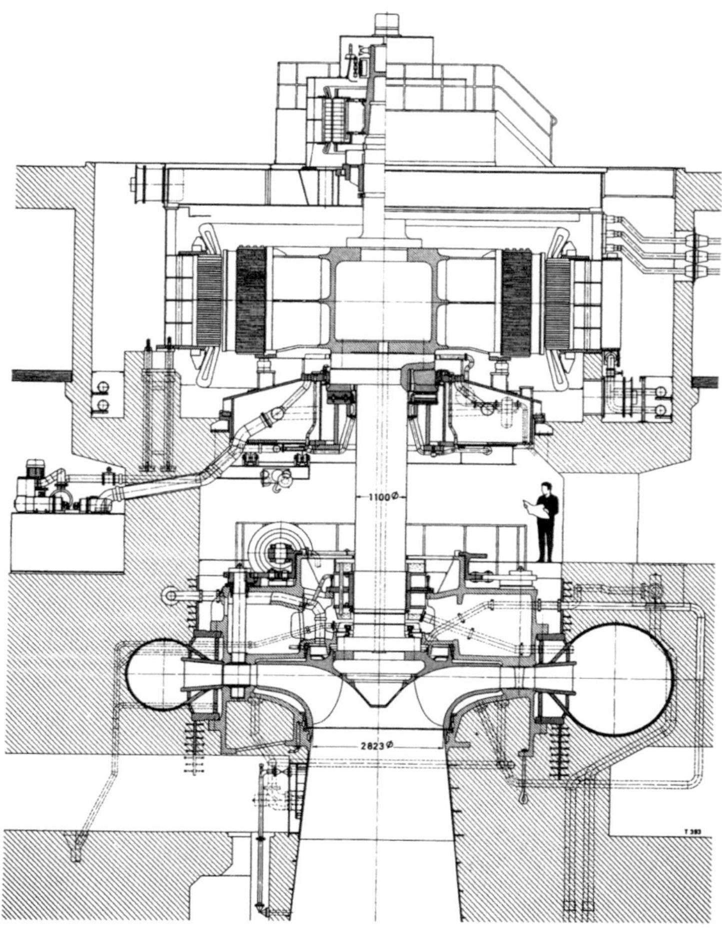

Turbinenbetrieb
$H = 220 \div 275m$　　　$P_{max} = 169 \div 245MW$
$\dot{V}_{max} = 88 \div 102m^3/s$　$n = 4,545\ 1/s$

Pumpenbetrieb
$H = 232 \div 280m$　$P = 206 \div 191\ MW$
$\dot{V} = 82 \div 64m^3/s$　$n = 4,545\ 1/s$

$$(7.182)$$

Abb. 7.49 Umkehrbare Francis-Pumpenturbine (Voith)

Hydrodynamische Kupplungen und Wandler 8

8.1 Einleitung

Die hydrodynamischen Kupplungen und Wandler sind Erfindungen des deutschen Ingenieurs Hermann Föttinger, nach dem sie auch oft benannt werden.

Zu Beginn des 20. Jahrhunderts suchte Föttinger nach einer Energieübertragung für Turbinenschiffe, mit der die Leistung der schnelllaufenden Dampfturbine auf den viel langsameren Propeller zu übertragen war. Heute werden dafür Zahnradgetriebe verwendet, die für die erforderlichen Leistungen damals noch nicht beherrschbar waren.

Die Aufgabe kann so gelöst werden, dass die Dampfturbine mit einem elektrischen Generator gekuppelt wird, und der Schiffspropeller mittels eines Elektromotors angetrieben wird (Abb. 8.1a). Die beiden elektrischen Maschinen werden an die sehr unterschiedlichen optimalen Drehzahlen von Turbine und Propeller angeglichen. Statt der elektrischen Energie kann aber auch eine Flüssigkeitsströmung als Energieträger dienen. Dazu wird der Generator durch eine Kreiselpumpe und der Motor durch eine Flüssigkeitsturbine ersetzt (Abb. 8.1b).

Föttinger-Wandler. Die im Jahre 1905 patentierte Erfindung Föttingers besteht nun darin, die beiden hydraulischen Maschinen zu einem wenig Platz beanspruchenden hydrodynamischen Getriebe zu kombinieren, das wegen des Fortfalls der Verluste in

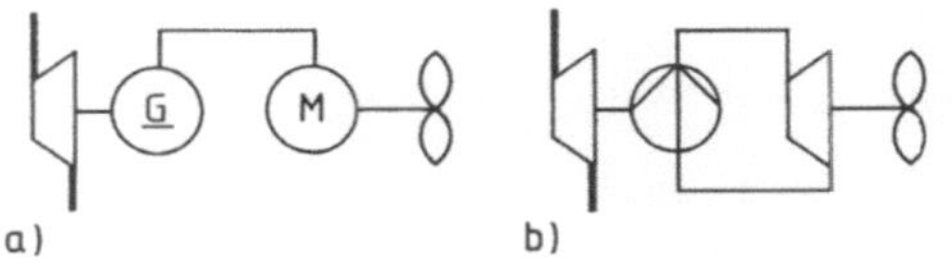

a) elektrischer Antrieb des Schiffspropellers

b) hydrodynamischer Antrieb des Schiffspropellers

Abb. 8.1 Energieübertragungen

G. Thieleke und R. Feyrer, *Turbomaschinen*,
https://doi.org/10.1007/978-3-658-48698-3_8

verbindenden Rohrleitungen, Spiralgehäusen und Saugrohren überdies einen guten Wirkungsgrad verspricht.

Ein Föttinger-Drehmoment-Wandler (Abb. 8.2a) besteht aus dem mit der Antriebswelle verbundenen Pumpenlaufrad (P), dem Turbinenlaufrad (T), das auf die Abtriebswelle aufgesetzt ist, und einem feststehenden Leitrad (L). Alle drei Schaufelungen sind in einem gemeinsamen Gehäuse untergebracht und bilden einen Kreislauf.

Da die von den drei Beschaufelungen aufgenommenen Momente ausgeglichen sein müssen, gilt nach Abschn. 2.6.1:

$$M_T = M_P + M_L$$

Durch geeignete Formgebung der Beschaufelungen kann erreicht werden, dass das gewünschte Verhältnis der Momente $\frac{M_T}{M_P}$ und damit auch der Drehzahlen eingehalten wird.

Föttinger-Kupplungen. Bei einer einfacheren Konstruktion (Abb. 8.2b) fehlt das Leitrad, so dass die Momente des Turbinen- und des Pumpenrades gleich werden $\frac{M_T}{M_P} = 1$. Eine solche Kupplung, bei der die Kräfte durch den Impulsaustausch eines strömenden Fluids übertragen werden, bietet gegenüber solchen mit starren oder elastischen Verbindungsteilen Vorzüge. Die Antriebsmaschine ist beim Anfahren entlastet. Belastungsstöße und Torsionsschwingungen werden von ihr ferngehalten. Resonanzerscheinungen treten nicht auf, weil das inkompressible Fluid keinerlei Federeigenschaften hat. Durch Entleerung und Füllung lassen sich auch Schaltkupplungen verwirklichen. Bei feststehendem Turbinenrad wird aus der Föttinger-Kupplung eine hydraulische Bremse, die ohne Verschleiß arbeitet.

Anwendungen. Während die eingangs erwähnte elektrische Energieübertragung für den Schiffsantrieb heute noch aktuell ist, spielen hydrodynamische Getriebe dort keine Rolle mehr. Statt dessen werden Föttinger-Wandler und -Kupplungen in großem Umfang in Schienen- und Straßenfahrzeugen und in Baumaschinen eingesetzt. Auch im übrigen

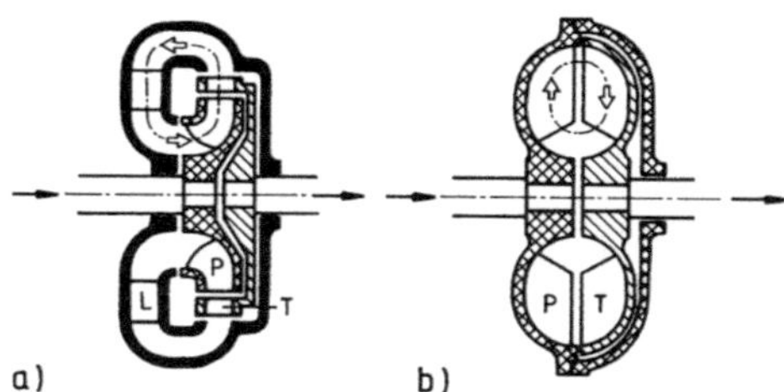

a) Drehmomentwandler (Föttinger-Wandler)

b) Kupplung (Föttinger-Kupplung)

schwarz:	feststehend, L Leitrad
kreuzschraffiert:	mit der Primärwelle umlaufend, P Pumpenlaufrad
einfach schraffiert:	mit der Sekundärwelle umlaufend, T Turbinenlaufrad

Abb. 8.2 Prinzipbilder von Föttinger-Wandler und -Kupplung

Maschinenbau gibt es viele Anwendungen. So z. B. zum Antrieb von Pumpen, Verdichtern, Mischern, Mahlwerken, Hebezeugen oder Wickelmaschinen.

8.2 Föttinger-Kupplungen

8.2.1 Funktionsweise und Kennlinien

Aufbau. Nach Abschn. 8.1 und Abb. 8.2b hat eine hydrodynamische Kupplung nur zwei Schaufelkränze, das Pumpen- oder Primärrad (P) und das Turbinen- oder Sekundärrad (T). Beide unterscheiden sich oft nur durch den Verwendungszweck, wenn nicht eine vorgeschriebene Kupplungscharakteristik eine besondere Bauform erfordert. Eines der beiden Räder ist mit einem schalenförmigen Deckel verbunden, so dass ein umlaufendes Gehäuse gebildet wird, das geringe Reibungs- und Spaltverluste für die Flüssigkeit, eine zuverlässige Abdichtung und einen weitgehenden Axialschubausgleich ermöglicht. Die Schaufeln sind radiale Rippen, ihre Anzahl ist größer als in Kreiselpumpen, etwa 30 aber in beiden Laufrädern verschieden. Das Arbeitsfluid ist Öl, bei sehr großen Kupplungen auch Wasser.

Momentenverlauf und Schlupf. Wenn beide Laufräder mit der gleichen Drehzahl rotieren, findet zwischen ihnen kein Flüssigkeitsaustausch statt und dementsprechend kann auch kein Moment übertragen werden. Erst wenn die Drehzahlen verschieden sind, kommt durch die unterschiedlichen Fliehkräfte eine Druckdifferenz zustande, die die Flüssigkeitsmasse antreibt. Durch einen Impulsaustausch werden in Richtung auf das langsamere Rad Kräfte übertragen.

Die Drehzahldifferenz im Verhältnis zur Antriebsdrehzahl wird als Schlupf s bezeichnet.

$$s = \frac{n_P - n_T}{n_P} = 1 - \frac{n_T}{n_P}\,. \tag{8.1}$$

Im Auslegungspunkt wird das Nennmoment bei einem Schlupf von nur 2 bis 4 % übertragen. Mit abnehmender Turbinendrehzahl, also wachsendem Schlupf, wird das Moment um ein vielfaches größer und erreicht bei festgebremstem Abtrieb bei $s = 1$ etwa das 20-fache des Nennmoments (Kurve M in Abb. 8.3).

Wirkungsgrad. Aus der Definition

$$\eta = \frac{P_T}{P_P} = \frac{M_T \cdot \omega_T}{M_P \cdot \omega_P} = \frac{M_T \cdot n_T}{M_P \cdot n_P}$$

folgt, da die Momente von Turbinen- und Pumpenrad nach Abschn. 8.1 gleich sind,

$$\eta = \frac{n_T}{n_P} = 1 - s\,. \tag{8.2}$$

In Wirklichkeit sind allerdings die Momente nicht genau gleich. Die äußere Luftreibung ist nämlich unberücksichtigt geblieben, eine Vernachlässigung, die fast im ganzen Bereich des Schlupfes ohne weiteres zulässig ist, denn das Reibungsmoment beträgt nur etwa das

0,005-fache des Nennmoments. Im Bereich sehr kleinen Schlupfes wird aber das von der Kupplung übertragene Moment selbst sehr klein, so dass die Näherung unbrauchbar wird.

Mit $M_P = M_T + M_{Reib}$ wird vielmehr

$$\eta = \frac{M_T \cdot n_T}{M_P \cdot n_P} = \frac{M_T}{M_T + M_{Reib}} \cdot \frac{n_T}{n_P} = \frac{1}{1 + \frac{M_{Reib}}{M_T}} \cdot (1 - s)$$

und mit $s = 0$ geht auch der Wirkungsgrad gegen Null, da das Reibungsmoment endlich bleibt, und das Turbinenmoment verschwindet (Kurve η in Abb. 8.3).

Der Übertragungswirkungsgrad im Auslegungspunkt hängt von der Dimensionierung der Kupplung ab. Bei hinreichend großen Abmessungen kann das Nennmoment bei kleinem Schlupf übertragen werden, und es lassen sich Wirkungsgrade von 0,97 bis 0,98 erreichen. Gibt man sich mit kleineren Wirkungsgraden zufrieden, so kann wegen des steilen Anstiegs der Momentenkurve ein merklich kleinerer Kupplungsdurchmesser gewählt werden.

Sekundärleistung. An die Turbinenwelle wird abgegeben

$$P_T = M_T \omega_T.$$

Abb. 8.3 Kennlinien einer Föttinger-Kupplung

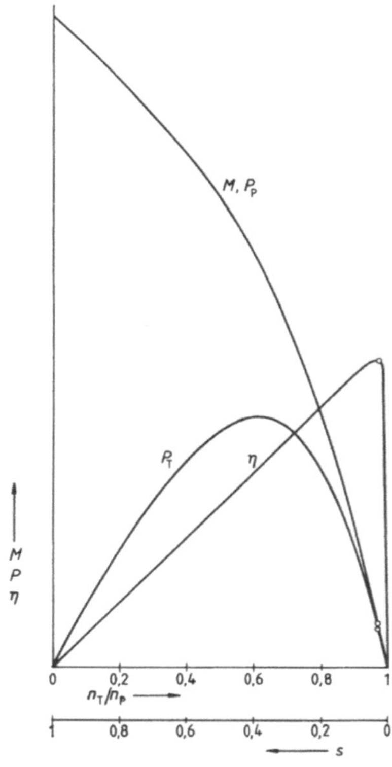

Bei konstanter Pumpendrehzahl ist diese Leistung proportional dem Produkt $M\frac{n_T}{n_P}$ (Kurve P_T in Abb. 8.3), während die Pumpenleistung P_P dem Moment proportional ist.

8.2.2 Zusammenarbeit mit der Antriebsmaschine

Die bisher beschriebenen Kennlinien gelten für eine konstante Drehzahl der Primärwelle $n_P = const.$ Wird auch diese verändert, so entsteht das Momentenkennfeld (Abb. 8.4a).

Kann die Antriebsmaschine die im Vergleich zum Nennmoment sehr großen Momente bei kleiner Abtriebsdrehzahl bis hin zum Festbremszustand nicht aufbringen, so wird sie mit verminderter Drehzahl n_P reagieren, was als „Motordrückung" bezeichnet wird. Die in das Diagramm eingetragene beispielhafte Motorkennlinie macht das deutlich.

In Abb. 8.4b wurde als Abszisse die bezogene Primärdrehzahl $\frac{n_P}{n_{PN}}$ gewählt, da es sinnvoller ist, das Moment des Motors über dessen eigener Drehzahl aufzutragen. In beiden Diagrammen ergibt jeder Schnittpunkt der Motorkennlinie mit einer der Kupplungskurven einen möglichen Betriebszustand. Der Normal- oder Auslegungszustand N und der Anfahrzustand A sind hervorgehoben.

8.2.3 Maßnahmen zur Beeinflussung der Kennlinie

Die Zusammenarbeit zwischen Motor und Kupplung nach Abb. 8.4 ist im Anfahrzustand nicht günstig. Bei stillstehendem Abtrieb, also bei 100 % Schlupf läuft der hier als Beispiel gewählte Motor mit stark verminderter Drehzahl, er vermag deshalb wegen seiner nach

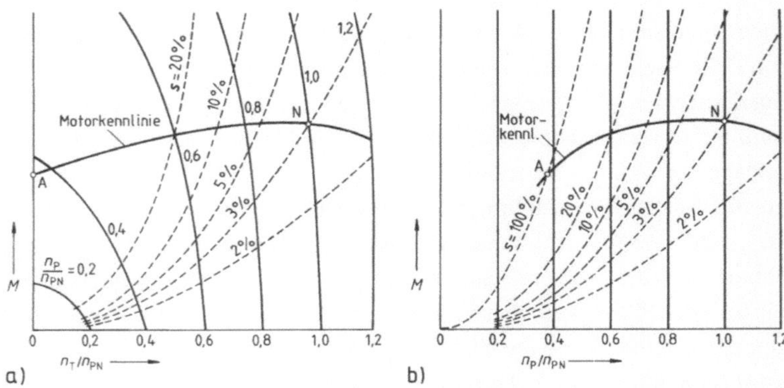

a) Momentenkennfeld als Funktion der bezogenen Turbinendrehzahl (Sekundärrad) $\frac{n_T}{n_{PN}}$

b) Momentenkennfeld als Funktion der bezogenen Pumpendrehzahl (Primärrad) $\frac{n_P}{n_{PN}}$

Abb. 8.4 Kennfeld einer Kupplung und Motorkennlinie

Abb. 8.5 Föttinger-Kupplung
mit Stauraum (Voith)

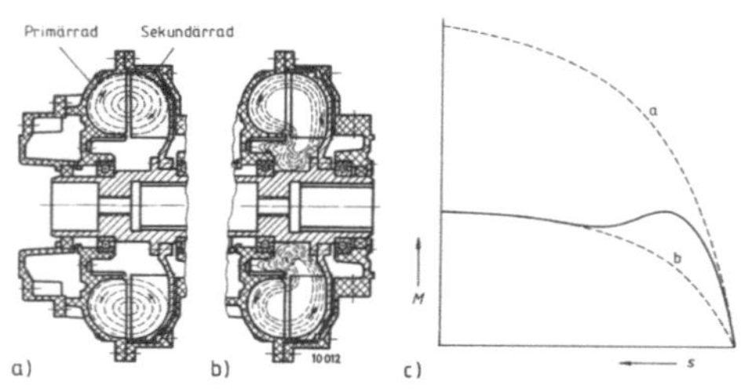

a) kleiner Schlupf
b) großer Schlupf
c) Momentenkennlinie

links abfallenden Kennlinie nur einen Teil seines maximalen Drehmoments zu entwickeln, obgleich gerade zum Anfahren ein hohes Moment erwünscht wäre.

Im Anfahrbetrieb ist die Kupplung für diesen Motor zu groß, sie erfordert zu hohe Momente. Würden aber die Abmessungen verringert, so wäre für das Moment des normalen Betriebspunktes ein erhöhter Schlupf erforderlich, der den Wirkungsgrad nach Gl. (8.2) vermindern würde. Erwünscht wäre deshalb eine Kupplung, die das Nennmoment bei geringem Schlupf überträgt und gleichwohl bei großem Schlupf keine zu hohen Momente aufnimmt.

Kupplung mit Stauraum. Eine Ausführung nach Abb. 8.5 erfüllt die beschriebene Forderung [15]. Bei kleinem Schlupf, also hoher Drehzahl beider Kupplungshälften drückt die Fliehkraft die Flüssigkeit in den äußeren Teil des Hohlraumes, die Arbeitskammer ist gut gefüllt (Abb. 8.5a). Würde dieser Zustand über den ganzen Schlupfbereich erhalten bleiben, entspräche ihm die Kurve a in Abb. 8.5c. Bei großem Schlupf und entsprechend kleiner Turbinendrehzahl ist die Fliehkraftwirkung im Sekundärteil viel geringer, und die Flüssigkeit wird im zentripetal durchströmten Turbinenrad ihrer Trägheit wegen immer stärker nach innen geführt, die Arbeitskammer ist nur noch teilweise gefüllt, und das übertragene Moment wird kleiner. Abb. 8.5b macht den Strömungsverlauf deutlich, und Kurve b in Abb. 8.5c zeigt den Momentenverlauf, wenn die geringe Füllung im ganzen Bereich erhalten bliebe. Der tatsächliche Kennlinienverlauf entsteht durch den allmählichen Übergang von der einen auf die andere Grenzlage der Momentenverläufe.

Kupplungen mit Sekundäraufnehmer und mit Drosselring. Andere Lösungen der gleichen Aufgabe sind die Konstruktionen von Abb. 8.6a und b. Bei der Kupplung mit Sekundäraufnehmer wird bei großem Schlupf durch den dann überwiegenden Druck des Pumpenrades ein Teil der Flüssigkeit über im Kernraum angebrachte Rohre in den Aufnehmer abgedrängt und auf diese Weise die wirksame Füllung vermindert.

Bei der Ausführung mit innerem Drosselring (Abb. 8.6b) gelangt die Strömung bei großem Schlupf in den Störbereich der Drossel, wodurch das übertragene Drehmoment verringert wird. Bei kleinem Schlupf dagegen vollzieht sich die Strömung im radial äußeren Teil der Arbeitskammer, so dass der Drosselring unwirksam wird.

Abb. 8.6 Kupplungen mit reduziertem Anfahrmoment (Voith)

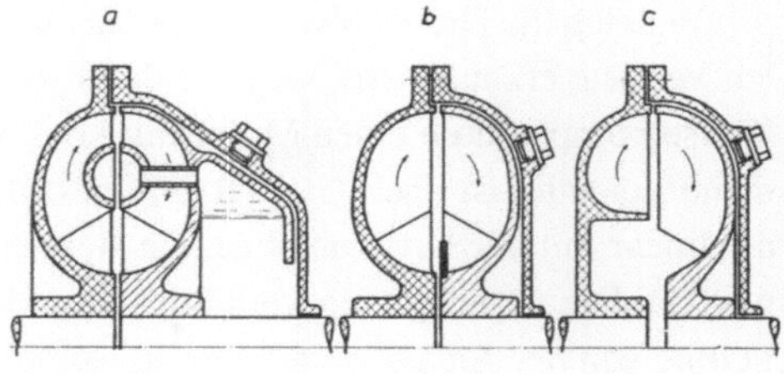

a) Sekundäraufnehmer
b) Drosselring
c) Stauraum

8.2.4 Kupplungen mit veränderlicher Füllung

Bei den bisher besprochenen Kupplungen galt, dass die Momentenkennlinie durch eine Veränderung der Füllung der Arbeitskammer verändert werden kann. Dennoch ist bei diesen Ausführungen die Füllung insgesamt konstant, und die Kupplungen sollen normalerweise bei geringem Schlupf und hohem Wirkungsgrad arbeiten und das Gebiet hohen Schlupfes nur kurzfristig durchlaufen. Daneben gibt es steuerbare Kupplungen, bei denen durch eine Verringerung des Flüssigkeitsinhalts der Schlupf vergrößert und somit eine stufenlose Drehzahländerung ermöglicht wird.

Bei der Föttinger-Kupplung von Abb. 8.7 dringt ein Schöpfrohr mehr oder weniger tief in den mit dem Pumpenrad umlaufenden Ringraum ein. Von dem durch die hohe Umfangsgeschwindigkeit aufgebauten Staudruck wird Flüssigkeit heraus gefördert, und somit die Füllung der Arbeitskammer durch die Stellung des Schöpfrohres verändert und festgelegt.

Bevor die abgeschöpfte Flüssigkeit durch die zentrische Bohrung in der Pumpenwelle in die Kupplung zurückgelangt, wird sie durch einen Ölkühler geschickt. Die mit dem erhöhten Schlupf vergrößerte Verlustwärme kann so problemlos abgegeben werden.

Abb. 8.7 Stellkupplung mit schwenkbarem Schöpfrohr

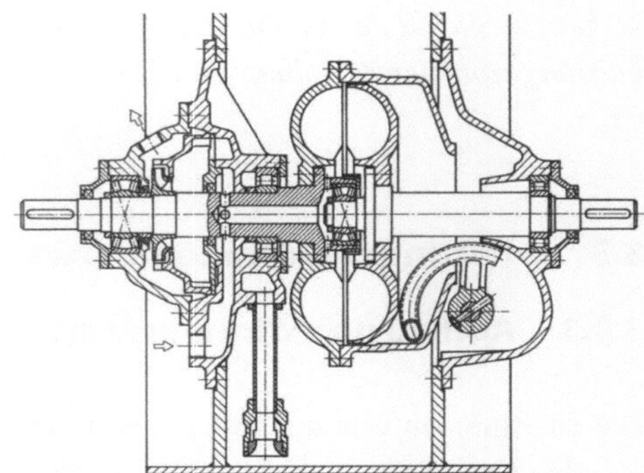

Obgleich die Drehzahlverminderung durch eine Erhöhung der dem Schlupf proportionalen Verluste erkauft wird, kann sie durchaus wirtschaftlich sein. So z. B. zum Antrieb einer Kreiselpumpe durch einen Motor mit konstanter Drehzahl. Die von der Pumpe aufgenommene Leistung ist nach Gl. (2.115) der dritten Potenz der Drehzahl proportional, so dass die linear mit der Drehzahlabnahme steigenden Kupplungsverluste mehr als ausgeglichen werden. Die tatsächlichen Verhältnisse sind etwas komplizierter, da der Betriebspunkt der Pumpe von der Anlagekennlinie mitbestimmt wird.

Beispiel 8.1 *Eine Kreiselpumpe mit gegebenem Kennfeld (Abb. 8.8) arbeitet mit der im Diagramm eingetragenen Anlagekennlinie zusammen. Sie wird von einem Motor mit der konstanten Drehzahl* $n_1 = 25\,\frac{1}{s}$ *angetrieben. Der Leistungsbedarf der Pumpe ist für folgende Fälle zu untersuchen:*

a) Direkter Antrieb mit $n_1 = 25\,\frac{1}{s}$ *und Drosselung.*
b) Antrieb mit einer steuerbaren Kupplung mit $n_1 < 25\,\frac{1}{s}$.

Lösung 8.1 *Lösung zu a). Auf der für* $n_1 = 25\,\frac{1}{s}$ *gültigen Pumpenkennlinie wird zu einigen Punkten* $\dot{V}$, H, η *abgelesen. In jedem dieser Punkte ist die erforderliche Leistung*

$$P = \frac{\rho g H \dot{V}}{\eta}\,.$$

Lösung zu b). Für verschiedene Punkte der Rohrkennlinie wird aus dem Diagramm $\dot{V}$, H, η, n_2 *abgelesen. Mit*

$$\eta_{Kuppl} = 1 - s = \frac{n_2}{n_1}$$

wird

$$P = \frac{\rho g H \dot{V}}{\eta_{Kuppl}} = \frac{n_1}{n_2} \cdot \frac{\rho g H \dot{V}}{\eta}\,.$$

Der Vergleich der in Tab. 8.1 durchgeführten Berechnung zeigt, dass die erforderliche Leistung trotz der Kupplungsverluste in jedem Fall bei der Änderung der Drehzahl kleiner ist.

8.3 Föttinger-Drehmomentwandler

8.3.1 Aufbau und Wirkungsweise

Die Drehmomentwandler haben radial durchströmte Pumpenräder, wie sie auch sonst bei radialen Kreiselpumpen verwendet werden. Bei der häufigsten Bauart umschließt das Turbinenrad das Pumpenrad und wird demnach gleichfalls von innen nach außen durchströmt. Daneben gibt es Ausführungen mit zentripetalen, den Francis-Wasserturbinen ähnlichen

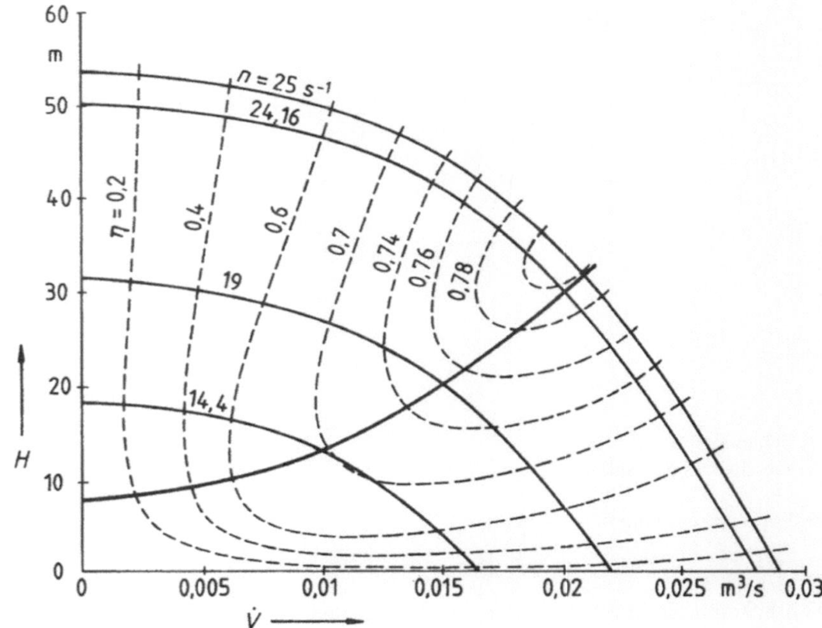

Abb. 8.8 Kennfeld einer Kreiselpumpe und Anlagenkennlinie (Beispiel 8.1)

Tab. 8.1 Leistungsbedarf einer Kreiselpumpe (Beispiel 8.1)

		Fall a: Direktantrieb und Drosselung			Fall b: Antrieb über steuerbare Kupplung		
$\dot{V}$	$\frac{m^3}{s}$	0,01	0,015	0,02	0,01	0,015	0,02
H	m	49	44	34	13,5	20,4	30
η	1	0,59	0,74	0,80	0,69	0,755	0,80
n_2	$\frac{1}{s}$	25	25	25	14,4	19,0	24,16
P	kW	8,15	8,15	8,34	3,33	5,23	7,62

Turbinenrädern sowie mit mehrstufigen Turbinen. Die Leiträder sind im Kreislauf normalerweise zwischen der Turbine und der Pumpe angeordnet.

Die Schaufeln waren anfangs nach dem Vorbild der Wasserturbinen räumlich gekrümmt. Heute hat sich allgemein eine zylindrische, einfach gekrümmte Form durchgesetzt. Die Schaufeln können dann aus gezogenen Profilstäben hergestellt und eingenietet oder eingeschweißt oder aus dem Vollen gefräst werden. Durch diese Art der Fertigung wird eine große Genauigkeit und Gleichmäßigkeit der Schaufelungen erreicht. Die Gitterwirkungsgrade sind deshalb hoch. Außerdem sind große Umfangsgeschwindigkeiten und damit im Verhältnis zur Leistung kleine Abmessungen möglich.

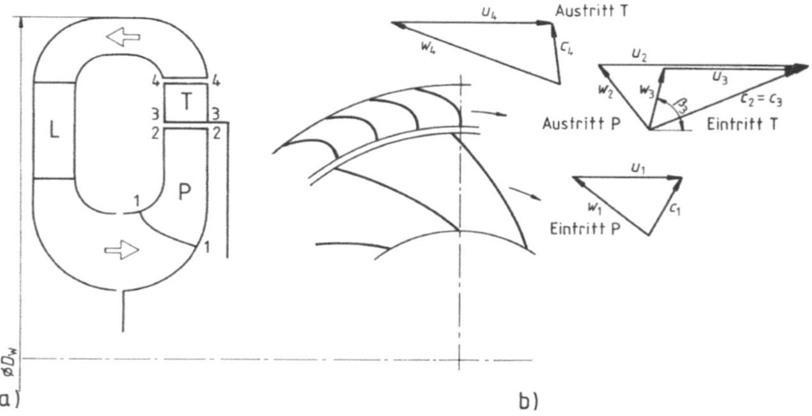

a) Schaufelplan
b) Geschwindigkeitsplan

Abb. 8.9 Föttinger-Drehmoment-Wandler

In Abb. 8.9 sind die drei Schaufelungen und die zugehörigen Geschwindigkeitsdreiecke dargestellt. Durch die Anordnung des Turbinenrades unmittelbar hinter dem Pumpenrad kann die sonst bei einer Kreiselpumpe notwendige verlustreiche Verzögerung der hohen absoluten Austrittsgeschwindigkeit in einem Diffusor ebenso entfallen wie die sonst bei Turbinen nötige Beschleunigung vor dem Laufradeintritt. Auf das am Ende des Kreislaufs folgende Leitrad kann nicht verzichtet werden, da es das Reaktionsmoment aufnehmen muss, ohne das eine Drehmomentwandlung nicht möglich wäre. Jedoch gelingt es, in diesem ohne eine Verzögerung auszukommen und vielmehr eine leichte Beschleunigung vorzusehen. Auf diese Weise werden in einem Wandler Wirkungsgrade von etwa 0,9 erreicht, viel mehr als bei einer Hintereinanderschaltung von Pumpe und Turbine nach Abb. 8.1b, wo etwa $\eta = \eta_P \eta_T = 0{,}82 \cdot 0{,}86 = 0{,}7$ zu erwarten wäre.

8.3.2 Kennlinien

Drehmomente. Mit den Indizes 1, 2, 3 und 4 von Abb. 8.9 und mit der Annahme konstanten Dralls ($r c_u$) in den schaufellosen Zwischenräumen ergeben sich die Momente der drei Schaufelungen

$$M_T = \dot{m}(r_3 c_{3u} - r_4 c_{4u})$$
$$M_L = \dot{m}(r_1 c_{1u} - r_4 c_{4u})$$
$$M_P = \dot{m}(r_2 c_{2u} - r_1 c_{1u}) \,,$$

(8.3)

woraus mit $r_2 c_{2u} = r_3 c_{3u}$ erneut $M_T = M_P + M_L$ hervorgeht.

Bei konstanter Pumpendrehzahl n_P werden der vom Pumpenrad geförderte Massenstrom und die Drallwerte $r_1 c_{1u}$ und $r_2 c_{2u}$ und damit das aufgenommene Moment angenähert konstant, also unabhängig von der Turbinendrehzahl sein (Abb. 8.10a).

In der Gleichung für M_T ist c_{4u} linear von der Turbinendrehzahl n_T abhängig

$$c_{4u} = u_4 + w_{4u} = \pi n_T D_4 + \frac{c_{4m}}{\tan \beta_4} \, .$$

In erster Näherung nimmt deshalb das Turbinenmoment linear mit der Abtriebsdrehzahl ab, ein Verhalten, das für Strömungsmaschinen bei variabler Drehzahl und konstanter spezifischer Stutzenarbeit auch sonst charakteristisch ist (Abschn. 4.6.2, Abb. 4.25).

Dimensionslose Größen. Die Kurven von Abb. 8.10 werden üblicherweise auf die Antriebswerte n_P und M_P bezogen (Abb. 8.10b). Über dem Drehzahlverhältnis $\nu_w = \frac{n_T}{n_P}$ werden die Momentenwandlung μ_W, der Wirkungsgrad η_W und die Leistungszahl λ_W aufgetragen. Für die Momentenwandlung gilt:

$$\mu_W = \frac{M_T}{M_P}$$

Für den Wirkungsgrad gilt:

$$\eta_W = \frac{P_T}{P_P} = \frac{M_T \omega_T}{M_P \omega_P} = \mu_W \nu_W \, . \tag{8.4}$$

In die Definition der Leistungszahl (Gl. (2.124)) werden die Eingangsgrößen P_P und n_P sowie der Wandlerprofildurchmesser D_W (Abb. 8.9) eingesetzt. Für die Leistungszahl gilt:

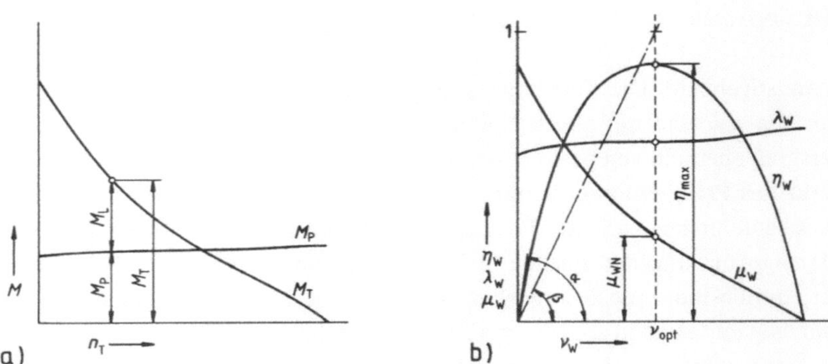

a) Drehmoment in Abhängigkeit von der Turbinendrehzahl
b) dimensionslose Darstellung

Abb. 8.10 Wandler-Kennlinien

$$\lambda_W = \frac{8 P_P}{\pi^4 \rho n_P^3 D_W^5} \, .$$

Optimales Drehzahlverhältnis. Der Wert v_{opt}, bei dem der maximale Wirkungsgrad liegt, kennzeichnet das Drehzahlverhältnis, für das der Wandler berechnet wurde. Der reziproke Wert $i = \frac{1}{v_{opt}}$ wird in Analogie zu Zahnradgetrieben als Untersetzung bezeichnet, obgleich der Wandler natürlich nicht nur mit seinem optimalen Drehzahlverhältnis arbeitet, sondern dieses sich je nach der Belastung ändert. Durch die Auslegung der drei Schaufelungen ist erreichbar, dass v_{opt} kleiner, gleich oder größer als eins sein kann.

Anfahrwandlung. Im Anfahrpunkt bei $v_W = 0$ hat das Turbinenmoment (Abb. 8.10a) bzw. die Momentenwandlung (Abb. 8.10b) ihren größten Wert, der mit der Steigung der Wirkungsgradkurve im Anfahrpunkt übereinstimmt, wie leicht nachzuprüfen ist. Aus $\eta_W = \mu_W v_W$ (Gl. (8.4)) folgt

$$\frac{d\eta_W}{dv_W} = \mu_W + v_W \frac{d\mu_W}{dv_W} \, ; \quad \left(\frac{d\eta_W}{dv_w} \right)_{v=0} = \mu_{W0} = \tan\alpha \, .$$

Für den Auslegungspunkt ist $\mu_{WN} = \frac{\eta_{max}}{v_{opt}}$. Wegen des großen Wertes der Anfahrwandlung stellt ein Antrieb mit Föttinger-Wandler für die Beschleunigung einer Maschine oder eines Fahrzeugs aus dem Stillstand heraus ein großes Drehmoment zur Verfügung. Als Maß dafür, um wie viel die Wandlung im Anfahrzustand größer ist als im Auslegungszustand, dient der Quotient

$$\frac{\mu_{W0}}{\mu_{WN}} = \mu_{W0} \cdot v_{opt} \frac{1}{\eta_{max}} \, .$$

Da η_{max} keinen großen Schwankungen unterworfen ist, kennzeichnet das Produkt $\mu_{W0} \cdot v_{opt} = \frac{\tan\alpha}{\tan\beta}$ (Abb. 8.10b) die Güte der Anfahrwandlung. Je größer diese Zahl, umso besser ist das Anfahrverhalten.

Durchgangsdrehzahl. Die Kennlinie wird nicht bis zum Durchgang, also demjenigen v-Wert, für den μ_W und η_W gleich Null werden, ausgenutzt, sondern nur soweit wie der Wirkungsgrad oberhalb von beispielsweise $\eta_W = 0{,}75$ bleibt.

Verlauf des Primärmoments bzw. der Leistungszahl. Bei der normalen Anordnung der drei Schaufelungen – mit dem Leitrad vor der Pumpe – ist M_P und damit auch λ_W nach Gl. (8.3) ungefähr konstant. Für die meisten Anwendungen ist das auch erwünscht, weil dann der Antriebsmotor unabhängig von der Abtriebsdrehzahl gleichmäßig belastet wird. Zum Fahrzeugantrieb kann aber ein mit der Abtriebsdrehzahl abfallender Verlauf günstiger sein. Bei langsamer Fahrt wird die Motordrehzahl dann durch das große Moment „gedrückt" und so der Motor zur Drehzahlwandlung mit herangezogen, wodurch ein flacherer Verlauf des Gesamtwirkungsgrades erreichbar ist.

Eine solche abfallende Kennlinie entsteht, wenn vor dem Pumpenrad kein Leitrad sondern eine Turbine liegt. Um andererseits die hohe absolute Austrittsgeschwindigkeit des Pumpenrades mit gutem Wirkungsgrad auszunutzen, sollte der Pumpe auch ein Turbinenrad nachfolgen. Die Turbine wird deshalb in diesen Fällen mehrstufig ausgeführt. In Abb. 8.11 sind als Beispiele die Kennlinien von Wandlern mit dreistufigen Turbinen dargestellt und mit der normalen Anordnung verglichen. Wird auch bei dreistufiger Ausführung vor der Pumpe ein Leitrad vorgesehen, so wird die Leistung insgesamt angehoben, der Verlauf bleibt aber angenähert konstant. Die abfallende Kurve entsteht, wenn eine der Turbinenstufen unmittelbar vor dem Pumpenrad liegt.

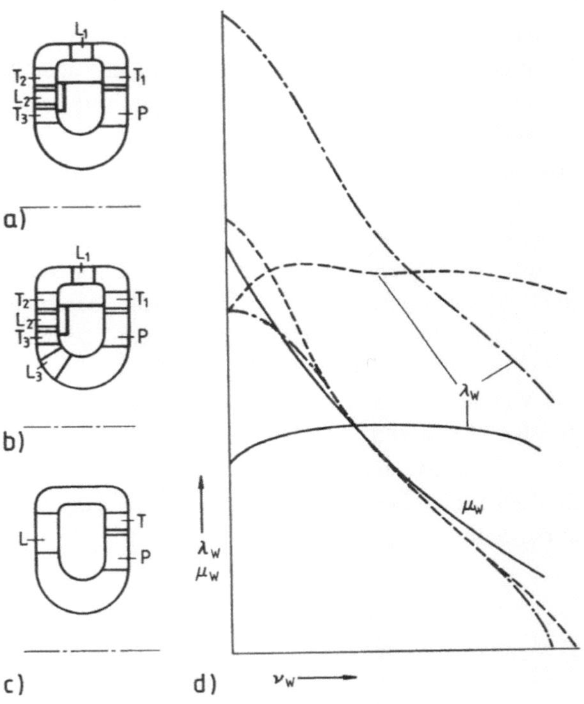

a) dreistufige Turbine. Leiträder zwischen den Turbinenrädern

b) dreistufige Turbine. Leiträder zwischen den Turbinenstufen und zwischen Turbine und Pumpe

c) einstufige Turbine

d) dimensionslose Kennlinien

    ausgezogen   Wandler c

    gestrichelt   Wandler b

    strichpunktiert   Wandler a

Abb. 8.11 Kennlinienvergleich verschiedener Wandler

8.3.3 Stellwandler

Für viele Anwendungsfälle sind Wandler mit fester Beschaufelung ausreichend, insbesondere, wenn zusätzlich zu der selbsttätigen Anpassung der Drehzahl an das Abtriebmoment auch die Antriebsdrehzahl in einem weiten Bereich verändert werden kann. Finden dagegen Motoren Anwendung, deren Drehzahl nur innerhalb eines engen Bereichs oder überhaupt nicht beeinflussbar ist, so kann eine Verstellung des Wandlers selbst vorteilhaft sein. Mit solchen Stellwandlern ist dann auch in solchen Fällen, die einen drehzahlvariablen Antrieb erfordern, die Verwendung des robusten und preiswerten Kurzschlussläufermotors möglich.

Zur Steuerung eines Drehmomentwandlers ist die Verstellung der Pumpen- oder der Leitschaufeln, die Verwendung eines Ringschiebers, der zwischen Pumpen- und Turbinenrad axial verschoben wird, oder eine Füllungsänderung möglich.

In Abb. 8.12 ist ein Föttinger-Wandler mit verstellbaren Leitschaufeln gezeigt. Dabei zeigt sich, dass eine Verstellung des einzig feststehenden Schaufelsatzes zu einer konstruktiv einfachen Lösung mit hoher Betriebssicherheit und Lebensdauer führt. Bei dem abgebildeten Wandler sind zwei Leitradkränze, ein fester axialer und der verstellbare radiale vorhanden. Der Wandlerkreislauf ist ständig mit Öl gefüllt, während des Betriebes wird er durch eine primärseitig angetriebene Zahnradpumpe unter Druck gehalten und mit einem Überdruckventil abgesichert.

Abb. 8.13 zeigt das Kennfeld dieses Wandlers, bei dem das Wirkungsgradoptimum dicht unterhalb der Synchrondrehzahl, etwa bei $v_{opt} = 0{,}85$ liegt. Im oberen Teildiagramm ist nicht die Momentenwandlung, sondern die Drehmomentabgabe dividiert durch das Eingangsmoment bei Volllast dargestellt. Dadurch wird ein direkter Vergleich der abgegebenen Momente bei den verschiedenen Leitradstellungen möglich.

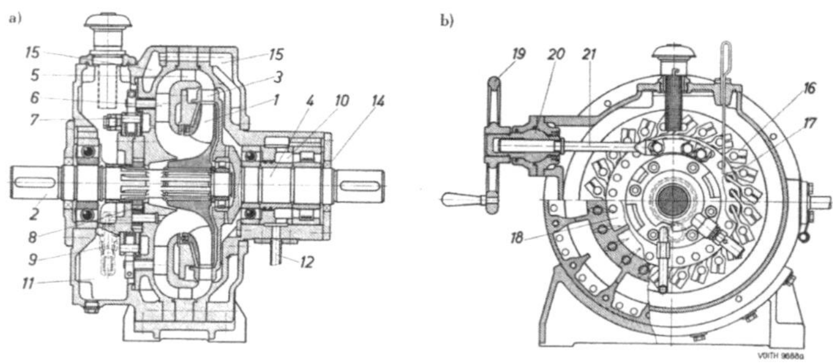

a) Längsschnitt
b) Draufsicht

| 1 Pumpenrad | 4 Sekundärwelle | 7 Verstellgetriebe |
| 2 Primärwelle | 5 feste Leitschaufeln | 8 Zahnradpumpe |

Abb. 8.12 Stellwandler mit drehbaren Leitschaufeln (Voith)

Abb. 8.13 Kennfeld eines
Stellwandlers (Abb. 8.12)

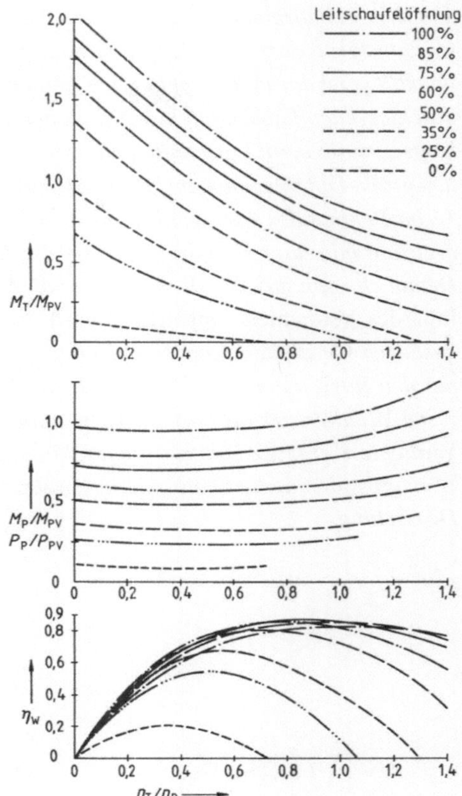

Die Wandlung wird dagegen durch Division des Ausgangs- durch das Eingangsmoment $\frac{M_T}{M_P}$ erhalten. So ist z. B. die Anfahrwandlung bei 60 % Leitradöffnung $\mu_{W0} = \frac{1,60}{0,63} = 2,54$.

Beispiel 8.2 *Ein Schraubenverdichter wird von einem Asynchronmotor mit Kurzschluss-läufer über einen Stellwandler der Art von Abb. 8.12 angetrieben. Der Förderstrom des Verdichters soll durch Drehzahlverstellung auf einen konstanten Förderdruck geregelt werden. Die Zusammenarbeit der drei Maschinen soll durch ein primär- und sekundärseitiges Momentendiagramm veranschaulicht werden.*

Lösung 8.2 *In das charakteristische Diagramm des Kurzschlussläufermotors werden die Primärmomente des Wandlers bei verschiedenen Leitradstellungen eingetragen. Diese sind in erster Näherung von der Sekundärdrehzahl unabhängig, sind aber wie bei jeder Strö-mungsmaschine nach Gl. (2.116) dem Quadrat der Primärdrehzahl proportional. Die Kenn-linien sind demnach Parabeln mit dem Scheitel im Ursprung (Abb. 8.14a). Die Motorgröße wird so gewählt, dass im Auslegungszustand Gleichgewicht zwischen dem Motormoment* *und dem Primärmoment des Wandlers bei 75 % Leitradöffnung besteht, weil der Wandler-wirkungsgrad dort sein Maximum hat. Durch weitere Leitradöffnung bis zum Diagramm-punkt B kann das in diesem Bereich steil ansteigende Motormoment ausgenutzt werden. Bei geschlossenen Leitschaufeln verlangt der Wandler nur das kleine Moment M_a. Der Motor kann deshalb beim Einschalten nahezu unbelastet bis zur Nenndrehzahl hochlaufen, wobei das große Differenzmoment $M_M - M_a$ zur Beschleunigung zur Verfügung steht.*

Im Bereich des Auslegungspunktes N ist die Motorkennlinie so steil, dass die Antriebs-drehzahl mit guter Näherung als von der Belastung unabhängig angesehen werden kann. Demnach kann das Wandlerkennfeld von Abb. 8.13 übernommen werden, in das die Kenn-linie des Verdichters eingetragen wird (Abb. 8.14b). Dessen Moment ist bei dem voraus-gesetzten konstanten Förderdruck ebenfalls konstant. Durch Übertragen der Schnittpunkte mit den Kurven der verschiedenen Leitradöffnungen in Abb. 8.14c erhält man die zugehö-rigen Wandlerwirkungsgrade. Bei verminderter Drehzahl, also einem Teilförderstrom des Verdichters ergeben sich noch gute Wirkungsgrade. Diese sind einer Schlupfänderung mit Wirkungsgraden, die linear mit der Drehzahl abfallen, überlegen, erst recht natürlich einer Drosselung.

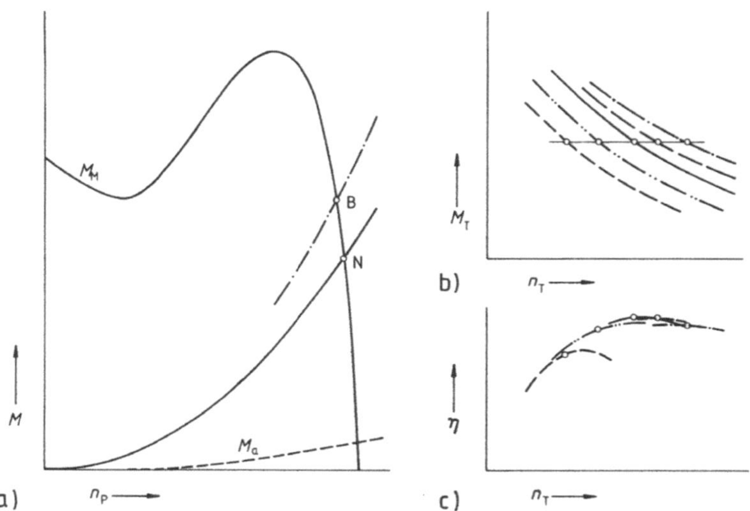

a) primärseitiges Moment

b) sekundärseitiges Momentenkennfeld

c) Wirkungsgradverlauf

Abb. 8.14 Über einen Stellwandler von einem Asynchronmotor angetriebener Schraubenverdichter (Beispiel 8.2)

8.3.4 Hydrodynamische Getriebe

Getriebe mit mehreren Kreisläufen. Für automatische Kraftübertragungen in Fahrzeugen, die durch Verbrennungsmaschinen angetrieben werden, sind Föttinger-Wandler an sich schon gut geeignet. Ein einzelner Wandler reicht aber oft dafür nicht aus. Wenn er so ausgelegt ist, dass seine Anfahrwandlung eine gute Beschleunigung aus dem Stillstand heraus ergibt, ist der Wirkungsgrad bei Schnellfahrt und Teillast unbefriedigend.

Ähnlich wie bei konventionellen Schaltgetrieben mehrere Gänge mit verschiedenen Untersetzungen geschaltet werden, lässt sich aber der gesamte Geschwindigkeitsbereich auf mehrere Wandler und gegebenenfalls Kupplungen aufteilen, so dass ein hydraulisches Getriebe mit mehreren Kreisläufen entsteht.

In die verschiedenen Gänge wird geschaltet, indem das Arbeitsfluid mittels einer Füllpumpe von einem in den anderen Kreislauf gepumpt wird. Das geschieht in sehr kurzer Zeit und wird automatisch von der Abtriebsdrehzahl gesteuert.

Solche Getriebe werden in Schienenfahrzeugen, nämlich Diesel-Lokomotiven und Triebwagen eingesetzt, und es gibt eine große Zahl verschiedener Anordnungen. Das Lokomotivgetriebe (Abb. 8.15) hat drei Wandler, deren optimale Drehzahlverhältnisse und Kennlinien aufeinander abgestimmt sind. Außerdem ist eine hydraulische Bremse vorhanden. Der Fahrtrichtungswechsel wird bei diesem Beispiel durch ein nachgeschaltetes mechanisches Wendegetriebe erreicht.

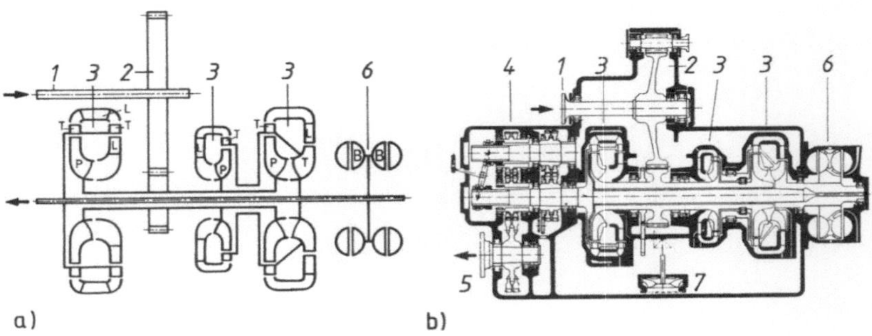

a) Schema
b) Schnittbild

1 Antriebswelle
2 mechanische Übersetzungsstufe
3 Föttinger-Wandler
4 Wendegetriebe
5 Abtriebswelle
6 Bremse
7 Füllpumpe

Abb. 8.15 Lokomotivgetriebe (Voith) $P = 2942\,\text{kW}$

Zweiphasige Wandler. Die Kombination eines Wandlers mit einer Kupplung gelingt auch in einem einzigen Flüssigkeitskreislauf. Beim Trilok-Wandler (Abb. 8.16) ist das Leitrad über einen Freilauf am Gehäuse abgestützt. Solange bei kleinen Abtriebsdrehzahlen die Wandlung groß, also M_T größer ist als M_P (Abb. 8.10a), steht das Leitrad still und nimmt das Differenzmoment auf. Ein entgegengesetztes Moment kann aber der Freilauf nicht übertragen, er gibt das Leitrad frei, sobald M_T gleich M_P geworden ist, und bei frei umlaufendem Leitrad arbeitet der Wandler jetzt als Kupplung.

Mit seinen beiden Betriebsphasen ist der Trilok-Wandler für den Anfahrbereich eines Fahrzeugs gut geeignet. Aus dem Stillstand heraus arbeitet der Wandler, der für ein kleines v_{opt} ausgelegt ist, mit seinem großen Anfahrmoment und beschleunigt das Fahrzeug. Ist eine gewisse Geschwindigkeit erreicht, und beginnt der Wandlerwirkungsgrad abzufallen,

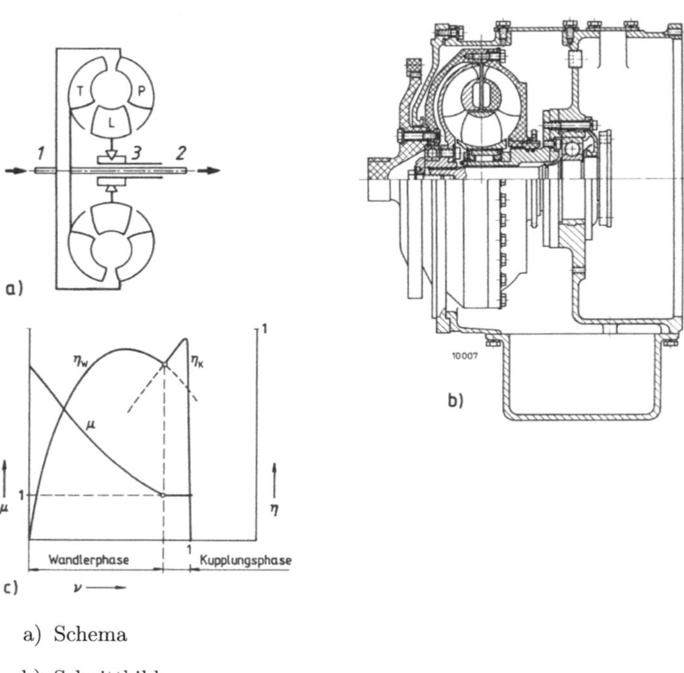

a) Schema

b) Schnittbild

c) Kennlinien

    P Pumpenrad   T Turbinenrad   L Leitrad

    1 Antriebswelle

    2 Abtriebswelle

    3 Freilauf

Abb. 8.16 Trilok-Wandler (Voith)

so wird auf die geschilderte Weise selbsttätig und stoßfrei in die Kupplungsphase umge-
schaltet. Bei wachsendem Wirkungsgrad wird bis zu dem der vorliegenden Last entsprechenden Schlupf weiter beschleunigt. Abb. 8.16 zeigt die Kennlinie eines solchen zweiphasigen
Wandlers, der in dieser oder ähnlicher Form die Grundlage für zahlreiche automatische
PKW-Getriebe bildet.

Leistungsverzweigte Getriebe. Zum Antrieb von Omnibussen hat sich eine Konstruktion bewährt, bei der einem Föttinger-Wandler ein mechanisches Differentialgetriebe vorgeschaltet ist, durch das die Motorleistung verzweigt und zum Teil direkt auf die Abtriebswelle
zum anderen aber über den Wandler gegeben wird. Da nur dieser Teil mit den Übertragungs-
verlusten des Wandlers belastet ist, wird der Wirkungsgrad insgesamt verbessert. Bei hohen
Fahrgeschwindigkeiten wird dann automatisch ein Teil des Verteilgetriebes festgehalten,
der Wandler ausgeschaltet und die gesamte Antriebsleistung rein mechanisch, also nahezu
verlustfrei auf das Fahrzeug übertragen.

Beim Differenzial-Wandler-Getriebe in Abb. 8.17 ist das Verteilgetriebe ein Planeten-
Differentialgetriebe in zwei Ebenen. Über die Antriebswelle (1) treibt der Motor das ein-

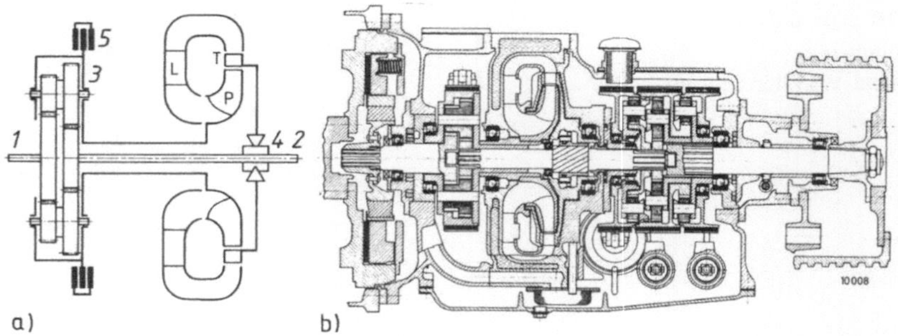

a) Schema
b) Schnittbild

P Pumpenrad

T Turbinenrad

L Leitrad

1 Antriebswelle

2 Abtriebswelle

3 Planeten

4 Freilauf

5 Verteilbremse

Abb. 8.17 Differenzial-Wandler-Getriebe (Voith) $P = 147\,\text{kW}$

gangsseitige Sonnenrad an. Da im Anfahrzustand die Abtriebswelle (2) noch stillsteht, überträgt das Verteilgetriebe über die Planeten (3) und den Planetenträger die gesamte Motorleistung auf das Pumpenrad (P). Dieses läuft mit hoher Geschwindigkeit, und entsprechend groß ist die Leistungsaufnahme des Wandlers. Der Motor wird dadurch auf eine kleine Drehzahl und somit in den Bereich geringen Kraftstoffverbrauchs und großen Drehmoments „gedrückt". Dieses Moment wird auf ein Mehrfaches gewandelt vom Turbinenrad über den Freilauf (4) auf die Abtriebswelle übertragen und eine große Beschleunigung des Fahrzeugs bewirkt.

Mit wachsender Fahrgeschwindigkeit, also ansteigender Drehzahl der Abtriebswelle nimmt die Übersetzung zum Pumpenrad und damit die Leistungsaufnahme des Wandlers ab. Der Motor wird weniger belastet, und seine Drehzahl steigt an. Zugleich nimmt der vom Verteilgetriebe direkt auf die Abtriebswelle übertragene Leistungsanteil zu.

Hat der Motor seine Nenndrehzahl erreicht, wird der hydraulische Kraftweg durch Festziehen der Verteilbremse (5) ausgeschaltet und der Wandler stillgesetzt, wobei sich die Verbindung des Turbinenrades mit der Abtriebswelle durch den Freilauf (4) löst. Bei

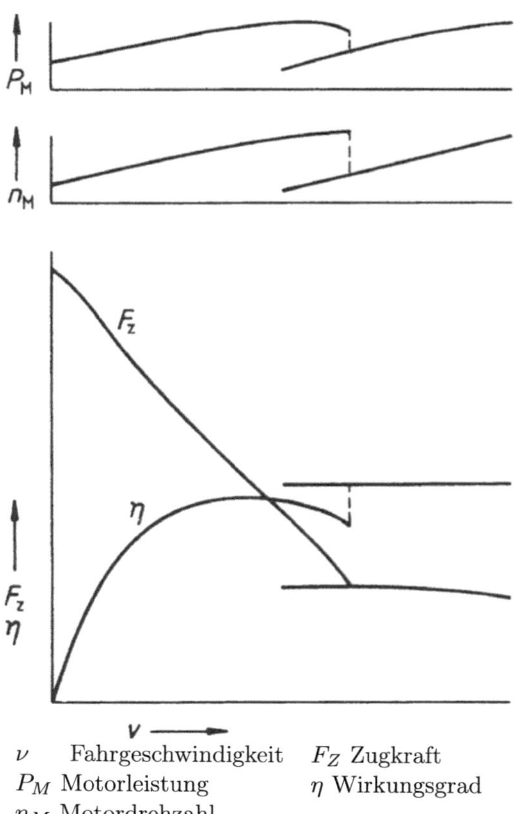

Abb. 8.18 Fahrdiagramm eines Busses mit Differenzial-Wandler-Getriebe

ν Fahrgeschwindigkeit F_Z Zugkraft
P_M Motorleistung η Wirkungsgrad
n_M Motordrehzahl

stillstehendem Planetenträger wird nun die gesamte Motorleistung mit hohem Wirkungsgrad rein mechanisch auf die Abtriebswelle übertragen.

Vom Anfahren bis zur Höchstgeschwindigkeit gibt es nur einen Schaltvorgang, der automatisch ohne Stoß und ohne Zugkraftunterbrechung ausgelöst wird. Den Verlauf von Zugkraft F_Z und Wirkungsgrad η über der Fahrgeschwindigkeit v zeigt Abb. 8.18.

Windturbinen und Propeller

9

9.1   Windkraftanlagen und Windturbinen

Windkraftanlagen werden zur Stromerzeugung eingesetzt. Hauptbestandteil einer Windkraftanlage WKA bzw. Windenergieanlage WEA ist die Windturbine, die auch als Windkonverter oder Windrad bezeichnet wird. Windturbinenanlagen nutzen die kinetische Energie des Windes bei Windgeschwindigkeiten von $c = 4\,\frac{m}{s}$ bis $25\,\frac{m}{s}$ in Nabenhöhe des Windrades. Dieser Geschwindigkeitsbereich liegt im Grenzschichtbereich der ebenen Strömung über eine Oberfläche, siehe Abb. 9.1. Der Verlauf der Grenzschichtdicke ist von der Oberflächenkontur abhängig, weshalb Windräder auf See (sogenannte Offshore-Anlagen) mit höheren Windgeschwindigkeiten beaufschlagt werden, als Windräder vor allem im hügeligen Gelände (Anlagen auf Land bzw. sogenannte Onshore-Anlagen). Damit Onshore-Windanlagen auch mit höheren Windgeschwindigkeiten beaufschlagt werden, ist die Baugröße mit einer Nabenhöhe und einem Durchmesser des Windrades so groß wie möglich zu realisieren. Zur Beurteilung eines Standortes wird auch die Kenngröße Volllaststunden VLh verwendet, die die jährliche Betriebszeit einer WEA unter Volllast angibt. So weisen Offshore-WEA in der Nordsee eine VLh-Kenngröße von $VLh \approx 3092\,\frac{h}{a}$, Offshore-WEA in der Ostsee von $VLh \approx 4275\,\frac{h}{a}$, Onshore-WEA im flachen Norddeutschland von $VLh \approx 2000\,\frac{h}{a}$, Onshore-WEA im hügeligen Süddeutschland von $VLh \approx 1400\,\frac{h}{a}$, Onshore-WEA in Deutschland gesamt von $VLh \approx 1700\,\frac{h}{a}$ auf, siehe Abb. 9.2. Die Kenngröße VLh ist bei der erzeugten elektrischen Arbeit W_{el} (siehe Abb. 10.1) und bei der Berechnung der Stromerzeugungskosten ein wichtiger Einflussparameter, um Anlagen wie z.B. Onshore-WEA, Offshore-WEA miteinander vergleichen zu können

Windkraftanlagen sind wie Wasserkraftanlagen regenerative Erzeugungsanlagen und sind bei der Reduzierung der Treibhausgasemissionen bei der Stromerzeugung und somit bei der Energiewende eine wichtige Säule, siehe auch Abb. 1.6. Da das von der Natur zur Verfügung stehende Windangebot nichts kostet, tritt der Wirkungsgrad hinter den Investitionsaufwand, der neben der Windenergieanlage auch die elektrische Anbindung an das

G. Thieleke und R. Feyrer, *Turbomaschinen*,
https://doi.org/10.1007/978-3-658-48698-3_9

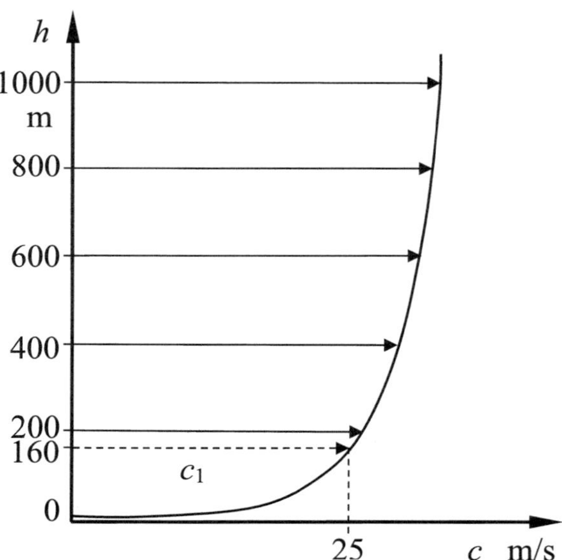

Abb. 9.1 Grenzschichtbereich einer ebenen Strömung (Geschwindigkeitsprofil über der Höhe h) [7]

Stromnetz, insbesondere bei Offshore-Anlagen enthalten soll. Allerdings verursachen günstige und daher strömungstechnisch nicht optimierte Windräder zusätzliche Strömungsturbulenzen und daher zusätzliche Lärmemissionen. Mehrere Windenergieanlagen werden oft zu einem Windpark zusammengefasst, bei dem jedoch der Abstand der einzelnen Windturbinen aufgrund der sich bildenden Wirbelschleppen hinter einem Windrad zu berücksichtigen ist. Zudem ist die Windkraft im Gegensatz zur Wasserkraft eine volatile Stromerzeugungstechnik, da das Windangebot sehr großen Schwankungen unterliegt und bei kleinen Windgeschwindigkeiten bzw. einer Windflaute keine Stromerzeugung möglich ist. Daher kann die Windkraft nicht ohne Weiteres als eine gesicherte Stromerzeugung eingesetzt werden. Detaillierte Prognosetechniken für die örtlichen Windverhältnisse sind somit wichtig, um die Windkraft am Strommarkt zu positionieren. Für einen gesicherten Netzbetrieb werden Windkraftanlagen mit Backup-Kraftwerken beim Kraftwerkseinsatz eingeplant, die bei einer plötzlichen Windflaute die Stromerzeugung übernehmen können. Zusätzlich sollen Windkraftanlagen bei geändertem Lastverlauf bzw. entsprechend der Lastkurve dem Bedarf der Verbraucher angepasst werden, was zu einem geändertem Betriebsverhalten des Windrades führt, siehe Kap. 10. Dabei kann es vermehrt zu Wirbelablösungen kommen, die bei der Planung von Windparks insbesondere beim Mindestabstand zu Siedlungen berücksichtigt werden müssen.

In ihrer häufigsten Bauform sind Windräder ebenso wie Propeller einstufige Axialmaschinen, die weder ein Gehäuse noch einen Leitapparat haben, und somit eine besonders einfache Form der Strömungsmaschine darstellen. Sie bestehen allein aus dem Laufrad und seiner Lagerung. Windräder sind Reaktionsturbinen, deren Reaktionsgrad r wegen des Fehlens einer Leitvorrichtung notwendig gleich $r = 1$ sein muss. Die Schnellläufigkeit σ ist hoch mit Werten bis zu $\sigma = 8$ in Einzelfällen auch darüber, womit die Maschinen im Cordier-Diagramm (Abb. 2.39) eine extreme Lage einnehmen. Windturbinen werden vor-

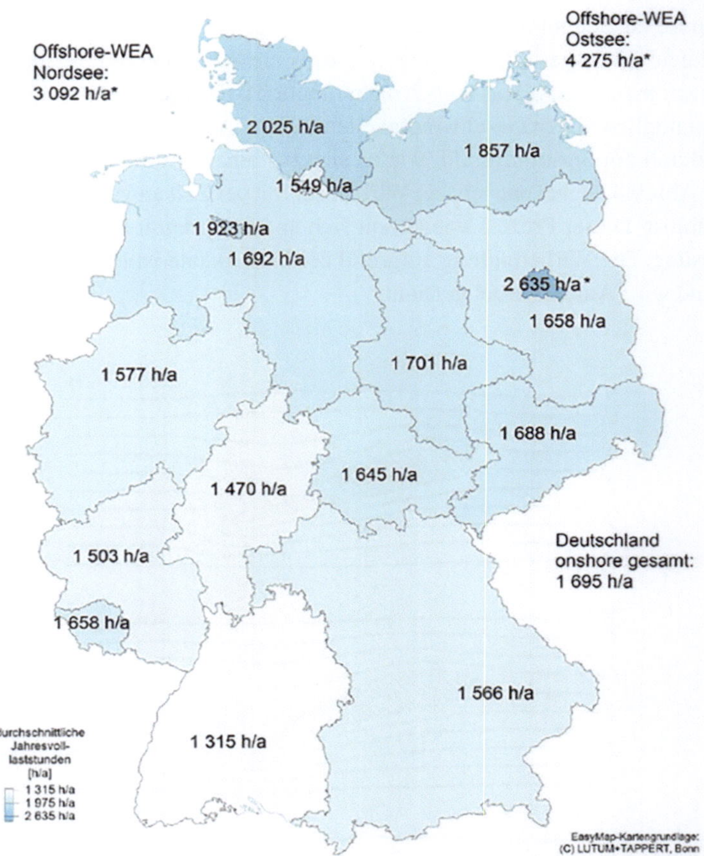

Abb. 9.2 Volllaststunden VLh von Offhore- und Onshore-Windenergieanlagen WEA in Deutschland [34]

rangig mit 3 Schaufeln ausgeführt, siehe Abb. 9.20. Da Windturbinen keinen Leitapparat haben, sind Windräder über eine drehbare Gondel als Maschinenhaus mit Turmdrehkranz und Triebstrang aufgebaut. Durch die drehbare Gondel kann das Windrad in Zuströmrichtung des Windes gedreht werden, siehe Abschn. 9.2.5.

9.2 Grundlagen zur Windkraft

9.2.1 Tragflügelumströmung

Tragflügel werden zur Erzeugung von großen Kräften in Normalenrichtung der Anströmrichtung eingesetzt. Wird das Fluid um einen Tragflügel aus dem Ruhenden in Bewegung gesetzt, so entsteht zu Beginn das Stromlinienbild einer stationären Potenzialströmung, siehe auch Abschn. 2.4.5. Grund dafür ist die Grenzschicht, welche sich erst mit der Zeit bildet, somit hat diese zu Beginn nahezu keinen Einfluss auf die Strömung. In Abb. 9.3a ist dieses Stromlinienbild dargestellt. Man erkennt, dass die Strömung um die hintere Kante des Tragflügels strömen müsste, was jedoch nicht möglich ist. Die Umströmung der Hinterkante würde zu unmöglich hohen Geschwindigkeiten führen. An der Hinterkante des Tragflügels entsteht dadurch ein Strömungsbild, wie es sich bei einer Strömung über eine Kante einstellt, siehe Abb. 9.4. Dabei entsteht ein Wirbel, der mit der Zeit anwächst, bis sich dieser von der Kante ablöst. Dieser Prozess wiederholt sich und führt damit zu einer kontinuierlichen Wirbelablösung. Die Wirbelbildung aufgrund der Hinterkante ist ebenfalls in Abb. 9.3b zu erkennen und wird Anfahrwirbel genannt.

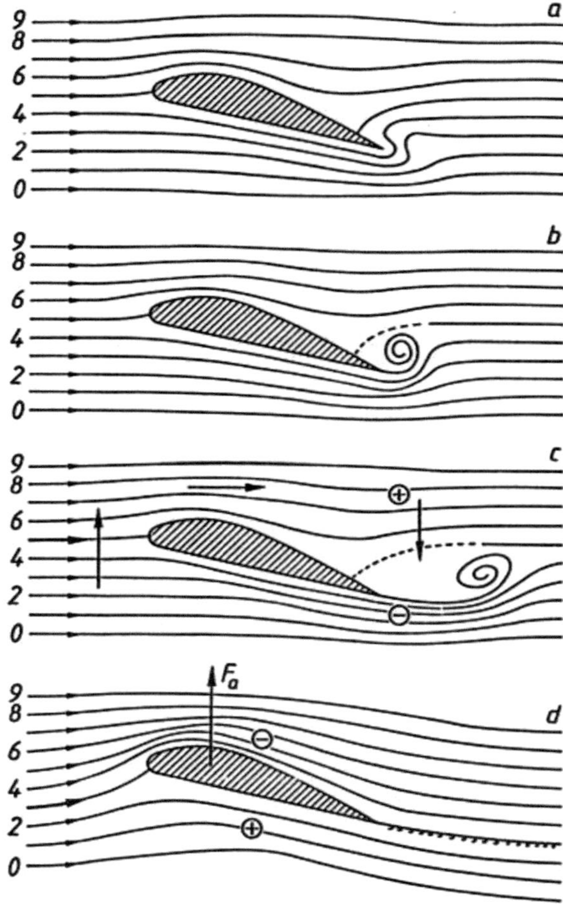

Abb. 9.3 Tragflügelumströmung [8]

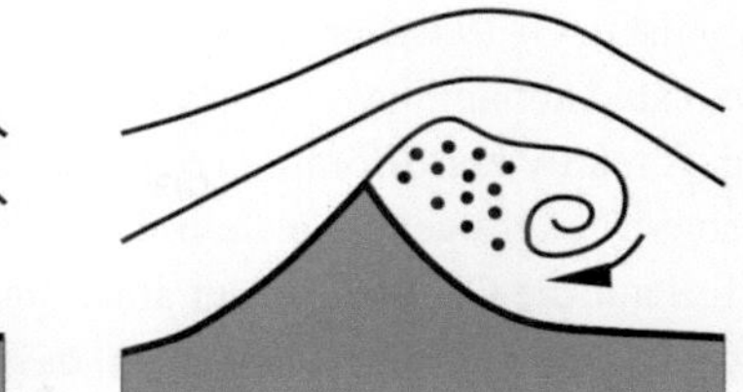

Abb. 9.4 Strömung über eine Kante [18]

Der Anfahrwirbel wächst beim Tragflügel mit der Zeit an bis er sich ablöst. Die unteren Stromfäden haben eine höhere Geschwindigkeit als bei einer stationären Potenzialströmung, da das Hochströmen an der Hinterkante nicht gelungen ist [8]. Zu diesem Zeitpunkt erzeugt der Tragflügel daher einen negativen Auftrieb. Zu erkennen ist dies in Abb. 9.3c. Der Satz von W. Thomson besagt, dass die Zirkulation einer aus der Ruhe beschleunigten Strömung gleich Null sein muss. Da durch die Umströmung der Hinterkante jedoch der Anfahrwirbel entstanden ist, welcher als Zirkulation betrachtet werden kann, muss daraus eine Zirkulation um den Tragflügel in entgegengesetzter Richtung entstehen, um den Satz von Thomson zu erfüllen. Wie auch für den Magnus-Effekt, führt diese Zirkulation zu einer Steigerung des Geschwindigkeitsniveaus auf der Oberseite und Reduktion auf der Unterseite, was wiederum zu einem Unterdruck auf der Oberseite (Saugseite) und einem Überdruck auf der Unterseite (Druckseite) führt. Aus der Druckdifferenz entsteht damit eine positive Auftriebskraft F_A und ein Strömungsbild wie in Abb. 9.3d. Die Berechnung des Auftriebs erfolgt analog zur Berechnung des Magnus-Effekts mit der Kutta-Joukowski-Formel mit der Breite b und der Sehnenlänge t des Tragflügels [18].

$$F_A = \rho \cdot c_\infty \cdot b \cdot \Gamma = \frac{\rho}{2} \cdot c_A \cdot c_\infty^2 \cdot t \cdot b \tag{9.1}$$

c_A ist in Gl. (9.1) der Auftriebsbeiwert und c_∞ die ungestörte Anströmgeschwindigkeit aus dem Unendlichen. Die Auftriebskraft F_A steht senkrecht zur Anströmgeschwindigkeit c_∞. Die Zirkulation Γ lässt sich ebenfalls nach dem Kutta-Joukowskyschen Auftriebssatz berechnen, siehe auch Abb. 2.27.

$$\Gamma = \oint \vec{c}d\vec{s} \tag{9.2}$$

Aus Gl. (9.1) ergibt sich für den Auftriebsbeiwert:

$$c_A = \frac{2\Gamma}{c_\infty \cdot t} \tag{9.3}$$

Ein Tragflügel erzeugt nicht nur eine Auftriebskraft F_A, sondern auch eine Widerstandskraft F_W in Strömungsrichtung.

$$F_W = \frac{\rho}{2} \cdot c_W \cdot c_\infty^2 \cdot t \cdot b \tag{9.4}$$

c_W ist in Gl. (9.4) der Widerstandsbeiwert. Der Auftriebsbeiwert c_A und Widerstandsbeiwert c_W sind abhängig von der Form des Tragflügelprofils und dem Anstellwinkel α des Tragflügels relativ zur Strömungsrichtung. In Abb. 9.5 sind die Kräfte und die Druckverteilung an einem Tragflügel dargestellt. Dabei ist deutlich zu erkennen, dass der Auftrieb zum größten Teil auf die Oberseite, oder auch Saugseite genannt, des Tragflügels zurückgeführt werden kann. Ebenfalls ist zu erkennen, dass die Auftriebskraft F_A um ein vielfaches größer ist als die Widerstandskraft F_W. Das Verhältnis dieser beiden Größen ergibt den Gleitwinkel ε.

$$\tan \varepsilon = \frac{F_W}{F_A} = \frac{c_W}{c_A} \tag{9.5}$$

Abb. 9.5 Kräfte und Druckverteilung an einem Tragflügel [8]

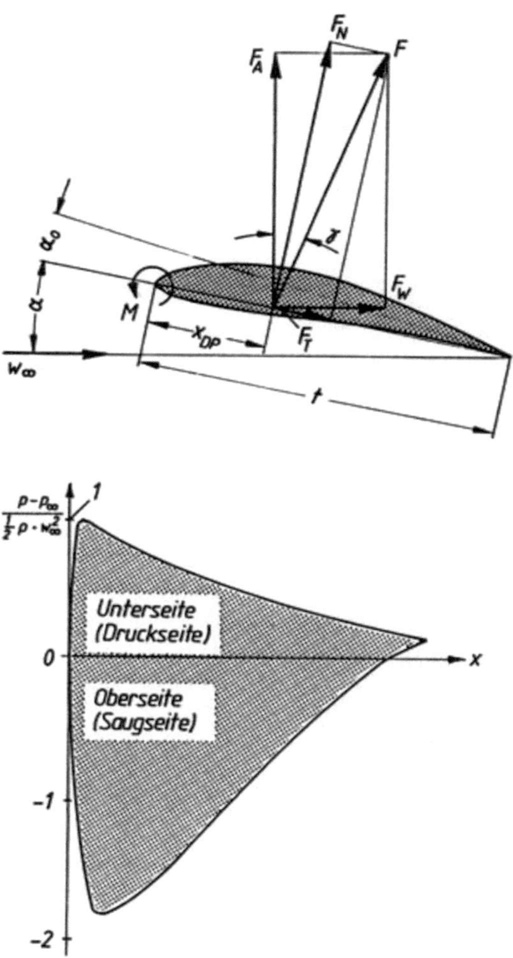

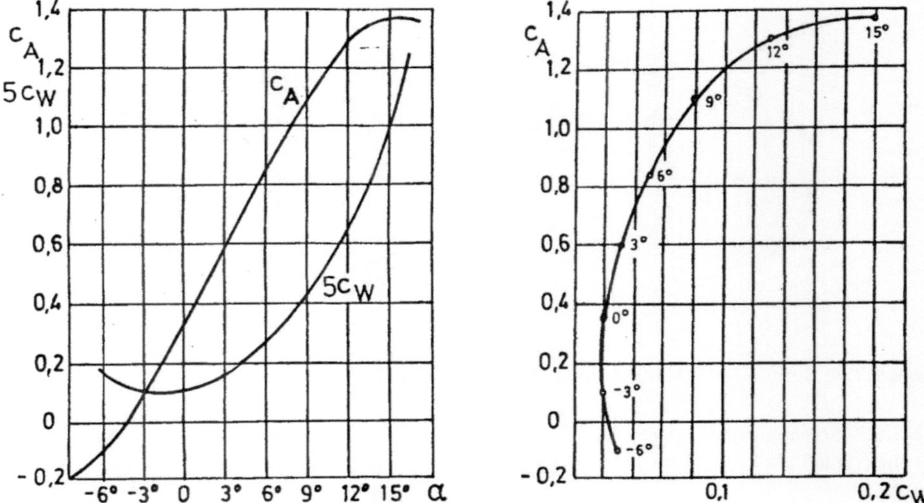

Abb. 9.6 Auftriebs- und Widerstandsbeiwert c_A und c_W als Funktion des Anstellwinkels α und Polardiagramm [28]

Der Gleitwinkel ist abhängig von der jeweiligen Geometrie des Tragflügels und dessen Anstellwinkel.

Der Auftriebsbeiwert c_A und der Widerstandsbeiwert c_W können experimentell durch Windkanalversuche ermittelt werden. Sie sind für viele Profile in Katalogen als Polardiagramm oder als Funktion des Anstellwinkels α aufgetragen, siehe Abb. 9.6.

Wird nach Abb. 9.6 der Anstellwinkel α zu groß, reißt die Strömung am Tragflügel ab und der Auftrieb bricht zusammen. Dieser Effekt wird beim Betrieb von Windkraftanlagen genutzt, um Windräder in die Ruhestellung zu stellen, siehe Abb. 9.15. Strömungsablösungen kommen daher bei Windrädern sowohl im Normbetrieb als auch im Teillastbetrieb vor.

Strömungsablösungen verursachen Totwassergebiete, wie sie in den Abb. 9.7 und 9.8 dargestellt sind.

Bei der Umströmung eines Zylinders erkennt man, dass sich die Strömung zu Beginn an die Kontur anschmiegt und sich die Stromlinien hinter dem Körper wieder schließen. Die Strömung löst sich dann jedoch auf der Rückseite des Zylinders ab, was zum Totwassergebiet führt. Dort bildet sich eine Rückströmung mit ausgeprägten Wirbeln aus.

Bei der Strömung über eine Wand oder über die Oberfläche eines Profils kann bei steigendem Druck in Strömungsrichtung ebenfalls eine Wirbelablösung entstehen, siehe Abb. 9.8. Nach der Bernoulli-Gleichung wird eine Strömung durch eine Drucksteigerung abgebremst. Die Fluidteile der langsamen Reibungsschicht werden dabei stärker abgebremst. Ist die Abbremsung zu groß, löst sich die Strömung ab, was zu einem Rückströmgebiet führt. Die durch die Ablösung entstandene Trennschicht rollt sich zu einem bzw. mehreren Wirbeln

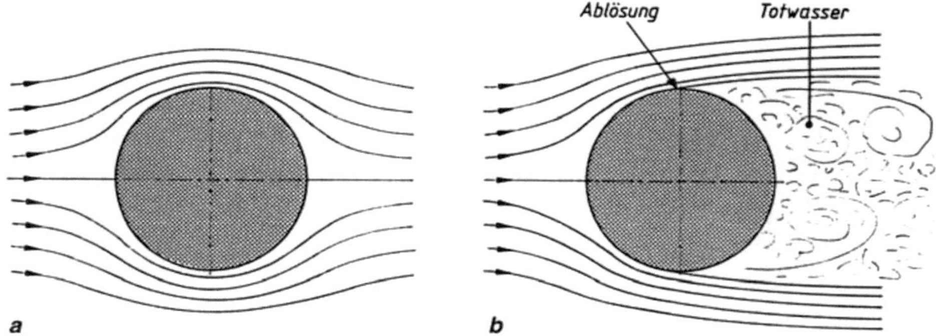

Abb. 9.7 a: Strömungsbild zu Beginn, b: Strömungsablösung [8]

Abb. 9.8 Strömungsablösung
an einer Wand [18]

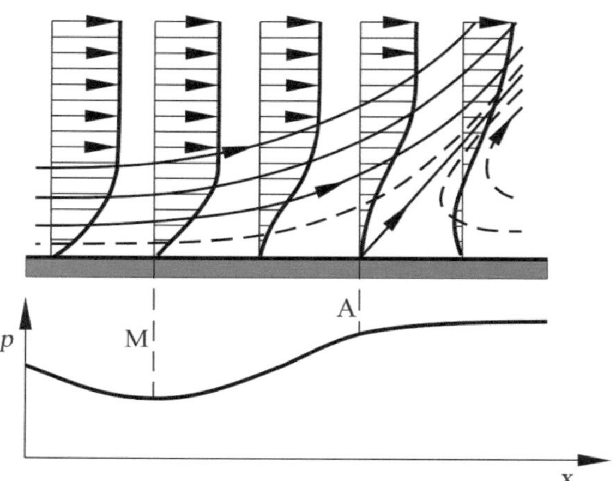

auf [18]. Aufgrund der Rückströmung in Wandnähe entsteht eine sehr starke Aufdickung an der Grenzschicht an der Ablösestelle A. Zu Beginn verkleinert sich der Druck bis zum Minimum M. Durch die Druckabnahme erfahren die Fluidteile eine Beschleunigung in Strömungsrichtung, diese führt allerdings nicht zu einer Wirbelablösung. Ab dem Minimum M beginnt sich der Druck zu erhöhen, was schließlich zu der beschriebenen Strömungsablösung an der Stelle A führt, wobei an der Ablösestelle A der Geschwindigkeitsgradient $\frac{\partial c}{\partial y}$ zu Null wird.

Mit fortschreitender Zeit wachsen diese Wirbel an, was zu einer Instabilität führt. Wird eine kritische Anlaufzeit überschritten, bildet sich die Kármánsche Wirbelstraße. Diese beschreibt ein periodisches Abschwimmen von Wirbeln mit einer gewissen Frequenz f. Diese Frequenz ist abhängig von der Strouhal-Zahl Sr. Unter der Strouhal-Zahl versteht man eine dimensionslose Kennzahl, mit der die Frequenz der Wirbelablösung bei instationärer Strömung bestimmt wird.

Abb. 9.9 Kármánsche
Wirbelstraße [8]

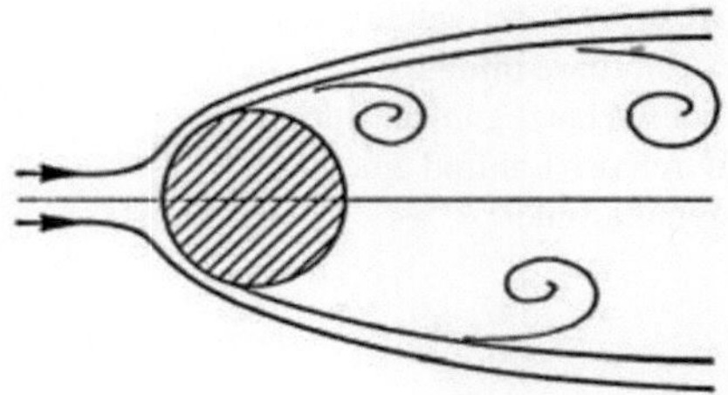

$$Sr = f\,\frac{L_c}{c} \tag{9.6}$$

f ist in Gl. 9.6) die Frequenz der Wirbelablösung, L_c die charakteristische Länge und c die Strömungsgeschwindigkeit. Für den Fall der Zylinderumströmung wird für die charakteristische Länge des Zylinders dessen Druchmesser d genutzt. Damit ergibt sich für die Frequenz der Kármánsche Wirbelstraße.

$$f = Sr\,\frac{c}{d} \tag{9.7}$$

Die Strouhal-Zahl ist von der Reynolds-Zahl abhängig. Eine periodische Wirbelablösung wie bei der Kármánsche Wirbelstraße entsteht nur bei geringen Reynolds-Zahlen, siehe auch Abschn. 9.2.4.

9.2.2   Windradtheorie – Strahltheorie

Windräder sind Reaktionsturbinen mit dem Reaktionsgrad $\mathbf{r} = 1$ wegen des Fehlens einer Leitvorrichtung. Abb. 9.10 zeigt die Stromröhre mit Zuströmung bei 0, Windrad bei 1, 2 und Abströmung bei 3. Im gleichen Maße wie die Geschwindigkeit durch den Einfluss des Laufrades bei 1, 2 abnimmt, wächst der Querschnitt der von ihm beeinflussten Strömung bei 3 nach der Kontinuitätsgleichung. Der Abströmdurchmesser bläht sich somit von d_0 auf $d_3 > d_0$ auf. Das bedeutet, dass bei einem Geschwindigkeitsverhältnis $x = \frac{c_3}{c_0} = \frac{1}{3}$ ein Drittel der Anströmfläche A_0 dem Rotor bei 3 ausweicht. Das Laufrad wird bei dieser Betrachtung durch eine energieentziehende Kreisscheibe der Fläche $A = A_{1,2}$ ersetzt. Zur weiteren Vereinfachung sollen Reibungseinflüsse und der Drall in der Abströmung unberücksichtigt bleiben. Die Dichte der Luft kann wegen der geringen Geschwindigkeiten als konstant angesehen werden.

Leistung. Ist c_0 die hinreichend weit vor dem Laufrad zu messende ungestörte Zuströmgeschwindigkeit des Windes, so ist die im Wind enthaltene spezifische kinetische Energie $e_{kin} = \frac{1}{2}c_0^2$ und die im Wind enthaltene Leistung $P_0 = \dot{m}\frac{1}{2}c_0^2$. Mit dem Massenstrom $\dot{m} = \rho c_0 A$ folgt

$$P_0 = \frac{\rho}{2}Ac_0^3. \tag{9.8}$$

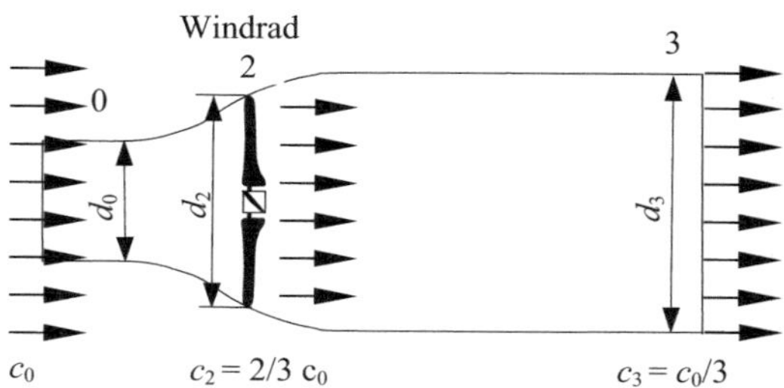

Abb. 9.10 Aufweitung der Stromröhre infolge Energieentzug in der Strömung durch das Laufrad einer Windturbine

Weil die Meridiangeschwindigkeit $c_m = c_{1,2}$ in der Laufradebene 1, 2 kleiner ist als c_0, und weil die Luft hinter dem Laufrad mit der endlichen Geschwindigkeit c_3 abströmt, sind der Massenstrom und die theoretisch gewinnbare Leistung kleiner

$$\dot{m} = \rho c_m A$$

$$P_{th} = \dot{m} \left(\frac{c_0^2}{2} - \frac{c_3^2}{2} \right) = \frac{1}{2} \rho c_m A \left(c_0^2 - c_3^2 \right) . \tag{9.9}$$

Mittels des Impulssatzes lässt sich die von der Laufradscheibe aufzunehmende Axialkraft bzw. Schubkraft F_S und damit die theoretische Leistung auch folgendermaßen ausdrücken

$$P_{th} = F_{ax} \cdot c_m = \dot{m}(c_0 - c_3) \cdot c_m = \rho c_m^2 A(c_0 - c_3) . \tag{9.10}$$

Hieraus ergibt sich durch Gleichsetzen mit Gl. (9.9) die Geschwindigkeit in der Laufradebene

$$c_m = \frac{1}{2}(c_0 + c_3) ; \quad c_3 = 2c_m - c_0 \tag{9.11}$$

und durch Einsetzen in Gl. (9.9) oder (9.10) und Ersetzen von c_3 mittels Gl. (9.11)

$$P_{th} = \frac{\rho A}{4}(c_0 + c_3) \left(c_0^2 - c_3^2 \right) = 2\rho A \left(c_m^2 c_0 - c_m^3 \right) .$$

Indem man durch P_0 nach Gl. (9.8) dividiert, lässt sich dimensionslos schreiben

$$\frac{P_{th}}{P_0} = 4 \left[\left(\frac{c_m}{c_0} \right)^2 - \left(\frac{c_m}{c_0} \right)^3 \right] . \tag{9.12}$$

Abb. 9.11 zeigt das Ergebnis der Gl. (9.12). Die Funktion hat bei $\frac{c_m}{c_0} = \frac{2}{3}$ den maximalen Wert $\frac{P_{thmax}}{P_0} = \frac{16}{27}$, wie durch Anwendung der Differentialrechnung nachzuweisen ist. Demnach vermindert eine ideale Windturbine die Windgeschwindigkeit auf ein Drittel, in der Laufradebene hat der Wind eine Geschwindigkeit von 2/3 seines ungestörten Wertes, und die im Wind enthaltene Energie wird selbst im Idealfall nur zu 16/27, das sind 59,3 % ausgenutzt. Der Faktor 59,3 % wird auch als Leistungsfaktor c_p nach Betz bezeichnet. In der Realität sind

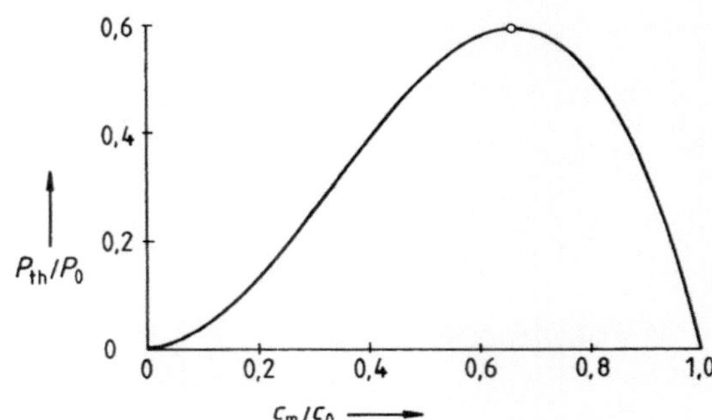

Abb. 9.11 Dimensionslose Leistung als Funktion der Meridiangeschwindigkeit

die Verhältnisse natürlich ungünstiger, weil Reibungseffekte und der unvermeidliche Drall in der Abströmung den ausnutzbaren Energieanteil mindern. Berücksichtigt man alle Effekte ergibt sich ein Wirkungsgrad einer Windenergieanlage von $\eta_{WEA} = \eta_{Zusatz} \cdot c_p \approx 0{,}45$ mit η_{Zusatz} aus Strömungsverlusten, Getriebe- und Lagerverluste und Generatorverluste.

9.2.3   Windradtheorie – Energieübertragung im Laufrad

Betrachtet man entsprechend der Eulerschen Turbinenhauptgleichung die konkreten Geschwindigkeitsverhältnisse am Eintritt 1 und Austritt 2 am rotierenden Laufrad La analog zu Abschn. 2.6.1, so ergibt sich die Umfangsarbeit Δh_u gemäß Gl. (2.87) und speziell für eine Axialturbine gemäß Gl. (3.30):

$$\Delta h_u = u(w_{u1} - w_{u2}) = u\Delta w_u \qquad (9.13)$$

Die Differenz der Relativgeschwindigkeit w in Umfangsrichtung u vom Eintritt 1 (w_{u1}) zum Austritt 2 (w_{u2}) wird als Umlenkung der Strömung im Laufrad bezeichnet und wird durch die Konstruktion der Laufradbeschaufelung festgelegt. Die Umlenkung der Laufradströmung Δw_u ist im Impuls- bzw. Geschwindigkeitsdreieck als Strecke darstellbar. Die Umlenkung der Relativströmung im Laufrad vom Eintritt 1 zum Austritt 2 erfolgt in Turbinenstufen immer entgegen der Umfangsrichtung u, und es entsteht dabei eine Umfangskraft F_u an der Laufradbeschaufelung, die in Umfangsrichtung u gerichtet ist und somit das Drehmoment $M_u = M$ an der Welle erzeugt.

Abb. 9.12 zeigt für das Laufrad der Windturbine den Schaufelplan und das Geschwindigkeitsdreieck. Dabei entspricht die Maschinenachse der Gondelachse und ist in Zuströmrichtung des Windes c_0 gerichtet. Das Laufrad dreht sich um die Maschinenachse und dreht somit in der Rotorebene. Das Tragflügelprofil ist im Mittelschnitt dargestellt mit den Ebenen 1 am Eintritt und 2 am Austritt. Der Zusammenhang zwischen der Absolutgeschwindigkeit c, Relativgeschwindigkeit w und Umfangsgeschwindigkeit u ist gemäß Gl. (2.45) $\vec{c} = \vec{u} + \vec{w}$.

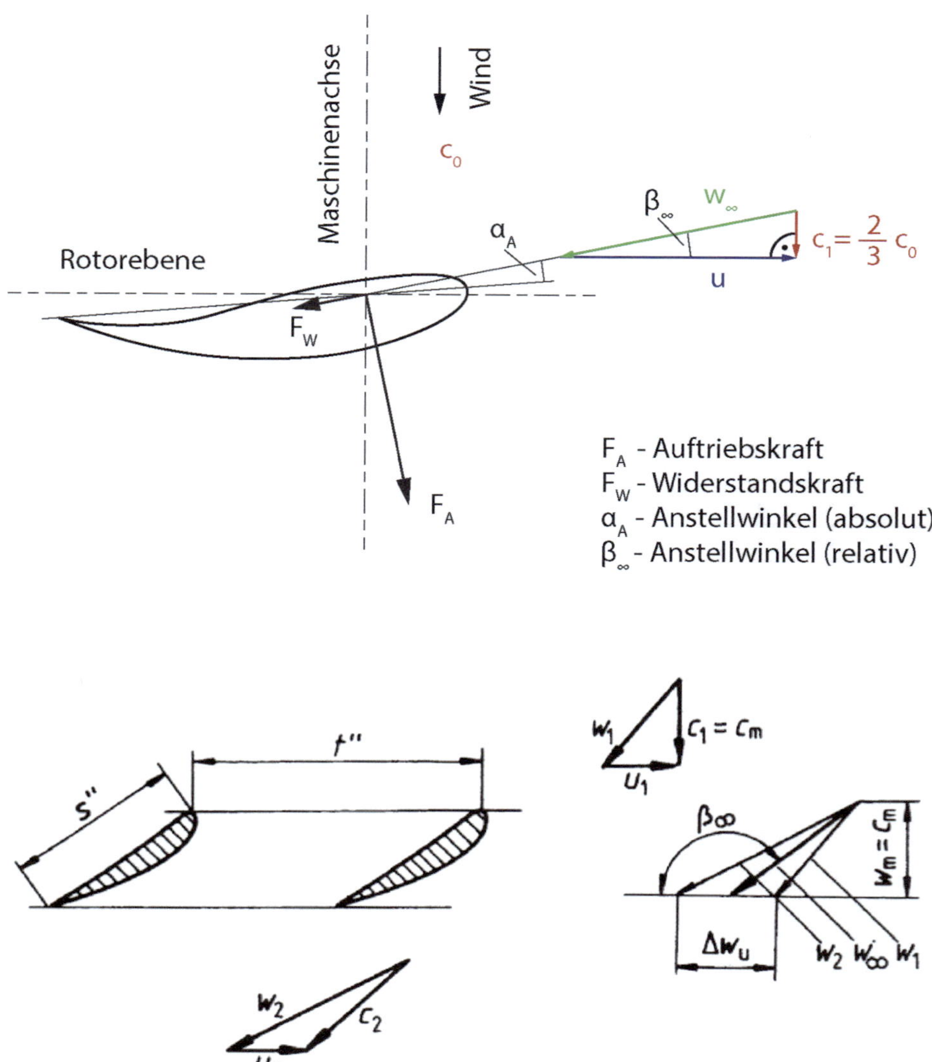

Abb. 9.12 Tragflügelprofil und Geschwindigkeitsdreieck

Die Meridiangeschwindigkeit vor dem Laufrad $c_m = c_1$ ist gleich der Meridiangeschwindigkeit $w_m = c_m$.

Berücksichtigt man nach Abb. 9.10 die Zuströmgeschwindigkeit vor dem Windrad mit c_0 (Index 0 anstatt Index 1), die Geschwindigkeiten am Laufrad in den Ebenen 1 und 2 und die Ebene 3 nach dem Windrad mit $c_3 = \frac{c_0}{3}$, so ergibt sich für die Umfangsarbeit Δh_u und die Umlenkung Δw_u:

$$\Delta h_u = u(w_{u1} - w_{u2}) = u \Delta w_u = \frac{1}{2}\left(c_0^2 - c_3^2\right) = \frac{4}{9}c_0^2 \qquad (9.14)$$

$$\Delta w_u = \frac{4}{9}\frac{c_0^2}{u} \qquad (9.15)$$

Entsprechend der Tragflügeltheorie nach Abschn. 9.2.1 ist die Auftriebskraft F_A senkrecht zur ungestörten Anströmgeschwindigkeit c_∞. Der Anstellwinkel α ist bezogen auf c_∞. Im rotierenden Laufrad ist die Relativgeschwindigkeit w_∞ als Anströmgeschwindigkeit relevant, die sich als Mittelwert aus der geometrischen Addition der Relativgeschwindigkeiten w_1 und w_2 zusammensetzt. Der Anstellwinkel im Relativsystem ist β und bezogen auf w_∞. Mit $\vec{c}_\infty = \vec{u} + \vec{w}_\infty$ ist auch ein Geschwindigkeitsdreieck für das Tragflügelprofil darstellbar. Die für das Drehmonment $M_u = M$ an der Turbinenwelle relevante Kraft ist die Umfangskraft F_u, die sich aus der Zerlegung von F_A und F_W in u- Richtung ergibt.

Das Tragflügelprofil hat in Nabennähe ein dickeres Profil und an der Schaufelspitze ein schlankes Profil. Über der Länge der Schaufel ist das Profil somit verwunden, um bei wachsendem Radius und somit wachsender Umfangsgeschwindigkeit u die Geschwindigkeitsdreiecke mit $\vec{c} = \vec{u} + \vec{w}$ einhalten zu können. Mit den Profilparametern c_A und ε und den Gitterparametern $s_{La} = s''$ und $t_{La} = t''$ (Abb. 9.12) gilt nach Gl. (4.71):

$$w_m \Delta w_u = c_A \frac{w_\infty^2}{2}\frac{s_{La}}{t_{La}}\frac{\sin(180° - \beta_\infty - \varepsilon)}{\cos \varepsilon}. \qquad (9.16)$$

Mit dem Reaktionsgrad $\mathbf{r} = 1$ für Windräder kann für die axiale Beschaufelung der kinematische Reaktionsgrad $\mathbf{r_k}$ nach Gl. (6.58) ermittelt werden werden zu

$$\mathbf{r_k} = \frac{w_{u\infty}}{u}$$

$$w_{u\infty} = \frac{1}{2}\cdot(w_{u2} + w_{u1}).$$

Für $\mathbf{r} = \mathbf{r_k} = 1$ ergibt sich mit Abb. 9.12 für die Geschwindigkeiten im Mittelschnitt: $w_{u\infty} = u$.

Der Gleitwinkel, der bei einem guten Profil ohnehin sehr klein ist, wird im Folgenden gleich null gesetzt. Außerdem ist nach Abb. 9.12 $\sin(180° - \beta_\infty) = \frac{w_m}{w_\infty}$, womit Gl. (9.16) die Form $c_A \frac{s_{La}}{t_{La}} = 2\frac{\Delta w_u}{w_\infty}$ annimmt. Damit folgt aus Gl. (9.16)

$$c_A \frac{s_{La}}{t_{La}} = \frac{8}{9}\frac{c_0^2}{u \cdot w_\infty}. \qquad (9.17)$$

Hieraus wird deutlich, dass ein schnellläufiges Windrad, bei dem die Umfangsgeschwindigkeit u und damit auch die relative Zuströmgeschwindigkeit w_∞ groß ist, wenige schmale Flügel haben muss; das Profil also eine geringe Profiltiefe s_{La} bei großer Gitterteilung t_{La} hat. Umgekehrt hat ein langsamläufiges Windrad viele Flügel.

An einem einzelnen Laufradflügel muss wiederum nach Gl. (9.17) die Profiltiefe s_{La} mit wachsendem Radius abnehmen. Zwar gleichen sich das Anwachsen der Teilung t_{La} und der Umfangsgeschwindigkeit u gegeneinander aus, es bleibt aber die Zunahme der Relativgeschwindigkeit w_∞.

Die bei Schnellläufern verwendeten langen schmalen Flügel sind noch aus einem anderen Grund günstig. Am Rande eines jeden Flügels endlicher Länge findet ein Druckausgleich zwischen Druck- und Saugseite des Profils statt. Von den Flügelrändern lösen sich deshalb Wirbel ab, die einen zusätzlichen Widerstand induzieren. Dieser ist für einen Flügel mit elliptischer Auftriebsverteilung nach [18]

$$c_{Wi} = \frac{c_A^2}{\pi} \frac{A_{Fl}}{l^2} .$$

Hierin ist $\frac{l}{A_{Fl}}$ das Seitenverhältnis bzw. die Streckung des Flügels, l ist dessen Länge und A_{Fl} seine Fläche. Offenbar wird der induzierte Widerstand mit wachsender Streckung immer kleiner.

9.2.4   Betriebsverhalten

Das Kennfeld einer Windturbine zeigt Abb. 9.13. Dargestellt ist die Rotorleistung über der Drehzahl n bzw. Umfangsgeschwindigkeit u abhängig von der Windgeschwindigkeit $v = c_0$. Betriebsziel ist, die Windturbine immer im höchsten Betriebspunkt zu fahren, was bei einer drehzahlvariablen Fahrweise der Windkraftanlage mit Turbine und Generator möglich ist. Die Anstellwinkel der Profile werden dann so gesteuert, dass die Strömung am Profil stets anliegt. Wird ein polumschaltbarer Generator verwendet, der wie in Abb. 9.13 aus 2 Polpaaren besteht, können nur 2 Drehzahlen gefahren werden, was einem drehzahlstarrem

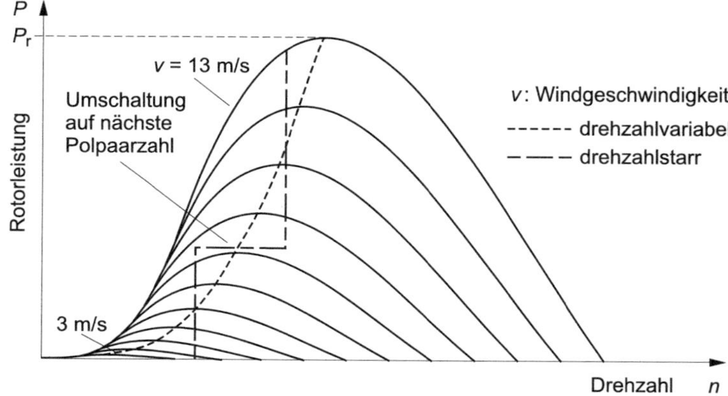

Abb. 9.13 Kennfeld einer Windkraftanlage [24]

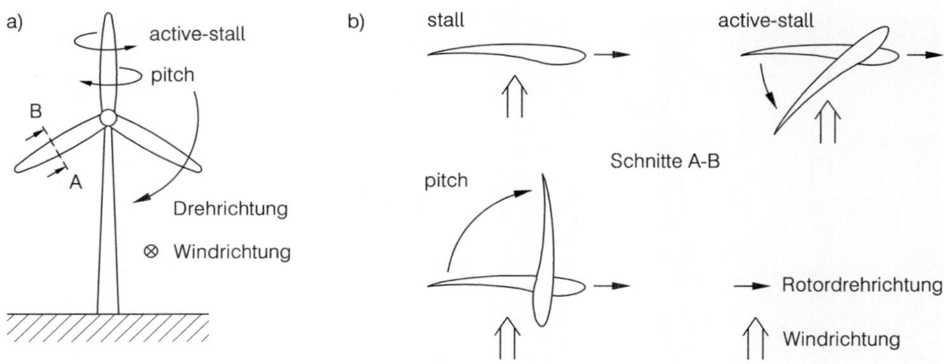

Abb. 9.14 Aerodynamische Leistungsbegenzungen [24]

Betrieb entspricht. Dadurch wird die Anlage nur bei bestimmten Betriebspunkten optimal betrieben.

Um die Windturbinen bei starkem Wind von $c_0 > 25\,\frac{m}{s}$ zu schützen, werden die Laufschaufeln zu großen Anströmwinkeln β verdreht und somit aus dem Wind gedreht, so dass die Strömung an den Schaufeln abreißt (siehe auch Abb. 9.6) und das Windrad in die Ruhestellung gelangt. Man nennt diese Betriebsart Stall-Regelung. Werden die Laufschaufeln im fahrbaren Bereich zu höheren Anströmwinkeln verdreht, um den Auftrieb bzw. die Leistungsumsetzung zu erhöhen, spricht man von Active Stall-Regelung. Werden die Laufschaufeln zu kleineren Anströmwinkeln verdreht, um den Auftrieb bzw. die Leistungsumsetzung zu reduzieren, spricht man von Pitch-Regelung, siehe Abb. 9.14.

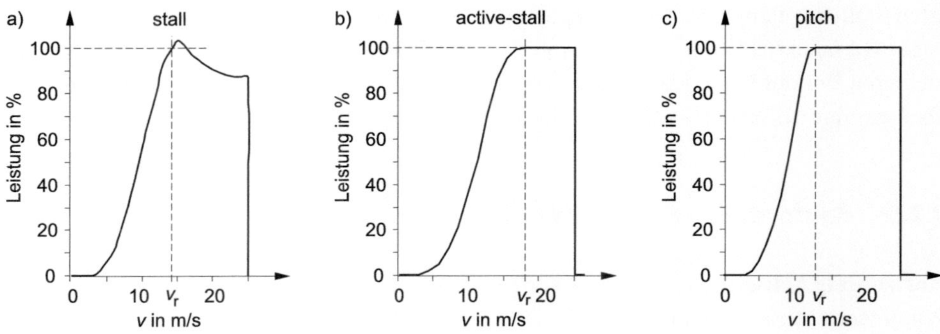

a) stall-Regelung
b) active-stall-Regelung
c) pitch-Regelung

Abb. 9.15 Betriebsarten der Windkaftanlage [24]

Abb. 9.16 Abströmung von Windrädern in einem Windpark [7]

Zur Leistungsreduzierung und auch zum vollständigem Abbremsen des Rotorblatts wird keine mechanische Bremse benötigt, siehe Abb. 9.15. Die Scheibenbremse wird als Feststellbremse nur bei Wartungsarbeiten benötigt.

Wie in Abschn. 9.2.1 erläutert, treten an der Hinterkante und insbesondere auf der Saugseite der Tragflügelprofile Wirbelablösungen auf. Wird das Tragflügelprofil bei den Betriebsarten Stall-Regelung oder Pitsch-Regelung verstellt, treten ebenfalls Wirbelablösungen auf (siehe Kármánsche Wirbelstraße in Abb. 9.9). Bei Offshore-Anlagen in einem Windpark mit mehreren Windturbinen erzeugen Wirbelablösungen sogenannte Wirbelschleppen, die sich über mehrere Kilometer erstrecken, siehe Abb. 9.16.

9.2.5 Bauformen – Konstruktionen

Horizontale Achsenlage. Nach dem vorigen Abschnitt werden langsam- und schnellläufige Windräder unterschieden (Abb. 9.17). Da sie dem Wind nachgeführt werden müssen, sind die Maschinen um eine senkrechte Achse drehbar. Kleine Anlagen werden mittels einer leeseitigen Windfahne oder mit einem Seitenrad ausgerichtet, größere haben Windmessgeräte und einen elektrischen Hilfsantrieb für die Richtungsnachführung. Sonderbauformen sind ummantelte Windturbinen, durch die eine Konzentration des Windes im Laufradbereich erreicht wird, und Maschinen mit zwei gegenläufigen hintereinander angeordneten Rotoren.

Abb. 9.17 Bauformen von
Windrädern

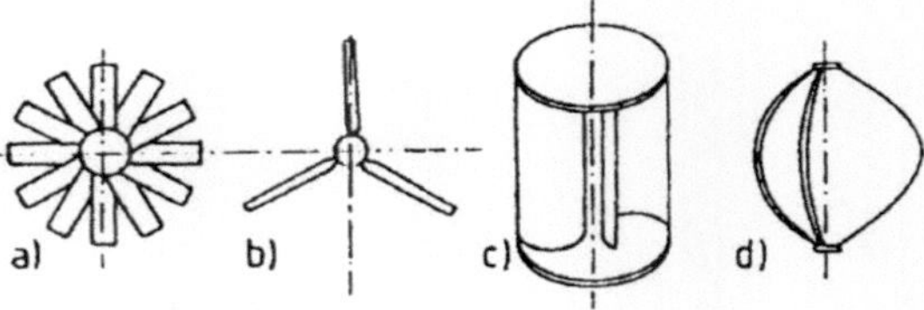

a) langsamläufige Horizontalachsenmaschine

b) schnellläufige Horizontalachsenmaschine

c) Savonius-Rotor

d) Darrieus-Rotor

Vertikale Achsenlage. Da eine Nachführung unnötig ist, wird die Konstruktion vereinfacht. Es gibt vor allem den Savonius-Rotor, der auf dem Widerstandsprinzip beruht, und den Darrieus-Rotor, der wie die Horizontalachsenmaschine eine aerodynamische Turbine ist.

Langsamläufige Horizontalachsenmaschinen. Die „amerikanische Farmwindturbine" des 19. Jahrhunderts mit 12 bis 20 oder noch mehr Flügeln hat eine vergleichsweise niedrige Drehzahl und ein entsprechend hohes Drehmoment. Damit ist dieser Maschinentyp zum direkten Antrieb einer Wasserpumpe der Kolbenbauart besonders geeignet.

Schnellläufige Horizontalachsenmaschinen. Die modernen Windturbinen sind zum Antrieb elektrischer Generatoren bestimmt. Für diesen Zweck sind hohe Drehzahlen günstig, weil dann die Massen und Abmessungen der Getriebe oder der Generatoren kleiner werden. Nach Abschn. 9.2.2 sind dafür Laufräder mit wenigen Flügeln vorzusehen. Die Profile müssen von hoher aerodynamischer Qualität sein, so dass aufwändige Fertigungsverfahren nötig werden.

Bei den Windrädern wird die Schnellläufigkeit statt nach Gl. (2.125) oft durch den Quotienten $\frac{u}{c_0}$ beschrieben, worin u die Umfangsgeschwindigkeit der Blattspitzen ist, also $u = \pi n D$. Indem man $\Delta h_u = \frac{4}{9} \cdot c_0^2$ nach Gl. (9.15) und für den Volumenstrom $\dot{V} = c_m A = \frac{2}{3} c_0 \cdot \frac{\pi}{4} D^2$ mit dem Wert der Meridiangeschwindigkeit in die Definitionsgleichung einsetzt, findet man die Umrechnungsbeziehung

$$\sigma = \frac{2n\sqrt{\pi \dot{V}}}{(2\Delta h_u)^{3/4}} = \frac{2\sqrt{27}}{\sqrt{6} \cdot 8^{3/4}} \cdot \frac{\pi n D}{c_0} = 0{,}892 \cdot \frac{\pi n D}{c_0} . \tag{9.18}$$

Auf dem Markt haben sich inzwischen Maschinen mit drei Flügeln weitgehend durchgesetzt, deren Schnellläufigkeit im Bereich von $\sigma = 5 \div 8$ liegen.

Die Abb. 9.18 und 9.19 zeigen Konstruktionen von Windkaftanlagen und die Fundamentgründung bei Offshore-Anlagen.

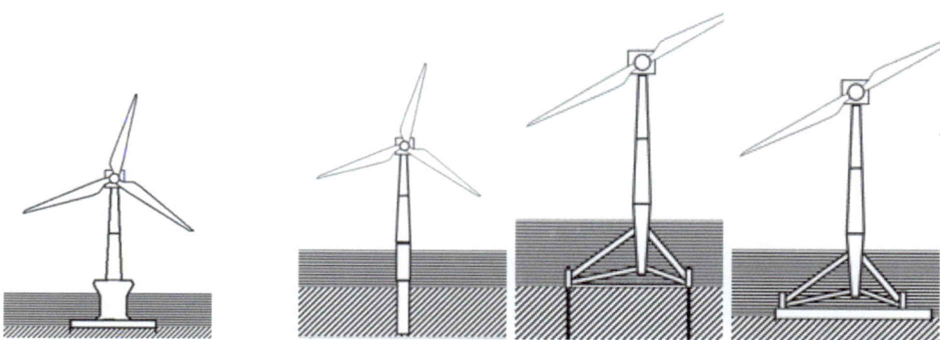

Schwimmendes Fundament ab 50m Wassertiefe

Abb. 9.18 Fundament von Offshore-Anlagen [34]

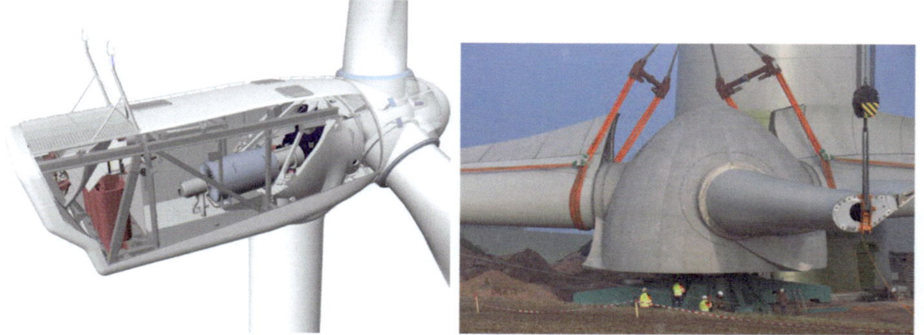

Gondel (Maschinenhaus) mit Turmdrehkranz und Triebstrang
Triebstrang mit Rotor, Getriebe, Kupplung/Bremse, Lager und Generator

Abb. 9.19 Gondel einer Windkraftanlage [34]

Ausführungsbeispiel. Die in Abb. 9.20 dargestellte Windkraftanlage ist für eine Nennleistung von $P = 1050$ kW bei der Nennwindgeschwindigkeit $c_0 = 13\,\frac{m}{s}$ ausgelegt. Die Einschaltgeschwindigkeit ist $c_0 = 3\,\frac{m}{s}$ und die Abschaltgeschwindigkeit $c_0 = 25\,\frac{m}{s}$. Für die Festigkeitsrechnung wurde eine Überlebensgeschwindigkeit von $c_0 = 58\,\frac{m}{s}$ angenommen.

Der Rotor mit einem Durchmesser von $D = 57$ m hat drei verstellbare Flügel aus Glasfaserkunststoff in Schalenbauweise. Der polumschaltbare Generator wird über ein Getriebe mit einer Planeten- und einer Stirnradstufe angetrieben. Die Anlage wird somit bei 2 Drehzahlen $n_1 = 0,382\,\frac{1}{s}$ und $n_2 = 0,255\,\frac{1}{s}$ betrieben. Zur Dämpfung von Drehmomentspitzen ist eine Flüssigkeitskupplung (Abschn. 8.2) vorhanden. Mittels einer Scheibenbremse kann der Maschinensatz in den Stillstand gebracht und dort gehalten werden. Für die Ausrichtung in den Wind sind zwei elektrische Antriebe, diagonal zueinander vorgesehen.

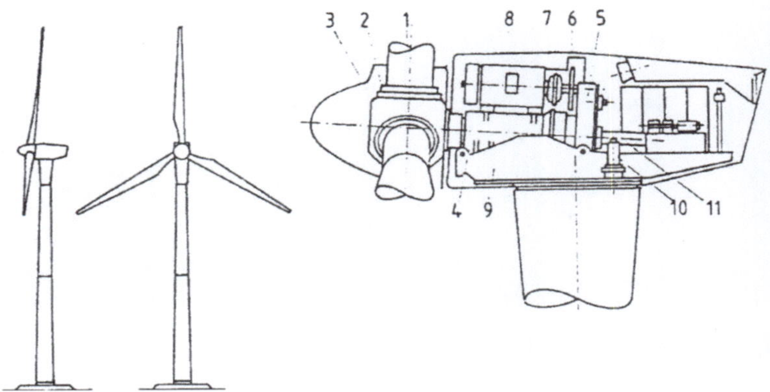

Daten der Windkraftanlage: $P = 1050\,\mathrm{kW}$, $n = 0,382/0,255\,\frac{1}{s}$, $D = 57\,\mathrm{m}$

1	Rotorblatt	5	Getriebe	9	Maschinenträger
2	Blattlager	6	Bremse	10	Drehkranzantrieb
3	Rotornabe	7	Kupplung	11	Rotorblatt-Verstellzylinder
4	Rotorlager	8	Generator		

Abb. 9.20 Windkraftanlage der MW-Klasse (Husumer Schiffswerft)

Die Abb. 9.21 und 9.22 zeigen die Leistungsentwicklung von Windkaftanlagen und die Tragflügelkonstruktion.

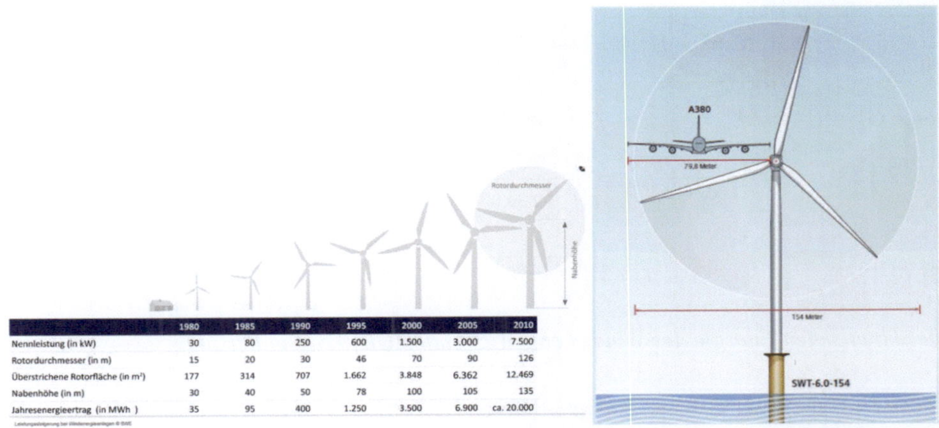

	1980	1985	1990	1995	2000	2005	2010
Nennleistung (in kW)	30	80	250	600	1.500	3.000	7.500
Rotordurchmesser (in m)	15	20	30	46	70	90	126
Überstrichene Rotorfläche (in m²)	177	314	707	1.662	3.848	6.362	12.469
Nabenhöhe (in m)	30	40	50	78	100	105	135
Jahresenergieertrag (in MWh)	35	95	400	1.250	3.500	6.900	ca. 20.000

Abb. 9.21 Leistungsentwicklung von Windkraftanlagen [34]

Abb. 9.22 Tragflügelprofile von Windkraftanlagen [34]

Beispiel 9.1 *Für eine Windkraftanlage ähnlich Abb. 9.20 ist gegeben:*

$$
\begin{array}{ll}
\textit{Dichte der Luft} & \rho = 1{,}225\ \tfrac{kg}{m^3}\\[4pt]
\textit{Windgeschwindigkeit} & c_0 = 9{,}46\ \tfrac{m}{s}\\[4pt]
\textit{Rotordurchmesser} & D = 57\,m\\[4pt]
\textit{Drehzahl} & n = 0{,}382\ \tfrac{1}{s}\\[4pt]
\textit{Rotorleistung} & P = 561\,kW\,.
\end{array}
$$

Gesucht sind Schnellläufigkeit σ, Durchmesserzahl δ und Wirkungsgrad η.

Lösung 9.1 *Mit $c_m = \tfrac{2}{3}c_0 = \tfrac{2}{3}\cdot c_0 = \tfrac{2}{3}\cdot 9{,}46\ \tfrac{m}{s} = 6{,}307\,\tfrac{m}{s}$ ist der Volumenstrom*

$$
\dot V = \frac{\pi}{4}D^2 c_m = \frac{\pi}{4}\cdot 57^2\,m^2 \cdot 6{,}307\,\frac{m}{s} = 16093\,\frac{m^3}{s}\,.
$$

Nach Gl. (9.14): $\Delta h_u = \tfrac{4}{9}c_0^2 = \tfrac{4}{9}\cdot 9{,}46^2\,\tfrac{m^2}{s^2} = 39{,}8\,\tfrac{m^2}{s^2}$.

Gl. (2.125): $\quad \sigma = \dfrac{2n\sqrt{\pi \dot V}}{(2\Delta h_u)^{3/4}} = \dfrac{2\cdot 0{,}382\,\tfrac{1}{s}\sqrt{\pi\cdot 16093\,\tfrac{m^3}{s}}}{\left(2\cdot 39{,}8\,\tfrac{m^2}{s^2}\right)^{0{,}75}} = 6{,}45.$

Gl. (2.126): $\quad \delta = D\dfrac{\sqrt{\pi}}{2}\left(\sqrt{\dfrac{2\Delta h_u}{\dot V^2}}\right)^{\tfrac{1}{4}} = 57\,m\cdot \dfrac{\sqrt{\pi}}{2}\left(\sqrt{\dfrac{2\cdot 39{,}8\,\tfrac{m^2}{s^2}}{\left(16093\,\tfrac{m^3}{s}\right)^2}}\right)^{\tfrac{1}{4}} = 1{,}189$

Der kinetischen Energie des Windes entspricht nach Gl. (9.8) die Leistung

$$
P_0 = \frac{\rho}{2}\frac{\pi}{4}D^2 c_0^3 = \frac{\rho}{2}\frac{\pi}{4}\cdot 57^2\,m^2 \cdot \left(9{,}46\,\frac{m}{s}\right)^3 = 1{,}323\cdot 10^6\,W = 1323\cdot 10^3\,kW
$$

Da aber nach Abschn. 9.2.2 selbst unter idealen Bedingungen nur die mit dem Betz-Faktor c_p multiplizierte theoretische Windleistung $P_{th} = c_p P_0$ gewinnbar ist, also

$$
P_{th} = \frac{16}{27}\cdot 1323\,kW = 784\,kW\,,
$$

werden als Wirkungsgrade definiert:

$$\eta_{WEA,1} = \frac{P}{P_0} = \frac{561\,kW}{1323\,kW} = 0{,}424 \qquad P\ bezogen\ auf\ P_0$$

$$\eta_{WEA,2} = \frac{P}{P_{th}} = \frac{561\,kW}{784\,kW} = 0{,}716 \qquad P\ bezogen\ auf\ P_{th}$$

9.2.6   Anlagenkonzepte

Die Abb. 9.23 und 9.24 zeigen Anlagenkonzepte von Windkraftanlagen mit Windturbine und Generator für die elektrische Netzanbindung.

Die Vor- und Nachteile sind bei der Variante Asynchrongenerator (Abb. 9.18a):

- Feste Drehzahl: nur bei einer Windgeschwindigkeit optimale Ausbeute
- Verbesserung durch polumschaltbaren Asynchrongenerator
- der Verwendung von zwei Generatoren
- oder schlupfgeregelter Generator zur Reduzierung von Belastungen bei Böen
- Konzept für kleinere Leistungen
- Konzept bis Mitte 90er

Die Vor- und Nachteile sind bei der Variante doppelt gespeister Asynchrongenerator (Abb. 9.18b):

- ein Teil der Leistung wird über den Umrichter umgesetzt
- dadurch variable Drehzahl am Generator und am Rotor

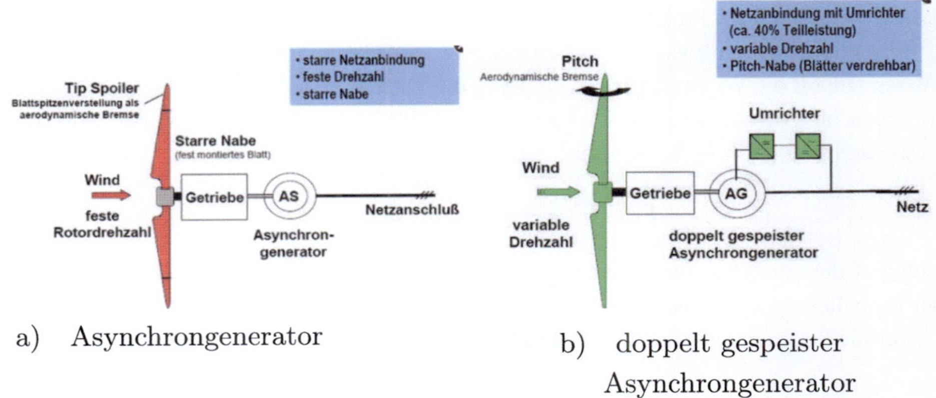

a)   Asynchrongenerator

b)   doppelt gespeister Asynchrongenerator

Abb. 9.23 Anlagenkonzept mit Asynchrongenerator mit Getriebe [34]

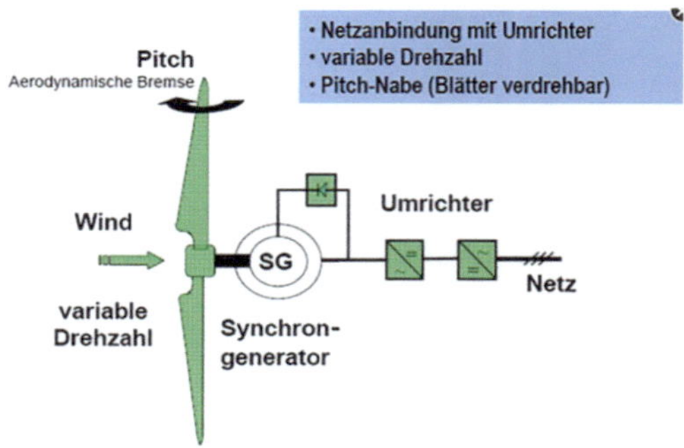

Abb. 9.24 Anlagenkonzept mit Vollumrichter [34]

Die Vor- und Nachteile sind beim Anlagenkonzept mit Vollumrichter (Abb. 9.24):

- die gesamte Leistung wird über den Umrichter umgesetzt
- dadurch variable Drehzahl am Rotor
- Umrichter passt die Leistung an Spannung und Frequenz an
- mit Getriebe: verschleißanfällig, Verluste, aber kompakte Bauweise
- ohne Getriebe (Generator dreht mit Rotordrehzahl): aufwendigerer aber schwerer Ring-generator

9.3 Propeller

9.3.1 Strahltheorie des Propellers

Der axiale Schub, der bei anderen Strömungsmaschinen eine lästige Begleiterscheinung darstellt, wird bei den Propellern zum Vortrieb von Flugzeugen und Schiffen ausgenutzt.

Eine einfache Strahltheorie lässt sich unter Vernachlässigung von Drall und Reibungseinflüssen wie für die Windräder herleiten. Ist c_0 die Zuströmgeschwindigkeit und c_3 die drallfrei gedachte Abströmgeschwindigkeit, die beide hinreichend weit vom Propeller entfernt zu messen sind (Abb. 9.25), so ist die Schubkraft nach dem Impulssatz (siehe Gl. (9.10)):

$$F_S = \dot{m}(c_3 - c_0) \quad \text{mit} \quad \dot{m} = \rho A c_m \tag{9.19}$$

wobei A die vom Propeller überstrichene Fläche und c_m die Meridiangeschwindigkeit in der Propellerebene bedeuten.

Für die Strömung vor und hinter dem Propeller gilt die Bernoulli-Gleichung (2.94), also

$$\frac{p_0}{\rho} + \frac{c_0^2}{2} = \frac{p_1}{\rho} + \frac{c_1^2}{2} \quad \text{und} \quad \frac{p_2}{\rho} + \frac{c_2^2}{2} = \frac{p_3}{\rho} + \frac{c_3^2}{2}$$

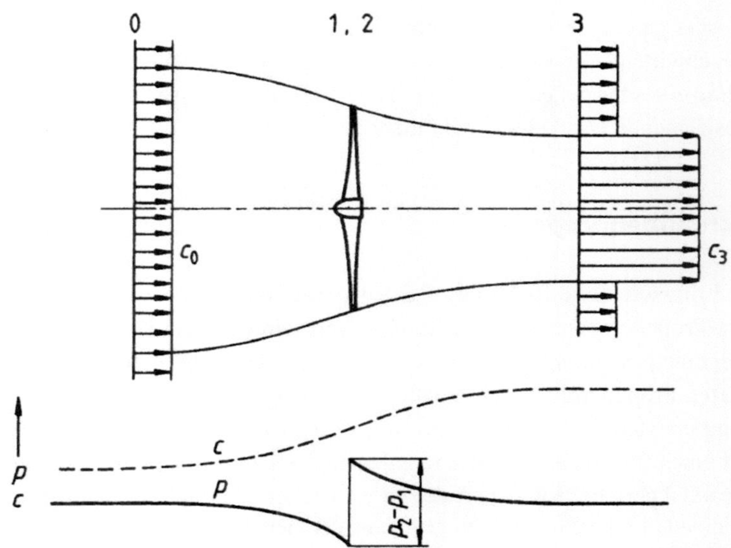

Abb. 9.25 Strahltheorie des Propellers (ausgezogen) Druckverlauf (gestrichelt) Geschwindigkeitsverlauf

und mit $p_0 = p_3$ sowie $c_1 = c_2 = c_m$

$$F_S = A(p_2 - p_1) = \rho A \frac{1}{2}\left(c_3^2 - c_0^2\right).$$

Durch Vergleich mit Gl. (9.19) folgt $c_m = \frac{1}{2}(c_0 + c_3)$ (siehe Abschn. 9.2.2).

Die theoretische Vortriebsleistung ist das Produkt aus dem Schub F_S und der Fluggeschwindigkeit c_0, also

$$P_{th} = F_S c_0 = \frac{1}{2}\rho A \left(c_0 c_3^2 - c_0^3\right).$$

Durch Vergleich mit dem kinetischen Energiestrom $\dot{E}_{kin}$, der dem Fluidstrahl durch
die Beschleunigung von c_0 auf c_3 zugeführt wird, lässt sich ein Vortriebswirkungsgrad η_V
definieren. Es ist

$$\dot{E}_{kin} = \dot{m}\frac{1}{2}\left(c_3^2 - c_0^2\right) \quad \text{mit} \quad \dot{m} = \rho A \frac{1}{2}(c_0 + c_3)$$

$$\dot{E}_{kin} = \rho A \frac{1}{4}\left(c_3^2 - c_0^2\right)(c_0 + c_3)$$

$$\eta_V = \frac{P_{th}}{\dot{E}_{kin}} = \frac{2c_0}{c_0 + c_3} = \frac{2}{1 + \frac{c_3}{c_0}}. \tag{9.20}$$

Danach ist es günstig, einen bestimmten Schub durch einen großen Massenstrom bei nur mäßiger Geschwindigkeitssteigerung $c_3 - c_0$ zu erreichen (Abschn. 5.3.4). Der tatsächliche Wirkungsgrad eines Propellers ist kleiner als η_V, weil Reibungsverluste hinzukommen, und weil das abströmende Fluid einen nicht mehr ausnutzbaren Drall enthält.

9.3.2   Schraubenpropeller

Kräfte am Flügelelement. In Abschn. 9.3.1 war es offen geblieben, auf welche Weise dem Fluid in der Propellerebene die Energie zugeführt wird, die die Druckerhöhung $p_2 - p_1$ bewirkt. Bei einem Schraubenpropeller geschieht das durch die Arbeit der Auftriebskräfte der profilierten Propellerblätter. Die relative Anströmgeschwindigkeit w_∞ nach Abb. 9.26 hat die Komponenten $c_m = \frac{1}{2}(c_0 + c_3)$ und $u = 2\pi n r$. Die aus dem Auftrieb und dem Widerstand eines Flügelelements der radialen Breite dr resultierende differenzielle Kraft dF hat eine axial gerichtete Komponente dF_S, die über den Radius integriert den Schub F_S ergibt, und eine Umfangskomponente dF_u, aus der sich das benötigte Antriebsmoment M_u errechnen lässt. Also mit dem Propellerradius R und der Flügelzahl z_{La}

$$F_S = z_{La} \int_0^R dF_S \quad \text{und} \quad M_u = z_{La} \int_0^R r\, dF_u \,.$$

Flugzeugpropeller haben der hohen Schnellläufigkeit entsprechend nur 2 bis 4 schmale Blätter aus Holz, faserverstärktem Kunststoff oder aus Leichtmetall. Eine möglichst leichte

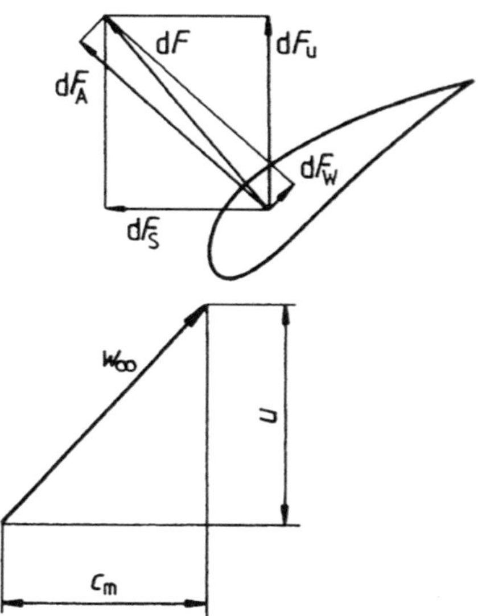

Abb. 9.26 Kräfte am Flügelelement

Bauweise ist anzustreben, um die Fliehkräfte bei den hohen Umfangsgeschwindigkeiten sicher zu beherrschen.

Im Allgemeinen bleibt die relative Anströmgeschwindigkeit w unterhalb der Schallgrenze, doch sind auch Propeller, bei denen an den Blattspitzen die Schallgeschwindigkeit überschritten wird, schon ausgeführt worden.

Um günstige Verhältnisse sowohl bei Start und Landung als auch beim Schnellflug zu erreichen, werden Verstellpropeller bevorzugt, bei denen ähnlich wie bei den Laufrädern der Kaplan-Turbinen das Verstellgetriebe in der Nabe untergebracht ist.

Schiffspropeller. In der Wasserströmung darf die Flächenbelastung eines einzelnen Propellerblattes nicht zu groß sein, um Kavitation und das Eindringen von Luft von der Oberfläche her zu vermeiden. Deshalb werden flache Profile mit kleinen Anstellwinkeln verwendet. Um dennoch den gewünschten Gesamtschub zu erreichen, ist die Blattbreite größer als bei den Luftschrauben. Es sind auch mehr Blätter, bis zu sechs, üblich. Verstellpropeller sind für Schiffe, die sehr verschiedenen Betriebsbedingungen unterliegen, wie Schlepper, Fischereifahrzeuge oder Eisbrecher von Vorteil.

Für das Gesamtsystem aus Schiff und Propeller ist die übliche Heckanordnung günstig, denn durch den Sog des Propellers wird die Grenzschicht stabilisiert, und ihre Ablösung vom Achterschiff verzögert. Für eine genaue Propellerberechnung ergibt sich daraus aber die Schwierigkeit, dass im Nachlauf des Schiffskörpers keine rotationsymmetrische Zuströmung mehr vorausgesetzt werden kann. Auch die vom Schiff aufgeworfenen Oberflächenwellen sind von Bedeutung. Das Zusammenwirken ist günstig, wenn über dem Propeller ein Wellenberg entsteht.

Im Normalfall sind Schiffspropeller so ausgelegt, dass die oben erwähnte Kavitation vermieden wird. Bei sehr schnellen Fahrzeugen, etwa ab $c_0 = 20\,\frac{m}{s}$ ist das aber nicht mehr möglich. Die Zerstörung des Werkstoffs kann jedoch auch in diesem Fall vermieden werden. Dazu wird der Propeller so gestaltet, dass auf der Saugseite eine große, dauernd bestehende Kavitationsblase entsteht, die von der Eintritts- bis zur Austrittskante des Profils reicht.

Ein Schraubenpropeller kann von einer Düse, der sog. Kort-Düse ummantelt sein. Die aus Abb. 9.25 ersichtliche Strahlverengung wird dadurch verringert, so dass bei kleinen Abmessungen ein großer Schub bei günstigem Wirkungsgrad entsteht. Das kann auch so erklärt werden, dass durch die Druckverteilung an dem Ringflügel, den die Kort-Düse darstellt, diese selbst einen Schub erzeugt und denjenigen des Propellers verstärkt. Ein besonderer Vorteil liegt auch darin, dass in engen Binnengewässern die Uferböschungen und der Grund weniger als durch einen freien Propeller geschädigt werden.

9.3.3 Voith-Schneider-Propeller

Für Wasserfahrzeuge, die häufig und exakt manövrieren müssen, hat sich ein Propellertyp bewährt, der in seiner Wirkungsweise mit einem Darrieus-Windrad (Abb. 9.17d) vergleichbar ist. An einem Rotor mit angenähert senkrechter Drehachse sind achsparallele Flügel

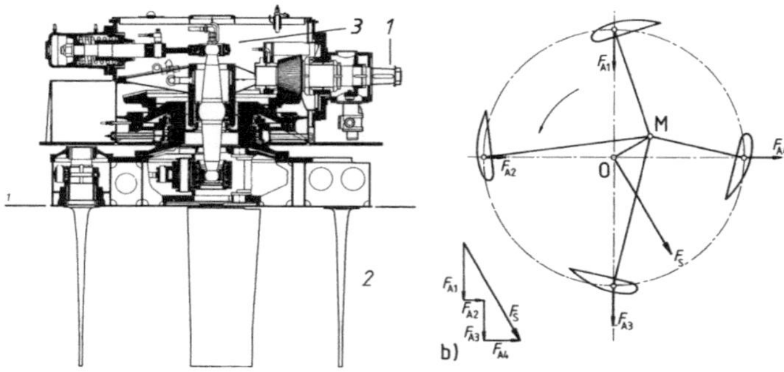

a) Schnittbild
1 Antriebswelle   2 Flügelblatt   3 Verstellgetriebe
b) Funktionsweise

Abb. 9.27 Voith-Schneider-Propeller

angebracht, denen während der Rotordrehung eine Schwingbewegung aufgezwungen wird. Amplitude und Phasenlage der Flügelschwingung lassen sich stufenlos verstellen, wodurch der Schub des Propellers bei konstanter Drehzahl nach Betrag und Richtung verändert wird.

Nach Abb. 9.27 b sind bei der Drehung um den Punkt O die Normalen der Schaufelskelettlinien immer auf den feststehenden Punkt M ausgerichtet. Dadurch werden die Anstellwinkel der Profile so verändert, dass die Auftriebskräfte stets eine senkrecht zu $\overline{OM}$ gerichtete Komponente haben. Eine genauere Untersuchung zeigt, dass der resultierende Schub des Propellers angenähert proportional zur Strecke $\overline{OM}$ und senkrecht zu ihr gerichtet ist. Der Steuerpunkt M kann von der Brücke des Schiffes aus in der Nähe des Punktes O beliebig verstellt werden. Auf diese Weise dient der Voith-Schneider-Propeller gleichzeitig dem Antrieb und der aktiven Steuerung des Fahrzeugs.

Ein mit zwei solchen Propellern ausgestattetes Schiff erreicht eine nahezu ideale Manövrierfähigkeit, so kann es auf der Stelle gedreht oder seitlich versetzt werden. Typische Anwendungsfälle sind Flussschiffe und Fähren, Bugsierschiffe und Schwimmkräne, aber auch hochseetüchtige Schiffe für Spezialaufgaben wie etwa Forschungsschiffe zur Erkundung des Meeresbodens oder Kabelleger.

Systemdienstleistungen und Netzstabilität mit Turbomaschinen 10

Die Auslegung von Turbomaschinen erfolgt in der Regel im optimalen Betriebspunkt bei Nennlast und somit im Nennbetriebspunkt. Werden Turbomaschinen bei der Stromerzeugung eingesetzt und sind die Maschinen mit dem elektrischen Netz synchronisiert, erfolgt der Betrieb der Turbomaschinen nach Vorgaben des Lastverteilers. Der Lastverteiler gibt den Stromerzeugungsanlagen einen Einsatzfahrplan vor, um die Lastkurve, bestehend aus dem Verbraucher und Erzeuger, zu decken, siehe Abb. 10.1. Die Lastkurve kann in die Bereiche Grundlast, Mittellast und Spitzenlast eingeteilt werden (siehe auch Abschn. 5.3.1).

Die Aufgaben des Netzbetreibers sind die Haltung von Spannung und Frequenz (Versorgungsqualität) und die Vermeidung und Beherrschung von Störfällen (Versorgungssicherheit), siehe Abb. 10.2. Dazu benötigt der Netzbetreiber Anlagen, die diese Anforderungen erfüllen können. Dabei wird die Frequenzhaltung durch die Eigenschaften der Turbine (Wirkleistung) und die Spannungshaltung durch die Eigenschaften des Generators (Blindleistung) erfüllt, siehe Abb. 10.3. Die Turbomaschinen müssen somit einerseits die Leistung nach Vorgabe kontinuierlich anpassen (Tertiärregelung), und andererseits müssen sie bei Störungen diese sofort ausregeln (Primärregelung) und den Gleichgewichtszustand von Verbrauch und Erzeugung wieder einstellen (Sekundärregelung), siehe Störung in Abb. 10.1 und Regelungsarten in Abb. 10.11.

Die Kraftwerke und die Turbomaschinen müssen daher zu jedem Zeitpunkt regel- und steuerbar sein, um die Netzstabilität in Versorgungsgebieten zu gewährleisten. Kommt es in Versorgungsgebieten zu einem Netzfrequenzabfall und die Netzstabiltät kann nicht erreicht werden, wird automatisch der 5-Stufenplan des Lastabwurfes aktiviert, siehe Abb. 10.4. Sinkt die Netzfrequenz unter $f = 47,5\,\mathrm{Hz}$ (Stufe 4), werden die Kraftwerke und somit auch die Turbomaschinen vom Netz getrennt, was zu einem Blackout führt. Durch den Zusammenschluss der europäischen Übertragungsnetzbetreiber in der UCTE (Union for Coordination of the Transport of Electric Power), die wiederum unter dem Dach der ENTSO-

© Der/die Autor(en), exklusiv lizenziert an Springer Fachmedien Wiesbaden GmbH, ein Teil von Springer Nature 2026
G. Thieleke und R. Feyrer, *Turbomaschinen*,
https://doi.org/10.1007/978-3-658-48698-3_10

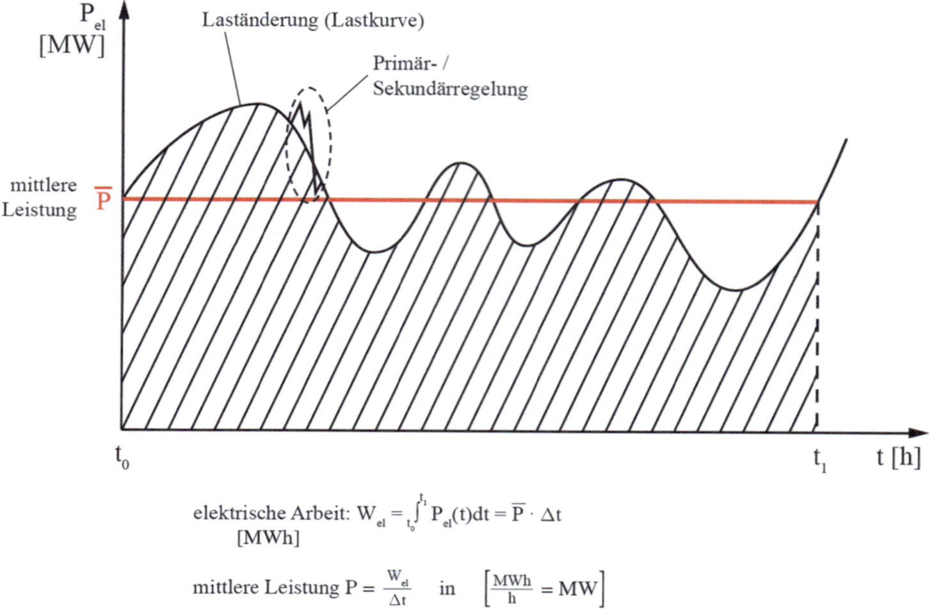

$$\text{elektrische Arbeit: } W_{el} = \int_{t_0}^{t_1} P_{el}(t)\,dt = \overline{P} \cdot \Delta t$$
$$[\text{MWh}]$$

$$\text{mittlere Leistung } P = \frac{W_{el}}{\Delta t} \quad \text{in} \quad \left[\frac{\text{MWh}}{\text{h}} = \text{MW}\right]$$

Abb. 10.1 Lastkurve eines Versorungsgebietes im Normalbetrieb und bei Störung [34]

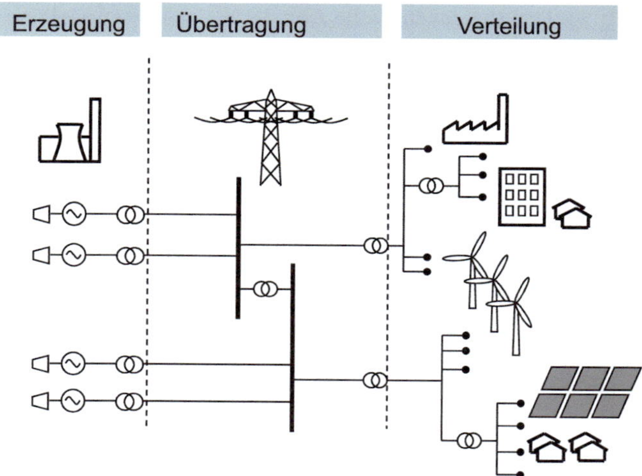

Abb. 10.2 Aufgaben des Netzbetreibers: Gewährleistung von Versorgungsqualität und Versorgungs-sicherheit [34]

E (European Network of Transmission System Operators for Electricity) organisiert ist, kommen Blackout-Situationen in einem ganzen Land relativ selten vor. Im Jahr 2003 kam

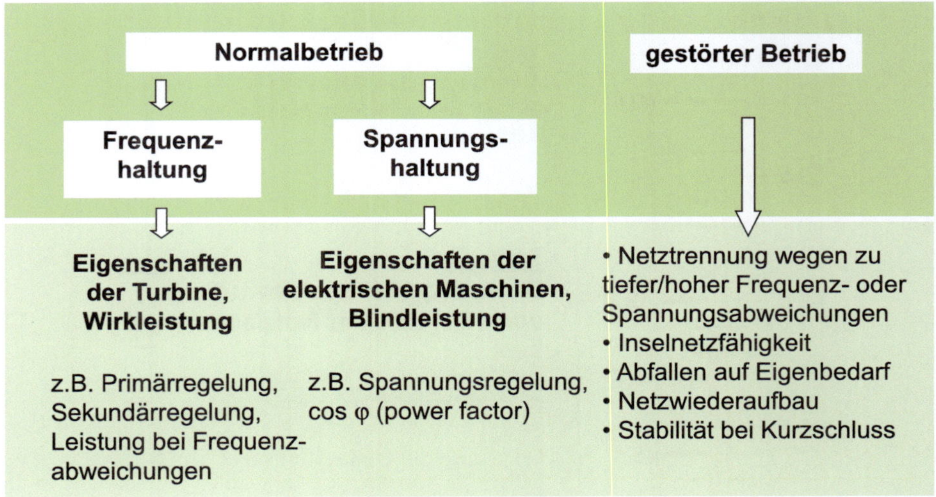

Abb. 10.3 Anforderungen an das Kraftwerk und die Turbomaschine [34]

es jedoch in Italien und 2025 in Spanien und Portugal zu einem landesweiten Blackout, der sowohl in Italien als auch in Spanien und in Portugal 1 Tag andauerte. Die Netztrennung der Gebiete und somit der Blackout erfolgt dabei innerhalb von ca. 5 s.

Abb. 10.5 zeigt das Anlagenschaltbild eines thermischen Kraftwerkes mit Dampferzeuger, Turbine, Generator und die Realisierungsmöglichkeiten von Leistungsänderungen ΔP. Schnelle Leistungsänderungen sind über das Dampfregelventil vor der Turbine zu realisieren, weshalb Dampfturbinen mit einer Regelstufe bestehend aus Düsengruppen mit Einströmkasten versehen sind, siehe Abb. 3.5. Wasserturbinen besitzen einen verstellbaren Leitapparat oder bei Pelton-Turbinen eine verstellbare Zuströmdüse, um schnelle Leistungsänderungen realisieren zu können, siehe Abb. 4.22. Gasturbinen können über die Brennstoffzufuhr in der Brennkammer schnell geregelt werden, siehe Abb. 5.19. Sie werden daher auch zur Spitzenlastdeckung eingesetzt, siehe Anfahrdiagramm einer Gasturbine mit Synchronisation mit dem elektrischen Netz in Abb. 5.20. Windturbinen können bei vorhandenem Wind über die Pitch- und Stallregelung in der Leistung verändert werden, siehe Abb. 9.15. Dies geht natürlich bei einer Windflaute nicht, weshalb sie nur bedingt für Regelungsaufgaben einsetzbar sind.

Da elektrische Energie bzw. der elektrische Strom im großen Maßstab nicht gespeichert werden kann, äußert sich jede Änderung des Gleichgewichts zwischen Erzeugung und Verbrauch in einer Änderung der Drehzahl n der rotierenden Massen und damit der Netzfrequenz f. Nach dem Drallsatz der Mechanik ergibt sich für einen Turbosatz bestehend aus Turbine und Generator folgender Zusammenhang, siehe Abb. 10.6:

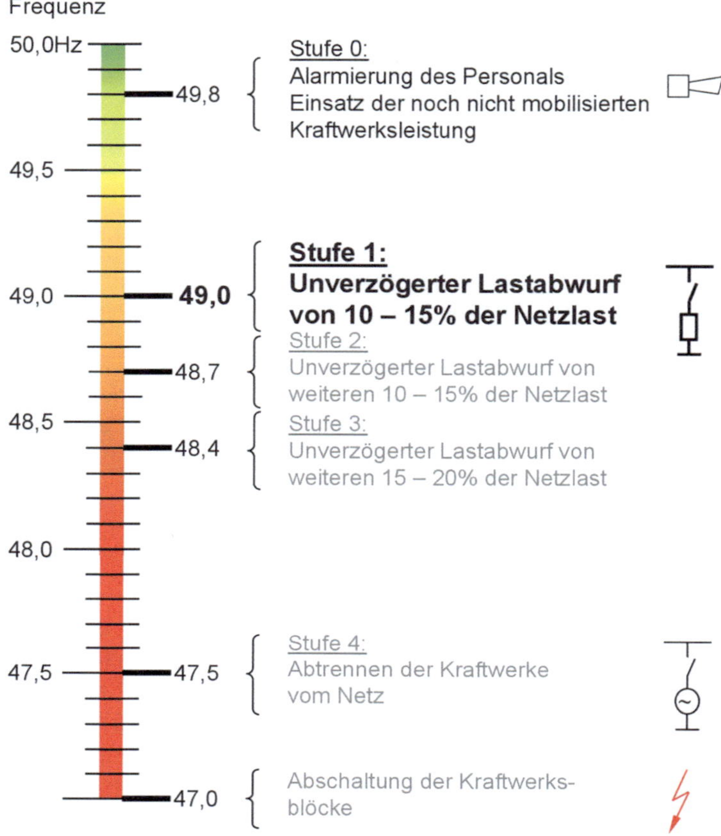

Abb. 10.4 5-Stufenplan zum Lastabwurf [34, 38, 39]

$$J\frac{d\omega}{dt} = M_A - M_G = \Delta M$$

$$\frac{d\omega}{dt} = \frac{\Delta M}{J}$$

$$\omega = 2\pi n \quad n = f \quad J = \frac{1}{2}mr^2 \quad \text{Trägheitsmoment Vollzylinder}$$

$$\frac{df}{dt} \propto \frac{d\omega}{dt} = f(J)$$

$$\frac{df}{dt} \cong RoCoF: \text{Rate of Change of Frequency}$$

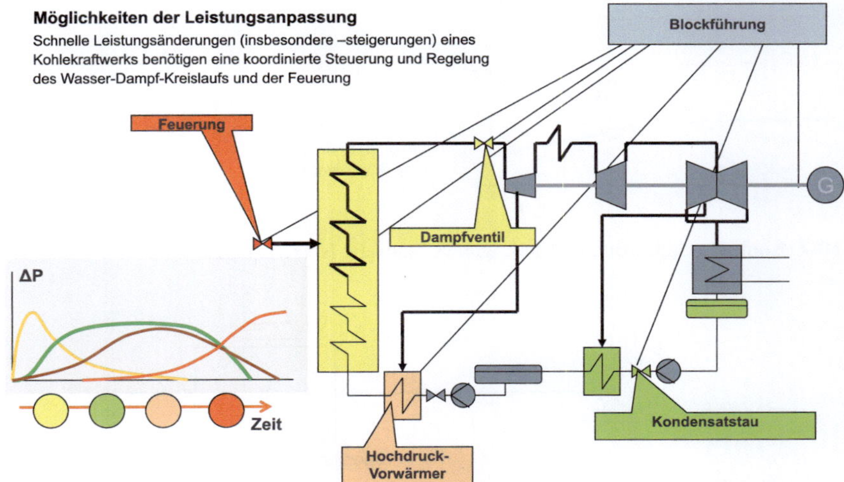

Abb. 10.5 Anforderungen an das Kraftwerk und Turbomaschine [34]

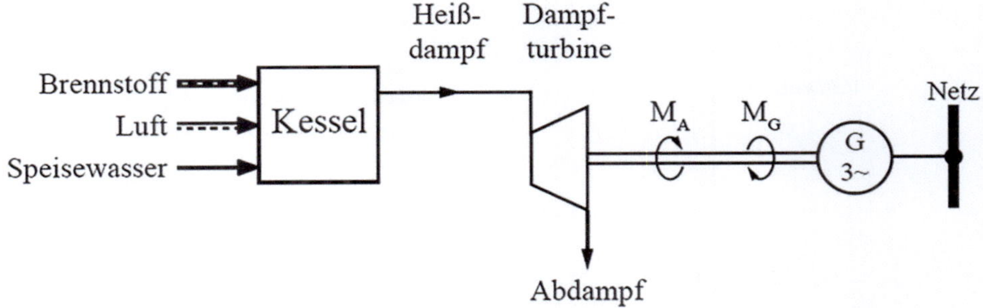

Abb. 10.6 Turbosatz mit Turbine und Generator [34]

mit ω als Winkelgeschwindigkeit, n als sekundliche Drehzahl, die der Netzfrequenz f entspricht und J Massenträgheitsmoment des Turbosatzes (Schwungmasse). Der Term $\frac{df}{dt}$ wird als „Rate of Change of Frequency" *RoCoF* bezeichnet und stellt ein Maß für die Frequenzänderung bei einer Leistungsänderung ΔP dar. *RoCoF* ist somit vom Massenträgheitsmoment J (Schwungmasse) abhängig ($RoCoF = f(J)$). Abb. 10.7 zeigt die Auswirkungen von Leistungsänderungen ΔP auf den Freqenzverlauf f im Netz.

Große Schwungmassen und große Trägheitsmomente bewirken langsamere Frequenzänderungen. Eine Stabilisierung der Frequenz erfolgt jedoch nicht, und es ist ein Ausgleich des Ungleichgewichts mittels proportionalem Drehzahlregler bzw. Primärregelung K_p notwendig, siehe Blockschaltbild in Abb. 10.8. Die primäre Frequenzregelung als proportionaler Regler ist sehr stabil und bedingt jedoch eine bleibende Regelabweichung. Der Selbstregeleffekt bedeutet, dass bei einer Netzfrequenzänderung manche Verbraucher (insbesondere

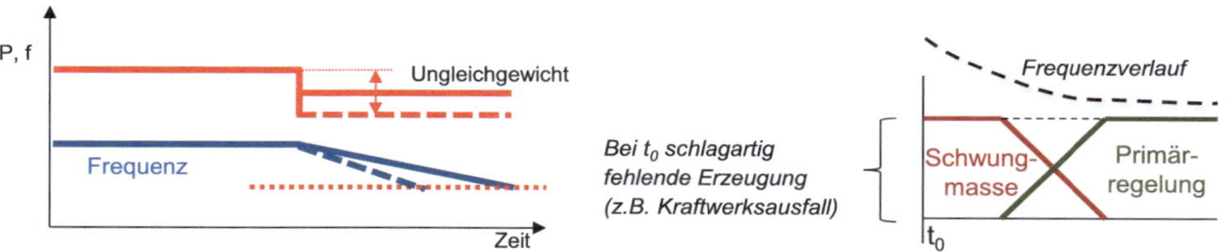

Abb. 10.7 Einfluss von Leistungsänderungen ΔP auf die Netzfrequenz f [34]

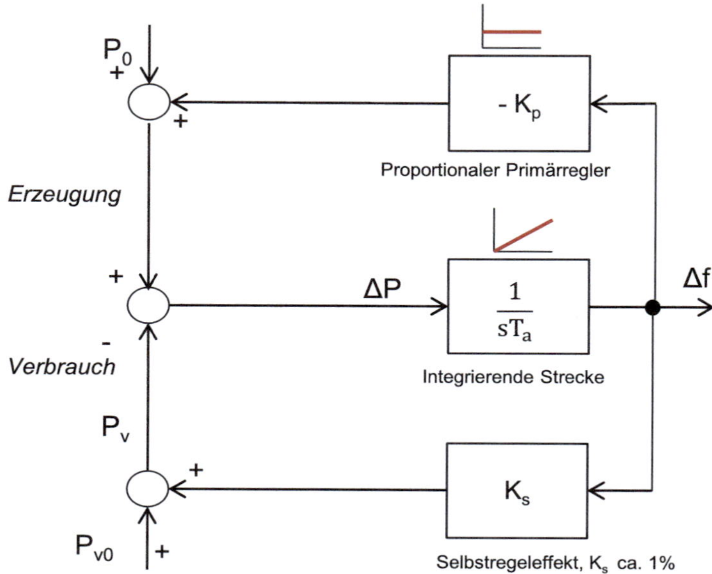

Abb. 10.8 Blockschaltbild der Primärregelung [34]

Gebläse) durch deren Drehzahländerung den Verbrauch auch ändern und somit stabilisierend wirken können.

Kraftwerke und somit auch die Turbomaschinen müssen über die eingebaute Kraftwerksstatik Vorgaben bei hoher Über- oder Unterfrequenz Δf durch Entlastung oder Belastung $\pm \Delta P$ und auch beim Einsatz bei der Primärreglung den geforderten Beitrag bei Über- oder Unterfrequenz $\pm \Delta f$ erbringen, siehe Abb. 10.9. Die Primärregelung greift ein bei Über- bzw. Unterschreiten des Frequenz-Totbandes von $\Delta f \pm 20\,mHz$. Die Kraftwerksstatik entspricht dem Kehrwert des K_p-Proportionalfaktors im Primärregler.

Die Bedeutung der Schwungmasse und deren Ausspeicherung bei einer Laständerung ΔP (Störgröße $\Delta P_z = 3\,GW$) im Kontinentaleuropäischen UCTE- Netz zeigt Abb. 10.10. Durch die reine Ausspeicherung der Schwungmasse J bei einem bedeutendem Ausfall von Kraftwerksleistung kann der Abfall der Netzfrequenz f verlangsamt werden. Die rotieren-

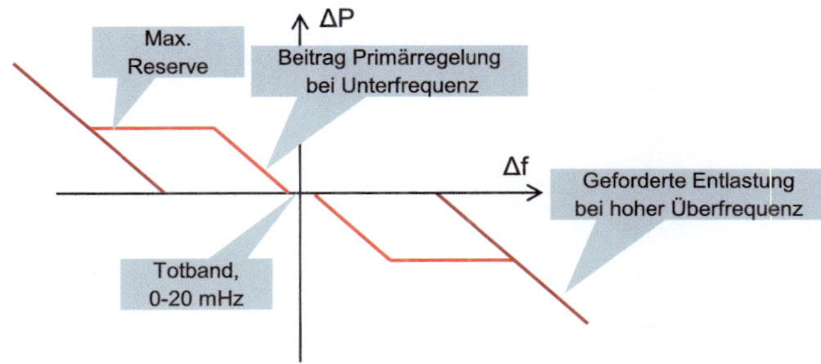

Geforderte Leistungsänderungen ΔP bei Über- und Unterfrequenz $\pm \Delta f$ und beim Einsatz bei der Primärregelung

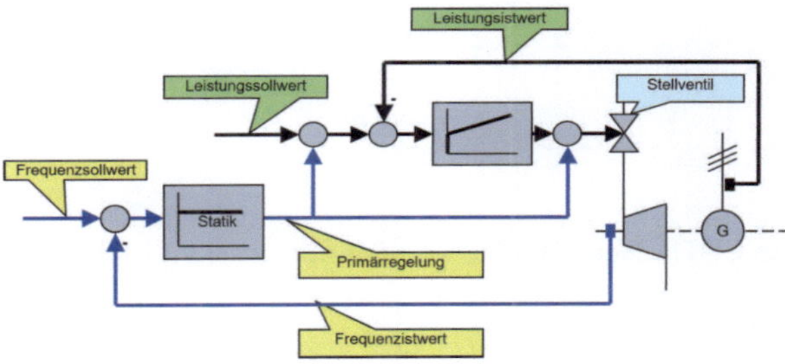

Abb. 10.9 Statik-Charakteristik im Kraftwerk – Primärregelung [34]

den Massen der noch am Netz befindlichen Turbosätze bzw. Turbomaschinen haben somit einen dämpfenden Einfluss auf den Netzfrequenzabfall und unterstützen somit die Primärregelung, die durch sehr schnelles Öffnen des Dampfregelventils oder der Zuströmdüsen bei Pelton-Turbinen umgesetzt wird.

Um nach einer Störung die Netzfrequenz auf den Sollwert zurückzuführen, ist im Netzverbund die Sekundärregelung notwendig, die zentralisiert in einem Versorgungsgebiet durch einen I-Anteil im Sekundärregler umgesetzt wird. Damit steht automatisch die Primärregelreserve wieder zur Verfügung. Abb. 10.11 zeigt nach einer Störung den Einfluss der Schwungmasse und der drei verschiedenen Regelungsarten (Primär-, Sekundär- und Tertiärregelung) auf den zeitlichen Verlauf der Netzfrequenz.

Das elektrische Netz benötigt neben der Wirkleistung P auch Blindleistung Q, die über den Generator durch Verändern des Erregerstromes bereitgestellt wird (Blindleistungsregelung oder $\cos \varphi$-Regelung). Induktive Blindleistung wird zum Aufbau magnetischer Felder in Spulen, kapazitive Blindleistung wird zum Aufbau elektrischer Felder in Kondensatoren benötigt. Durch die Bereitstellung von Blindleistung wird der Energiefluss im elektrischen Netz ermöglicht. Die Blindleistung pendelt zwischen Erzeuger (Generator) und Verbraucher (Last) mit doppelter Netzfrequenz ständig hin und her. Ist der Erregerstrom höher als

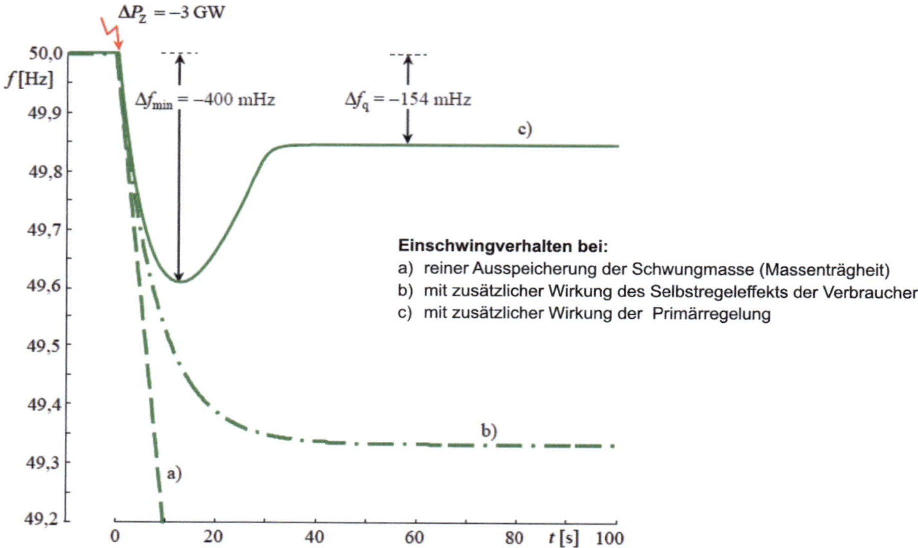

Abb. 10.10 Primärfrequenzregelung im UCTE- Netz – Einfluss der Schwungmasse J [34]

für $\cos\varphi = 1$, ist der Generator übererregt und liefert induktive Blindleistung ins Netz. Ist der Erregerstrom niederiger als für $\cos\varphi = 1$, ist der Generator untererregt und liefert kapazitive Blindleistung ins Netz. Kraftwerksgeneratoren werden üblicherweise übererregt gefahren, da im Netz vorwiegend induktive Lasten vorhanden sind. Kapazitive Lasten kommen vorwiegend in ausgedehnten Kabelnetzen in Städten und zukünftig auch durch die Erdverkabelung von Höchstspannungsleitungen vor, siehe Abb. 10.12.

Die Bereitstellung von Blindleistung kann sehr schnell durch die Generatoren der Turbosätze bereitgestellt werden. In Pumpspeicher-Kraftwerken kann die ausschließliche Einspeisung von Blindleistung ins Netz mit einer am Netz synchronisierten Pelton-Turbine realisiert werden, wenn die Zuströmdüsen zur Pelton-Laufradbeschaufelung zugefahren werden. Dabei strömt dann kein Wasser durch die Turbine und das Drehmoment an der Turbinenwelle ist Null und somit auch die Wirkleistung P. Durch Verändern des Erregerstromes kann nun ein rein induktiver oder rein kapazitiver Betrieb des Pelton-Turbosatzes gefahren werden. Diese Betriebsart wird Phasenschieberbetrieb genannt, und im Generatorkennfeld ist diese Betriebsart bei $P = 0\,\text{MW}$ d. h. auf der Q- Achse zu finden, siehe Abb. 10.13.

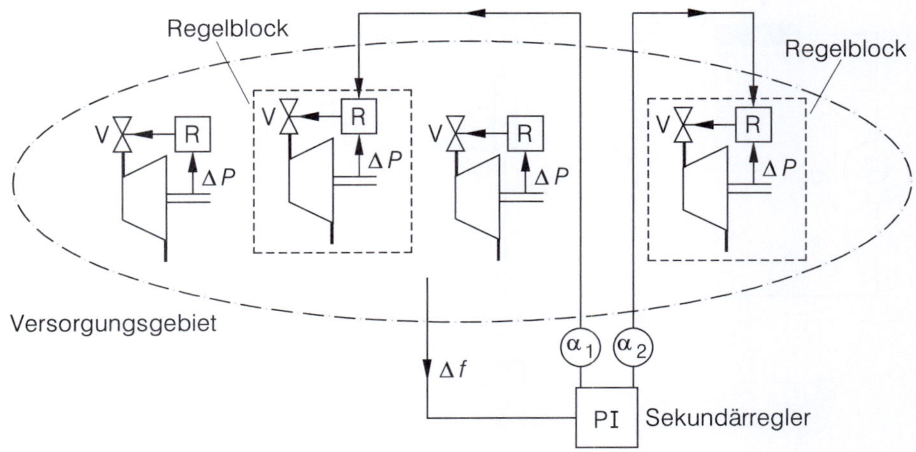

a)

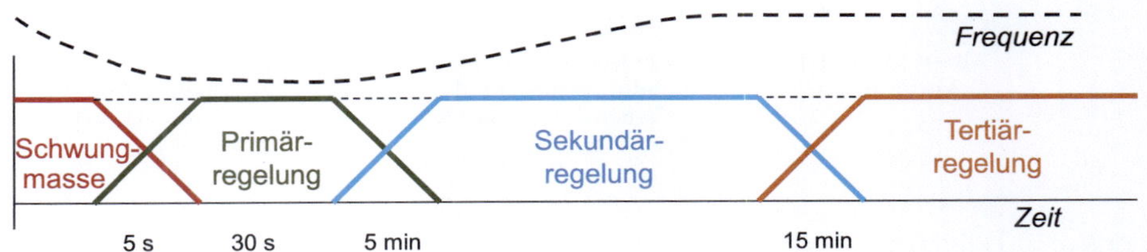

b)

a) PI-Sekundärregler im Versorgungsgebiet
b) Einfluss der Regelungsarten auf die Netzfrequenz

Abb. 10.11 Primär-, Sekundär- und Tertiärregelung [24, 34]

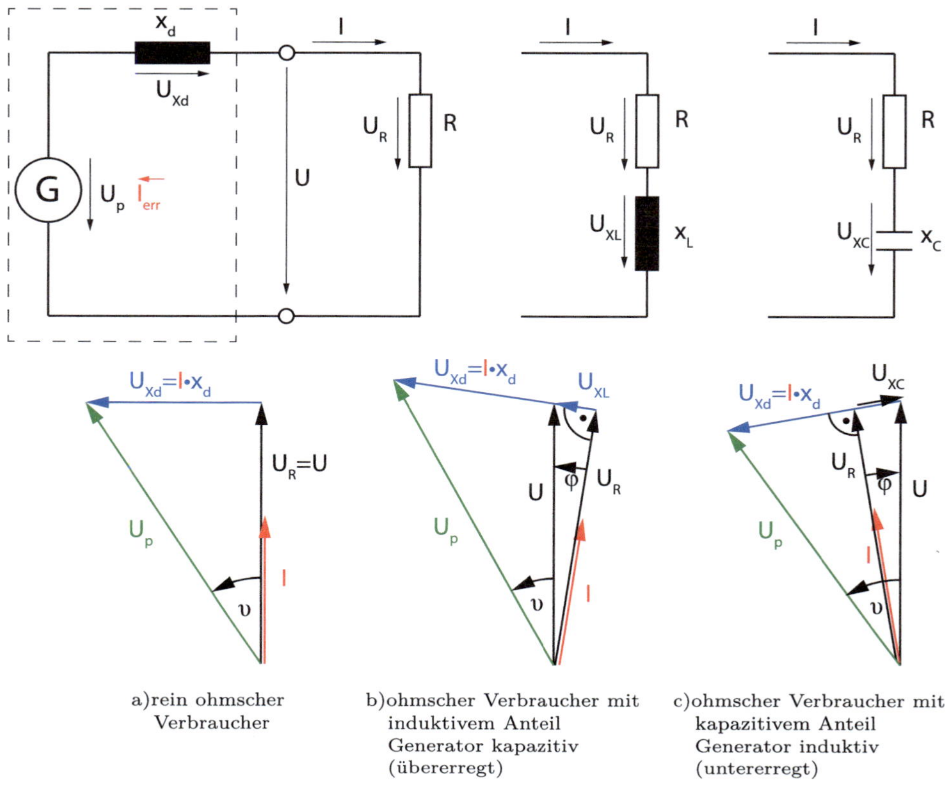

$\cos\varphi$ Leistungsfaktor

ϑ Polrad- oder Lastwinkel

U_p Polradspannung

U Netzspannung

I_{err} Erregerstrom

Abb. 10.12 Ersatzschaltbild und Zeigerdiagramm von Generator mit ohmscher, induktiver und kapazitiver Last

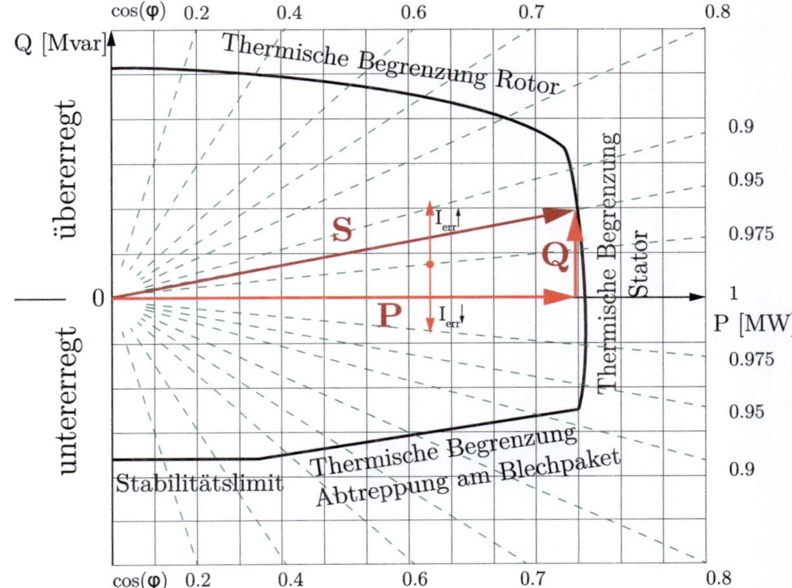

I_{err} ↑: Erhöhung Erregerstrom bei gleichbleibendem Massentrom durch die Turbine
I_{err} ↓: Erhöhung Erregerstrom bei gleichbleibendem Massentrom durch die Turbine

Abb. 10.13 Generatorkennfeld mit Wirkleistung P in MW und Blindleistung Q in M_{var}

Anhang

A

A.1 Tabellen

Siehe Tab. A.1, A.2, A.3, A.4, A.5, A.6 und A.7.

Tab. A.1 Mittlere spezifische Wärmekapazität $[c_p]_0^t$ in $\frac{kJ}{kg\,K}$ von Luft, aus der Verbrennung von Dieselkraftstoff, Erdgas und Wasserstoff entstandenem stöchiometrischen Verbrennungsgas, [6]

t	Luft	Verbrennungsgas von		
°C		Dieselkraftstoff	Ergas	Wasserstoff H_2
0	1,004	1,058	1,097	1,857
100	1,007	1,070	1,108	1,871
200	1,012	1,083	1,119	1,891
300	1,019	1,097	1,132	1,917
400	1,029	1,112	1,146	1,945
500	1,039	1,126	1,161	1,975
600	1,050	1,141	1,176	2,006
700	1,061	1,156	1,191	2,039
800	1,071	1,168	1,206	2,072
900	1.081	1,183	1,220	2,106
1000	1,091	1,195	1,234	2,140
1100	1,100	1,209	1,247	2,173
1200	1,101	1,221	1,260	2,206
1300	1,117	1,231	1,272	2,239
1400	1,124	1,242	1,283	2,270
1500	1,132	1,252	1,294	2,301

Tab. A.2 Sattdampftafel (Drucktafel) nach [14]

p	t	v'	v"	h'	h"	s'	s"
MPa	°C	m³/kg		kJ/kg		kJ/(kg K)	
0,00061	0,01	0,001000	205,997	0,001	2501,91	0,0000	9,1555
0,002	17,50	0,001001	66,990	73,435	2532,91	0,2606	8,7227
0,003	24,08	0,001003	45,655	100,990	2544,88	0,3543	8,5766
0,004	28,96	0,001004	34,792	121,404	2553,71	0,4224	8,4735
0,005	32,88	0,001005	28,186	137,765	2560,77	0,4763	8,3939
0,0075	40,29	0,001008	19,234	168,760	2574,06	0,5763	8,2502
0,01	45,81	0,001010	14,671	191,812	2583,89	0,6492	8,1489
0,02	60,06	0,001017	7,648	251,400	2608,95	0,8320	7,9072
0,03	69,10	0,001022	5,229	289,229	2624,55	0,9439	7,7675
0,04	75,86	0,001026	3,993	317,566	2636,05	1.0259	7,6690
0,05	81,32	0,001030	3,240	340,476	2645,21	1,0910	7,5930
0,075	91,76	0,001037	2,217	384,365	2662,39	1,2130	7,4557
0,1	99,61	0,001043	1,694	417,436	2674,95	1,3026	7,3588
0,5	151,84	0,001093	0,3748	640,19	2748,11	1,8606	6,8206
1,0	179,89	0,001127	0,194349	762,68	2777,12	2,1384	6,5850
1,5	198,30	0,001154	0,131702	844,72	2791,01	2,3147	6,4431
2,0	212,38	0,001177	0,099581	908,62	2798,38	2,4470	6,3392
2,5	223,96	0,001197	0,079947	961,98	2802,04	2,5544	6,2560
3,0	233,86	0,001217	0,066664	1008,37	2803,26	2,6456	6,1858
3,5	242,56	0,001235	0,057058	1049,78	2802,74	2,7254	6,1245
4,0	250,36	0,001253	0,049777	1087,43	2800,90	2,7967	6,0697
4,5	257,44	0,001270	0,044059	1122,14	2798,00	2,8613	6,0198
5,0	263,94	0,001286	0,039446	1154,50	2794,23	2,9207	5,9737
6,0	275,59	0,001319	0,032449	1213,73	2784,56	3,0274	5,8901
7,0	285,83	0,001352	0,027380	1267,44	2772,57	3,1220	5,8146
8,0	295,01	0,001385	0,023528	1317,08	2758,61	3,2077	5,7448
9,0	303,35	0,001418	0,020493	1363,65	2742,88	3,2866	5,6790
10,0	311,00	0,001453	0,018034	1407,87	2725,47	3,3603	5,6159
11,0	318,08	0,001489	0,015994	1450,28	2706,39	3,4300	5,5545
12,0	324,68	0,001526	0,014269	1491,33	2685,58	3,4965	5,4941
13,0	330,86	0,001566	0,012785	1531,40	2662,89	3,5606	5,4339
14,0	336,67	0,001610	0,011489	1570,88	2638,09	3,6230	5,3730
15,0	342,16	0,001657	0,010340	1610,15	2610,86	3,6844	5,3108

(Fortsetzung)

Tab. A.2 (Fortsetzung)

p MPa	t °C	v' m^3/kg	v''	h' kJ/kg	h''	s' kJ/(kg K)	s''
16,0	347,36	0,001710	0,009308	1649,67	2580.90	3,7457	5,2463
17,0	352,29	0,001769	0,008370	1690,04	2547,44	3,8077	5,1785
18,0	357,00	0,001839	0,007499	1732,04	2509,59	3,8717	5,1056
19,0	361,48	0,001925	0,006673	1776,94	2465,52	3,9397	5,0247
20,0	365,76	0,002039	0,005859	1827,17	2411,53	4,0155	4,9301
21,0	369,83	0,002212	0,004989	1889,43	2337,72	4,1093	4,8065
22,064	373,95	0,003106		2087,55		4,4120	

Tab. A.3 Zustandsgrößen von überhitztem Wasserdampf nach [14]

p MPa	t °C	v m^3/kg	h kJ/kg	s kg/(kgK)	t °C	v m^3/kg	h kJ/kg	s kg/(kgK)
0,010	50	14,8674	2591,99	8,1741	150	19,5136	2783,02	8,6892
	100	17,1967	2687,43	8,4488	200	21,8260	2879,59	8,9048
0,025	100	6,8634	2685,57	8,0219	200	8,7237	2878,91	8,4809
	150	7,7958	2781,97	8,2643	250	9,6496	2976,96	8,6778
0,050	100	3,4188	2682,40	7,6952	250	4,8207	2976,16	8,3568
	150	3,8899	2780,20	7,9412	300	5,2841	3075,76	8,5386
	200	4,3563	2877,77	8,1591	350	5,7470	3176,78	8,7076
0,075	100	2,2704	2679,14	7,5011	300	3,5206	3075,15	8,3507
	150	2,5878	2778,41	7,7508	350	3,8296	3176,30	8,5199
	200	2,9004	2876,63	7,9702	400	4,1383	3278,93	8,6783
	250	3,2110	2975,35	8,1685	450	4,4467	3383,13	8,8276
0,1000	100	1,6960	2675,77	7,3610	350	2,8710	3175,82	8,3865
	150	1,9367	2776,59	7,6147	400	3,1027	3278,54	8,5451
	200	2,1725	2875,48	7,8356	450	3,3342	3382,81	8,6945
	250	2,4062	2974,54	8,0346	500	3,5656	3488,71	8,8361
	300	2,6389	3074,54	8,2171	550	3,7968	3596,28	8,9709
0,5	200	0,4250	2855,90	7,0611	400	0,6173	3272,29	7,7954
	250	0,4744	2961,13	7,2726	450	0,6642	3377,67	7,9464
	300	0,5226	3064,60	7,4614	500	0,7109	3484,41	8,0891
	350	0,5701	3168,06	7,6345	550	0,7576	3592,64	8,2247

(Fortsetzung)

Tab. A.3 (Fortsetzung)

p MPa	t °C	v m³/kg	h kJ/kg	s kg/(kgK)	t °C	v m³/kg	h kJ/kg	s kg/(kgK)
1,0	200	0,2060	2828,27	6,6955	450	0,3304	3371,19	7,6198
	250	0,2327	2943,22	6,9266	500	0,3541	3479,00	7,7640
	300	0,2580	3051,70	7,1247	550	0,3777	3588,07	7,9007
	350	0,2825	3158,16	7,3028	600	0,4011	3698,56	8,0309
	400	0,3066	3264,39	7,4668	650	0,4245	3810,55	8,1557
1,5	200	0,1324	2796,02	6,4537	450	0,2192	3364,65	7,4259
	250	0,1520	2923,96	6,7111	500	0,2352	3473,57	7,5716
	300	0,1697	3038,27	6,9199	550	0,2510	3583,49	7,7093
	350	0,1866	3148,03	7,1035	600	0,2668	3694,64	7,8404
	400	0,2030	3256,37	7,2708	650	0,2825	3807,17	7,9657
2,0	250	0,1115	2903,23	6,5474	500	0,1757	3468,09	7,4335
	300	0,1255	3024,25	6,7685	550	0,1877	3578,88	7,5723
	350	0,1386	3137,64	6,9582	600	0,1996	3690,71	7,7042
	400	0,1512	3248,23	7,1290	650	0,2115	3803,79	7,8301
	450	0,1635	3358,05	7,2863				
2,5	250	0,0870	2880,86	6,4106	500	0,1400	3462,59	7,3251
	300	0,0989	3009,63	6,6460	550	0,1497	3574,24	7,4651
	350	0,1098	3126,99	6,8424	600	0,1593	3686,76	7,5978
	400	0,1201	3239,96	7,0168	650	0,1689	3800,39	7,7243
	450	0,1301	3351,39	7,1765				
3,0	250	0,0706	2856,55	6,2893	500	0,1162	3457,04	7,2356
	300	0,0812	2994,35	6,5412	550	0,1244	3569,59	7,3767
	350	0,0906	3116,06	6,7449	600	0,1324	3682,81	7,5102
	400	0,0994	3231,57	6,9233	650	0,1405	3796,99	7,6373
	450	0,1079	3344,66	7,0853				
4,0	300	0,0589	2961,65	6,3638	500	0,0864	3445,84	7,0919
	350	0,0665	3093,32	6,5843	550	0,0927	3560,22	7,2353
	400	0,0734	3214,37	6,7712	600	0,0989	3674,85	7,3704
	450	0,0800	3330,99	6,9383	650	0,1049	3790,15	7,4989
6,0	350	0,0423	3043,86	6,3356	550	0,0610	3541,19	7,0306
	400	0,0474	3178,18	6,5431	600	0,0653	3658,76	7,1692
	450	0,0522	3302,76	6,7216	650	0,0694	3776,36	7,3002
	500	0,0567	3422,95	6,8824				

(Fortsetzung)

Tab. A.3 (Fortsetzung)

p	t	v	h	s	t	v	h	s
MPa	°C	m³/kg	kJ/kg	kg/(kgK)	°C	m³/kg	kJ/kg	kg/(kgK)
8,0	400	0,0343	3139,31	6,3657	550	0,0452	3521,77	6,8798
	450	0,0382	3273,23	6,5577	600	0,0485	3642,42	7,0221
	a500	0,0418	3399,37	6,7264	650	0,0517	3762,42	7,1557
10,0	400	0,0264	3097,38	6,2139	550	0,0357	3501,94	6,7584
	450	0,0298	3242,28	6,4217	600	0,0384	3625,84	6,9045
	500	0,0328	3375,06	6,5993	650	0,0410	3748,32	7,0409
15,0	400	0,0157	2975,55	5,8817	550	0,0229	3450,47	6,5230
	450	0,0185	3157,84	6,1433	600	0,0249	3583,31	6,6797
	500	0,0208	3310,79	6,3479	650	0,0268	3712,41	6,8235
20,0	500	0,0148	3241,19	6,1445	600	0,0182	3539,23	6,5077
	550	0,0166	3396,24	6,3390	650	0,0197	3675,59	6,6596

Tab. A.4 Kinematische Zähigkeit v von Luft, Wasser und Wasserdampf bei $p = 0{,}1014$ MPa nach [14, 25]

t °C	Luft $10^6\,v$ m²/s	Wasser $10^6\,v$ m²/s	Wasserdampf $10^6\,v$ m²/s
0	13,3	1,79	
20	15,1	1,00	
40	17,0	0,66	
60	18,9	0,47	
80	20,9	0,36	
100	23,0	0,29	20,53
120	25,2		23,04
140	27,5		25,71
160	29,8		28,54
180	32,2		31,53
200	34,7		34,68
240	39,8		41,47
280	45,2		48,90
320	50,8		56,95
360	56,7		65,61
400	62,9		74,87
450	70,9		87,27
500	79,2		100,56

Tab. A.5 Kinematische Zähigkeit ν avon Wasser und Wasserdampf in $10^{-6}\,\mathrm{m^2/s}$, berechnet nach [14]. Bei unterkritischem Druck links vom Doppelstrich Flüssigkeit, rechts überhitzter Dampf

p MPa	50 °C	100 °C	150 °C	200 °C	250 °C	300 °C	400 °C	500 °C	600 °C
0,01	157,9	l212,3	277,6	353,7	440,2	536,9	759,6	1019	1314
0,05	0,554	l42,09	55,27	70,54	87,88	107,3	151,8	203,8	262,8
0,1	0,554	l20,81	27,47	35,14	43,84	53,54	75,86	101,9	131,4
0,2	0,554	0,294	l13,57	17,45	21,82	26,69	37,88	50,91	65,67
0,5	0,553	0,294	0,199	l6,822	8,607	10,58	15,09	20,32	26,24
1	0,553	0,294	0,199	l3,274	4,120	5,207	7,488	10,12	13,10
2	0,553	0,294	0,199	0,155	l1,991	2,519	3,690	5,025	6,524
5	0,553	0,295	0,200	0,156	0,133	l0,898	1,410	1,967	2,582
10	0,553	0,295	0,200	0,157	0,134	0,121	l0,647	0,949	1,270
15	0,553	0,296	0,201	0,157	0,135	0,122	l0,391	0,610	0,834
20	0,553	0,297	0,202	0,158	0,135	0,123	l0,259	0,442	0,617
25	0,552	0,297	0,203	0,159	0,136	0,123	0,175	0,341	0,488
30	0,552	0,298	0,203	0,160	0,137	0,124	0,123	0,276	0,403
40	0,552	0,230	0,205	0,161	0,138	0,126	0,117	0,198	0,298
50	0,552	0,301	0,206	0,162	0,139	0,127	0,118	0,158	0,239
75	0,553	0,305	0,210	0,166	0,143	0,130	0,120	0,129	0,170
100	0,555	0,308	0,214	0,169	0,145	0,133	0,122	0,125	0,146

A.2 Kennzahlen

Tab. A.6 Dimensionslose Kennzahlen

Name	Gleichung	Beziehungen zwischen den Kennzahlen	
Druckzahl	$\psi = \dfrac{2Y}{\pi^2 n^2 D^2}$		$\psi = \dfrac{1}{\sigma^2 \delta^2}$
Laufzahl	$\nu = \dfrac{\pi n D}{\sqrt{2Y}}$	$\nu = \dfrac{1}{\sqrt{\psi}}$	
Durchflusszahl	$\varphi = \dfrac{4\dot{V}}{\pi^2 n D^3}$		$\varphi = \dfrac{1}{\sigma \delta^3}$
Schluckzahl	$\mu = \dfrac{4\dot{V}}{\pi D^2 \sqrt{2Y}}$	$\mu = \dfrac{\varphi}{\sqrt{\psi}}$	
Leistungszahl	$\lambda = \dfrac{8P}{\pi^4 \rho n^3 D^5}$		
Wirkungsgrad Kraftmaschine	$\eta = \dfrac{P}{\rho \dot{V} Y}$	$\eta = \dfrac{\lambda}{\varphi \psi}$	$\eta = \sigma^3 \delta^5 \lambda$
Wirkungsgrad Arbeitsmaschine	$\eta = \dfrac{\rho \dot{V} Y}{P}$	$\eta = \dfrac{\varphi \psi}{\lambda}$	$\eta = \dfrac{1}{\sigma^3 \delta^5 \lambda}$
Durchmesserzahl	$\delta = D \dfrac{\sqrt{\pi}}{2} \dfrac{\left(\sqrt{2Y}\right)^{1/4}}{\dot{V}^{1/2}}$	$\delta = \dfrac{\psi^{1/4}}{\varphi^{1/2}}$	
Schnellläufigkeit	$\sigma = \dfrac{2n\sqrt{\pi \dot{V}}}{(2Y)^{3/4}}$	$\sigma = \dfrac{\varphi^{1/2}}{\psi^{3/4}}$	

Y Bei hydraulischen Strömungsmaschinen wird eingesetzt: $Y = gH$, bei thermischen $Y = \Delta h_s$
$\dot{V}$ Bei thermischen Strömungsmaschinen wird der Volumenstrom am Laufradaustritt $\dot{V}_2$ genommen
D Bezugsdurchmesser ist der größte Laufraddurchmesser. Bei axialen Dampf- und Gasturbinen und bei Axialverdichtern wird jedoch der mittlere Beschaufelungsdurchmesser eingesetzt

A.3 Graphische Symbole für Wärmeschaltpläne

Tab. A.7 Graphische Symbole für Wärmeschaltpläne nach DIN 2482

Rohrleitungen Stoffströme Absperrarmaturen				
Dampf	Wasser		Öl	Luft
brennbares Gas	Rauchgas		fester Brennstoff	Absperrarmatur

Wärmeaustauscher				
Oberflächenwärmeaustauscher, durch den gezackten Linienzug fließt der wärmeaufnehm. Stoff			Wasserdampfkondensator	Wärmeaustauscher durch Mischen der Stoffe

Wasserdampferzeuger Kernreaktoren Apparate Behälter				
Dampfkessel ohne Überhitzer	Dampfkessel mit Überhitzer		Kernreaktor allgemein	Brennkammer
Wärmeverbraucher allgemein	Wärmeverbraucher mit Heizfläche		offener Becken	Behälter, Behälter mit gewölbten Böden

Maschinen				
Antriebsmaschine mit Expansion des Arbeitsstoffes	Dampfturbine		Dampfturbine mit ungeregelter Anzapfung	Flüssigkeitsturbine
Elektromotor	Stromerzeuger umlaufend		Kreiselpumpe	Ventilator, Verdichter

Übertragungseinrichtungen Wasserrückkühlanlagen				
Getriebe	Kupplung		Hydraulische Kupplung Turbokupplung	Kühlturm allgemein

Literatur

1. Voith GmbH & Co.KGaA. Zugriff: Juli 2022. https://voith.com/corp-de/branchen/wasserkraft/pumpspeicherkraftwerke.html.
2. EnBW. Zugriff: August 2022. https://www.enbw.com/erneuerbare-energien/wasser/standorte.html.
3. Vattenfall. Zugriff: August 2022. https://powerplants.vattenfall.com/de/bleiloch/.
4. Zugriff: 7 2022. https://www.illwerkevkw.at/kopswerk-ii.htm
5. Ossberger. Zugriff: August 2022. https://ossberger.de/wasserkrafttechnik/ossbergerr-durchstroemturbine/.
6. H. D. Baehr. *Thermodynamik*. 8. Aufl. Springer, Berlin, 1992.
7. A. Böge; W. Böge. *Handbuch Maschinenbau*. 24. Aufl. Springer, 2021.
8. Leopold Böswirth. *Technische Strömungslehre*. 1. Aufl. Vieweg + Teubner, Wiesbaden, 2010.
9. International Electrotechnical Commission. *Hydraulic trubines, storage pumps and pumpturbines -Model acceptance test*. 2. Aufl. International Electrotechnical Commission, 1999.
10. J. Pasch E. Höxtermann. *Turbinen - Heft 9*. 5. Aufl. KWS Energy Knowledge eG (ehemals KRAFTWERKSSCHULE E.V.) Essen, 2005.
11. R. Feyrer. *Vorlesungsskript Wasserkraft*. Hochschule Ravensburg-Weingarten, 2022.
12. C. Pfeiderer; H.Petermann. *Strömungsmaschinen*. 7. Aufl. Springer, Berlin, 2005.
13. Ernst Käppeli. *Strömungslehre und Strömungsmaschinen*. 4. Aufl. Selbstverlag, 1986.
14. W. Wagner; A. Kruse. *Zustandsgröyen von Wasser und Wasserdampf*. Springer, Berlin, 1998.
15. K. Menny. *Strömungsmaschinen*. 5. Aufl. Teubner-Verlag, Wiesbaden, 2006.
16. H. Stetter; J. Messner. *Vorlesungsskript Thermische Kraftwerke*. ITSM Universität Stuttgart, 1992.
17. Jürgen Gieseke ;Stephan Heimerl ;Emil Mosonyi. *Wasserkraftanlagen*. Springer Verlag, 2014.
18. Herbert Örtel. *Prandtl - Führer durch die Strömungslehre*. 1. Aufl. Springer Vieweg, Wiesbaden, 2012.
19. C. Pfleiderer. *Die Kreiselpumpen für Flüssigkeiten und Gase*. 5. Aufl. Springer, 1961.
20. *Positionspapier zur Wasserkraft, 04/2008*. VDE ETG. Zugriff: Juli 2022. https://www.vde.com/de/etg/arbeitsgebiete/informationen/wasserkraft.
21. Joachim Raabe. *Hydraulische Maschinen und Anlagen Teil 2: Wasserkraft*. VDI- Verlag, Düsseldorf, 1984.
22. H. Stetter; G. Roth. *Vorlesungsskript Turboverdichter und Gebläse*. ITSM Universität Stuttgart, 1992.
23. I. Kosmoski; G. Schramm. *Turbomaschinen*. 1. Aufl. VEB-Verlag Technik, Berlin, 1987.
24. K. Heuck; K.-D. Dettmann; D. Schulz. *Elektrische Energieversorgung*. 8. Aufl. Springer, 2010.

G. Thieleke und R. Feyrer, *Turbomaschinen*,
https://doi.org/10.1007/978-3-658-48698-3

25. Springer-Verlag. *Taschenbuch für den Maschinenbau*. 20. Aufl. Springer, Berlin, 2001.
26. A. Stepanoff. *Radial- und Axialpumpen*. 1. Aufl. Springer, 1959.
27. A. Stodola. *Dampf- und Gasturbinen*. 6. Aufl. Springer, Berlin, 1924.
28. G. Thieleke. *Vorlesungsskript Energietechnische Anlagen*. RWU-Hochschule Ravensburg-Weingarten, 2002.
29. G. Thieleke. *Vorlesungsskript Energie- und Prozesstechnik*. RWU-Hochschule Ravensburg-Weingarten, 2020.
30. G. Thieleke. *Vorlesungsskript Grundlagen der Strömungslehre*. RWU-Hochschule Ravensburg-Weingarten, 2020.
31. G. Thieleke. *Vorlesungsskript Strömungsmaschinen*. RWU-Hochschule Ravensburg-Weingarten, 2020.
32. Langeheinecke; Kaufmann; Thieleke. *Thermodynamik für Ingenieure*. 11. Aufl. Springer Verlag, 2020.
33. H. J. Thomas. *Thermische Kraftanlagen*. 2. Aufl. Springer, Berlin, 1985.
34. G. Thieleke; U. Tomschi. *Vorlesungsskript Energie und Netze*. RWU-Hochschule Ravensburg-Weingarten, 2020.
35. W. Traupel. *Thermische Turbomaschinen* Bd I. 4. Aufl. Springer, Berlin, 2001.
36. K. Trutnowsky. *Berührungsfreie Dichtungen*. VDI-Verlag, Düsseldorf, 1981.
37. Verein Deutscher Ingenieure; VDI-Gesellschaft. VDI-*Wärmeatlas*. 9. Aufl. VDI-Verlag, 2002.
38. E. Welfonder. *Möglichkeiten einer dualen Energieversorgung nach 2020-Teil 1*. 1. Aufl. VDE-Verlag, Sonderdruck 7226 aus Elektrische Energiewirtschaft EW, Offenbach, 2014.
39. E. Welfonder. *Vorteile einer europäischen Stromwende-Teil 2*. 8. Aufl. VDE-Verlag, Sonderdruck 7303 aus Elektrische Energiewirtschaft EW, Offenbach, 2014.

Stichwortverzeichnis